물리보안 체계와 방법론

: 테러, 보안, 안전 솔루션

물리보안 총서 1

물리보안 체계와 방법론
: 테러, 보안, 안전 솔루션

2020년 10월 20일 초판 인쇄
2020년 10월 30일 초판 발행

지은이   로런스 J. 페넬리
옮긴이   정길현 · 김정수 · 김수훈 · 신재식 · 구자춘 · 정용택 ·
          조승훈 · 임영욱 · 박윤재
펴낸이   이찬규
펴낸곳   북코리아
등록번호 제03-01240호
주소   [13209] 경기도 성남시 중원구 사기막골로 45번길 14
          우림2차 A동 1007호
전화   02-704-7840
팩스   02-704-7848
이메일   sunhaksa@korea.com
홈페이지 www.북코리아.kr

ISBN 978-89-6324-717-5(93560)
값 35,000원

* 본서의 무단복제를 금하며, 잘못된 책은 바꾸어 드립니다.

물리보안 총서 1

물리보안 체계와 방법론

: 테러, 보안, 안전 솔루션
Efffective Physical Security

로런스 J. 페넬리(Lawrence J. Fennelly) 지음

정길현 · 김정수 · 김수훈 · 신재식 · 구자춘 · 정용택 · 조승훈 · 임영욱 · 박윤재 옮김

북코리아

역자 서문

사이버보안(Cyber Security)은 이해할 만하고, 서적, 지침서, 관련 자격증도 많은데, 일반인들은 물리보안이란 용어마저 생경해한다. 위키피디아(Wikipedia)는 물리보안(Physical Security)을 스파이, 도둑, 테러리스트의 위협으로부터 인명과 자산을 보호하기 위한 전략과 방법론으로 정의한다.

물리보안을 인명과 자산을 보호하기 위한 영상감시, 센서, 출입통제, 보안요원 운용 등 '탐지(detect)'-'지연(delay)'-'대응(response)' 체계의 총화로 이해한다면, 물리보안은 정보보안, 재난을 포함한 모든 리스크 및 위기관리의 실체적 골격이므로 그 중요성을 아무리 강조해도 지나치지 않다.

지금까지 우리나라의 물리보안 체계가 테러, 국가중요(보안)시설의 보안 및 방호와 관련된 법령을 근거로 한 규제 중심으로 유지되어왔다면, 이제는 기술발전 정도와 국제화 시대에 걸맞게 ISO 22301(Business Continuity) 등 국제 표준을 준수하고, 투입된 자산과 노력의 유효성(Effectiveness)을 평가하여 시스템 설계에 반영하는 등 합리적인 설계와 운용을 보장할 수 있는 수준으로 혁신되어야 한다.

또한 물리보안은 드론 등 새로운 위협에 대비해야 하고, 지능형 CCTV, IoT, 5G 등 신기술을 효과적으로 접목하며, 보안요원 운용 환경의 변화까지 수용해야 하므로 과거의 단순한 울타리나 경비초소 중심의 패러다임에서 벗어나 효과적인 물리보안 체계와 방법론을 개발하여 창의적으로 적용해야 한다.

(사)보안설계평가협회가 설립되고 물리보안 전문가 교육과 컨설팅에 주력해오면서 본서와 같은 지침서 발간에 노력한 것은 바로 이러한 이유 때문이다.

본서의 번역은 우리나라의 법령, 물리보안 환경, 국가중요시설 보안담당자 요구사항 등 니즈(needs)를 살펴 활용성을 보장하는 데 심혈을 기울였다. 공동번역에 참가해주신 한국원자력통제기술원 김정수 박사님, 한국특허전략개발원 정용택 박사님, 한국석유공사 신재식 실장님, 한화테크윈 구자춘 박사님, 서울벤처대학원대학교 박윤재 교수님, ㈜에스웨이 김수훈 대표님, (사)보안설계평가협회의 조승훈 본부장님과 임영욱 감사님의 열정과 그간의 노고에 감사드리며, 특별히 본서의 가치를 인식하고 편집에서 디자인까지 기획출판의 수고를 감내하신 북코리아의 이찬규 사장님께 경의를 표한다.

부디 본서가 대한민국의 안전을 한 단계 드높이고, 관련된 물리보안 산업의 진흥에도 크게 기여하는 원동력이 되기를 기원한다.

(사)보안설계평가협회 회장 정길현

목차

들어가며

Louis A. Tyska, CPP[1]

[1] 역자 주, 미 ASIS에서 승인한 방호전문가 자격: Certified Protection Professional.

관리자는 다양한 위협에 대한 보안, 안전 그리고 조사 프로그램을 설계하고 개발한다.

이 책은 보안의 설계단계부터 적용될 효과적인 전략을 이해하고 개발하는 데 로드맵이 되며, 안전한 삶을 영위하는 데 필요한 다양한 주제를 설명한다. 래리 페널리와 마리아나 페리의 지식과 경험은 이러한 복잡하고 변화무쌍한 보안에 관한 도전을 독특하고 다양한 관점으로 바라보며, 독자들과 영감을 공유한다. 이는 모든 보안전문가들이 본서를 탐독해야 하는 이유이다. 대부분의 보안 서적은 한 가지의 주제, 예컨대 리스크 분석, CCTV, 출입통제 및 생체인식 등을 소재로 한다. 내가 본서를 좋아하는 이유는 다루고 있는 소재가 풍부하여 일상의 여러 문제들을 언급하는 데 꼭 필요하기 때문이다.

베이비부머 세대가 은퇴하고 새로운 세대로 대체되고 있다. 보안의 면모 또한 변화하고 있다. 각종 연구의 성과로 말미암아 보안은 높은 수준의 전문성을 인정받는 동시에, 기관의 실제 수익성을 증진한다. 대학의 전공 영역이 변화하고 있다. 융합학제[2]가 대세이며, 보안이나 정보와 관련된 기술은 상대적으로 사소하게 취급될 수 있다. 이러한 변화와 병행하여 기업은 자산을 보호하기 위한 전문적

[2] 역자 주, 전공의 영역과 경계가 모호해지며, 학제간 융합, 재조합을 통한 효용성 제고를 추구하고, 안전에 관한 대안도 통합적·전체적 접근방법론을 요구한다.

이고 체계적인 물리보안 시스템을 준비할 것이다.

2015년부터 2020년까지의 화두는 다음 주제가 될 것이다.

① 지원자와 주요직위자는 어떠한 '기술 역량'을 취득할 것인가?
② 지원자와 주요직위자는 어떠한 자격증과 전문성을 가져야 할까?
③ '물리보안'과 '정보보안'(information security)은 자격증을 통합하는 방향으로 변화해갈 것이다.
④ 경력 관리에 '인턴십'이 포함될 것이다.
⑤ 당신의 '자격증'만이 역량을 증명할 것이다.
⑥ 보안 분야의 현장교육은 재설계 중인데, 당신은 준비하고 있는가?
⑦ 보안체계에 대한 논리적인 설명은 개별적인 요소나 고립된 지식보다 전체론적 접근방법을 선호한다.
⑧ 전화기의 5.0 메가픽셀 카메라, 1080 Full HDTV 모니터가 표준이다.

뒤지지 말고, 지금 당장 미래를 위해 준비해야 한다.

최근 보고서에 근거한 범죄 위협의 상위 난제는 ① 정보/통신보안, ② 업무현장 폭력, ③ 업무 연속성(Business Continuity), ④ 내부자 위협, ⑤ 자산범죄이다. 당신이 범죄의 문제를 언급하려면 먼저 문제의 본질이 무엇인지를 알아야 한다. 권고하거나 해결책을 제시하려면 먼저 당신이 논점을 정확하게 식별했다는 확신이 있어야 한다.

만약에 보안수준에 관한 평가가 제대로 되지 않아 논점이나 취약성의 근거를 판단할 수 없다면, 보안 전문가는 실제의 문제점은 제쳐두고, 문제의 증상과 대책을 언급하는 방식으로 단순하게 정책과 절차에 관해서만 언급할지도 모른다. 이와 같이 비용만 들고 불만스러운 상황을 피하려면, 어떠한 조치 이전에 역량 있는 보안 전문가가 보안의 취약성을 정확히 식별하는 평가를 선행해야 한다. 이로써 단순한 증상이 아니라 진정한 논점과 관심사가 논의될 수 있다.

물리보안 분야에서 관리자와 지휘감독자에게 요구되는 많은 문제는 과학화 장비와 시설이다. 지휘감독자의 역할은 조직 내에서 관리자에게 필요한 지원수준을 제공하는 것이다. 지휘감독자는 사내 규정, 도덕적이고 윤리적인 방침과 더불어 요구되는 보안수준과 고객에게 필요한 서비스 수준을 제시할 책임이 있다.

관리자는 예산과 장비, 제복, 기술, 소프트웨어 등의 자원을 활용하여 물리보안 임무를 완수해야 한다. 관리자는 조직(기관)의 목표와 지향하는 바의 과정 및 절차를 감독한다. 현장 종사자에 대한 감독과 통솔을 제외하고 훈련·기술적 지원, 감사 등의 참모 기능은 관리자가 수행한다. 관리자는 그들을 감독하기보다 활동을 조직화하고 조정한다. 이직과 직무순환은 전반적인 개혁과 도전을 가능케 한다. 정보 소식통, 무역 출판물, 그리고 ASIS[3]와 다른 기관의 웹 세미나와 자료를 검토하여 업계의 최신 동향과 사건에 관한 정보도 놓치지 말아야 한다.

총기난사, 폭행, 칼로 찌르기, 그리고 상상하기 어려운 폭력사건이 사업장에서 발생하고 TV를 통해 매일 보도된다. 우리는 물리보안 관리의 모든 면에 영향을 끼치는 어리석은 범죄와 절도를 취급해야 한다. '물리보안에 관련된 문제들'이 지금처럼 많은 적이 없었다. 당신의 조직(기관)에 적합한 보안개념이 무엇인가를 정의하는 것은 실로 벅찬 과업이지만 여러분이 전문적인 보안 평가로 시작하여 개선 소요를 구체적으로 도출하여 제안해야 한다.

오늘날의 보안 서적은 더더욱 복잡하고 기술적이다. 우리들은 전문가로서 변화의 앞장에 서야 하고, 또한 변화를 따라잡아야 한

[3] 역자 주, ASIS(American Society for Industrial Security: 미 산업보안협회)는 1955년에 설립됐으며, 2002년에 협회명을 'ASIS International'로 변경했고, 현재는 125개국의 정회원이 활동하고 있다. 'ASIS International'은 다양한 자격증, 표준, 지침서를 통해 보안의 전문성을 선도하고 있다.

들어가며

다. 토마스 노먼, 데이비드 패터슨, 샌디 데이비스, 제임스 브로더, 미첼 훼걸, 제니퍼 헤스터만은 보안 전문가이며, 래리 페널리, 마리아나 페리와 어깨를 나란히 할 미래 교육학자이다. 나는 본서의 저자들과 저작에 대하여 찬사를 보냈는데, 그 이유는 그분들의 비전과 헌신으로 말미암아 우리 모두가 변화를 선도할 수 있기 때문이다.

린다 왓슨, MA, CPP, CSC, CHS-V

1 CPTED 솔루션: 개념과 전략

Lawrence J. Fennelly, CPOI, CSSI, CHS-III, CSSP-1,

Marianna A. Perry, MS, CPP, CSSP-1

1. 들어가며

이 책을 읽는 분들에게 먼저 팀 크로(Tim Crowe)와 그의 저서 CPT-ED(*Crime Prevention Through Environmental Design*)에 대해 소개하고자 한다.

팀 크로는 플로리다의 한 학구(學區)에서 실시했던 보안평가를 토대로 1991년도에 위의 책을 저술했는데, 팀의 이 책(Lawrence J. Fennelly에 의해 2013년도에 최신화·현대화됨)은 지금까지도 보안업계의 범죄예방 실무자들로 하여금 설계(Design)와 인간행동(Human behavior) 간의 상관관계를 더 잘 이해할 수 있도록 해주는 근간이 되고 있다. CPTED는 물리적 환경의 조성을 통해 범죄에 대한 두려움의 감소뿐만 아니라 범죄적 행위 자체의 감소를 유도하는 선제적 접근이다.

팀이 설정한 전반적인 가이드라인은 하나의 목적을 염두에 둔 것인데, 이는 조성된 환경에서 범죄가 발생할 수 있는 여지를 줄이는 것이다. 그의 연구결과는 보안실무자들과 CPTED 개념을 범죄예방 수단으로 적용하는 모든 사람들에게 기준(Gold standard)을 제공하며, 또한 경찰, 도시계획가 및 건축가들에 대한 교육에도 빈번히 활용된다. 이들 가이드라인은 수백 개의 훈련과정에 사용되어 왔고 수많은 출판물에 인용되고 있다.

팀은 켄터키주 루이빌의 루이빌대학교에 소재한 국가범죄예방협회(NCPI)의 교수였고, 마리안나 페리(Marianna A. Perry)는 前 NCPI 책임자였으며, 이들은 함께 CPTED 훈련과정을 제공해왔다.

이러한 내용들을 밝혀두는 것은 독자들이 팀의 CPTED 연구에 관련된 조직을 이해하는 데에 도움을 주기 위해서이다.

2. 환경

CPTED 프로그램의 개념적 요체는 범죄의 위협과 발생율을 감소시키는 행동효과(Behavior Effect)를 유도할 물리적 환경의 조성을 통해 삶의 질을 개선하는 것이다. 이러한 행동효과는 범죄행위를 조장하는 물리적 환경의 제(諸) 요인들을 제거함으로써 달성될 수 있다. CPTED 프로그램에서 사용되는 환경설계는 인간-환경 간 상관관계에 근간을 두고 있으며, 다양한 개념들이 내포되어있다. '환경(Environment)'이란 용어는 사람들과 그들을 둘러싸고 있는 신체적·물리적 및 사회적 환경을 포괄한다. 하지만 실제 시연(Demonstration) 목적으로 정의되는 '환경'이란 인지할 수 있는 영역과 시스템의 범위를 의미한다.

'설계(Design)'란 용어는 사람들로 하여금 그들이 속한 환경과의 상호작용에 있어서 긍정적인 행동을 하도록 유도하는 물리적·사회적 요소와 함께 관리적 및 법률적 요소들을 내포한다. 또한, CPTED 프로그램은 특정한 환경 내에서 발생할 수 있는 특정 범죄(여기에 수반되는 두려움)에 대하여 그 환경 자체와 긴밀히 연관된 변수들을 인위적으로 바꿈으로써 이를 예방하는 방안을 모색한다.

이러한 프로그램은 인간의 광범위하고도 다양한 행위에 관한 범죄예방 솔루션을 제시한다기보다는, 기규명된 인간-환경 간 상관관계 속에서 다루고 평가될 수 있는 변수들에 한정하여 해법을 모색하고자 한다. CPTED는 일반 사용자들의 공간 필요성(물리적·사회적·심리적 필요성), 일상적이며 예상(또는 의도)되는 공간 사용(활동 또는 비활동 공간으로 계획된 공간), 그리고 일반 사용자와 공격자에게서 공히 예견되는 행동 등을 고려한 물리적 공간설계를 포함하고 있다. 따라서 CPTED적 접근법에 의하면, 만약 어떤 설계가 공간의 용도를 인지하고, 수반될 범죄문제와 공간 용도에 적합한 솔루션을 규정하며, 공간 사용의 효율성을 높이는(최소한 저해하지 않는) 범죄예방전략과 통합되는 것이라면 이는 적절한 설계라 할 수 있을 것이다. CPTED는 물리적 설계와 도시디자인뿐 아니라 인간행동과 사회과학에 관한 최신 사조(思潮)와 법령 및 지역사회 조직과도 긴밀히 연계되어있다.

3. 공간

주거단지 내의 연결된 공간(Continuum of space)은 다음의 네 가지 범주로 구분될 수 있다(주거단지: 주거구역과 부속지면을 포함하는 하나 또는 그 이상의 건물들로 구성되는 부지로서, 더 넓게는 주로 거주 목적으로 존재하는 인근 지역까지를 포함한다).

• 공용(Public): 법적 지위와 무관하게 주거지역의 모든 구성원과 이웃이 온전히 공용으로 받아들이고 있는 공간으로서, 여기에서는 외부인도 거주자와 다를 바 없이 사용할 수 있는 권리를 인정받는다.
• 준공용(Semipublic): 공용공간을 사용할 수 있는 사람이라면 누구나 잠기거나 보호된 차단시설을 지나지 않고도 접근할 수 있는 공간이다. 이 공간은 주민들로부터 암묵적인 사용권한이 부여된 곳으로 간주되어 외부인도 거의 제지를 받지 않는다.

• 준개인(Semiprivate): 거주자, 방문자 및 정당한 업무를 위한 서비스 인원만 사용하도록 제한되어있는 공간이다. 공동주택은 보안요원(또는 도어맨)이 지키는 것이 일반적이다. 출입문 잠금장치나 다른 형태의 물리적 차단물을 설치한다. 외부인은 잠재적인 무단침입자로 간주되어 제지될 수 있다.

• 개인(Private): 단일 거주자 자신과 초대받은 방문자 및 서비스 인원만으로 사용이 제한된 공간으로서, 잠금장치와 다른 차단시설에 의해 통제된다. 승인받지 않은 사용은 제지가 가능한 상황에서는 언제나 제지된다.

4. 목표 강화

설계와 그 활용을 강조하는 것은 목표강화를 통한 범죄예방이라는 전통적인 접근방식과는 거리가 있다. 전통적인 목표강화 방식은 대개 물리적 또는 인공적 장애물 기술(잠금장치, 경보장치, 울타리, 출입문 등)을 활용하여 범죄 목표로의 접근을 거부하는 데에 초점을 맞춘다. 이러한 방식은 경직화된 환경으로 인해 사용과 접근 그리고 필요한 기능의 향유를 빈번히 제한하게 될 뿐만 아니라, 자연스러운 접근통제와 감시를 할 수 있는 기회를 간과하는 경향이 있다. 여기서 '자연스러운'이란 평범하고 일상적인 환경 활용의 부산물(by-product)로서 접근통제와 감시가 이루어지는 결과를 얻게 되는 것을 의미한다. 환경을 일상적이면서도 자연스럽게 활용하는 방식을 통해 인공적·기계적 목표강화와 감시의 효과를 얻는 것은 가능한 일이다. 그럼에도 불구하고, 자연적 전략과의 효과성을 비교평가하기 위해서나, 환경의 효과적인 활용을 현저히 저해하지 않는다고 판단될 경우, CPTED에서도 원칙적으로 목표강화전략을 수용하고 있다.

한 예로, 개선된 거리조명 설계전략은 그 조명의 직·간접적 영향구역 내의 사람들(공격자, 피해자, 그 외 지속적 또는 간헐적 사용자)의 행동을 어떻게 촉진하거나 제한할 수 있겠느냐 하는 관점에서 효율적으로 계획되고 평가되어야 한다. 조명전략과 관련성이 있는 여타의 전략들(예를 들어, 구역 감시, 인근지역 감시, 119 긴급출동서비스, 경찰 순찰활동 등)도 모두 이러한 점을 고려하여 평가되어야 하는 것은 물론이다. 이것이 바로 요구되는 적정 디자인과 물리적 환경의 효과적 사용이라는 양 측면 모두에 초점을 맞추어 접근하는 CPTED 디자인의 포괄성(Comprehensiveness)을 말해준다. 여기에 더하여, 적절한 디자인과 효과적인 활용이라는 개념은 요구되는 결과를 확실히 얻기 위해 각 전략들 간의 유기적안 관계를 강조한다. 지각 있고 적극적인 시민(목격 사실 신고)과 경찰(감시, 대응)의 도움 없이 단지 거리조명의 개선(설계전략)만으로는 범죄에 효과적으로 대처할 수 없다는 사실은 자명하다. CPTED는 환경의 설계와 사용에 부합하는 감시체계를 구축하는 데에 설계, 시민과 공동체 활동 및 경찰 방범전략을 통합하는 노력이 중요함을 강조한다.

1) CPTED 전략(Strategies)

CPTED에는 세 가지의 서로 중첩되는 전략이 있다(그림 1.1):

① 자연적 접근통제(Natural access control)
② 자연적 감시(Natural surveillance)
③ 영역성 강화(Territorial reinforcement)

접근통제와 감시는 물리적 설계 프로그램의 주된 설계개념이 되어왔다. CPTED 프로그램의 초창기에, 접근통제와 감시 프로그램은 — CPTED 분야의 독보적인 기존 개념으로서 — 주된 관심을 받았다. 특정 전략들이 접근통제와 감시를 모두 잘 해내고 있다면 이 두 부문은 상호 배타적이지 않으며, 각 부문 내에서의 세부 전략

그림 1.1 CPTED의 중첩전략

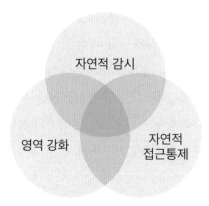

들도 의심할 바 없이 상호보완적이다.

하지만, 이들 각 부문이 작동되는 추동력(Thrust)은 전혀 다르므로, 그 차이점들은 CPTED 프로그램의 분석·연구·설계·시행 및 평가 과정에서 반드시 식별되어야 한다.

접근통제는 주로 범죄의 기회를 줄이고자 하는 설계개념으로서, 여기에는 일반적으로 조직(예: 보안요원), 장비(예: 잠금, 조명, 경보장치), 그리고 자연적 방식(예: 공간 구분) 등이 있다. 접근통제 전략의 요체는 범죄대상으로의 접근을 거부하고 잠재적 공격자로 하여금 자신의 범죄행위에 수반되는 위험성(Risk)을 인식하도록 만드는 것이다. 감시는 침입자들을 가시권 내에 두고자 하는 것이 주된 설계개념이다. 따라서 감시전략의 요체는 관찰이 용이한 환경을 조성하는 것이 되는데, 그 결과 자신의 행동이 노출될 위험을 인식한 잠재적 침입자가 함부로 들어오지 못하게 됨으로써 접근통제의 효과도 거둘 수 있다. 이러한 감시전략도 조직(예: 경찰 순찰활동), 장비(예: 조명, 경보장치) 및 자연적 방식(예: 창문) 등으로 구분할 수 있다.

그림 1.2~1.4는 자연적 감시의 좋은 사례를 보여준다.

그림 1.2 자연적 감시 1

그림 1.3 자연적 감시 2

그림 1.4 자연적 감시 3

접근통제와 감시의 전통적인 설계개념(그림 1.3)은 인간의 행동방식 및 동기(motivation)와 물리적 환경의 활용 부분을 간과, 축소 또는 무시하는 가운데 기계적 또는 조직적 범죄예방 기술을 중시해왔지만, 물리적 환경설계에 관한 보다 최근의 접근방식은 범죄를 예방할 수 있는 환경 자체의 자연스러운 이점을 활용하는 '자연적 범죄예방 기술(Natural crime prevention techniques)'을 강조하는 방향으로 옮겨가고 있다. 바로 이러한 강조점의 이동이 영역성 개념(Concept of territoriality)으로 연결된다.

영역성 개념은 물리적 설계가 영역성 강화에 기여할 수 있음을 시사해준다. 즉, 물리적 설계를 통해 영향영역을 만들거나 확장함으로써 공간 사용자들에게 소유권 의식 — 영역에 대한 영향력 의식 — 을 일깨우고 또한 잠재적 공격자들로 하여금 그 영역적 영향력을 인지하도록 만들 수 있다는 것이다(그림 1.6).

그림 1.5 접근통제와 감시의 전형적 개념 및 구분

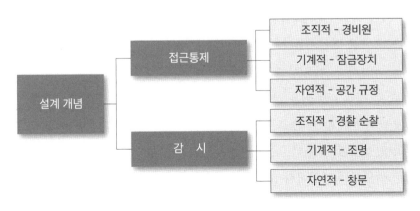

1 CPTED 솔루션: 개념과 전략

그림 1.6 영역성에 기반을 둔 물리적 설계

이와 함께, 자연적 접근통제와 감시가 그러한 영역성 의식을 높이는 데에 기여함으로써 더욱 효과적으로 범죄를 예방할 수 있게 한다는 사실이 알려져 있다. 자연적 접근통제와 감시는 공간 사용자들이 그들의 영역을 지키는 일에 관하여 보다 더 민감하게 반응하도록 촉진하고(예: 보안의식, 신고 및 호응도 등), 잠재적 공격자들에게는 리스크를 더욱 크게 인식하도록 만든다.

2) 유지관리(Maintenance)

끝으로, 공간에 대한 영역성 강화 못지않게 그 유지관리 또한 공간을 원래의 조성목적에 맞게 지속적으로 사용할 수 있게 하는 중요한 요소이다.

퇴색과 훼손은 사용자들의 관심과 통제가 부족하다는 사실과 그로 인한 무질서를 감내하기 위해 더 큰 대가를 치러야 한다는 것을 의미한다. 기본설계 외에도 적절한 유지보수를 통해 현존 구조물, 주거 및 비주거용 건물, 특정한 구역 등이 최소 기준을 충족하고 모범적으로 운영되도록 관리함으로써 주민들의 건강과 안전 및 행복을 보호할 수 있다. 이러한 유지관리는 시설관리자, 소유자 및 입주자 모두의 책임이다.

그뿐만 아니라, 범죄예방을 위한 설계와 환경을 효율적으로 사용하기 위한 설계 간의 균형을 취하고자 하는 노력은 조직과 기계 중심의 전략 자체가 자연스러움에 중점을 두는 전략(Natural strategy)으로 옮겨가는 데에 기여했다. 이는 자연스러운 전략이 환경에서 주어지는 기회를 활용하여 자연스럽고도 일상적인 방식으로 접근통제와 감시를 용이하게 하면서도 공간 사용자들의 긍정적인 행동을 촉진했기 때문이다. 이 개념은 실현이 가능한 여건이 갖추어진 곳이라면, 기존 또는 새로운 공동체의 활동을 활성화하거나 그 구성원들의 행동을 강화함으로써 자연스럽고도 일상적인 범죄예방이 이루어지도록 하는 것을 선호한다.

　　보안조직과 기계 중심으로부터 자연스러움을 중시하는 전략으로의 개념적 이동은 CPTED 프로그램이 자연적 접근통제와 감시 및 영역강화를 강조하는 실행계획들을 발전시키도록 길을 열어주었다(그림 1.7).

　　비록 개념적으로 뚜렷이 구별되긴 하지만, 이러한 전략범주(Strategy categories)들이 실제에 있어서는 서로 겹쳐지는 경향이 있다는 점을 인식하는 것도 중요하다. 영역강화라는 것을 모든 자연적 감시의 원칙이 여기에 포함되고 결과적으로 모든 접근통제의 원칙도 포함하게 되는 하나의 '우산개념(Umbrella concept)'으로 이해하는 것이 가장 유용할 것이다. 영역강화와 자연적 접근통제 및 감시를 각각 독립적인 전략으로 간주하는 것은 실용적이지 못하다. 왜냐하면, 예를 들어 자연적 접근통제의 경우 꼭 장벽을 세우지 않더라도 공간의 구분과 전환을 인식시키는 방식을 채택할 수 있고, 이것이 가능하기 위해서는 감시기능의 지원을 필요로 하기 때문이다.

　　만약 이러한 상징적 또는 심리적 장벽들이 특정한 지역을 특정인들로부터 경계 짓는 데에 성공한다면, 잠재적 공격자들은 그들의 부당한 침범이 다른 일상적 출입자들로 하여금 영역보호 반응을 끌어내게 된다는 점을 의식하지 않을 수 없을 것이다. 마찬가지로, 자

그림 1.7 가로등, 지붕 등과 함께 기계적으로 설치된 CCTV

그림 1.8 수풀 속에 숨은 사람을 볼 수 있을까?

연적 감시 또한 공간환경에 대한 관심은 있으나 그 사용과 관리의 책임이 없는 개인들에 의해 부당한 침범행위가 관찰될 가능성이 커지도록 하기 위한 것이다. 사람들이 부당한 행위를 목격하고도 아무런 행동을 취하지 않는다면 아무리 좋은 계획과 방법이라 하더라도 범죄와 반달리즘(Vandalism: 기물파손) 앞에 무용지물일 수밖에 없다(그림 1.8).

3) 3-D 접근법(The Three-D Approach)[1]

CPTED가 성공적으로 적용되기 위해서는 공간을 사용하는 일반인들이 이해하기 쉽고 실용적이어야 한다. 즉, 지역 내의 일반 거주자들과 빌딩 또는 상업지역에서 일하는 사람들이 이 개념을 쉽게 활용할 수 있어야 한다는 것이다. 왜냐하면, 그들은 그곳에서 무슨 일이 일어나고 있는지 알고 있을 뿐만 아니라 그들의 인근 환경에 대한 적합한 운영을 보장받을 기득권(고유한 행복권)을 가지고 있기 때문이다. 교통공학자, 도시계획가, 건축가, 또는 보안전문가일 수도 있는 기술자나 전문가가 혼자서 안전과 보안에 관한 책임을 지도록 해서는 안 된다. 전문가는 종종 오해나 자신의 전문성과의 요구상충 문제로 인해 흔들릴 수 있으므로 공간 사용자들의 요구에 보다 충실할 필요가 있다.

[1] Crowe T. D. & Fennelly L. J. *Crime prevention through environmental design.* 3rd ed, Elsevier Publishers, 2013.

공간평가에 관한 3-D 접근법은 비전문가가 자신의 공간이 어떻게 설계되고 사용되는 것이 좋을지를 결정하는 데에 필요한 간명한 지침을 제공한다. 3-D 개념은 인간공간(Human space)의 세 가지 기능 또는 그 크기에 근거하고 있다.

① 모든 인간공간은 어떤 지정된 목적을 가진다. (Designation)
② 모든 인간공간은 요구 및 수용되는 행동들을 한정하는 사회적·문화적·법적, 또는 물리적 규정을 갖는다. (Definition)
③ 모든 인간공간은 요구되는 행동들을 지원하거나 통제하도록 설계된다. (Design)

이러한 3-D를 지침으로, 공간은 다음과 같은 내용의 질문들로 평가될 수 있다.

(1) 공간지정(Designation)
- 이 공간의 지정된 목적은 무엇인가?
- 의도된 근원적인 용도는 무엇인가?
- 공간의 현재 용도는 최초에 의도된 용도에 잘 부합하고 있는가? 어떤 상충하는 부분이 있는가?

(2) 공간규정(Definition)
- 공간은 어떻게 규정되는가?
- 소유자는 분명한가?
- 공간의 경계가 어디인가?
- 공간이 어떻게 사용되는지에 영향을 미치는 사회적·문화적 규정이 존재하는가?
- 법적·행정적 규칙들이 명확히 구비되어있고 정책에 반영되어있는가?

- 표지판이 있는가?
- 공간의 지정된 목적과 공간에 대한 규정 사이에 서로 상충되거나 혼란스러운 부분이 있는가?

(3) 공간설계(Design)
- 물리적 설계는 의도한 공간기능을 얼마나 잘 반영하고 있는가?
- 요구 또는 수용되는 행동규정이 잘 지켜질 수 있도록 설계됐는가?
- 물리적 설계가 공간의 생산적인 사용 또는 그 안에서 이루어지는 인간의 활동과 상충 또는 방해되는 부분은 없는가?
- 물리적 설계가 행동을 통제하려는 방식에 혼란이나 갈등요소는 없는가?

영역강화, 자연적 접근통제 및 자연적 감시 등 CPTED의 세 전략이 3-D 개념에도 내포되어있다. 공간이 어떤 개인이나 집단에 명확히 속해 있는가? 사용의도는 명확히 규정되어있는가? 물리적 설계는 그러한 사용의도에 부합하는가? 설계가 일반 사용자들의 활동과 출입을 자연스럽게 통제 및 감시할 수 있는 수단을 제공하는가? 일단 이러한 기본적 형태의 자기진단을 거치게 되면, 3-D 요소들은 공간을 위해 해야 할 것이 무엇인지를 결정하도록 방향을 제시해주는 간명한 수단이 된다. 영역정체성 확립과 자연적 접근통제 및 감시를 효과적으로 지원해줄 수 있도록 적절한 기능들이 공간과 조합을 이루도록 해야 하며, 그 명백히 의도하는 바가 사회적·문화적·법적 및 행정적 용어나 규범들 속에 반영되도록 해야 한다.

4) 실행 중인 전략 사례
오늘날 실행되고 있는 CPTED 전략의 사례는 수백 개에 이르는데, 이들 각 사례 속에는 CPTED의 세 가지 전략이 주어진 상황과 특정

보안 및 범죄 문제에 적합한 형태로 융합되어있다. 어떤 사례들은 CPTED 개념을 그대로 적용하여 만들어졌는가 하면, 다른 사례들은 실생활 상황에 맞춰 응용한 것들이다. 이들의 공통점은 자연스러움을 가장 강조한다는 점인데, 이는 단지 당신이 어차피 해야 하는 일을 하되 조금만 더 잘하고자 하는 것이다.

CPTED 전략 적용의 몇몇 사례들은:
- 통제공간의 명확한 경계선 설정하기
- 공용공간으로부터 준공용공간 및 사적공간으로의 이동을 알려주는 명확히 표시된 전환구역(Transition zones) 설정하기
- 사람들이 모이는 장소를 자연적 감시와 접근통제가 되거나 잠재적 공격자들의 시야에서 벗어나 있는 위치로 조정하기
- 안전하지 않은 장소에 안전한 활동을 배치하여 이들 활동에 대한 자연스러운 감시가 이루어지도록 함으로써 일반 사용자들의 안전 인지도를 높이고, 공격자들에게는 그들의 행위에 수반되는 리스크가 커졌음을 인식시키기
- 불안전한 활동들을 안전한 장소에 배치하여 그곳의 자연적 감시와 접근통제에 의해 취약점을 해소하기
- 서로 상충되는 활동들 사이에 자연스러운 장벽을 세우기 위해 공간의 용도를 재지정하기
- 공간의 효율적 사용과 적정 임계강도(Critical intensity) 유지를 위해 사용일정 관리체계를 개선하기
- 자연적 감시에 대한 사용자들의 인식과 체감성을 높이기 위해 공간을 재설계하기
- 커뮤니케이션과 설계효율 개선을 통해 거리의 이격과 고립성 극복하기

1 CPTED 솔루션: 개념과 전략

5) 정보 사용(Use of Information)

당연히 모든 중요한 결정들은 좋은 정보에 기초해야 한다. 특히 물리적 환경에 대한 설계와 사용 문제에 관해서는 최소한 다섯 가지의 기본적 정보가 수집·사용되어야 한다. 현명한 결정을 위한 합리적 근거가 사용되지 않는 한 근원적인 문제를 발생시키는 똑같은 실수가 반복될 수 있다.

CPTED 기반의 훌륭한 계획수립에 필요한 다섯 가지 기본형 정보는 범죄분석 정보, 인구통계학 정보, 토지사용 정보, 관찰(Observation) 및 거주자 또는 사용자와의 면담 등인데, 이들 정보가 꼭 정교할 필요는 없다. 이들은 모든 공동체와 장소에 기본적인 형태로 존재하는 정보로서, 가장 기본적인 형태로 제공되는 정보가 아니라면 오히려 필요한 정보로서의 가치가 떨어진다. 예를 들면, 도둑이 5% 증가했다는 통계수치를 통해 할 수 있는 것은 제한되지만, 특정 구역의 도둑 집단분포(Clustring)를 보여주는 범죄지도를 활용하는 경우 할 수 있는 것은 아주 많아진다.

도둑들이 일련의 범죄를 위한 접근경로로서 자동차 대신 좁은 골목길을 사용했다는 사실을 알아냈을 경우에는 훨씬 더 많은 것을 할 수도 있다. 그 외 필요로 하는 정보들도 심플하면서 유용한 내용 구성으로 제공되어야 한다.

아래는 각 정보 유형에 대한 간단한 지침이다.

• 범죄분석(Crime analysis)

이 유형의 정보는 모든 경찰관서에서 구할 수 있는데, 주로 범죄행위의 패턴 규명을 목적으로 작성되는 범죄모의 상황도와 범죄보고서의 형태로 획득된다. 범죄의 기본적인 패턴은 지리적 범죄와 유사 범죄의 두 가지가 있다.

• 인구통계학(Demographic)

이는 특정 도시나 지역 또는 인접지역 거주 인구의 성향을 설명해주는 정보로서, 도시계획 부서나 도시관리자 또는 시청에서 구할 수 있다.

이런 유형의 정보를 얻을 수 있는 또 다른 출처는 여론조사국과 대부분의 공공도서관에 비치되어있는 시·군 행정자료집이다.

• 부지 용도(Land use)

도시계획부서, 지역대표자회의, 교통위원회 및 지방의회가 부지의 물리적 구획과 용도를 자세히 알려주는 정보와 도면을 가지고 있다. 주거지역, 상업지역, 공원, 학교 및 교통 흐름 등을 색상으로 구분해서 보여주는 간명한 도면은 물리적 환경을 이해하는 데에 큰 도움을 준다. 자연경계와 주변지역을 특히 부지 용도와 보행 및 교통의 흐름과 연계하여 도면상에 시각화하는 것은 그리 어렵지 않은 일일 것이다.

• 관찰(Observation)

언제, 어떻게, 그리고 누가 그 공간을 사용하고, 어디서 문제가 발생할 수 있는가에 관한 현장지식을 얻기 위해 물리적 공간에 대한 공식 또는 비공식의 시각적 검토를 하는 것은 매우 유용하다.

• 환경적 단서(Environmental cues)

일상적 공간사용자와 범죄자의 행동에 영향을 미치는 결정적 열쇠이다.

• 관찰 내용에는 보행자 및 차량의 수, 도로 안팎의 주차, 부지와 울타리 관리, 거주자와 사용자들에 의해 금지된 소유권 행위의 수준, 통제 및 회피되는 행동들, 그리고 각 가정과 공원이 내려다보

이는 사업체 및 학교의 창문 블라인드 설치율처럼 영역 이해에 관한 다른 잠재지표들이 포함될 수 있다.

  • 거주자 또는 사용자 면담(Resident or User interviews)
이 정보출처는 다른 데이터 출처와의 균형을 위해 필요하다. 사람들이 안전 또는 위험하다고 느끼는 장소는 종종 범죄지도상의 우범지역과 다를 수 있다. 거주자와 공간사용자들이 어떻게 인식하고 있고, 그들의 주변지역에 대한 공간정체성의 범위(Extent of identity)가 어떠한지를 명확히 하는 것은 매우 중요한 일로, 이는 그들이 공간 내에서 움직일 때의 행동과 반응에 영향을 미칠 뿐만 아니라, 그들이 필요로 하는 것이 무엇인지를 스스로 생각하도록 하기 때문이다. 보다 복잡한 형식의 정보수집 및 분석에 치중하여 이런 기본적인 부분들을 간과하면 전체의 그림을 망칠 수 있다. 전문가들은 때때로 복잡한 분석모델에 의존하느라 거주자나 공간사용자들의 적극적인 참여를 꺼리는 경향이 있는데, 이는 가장 기본적인 아이디어가 누락될 수 있어 위험한 일이므로 사용자들의 적극적인 관여를 통해 좋은 결과를 얻도록 해야 한다.

6) CPTED 계획의 이점들
범죄와 두려움 문제를 다루는 것 이외에 CPTED 계획의 또 다른 이점들은 다음과 같다.

  • 다양한 환경에서 범죄문제에 대처
범죄와 환경이 연관된 문제의 규명 — CPTED 전략 선택 — 착수, 시행 및 범죄대응 프로젝트 평가로 이어지는 일련의 과정은 모든 주변지역 또는 스쿨존에 적용될 수 있으며, 또한 작은 규모의 구역이나 단일의 특정 기관에도 똑같이 유용하게 적용될 수 있다.

• 범죄예방 접근법의 통합

CPTED 원리는 특정 환경 내에서 어떻게, 그리고 어떤 주변 상황하에서 변수들이 상호작용하여 범죄를 유발하는가에 대한 이해를 통해 범죄자들의 행동을 설명할 수 있다는 '범죄행동기회모델(Opportunity model of criminal behavior)'로부터 나왔다. 일단 기회구조에 대한 평가가 이루어지면 적합한 전략들이 설계 및 조율되고 일관성 있는 프로그램으로 통합될 수 있다.

• 단기 및 장기 목표 식별

CPTED와 같은 포괄적이고 광범위한 프로그램은 그 달성에 수년이 소요될 수도 있는 궁극적인 목표를 가지고 있다. 하지만 CPTED와 달리 다른 많은 프로그램들은 단기 또는 당면 목표와 그 성공 여부를 측정할 수 있는 적절한 방편을 찾지 못하고 있는 실정이다. CPTED의 접근법은 업그레이드된 접근통제, 감시 및 영역강화와 연계되는 당면목표를 구체화하는 평가체계를 포함하고 있는데, 그 이유는 당면목표 달성에 성공하는 것이 전체 프로그램의 궁극적인 성공과 직접적으로 연결되기 때문이다.

• 프로그램에 대한 집단반응 장려

CPTED 프로그램이 강조하는 것은 개인이 아니라 거주자 전체가 호응하여 행동하는 역량을 증진시키는 부분으로, 그 전략들은 시민참여를 지원하고 사회적 응집성(Social cohesion)을 강화하는 데에 초점을 맞추고 있다.

• 도시문제에 관련되는 여러 학문분야가 연계된 학제(學制)적 접근법(Interdisciplinary approach)

명확한 학제 간 협업 방침은 공공사업, 사회복지, 경제개발, 경찰 등 다양한 행정부서들 간의 효율적 협업을 보장하는데, 참여자들에게는 타 부서의 책임과 권한 및 기능을 이해하는 기회가 되기도 한다.

• 경찰과 지역공동체 간 우호적 관계를 조성하는 계기 마련

이 부분의 핵심 전략은 경찰-지역공동체 간 관계 발전과, 경찰에 전적으로 의존하지 않는 방범 프로그램 개발 등의 결과로 경찰활동과 지역공동체 자체 방범활동을 조화시키는 것이다.

• 보안지침과 표준 개발

CPTED 프로그래밍은 신설 또는 리모델링 되는 공간환경들로 하여금 무심코 범죄의 기회를 제공하는 잘못된 계획과 설계를 하게 되는 결정을 피할 수 있도록 보안기준을 수립할 수도 있다.

• 도시 재생 돕기

물리적·사회적·경제적 상황에 미치는 영향으로 인해 CPTED는 도심지역을 포함하는 지역공동체에 활력을 불어넣는 재생사업에서 중요한 역할을 수행할 수 있다. 기업주, 투자자와 여타 주민들이 범죄와 공포를 줄이기 위한 전방위적 노력이 진행되고 있다는 사실을 알게 된다면 공동체의 정체성에 대한 인식과 응집력이 개선되는 효과를 보게 될 것이다.

• 발전기금 획득

CPTED를 기존 프로그램들에 결합하면 보조금 지급, 사업비 대출 및 지역발전기금 획득 등에서 추가적으로 유리한 입지를 점할 수도 있다.

• 범죄예방 정책과 관행의 제도화

CPTED 프로젝트는 지역별 관리역량을 만들어내고 이를 전문화하

여 진행 중인 프로젝트를 지속 가능하게 한다.

7) 예방(An Ounce of Prevention): 지역공동체 발전을 지원하는 법집행기관의 새로운 역할

공공과 개인 부문의 파트너십은 정보를 공유하고, 공동체로 하여금 위협을 더 잘 인식하도록 유도하며, 그들을 문제해결 프로세스에 참여시킴으로써 공공의 안전을 증진시킨다. 공동작업(Collaboration)은 파트너십의 키워드이다. 왜냐하면 모든 협업자가 그들의 목표 또는 임무가 겹쳐진다는 점과, 자원을 공유하면서 함께 일하여 공동의 목표를 달성한다는 점을 반드시 인식해야 하기 때문이다. 공공-개인 부문 파트너십의 또 다른 이점은 그들 사이에서 기술과 전문지식의 상호교환이 이루어진다는 점이다.[2] 성공적인 파트너십을 위해서는 각 참여자들이 협업을 통해 얻게 될 가치에 대해 이해해야 하고, 공동체 발전이라는 공동의 목표를 달성하기 위해 기꺼이 함께 일하는 데에 헌신해야 한다. 파트너십 형성 문제와는 별개로 법집행기관이 CPTED에 관여해야 하는 많은 설득력 있는 이유가 있다.

① CPTED 개념은 범죄문제를 줄이면서 공동체 활동은 촉진한다.
② CPTED 개념은 공동체가 제대로 기능하도록 돕는다는 면에서 전통적인 법집행기관이 지향하는 가치에 본질적으로 부합한다.
③ CPTED는 고유한 정보출처와 공동체에 대한 축적된 지식을 요구하는데, 이는 법집행기관에서는 늘 하고 있는 일이다.
④ CPTED에 관련되는 문제와 사안들은 전화나 서비스를 반복하는 일 및 범죄발생 상황들과 직접적인 관계가 있다.
⑤ CPTED의 방법론과 테크놀로지는 직접적으로 부동산의 가치와 사업 수익성 및 생산성을 높여서 지역사회의 세원(稅源)이 확충되게 하는 기회를 준다.

[2] http://it.ojp.gov/ documents/d/fusion_ center_guidelines.pdf.

1 CPTED 솔루션: 개념과 전략

규모에 상관없이 법집행기관들은 공동체 프로젝트 및 상업적 프로젝트의 검토와 승인 과정에 공식적으로 포함되어야 하며, 그들의 참여는 수동적이기보다 적극적·창조적이어야 한다. 더욱이 그러한 관여가 어떤 경우에도 해당 기관이 소송에 휘말릴 가능성에 노출된다는 인식을 가지도록 해서는 안 된다. 이는 환경을 변화시키는 책임자들이 모르고 있을 수도 있는 추가적인 정보와 관심사항을 제공하는 것이 CPTED에서 법집행기관의 역할이기 때문이다. "Pay me now, or pay me later(지금 하지 않으면 늦다)"란 표현은 식견 있는 법집행 담당자가 공동체 프로젝트의 개념수립과 계획 단계에서부터 조기에 참여할수록 삶의 질 개선과 범죄에 대한 공포를 줄이는 데에 더 많은 기여를 할 수 있음을 말해주는 것이다. 이러한 조기 개입은 가장 가성비 높은(Cost-effective) 범죄예방 방법론의 하나이다.[3]

[3] Crowe T. D. & Fennelly L. J. *Crime prevention through environmental design.* 3rd ed, Elsevier Publishers, 2013.
[4] www.popcenter.org/ tools/cpted/.

5. CPTED 평가[4]

CPTED 평가를 진행하는 동안, 다음의 CPTED 원칙에 집중해야 한다.

- 자연스러운 감시(Natural Surveillance)
- 출입 관리(Access Management)
- 영역성(Territoriality)
- 물리적 유지관리(Physical Maintenance)
- 질서 유지(Order Maintenance)
- 활동 지원(Activity Support)

필요한 환경변화나 개선소요를 도출하는 동안 해당 지역의 긍정적 특성을 찾아내야 하고, 그 과정에서 보고 들은 내용들을 논리적으로 재구성해야 한다.

6. 분석 간 답해야 할 질문들

• 일상적인 감시가 가능한가? 만약 그렇지 않다면 보강될 수 있는가?

• 어두운 시간대에 사용되는 차량 및 보행자 통로와 활동지역에 충분한 조명이 제공되는가(그림 1.9)?

• 자연 채광을 포함하여 실내 조명을 충분한가? 비상등은?

• 출입은 관리되는가? 아니라면, 더 나은 출입관리를 위해 어떤 전략적 조합이 사용될 수 있는가?

• 모든 공간이 특정 용도로 지정되고 상세히 설명되어있는가? 그렇지 않다면 지정 및 설명될 수 있는가?

• 사용자 간 갈등이 있는가?

• 수용능력은 충분한가? 과밀로 인해 긴장, 두려움, 또는 잠재적 위험이 생겨나지는 않는가?

• 공간환경에 대한 자부심과 소유권(영역권) 의식이 존재하는가? 그것들이 증가할 가능성은?

• 모든 지역이 잘 유지관리 되고 있는가? 수리나 교체가 필요 없이 청결과 기능이 유지되고 있는가? 만약 그렇지 않다면, 최종적으로 정비된 시점은 언제인가?

그림 1.9 수목을 정리하여 가시선을 확보해야 함

1 CPTED 솔루션: 개념과 전략

- 행동수칙이 전파되어 알려져 있는가? 시행은 되고 있는가?
- 감시·출입관리 및 질서 향상을 위한 지원활동이 이루어지는가? 아니라면 보강될 수 있는가?
- 장소들은 찾기 쉬운가? 어떤 지점에서도 당신이 어디에 위치해 있는지를 쉽게 이해할 수 있는가? 원하는 위치에 도착하기 위해 어떤 통로나 방향을 택할지가 명료한가?
- 조경은 그 부지에 대한 이해도를 높이는 데에 도움을 주고 있는가? 필요한 장소에 그늘과 완충공간을 제공하는가? 심미적 품질을 갖추었는가? 접근 가능한가? 식재된 수목들은 건강하고 잘 관리되고 있는가?
- 공간의 사용자들은 어떻게 행동하는가? 주위 환경에 대한 존중심이 있는가? 긴장과 무질서가 일상적인 그런 장소가 존재하는가?
- 낙서 또는 다른 공공기물 파손(Vandalism)의 징후가 있는가?
- CCTV나 비디오 감시가 있는가? 있다면 그것들이 주요 위치에 설치되어있는가? 다른 감시수단이 있는가?
- 장소 내에 CPTED가 성공적으로 적용됐는가? 만약 그렇다면, 그것을 긍정적인 사례로 활용하라.[5]

1) 주변지역(Surrounding Neighborhood)

- 인접지(Adjacent land) 활용
- 인접도로와 건물들의 상태
- 인접도로상의 교통패턴과 교통량
- 보행자 건널목 안전장치(표시된 건널목, 신호등)
- 개선을 위한 권고사항

2) 경계부와 입구(Perimeter and Point of Entry)

- 지역/위치에 접근하면서 받는 첫인상
- 벽과 (또는) 울타리

[5] http://cptedsecurity.com/cpted_design_guidelines.htm.

- 유형, 위치, 운용시간 및 사용자들
- 특수직원과 (또는) 방문자 출입지점
- 지역/위치를 확인해주는 표지, 상시방문자 및 특별방문객의 주차와 출입에 관한 정보
- 방문객들의 특별주차와 출입을 안내하는 표시와 (또는) 안내도
- 차량을 안내하는 표시와 (또는) 보도 표지
- 내측 공간에서의 감시
- 조경과 시계 청소(Cleanliness) (그림 1.10)
- 조명
- 개선을 위한 권고사항들

그림 1.10 조경과 시계 청소

3) 차량이동로와 주차시설

- 버스를 포함한 자동차 교통 패턴과, 학교에서 적용한 학생들의 하차/픽업용 환형도로(loop) (그림 1.11)
- 방문객들이 주차와 출입위치를 알 수 있도록 해주는 표시와 (또는) 안내도
- 방문객 주차임을 확인하는 표시

1 CPTED 솔루션: 개념과 전략

그림 1.11 차량 통행로와 승하차 지점

- 내측 공간에서의 주차장 감시
- 조명
- 개선을 위한 권고사항

4) 보행자 이동로와 집결지역

- 건물들로 오가는 보행자 경로
- 보행자 횡단보도 표지 또는 지정된 보행자 경로
- 보행자 안내용 신호체계, 조경, 표지물(Landmarks)
- 보행로와 외부복도(회랑) 감시
- 공식 또는 비공식적 집결지역
- 조명
- 개선을 위한 권고사항

5) 건물 외부와 부지

- 미관, 건물 디자인, 위치 및 창문과 출입문의 보안성
- 자연적 및 기계적 감시능력
- 숨겨진 구석공간과 벽면의 움푹 파인 부분(alcove: 벽감)
- 거울과 CCTV, 보안감시 시스템의 활용
- 시계 청소와 조경
- 조명

• 개선을 위한 권고사항

6) 건물 내부

• 건물 내·외부 감시능력
• 출입관리(관찰된 방침과 절차)
• 복도, 계단벽 및 특수용도 구역에 있는 숨겨진 공간과 벽감
• 거울과 CCTV, 보안시스템 활용
• 화장실
• 경보구역
• 청결, 정비보수 및 여타의 영역적 강화
• 자연적·인공적 조명과 비상조명
• 개선을 위한 권고사항

7) 정비실과 우편물 수하구역

• 출입문, 위치 및 감시수단
• 우편물 수발과 정비작업 간 보안 및 출입관리
• 쓰레기통/분리수거장의 위치
• 유류와 화학물질의 적재보관
• 일과 후 이들 구역의 사용
• 개선을 위한 권고사항

7. 대학교의 CPTED 평가 결과 30가지 취약점

① 캠퍼스 진입로의 좋지 않은 시계(視界)
② 캠퍼스로의 차량 진입이 너무 쉬운 점
③ 일반 공공시설지역과 캠퍼스와의 경계가 불분명한 점
④ 캠퍼스 건물들과 주변지역 간 거리가 부적절한 점
⑤ 캠퍼스 건물들의 외부 출입문이 연중 잠겨 있지 않은 점

⑥ 조경과 초목으로 가려져 있는 지역과 건물들

⑦ 교통위험 지점과 근접한 학교 시설

⑧ 비상시 차량 진입이 곤란한 일부 건물과 캠퍼스 일원

⑨ 캠퍼스 내의 외지고 한적한 지역

⑩ 학생, 부서 및 직원들을 위한 안전/보안경보 프로그램 부재

⑪ 도로로부터 캠퍼스 외곽경계가 보이지 않는 부분

⑫ 주차구역과 잔디공터 사이에 차단장애물이 없는 점

⑬ 주차구역 내의 자갈

⑭ 캠퍼스 내의 위험한 교통로와 차량통행 패턴

⑮ 범죄를 숨길 수 있는 밀폐된 뜰

⑯ 범죄를 가리는 건물의 높은 난간

⑰ 캠퍼스 지역 내 출입통제와 순찰을 담당하는 보안요원 부재

⑱ 야간 차량 에스코트 프로그램 부재

⑲ 부적절한 캠퍼스 조명

⑳ 고장 난 조명기재를 수리·교체할 정비계획 부재

㉑ 캠퍼스에 인접하여 존재하는 범죄유발 요인들

㉒ 초목/조경 식수 및 유지관리 프로그램 부재

㉓ 노숙자들이 사용할 수 있는 캠퍼스 내의 벤치들

㉔ 학생, 부서 및 직원들이 ID표찰을 패용하지 않는 점

㉕ 차량이 보도로 진입하는 것을 막는 차단말뚝(Bollard) 미설치

㉖ 카메라 또는 비디오 감시 프로그램 부재

㉗ 상시 열려 있는 기숙사 외부 출입문

㉘ 기숙사 입구의 안내데스크에 24시간 상주직원 미배치

㉙ 건물들로부터 온전히 보이지 않는 주차지역

㉚ 캠퍼스 내 신호체계

8. CPTED 권고사항

다음의 내용들은 CPTED 평가 부분에서 문서로 기록될 수 있는 환경적 문제와 쟁점들이자 권고사항이다.

- 일방통행로는 교통흐름을 개선할 뿐 아니라 상업활동 사각지대를 초래하기도 해서, 결과적으로 지역개발 노력을 저해하는 범죄나 공포를 불러일으킨다는 사실이 알려졌다.
- 주변지역 내의 관통교통로(Through traffic)는 거주자의 주택 가치 면에서나 안정성 및 범죄율 면에서 나쁜 영향을 주는 것으로 밝혀졌다.
- 도심개발 프로젝트들은 자연적 감시와 출입통제 부분을 경시하는 근본적인 실책 때문에 실패를 거듭해왔고, 그로 인해 원하는 사용자들을 잃고 원하지 않는 사용자들에 의해 점유당하는 결과를 가져왔다.
- 컨벤션센터, 호텔, 은행, 노인요양원 및 주차건물들을 설계하는 사람들에게서 '요새효과(Fortress effects)'란 개념이 나왔는데, 이는 주변지역을 파괴하고 '사람이 살지 않는 땅'을 만들어냈다.
- 심각한 주차난이 상가와 주거지 사용자들 간의 갈등을 증폭시켰고, 둘 다 피해를 입고 말았다.
- 이러한 방식의 설계와 관리는 사실상 비즈니스 활동을 저하시키고 경제활동 종사자들과 소비자들의 희생을 키울 수 있다.
- 쇼핑몰과 대형 행사시설의 허술한 출입통제와 시설배치 구조는 교통혼잡을 초래하고 바람직하지 않은 행위들을 유발할 수 있다.
- 학교나 교육기관 설계에서는 감시가 불가능한 지역(Dysfunctional area)을 무심코 만들 수 있는데, 그 결과 비교육적 행동과 범죄문제를 야기해 시설의 안정적인 운영에 전반적 장애를 초래하게 된다 (예: 학생들의 학업성취도 저하 등).
- 공공주택과 반값주택(Affordable housing) 건설은 임시거주자들을

1 CPTED 솔루션: 개념과 전략

불러들이는 프로젝트가 될 수 있으나, 지역 빈곤에 반대하는 기존 거주이웃들에게는 해로운 효과를 낳을 수 있다.

거의 모든 환경적 상황과 위치적 조건에서 CPTED 개념을 적용하는 것은 어려운 일이 아니다. 법집행기관은 올바른 질문을 던지고 올바른 정보를 제공함으로써 지역공동체가 더 많은 정보를 바탕으로 결정을 내릴 수 있도록 지원할 수 있다.

CPTED는 이러한 요소들을 규합하여 공간설계와 관리에 반영함으로써 새로운 관점을 제시한다.

• 자연적 출입통제

특정 공간은 사람들에게 허용되고 안 되는 장소에 대해 자연스러운 암시를 주어야 한다. 잠금장치, 경보기, 감시 시스템 및 보안요원들에게 전적으로 의존하지 말고 보안이 공간환경 배치(Layout)의 한 부분이 되게 해야 한다(다음 장의 경관보안 부분 참조).

• 자연적 감시

훌륭한 조명과 같은 전통적인 요소들도 중요하지만, 전략적으로 설치한 창문이나 직원들의 업무공간, 작업장 배치와 같은 자연스러운 요소를 간과해서는 안 된다.

• 영역 강화

이는 모든 자연적 감시와 출입통제 원칙을 포괄하는 하나의 '우산 개념'이다. 이것이 강조하는 것은 소유권의식 향상과 소유자다운 행동들이다.

CPTED는 적절한 설계와 기(旣)조성된 환경의 효율적 사용이 범죄 기회와 두려움을 감소시켜 결과적으로 삶의 질을 높인다는 점을 강조한다(NCPI, 2018). 범죄예방설계기법(Crime prevention design solutions)은 건물들의 디자인과 기능에 반드시 통합되어야 하며, 아니면 최소한 건물이 들어선 주변 장소에 대해서라도 그렇게 해야 한다.

팀 크로는 CPTED에 관한 그의 저술에서 "… 조명이 인간의 행동에 영향을 미치는 것은 분명하나, 너무 많거나 적은 조명의 경우 그 효과는 다르게 나타난다. 현재 일반적으로 인정되는 바는 조명 수준의 증가에 정비례하여 성과가 증진되고 피로도는 낮아진다는 것인데, 하지만 이 역시도 일하는 장소냐 노는 장소냐와 관련이 있다"[6]고 말한 바 있다.

고대의 크롬요법(Chromotherapy) 분야, 혹은 오늘날의 명칭으로 광생물학(Photobiology)이 다시 관심을 받고 있는 이유는 많은 과학자들이 색상과 조명이 건강과 행동에 영향을 미칠 수 있다고 믿기 때문이다. 메사추세츠 기술연구소의 영양학자인 리처드 우르트먼(Richard Wurtman)은 식후에 신체기능을 조절하는 데 있어서 빛이 가장 중요한 환경요소라 주장했다.[7]

많은 심리학자들도 조명이 인간의 행동에 큰 영향을 미친다고 믿는다. 사람들로 하여금 가장 큰 기쁨을 느끼게 하는 조명수준이 있으며, 밝은 불빛의 방은 어두침침한 방보다 더 활력이 있다. 조명은 매장의 이미지에도 영향을 미치는데 이는 쇼핑객들이 매장을 편하게 둘러보고 상품을 세밀히 살펴볼 수 있도록 해주기 때문이다.

CPTED의 원리는 사회적 상호작용과 범죄학 및 건축학에 기반할 뿐만 아니라 그 원리가 미치는 심리적 효과에도 기반을 두고 있다. 보안 부문에 있어서 색상은 물리적 측면을 가지는데, 사람들이 길을 찾거나 더 안전한 위치 또는 올바른 출입구로 이동할 수 있도록 도와주는 일 등이 그것이며, 또한 색상은 동시에 심리적 효과를 내기도 한다. 보안실무자들은 더 많은 빛을 반사하기 위해 옅은 색을 사용하는 것과 같은 물리적 측면에서의 색상 적용은 잘하지만,

[6] Crowe T. D., Fennelly L. J. *Crime prevention through environmental design*. 3rd ed, Elsevier Publishers, 2013.

[7] http://www.nytimes.com/1982/10/19/science/color-has-a-powerful-effect-on-behavior-researchersassert.html.

1 CPTED 솔루션: 개념과 전략

특정 색상에서 나오는 감정적 부분을 고려하는 데에는 익숙하지 못하다. 많은 보안실무자들이 범죄예방이라는 한 가지 측면으로 색 사용을 이해하면서, 그것이 직장폭력, 학교안전 및 여타의 많은 경우에 적용할 수 있는 유용한 수단이라 믿고 있다. 모든 디자이너나 인테리어 전문가들은 어떤 공간환경의 분위기를 결정 짓는 데 있어서 색상이 얼마나 중요한가를 이야기한다. 실험에 의하면, 각양의 색상들이 혈압, 맥박과 호흡수뿐만 아니라 두뇌활동과 바이오리듬에도 영향을 미친다고 한다.[8]

[8] Ibid.

9. 색상의 심리적 특성[9]

[9] http://www.colour-affects.co.uk/psychologicalproperties-of-colours.

• 적색(Red): 힘 있는 색상. 물리적, 강인함, 기본적 느낌의 효과. 열정적이며 활력 넘치고 친화적이다.

    긍정적: 물리적, 용기, 힘, 따뜻함, 에너지, 기본생존, 투쟁, 열정, 남성성, 신나고 흥분됨

    부정적: 반항, 공격적, 시각충격, 압박

• 청색(Blue): 마음의 색. 본질적으로 마음을 위로하고 정신적인 면으로 영향을 미친다. 진청색은 맑은 생각을 알으키고, 밝고 부드러운 청색은 마음의 안정과 집중을 돕는다. 세계적으로 가장 사랑받는 색상으로, 차고 매정하며 친근하지 못한 색상으로도 인식된다.

    긍정적: 지적, 소통, 신뢰, 효율, 평온, 의무, 논리, 시원함, 반사, 고요

    부정적: 차가움, 냉담, 감정결여, 비우호적

• 노란색(Yellow): 파장이 비교적 긺, 본질적으로 고무적이나, 부적절한 사용 시 공포와 불안을 야기할 수 있다.

    긍정적: 감상적, 긍정, 신념, 자부심, 외향성, 정서적 힘, 친화적, 창의력

    부정적: 불합리성, 공포, 감정적, 취약성, 우울, 울분, 자살

• 초록색(Green): 초록색을 계획에 잘못 사용할 경우 침체된 분위기를 나타낼 수 있다.

> 긍정적: 조화, 균형, 재충전, 우주적 사랑, 휴식, 회복, 안심, 환경의식, 평정, 평화
>
> 부정적: 지루함, 침체, 느슨함, 쇠약

• 보라색(Violet): 자주색(Purple)이 값싸고 저급한 대상들에 관련되어 있어, 과도하게 사용될 경우 다른 어떤 색상보다도 빠르게 좋지 않은 분위기를 연출할 수 있다.

> 긍정적: 정신적 각성, 방지, 상상/예지력, 고급스러움, 진정성, 진실, 품질(Quality)
>
> 부정적: 내향성, 억제, 열등

• 주황색(Orange): 주황색은 우리 마음을 음식, 온기, 주거, 그리고 관능 등 신체적 안락함의 문제에 집중시키는 즐거운 색상이다. 주황색의 과도한 사용은 지적 가치의 결여로 연결될 수 있다.

> 긍정적: 신체적 안락함, 음식, 온기, 보안, 관능, 열정, 풍요, 즐거움
>
> 부정적: 내향성, 퇴폐, 억제, 열등

• 검정색(Black): 검정색은 모든 색상이며, 모든 색이 그 안에 흡수되어 있다. 이 색은 차단벽을 만들어 우리에게로 향하는 모든 에너지를 흡수한다. 검정은 빛이 없는 상태인데, 많은 사람들이 어둠을 무서워한다. 카우보이 영화에서 선한 인물은 어떤 색깔의 모자를 쓰고, 악당은 어떤 색깔을 쓰는가? 장례식에서는 검정 넥타이를 맨다. 날씬해 보이기 위해서도 검정색 옷을 입는다. 검정색 경주마가 더 빨라 보인다.

> 긍정적: 세련됨, 매혹적, 보안, 정서적 안전, 효율성, 실체/물질
>
> 부정적: 억압, 냉담, 위협, 육중함

• 회색(Gray): 짙은 회색의 사용은 보통 신념의 결여와 노출에 대한 두려움을 나타낸다.

1 CPTED 솔루션: 개념과 전략

긍정적: 심리적 중립성

부정적: 신념 결여, 습기, 에너지 결핍, 우울, 동면(Hibernation)

• 분홍색(Pink): 옅은 적색의 하나로서 분홍색 역시 우리에게 물리적 영향을 미치긴 하나, 이 색상은 분위기를 고양시키기보다 부드럽게 달랜다. 하지만 분홍색은 심리적으로 힘 있는 색상이다.

긍정적: 신체적 안락함, 음식, 온기, 보안, 관능, 열정, 풍족, 즐거움

부정적: 억제, 정서적 밀실공포증, 수척함, 신체적 허약

• 흰색(White): 흰색은 완전한 반사색으로, 자연 빛 스펙트럼의 모든 색광을 우리 눈에 반영해준다. 흰색이 순결을 나타내지만, 따뜻한 색에 더해졌을 때는 희번덕거리고 야해 보이게 하는 부정적 효과도 있다.

긍정적: 위생, 무균 상태, 명료함, 순결, 청결, 단순, 세련됨, 효율

부정적: 무균 상태, 냉담, 장벽, 비호의적, 엘리트의식

• 갈색(Brown): 갈색은 일반적으로 적색과 노란색 및 검정색으로 만들어진다.

긍정적: 진중함, 온기, 자연, 지성, 신뢰, 도움

부정적: 유머감각 부족, 무거움, 세련되지 못함

우리는 한 지역의 은행이 고객들로 하여금 안전하고 편안하게 느낄 수 있도록 따뜻한 색상의 인테리어와 조명으로 디자인되어있는 것을 볼 수 있었다. 게다가 은행 관리자는 로비에서 고객들을 맞이하고 있었는데, 그들이 기대했던 대로 쾌적한 공간은 확실한 효과를 보고 있었다. A+!

많은 병원들과 의료시설들은 안정과 휴식의 분위기를 내기 위해 초록색을 인테리어 색상으로 사용함으로써 환자들이 덜 예민하고 덜 불안하도록 배려하고 있다.

색상심리학을 논할 때, 청색과 초록색은 편안한 효과를 내는 반

면, 적색과 주황색은 자극적이라는 점을 기억하자. 따뜻한 색상은 보호하는 느낌으로 인식되고, 맑고 강렬한 색상은 보다 즐거운 느낌으로 받아들여지며, 어두운 색상들은 권위적이고 강한 적대감과 공격적인 느낌으로 인식된다. 색상심리는 이처럼 보기보다 복잡한데, 색상과 색채조합에 관한 과학적 연구와 주장만 있는 것이 아니라 여기에 대해서는 이견도 존재한다.

CPTED는 정당한 공간사용자들의 요구(물리적·사회적·심리적 요구)와, 일상적이며 기대되는(또는 의도하는) 공간 용도, 그리고 사용 대상자와 범법자 모두에게서 예상되는 행동 등에 부합하는 맥락에서 물리적 공간설계가 이루어지기를 요구한다. 따라서 CPTED 접근법에서는 지정된 공간 용도를 식별하고, 여기에 수반되기 마련인 범죄문제와 그에 대응하는 솔루션을 명확히 규정하며, 공간 사용의 효율성을 높이는(최소한 저해하지 않는) 전략들을 채택하는 경우 그것을 적절한 설계라고 본다.

Buildings Magazine의 소셜미디어 책임자인 케리 커패트릭(Kerry Kirpatrick)이 말하기를, 조사에 의하면 향상된 생산성은 매일 수많은 사람들이 접하게 되는 실내환경을 고려하여 설계된 친환경 빌딩(Green building) 덕분이라고 했다. "이러한 발견은 근로자의 생산성과 학생의 학습활동 및 안전에 광범위한 시사점을 준다."[10]

실내 차고의 천장은 흰색으로 칠해져야만 가능한 최대한의 불빛을 반사할 수 있다. 가성비가 가장 높은 LED 조명을 고려할 수도 있다. 벽을 하얗게 칠하는 것도 CPTED의 감시원칙뿐 아니라 접근통제(가시성을 높이므로)와 유지관리 효과를 높일 수 있는데, 이는 범죄와 무질서에 관한 '깨진 창문 이론(Broken windows theory)'[11]과도 연관된다. 또한 조명은 조명수단 간 상호 방해와 모호함 또는 눈부심과, 열을 내는 조명 원을 사용할 때 생길 수 있는 '열점(Hot spot)'으로 인해 식별할 수 없는 영상이 뜨는 일 등을 피하기 위해 비디오 감시와 결합하여 세심히 검토 후 설치되어야 한다.

[10] http://energyalliancegroup.org/author/kerry/.

[11] http://www.britannica.com/topic/broken-windowstheory.

거리조명은 그 영향을 받는 사람들의 안전에 효력이 있고 특정 환경에서 피해자가 되는 두려움을 감소시킬 수 있어서 일반적으로 인지된 신변안전에 영향을 미치는 가장 중요한 물리적 기재로 여겨진다. 적절한 거리조명이 범죄율과 범죄에 대한 공포심을 줄여준다는 공감대가 존재하므로, 주어진 환경과 그 의도하는 용도에 대한 거듭된 심사숙고가 필요하다. 너무 밝거나 너무 많은 수의 조명은 거주자들이 그 공세적으로 침투하는 빛을 차단하기 위해 블라인드를 내리게 하여 오히려 자연적 감시를 제한하게 됨으로써 CPTED의 감시원칙에 반하는 결과를 초래할 수도 있다.

10. CPTED 경관보안

적합한 조명을 활용하여 건물 주위의 보도와 진입로에서 반드시 모든 공동체 구성원들을 식별할 수 있도록 해야 한다. 조경의 경우에도 탁 트인 가시성을 확보하는 데에 방해가 되는 장애물이나, 침입자가 숨을 수 있는 장소를 최소화할 수 있도록 잘 유지관리 되어야 한다. 이를 위해 관목은 36인치(0.9m) 높이로 다듬고, 나뭇가지는 지상에서 8인치(2.4m) 높이까지 쳐준다.

보도, 도로 및 주차장은 깨끗이 유지되고 훼손이나 낙서가 없어야 하며, 적절한 표지와 충분한 조명이 설치되어야 한다.

공원은 주변지역에 대한 360도 뷰를 확보해야 하며, 공원 내의 벤치에서 잠을 자는 것이 허용되어서는 안 된다. 휴대폰 충전과 Wi-Fi 접속이 가능한 아담한 쉼터 조성 등을 통해 일과 후 활동장소를 만들어 젊은이들이 함께 어울리는 공간에 대한 주인의식을 가지도록 장려해야 한다.

표지판은 공원지역의 보안에 있어서 중요한 역할을 한다. 공원 개방시간과 사용자 수칙을 알려주는 안내표지가 반드시 있어야 한다. 적절히 설치된 표지판은 용인되지 않는 행동에 대한 변명의 여지를 없애주고, 위법행위에 사람들이 주목하게 만들며, 경찰의 개입을 정당화시켜줌으로써, 이를 통해 표지판에 적시된 사항을 위반할 경우 제재를 받는다는 사실을 보여주어 그 자체로 훌륭한 범죄예방 수단이 되는 것이다.

시중에는 과속방지턱과 돌출형 건널목 등과 같은 교통순화장치들이 많이 설치되어있다. 이러한 장치들은 노란색으로 칠해져야 하고, 또한 적절한 표지가 함께 부착되어야 한다. 주택단지나 공동체로 통하는 입구에는 지역감시 또는 단지감시를 알리는 표지판을 설치한다.

문제발생 소지가 있는 지역에는 가시나무들을 심어 취약점을 보강한다. 호박돌이나 볼라드(돌출차단물)를 이용해 차량 진입을 통제한다(그림 1.11).

공공예술품이나 조각상들을 추가로 설치하는 것을 고려한다. 이는 그 작가들로 하여금 은연중에 소유의식을 갖도록 함으로써 접근통제의 목적을 강화하는 데에 도움이 된다.

경계울타리는 1.8~2.4m 높이의 본체 윗부분에 3단 철조망을 추가하여 총 2.1~2.7m의 높이로 설치한다. 하지만 아주 넓은 부지에 업무활동이나 주 시설과 현격히 떨어져 있는 경우가 아닌 한 이런

그림 1.12 외곽지역 울타리

그림 1.13 주거지역 울타리

1 CPTED 솔루션: 개념과 전략

유형의 울타리는 권장하지 않는다. 울타리를 설치할 때는 요구되는 효과(경계표시 또는 보안)와 시설의 위치(시골 또는 도시) 등을 반드시 따져서 그 유형을 선택해야 하며, 설치된 울타리의 안팎으로는 최소 3m의 빈 공간이 있어야 한다(그림 1.12).

LED 조명은 가성비가 높고 조명기준과 밝기(조도)에 관한 지침을 충족하지만 모든 경우에 최선의 조명형태인 것은 아니다.

버스정류소는 앞이 개방되어있는 형태의 사업장에서 잘 보이는 곳에 위치해야 한다. 부득이할 경우, 이 문제는 학교 또는 공동체와 버스회사 간의 제휴를 통해 비디오 감시로 주변을 모니터링 하는 식의 방안을 모색한다.

공공장소에 광고지를 붙이거나 낙서하는 것을 용납해서는 안 되며, 모든 딱지나 낙서는 24시간 내에 제거되어야 한다. 필요시 취약지점의 벽면을 낙서가 잘 지워지는 페인트로 도색하거나 코팅하는 방안을 고려할 수 있다(그림 1.13).

취약지역(Hot spot)을 줄여야 한다. 만약 완전하게 줄일 수 없다면, 허가받지 않은 사용자나 원치 않는 개인이 지역 바깥에 머물 수밖에 없도록 프로그램을 적용해야 한다. 공공-개인부문의 협력을 포함한 공동체 자체의 방범 프로그램[12]이 무질서와 범죄에 대응하는 하나의 방안이 될 수 있다. 한 가지 사례가 버지니아주 리치몬드에 있는 한 지역공동체의 공동 꽃정원인데, 정원에서 일하는 사람들이 자연스레 주변지역을 감시하게 되어있다. 또 다른 방안은 지자체가 헤비타트운동단체(Habitat for Humanity)에 부지를 공여해 일정 기간 동안 시설물을 짓게 하는 재산공유 방식이 있는데, 이를 통해 공공수익도 얻을 수 있다. 지자체 기관의 지도감독 활동도 범죄취약지가 될 수 있는 빈 부동산의 소유자들로 하여금 그 유지관리 책임을 지도록 하고, 위반 시 벌금을 물도록 하는 방향으로 이루어져야 한다.

공동체 내의 범죄발생 가능성을 줄여 보다 '범죄 대항적인' 공

[12] http://www.
policechiefmagazine.
org/magazine/index.
cfm?fuseaction=display_
arch&article_
id=902&issue_
id=52006.

간으로 만들기 위해서는 CPTED 원칙을 활용해 공간과 자산들의 배치와 운용을 재설계해야 한다. 공공기관이나 기업이 보유한 토지·건물자산 중에는 조명과 감시 시스템을 보강하는 것과 같은 높은 수준의 보안조치를 필요로 하는 곳들이 있다. 특정 문제적 이슈들을 해소하여 안전한 공동체를 만들기 위한 법집행 부문의 지원 역시 필요하다.

개방된 공간과 휴게지역들을 조성해서 인근의 주택들과 거리에서 보일 수 있도록 해야 한다(자연적 감시). 차폐된 지점이나 숨겨진 장소가 생길 수 있는 형태의 조경은 피하고, 효과적인 조명을 설치해야 한다. 도로는 교통순화 수단을 활용해 끼어들기나 과속을 막을 수 있도록 설계한다. 자경단(Neighborhood watch)을 운영하거나 참여하는 것이 좋다.

아파트의 경우, 내부 홀은 보안형 주 출입문과 함께 밝은 조명이 설치되어야 한다. 가구별 출입문은 고사양의 자동잠김식 잠금장치(Deadbolt locks)와 외부관찰구(Peephole)를 설치한다. 1층의 모든 미닫이문과 창문, 그리고 화재비상구에는 예비 잠금장치를 설치한다. 아파트의 공간적 중심지점에는 주민들의 교류를 유도하는 공용공간을 조성한다. 아파트에도 자경단을 운영하는 것이 바람직하다.

소매상점에서는 계산대를 입구 앞에 위치시켜 외부에서 잘 보이도록 한다. 유리창의 부착물은 전체 면의 15% 이내만 가리도록 해서 가게 안팎이 서로 잘 보이는 시야를 확보해야 한다. 선반과 진열대는 매장 내에 있는 사람들을 볼 수 있도록 1m 높이로 설치하고, 불필요하게 얼씬대는 사람이 없게끔 옥외 진열공간은 가능한 한 피한다. 보안감시 시스템 외에도 전략적인 위치에 거울을 설치한다.

1) CPTED 측정과 평가

CPTED 프로그램의 효과성 측정방법에 관한 저술은 매우 적어서 2005년도에 일부 작업이 이루어졌을 뿐이다(본서의 참고자료

참조).

CPTED에서 전 범위를 다루는 문제의 지역을 '단지(complex)'라 부르자.

당신은 지역 경찰관서와 단지로부터 3년 치 데이터를 확보했다. 자연적 감시와 출입통제 및 영역성에 관한 전반적인 평가와 검토가 이루어진 후 그 단지는 표적을 강화한다.

보안업무는 이제 보다 선제적으로 바뀌어야 한다. 지난 3년간 발생한 범죄들을 면밀히 들여다보고, 필요한 프로그램들을 시행하며, 물리적 보안 측면에 관한 월간보고서 작성이 뒤따르게 된다.

2) 인지(Awareness)

• 공동체 구성원과 외부인을 식별한다. 도로를 따라 검정색 개와 함께 걸어가는 저 사람은 누구인가?

• 일반적 패턴과 다른 행동징후를 찾는다. "도와드릴 게 있나요?"라고 묻고, 이제 반응을 살펴본다.

• 산책 중에 잔디밭 위에 놓인 신문지 4장을 발견한다. "저것이 당신에게 말하고 있는 것이 무엇인가?" 도둑들도 당신의 단지에 대해 분석하고 평가한다.

3) 범죄에 대한 공포

• 우리는 TV에서 한 학교가 봉쇄되고 부모들이 아이들을 만나기 위해 밖에서 수 시간을 기다리는 공포스러운 장면을 많이 보아왔다. 끔찍한 장면이다.

4) CPTED 전략들

• 앞선 토의들은 자연적 접근통제와 감시 및 영역보호 행동을 개선하기 위해 어떤 상황에서도 적용될 수 있는 일반적 설계전략들을 제시하고 있다.

- 통제되어야 하는 공간에 명확한 경계선을 부여한다.
- 공용공간에서 준공용공간, 준공용공간에서 사적공간으로의 전환을 인지할 수 있도록 명확히 표시한다.
- 자연적 감시와 접근통제가 이루어지면서 잠재적 범죄자의 시선으로부터 이격된 장소에 교류지역을 위치시킨다.
- 안전한 활동이 불안전한 장소에서, 불안전한 활동은 안전한 장소에서 이루어질 수 있도록 한다.
- 서로 상충되는 활동공간들 간에는 자연적인 장벽을 둔다.
- 공간의 사용시간 편성체제(Scheduling of space)를 개선하여 공간활용의 효율성과 만족도를 높인다.
- 자연적 감시의 인지효과를 높이는 공간설계를 한다.
- 통신체계와 설계효율성 개선으로 거리 이격과 고립 문제를 극복한다. (예: 비상전화, 보행자 통로 등)
- 취약한 표적(Soft target)을 견고한 표적(Hard target)으로 변화시킨다.

5) 결과 획득

앞에서 언급된 모든 전략들이 완료되고 높은 수준으로 보안체제가 운영·유지된다면 범죄발생 리스크와 함께 범죄에 대한 공포도 줄어들게 된다. 그리고 3년 후, 과거 3년간의 데이터와 비교해보면 그 결과를 확인할 수 있다(Fennelly and Perry, 2006).

11. 결론

CPTED는 조성된 공간환경을 면밀히 살펴 그 의도된 용도에 부합하는 더 나은 보안계획을 수립함으로써 범죄를 예방하는 과정에서, 잠재적인 희생자와 범죄자의 심리적 상태에 주목한다.

보안평가는 한 지역의 보안 취약성을 평가하고 이를 보완하기 위한 권고사항을 만드는 과정으로, 그 목표는 취약점들을 해소하거나 줄이는 것이다.

관찰하기 더 쉬운 개방된 공간을 만들고, 그 주변에서의 활동을 증가시킴으로써 범죄의 기회 자체와 범죄에 대한 공포를 감소시켜야 한다. 지역 주민과 사업종사자들 및 법집행부서가 범죄의 기회와 이점을 줄이기 위해 보다 효과적으로 협력할 수 있는 방안을 모색하는 일도 중요하다.

지역 정체성, 투자자의 자신감 및 사회통합성을 증진시킨다. 학교, 경제활동 분야 및 주민들이 스스로 범죄를 예방하는 데에 도움이 될 수 있도록 공공정보 프로그램을 제공한다. 교통체계를 개선해 보다 접근하기 편안한 지역으로 만든다. 관련된 정부업무의 효과성과 효율성을 개선한다. 주민들의 범죄신고를 장려하여 그들이 문제해결 프로세스의 일원이 되도록 유도한다. 이러한 목표들을 달성하기 위해 취해져야 할 조치들은 다음 사항들을 포함한다.

• 가성비 높고 성능이 개선된 옥외조명
• 보도와 조경 개선
• 법집행부서와 여타 지역기관 간의 파트너십
• 주변 감시·상업지역 감시·학교 감시 프로그램
• 주변지역의 정돈된 상태 유지
• 안전한 현금지급 절차와 절도방지 방법에 관한 사업자 교육 캠페인
• 대중교통수단의 개선과 확충

주변지역과 공동체의 안전에 관한 기본적인 개선·발전은 주민들의 삶의 질을 향상시키고 스스로 응집하려는 분위기를 조성하게 된다. CPTED 개념은 전국에 걸쳐 성공적으로 활용되어 범죄사고 뿐만 아니라 범죄에 대한 두려움을 감소시켜왔으며, 지역공동체의 주민, 근로자 및 방문자들 모두의 삶의 질 개선을 선도해왔다.

아래는 〈Using CPTED in Problem Solving Tool Guide No.8(2007) POP Guide〉란 제목의 QR코드이다.

참고자료

[1]　Thomas L. Norman. "Risk Analysis and Security Countermeasure Selection." CPP, PSP, CSC, CRC Press, 2016, p. 281.

[2]　"Measuring Crime Prevention through Environmental Design in a Gated Residential Area: A Pilot Survey" 2012 Elsevier.

[3]　Lawrence J. Fennelly & Marianna Perry, lafenn@aol.com, mariannaperry@lpsm.us.

[4]　wwww.litigationconsultants.com.

2   취약점 평가 개론[1]

Mary Lynn Garcia, CPP

[1] Originally from
Garcia, M. L.
Vulnerability
assessment of physical
protection systems.
Boston: Butterworth-
Heinemann, 2006.
Updated by the editor,
Elsevier, 2016.

1. 들어가며

본 장에서는 물리적 보호체계(PPS) 시행원칙과 개념의 적용방법과 기존에 설치된 물리적 보호체계의 취약점 식별에 대해 설명하고 필요시 효과적으로 이를 개선하는 법을 설명한다. 또한 리스크 관리(risk management), 취약점 평가(vulnerability assessment), 시스템공학의 주요 개념을 추가적으로 설명한다.

본서는 기존에 출판된 *Design and Evaluation of Physical Protection Systems*의 후속이다. 해당 도서(이하 'Design 도서')는 물리적 보호체계 시행 시 고려해야 하는 원칙 및 개념에 대한 개요 설명에 초점을 맞췄다면, 본서는 이러한 원칙 및 개념을 적용해서 기존에 설치된 물리적 보호체계의 취약점을 식별하고 필요시 효과적인 개선 방법을 제안하는 데 주안점이 있다. 본서의 내용은 지난 30여 년간 샌디아 국립연구소가 미 에너지부, 미 국방부, NATO, 미 국무부, 미 연방조달청, 댐, 급수시설, 교도소, 학교, 지역사회, 화학기업 등 다양한 고객사/기관을 상대로 수행한 취약점 평가의 토대를 구성한다.

취약점 평가는 정의된 위협에 대한 자산 보호에서 취약점을 식별하여 물리적 보호체계의 성능 및 전체 시스템 효과를 예측하기 위해 정량적·정성적 기술을 활용하여 시스템적으로 평가하는 활동을 의미한다. 취약점 평가를 통해 취약점을 식별한 후, 물리적 보호체계 설계를 개선하고 소요를 결정하는 데 취약점 평가를 활용할 수 있다. 또한 보호 시스템 개선에 대한 관리자 결심을 지원하는 데도 취약점 평가를 활용할 수 있다. 리스크 평가 및 취약점 평가는 매우 밀접한 활동으로서 다수의 보안 전문가는 두 용어를 동일한 의미로 사용한다. 이는 실무에서는 큰 문제가 되지 않으나 보안용역 제공 업체와 고객 간 의사소통에 방해가 될 수도 있다.

취약점 평가는 계획, 취약점 평가 수행, 보고 및 결과 활용의 세 가지 단계로 구성된다. 또한 동시에 넓은 범위의 리스크 평가 과정의 일부를 구성하기도 한다. 본서의 다른 장에서 각 단계를 세부적으로 설명하기로 한다. 본 장에서 다루는 주요 내용은 아래와 같다.

- 리스크 관리 및 취약점 평가
- 리스크 평가 및 취약점 평가 과정
- 취약점 평가 과정 개요
- 취약점 평가 및 시스템공학

본서의 주 내용은 물리적 보호체계의 취약점 평가이나, 사이버 보안, 인원 보호, 시설 및 기관의 보안 전반에 개념을 적용할 수 있다. 본서에서 말하는 '기관'은 조직, 기업, 단체, 정부기관 및 보안 리스크 관리가 필요한 모든 단체를 포괄하는 개념이다. '자산'에는 인원, 재산, 정보 및 기관이 가치를 부여하는 모든 소유물이 포함된다.

취약점 평가 맥락에서 보안과 안전은 구별해서 생각해야 한다. 안전은 인원, 재산, 기관에 위협이 될 수 있는 이상 상태를 예방·탐지하기 위해 사용하는 조치(인원, 절차, 장비 등)로 정의할 수 있다. 해당 상태는 인원의 무관심, 부주의, 훈련 부족, 의도하지 않은 기타 사건을 포함한다. 반면 보안에는 인원, 재산, 기관을 인간의 악의적 행위로부터 보호하는 조치가 포함된다. 여기에는 소요사태, 사보타주, 소규모 절도, 핵심 재산 및 정보 유출, 직장 내 폭력, 부당 취득, 기타 자산에 대한 인간의 의도적 공격 행위가 포함된다. 일부 안전 조치는 보안사건의 탐지와 대응에 도움을 주기도 하므로(예: 화재 시 원인에 무관하게 스프링클러가 작동) 적절한 보안 취약점 평가는 안전통제를 고려사항에 포함하나, 일부 공격에 대해서는 탐지 및 대응능력이 추가로 필요하다. 예컨대 불만사항이 있는 직원이 핵심 제조장비를 사보타주 해서 생산을 심각하게 저해하는 상황이 있을 수 있다. 보안 통제가 없는 경우 의도적 사보타주 행위 여부를 신속히 판단하고 심각한 매출 손실을 예방하기 어려울 수 있다.

2. 리스크 관리 및 취약점 평가

리스크 관리는 식별된 리스크에 대응하기 위해 기관이 취하는 행동으로서, 리스크 회피, 경감, 분산, 이전, 제거, 수용 등의 옵션이 포함된다. 적절한 리스크 관리 계획은 이 중 다수를 포함한다. 리스크 회피는 리스크 원천을 제거함으로써 달성할 수 있다. 예컨대 기업은 핵심 설비를 제작하지 않고 타 기업에서 구매할 수 있다. 이 경우 제조 시설은 사보타주의 표적에서 제외된다.

　리스크 경감은 기관에 미치는 리스크의 심각성을 낮추는 행동을 취함으로써 달성할 수 있다. 보안조치를 통한 리스크 경감은 다수의 보안계획이 지향하는 바이기도 하다. 복수의 기관시설에 생산능력을 분산하는 등의 방법으로 리스크를 다양한 장소에 분산할 수 있다. 이 경우 한 시설에서의 능력 손실은 타 장소에서의 생산을 증가시켜 관리할 수 있다. 대규모 산업시설에 자산을 분산하는 것도 리스크 분산의 한 예시이다. 자산 분산을 통해 적 공격 발생 시에도 적은 수의 자산이 리스크에 노출되도록 할 수 있다. 리스크 이전은 손실 결과로 발생하는 교체 및 기타 비용을 보험을 이용해 지불하는 것을 말한다.

리스크 이전은 다수의 보안시스템에서 주요 수단이 된다. 리스크 수용은 어느 정도의 리스크가 항상 존재함을 인정하는 것이다. 수용할 리스크 수준을 무의식적으로 감수하는 것이 아니라 의식적으로 결정하는 것이 중요하다. 보안 리스크 관리의 경우 적절한 리스크 수준은 자산손실 결과, 정의된 위협, 기관의 리스크 허용 정도에 따라 결정된다. 물리적 보안에 투자하는 비용이 보안 문제에 대해 경제적인 효용을 제공하도록 비용 분석을 수행해야 한다. 기타 리스크 관리 옵션이 저비용으로 우수한 결과를 제공하는 경우 물리적 보호체계 활용이 적절하지 않을 수도 있다.

보안은 리스크의 한 가지 측면에 불과하므로 시장, 신용, 운영, 전략, 유동성, 위험 리스크 등과 함께 전체 리스크 관리 맥락에서 고려해야 한다. 그림 2.1은 리스크 관리, 리스크 평가, 취약점 평가 간의 관계를 나타낸다. 기관의 리스크는 전체적으로 관리해야 하며 수용 가능한 리스크 수준을 결정해야 한다. 취약점 평가는 보안 리스크 평가의 한 측면이자 리스크 관리 결심을 지원하는 역할을 한다.

리스크 평가와 리스크 관리 간 관계 설정의 경우, 리스크 평가 시 분석 과정을 아래 3개 질문에 답하는 과정으로 표현하는 카플란

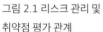

그림 2.1 리스크 관리 및 취약점 평가 관계

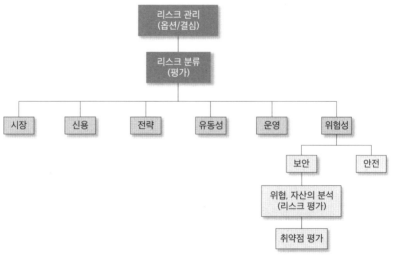

(Kaplan)과 게릭(Garrick)의 정의를 참조하는 것이 좋다. 문제가 발생할 수 있는 요소는 무엇인가? 문제가 발생할 수 있는 가능성은 얼마나 되는가? 문제 발생 시 결과는 무엇인가? 이 질문에 대한 답을 함으로써 리스크를 식별·측정·계량·평가할 수 있다. 리스크 평가를 기반으로 다음 단계의 질문을 통해 리스크를 관리할 수 있다. 어떤 조치를 취할 수 있는가? 가능한 옵션은 무엇이 있는가? 비용, 효용, 리스크 측면에서 상충되는 부분은 무엇인가? 관리자의 현재 결심이 추후 옵션에 어떤 영향을 주는가? 위 질문에 대한 대답이 최적의 해결책을 제공한다. 전체 리스크 관리는 위 질문에 대한 대답을 찾고 시스템 실패의 원인에 대응하는 공식 리스크 평가 및 리스크 관리를 기반으로 한 시스템적·통계적·전체적 프로세스로 정의되며, 위의 질문 프로세스를 그 기반으로 한다.

보안 리스크 평가는 위협, 공격 가능성, 손실 결과를 벤치마크로 하여 위 1단계 질문에 대답하는 프로세스를 의미한다.

적절한 보안 리스크 평가는 사이버 보안, 주요인원 보안, 수송 보안 등 각 보안 부분에 대한 리스크를 고려하여 기관 전체에 걸쳐 합리적 리스크 의사결정을 내릴 수 있게 한다. 물리적 보호체계보호 체계 취약점 평가에 적용된 것과 같이, 리스크 평가는 아래와 같은 분석방법을 이용해 물리적 보호체계를 평가하는 과정이다.

- 위협 분석
- 손실 결과 분석
- 사건/결함 수(樹)분석(ETA/FTA; Event and Fault Tree Analyses)
- 취약점 분석

3. 리스크 및 취약점 평가 프로세스

대부분의 시설 및 기관은 보안시스템에 대한 리스크 평가를 주기적으로 수행하여 기업 자산을 보호하고 추가 주의가 필요한 부분을 식별한다. 평가 내용은 각 기관별로 상이하나, 일반적으로 부정적 사건 발생 가능성에 대한 고려가 포함된다. 보안 측면에서 이는 보안사고 발생 가능성 및 결과에 따른 영향을 의미한다. 디자인(Design) 도서 후반부에는 리스크 평가에 대한 설명 및 정성/정량적 요소를 이용해 리스크를 계산할 수 있는 공식이 제시되어있다. 본서에서도 그 내용을 소개하고자 한다.

보안 리스크는 이하 식을 이용해 정성적·정량적으로 측정할 수 있다.

$$R = P_A \times (1 - P_E) \times C$$

R은 시설(또는 이해관계자) 입장에서 적이 핵심자산에 접근하거나 이를 탈취하는 리스크를 의미하며, 0(리스크 없음)에서 1(최대 리스크) 사이의 값을 갖는다. 리스크 값은 1년, 5년 등 기간을 지정한 상태에서 계산한다. P_A는 지정된 기간에 걸친 적 공격 가능성을 의미한다. 이는 계산이 어려우나 일반적으로 과거 수치를 활용할 수 있으며, 0(공격 가능성 없음)에서 1(공격 확실) 사이의 값을 갖는다. 리스크 계산 시 공격이 발생할 것으로 가정하는 경우가 있는데 이 경우 $P_A = 1$로 설정된다. 이 경우 리스크는 적 공격이 발생할 것을 전제로 하는 조건부 리스크가 된다. 이는 반드시 공격이 발생할 것임을 가정한다는 의미가 아니며, 공격 발생 확률을 알 수 없거나 자산을 반드시 보호해야 하는 경우를 의미한다. 이러한 접근방법은 모든 자산에 적용할 수 있으나, 일반적으로 P_A와 무관하게 손실영향이 감수할 수 없을 정도로 큰 시설 내 최우선 핵심자산에 한해 적용한다.

이러한 자산은 물리적 보호체계가 필요하다. $P_E = P_I \times P_N$. P_I는 대응 인원이 공격을 방해할 수 있는 확률을 의미하며, P_N은 공격 방해 시 적을 무력화할 수 있는 확률을 의미한다. P_N이 의미하는 무력화에는 언어적 무력화에서 치명적 무력 사용 등 다양한 전술이 포함된다. 적절한 대응은 정의된 위협 및 자산손실의 영향에 따라 달라질 수 있다. P_E는 물리적 보호체계가 정의된 위협에 대해 갖는 취약점을 의미한다. C는 0에서 1 사이로 정의되는 영향값으로서, 사건 발생의 심각성을 나타낸다. 이는 조건부 리스크 값과 시설의 기타 리스크를 비교할 수 있도록 하는 표준화 역할을 수행한다. 손실의 정도를 최고부터 최저까지 정리하여 모든 사건에 대한 영향을 표로 만들 수 있다. 이러한 손실결과표 사용 시 모든 가능한 사건에 대해 표준화된 리스크를 계산할 수 있다. 이를 통해 물리적 보호체계 자원을 적절히 배분하고 손실영향이 가장 큰 자산을 보호하고 허용 가능한 수준에서 리스크를 관리할 수 있다.

본 식에는 무력화 확률(P_N)이라는 새로운 요소가 등장한다. 다수의 시설은 보안사건에 즉시 대응하지 않는 경우가 많으므로 디자인 도서에서는 이를 간단하게만 다루었다. 모든 시설에서 대응은 취약점 평가의 일부이므로 본서에서는 이를 다루기로 한다.

가치 판단 및 휴리스틱(Heuristics)을 사용하며 주관적·정성적·사회적·정치적인 리스크 관리에 비해 확률적 리스크 평가는 공식적·과학적·기술적·정량적·객관적이다. 확률 개념 사용은 이상적으로 객관적 가능성을 근거로 두어야 하나, 보안 맥락에서는 직관에 기반한 주관적 가능성·전문성·부분적이거나 오류가 있는 데이터, 확증이 없는 이론 등을 사용하는 것이 일반적이다. 이는 불확실성의 주요인이 되고 불확실성은 리스크의 주요인이 되므로 이는 중요한 부분이다. 또한 표준 분석 모델에 익숙한 고위 관리자의 눈에 보안 리스크 평가의 신뢰도를 하락시키는 요인이 될 수도 있다. 보안시스템의 경우 적의 모든 공격 유형에 대한 신뢰할 수 있는 (정량적) 데이터가 부족하므로 불확실성은 평상시보다 크다.

리스크 공식의 다른 용도로는 보안 리스크 수명주기의 맥락을 고려할 수 있다는 점이 있다. 보안시스템 및 공격 시점 고려 시, 공격 활동은 적이 공격을 계획하기 위해 사용하는 사전공격(Pre-attack) 단계, 적이 등장하여 시설에 대해 실제 공격을 가해 공격이 시작되는 공격(Attack) 단계, 적이 공격을 완료하고 공격 성공에 따른 영향이 발생하는 사후공격(Post-attack) 단계의 3개 단계로 나누어진다. 이 구조를 이용해 문제에 접근하면 공식의 각 요소는 공격 단계별로 다른 중요성을 갖게 된다. 예컨대 사전 단계에서 P_A는 가장 높은 활용도를 갖고 정보기관 및 억제 전력이 가장 강력한 효과를 가진다. 정보기관은 위협에 대한 첩보를 수집하고 공격 가능성에 대한 평가를 제공한다. 정보기관이 내부 정보 등 적을 체포할 수 있는 법적 근거를 수집하거나 표적이 되는 기관에 주의를 통보하여 보안 방호능력을 강화하는 등의 방법으로 공격을 와해할 수 있는 충분한 첩보를 확보할 수도 있다. 이러한 활동은 P_A에 영향을 준다. 뉴욕 시티은행 및 증권거래소, 워싱턴DC 세계은행에 공격이 발생할 수도 있다는 정보 평가에 따른 보안 대응 강화 등이 사전 단계가 갖는 영향의 예시이다.

정량적 접근 사용 시 과거 데이터와 손실영향 기준을 사용해 P_A 및 C 값을 구할 수 있다. 정성적 접근 사용 시 P_A 값은 가능성 있음/높음/낮음, C 값은 중대/심각/최소 등의 표현을 이용해 나타낼 수 있다. P_A와 C 값의 정성적 수준은 위협 능력 및 자산손실 영향 정도에 따라 결정된다. 공격 가능성은 높으나 손실영향은 낮은 경우 (예: 기업 매장 한곳에서 도난 사건 발생) P_A와 C 값 모두 높은 상황 대비 문제 해결이 용이하다. (여기서는 도난 결과 기관에 전사적으로 누적되는 영향은 무시하기로 한다. 저가 상품의 도난이 누적되면 전사적으로 큰 영향을 줄 수도 있으며, 이 역시 분석의 한 요소가 된다.) 정성적·정량적 접근 모두 사용할 수 있는 경우도 있으며, 이때 선택은 손실에 따른 영향을 고려하여 이루어진다. 여기서는 손실영향이 큰 자산일수록 능력과 동기가 강력한 적(위협)의 표적이 되므로 이에 따라 효과적인 물리적 보호체계가 필요하다는 가정을 하고 있다. 그림 2.2는 손실영향을 고려하여 정성적 분석에서 정량적 분석으로 전환하는 과정을 보여준다. 정성적 분석은 물리적 보호체계 구성요소 존재 여부 및 물리적 보호체계 원칙 준수 여부를 시스템 효과의 평가 기준으로 활용한다. 정량적 분석은 충분한 시험을 통해 얻은 특정 구성요소에 대한 평가 기준을 사용하여 전체 시스템 효과를 예측한다. 모든 시설은 자산의 손실영향에 따라 양 분석 방식 중 한 가지 또는 모두를 사용할 수 있다. 전문가 의견에 기반한 물리적 보호체계 구성요소의 상대적 가치도 시스템 효과 분석의 한 형태로 볼 수 있으나, 분석결과가 해당 전문가의 지식 및 경험에 절대적으로 의존한다는 특성이 있다.

리스크 평가(특히 적의 공격 가능성 측면)에서 사용되는 용어 정의로 본 섹션을 마무리하고자 한다. 용어의 표준적 정의이나 각 기관은 다른 용도로 용어를 활용할 수 있다.

확률은 정의상 0에서 1 사이의 값을 가지며, 시간에 따라 결정되는 경우도, 그렇지 않은 경우도 있다. (예컨대 오하이오주에서 특정 일자에 눈이 내릴 확률이 0.25라고 하자. 그러나 특정 연도에 눈이 내릴 확률은 1.0이다.)

이는 다음 섹션에서 더 자세히 다루기로 한다. 공격 확률을 위협 측정 요소로 흔히 사용하나, 확률의 참값을 측정할 수 있는 데이터가 없는 경우가 많다는 점에 유의해야 한다. 예컨대, 테러 공격 확률을 도출할 수 있게 해주는 데이터는 존재하지 않는다. 그럼에도 불구하고 정부와 민간 기업은 9·11 테러 사태 이후 천문학적인 비용을 투자하여 공항, 항만, 핵심 기반시설, 기타 시설에 대한 보안을 향상해왔다. 이는 손실영향은 크고 발생 확률은 낮은 사건 및 조건부 리스크 활용의 좋은 예시이다. 손실영향이 막대한 일부 자산의 경우 낮은 공격 가능성에도 불구, 적의 공격을 예방하기 위한 조치를 취

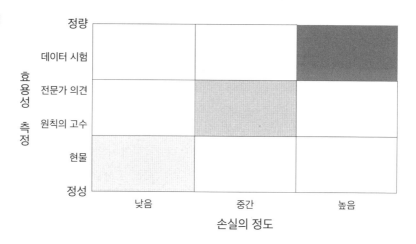

그림 2.2 정성적/정량적
분석방법을 물리적
보호체계에 응용하기

하게 된다. 빈도는 지정된 시간 동안 특정 사건이 발생한 횟수를 의미한다. 연간 손실 노출은 리스크 평가 측면에서 빈도를 활용한 예시이다. 가능성은 빈도, 확률, 사건 발생의 정성적 기준으로서, 넓은 의미로 사용되며 일반적으로 덜 엄격한 조치라는 뜻을 내포한다. 하임스(Haimes)는 보안 및 일반 상황의 리스크에 대해 사용할 수 있는 리스크 모델링, 평가, 관리기술 등에 대해 상세히 설명한 바 있다.

4. 통계적·정량적 분석

보안시스템의 정량적 효과에 대한 논의에서 보안 수행의 통계적 분석이 필요하다. 통계를 의심과 공포의 영역으로 받아들이는 사람들이 많은데, 통계적 보안효과 분석의 기초에는 몇 가지 간단한 개념이 있다. 이는 주로 보안사건에 대해 발생 가능한 결과와 관련되어 있다. 보안사건은 자극 요소 발생에 따라 보안 구성요소(인원, 절차, 장비)가 의도된 업무를 수행할 때 발생한다. 예를 들어 인간이나 작은 동물 등이 침입 센서의 감지 영역에 진입한 경우가 이에 해당한다. 이 사건에 대해 네 가지 결과를 생각해 볼 수 있다.

① 센서가 인간 (또는 비슷한 크기의 사물) 탐지에 성공한다.

2 취약점 평가 개론

② 센서가 인간 (또는 비슷한 크기의 사물) 탐지에 실패한다.

③ 센서가 인간보다 작은 크기의 사물 통과에 성공한다.

④ 센서가 인간보다 작은 크기의 사물 통과에 실패한다.

성공과 실패의 결합을 보면 인간이나 비슷한 크기의 사물 등장 시 배타적인 2개의 결과가 있고, 인간보다 작은 크기의 사물 등장 시에도 2개의 배타적 결과 집합이 있다. 이를 추후 논의에서 계속 살펴보기로 한다. 여기서는 센서를 예시로 사용했으나 본서에서 사용된 모든 확률에 같은 논리를 적용할 수 있다. 의도된 업무 수행에 있어 물리적 보호체계 구성요소와 시스템 전체의 성패를 측정할 수 있다.

보안 수행에 있어 대다수의 통계적 분석은 위의 네 가지 결과를 기반으로 한다. 센서가 사물을 성공적으로 탐지하는 확률을 탐지율이라고 한다. 예를 들어 인간이나 비슷한 크기의 사물이 10회 등장 시 센서가 탐지에 9회 성공하는 경우, 10회의 해당 사건에 대한 탐지율은 0.9 또는 90%로 표기할 수 있다. 이는 통계이며 확률은 아니다. 탐지율을 신뢰 수준과 결합하면 분석대상이 되는 사건 횟수에 기반하여 확률을 얻을 수 있다. 데이터가 많을수록 확률의 신뢰 수준은 상승한다.

주변의 쉬운 예를 들어서 생각해 보기로 한다. 동전을 던져 앞면이 나왔다고 해서 모든 동전이 앞면만 나온다고 생각할 수는 없다. 그러다 동전을 100번 던져 그중 앞면이 49번, 뒷면이 51번 나오는 경우, 각 면이 나온 횟수는 높은 신뢰도로 50:50 정도로 추정할 수 있다. 동전 실험을 계속해서 1,000번을 던지는 경우, 각 결과별 빈도에 대한 신뢰도는 더욱 높아진다. 이 경우 각 결과를 통계적 신뢰도를 갖고 추정할 수 있으며, 추정 횟수가 확률이 된다. 다르게 표현하면 확률은 동일 사건에 대해 예측한 결과를 추정한 값을 신뢰 수준과 함께 표현한 것이다. 신뢰도 100%가 필요한 경우 동일 사건을 무한대 횟수만큼 반복해야 한다. 실제 수행 시험의 경우 합리적인 반복 횟수로 얻을 수 있는 신뢰 수준을 설정하게 된다.

본 섹션의 주안점은 보안 구성요소 효과를 확률적으로 계산하는 방법이 아니고, 독자가 물리적 보호체계에 적용되는 용어 및 기초 개념에 숙달되도록 하는 데 있다. 총기를 소지하고 금속탐지기를 20회 반복 통과하는 시험을 수행하여 20회 모두 탐지에 성공한 경우, 탐지확률을 지정된 신뢰 수준에 따라 계산할 수 있다. 보안 구성요소 시험에서는 통상적으로 95% 신뢰 수준이 사용된다. 95% 신뢰 수준에 탐지 시험 20회 수행 시 본 금속탐지기의 탐지확률은 0.85이다(확률을 85%로 흔히 표현하는 경우가 많으나, 엄밀한 통계 용어 사용 시 확률은 반드시 0에서 1 사이의 값으로만 정의된다). 간단히 말하면 금속탐지기가 총기 통과 시 85% 이상의 빈도로 탐지할 것으로 95% 신뢰할 수 있다는 의미이다. 실제 탐지율은 더 높을 수 있으나 주어진 데이터로 계산할 수 있는 값은 위와 같다. 동일하게 95% 신뢰 수준으로 탐지 시험 30회 수행 시 확률은 0.9가 된다. 다시 간단하게 설명하면, 95% 신뢰 수준에서 본 금속탐지기는 총기를 90% 이상의 빈도로 탐지한다.

물리적 보호체계 구성요소 수행능력을 확률 대신 오차율로 설명하는 것이 더 간단한 경우도 있다. 오차율은 수학적으로 성공률에 대한 여집합과 같으며, 이는 반복시도 횟수에서 성공 횟수를 뺀 실패 횟수와 같다. 오차율은 오류 허용율과 오류 거절률로 표현된다. 위 센서 예시에서 인간과 비슷한 크기의 사물을 탐지하지 못하는 것은 오류허용, 인간보다 작은 크기의 사물을 탐지하는 것은 오류거절에 해당한다. 이 예시는 가능한 동일한 결과임을 보여주기 위해 사용된다. 그러나 오차율은 탐지 센서 장치의 성능을 설명하는 데는 잘 사용하지 않는다. 오차율은 출입통제 장치 성능을 설명할 때, 특히 생체인식 신분조회 장치 성능 평가 시 더 유용하다. 이러한 장치는 지문 등 생체인식 기능을 이용해 개인의 신분을 조회한다. 이 경우 데이터를 검토하는 유용한 방법은 출입할 수 없는 개인의 지문에 대한 오류허용 및 출입을 승인해야 하는 개인의 지문에 대한 오류거절을 활용하는 것이다.

보안 구성요소 평가에서 다른 관심 요소는 구별 및 불확실 정보에 대한 선별능력의 취약성 등이 있다. 구별은 적절한 크기나 의도된 표적이 아닌 물체를 무시하는 센서의 능력을 의미한다. 통상적으로 이는 장치의 기술적 능력을 벗어나는 사항이다. 위 센서 예시에서는 인간 크기의 사물이 가진 특징을 이용해 센서가 인간과 사슴, 대형견 등 비슷한 크기의 동물을 구별할 수 있다. 센서가 비슷한 크기를 가진 사물을 구별할 능력이 없는 경우 방해경보율(NAR: Nuisance Alarm Rate)[2]이라는 다른 통계적 개념을 사용한다. 방해경보는 크기가 충분히 크나 악의가 없는 사물을 센서가 탐지하는 경우를 말한다. 공항 검색대의 금속탐지기가 벨트를 탐지해서 경보가 울린 경우가 방해거짓경보에 해당한다. (탐지 당한 인원이 총기를 휴대하지 않았다고 가정하자.) 인원이 직접 경보를 모니터링하거나 카메라를 이용해 영상을 모니터링하는 경우 방해경보의 원인을 식별하기 용이하다. 방해경보 원인을 이해하는 것은 물리적 보호체계 설계 및 분석 측면에서 중요하다. 운용환경 내에 상주하는 사물이나 상태에 대한 구별 능력이 약한 센서를 물체에 설치하는 경우 방해경보율이 상승하여 시스템에 대한 신뢰도를 떨어뜨릴 수 있다. 이러한 경우 운용 인원이 경보를 무시하게 되어 실제 중요한 경보 발생 시에도 충분한 주의를 기울이지 못하게 될 수 있다.

일부 기술은 소음에 취약한 경우가 있다. 센서 내 소음은 음성, 전자기, 화학적 원인 등으로 발생하며, 배경 또는 시스템 내부에서 발생할 수 있다. 외부/내부 소음으로 인해 센서에 경보가 울리는 경우 이는 오류경보로 간주한다. 오류경보는 방해경보와 유사하게 시스템 효과를 저해한다. 오류경보는 관찰 가능한 경보 원인이 없이 발생한다는 점에서 물리적 보호체계의 신뢰도를 더욱 떨어뜨릴 수 있다.

[2] 방해경보율: 잘못이 아닌데 센서동작원리가 아닌 전기전자적 오류에 의해 발생하는 센서오류경보(False Alarm)에 비해서 방해경보(Nusiance Alarm)는 바람, 소동물 등에 방해를 받아(원인) 센서의 작동원리로 발생하는 오류경보(결과)로 무시해도 좋은데 울리는 귀찮은 알람

본서에 등장하는 보안 구성요소 성능에 대한 논의에서 각 사건에 대해 발생 가능한 네 가지 결과를 고려했음을 명심해야 한다. 이는 구별, 소음 취약성 등의 개념과 함께 모든 보안 구성요소 성능 평가의 기초를 이루며, 다른 장에서 소개할 무력화 분석과 함께 물리적 보호체계 효과의 거시적 측면을 구성한다.

5. 취약점 평가 프로세스 개요

본서에서 소개하는 평가 기술은 물리적 보호체계 목표 달성을 위해 시스템 수행 기반 접근방식을 사용한다. 물리적 보호체계의 주요 기능은 탐지, 지연, 대응이다(그림 2.3 참조). 본서의 다른 장에서 각 기능적 하부시스템을 다루고 시설 내 물리적 보호체계 구성요소를 평가하는 정량적·정성적 방법을 논의한다. 손실영향이 큰 자산을 보유한 시설은 정량적 기술이 더 적합하고, 자산가치가 낮거나 정량적 데이터가 없는 경우 정성적 기술을 사용할 수 있다. 취약점 평가 시작 전 정량적·정성적 기술 사용 여부를 결정하는 것이 중요하다. 이를 통해 취약점 평가팀은 적절한 데이터를 수집하고 분석에 유용한 형태로 결과를 보고할 수 있다.

취약점 평가 수행 시 일반 목적은 물리적 보호체계의 각 구성요소를 평가하여 시설에 설치된 상태에서의 수행능력을 추정하는 것이다. 이를 통해 전체 시스템 수행능력에 대한 추정이 가능하다. 적절한 취약점 평가의 핵심은 각 구성요소의 수행능력을 정확히 추정하는 것이다. 정량적 접근 사용 시에는 센서 등 특정 물리적 보호체계 구성요소의 수행능력 시험결과를 평가한 후 설치, 정비, 시험, 전체 물리적 보호체계에의 통합 등의 측면에서 해당 구성요소의 수행능력을 저하시키는 방식으로 이를 추정할 수 있다. 정성적 접근 사용 시에도 동일 조건을 기반으로 각 구성요소의 수행능력을 저하시키나, 각 장치의 수행능력은 수치보다는 상/중/하 등 단계별로 표현

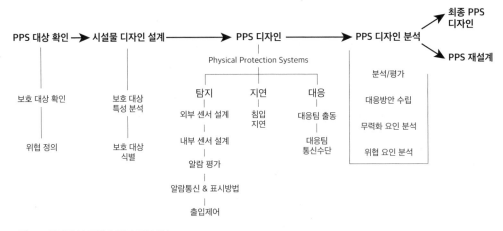

그림 2.3 물리적 보호체계 평가 프로세스

된다. 또한 구성요소의 수행능력은 모든 위협을 고려하여 전천후 조건 및 시설 상태에 따라 평가해야 한다. 이하 섹션에서 취약점 평가의 각 단계 및 활동을 소개한다.

디자인 도서는 본 프로세스를 이용해 취약점 평가를 수행하는 틀을 제공한다. 보호 대상(목표)은 통상적으로 취약점 평가의 일부는 아니나 시설평가 이전에 이를 인지해야 한다.

6. 취약점 평가계획

시설에 대한 취약점 평가 수행 이전에 취약점 평가계획, 관리를 위한 사전 작업을 수행하여 고객에게 유용한 서비스를 제공할 수 있도록 한다. 공통적인 프로젝트 관리 원칙 및 기술을 사용함으로써 구조를 세우고 취약점 평가의 기술적·행정적·사업적 측면에 접근하는 적절한 방법을 확보할 수 있다. 상위수준에서 프로젝트는 계획, 작업 관리, 정리의 3단계로 구성된다.

1) 프로젝트 관리

프로젝트에는 정의 자체로 시작일과 종료일이 있다. 작업이 존재하지 않는 기간 (프로젝트 시작 전), 존재하는 기간, 다시 존재하지 않는 기간(프로젝트 종료 후)이 발생한다. 다수의 취약점 평가 프로젝트는 기존 작업에 대한 후속조치, 타 인원/사업체의 소개, 마케팅 활동의 결과 등에 따른 최초 고객 연락으로 시작한다. 프로젝트 계획은 고객의 수요를 이해하는 데서 시작한다. 본 단계에서는 일반적으로 고객이 당면했거나 회피하고자 하는 문제를 논의하고, 취약점 평가를 수행하고자 하는 동기를 이해하며, 특정 제약사항 존재 여부를 발견하기 위한 고객 미팅이 발생한다. 프로젝트 정의에는 작업 범위와 당면 과제, 수행 기간, 최종 서비스의 비용 설정 등이 포함된다. 프로젝트 범위는 프로젝트 목표 및 가용 예산 및 수행 기간 등 주요 제약사항을 명확히 해야 한다. 일반적으로 프로젝트는 마스터 문서, 작업지시서, 계약서, 합의서 또는 이와 유사한 형태의 문서를 통해 정의된다. 마스터 문서에는 기술 제원 및 인도된 서비스의 필요 수행능력 등을 요약한 소요 설명서가 첨부된다.

실제 작업은 프로젝트 승인을 득하고, 고객이 비용을 지불하며, 프로젝트 팀을 식별하고, 기타 행정 사항을 완료한 후 시작할 수 있다. 프로젝트 관리에는 고객 지원 제공, 프로젝트 계획 준수, 프로젝트 문제점 적시 해결, 프로젝트 일정/예산/범위 준수 및 기대에 따른 프로젝트 수행 등이 포함된다. 프로젝트 책임자, 고객, 프로젝트 팀 간에 정기적으로 의사소통이 되고, 프로젝트 리스크를 관리하며, 서비스 품질이 허용 가능한 수준을 유지하고, 모든 프로젝트 관리 지표를 모니터링하며 지정된 수준에 부합하도록 위와 같은 프로젝트의 여러 측면을 결합해야 한다.

어느 시점이 되면 프로젝트 작업이 완료되고, 모든 인도물(引導物)을 고객에게 인도하며, 최종 상태 보고서를 고객에게 제공하고, 프로젝트를 완수하게 된다. 그러나 프로젝트 완료 선언 이전에 반드시 해결해야 하는 사항이 있다. 프로젝트 정리는 재정, 행정, 기술의 세 가지 측면에서 살펴보아야 한다. 재정적 정리는 모든 프로젝트 비용에 대한 회계처리 및 자금 배분을 통해 프로젝트가 완료되도록 한다. 행정적 정리에는 모든 프로젝트 문서 수집, 문서고 보관, 불필요한 초안 및 미완성 문서 폐기, 고객 소유 장비 및 문서 반납, 민감한 정보 분류 및 보관 확인 등이 포함된다. 프로젝트의 기술적 정리에는 프로젝트 정리 회의, 교훈 검토, 고객 회사 또는 내부 관리자에게 제공할 정리 보고서 등이 포함된다.

적절한 프로젝트 관리 원칙, 도구, 기술 사용은 취약점 평가 프로젝트의 범위 설정, 정의, 관리, 완료를 취약점 평가 사업자와 고객 입장에서 성공적으로 수행하는 데 도움을 준다. 프로젝트 계획 및 관리 기술을 결합하면 프로젝트 간 불가피하게 발생하는 문제사항의 효과를 최소화하고 주요 난관을 제거하는 틀을 확보할 수 있다.

2) 취약점 평가팀 구성

취약점 평가팀의 기능적 책임에 따라 프로젝트 책임자 및 적절한 분야별 전문가(SME)가 필수적이다. 다수의 취약점 평가팀은 위 역할을 수행하기 위해 많지 않은 인원을 투입하게 된다. 각 팀원이 여러 역할을 수행할 수 있으나, 적절한 취약점 평가를 위해 각 기능을 충실히 수행해야 한다. 취약점 평가팀의 주요 역할 및 책임은 다음과 같다.

- 프로젝트 책임자
- 시스템공학 엔지니어
- 보안시스템 엔지니어
- 센서 분야 전문가
- 경보평가 분야 전문가
- 경보 통신 및 시연(AC & D) 분야 전문가
- 출입통제 분야 전문가
- 지연 분야 전문가

- 대응 분야 전문가
- 통신 시스템 분야 전문가
- 전문 분석관
- 현장담당 전문가

취약점 평가팀의 각 인원은 전체 평가업무에서 자신이 담당하는 정보, 활동 등 자신의 역할 및 책임을 이해해야 한다.

3) 프로젝트 착수회의

취약점 평가 시작 전 프로젝트 팀과 고객 간 착수회의를 갖는 것이 좋다. 프로젝트 팀 착수회의의 의도는 모든 팀원이 프로젝트 범위, 인도물, 일정, 자금 등에 숙달되도록 하고 질의응답을 하는 데 있다. 프로젝트 책임자는 고객목표, 프로젝트 일정 및 예산, 출장 소요 검토, 인도물 및 인도 형식, 고객연락 관리 등 프로젝트 세부사항을 팀에게 제공해야 한다. 착수회의는 취약점 평가계획 수립을 시작하는 시점이기도 하다. 또한 시설 설계, 지형, 기상, 운용, 위협과 표적에 대한 정보 등에 대한 개요를 제시한다. 분석에 사용되는 도구는 통상적으로 알려져 있으나, 그렇지 않은 경우 착수회의를 이용해 적절한 분석 도구를 논의할 수 있다.

프로젝트 및 시설에 대해 알려진 모든 정보를 취약점 평가팀 지침에 요약하는 것이 유용하다. 이러한 지침은 프로젝트 팀 전체에 정보를 전파하는 수단 및 시설 정보를 요약한 현행 문서로서 의의를 갖는다. 취약점 평가팀 지침은 계획된 활동에 대한 세부설명이나, 반드시 분량이 많아야 하는 것은 아니다. 팀 지침의 일부는 모든 취약점 평가상황에 공통으로 해당되며, 일부는 특정 시설에만 해당된다. 팀 지침에는 취약점 평가 배경, 수행계획, 팀 배정, 행정 등의 세부사항이 포함된다.

취약점 평가범위에 무관하게 계획 단계를 완료하기 위해 각 현

2 취약점 평가 개론

장별 다양한 데이터가 필수적이다. 이는 취약점 평가를 가장 효율적이고 방해 요소 없이 계획·수행하는 데 필수적이다. 취약점 평가팀이 대상 시설에 방문하기 전에 많은 정보를 확보할수록 취약점 평가를 신속·용이하게 진행할 수 있으며, 이를 통해 현장방문 비용과 기간을 줄일 수 있다. 통상적으로 시설 도면, 임직원 수, 운용시간, 핵심자산 위치, 기존 물리적 보호체계 장비, 기상 상태, 현장 직원 연락처, 취약점 평가팀 작업공간 등의 정보가 필요하다. 이 중 기존에 알려진 정보는 팀 지침에 포함된다.

취약점 평가 프로젝트의 주요 측면으로서, 취약점 평가대상이 되는 시설의 관리자에게 브리핑을 제공해야 한다. 취약점 평가목적을 관리자에게 효과적으로 전달할수록 평가과정이 용이하고 팀 활동에 발생하는 장애가 적어진다. 본 브리핑은 취약점 평가의 목표, 용도, 완료 시기, 결과 전달 방법 등을 명확히 전달해야 한다. 일부 시설은 관리자가 보고서를 직접 수령하기도 하며, 제3자를 통해 시설 측에 보고서를 전달하는 경우도 있다. 취약점 평가팀이 현장에 도착하면 착수회의를 통해 시설 내 일반 직원에게 취약점 평가에 대한 설명을 해야 할 수도 있다. 이러한 브리핑에는 해당 시설의 고위 관리자, 연락담당, 보안담당, 운용 및 안전 담당, 취약점 평가팀 전원, 기타 이해관계자 등이 참석한다. 시설 관리자가 프로젝트에 대한 이전 브리핑에 참석한 경우 착수 브리핑에는 참석하지 않을 수도 있으나, 관리자 또는 담당자에게 초대장을 발송하는 것이 바람직하다. 시설 내 최상위 관리자가 방문하여 팀과 대면하고 취약점 평가에 대한 지원을 표현함으로써 환영의 의미를 전달할 수 있다. 최소한 시설 내 보안담당자는 브리핑에 적극 참여해야 하며, 취약점 평가팀이 현장에 없는 경우에는 더욱 중요하다. 취약점 평가 시작 시 착수회의를 진행하기 위해 모든 노력을 경주해야 하나, 착수회의가 불가한 경우 프로젝트 책임자가 기능별 영역에 대한 정보수집 이전에 시설의 관리자 및 담당자에게 브리핑을 제공할 준비가 되어있어야 한다.

7. 보호 목표

취약점 평가를 적절히 완수하기 위해서는 보호 시스템의 목표를 정확히 이해하는 것이 필수적이다. 보호 목표에는 위협 정의, 표적 식별, 시설 구분 등이 포함된다. 각 기관은 취약점 평가와 리스크 평가를 상이하게 정의하므로 일부 시설의 경우 위협 및 식별 자산에 대한 정의가 없을 수도 있다. 위협과 자산이 기존에 정의되지 않은 시설은 취약점 평가 프로젝트의 일부로 이를 정의하는 단계가 필요하다(일반적으로는 리스크 평가의 일부로 포함됨). 이 경우 프로젝트에 소요되는 비용과 시간이 상승하므로 프로젝트 세부 계획 완성 이전에 이에 대한 이해가 필수적이다.

위협이 물리적 보호체계에 요구되는 수행능력을 결정하므로 위협에 대한 이해는 취약점 평가의 주요 투입 요소이다. 기물파손에 대비해 자산을 보호하는 물리적 보호체계와 테러리스트의 공격으로부터 자산을 보호하는 시스템에 대한 평가가 동일할 수는 없다. 위협에 대한 세부설명을 통해 시스템 평가를 수행하는 과정에서 생기는 가정사항을 문서화하고 최신화 소요에 대한 의사결정에 이를 활용할 수 있다. 위협 정의를 통해 시설 관리자는 적 능력이 자산 보호에 어떻게 영향을 미치는지 이해할 수 있고, 물리적 보호체계 설계자는 최종 물리적 보호체계 소요를 이해할 수 있다.

취약점 평가팀은 위협 정의와 더불어 보호대상이 되는 시설 내 자산에 대한 이해가 있어야 한다. 위협 정의와 마찬가지로 취약점 평가 수행 이전에 자산 식별 및 우선순위화가 되어있지 않은 고객이 있을 수 있다. 이 경우에도 취약점 평가 수행 이전에 반드시 식별 및 우선순위화되어 있어야 한다. 표적 식별에는 수기 표적 목록, 사보타주 취약지점을 식별하기 위한 도표, 표적을 보호·우선순위화하기 위한 손실 영향 분석 등 세 가지 방법이 있다. 위협 정의 및 자산 우선순위화 완료 후에는 보호 시스템 목표를 작성하는 데 사용되는 충분한 양의 정보가 확보되어있을 것이다. 이를 공격 확률, 위협수준 및 전술, 자산별 손실영향 등을 결합한 표 형태로 나타낼 수 있다.

시설 구분

시설 구분은 취약점 평가의 주요 부분으로서 시설의 물리적 보호체계 평가를 구성하는 요소이다. 취약점 평가의 목적은 물리적 보호체계 구성요소를 탐지, 지연, 대응 등의 기능적 영역으로 식별하고 충분한 데이터를 수집해 특정 위협에 대한 기능별 수행능력을 추정하는 데 있다. 물리적 보호체계는 구성요소 및 시스템 수준에서 구분하며, 위협에 대한 무력화 취약점을 문서화한다. 물리적 보호체계 구분의 핵심은 데이터 수집이다. 정확한 데이터는 물리적 보호체계가 정의된 목표를 달성하는 능력에 대한 정확한 분석의 근간을 이룬다.

물론 정확성은 데이터가 가져야 할 여러 성질 중 하나일 뿐이다. 수집한 데이터는 취약점 평가 목적 및 범위에 적합해야 하고, 가용 자원 및 결과가 가져야 하는 신뢰도에 따라 데이터의 용량 및 형태가 충분해야 한다.

취약점 평가 초기단계에서 시설 답사를 수행한다. 최초 시설 답사 시 취약점 평가팀은 시설 설계에 대한 일반 정보, 주요 자산 위치, 시설 운용 및 생산능력에 대한 정보, 물리적 보호체계 구성요소의 위치 및 유형 등에 대한 정보를 수집하기 시작한다. 물리적 보호체계 구분 간 중요한 활동은 주요 문서 및 기록 검토이다. 이는 물리적 보호체계 효과 평가에 유용하며 취약점 평가 계획단계에서 시작할 수 있다. 취약점 평가 중 이러한 단계에는 시설 내 주요 인원과의 면담이 포함된다. 면담은 정보를 명확히 하고 시설의 특정 운용 절차를 충실히 이해하는 데 절대적이다. 조직 내 모든 수준의 인원과 면담을 갖는 것을 권장한다. 물리적 보호체계 효과 평가에서 가장 가치 있는 데이터 수집방법은 시험이다. 평가시험을 통해 인원이 업무 수행에 필요한 기술 및 능력을 보유했는지, 절차가 정상적으로 운용되는지, 장비가 적절하게 작동하는지 여부를 확인할 수 있다.

평가시험은 기능시험, 운용시험, 성능시험 등으로 구성된다. 기능시험을 통해 장치의 스위치가 켜져 있고, 기대 성능대로 작동하고 있는지 확인할 수 있다(예: 센서의 탐지율이 0.9로 유지됨). 운용시험을 통해 장치의 스위치가 켜져 있고 작동 중임을 확인할 수 있다(예: 센서가 켜져 있고 탐지 활동을 수행하나 진동 때문에 타 위치로 이동되어 탐지구역이 잘못되어있음). 성능시험은 동일한 시험을 여러 번 반복하여 상이한 위협에 대해 갖는 장치 능력지표를 추정하는 과정이다(포복/도보/구보 등을 통한 접근, 주간/야간 및 다양한 기상 상태에서 센서 시험을 수행해 탐지율 및 방해경보율 추정). 성능시험은 비교적 엄밀하게, 정해진 기간에 걸쳐 반복 수행하므로 취약점 평가 중간에 수행하는 것은 비실용적이며, 통상적으로 실험실 또는 미운용 시설에서 수행한다.

시스템 분석 이전에 취약점 평가팀의 목표는 시설이 처할 수 있는 다양한 상태를 식별하는 것이다. 취약점 평가는 시설의 연중, 전일 간 취약점을 분석하는 과정이므로, 취약점 평가팀은 시설이 처할 수 있는 다양한 상태를 이해해야 물리적 보호체계의 취약점이 특정 기간에 증감되는지 알 수 있다. 취약점 평가팀이 시설 상태를 알지 못한 상태에서 시스템 효과를 분석하는 경우 취약점 평가가 불완전한데도 보호에 대한 잘못된 믿음을 심어줄 수 있다. 시설 상태의 예시로는 평시 운용 시간, 미운용 시간, 파업, 화재 및 폭발물 위협 등의 긴급 상황, 근무조 교대 등이 있다. 모든 프로젝트 계획 및 보호 목표에 대한 이해가 완료된 후에야 취약점 평가팀은 시설에 방문하여 데이터를 수집할 준비가 됐다고 볼 수 있다.

8. 데이터 수집: 탐지

물리적 보호체계 중 탐지 기능에는 시설 내 외부침입 센서, 경보평가, 출입통제, 경보 통신 및 시연 하부시스템 등 구성요소의 연동이 포함된다. 침입탐지는 인원 또는 차량이 보호된 구역에 미인가 접근을 시도할 때 이를 승인하거나 적절한 대응을 취할 수 있는 인원이 이를 인지하는 것으로 정의할 수 있다. 효과적인 물리적 보호체계는 침입을 탐지하고, 경보를 생성한 후, 평가 및 적절한 대응을 개시할 수 있는 곳으로 해당 경보를 전달해야 한다. 침입을 탐지하는 가장 정확한 방법은 센서를 활용하는 것이나, 구역 내에서 근무하는 인원 또는 현장 경비 전력을 통해 침입을 탐지하는 것이다. 외부 센서는 건물 외부 환경에서 사용되며, 내부 센서는 건물 내부에서 사용되는 센서를 뜻한다.

1) 침입 센서

침입 센서 성능은 탐지율(Pᴅ), 방해경보율(NAR), 무력화 취약점의 세 가지 기본 특성으로 구성되며, 센서 운용원칙 및 정의된 위협의 능력에 따라 크게 달라질 수 있다. 시설 내 침입 센서 하부시스템 평가에 있어 이러한 기본 특성 및 센서 운용원칙에 대한 이해는 필수적이다. 센서는 각 유형 및 모델별로 상이한 무력화 취약점을 가지고 있다. 위장이나 우회 등의 방법으로 센서를 무력화할 수 있으며, 다양한 공격 방식에 대한 고려를 취약점 평가에 포함해야 한다. 외부 센서는 독립형, 매선형, 울타리형 등 세 가지로 구분할 수 있다. 내부 센서는 경계통과형, 내부동작형, 근접센서형 등 세 가지로 구분할 수 있다.

외부주변형은 일반적으로 감옥, 군사기지, 연구시설, 핵심 기반시설, 화학 공장 등 산업용 위험시설과 같이 보안수준이 높은 시설에서만 볼 수 있다. 미국 내 주요 기반시설 대다수는 민간에서 소유·운용하므로 9·11 사태 이후 개인 소유 산업시설용 외부 센서에 대한 관심이 높아졌다. 외부 센서를 사용하지 않는 시설의 경우, 이는 보호 중인 자산이 저가치 자산이거나 기대 위협수준이 낮아 평가가 필요하지 않다는 암묵적인 신호가 될 수도 있다. 외부 센서에 대한 전반적 평가 시 센서 프로그램, 설치, 시험, 정비, 방해경보율, 기대 위협에 대한 성능 등 세부사항에 주의를 기울여야 한다. 위협이 울타리를 절단하거나 올라오거나 교량을 설치할 수 있는 경우 취약점 평가 시 이를 반드시 고려해야 한다. 외부 센서의 평가 목적은 관련 문서, 도면, 관찰사항 등을 이용해 정의된 위협에 대한 센서 성능(탐지율)을 추정하는 데 있다. 이를 통해 물리적 보호체계 전체의 기준 성능을 구성하고, 필요시 성능 개선 기회를 제공한다. 성능 저하의 원인이 되는 요소에는 방해경보율, 우회 및 위장을 통한 센서 무력화 등이 있다.

건물 및 기타 구조물 내부의 침입탐지를 지원하는 데 내부 센서를 활용한다. 외부 센서와 달리 내부 센서는 모든 유형의 상업·사유·정부시설에서 흔히 사용한다. 외부 센서와 마찬가지로 센서 성능 전반에 영향을 미치는 여러 요소가 있다. 가장 흔히 사용하는 내부 센서의 종류는 균형자기스위치, 유리깨짐 센서, PIR 센서, 내부 모노스태틱 마이크로파 센서, 영상 동작감지기, PIR 및 마이크로파 등의 혼합 센서(이중 센서 기술의 경우) 등이 있다.

내부 경계 통과형 센서는 출입문, 창문, 환기구 등 출입이 가능한 공간을 이용하거나 벽, 천장, 바닥 등을 파손하는 등의 방법으로 울타리 및 시설 내부에 침입하는 대상을 탐지해야 한다. 조기 탐지 시 대응팀이 도착할 동안 더 많은 시간을 확보할 수 있으므로, 진입 이전에 탐지가 가능해야 한다. 용적 측정식 탐지 방식은 센서를 이용해 내부공간을 지나 표적을 향해 이동하는 침입자를 탐지한다. 탐지 대상이 되는 용적은 통상적으로 방, 복도 등 폐쇄형 공간이다. 내부 용적 대다수는 탐지 경계에서 표적까지 이동하는 시간 외에 다른 지연 요소가 거의 없다. 용적 측정식 센서에는 흔히 마이크로파와

2 취약점 평가 개론

PIR 센서가 사용된다. 포인트 센서(근접센서)는 보호 대상이 되는 표적의 위 또는 주변에 설치한다. 높은 보안수준이 적용되는 상황에서 포인트 센서는 경계 통과 센서 및 용적 측정식 센서 이후의 최종 보안 단계를 구성하는 경우가 많다. 점보호에는 정전용량 근접센서, 압력센서, 스트레인(Strain) 센서를 주로 사용하나, 위에서 설명한 경계 통과 및 용적 측정식 센서 일부도 점 보호에 사용할 수 있다.

시설 및 구역 내부에 대한 침입탐지에 기술만 사용되는 것은 아니다. 구역 내 임직원, 순찰 중인 경비 인원, 영상 감시 등도 흔히 활용하는 방법이다. 이는 낮은 수준의 위협에 효과적이나, 강력한 위협에 대한 대응이나 핵심자산 보호에는 효과적이지 않음이 시험을 통해 알려져 있다. 적 침입에 대한 엄밀한 기준 부재, 이에 대한 인지의 어려움, 임직원 안전 우려사항 등의 이유로 인간의 탐지능력은 (특히 긴 시간의 경우) 제한적이다.

센서 사용을 통해 침입을 정확하게, 경비인력 대비 저비용으로 탐지할 수 있다. 인간을 활용한 탐지의 또 다른 약점은 주 업무 수행, 전화 응대, 방문자 응대 등 다른 행동을 하는 등의 이유로 주의가 분산될 수 있다는 점이다. 정의된 위협 및 자산가치가 중대한 경우 취약점 평가 시 인간의 관찰을 이용한 탐지는 지양해야 한다.

내부 센서 평가 시의 목표는 설치된 장치가 기대 위협에 대해 어떤 성능을 갖는지 확인하는 것이다. 센서 이용 시 자산을 효과적으로 보호한다는 암묵적 기대가 있고, 센서 운용원칙 및 운용환경, 설치 및 장비 연동, 방해경보율, 정비, 정의된 위협 등을 고려해야 한다. 통상적으로 내부구역 관련 환경은 통제되어 예측과 측정이 가능하므로 특정 환경하에서 센서 성능을 평가할 수 있게 된다.

시설 답사, 임직원 면담, 시험 등이 완료된 후 취약점 평가팀은 침입탐지 하부시스템의 장단점을 문서화해야 한다. 침입탐지는 취약점 평가의 일부이며, 타 하부시스템에 대해 유사 정보를 수집하기 전에는 분석이 완료된 것이 아님을 주지해야 한다. 취약점 평가의 본 단계는 내부, 외부, 인간 탐지 등 각 탐지 유형별 탐지확률 (P_D)에 초점을 맞추며 정성적·정량적 기준을 활용해 이를 추정할 수 있다.

2) 경보평가

센서 또는 인간 관찰을 활용해 경보가 생성된 후 경보를 평가하여 경보 생성 원인 및 대응 여부를 결정해야 한다. 경보평가를 수행하지 않는 경우 탐지 기능이 완료됐다고 볼 수 없다. 평가 목적은 크게 두 가지로 볼 수 있다. 첫째, 각 경보의 생성 원인을 적 공격, 방해경보 등으로 규명한다. 둘째, 대응인력에게 침입에 대한 추가정보를 제공한다. 여기에는 침입의 육하원칙 등의 세부사항이 포함된다. 최고의 평가체계는 영상 카메라를 이용해 경보 발생원인을 보여주는 영상을 확보하고, 경보평가를 수행하는 운용 요원에게 이를 시연한다. 인간의 관찰을 이용해 경보평가를 수행할 수도 있으나, 이는 신속하지 않고 효과적이지 않은 방법이다.

취약점 평가 시 영상 평가와 영상 감시를 구별하는 것이 중요하다. 경보평가는 침입 경보 발생시점에 경보 원인을 인간이 직접 관찰하거나 센서 탐지구역의 영상을 직접 확보하는 것을 의미한다. 평가구역 및 확보 영상을 검토하여 경보 원인을 규명하고 경보에 대한 적절한 대응을 취할 수 있다.

영상 감시는 카메라를 이용하여 구역 내 모든 활동을 지속적으로 모니터링하는 것을 의미하며, 침입 센서를 이용해 운용자의 주의를 특정 사건 및 구역으로 유도하는 것은 아니다. 감시 시스템 다수는 운용 인원을 활용하지 않고 추후 검토를 위해 저장장치에 감시 내용을 녹화한다. 가장 효과가 우수한 보안체계는 경보 원인 확인을 위해 영상 감시가 아닌 영상 평가를 활용한다.

영상 평가 하부체계를 통해 보안 인력은 이격구역 내 침입 발생 여부를 신속히 확인할 수 있다. 영상 평가 하부시스템의 주요 구성 요소는 다음과 같다.

2 취약점 평가 개론

- 디지털 카메라 및 렌즈
- 조명 시스템
- 송신 시스템
- 영상 녹화/저장장치
- 영상 모니터
- 영상 제어장치

본 취약점 평가 단계의 후반부에서는 시스템 분석을 위해 평가 확률 추정치를 구해야 한다. 본 확률은 영상 품질, 해상도, 영상 확보속도, 모든 구성요소의 적절한 설치 및 정비, 센서 탐지구역 및 카메라 시야각 통합 등 다양한 요소에 영향을 받는다. 영상 평가 하부체계를 평가할 때 가장 중요한 요소는 경보 원인이 등장하는 영상이 충분한 세부사항을 포함해 운용자가 경보 원인을 정확히 규명할 수 있도록 하는 것이다.

3) 출입통제

출입통제 하부시스템에는 시설에 출입하는 인원 및 물품의 이동을 모니터링하는 데 사용되는 모든 기술, 절차, 데이터베이스, 인원 등이 포함된다. 출입통제 체계는 인가된 인원 및 물품이 정상 접근경로를 통해 이동할 수 있도록 하고, 인원 및 물자의 미인가 이동을 탐지하고 지연시킴으로써 전체 물리적 보호체계 내에서 기능을 수행한다. 출입통제 구성요소는 인원 및 차량 출입지점, 건물 입구, 건물 내 방 및 기타 특수구역 출입문 등 시설의 경계 및 주변에서 볼 수 있다. 출입통제 시 미인가 인원 확인뿐 아니라 특정 금지품목 및 기타 물품 등도 관심 대상이 될 수 있다. 평가 목적상, 출입통제는 구역에 대한 인원 및 물품 이동을 통제하는 데 사용되는 물리적 장비로 정의된다. 접근통제는 데이터베이스 및 기타 자료, 인가 인원/사물 등 인가된 접근에 필요한 변수, 진입 시점 및 위치 등을 결정하는 프로세스를 의미한다. 접근통제는 출입통제 하부시스템의 주요 구성요소이다.

시설 및 구역 출입통제의 주요 목표는 인가된 인원만 출입이 가능하도록 하고 해당 사건을 기록, 문서화하는 것이다. 시설 및 구역 출입 이전에 차량, 인원, 포장물품 등을 수색하는 목표는 사보타주나 주요 자산 절도에 사용될 수 있는 물품의 반입을 예방하는 데 있다. 출구통제의 주요 목표는 인원, 차량, 포장물품 수색 등을 통해 자산의 미인가 반출을 확인하는 데 있다. 출입통제의 부수적 목표는 긴급상황 발생 시 인원의 책임 소재를 파악하는 데 있다. 적은 출입통제 무력화를 위해 우회, 물리적 공격, 기만, 기술적 공격 등 다양한 방법을 사용할 수 있다. 정의된 위협은 위의 방법 중 일부 또는 전부를 사용할 수 있으며, 출입통제 하부시스템 평가에서는 이에 대한 고려가 필수적이다.

출입통제 하부시스템 성능은 운용 부담이 가중되는 상황에서 보안 및 사용자 운용을 저하시켜서는 안 된다. 체계는 성능에 따라 온라인 및 오프라인 기능의 2개 영역으로 나누어진다. 온라인 기능은 시스템 내에서 높은 우선순위로 취급해야 하며, 여기에는 경보통신, 출입지점 접근 요청, 경보평가 등 사용자의 반응이 즉시 필요한 기능이 포함된다. 오프라인 기능은 사전 지정된 경보 이력보고서 생성 및 수시 데이터베이스 조회 등이 포함된다.

취약점 평가 시 시스템 소프트웨어뿐 아니라 출입통제 하부체계를 통제하고 시스템 운용에 필요한 데이터 및 논리를 관리하는 출입통제 소프트웨어 역시 평가 대상이 된다. 일반적으로 소프트웨어는 설치된 출입통제 장치에서 전자정보를 수신하고, 데이터베이스에 저장된 데이터와 이를 비교하며, 데이터 비교 결과 승인된 경우 출입지점의 개폐장치에 열림 신호를 보내야 한다. 데이터 비교 결과 미승인된 경우 열림 신호가 생성되지 않는다.

출입통제에는 다양한 개별 기술 및 물리적 보호체계에서 사용되는 결합기술이 존재한다. 해당 장치는 일반적으로 인원, 반입금지 물품, 차량의 출입을 통제하는 데 사용되고 수동, 기계보조 수동, 자동운용 등이 포함된다. 출입통제 하부시스템의 효과를 측정하는 주요 수단으로 탐지율을 활용한다. 보안업계에서는 출입통제 장치 성능을 설명하기 위해 오류허용률률, 오류거절률률이라는 개념을 사용하기도 한다. 오류허용률률은 탐지율의 여집합에 해당하는 개념으로서, $1-P_D$와 같다. 이는 장치가 무력화되는 확률을 의미하므로 하부시스템 성능을 측정하는 주요 개념이다. 출입통제 하부체계는 인원통제 및 차량통제의 두 가지 분류로 나눌 수 있다. 금속 및 폭발물 탐지 등 반입금지 물품통제는 위 분류의 하위 개념으로 볼 수 있다.

4) 경보 통신 및 시연(AC & D)

경보 통신 및 시연은 물리적 보호체계의 하부시스템으로서, 경보 및 영상정보를 중앙에 보내고 운용자에게 정보를 제공한다. 경보 통신 및 시연 하부체계는 지정된 위치로 데이터를 전송하는 속도와 유의미한 데이터 제공이 핵심이다. 경보 통신 및 시연 하부시스템 대다수는 탐지(탐지 및 잠재적 침입 평가) 및 대응(즉시 또는 지연대응 절차 개시), 무선통신이나 출입통제 등 타 하부체계를 통합하는 역할을 한다. 경보 통신 및 시연 하부체계는 인원, 절차, 장비 등을 통합하는 복잡한 시스템이나, 취약점 평가팀은 몇 가지 성능평가 기준을 이용해 평가를 단순화할 수 있다. 효과적인 경보 통신 및 시연 하부체계는 강건하고 신뢰할 수 있으며, 신속하고 보안이 우수하며, 사용이 편리하다.

경보 통신 및 시연 통신체계는 데이터를 수집 위치(센서, 템퍼 알람, 영상, 자체시험 신호)에서 중앙 저장위치(데이터베이스, 서버)로, 그 후 통제실 및 시연장치로 전달한다. 중앙 저장위치의 물리적 위치가 통제실 내부인 경우 컴퓨터 및 시연장치 다수로 구성될 수 있으며, 저장위치 및 통제실 내부의 데이터 이동도 통신체계가 수행할 수 있다. 경보통신은 몇 가지 특성 때문에 평가가 필요하다. 여기에는 경보 데이터 용량, 전송 속도, 높은 시스템 신뢰도 등이 포함된다.

경보 통신 및 시연 하부시스템의 통제 및 시연 인터페이스는 운용자에게 정보를 제공하여 운용자가 경보 통신 및 시연 하부시스템 및 구성요소 운용에 영향을 주는 명령을 입력할 수 있도록 한다. 경보 통신 및 시연 하부시스템의 궁극적 목적은 경보를 신속히 평가하는 데 있다. 효과적인 통제 및 시연 체계는 운용자에게 신속하고 명확하게 정보를 제공하며, 운용자 명령에 신속히 반응한다. 통제 및 시연 체계는 운용자를 염두에 두고 평가해야 한다. 그러므로 평가 간에는 경보 통신 및 시연 하부체계와 직접적인 관련이 없는 상태에서의 운용을 관찰해야 한다. 콘솔 설계는 경보 보고, 상태 표시, 명령 등 시스템 및 운용자 간 정보교환을 촉진해야 한다. 사용자 인터페이스가 우수한 경우 명령 입력 및 제공된 정보 해석이 용이해진다. 그러므로 운용자가 필요로 하는 양의 데이터만 시연되어야 한다.

경보 통신 및 시연 하부시스템 평가원칙에서 중요한 점은 운용자가 우선되어야 하고, 운용자가 체계를 항상 통제할 수 있어야 한다는 점이다. 모든 경보 통신 및 시연 하부시스템의 일차적 목적은 시설보안을 향상하는 것이다. 이는 운용자의 임무수행 효과와 효율을 향상하여 하부시스템 적용 비용 대비 최상의 보호수준을 제공함으로써 달성할 수 있다. 운용이 용이한 체계는 불필요하게 복잡한 시스템보다 임무 성공확률이 높다.

경보 통신 및 시연 하부시스템의 주요성능 기준은 탐지평가 확률(P_{AD})이다. 효과적인 물리적 보호체계의 경우 경보평가 시행 전까지는 탐지가 완료되지 않은 것을 원칙으로 하므로 경보 통신 및 시연 하부시스템의 성능 기준으로 P_{AD}를 사용한다. 탐지평가 확률에 영향을 주는 요소에는 경보 수신시간, 경보 평가시간, 시스템 사용 용이성, 운용자의 시스템 통제 수준, 운용자 업무량 등이 있다. 탐지평가 확률은 센서 하부시스템의 탐지확률에 경보평가 확률을 곱한 값이다. 이 등식은 정량적·정성적으로 사용할 수 있으며, 핵심은 센서 및 평가 기능을 모두 적절히 수행하여 자산을 보호하도록 하는 것이다. 취약점 평가팀은 침입 센서 및 경보평가 하부시스템의 성능을 개별 검토한 후 경보 통신 및 시연 하부체계를 평가하여 모든 하부체계가 통합 시스템의 일부로서 기능을 수행함을 보여준다. 개별 경보 통신 및 시연 구성요소의 평가결과에 따라 P_{AD}에 추가적인 저하가 발생할 수 있다. 여기에 영향을 주는 요소는 다음과 같다.

- 운용자 업무량
- 시연장치(입력/출력, 인체공학 요소)
- 영상 시스템 통합
- 정비
- 센서 데이터를 시연장치로 보내기 위한 통신 시스템
- 처리 시스템(컴퓨터)
- 기타 기능(출입통제 등)
- 물리적 기초시설(전력, 환경, 배선 등)
- 시스템 운영

경보 통신 및 시연 하부시스템 통합이 미흡한 경우 각 구성요소 성능을 저하시켜 전체 시스템 효과에 영향을 주게 된다.

9. 데이터 수집: 지연

지연은 효과적인 물리적 보호체계의 두 번째 기능으로서, 적의 속도를 저하시키고 적절한 평가 및 대응에 필요한 시간을 확보하게 해준다. 탐지는 다양한 형태를 가질 수 있는데, 지연은 탐지의 후속 단계로 발생할 때만 효과적이다. 탐지의 가장 명확한 형태는 모니터링 위치로 정보를 전달하는 전자센서 체계를 이용하는 것이다. 강력한 지연용 장벽(두께 15피트의 강화 콘크리트, 지하 벙커 등)을 사용하는 경우 센서 시스템 대신 인원만을 이용한 탐지도 가능하다. 정기 및 수시 검사를 수행하는 보안 순찰요원은 적을 무력화하는 데 필요한 충분한 시간을 두고 진입 시도를 탐지할 수 있다. 적이 통과할 수 있는 가능한 모든 경로에 방해물을 설치하고 적절한 대응을 위해 충분한 지연을 발생시킴으로써 적의 임무 수행시간을 증가시킬 수 있다. 일반적으로 지연시간은 문헌조사, 실제 시험, 문헌 및 시험 데이터를 이용한 근삿값 등을 이용해 추정한다. 장벽을 이용한 지연시간은 적이 보유한 도구 및 장벽 소재 등에 따라 달라진다. 적은 위력, 잠입, 기만, 또는 이 중 여러 가지를 혼합한 전술을 선택해 사용할 수 있다. 취약점 평가 중 지연 평가는 적이 위력 또는 잠입 전술을 사용하는 경우에 초점이 맞추어져 있고, 잠입은 출입통제 하부체계를 이용해 대응할 수 있다.

경보평가 및 예측 가능한 위치에서 적을 차단할 수 있도록 장벽 및 차단 체계를 근접한 위치에 설치해 센서 탐지 이후 장벽이 즉시 작동할 수 있도록 해야 한다. 이를 통해 경보 지점에서 적을 지연시킬 수 있고, 정확한 평가 가능성이 향상되며, 효과적인 대응이 가능하게 된다. 특정 장벽 형상의 각 측면이 동일한 힘을 가지도록 하는 균형 원칙을 통해 장벽의 효과를 강화할 수 있다.

적이 장벽 뒤로 3피트 이상 도달한 경우 장벽은 침투된 것으로 간주한다. 반면 무력화는 광의의 개념으로서, 장벽이 적을 지연시키는 데 효과적이지 않음을 의미한다. 장벽을 침투하는 것보다 잠입 및 기타 수단을 통해 무력화하는 것이 더 간단한 경우가 많으므로 이는 중요한 구별이다. 대다수의 산업시설용 보안장벽은 산발적으로 발생하는 기물파손, 의도적이지 않은 진입, 단순 도난 등을 억제·무력화하기 위해 설계된 것이다. 그러나 전통적인 울타리, 건물,

출입문, 잠금장치 등은 강력한 동기와 능력을 가진 위협에 대해서는 억제 및 지연 능력을 거의 갖지 못한다.

특정 시설에 침투하기 위해 적이 사용할 수 있는 광범위한 시나리오 및 도구를 면밀히 조사하는 경우, 기존 장벽으로는 체계가 적에 대해 갖는 지연시간이 충분하지 않음을 알게 될 수도 있다. 또한 특정 장벽에 접촉하기 전이나 침투 중 상대가 탐지되지 않은 상태인 경우, 해당 장벽이 갖는 효과는 무의미한 수준이다. 물리적 거리, 울타리, 잠금장치, 출입문, 창문 등 대다수의 재래식 장벽은 위력(및 잠입 능력)을 보유하고 즉시 가용한 수동 및 전기식 도구를 사용하는 공격방법을 상대로 짧은 지연시간만을 확보할 수 있다. 폭발물은 두꺼운 강화 콘크리트 벽 및 기타 강력한 외관을 가진 장벽을 부수기에 효과적이고, 신속하며, 적이 강한 의지를 가진 경우 사용 가능성이 높은 침투수단이다. 차량폭탄 등이 예시에 해당한다. 또한 보안요원이 방호 위치에 있고 적과 동일한 수준의 장비를 보유하지 않은 경우 (무장한 적과 비무장 보안요원) 효과적인 지연수단이 될 수 없음을 기억해야 한다.

지연평가에서 중요한 개념은 정의된 위협 및 적 기술이 지연의 핵심 결정요소라는 것이다. 잠입, 기만, 기습 등은 모든 적에게 중요한 수단이 될 수 있다. 취약점 평가팀은 물리적 보호체계가 가진 물리적 지연 요소뿐 아니라 지연 요소의 상태 및 타 물리적 보호체계 시스템과의 통합에도 주의를 기울여야 한다. 또한 적이 물리적 보호체계의 약점을 이용하는 방법의 특성에도 주의를 기울여야 한다. 취약점 평가 시 적이 시설 내에 있는 기존 도구 및 물품을 이용해 목적을 달성하는 방법이 흔히 간과된다.

다양한 능동형·수동형 장벽이 지연능력을 제공할 수 있으며, 이 중 다수는 건물의 일반적 건설과정에서 찾을 수 있다. 적의 도구 및 능력에 따라 이러한 장벽이 확보할 수 있는 지연시간은 상이하다.

장벽 위치는 지연시간 및 장벽 효과에 영향을 주는 주요 요소이다. 건물 외부의 두꺼운 콘크리트 벽은 폭발물을 이용한 신속한 공격에 취약할 수 있다. 그러나 동일한 벽을 건물 내부의 지하 금고에 사용한 경우, 적은 주변의 건물구조를 붕괴시키지 않고 대량의 폭발물을 사용할 수 없으므로 상당한 지연능력을 가질 수 있다. 통상적인 장벽에는 울타리, 게이트, 회전문, 차량용 방벽, 벽, 바닥, 지붕, 출입문, 창문, 격자 창살, 유틸리티 포트, 기타 장벽 등이 있다.

10. 데이터 수집: 대응

취약점 평가 간 평가하는 물리적 보호체계 기능 중 세 번째이자 마지막은 대응이다. 보안사건에 대응하는 방식은 다양하다. 정의된 위협, 보호 대상 자산의 가치, 시설 내 물리적 보호체계를 제외한 타 리스크 관리 선택지 등에 따라 적절한 대응은 달라진다. 특정 시설은 단일 또는 다수의 대응전략을 사용할 수 있으며, 이는 데이터 수집 활동에 영향을 준다. 대응전략뿐 아니라 보안통신 역시 대응 기능의 핵심 부분이며 취약점 평가 간 고려해야 할 요소이다.

취약점 평가 간 수집한 핵심 정보는 상호 연결된 두 가지 주요 요소와 관련이 있다. 첫째는 목표로 하는 대응이 효과를 발휘하기 위한 시간이고, 둘째는 해당 대응의 효과이다. 대응의 이러한 측면은 대응인력 간, 대응인력과 타 인력 간 정확한 통신을 통해 촉진할 수 있다. 현장 내부 또는 외부에의 즉시대응 존재 여부도 이와 관련이 있다. 물리적 보호체계의 초기 설계 및 시행 간 각 시설은 대응 목표를 성공적인 공격에 대한 대처로 할 것인지, 적 공격 성공 전 저지로 할 것인지 결심해야 한다. 시설의 대응 목표 및 보호 목표가 불일치할 경우 물리적 보호체계의 효과는 심각하게 저하된다.

대응 목표는 넓은 범위에서 지연 및 즉시 대응으로 분류할 수 있다.

지연대응은 사건 후 발생하는 모든 조치를 의미하며, 성공적인 공격을 방지하는 것보다 자산복구 개시 및 조사 절차가 더 중요한 경우, 공격에 대한 대응으로 시설 내 인원이 대피하는 경우에 해당한다. 지연대응의 예시에는 자산 손실/훼손 후 감시 테이프 검토, 사고 조사, 자산추적 및 복구, 범죄자 기소 및 위 조치의 조합 등이 포함된다. 즉시대응은 침입 발생 시 적시에 인원을 전개하여 불미스러운 사건이 발생하지 않도록 방지하거나, 공격 성공 후 대피 등 완화조치를 적시에 시행하여 불미스러운 사건의 효과를 제한하는 것을 의미한다.

일반적으로 보안사건에 대해 즉시대응이 없는 경우 자산손실 가능성을 염두에 두고 있으며 리스크가 수용 가능한 수준이라는 가정이 있는 것으로 간주한다. 자산가치가 낮은 경우, 위협의 능력 및 동기가 약한 경우, 사건 발생빈도(공격 확률)가 낮은 경우, 보험 등 물리적 보호가 아닌 타 리스크 관리대안을 이용해 자산을 보호하고 있는 경우, 책임 소재로 인해 즉시대응이 제한되는 경우 이는 사실일 수 있다. 그러나 핵심자산의 경우 악의적 침입에 대한 즉시대응이 미흡할 시 자산손실 리스크가 상승하므로 취약점 평가 시 이를 신중히 고려할 필요가 있다.

즉시대응의 두 가지 측정기준은 도착 소요시간 및 무력화이다. 도착 소요시간은 차단 시 고려하는 기준이며, 무력화는 주어진 도착 소요시간 하에서 대응의 효과를 나타낸다. 차단은 물리적 보호체계 중 탐지·지연·통신·대응 기능의 측정기준이며 차단확률(P_I)로 표시할 수 있다. 무력화는 대응전력의 인원 수, 훈련, 전술, 무장 및 장비 사용의 측정기준이며 무력화 확률(P_N)로 표시할 수 있다. 또한 취약점 평가팀은 효과적인 즉시대응의 핵심이 되는 통신확률(P_C)을 확보해야 한다.

각 시설은 일반적인 대응전략을 사용할 수 있으나, 보안수준이 높고 핵심자산이 다수 위치한 구역에서는 다수의 전략을 사용할 수 있고, 대응전략에 따라 취약점 평가 간 시설평가가 어떻게 수행되는지 결정된다. 대응전략에는 억제, 거부, 봉쇄, 복구 등이 포함된다.

억제는 견고한 보안수준을 겉으로 보여 공격이 실패할 것임을 암시하는 등의 방법으로 하위 수준의 위협이 시설을 공격하지 못하도록 좌절시키는 데 사용되며, 거의 모든 개인 및 정부 시설에서 사용한다. 억제전략은 공격이 실패할 것이라는 적의 인식에 의존하므로 능력과 동기가 약한 위협을 상대로만 적용된다.

핵심자산 및 고위험 화생방 물질 및 독극물 생산시설의 경우 사보타주 등을 통해 해당 물질이 외부에 유출 시 다수의 부상, 사망, 오염 등이 발생할 수 있으므로 거부전략을 사용해야 한다. 거부는 물질 보관구역 및 물질을 처리하는 핵심장비 보관구역에의 적 접근을 방지하여 물질을 보호하는 전략이다. 적이 표적에 대한 공격을 완료하고 위험물질을 유출하는 순간 사보타주 공격은 성공한 것이다. 물질이 유출된 이후에는 적을 포획해도 공격의 영향을 방지할 수는 없다.

봉쇄전략은 적 목표가 자산의 절도인 경우 일반적으로 사용한다. 이는 적이 자산을 보유한 채로 시설을 떠날 수 없고 현장에 봉쇄된 상태에서 절도에 실패함을 의미한다. 봉쇄전략은 대량의 화폐를 보유한 주조소, 박물관, 보석 및 희귀 금속류 보관소, 위험물질 저장장소 등 고가치, 고영향 자산을 보유한 시설에서 주로 사용한다. 감옥도 봉쇄전략을 사용하나, 자산의 도난이 아닌 재소자의 탈출을 방지하는 것이 목적이다.

억지 및 봉쇄전략 실패 시 대안은 도난 자산의 복구이다. 일부 복구전략의 경우 차량을 이용해 도주하는 적을 추격하는 등 자산이 즉시 복구되기도 한다. 대다수의 시설은 자산이 일정 시간 동안 소실될 수 있다는 가정하에서 일정 시간 소요 후 주요 대응으로 자산복구를 수행한다. 복구대응에는 조사, 자산추적, 범죄자 기소를 통한 후속조치 등이 포함된다.

보안통신은 평시 및 대응 운용 시 대응인력 간 의사소통 송수신에 사용되는 인원, 절차, 기술 등으로 구성된다. 평시 운용 간 출입통제, 에스코트, 순찰, 현장보안 인원의 기타 보안 기능 등을 수행하기 위해 보안통신이 필요할 수도 있다. 공격에 대한 대응 간 통신은 대응인력을 조직하고, 긴급상황 발생장소로 인력을 보내며, 적을 차단·무력화하는 데 필수적이다.

차단 및 무력화에는 정확하고 신뢰할 수 있는 통신이 필수적이다. 전체 성능을 측정하는 지표로 Pc가 사용되며, 이는 경보 보고에서 전개 및 적과의 교전 단계까지 정보가 시스템 내에서 전달되는 정확도를 나타내는 지표이다. 영상 감시 및 평가를 활용하는 지연대응의 경우, Pc는 경보 및 영상정보를 확보하고 추후 검토를 위해 저장하는 데 사용하는 송신 시스템에 따라 좌우된다.

실제 성능 측정기준 및 사용되는 추정값은 대응전략 및 즉시대응 활용 여부에 따라 달라진다. 지연대응의 경우 적시에 정확하게 탐지를 수행하고, 법적으로 인정되고 가용한 영상정보를 증거로 확보하는 것으로 충분하다. 이를 위해 완전한 기능을 보유한 통신체계가 필수적이며, 이 경우 통합센서 및 영상 평가, 저장 위치로의 정보 송신 기능이 해당된다. 이는 탐지평가 확률을 이용해 근삿값을 구할 수 있다. 즉시대응의 경우 대응전력 소요시간, 무력화 능력, 통신확률 등이 주요 평가 요소이다.

11. 분석

적절한 데이터 수집이 완료되면 물리적 보호체계 분석을 시작할 수 있다. 취약점 평가에서 사용하는 기초 분석방법은 준수기반 및 성능기반의 두 가지가 있다. 준수기반 접근은 지정된 정책 및 규정에 대한 준수 여부를 기준으로 한다. 본 분석방법은 특정 장비 및 절차의 사용 여부를 평가지표로 사용한다. 성능기반 접근은 물리적 보호체계의 각 요소가 어떻게 운용되고 전체 시스템 효과에 기여하는지를 평가한다. 준수기반(기능기반) 체계는 자산의 손실영향이 낮거나, 비용-효과 분석을 수행하고 문서화한 결과 물리적 보호조치의 비용 효율이 가장 우수한 리스크 관리 방법이 아닌 것으로 간주되는 등 낮은 수준의 위협에 대해서만 효과를 갖는다. 준수기반 분석은 특정 물리적 보호체계 장비, 절차, 인원의 사용 여부를 시스템 효과 측정 기준으로 사용하므로 분석이 용이하다. 본 분석은 준수 요건에 대한 시설의 준수 여부 검토, 체크리스트를 활용한 구성요소별 사용 여부 문서화, 시설 내 미준수 사항을 기록한 미준수 보고서 등으로 구성된다. 취약점 평가보고서는 이러한 사항을 요약하고, 시설은 기관 정책에 따라 개선사항을 이행한다. 취약점 평가의 목표는 전체 시스템 효과를 향상시키고 물리적 보호체계 구성요소에 대한 모든 지출 항목이 요건을 준수하는 상태에서 보호수준을 향상시키는 것을 전제로 하므로, 본서는 성능기반 분석을 주요 논의 대상으로 한다. 성능기반 분석은 정성적·정량적 기술을 사용할 수 있다.

정성적·정량적 성능기반 분석은 아래와 같이 6단계를 거쳐 수행한다.

① 모든 자산 위치에 대해 적 위해행동 도표(ASD) 작성
② 경로분석을 수행하여 P_I 계산
③ 시나리오 분석 수행
④ 해당 시 무력화 분석을 완료하여 P_N 계산
⑤ 시스템 효과(P_E) 계산
⑥ 시스템 효과 또는 리스크가 적정 수준에 미달하는 경우 시스템 효과 개선방안 발전 및 분석

필요시 리스크를 지표로 이용해 시설의 물리적 보호체계를 평가하도록 선택할 수 있으나, 이는 취약점 평가보다는 리스크 평가에

서 주로 사용되는 방법이다.

적 위해행동 도표는 시설의 물리적 보호체계를 기능적으로 나타낸 것으로서, 시설 내 존재하는 특정 보호 요소를 설명하기 위해 사용되며, 적이 사보타주 또는 절도 목표에 도달하기 위해 사용할 수 있는 경로를 표시한다. 경로분석은 체계가 충분한 탐지 및 지연을 통해 적을 차단할 수 있는지 파악하므로 먼저 시행한다. 경로분석 시 정의된 위협도구 및 전술에 따라 차단확률로 측정되는 성능지표 추정값을 사용하여 적이 시설에 도달하기 위해 사용할 수 있는 모든 경로를 따라 물리적 보호체계의 약점을 예측한다. 분석대상이 되는 시설의 상대 순서 도표를 사용해 본 단계를 촉진할 수 있다.

시나리오 분석은 다양한 전술을 사용하는 적이 공략할 수 있는 취약점이 시스템 내에 있어서 물리적 보호체계의 효과를 저하시키는지 파악하는 데 사용된다. 시나리오 분석은 경로 상에서 사용할 수 있는 전술, 물리적 보호체계 및 대응전력에 대한 공격 등을 고려한다. 이러한 전술은 잠입, 무력, 기만 등을 개별적으로 또는 혼합하여 사용한다. 경로분석과 마찬가지로 시나리오 분석의 중요한 측면은 시설 및 자산 주변의 다양한 운용환경을 고려하는 것이다. 통상적으로 각 시설은 개방, 폐쇄 등 최소 두 가지 상태가 존재한다. 시나리오 분석의 일부로서 공격 시나리오 중 최악의 상황을 식별해야 한다. 분석대상을 최악의 상황으로 한정하는 것은 아니나, 이는 물리적 보호체계 효과의 한계를 시험하는 적 공격 상황을 정의하므로 유용하다.

취약 경로 및 적절한 공격 시나리오를 파악한 후에는 무력화 분석을 수행한다. 무력화 분석은 즉시대응을 통해 적과 대면하게 되는 시설에서만 수행한다. 무력화 분석은 다양한 시나리오 하에서 대응기능이 얼마나 효과적인지에 대한 정보를 제공하며, 대응전력의 능력, 숙련도, 훈련, 전술 등을 평가하는 요소이다.

이때 정성적·정량적 기술을 이용해 물리적 보호체계 효과를 계산할 수 있다. 즉시대응 조치의 존재만으로 적이 도주할 수 있거나 차단 시 적이 투항할 수 있어 영상 검토 및 조사를 이용한 지연대응을 하는 시설의 경우 시스템 효과는 P_I을 단독으로 사용하고, 즉시대응을 통해 적과 교전하게 되는 시설의 경우 P_I과 P_N을 이용해 시스템 효과를 나타낸다.

물리적 보호체계의 기준 분석을 통해 체계가 보호 목표에 부합하지 않는 것으로 파악된 경우, 취약점 평가팀은 이를 해결하기 위한 개선방안을 제안할 수 있다. 이러한 개선방안은 일반적으로 기술적인 세부 제안이 아니라 특정 위치에서 성능을 향상하여 달성할 수 있는 기능적 개선이다. 이후 이러한 성능개선을 이용해 분석을 반복하여 목표를 달성하기 위한 시스템 능력의 증가분을 추정한다. 분석결과를 보안시스템 설계자에게 제공하여 어떤 특정 장비 및 개선방안이 요구성능을 제공할 수 있는지 파악할 수 있도록 한다. 분석 완료 시 기준 분석 및 개선분석 결과를 제공하여 추가 개선 소요를 파악하고 개선에 대한 투자 대비 효용(ROI)을 나타내는 것이 중요하다.

12. 취약점 평가보고 및 활용

시설 데이터에 대한 분석 완료 후 취약점 평가팀은 시설 관리자에게 유용한 형태로 결과를 보고한다. 보고의 목적은 정확하고, 치우치지 않으며, 물리적 보호체계의 현재 효과를 명확히 정의하는 정보를 제공하고, 현 체계가 효과적이지 않은 경우 가능한 해결책을 함께 제시하는 것이다. 취약점 평가는 시설 관리자에게 물리적 보호체계 상태에 대한 정보를 제공하고 개선 결심을 지원한다. 일반적으로 취약점 평가 보고결과는 식별된 취약점을 해결하고 시설 내 물리적 보호체계를 개선하는 후속 프로젝트에 사용된다.

보고 단계는 공식/비공식 및 구두/서면의 형태를 가질 수 있으며 짧은 개요 또는 길고 상세한 접근 형태를 취할 수 있다. 프로젝트 합의사항에 따라 보고 단계의 형태와 내용이 결정되며, 이는 평가대상인 고객과 시설의 상황에 따라 달라질 수 있다. 보고(서) 제시 및 문서화 방법에 무관하게, 명확하고 유용한 보고를 위해 반드시 특정 내용이 포함돼야 한다. 취약점 평가보고(서)는 성격상 매우 강력한 문서이므로 무차별적으로 공유해서는 안 된다. 마스터 프로젝트 합의사항의 일부로 최종보고(서) 보호 및 적절한 배포방법을 정의해야 한다. 다수의 조직이 사본을 보관하더라도, 단일 조직이 문서 및 공유범위에 대한 최종통제권을 갖는 것을 권장한다.

취약점 평가보고(서) 완료 후 다양한 대응 및 후속조치가 발생할 수 있다. 가장 일반적인 접근방법은 시설이 물리적 보호체계 개선을 시도하고 취약점 평가팀의 제안사항을 수용하는 것이다. 취약점 평가는 시스템 설계 및 시행 이전에 발생해야 하는 시스템 요구사항에 대한 분석으로 이해할 수 있다. 물리적 보호체계의 약점이 되는 원인을 신중히 고려하지 않을 경우 개선사항의 효과를 제한하게 될 수도 있다. 개선 건의사항이 절차적 변경이나 CCTV 1종 교체 등 단순 장비 변경인 경우 본 절차는 상대적으로 짧고 간단할 수도 있다. 그러나 주요 장비 개선이 필요한 경우 개선설계를 위한 적절한 접근은 비용 대비 성능 및 효과가 우수한 방법이어야 한다.

설계팀의 목표는 취약점 평가의 개선분석 단계에서 예측한 수행능력을 충족하는 개선내용을 적용하는 것이다. 이는 달성하기 어려운 목표이며, 목표와 제약을 명확히 하고 가용 예산을 이용해 설치할 수 있는 최상의 체계를 달성하기 위해 설계팀과 시설 간 의사소통이 필요할 수 있다. 일반적으로 설계활동은 개념설계, 사전설계, 최종설계 등 3단계를 포함한다. 본 장의 논의는 기존 시설에 대한 취약점 평가에 초점이 맞추어져 있으나, 신규 시설의 평가에도 동일한 프로세스를 사용한다. 신규 시설의 경우 취약점 평가 분석관 및 설계인력 간 공조를 통해 시설 내 제안된 물리적 보호체계를 구현하고 가장 비용효과가 우수한 구성요소를 식별한다. 참여 인원 간 합의가 이루어지면 설계인력은 설계 단계의 작업을 수행하고, 지정된 수행능력을 충족하기 위해 최종설계를 어떻게 이행할지 정의한다.

13. 시스템공학 및 취약점 평가

본 섹션은 시스템공학 프로세스를 소개하고 취약점 평가에서 이를 어떻게 사용하는지 설명한다. 본 관계를 설명하기 전 용어 정의 및 시스템공학에 대한 간단한 개론을 제공한다.

Design 도서에서 체계는 '계획에 따라 목표를 달성하기 위해 설계된 구성요소의 통합된 모음'으로 정의된다. 체계는 전자레인지처럼 작은 것부터 도시처럼 큰 것까지 존재하며, 모든 체계는 더 작은 시스템(하부시스템)으로 구성된다. 일부 응용상황에서 다수의 시스템의 기능적 모음은 복합시스템 또는 시스템집단으로 불린다. 체계는 공학뿐 아니라 타 분야에서도 볼 수 있다. 법 집행기관, 법원, 교정기관 등으로 구성된 사법체계를 예로 들 수 있으며, 미생물, 연못, 인체 등은 생물학적 체계 시스템으로 볼 수 있다. 사회적 시스템에는 문화, 행동, 사회규범 등이 포함된다. 시스템공학의 정의는 아래를 참조하라.

시스템공학은 학제 간 접근방법이며 체계를 성공적으로 실현하기 위한 수단으로서, 개발 주기 초기에 고객 수요 및 요구 기능성을 정의하고, 요구사항을 문서화하며, 문제를 전체적으로 고려하며 종합설계와 시스템 검증을 수행하는 데 초점을 둔다. 시스템공학은 사용자 소요를 만족하는 고품질 제품 제공을 목적으로 하며 고객의 사업적·기술적 소요를 고려한다.

시스템공학은 고객의 사업목표 및 환경하에서 기능적·기술적·운용적 요구사항을 통합하는 데 주안점을 둔다.

통합은 물리적·전기적 통합뿐 아니라 고객 소요, 기술적 성능, 안전, 신뢰도, 절차, 인원, 정비, 훈련, 시험, 제안된 해결책의 수명주기비용 등을 의미한다. (물론 물리적·전기적 통합은 시스템 성능의 중요한 측면이다.) 시스템공학 프로세스 흐름은 그림 2.4에 나타나 있으며, 요구사항 단계에서 시작해 반복되는 특성을 가진다. 시스템공학 주기에서 취약점 평가는 타 단계를 선도하는 요구사항 단계에 속한다. 취약점 평가결과를 사용해 개선된 시스템 설계를 제작하며, 이는 분석 및 시험을 통해 검증한다. 설치가 완료된 체계는 시험 및 정비를 통해 시스템 성능을 최적화하고 확장성을 부여해야 한다. 일정 시점이 되면 요구사항이 변경되거나 시스템의 가용 수명주기가 만료되어 시스템 및 구성요소의 교체 소요를 고려해야 한다.

시스템공학은 좋은 엔지니어가 되는 것과 무관하며, 모든 인원은 스스로의 전문 분야에서 시스템공학자가 될 수 있다. 시스템공학은 논리적·구조적 프로세스로서 해결대상이 되는 문제 정의에서 시작해 다양한 잠재적 해결책을 고려하고, 해결책을 분석하여 가장 균형 잡히고 강건하며 요구사항과 목표에 부합하는 설계를 선택·적용하도록 지원한다. 설계 적용에는 적절한 설치, 정비, 시험, 인원 훈련을 통한 최적 시스템 기능 보전 등이 포함된다.

시스템공학은 시스템의 가용 수명주기 만료 후 시스템의 최종 처분, 폐기, 교체 등에 대한 고려를 포함한다. 본 섹션에 제시한 정보는 국제시스템엔지니어링협회(INCOSE)가 개발한 원칙 기반 시스템공학 및 마틴(Martin)이 집필한 교과서에 대한 개요이다.

효과적인 취약점 평가는 기본적인 시스템공학 원칙을 근간으로 한다.

일반적인 시스템 개발 모델은 시스템공학 및 구성요소 엔지니어링을 모두 고려하는 모델이다. 시스템공학 및 구성요소 엔지니어링은 과학을 기반으로 무엇이 있는지(과학), 무엇이 가능한지(구성요소 엔지니어링), 무엇을 해야 하는지(시스템공학)를 다룬다. 시스템공학 영역에는 사용자 요구사항(문제 정의) 및 시스템 요구사항(경계 및 제약조건)이 포함되며, 이는 구성요소 엔지니어링 영역으로 이어진다. 구성요소 엔지니어링 영역에는 구성요소 선택, 설계, 분석, 통합, 시험 등이 포함된다.

대형 프로젝트는 별도의 시스템공학 엔지니어가 팀원으로 포함된 경우도 있으나, 일반적으로 취약점 평가 간 프로젝트 책임자가 시스템공학 엔지니어 역할을 수행하여 최종 제품이 고객 소요에 부합하는지 확인한다. 구성요소 엔지니어는 취약점 평가팀 인원 중 엔지니어링, 적 및 대응 전술, 폭발물, 분석, 평가활동 중 기타 영역 등을 담당하는 분야별 전문가이다.

본 장에서는 취약점 평가 프로세스를 성능기반으로 설명하므로 과학, 시스템공학, 구성요소 엔지니어링 등 상술한 시스템 개발의 모든 영역이 여기에 포함된다. 본 접근방법의 과학적 특성을 간과해서는 안 된다. 예시를 통해 준수기반과 성능기반 접근방법 간의 차이를 보여줄 수 있다. 준수기반 접근방법 하에서는 외부침입 탐지를 위해 과거 사용 경험, 광범위한 가용장치, 승인목록, 공급자 제공정보 등을 기반으로 마이크로파, 능동형 적외선, 울타리형, 매선

그림 2.4 시스템공학
프로세스

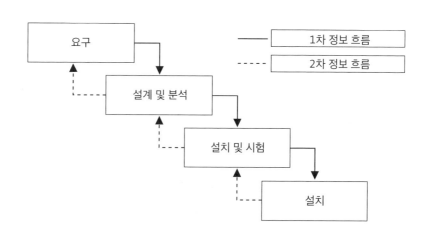

2 취약점 평가 개론

표 2.1 이행기반 및 성능기반 취약점 평가 접근[3] 방법 비교

비교 요소	이행기반 취약점 평가	성능기반 취약점 평가
자산가치	간과(낮음)	모든 자산들
요구사항의 근거	정책	전반적인 시스템 성능
구성요소 성능측정	현물	효과 및 통합성
데이터 수집 방법론	현장조사	현장 유효성 평가
분석	체크리스트	시스템 효율성
보고	결함 보고서	경로 효율성 및 취약성
성능 개선 설계	결함 위주 보완	기증적 성능 추정
구성요소 선택	요소 엔지니어링	시스템 엔지니어링
기본 프로세스	정책 요구사항 충족	시스템 엔지니어링

[3] 준수기반 접근은 성능기반 접근 대비 엄밀성은 떨어지고 수행은 용이하다. 준수기반 접근은 저가치 자산에 가장 적합하고, 성능기반 프로세스는 모든 가치의 자산을 대상으로 할 수 있다.

형 등 다양한 타 센서 대신 레이더를 선택할 수 있다. 반대로 성능기반 접근방법은 모든 시스템 요구사항을 식별하고 선택된 장치가 요구사항에 가장 잘 부합하는지 여부를 확인하는 데서 시작한다. 이후 장치 성능은 모든 요구사항을 만족하는 장치를 식별하기 위한 트레이드오프 분석에 따라 전적으로 결정된다. 예를 들어 외부침입 탐지 요구사항에는 탐지확률, 방해경보율(NAR), 정의된 위협을 이용해 무력화할 수 있는 취약점, 타 물리적 보호체계 구성요소와의 통합, 확장능력, 적용 및 운용에 필요한 수명주기비용 등이 포함된다. 본 예시는 취약점 평가 및 필요한 개선사항이 주어진 비용하에서 최상의 물리적 보호체계를 제공할 수 있도록 하는 좋은 시스템공학의 필요성에 초점을 맞춘다. 그러므로 물리적 보호체계 구성요소를 이용한 현실적 달성 가능 여부에 따라 고객의 희망사항은 제한될 수 있다. 이러한 논리는 시스템공학의 요구사항 단계의 일부이며, 이는 취약점 평가 프로젝트 관리의 일부이자 아래 설명이 제시되어있다. 준수기반 및 성능기반 접근방법 간 비교는 표 2.1을 참조하라.

　　그림 2.3은 이러한 배경하에서 취약점 평가에 적용되는 시스템공학 프로세스를 나타내며, 세부내용은 다른 장에서 다루기로 한다.

본 장의 나머지 섹션에서는 시스템공학의 각 단계 및 취약점 평가와의 관계를 세부적으로 설명하고, 본서 내에서 추가정보를 찾을 수 있는 다른 장에 대한 참조를 제공한다. 본 논의의 목적은 시스템공학 프로세스를 구체적으로 설명하는 것이 아니라 취약점 평가가 시스템공학 프로세스를 기반으로 이루어짐을 보이는 데 있다.

14. 시스템 요구사항

그림 2.3에 나타난 것과 같이 물리적 보호체계 평가는 해결대상이 되는 문제를 이해하는 데서 출발한다. 본 단계에는 시설 구분, 위협 정의, 표적 식별 등이 포함된다. 시스템공학에서 물리적 보호체계 목표는 시스템 요구사항의 하위개념이며, 각 분야 전문가가 적절한 물리적 보호체계 평가를 수행하는 토대가 된다.

요구사항은 주어진 조건하에서 지정된 목표를 달성하기 위해 필요한 수준을 식별하는 특징을 말하며, 계약 및 규정문서에 제약을 부여한다. 정형화된 시스템공학 문서에서 요구사항은 임계치나 목표의 형태를 갖는다. 임계치는 반드시 달성해야 할 대상을 의미하며, 목표는 일정 수준의 유용성이나 적절성을 가지나 반드시 달성해야 하는 것은 아니다. 요구사항은 '~해야 한다(shall)'를 사용해 표현하며 목표는 '~한다(should)'의 형태로 표현한다. 시스템 요구사항 수립 시 이 점을 고려해야 한다. 고객, 사용자, 이해관계자는 다양한 요구, 소요, 기대를 가지고 있다. 평가 프로세스 초기에는 이와 같이 불명확한 선언을 실행과 측정이 가능하도록 규정된 요구사항으로 전환하여 최종 인도물이 고객의 기대를 만족할 수 있도록 해야 한다. 시스템공학 프로세스에서는 본 단계를 생략하고 시스템 평가를 수행하는 경우도 많다. 그러나 이는 고객 불만족 및 제품 미완성 등의 결과로 이어질 수 있으므로 지양해야 한다. 시스템에는 기능, 제약, 성능 등 세 가지 측면의 요구사항이 있다.

기능 요구사항은 제품 및 세부사항의 수준에 대한 설명으로서, 구성요소 인터페이스 및 물리적 보호체계의 기능을 포함한다. 기능 요구사항은 적절한 최종 제품을 제공하는 인원, 절차, 장비 등을 통합하고, 이해관계자, 고객, 사용자의 소요, 희망, 기대에 부합하고자 한다. 이해관계자(제품과 관련해 담당하는 역할이 있거나 기대를 가지고 있음), 고객(체계를 위해 비용 지불), 사용자(최종 제품에 대한 운용 및 정비 수행)는 각각 다른 소요를 가지고 있다. 요구사항 분석은 이와 같이 상이한 소요를 고려한다. 고객 및 이해관계자와 관련해 아래와 같은 질문을 생각해 볼 수 있다. 어떤 소요를 만족하고자 하는가? 현 시스템의 문제점은 무엇인가? 소요는 명확히 표현됐는가? 사용자와 관련해서는 의도에 따른 사용자가 누구인지, 어떻게 제품을 사용하는지, 현재 운용상황과 어떻게 상이한지 등의 질문을 고려할 수 있다.

제약 요구사항은 모든 외부·내부 준수조건 및 반드시 충족해야 하는 조항 등을 말한다. 외부 법 및 규정, 법적 책임, 표준, 기관 내규 및 절차 등이 포함되며, 연방정부 안전 요구사항, 노동법, 소방 및 전기 관련 규정, 기관 내부 기반시설, 프로젝트 관리 프로세스 등을 예로 들 수 있다. 취약점 평가에서 추가 제약사항은 지형, 기상, 시설 설계 및 동선, 대응전력 유무, 기타 특정한 조건 등 각 장소마다 복합적으로 결정된다. 이러한 제약사항은 취약점 평가 시 고려해야 하는 운용환경의 일부이며, 기타 제약사항은 위에서 예로 든 레이더의 경우와 같이 가용기술의 제한에 따라 발생할 수 있다.

성능 요구사항은 능력 운용수준 및 운용조건을 정의하며, 정확하고 중의적이지 않으며 측정 가능한 용어를 이용해 서술한다.

성능지표 예시에는 획득가치, 월별 재정상태, 이정표 달성목록, 기타 사업/행정 지표와 탐지확률, 지연시간, 평가확률, 차단확률 등 보안 수행능력 지표 등이 있다. 성능 요구사항은 기능 요구사항에 따라 결정되며, 요구사항 충족 시 구성요소 및 시스템 효과를 판단하기 위해 사용하는 지표를 구체화한다.

취약점 평가를 수행하는 이유는 다양하나, 취약점 평가팀은 평가 개시 이전에 이러한 근본적 소요를 파악해야 한다. 예컨대 체계가 적절한 수행능력을 유지하고 있는 경우에도 기관 내규 또는 규제 기관 요구(제약 요구사항에 해당)에 따라 주기적으로 취약점 평가를 수행해야 할 수도 있다. 또는 시설이 최근에 공격을 당해 핵심자산의 손실이 발생하여 자산에 대한 보호수준 강화 소요가 발생할 수도 있다(기능 요구사항에 해당). 9·11 사태 이후 다수의 사기업 및 정부기관은 대량살상무기 사용 등에 대한 신규 위협지침을 발행했으며, 기존 물리적 보호체계가 효과적인지 판단하기 위해 취약점 평가를 수행해야 한다(성능 요구사항에 해당). 위 예시는 취약점 평가 수행 시 고객목표 이해의 중요성에 초점이 맞춰져 있다. 또한 고객이 의도하는 취약점 평가의 활용목적도 고려해야 한다. 규정 요구사항을 충족하되 식별된 취약점에 대해 변경을 적용하려는 의도 없이 취약점 평가를 수행하는 경우, 취약점 평가팀은 이를 인지하고 있어야 한다. 필요시 물리적 보호체계 개선을 위해 고객이 추가 자금 및 기타 자원을 할당하려는 의지나 능력이 없는 경우, 이는 취약점 평가에 제약으로 작용하는 운용환경의 일부로 간주해야 한다. 고객 소요, 동기, 희망을 식별하는 것은 취약점 평가 프로젝트 관리의 일부이다.

취약점 평가에서 기능 요구사항은 무엇을(자산) 누구에게서(위협) 보호할지 설정함으로써 보호 목표를 정의하는 것과 같다. 보호 맥락에서 상위수준의 기능 요구사항은 '비밀 로켓 연료 구성을 경쟁사 유출에서 보호' 등으로 표현할 수 있다. 또한 임무 및 외부, 기관 운용환경 측면에서 기관을 분석해야 하며, 반드시 준수해야 하는 제약사항을 인지하는 것이 중요하다. 예를 들어 9·11 사태 발생 이후 미 정부는 다수의 법 및 규정을 도입했고, 이는 공항 및 항만 보안에 큰 영향을 주었다. 시설 내 취약점 평가 시 이와 같은 신규 제약 요구사항을 감안하여 전체 시스템 효과에 대한 영향을 고려할 수 있도록 해야 한다.

보안시스템의 성능 요구사항은 정의된 위협의 능력과 관계가 있다. 예컨대 자산을 기물파손으로부터 보호하는 물리적 보호체계는 강한 동기와 우수한 장비를 보유한 환경운동가들로부터 보호하는 물리적 보호체계보다 요구되는 성능이 낮다. 취약점 평가를 개시하고 물리적 보호체계 구성요소 설계 및 조달 단계로 바로 진입하기 전에 보호 목표를 정의해야 하는 것은 이 때문이다. 많은 경우 기관은 보안사고 및 규정 요구사항에 대한 대응을 위해 감시카메라를 구입하는 경우가 많으며, 이때 구입한 카메라가 현 시스템의 어떤 능력을 보완할 수 있는지 분석하지 않는 경우가 많다. 이는 상술한 임계치 및 목표에 대한 논의와도 연결된다. 취약점 평가에 적용되는 것과 마찬가지로 임계치는 물리적 보호체계가 반드시 달성해야 하는 허용 가능한 최소 수행능력을 지정하는 데 사용된다. 예컨대 달리거나, 걷거나, 포복으로 이동하는 침입자에 대한 탐지확률 임계치는 0.9라고 하는 것이다. 제약조건하에서 물리적 보호체계를 개선했을 때 임계치를 충족할 수 없는 경우, 분석결과가 최소 기능 요구사항을 만족하는 시스템 및 개선에 대한 추가 투자를 정당화하지 못하므로 체계를 실행하지 않거나 요구사항을 완화한다. 비용을 추가로 투자해도 물리적 보호체계가 자산을 보호하는 능력이 개선되지 않으므로 이 경우 ROI는 0이라고 할 수 있다. 이는 시스템 개선 결과 직접적으로 재정적 이익이 발생하는 전통적 ROI 개념과는 상이하며, 구조적·합리적 방법을 이용해 자산을 적극적으로 보호하는 개념이다. 이 경우 기관의 평판을 보호하고, 공격 시 사업 지속성을 확보하며, 고가치 자산 보호를 위한 조치를 취했음을 외부 감사인/기관에 보여줌으로써 간접적 이익을 기대할 수 있다. 고객 소요 및 시스템 요구사항을 만족하는 물리적 보호체계를 달성할 수 없는 경우, 타 리스크 관리대안을 고려해야 한다. 물리적 보호체계를 이용

해 리스크를 경감하는 것보다 저비용, 고효과로 고객목표를 달성할
수 있는 대안이 존재하는 경우가 많다.

15. 시스템 설계 및 분석

이제 명확한 요구사항이 존재하고 고객이 이에 합의한 경우 취약
점 평가를 개시할 수 있다. 구성요소 엔지니어 등 분야별 전문가들
이 정의된 위협 및 식별된 자산을 고려해 체계를 평가하며, 모든 제
약조건이 평가에 반영된다. 물리적 보호체계에 대한 취약점 평가 시
탐지, 지연, 대응 기능을 모두 고려하며 인원, 절차, 장비가 모든 요
구사항을 만족하는지 평가한다. 이 경우 정의된 위협이 공격을 위해
시설에 물리적으로 진입해야 하는 것으로 전제한다. 그러므로 현장
밖에서의 원거리 공격이나 네트워크상의 사이버 공격 등은 물리적
보호체계 취약점 평가의 일부로 고려하지 않고, 시설의 전체 보안시
스템 관점에서 주요 보안 우려사항으로 간주한다.

취약점 평가 간 시스템 요구사항을 기반으로 현 시스템에 대한
평가를 수행하며, 시스템의 요구사항 충족 여부를 판단하기 위해 분
석을 수행한다. 기준 분석결과 체계가 요구사항을 충족하지 못하는
것으로 드러나는 경우, 잠재적 개선사항을 기능적 수준으로 한정해
분석을 수행한다. (요구성능을 달성하는 특정 장치를 식별하는 것
은 아님) 이 경우 취약점 평가는 새로운 시스템 요구사항을 수립하
여 신규 기능/성능 요구사항을 이용해 설계인원이 개선사항을 반영
할 수 있도록 한다. 개선설계 프로세스는 본 섹션 후반에 설명한다.

설치된 물리적 보호체계 구성요소에 대한 평가시험을 이용해
취약점 평가분석을 지원하며, 이는 물리적 보호체계 구성요소 수행
능력 및 전체 시스템에 미치는 영향을 문서화한다. 수행능력이 미흡
한 부분은 문서화하여 분석에 사용한다. 이러한 부분은 시스템 약점
의 원인이 되어 적에게 공략당할 수 있으며, 이는 바로 취약점의 정

의와 같다. 다수의 물리적 보호체계 구성요소는 분석에 사용할 수 있는 과거 시험 데이터가 있다. 탐지, 지연, 대응 하부시스템 및 물리적 보호체계 구성요소 평가에 사용하는 원칙 및 기술은 본서의 핵심을 구성한다.

취약점 평가분석 프로세스에는 트레이드오프 분석이 포함되며, 이는 물리적 보호체계 구성요소의 다양한 조합에 대해 기대할 수 있는 수행능력을 고려하고 모든 요구사항을 가장 적합하게 충족하는 성능을 선택하도록 지원한다. 강건한 설계는 요구사항(임계치)을 충족할 뿐 아니라 체계가 고객 희망을 충족하는 데 얼마나 효과적인지 결정한다. 예를 들어 물리적 보호체계 분석은 정의된 위협에 대한 효과를 보여야 한다. 또한 높은 수준의 위협에 대해 체계가 적절한 수행능력을 갖는지 여부를 보여줄 수 있는 분석을 수행하여 요구사항을 초과하는 수준에서의 시스템 효과를 추정할 수 있다. 이와 같이 추가적인 수행능력을 파악하여 위협이 증가할 시 물리적 보호체계가 얼마나 효과적인지 문서화할 수 있으며, 적은 추가 비용으로 이러한 수행능력을 달성할 수 있는 경우 이는 고려할 만한 옵션이다. 이는 요구사항과는 별개로 고객목표의 예시에 해당한다. 분석을 통해 물리적 보호체계에 대한 투자가 어떻게 저비용으로 시스템 능력 향상에 기여할 수 있는지(예: 경보 모니터링 지점에 대형·고해상도 CCTV 모니터 설치) 파악할 수 있다. 고성능 모니터 구매에 드는 비용은 많지 않으나, 모니터링 능력 향상에 따라 운용자는 소형 물체가 발생시킨 경보를 더욱 신속하고 효과적으로 평가할 수 있다. 결과적으로 고성능 모니터에 대한 소규모 추가 투자가 경보 평가능력 향상으로 이어진다. 이는 상술한 고객목표 충족과도 관련이 있다. 추가 투자옵션의 실행은 고객합의와 승인이 필요한 사항이며, 설치비용 증가, 평시 및 예비 전력 제원, 운용자 시청거리 등 물리적 보호체계에 미치는 모든 영향을 고려해야 한다.

취약점 평가 마지막 단계의 분석결과를 통해 현행 물리적 보호체계가 요구사항 충족에 효과적인지 여부를 판단할 수 있다. 요구사항 충족에 효과적이지 않은 경우 취약점 평가팀은 다양한 기능 및 성능 개선을 제안하여 물리적 보호체계가 요구사항을 충족할 수 있도록 한다. 이 시점에서 취약점 평가는 완료되며 최종보고서를 작성한다. 시설이 취약점 평가 제안사항을 수용하기로 결정하고 장비개선 소요가 많은 경우, 물리적 보호체계 개선설계를 위해 별도의 설계인력을 배정한다. 물리적 보호체계 설계는 별도의 교재를 집필할 수 있을 만큼 복잡한 문제이나, 본 섹션의 남은 부분에 개략적인 프로세스를 설명한다.

시스템공학 프로세스 중 설계 단계는 개념설계, 사전설계, 최종 시스템 설계 등의 단계를 포함하여 반복되는 경우가 많다. 설계가 진행되는 동안 취약점 평가팀과 같이 다분야 전문가로 구성된 팀이 잠재적 설계옵션을 검토하고 최상의 솔루션을 결정한다. 일반적으로 개선 시스템에 요구되는 수행능력은 기존 요구사항에 완전히 반영되지 못하므로 반복적 설계주기를 수행한다. 본 프로세스는 설계 검토, 모델링 및 시뮬레이션 도구, 시험 데이터, 제안된 솔루션이 소요('~해야 한다') 및 희망('~한다')을 충족하는지 확인하는 고객과의 논의 등을 이용해 촉진할 수 있다. 최종설계는 제품에 대한 세부설명 및 상세도면 패키지 등의 적용방법으로 구성된다. 최종설계 적용 전 시스템 구성요소를 구성하여 시스템 운용을 검증·인증한다. 검증은 이해관계자의 만족을 확인하는 과정(정확한 업무를 수행했는가?)이며, 인증은 설계가 특정 기술 요구사항을 충족하고 구성요소가 적절히 통합됐는지 확인하는 과정(업무를 정확히 수행했는가?)을 말한다.

검증을 통해 누락되거나 무관한 요구사항이 없는지 확인할 수 있으며, 이는 요구사항 추적성에 해당하며, 대규모·고비용 시스템에 흔히 사용하고 일부 고객은 이를 요구할 수도 있다. 추적성은 제품이 정확히 고객 소요에 부합함을 보여주고, 시스템 설계 단계에서 선택하는 특정 구성요소를 설명·문서화하고 소요사항과 구성요소, 전체 시스템 간 연결고리 역할을 한다. 구성요소와 요구사항 간 연결고리가 없는 경우 고객의 소요는 과충족됐을 수 있다. 최종설계에서 특정 장치의 사용에 대해 고객에게 명확한 설명을 제공하는 역할을 하므로 이는 중요하다. 물리적 보호체계 설계에 사용할 카메라를 지정하는 예시를 생각해볼 수 있다. 가용한 카메라 종류는 다양하며, 적절한 기종 선택은 체계가 가진 기능, 제약, 성능 요구사항에 따라 달라진다. 정의된 위협에 시설 주변을 야간포복으로 이동하는 적이 포함된 경우 이러한 성능 요구사항을 충족하기 위한 카메라 해상도, 조명, 영상기록, 저장장치 등을 지정해야 한다. 이와 반대로 정의된 위협이 시설 주변을 차량으로 돌진하는 적을 포함하는 경우를 생각해보라. 차량으로 이동하는 적과 포복으로 이동하는 적을 촬영하는 카메라 해상도는 동일 요구사항을 가질 수 없으며, 이 경우 상이한 카메라 기종을 선택하게 된다. 또한 차량은 포복 대비 빠른 속도로 이동하므로, 이러한 제약에 따라 시스템 설계를 구성하는 타 장치에 대한 선택도 영향을 받게 된다. 검증 시에는 일반적으로 현장 조건하에서 수락검사를 통해 체계가 소요 및 이해관계자 기대를 충족하는지 확인한다. 공식문서가 필요한 경우 상술한 바와 같이 추적성 소프트웨어가 필요할 수 있다(예시: www.telelogic.com 참조). 이와 같은 소프트웨어는 요구사항, 시스템 설계, 적용, 시험 간 연결고리를 문서화한다.

16. 시스템 설치 및 시험

개선 프로세스의 본 단계에서는 신규설계를 도면 설명 및 최종설계 패키지 제원에 따라 적용한다. 변경사항 발생 시 제원에서 이탈하는 사항은 반드시 구성요소 및 전체 시스템 성능에 미치는 영향을 이해하는 전문가의 승인을 득해야 한다. 일부 변경사항은 상대적으로 영향이 없으나, 일부는 시스템 성능에 심각한 영향을 미칠 수 있다. 예컨대 조명장치 간 거리 및 높이 변경 시 구역 내 조도에 변화가 생길 수 있다. 현장에서 운용·기능·성능 시험을 통해 시스템 설치를 보조하여 체계가 예측한 대로 재작동하며 고객 소요를 충족하는지 확인한다. 운용시험을 통해 설치된 장치가 작동하는지(예: 신호 송신) 확인하고, 기능시험을 통해 장치가 재작동하고 기대에 맞는 성능을 보이는지(예: 센서의 탐지확률이 유지됨) 확인한다. 또한 인도된 체계를 고객이 수락하기 전에 최종 수락시험수용성 시험을 수행하는 것을 강력히 권장한다. 수락시험수용성 시험은 시스템 인도의 최종 단계이며, 시스템의 시험결과에 따라 공급자에 대한 최종 비용지불 여부를 결정한다.

물리적 보호체계는 최초 설치 이후에도 성능을 유지해야 하므로 시스템 및 구성요소를 적절히 정비하고 주기적으로 시험을 수행하여 최적의 시스템 기능을 유지해야 한다. 이는 전체 시스템 관점을 나타내며, 시스템 설계에는 체계를 정확하게, 기대된 대로 운용하기 위해 필요한 정비, 시험, 훈련 절차 등에 대한 제안사항이 포함된다. 이러한 세부사항은 전체적 시스템 문서, 사용자를 적절한 시스템 정비방법에 숙달시키는 사전훈련 계획, 시스템 성능을 허용 가능한 수준으로 유지하는 제안절차 및 프로세스 등을 이용해 지원한다. 구성요소 설치, 정비, 시험, 인원 훈련 절차에 대한 평가는 취약점 평가 간 수행하며 전체 시스템 성능에 상당한 영향을 줄 수 있다. 절차 개선은 저비용으로 시스템 개선을 달성할 수 있다.

17. 시스템 교체

시스템공학을 적절히 시행하는 경우, 시스템 설계에 시스템 수명주기 만료 후의 폐기 및 교체 계획을 포함하는 것이 좋다. 적용되는 최종설계는 특정 수준을 전제로 한 시스템 확장 및 성장이 가능해야

한다. 통상적으로는 체계가 보유한 현 능력 대비 5% 확장을 전제로
한다. 이와 같은 사전계획은 환경변화 시 과도한 비용 지출 및 보호
능력 상실 없이 체계를 확장할 수 있게 해준다. 시스템 확장의 예시
로는 현재 최초 설치 시점에 필요한 수준보다 많은 전도체를 장착
한 광섬유 케이블 번들 설치를 들 수 있다. 전도체 추가 장착에 소요
되는 추가 비용은 많지 않으며 설치비용은 동일하다. 다른 대안으로
는 전선 추가 설치에 대비해 직경이 큰 도관을 설치하는 것을 예로
들 수 있다. 동일한 논리로 전력 분배장치나 접속 배선함 설치 등도
차후 물리적 보호체계의 신속한 확장을 지원할 수 있다. 기술은 발
전하고, 위협은 변화하며, 시설은 성장하거나 축소되고, 장비는 오
작동이 발생하며, 이에 따라 기존 또는 새로운 요구사항을 충족하
는 신규 구성요소에 대한 소요가 발생할 수 있다. 시스템 폐기 및 교
체는 취약점 평가의 일부는 아니나, 물리적 보호체계의 확장 능력은
취약점 평가 간 고려하는 요소 중의 하나이다.

18. 요약

본 장에서는 리스크 관리, 취약점 평가, 시스템공학에 대한 논의 후
이러한 프로세스가 보안시스템 평가를 어떻게 지원하는지 설명했
다. 검토대상으로서의 리스크 관리 및 리스크 평가를 설명했다. 취
약점 평가 시 시스템 효과를 측정하는 정성적·정량적 기술을 설명
하고 언제 각 기술이 유효한지 논의했다. 이를 위해 통계적 측정기
준을 소개하고 시스템 평가에 어떻게 통계적 방법을 적용하는지 살
펴보았다. 취약점 평가 프로세스를 계획, 실행, 보고 및 결과 활용
의 3단계로 나누어 소개했다. 본서에 설명한 평가 프로세스가 어떻
게 시스템공학 프로세스에 따라 성공적인 체계를 구현하는지 살펴
보는 것으로 본 장의 논의를 끝맺었다. 본 프로세스는 문제를 전면
적으로 고려하는 가운데 고객 요구사항을 정의하고 체계를 평가하

는 데 초점을 맞춘다. 시스템공학은 문제 정의, 평가, 분석을 통한 시스템 개선 소요 적용으로 이어지는 구조화된 발전 프로세스에 따라 각 분야 및 인원을 팀으로 통합한다. 이때 사용자 소요를 충족하는 고품질 제품 제공을 목표로 고객의 사업적·기술적 소요를 고려해야 한다.

참고자료

[1] Garcia M. L. *The design and evaluation of physical protection systems*. Boston: Butterworth-Heinemann, 2001.

[2] Garcia V. L. *Managing Risk: systematic loss prevention for executives*. Arlington, VA: Omega Systems Group, 1987.

[3] Kaplan S & Garrick B. J. On the quantitative definition of risk. Risk Anal. 1981, 1(1): 11-27.

[4] Haimes Y. Y. *Risk modeling, assessment, and management*, 2nd ed. Hoboken, NJ: Wiley and Sons, 2004.

[5] International Council on Systems Engineering (INCOSE) Definition available at : http://www.incose.org/practice/whatissystemseng.aspx, April 18, 2005.

[6] Martin J.N. *Systems engineering guidebook: a process for developing systems and products*. Boca Raton, FL: CRC Press, 1987.

* Originally from Garcia. M. L. *Vulnerability assessment of physical protection systems*. Boston: Buttmortli-Heinemann, 2006. Updated by the editor, Elsevier, 2016.

3 　보안설계의 성과

Mariana A. Perry, MS, CPP

본 장에서는 CPTED(범죄예장환경설계)[1]와 보안전문가, 설계자, 공동체 일원과 관련법을 집행하는 기관이 어떻게 협력하여 보다 안전한 도심과 주거지를 개발할 것인가에 관하여 논의한다. 개개의 주민들은 그들이 법을 집행하는 기관들과 유관단체와 상호 협력하고 활동에 참여함으로써 '안전한 공동체'가 만들어진다는 것을 깨달아야한다. 기득권을 가진 거주민들은 법 집행기관과 협력하고 적극 참여함으로써 범죄는 물론 그에 대한 두려움을 줄일 수 있으며, 공동체에 대한 인식도 변화하게 된다.

[1] Crime Prevention Through Environmental Design의 약어이며, 관련 학회에서 'CPTED'로 읽는다.

1. 들어가며

물리보안 설계와 범죄에 대한 비공식적 사회통제 간의 관계성은 새로운 발상인데, 이는 현대적 도심에 체계적으로 적용되는 관점이다. 대부분의 선진사회는 도심을 개발하기에 앞서서, 물리보안의 환경과 거주민 스스로 참여해야 하는 책임성을 연계시키는 데 상당한 주의를 기울인다.

　그러나, 도심지를 개발하는 와중에 보안(Security)보다 경제적·정치적 관점을 더 중요하게 여기게 되는데, 이는 도심의 비공식적 사회통제가 어렵도록 신중하게 설계하는 추세 때문이다. 방호울타리가 더 이상 필요하지 않게 됐을 때의 식민지 마을도 그렇게까지는 설계하지 않았다. 뉴잉글랜드 마을을 건설하면서 가옥과 상점들이 둘러싼 중앙의 광장을 형성하여 공동체 행사를 열고 가축들도 상대적으로 안전하게 보호할 수 있었다. 이러한 환경에서는 모든 사람들이 서로의 활동을 알았다. 이는 현대의 도심 거주자들이 누리고 있는 사생활 보호가 당시에는 어려웠음을 의미하면서, 공동체 내에서의 바람직하지 못한 행위와 원하지 않은 외부의 침략을 통제하기 위한 책임성을 높은 수준으로 공유했음을 의미한다.

최근에야 현대 도심의 사회학을 공부하는 학생들이 물리보안 설계와 비공식적 사회통제 간의 관계에 대하여 진지하게 생각하게 됐다. 1961년 제인 제이콥스(Jane Jacobs)가 처음으로 현대적 도시에 관하여 기고했다. *The Death and Life of Great American Cities*[2]에서 그녀는 도로에 인접한 토지를 다중으로 이용하는 것은 물리적 설계기관과 사용자(보행자와 거주자) 간의 상호작용을 증진하여, 자연적이고 비공식적인 감시를 촉진함으로 말미암아, 결과적으로 도심의 안전성을 강화하게 됨을 이론화했다.

1966년 레인워터(Lee Rainwater)는 세인트루이스(St. Louis)의 공공주택 프로젝트를 평가하면서, 부적절한 건축설계가 반사회적 행동에 직접적으로 영향을 끼친다는 공공주택 거주자들의 태도를 지적하면서, 물리적 설계의 영향에 관한 논의를 제안했다.[3]

엘리자베스 우드(Elizabeth Wood)는 1961년의 기고에서, 당시 공공주택 프로젝트의 설계패턴이 비공식적인 사회적 관계와 모임을 어렵게 함으로써, 거주자들이 비공식적 사회통제와 셀프 치안(Self-policing)이 가능한 상호작용을 저해했다고 밝힌 바 있다.[4]

쉬로모 에인절(Schlomo Angel)은 1961년의 기고에서, 보행자와 차량 이용자 수준의 변화가 범죄를 촉진할 수도, 감소시킬 수도 있음을 밝혔다. 차량 이용자가 적다고 하더라도 잠재적 희생자는 넘

[2] Jacobs, J. *The death and life of great American cities.* New York: Vintage Books, 1961.

[3] Rainwater, L. Fear and the home-as-heaven in the lower class. J Am Inst Plan January 1966: 23-37.

[4] Wood, E. *Housing design: a social theory.* New York: Citizen's Housing and Planning Counsel of New York, Inc., 1961.

치는데 목격할 수 있는 사람은 충분하지 않다.

　　루드키(Gerald Leudtke)와 리스태드(E. Lystad)는 '디트로이트'
에서의 연구결과를 다음과 같이 설명했다.

　　도심의 형태와 구조에서 기인한 여러 특징(Features)들이 범죄
　　를 촉진하거나 그 가능성을 감소시킬 수도 있다. 그러한 물리
　　적 특징이란 건축물, 도로와 골목의 상태와 정비 수준, 신축 건
　　물인지의 여부, 토지 이용의 혼재, 보행자와 누적 보행자 비율,
　　격자형 도심에서 건축물의 위치, 인접 건축물까지의 거리, 주차
　　시설의 형태, 도로, 인도 및 인접건물에서 구조물 내부를 들여
　　다볼 수 있는 정도, 나무, 관목, 주차된 차량, 펜스, 표지판 및 광
　　고물에 의한 은폐 정도, 출입구의 노출, 건축물의 지정선(Set-
　　backs),[5] 건물 진입지점의 수를 포함한다.

　　1969년 뉴먼(Oscar Newman)과 랜드(George Rand)는 최근 방어
공간으로 언급되는 '영역성 이론'에서, 주택설계를 잘하면 거주자들
의 사회적 통제범위를 주변의 공유지역까지 확장시킬 수 있다고 주
장했다. 이러한 논리로 말미암아 기존에 공공 영역 혹은 준공공 영
역으로 간주됐던 공간이 사적 영역으로 변화했다. 공유공간의 확장
은 사회적 통제와 더불어, 물리적 환경과 거주자 간의 상호작용을
증대시켜 범죄를 감소시키는 결과를 가져왔다. 뉴먼은 다음과 같이
정의했다.

　　방어공간은 실제와 상징적 장벽에 의해 확실하게 규정한 영향
　　지역이며, 감시의 기회가 증대됨에 따른 구조적 범위의 다른 표
　　현으로, 주민들이 통제할 수 있는 환경을 제공한다. 방어공간의
　　삶의 질을 위해 거주자들이 누려야 할 환경이며, 그 결과로 가
　　족과 이웃, 친구들의 안전을 제공받는다. 다세대 거주환경의 공

공영역에 방어공간이 없다면 도로에서 다세대 주택을 향한 직접적인 위해에 무방비로 노출될 수 있다. 그러한 환경에서 삶의 두려움과 불확실성은 안전과 거주공간의 존엄성을 점차 침식시키다가 결국에는 파멸에 이르게 할 수 있다. 반면에 상호 이익의 연합을 강화하기 위해 주거단위를 그룹화하거나, 통로를 최소화하거나, 내부공간과 병치하여 특정한 사용자를 위한 활동공간으로 규정하거나, 자연적인 영상감시가 가능하게 함으로써, 건축설계자는 사용자에게 공간의 기능을 명확하게 이해시킬 수 있다. 이러한 결과, 모든 소득수준의 주민들은 영역에 관하여 분명하게 인식하고 치안 기능을 선택함으로써, 잠재적 범죄를 강력히 억제하게 된다.

6 Reppetto, T. A. Residential crime. Cambridge, MA: Ballinger Punlishing, 1974.

보스톤의 레피토(Reppetto T. A.)[6]는 자신의 연구결과를 토대로, 범죄예방 환경 설계과정에서 이웃과 협력해야 할 필요성을 지적하고, 범죄형태의 본질을 정의하고 적절한 대책을 마련하기 위한 설득력 있는 자료 수집결과를 제시했다.

레피토의 자료는 유대감이 강한 공동체는 비공식 사회적 통제를 통하여 구성원을 보호하는 경향이 있음을 보여주었다. 이러한 결과는 존 콘크린(John Conklin)이 *The Impact of Crime*이라는 저서를 통하여 한층 더 강조했다.

유대감이 강한 공동체는 노상범죄의 문제를 최소화할 수 있다. 하지만, 그러한 공동체가 난폭한 범죄는 억제할 수 있을지라도, 비공식적 사회통제로 말미암아 다인종사회에 존재하는 행위의 다양성을 위협할 수 있다. 그럼에도 불구하고 공동체 내의 활동이 더욱 빈번해지고, 사회적 유대감이 강화된다면, 노상범죄는 감소될 것이다. 지역주민과 공동체에 대한 책임성은 경찰서에의 범죄신고 의지를 증진함을 물론, 진행 중인 범죄에 관여

3 보안설계의 성과

할 가능성을 높여준다. 경찰서에 범죄를 신고하려는 거주자의 의지가 강하다면, 경찰의 시가지 순찰은 필요하지 않을 수도 있다. 공공장소에서의 주민활동이 많고 인도에 보행자가 넘치게 되면 사람들이 걷기 두려워하는 지역에 대한 감시정찰을 강화하는 것과 같다. 더 강력한 사회적인 연대감은 외부공격자에 대항하려는 의지로, 감시를 강화하는 원동력이 된다.

제프리(C. Ray Jeffrey)는 뉴먼 등의 논문을 접하기 전에, 자신의 고전적 이론서인 *Crime Prevention Through Environmental Design*[7]을 통하여 물리적 보안설계뿐만 아니라 참여적 시민의식의 제고와 경찰력의 효율성 증대를 망라하는 3중 전략을 제안했다.

제프리는 범죄의 가능성을 감소시키거나 제거하는 방식으로 전체적인 환경을 설계해야 하는데, 이는 도심의 물리적 환경과 사회적 특성이 모두 범죄패턴에 영향을 미치기 때문이라고 주장했다. 또한 물리보안 체계를 향상시키고 비공식적인 사회 통제를 개발할 가능성을 확대하기 위해서는 보다 나은 물리적 환경설계가 그 해법이기 때문에, 범죄예방을 위한 물리적 환경설계에 앞서서 높은 수준의 정밀한 분석단계가 필요함을 강조했다.

범죄율의 생태학적 연구에서 중요한 방법론적 결함의 하나는 분석기준으로 큰 단위와 인구조사 추적 데이터를 사용해온 것이다. 일반적인 단위는 도심과 지방, 그리고 복잡성과 도시 간, 국가적 차별성이다. 그러한 접근법은 다양한 유형의 범죄와 관련된 물리적 환경의 특성을 발견하기에 단위가 너무 크다. 우리는 각각의 건물, 건물의 각 층, 개별공간의 물리적 환경에 주목해야 한다. 일반적인 큰 그림보다 미세한 해법이 요구된다. 범죄율을 미세한 분석단위로 조사해 보면, 도시의 특정한 공간에서 대다수의 범죄가 발생했음을 알 수 있다. 이 사실은 범죄율

7 Jeffrey, C. R. *Crime prevention through environmental design*. Beerly Hills, CA: Sage Publications, 1971.

[8] Jeffrey, C. R. Behavior control techniques and criminology. In: *Ecology youth development workshop*, Honolulu: University of Hawaii School of Social Work, 1975.

과 주택별 또는 블록별 차이를 간과한 인구조사 추적 데이터와의 통계적 상관관계 분석을 통해 밝혀졌다. 우리에게 필요한 범죄예방 목적의 데이터는 도시의 특정 지역에서 살인이나 절도가 집중하여 발생한 것과 같이, 도심환경의 어떠한 측면이 범죄와 관련이 있는지 설명할 수 있어야 한다.[8]

2. 방어공간

뉴먼 등의 학자들은 최근 진행 중이거나 새로운 공공건축물 프로젝트의 설계연구과 경험을 통하여 '방어공간' 개념을 탐구하고 정의했다. 방어공간 적용기법에 관한 아래의 요약은 담당자들이 도심의 주거환경에 적용할 물리적 설계방안과 중요성을 이해하는 데 도움을 준다.

방어공간 설계는 '영역성'과 '자연적인 감시'라고 일컫는 두 가지 기본적인 사회적 행동을 강화하려는 시도를 포함한다.

1) 영역성

영역성의 고전적 예로써, 미국 독신 남성의 집과 주위 환경은 전통적으로 "남자에게 집은 자신의 성"으로 표현된다. 이러한 전통에서, 가정은 자신들의 영역성을 주장하고 유지하려 한다. 가정이 성(城)이라는 이미지는 "이웃과 도로로부터 필수적인 완충공간을 확보함으로써 강화된다."[9] 도시화가 진행되면서 단독주택은 개발업자들에게 경제적으로 부담이 됐다. 주택사업은 연립주택, 타운 하우스, 아파트 단지, 고층 아파트, 그리고 대량의 공공주택 프로젝트로 변화했다. 전통의 이점이 무엇이든, 영역성이라는 관념은 그러한 과정에서 대체적으로 사라지게 됐다. 그 결과 "아파트에 거주하는 대부분의 가정이 아파트 단지 밖을 명확하게 공유지역으로 생각하며, 실제로 아파트 바로 밖에서의 모든 행동은 영역성에 근거하기보다 공적

[9] Op. cit., Newman, pp. 51-52.

권위에 전가"한다.[10]

거주자들이 거주환경의 물리적 설계로 인해 바깥세상의 모든 것을 포기하게 되면서, 복도, 계단, 로비, 공유지, 주차장, 그리고 도로는 마음만 먹으면 범죄가 가능한 무주공산(無主空山)으로 변화됐다. 법 집행기관은 그러한 허술함을 보완하려 했지만, '영역성'의 정화된 감성에서 기인하는 필수적인 비공식 사회통제 없이는, 법의 집행만으로 범죄를 감소시킬 가능성은 없다.

2) 자연적인 감시

영역성의 이점으로 많은 사람들이 서로를 주시할 수 있다면 거주공간의 모든 지역에 대한 자연적인 감시수준을 높이는 결과가 된다. 하지만 잠재적으로 주시 가능한 사람의 단순한 증가로는 충분하지 않은데, 자연적인 감시수준이 효과적이라 하더라도, 대응역량을 갖추어야 하기 때문이다. 목격자가 범죄사실을 보고하거나 개입할 가능성은 다음 상황에 따라 다를 것이다.

- 개인적이거나 자산과 관련한 권한이 침해당했다고 느끼는 정도
- 공격을 받고 있는 피해자 또는 자산과 동일시할 수 있는 범위
- 한편으로는 자신의 행동이 도움을 줄 수 있고, 다른 한편으로는 보복을 받지 않을 것이라는 믿음의 수준

관측과 대응행동의 가능성이 감시수순을 고도화한 물리적 상황에 의하여 크게 향상된다는 것은 자명하다.

3) 설계 지침

방어공간은 건축학적 지침으로 주어지는데, 거주자 집단의 주변 환경에 대한 영역적 요구와 자연적인 감시가 가능한 역량을 증진하려는 목적으로, 새로운 도심 주거단지 설계에 사용될 수 있다.

- 사이트 설계 시에 사적인 통로, 마당, 그리고 취미생활 공간 주변으로 소규모 거주단지를 집단화해야 한다. 이렇게 통제된 지역에서 아이들은 뛰어놀고, 어른들은 휴식하며, 낯선 사람들은 쉽게 발각되어 확인될 수 있다. 그러한 사적 공간은 건축물의 내부와 외부 벽, 진입방식, 그리고 펜스, 관목, 그리고 경계표지 등과 같은 상징적인 장벽에 의해 형성될 수 있다.
- 사이트 내의 연관성 설계는 각각의 '가족군(Family clusters)' 간에 반사적인 공유공간을 만드는 데 필요할 수 있다. 통로, 차량진입로, 로비, 그리고 세탁소와 상가는 모든 세대와 연결될 수 있게 설계함으로써, 물리적 설계는 영역성과 더불어 비공식적 사회통제의 가능성을 증진할 수도 있다.
- 도로 설계와 기타 공유공간의 설계는 주거단지와 연계성을 강화하여 반 공유공간처럼 활용성을 높일 수 있게 된다. 도로 인근에 벤치와 놀이터를 설치하여 차량의 통행을 제한하거나, 적절한 조명을 밝히거나, 특정 지역의 반(半)공공성을 표현하기 위해 가상의 장벽을 설치함으로써 이러한 공간은 주거단지의 공유된 영역임을 한정하는 데 도움이 될 수 있다.
- 감시 특화 설계는 앞서 언급한 각 지역의 설계에 일반적인 가시성을 증대하기 위하여, 적정한 조명을 밝히거나, 가시성을 제한하는 물리적 장벽을 줄이거나 제거하며, 건물 출입구, 로비, 승강기 대기지역, 놀이공간과 주차장 등 중요지역의 가시성을 증진함으로써 가능한 한 많은 지역이 자연스럽게 감시되도록 해야 한다.

4) 현재의 물리적 설계를 보완

비용 문제로 말미암아 현존하는 도심의 주거시설은 근본적인 재건축이 어렵다. 하지만, 비교적 적은 비용으로 건축물을 보강하여 영역성과 자연적인 감시가 다음과 같이 가능토록 할 수 있는데:

- 각 가정에 자물쇠, 출입문과 창문 등 적절한 보안설비를 설치
- 건축물 전면 혹은 후면의 평범한 잔디밭을 관목 숲, 낮은 펜스, 다른 상징적인 장애물을 사용하여 사적인 마당이나 파티오[11]로 활용
- 통행로와 집 밖의 일반적인 지역에 장식용 포장재를 사용하거나, 조명을 설치하거나, 전략적인 간격으로 의자 혹은 다른 형태의 좌석을 배치하거나, 세심하게 조경하거나, 놀이터, 주차장, 차량진입로를 짜임새 있게 배치함으로써 매력적이면서 반쯤은 사적인 공간으로 탈바꿈함
- 다양한 진입로를 줄이고, 꼭 필요한 진입로는 적절한 조명, 가시성, 보안성을 강화
- 중요한 내부의 공간에는 시청각 감시장비를 설치하고, 거주자나 보안요원이 관찰

[11] 역자 주: 보통 집 뒤쪽에 만드는 테라스

요약하여 강조하면 방어공간을 만든다는 것은 보안체계의 강화(초고층 고급 아파트의 예와 같은)와는 결코 같지 않다. 실제로도 거의 정반대인데, 방어공간은 거주자들은 물론 다른 방문자들에게도 주거환경이 개방된다는 가정에서 출발한다. 방어공간은 개방되어 있어서 비공식적인 사회통제인 자체적인 치안 상황을 조성하도록 강요받는다. 이렇게 개방된 주거환경에서 범죄의 기회가 없지는 않겠지만, 범죄행동의 가능성은 감소될 수밖에 없다.

방어공간의 물리적 설계요소는 늘 주민들의 능동적인 참여를 조장하거나 유지하려는 노력과, 주민과 법 집행기관 간의 상호작용을 개선하려는 전략이 동반되어야 함을 강조한다.

3. 범죄예방을 위한 환경설계

CPTED는 아직 연구와 실험이 급속하게 진행되고 있는 영역이다. CPTED는 공립학교와 교통체계와 같은 특정 구역은 물론 모든 거

주민과 주요 도심지역에 포괄적이고 계획된 방법으로 물리적 설계, 시민참여, 그리고 치안전략을 적용하려고 시도한다.

1) 주의사항

CPTED 방법론을 요약하기에 앞서, 보안담당자들은 CPTED의 적용을 당분간은 건전한 의구심을 가지고 바라봐야 하는데, 그럴 만한 이유는 다음과 같다.

- CPTED를 적용하여 보여준 사례는 단정적일 수 있다.
- 범죄예방 학자들 간에 현행 CPTED 프로그램의 근거가 되는 가정이 옳은지에 관하여 다소 이견이 있다.
- 전형적인 CPTED 프로젝트의 규모는 어쩌면 보안담당자들의 계획, 이행 및 관리의 역량을 넘어설지도 모른다.
- 전형적인 CPTED 프로젝트의 비용은 재정소요의 상당부분을 차지할 수 있다. 투자비용이 연구와 시범이라는 관점에서 정당화될 수 없다면, 비용 대비 효과성을 입증하기 어렵다.

이러한 주의사항에도 불구하고, 보안담당자가 CPTED 개념의 원칙과 적용방법을 이해하여 적용함이 유익하다고 주장하는 이유는, 개선방안을 찾고 생산성을 유발할 만한 지식을 적절히 활용할 수 있기 때문이다.

2) 최근 사례

뉴햄프셔 맨체스터의 사례는 지역공동체의 치안기법과 CPTED 원칙을 잘 조합한 프로젝트의 가치를 증명해 보였다. 맨체스터에서 경찰서는 지역공동체와 협력하여, 지역의 모든 관계자에게 CPTED를 포함한 적절한 프로그램과 범죄예방훈련을 실시했다. 지역공동체의 치안 개념과 CPTED 방안 및 범죄예방 전략을 결합한 결과, 그

지역의 주민들은 이 전략이 다양한 범죄의 유형으로부터 놀랄 만한 효과가 있음을 깨닫게 됐다. 그 지역은 CPTED 원칙을 적용한 세 개의 공공주택단지를 포함하고 있었는데, 범죄에 관한 지역민의 인식 변화 정도를 조사하고, 범죄통계를 수시로 갱신하여 경찰관서에 가능한 양질의 정보로 제공했다. 기업체가 밀집한 지역에서 마약사건은 57%, 강도 54%, 절도 57%, 그리고 경찰 호출 서비스는 20%가 감소했다. 더불어 지역주민의 인식도도 크게 개선됐다. 이러한 예는 치안, 범죄예방, CPTED의 원칙이 이상적으로 결합된다면 최선의 결과를 보여줄 수 있음을 입증했다. 이러한 성공적인 결과로 말미암아 연방 주택도시개발부(HUD)는 그 프로젝트를 바람직한 주거환경 개선사례로 인정하고 건서상(賞)(John J. Gunther Award)을 수여했다.

3) 영역방어 전략

영역방어 전략은 파괴와 침입, 차량 절도, 그리고 가계 절도와 같은 자산과 관련된 범죄의 예방에 방점을 둔다. 이러한 범주 내에 지역에 관한 다섯 가지의 전략이 있다.

• 토지 이용계획에 관한 전략은 택지조례와 개발계획을 검토하여 이웃 간에 부정적인 영향을 미칠 토지의 혼합사용을 피하기 위한 계획 간의 활동을 말한다.
• 건축물 부지 보안에 관한 전략은 비인가자 진입을 방지하기 위해 사이트의 첫 번째 방어선과, 방문객의 위험하고 파괴적인 행동을 방지할 사회적 통제기재를 설치한다. 건축설계 간에 출입통제와 감시에 방점을 둔다. 목표로 삼아야 할 환경은 주거지역의 도로, 단지의 측면 또는 사업소 간 또는 후면의 골목길일 수 있다.
• 건축물 울타리 보안전략은 사이트의 비인가자 진입을 차단함으로써 거주자와 자산을 보호하기 위한 두 번째의 방어선을 설치하는

데, 물리적 방벽, 감시 및 침입탐지 시스템, 사회적 통제기재를 포함한다.

- 건물 내부 보안전략은 단지 거주자와 자산을 방호하기 위하여, 비인가자가 장벽, 감시 및 침입감지 시스템, 사회적 통제기재를 통과하여 내부공간이나 귀중품에 접근하지 못하도록 세 번째 방어선을 설치하는 것이다.
- 건축물 표준전략은 범죄와 안전상의 위험을 줄이기 위한 건축기술과 자재의 사용에 관한 규정이다. 이러한 전략들은 규제번호를 채택하고 적용을 요구한다.

영역방어 전략을 효과적으로 평가할 수 있어야 하고, 변화에 관한 세 가지 관점을 고려해야 한다.

- 첫 번째는 자물쇠, 조명, 울타리 등의 설계특성을 말한다.
- 두 번째는 자산의 합법적인 이용자들에게 설계특성이 주는 영향을 고려해야 한다. 그들이 물리적 설계의 변경에 대하여 불편해하지는 않는지, 리스크 관리 절차에 순응하는지를 검토한다.
- 세 번째는 범죄예방에 관한 직접적인 효과와, 범죄와 관련한 물리적 설계의 간접적인 영향을 숙고한다.

4) 사람을 보호하는 전략들

두 번째 기본전략은 강도, 폭행, 강간과 같은 난폭한 노상범죄를 예방하고, 이러한 범죄로부터 기인한 공포심을 제거하는 데 주안을 둔다. 특별한 전략이란 안전한 보행로 조성, 안전한 교통, 현금이 필요치 않은 거리, 그리고 시민의 개입을 포함한다.

- 안전한 보행자로 조성전략은 감시 및 활동 지원의 CPTED 개념을

기획원칙에 우선적으로 적용한다. 감시기재가 작동하면 잠재적인 공격자들은 CCTV가 작동하고 있다는 명백한 리스크로 말미암아 주눅이 들게 되고, 감시기재는 조명, 펜스, 조경 등 다양한 거리환경 설비의 설계변경으로 개선될 수 있다. 보행자 통로는 쇼핑몰 조성, 노상 주차장 폐쇄, 중심지역 주차장 설치와 같은 방식으로 통로의 사용과 방문객을 증대시킬 수 있다.

- 교통전략은 대중교통 체계를 개선함으로써 범죄에의 노출을 최소화하는 데 목표를 둔다. 예컨대 버스, 전차의 환승역을 안전활동과 감시지역 가까이에 위치하게 하거나, 역 간의 거리를 줄일 수도 있고, 특정 주거지, 사업지구, 기타 교통 중심지에서 역까지의 접근성을 개선한다.
- 현금이 필요치 않은 거리 조성전략은 사람들이 현금을 지니고 다닐 필요를 없애 범죄의 동인을 줄이고, 현금 소지를 최소화할 수 있도록 상업적 서비스를 제공한다.
- 시민의 개입은 앞서 세 가지의 전략과 다르게, 안전의 유지에 특별한 관심과 책임감을 가질 수 있도록 거주자를 조직화하고 동원하는 것을 목표로 하는 전략이다.

5) 법적 강제 전략

세 번째의 일반적인 방법은 공동체 기반의 예방활동을 지원하는 치안기능인데, 두 가지 주요활동은 경찰의 순찰과 시민-경찰 협력체계의 구축이다.

- 경찰의 순찰전략은 범죄신고에 즉각 대응하고 범죄자를 체포하는 데 있어 효율성과 효과성을 향상시킬 수 있는 배치에 주안을 두는 방법이다.
- 시민-경찰 협력전략은 경찰 작전을 지원하기 위함인데, 시민-경찰의 관계성을 개선하고, 시민들이 사고를 예방하고 적극적으로

신고하게 하는 협력체계를 구축한다. 기본적으로 공동체의 구성원은 법 집행의 '눈과 귀'가 됨으로써, 범죄의 억제역량을 배가시킨다.

치안유지 활동은 공동체 구성원과 경찰 간의 협력을 요구한다. 공동체 구성원이란 개개의 시민, 단체, 사업단체, 정부기관 그리고 보건부서, 건축물 관리소, 지역개발소 등의 지방관청을 포함한다. 공동체의 구성원은 범죄신고는 물론 공동체 안의 다양한 문제를 식별하고 해결하는 데 도움을 줄 수 있어야 한다. 공동체 치안의 가장 중요한 요소는 여러 가지 문제의 해결이며, 범죄는 공동체 내의 다양한 문제의 증상에 의하여 쉽게 식별된다. 치안의 주요한 관점은 문제의 증상에 대한 단순대응이 아니라, 범죄의 근본적인 원인을 다루는 것이다.

6) 신뢰회복 전략들

상업 및 거주환경을 위한 네 번째 전략은 이웃의 관심을 불러모으는 것을 주요한 목표로 하고, CPTED 환경 구현을 지원한다. 그러한 관심과 지원이 없다면, 특히 사람들이 희망을 잃어버릴 만큼 범죄율이 높은 여러 지역에서는 충분한 규모의 프로그램마저 성공할 가능성이 희박하다. 두 가지의 특별한 전략 분야는 투자자 신뢰와 이웃의 정체성이다.

• 투자자 신뢰 전략은 경제적인 투자를 촉진하여, 사회적·경제적 활력을 불어넣는다.
• 이웃의 정체성 전략은 공동체에 대한 자부심을 형성하여, 사회적 응집력을 조장한다.

이런 특별한 전략들은 본 장과 다소 상이한 명칭으로 다른 장에서도 논의된다. 전체적으로 이러한 전략목록은 체계화되어있으며, 다양한 범죄예방 노력의 가능한 상호작용을 조망해 볼 수 있는 좋은 틀을 제공한다.

7) 실증 사례

이러한 전략들이 어떻게 적용되는지는 미 건축재단이 "Back from the brink: Saving America's Cities by Design"[12] 제하의 발표에서 언급한 주요한 변화를 살펴보면 알 수 있다. 이는 범죄에 관한 복잡한 설명 없이, 포틀랜드, 오리건 및 다른 지방에서와 같이, CPTED 개념을 적용한 사례를 보여준다. 적용되는 원칙은 직접적인 범죄예방 의도에 경도되지 않고, CPTED의 목표를 달성하는 건전하고 실행 가능한 재설계 전략이다. 실제로 그러한 원칙들은 범죄예방으로 제시되지 않지만, 대부분의 다른 고려사항보다 삶의 질을 고려한 재개발 노력인 것이다.

특정한 도시에서 CPTED 개념을 적용한 사례는 다음과 같다:

- 거리와 열린 광장이 더 쉽게 조망되도록 하고, 이웃 간의 활동을 활성화함으로써 범죄의 기회와 범죄에 대한 두려움을 감소시킨다.
- 이웃의 거주자, 사업가, 경찰의 통행을 원활하게 함으로써, 서로 협력하여 범죄의 기회와 동인을 효과적으로 줄일 수 있다.
- 이웃의 정체성, 투자자의 신뢰, 그리고 사회적 결속력을 증진한다.
- 지역 내 사업자들과 거주자들이 범죄로부터 스스로를 보호할 수 있도록 정보제공 프로그램을 개설한다.
- 교통 서비스를 개선하여 지역의 접근성을 향상시킨다.
- 정부운영의 효용성과 효율성을 증진한다.
- 범죄를 신고한 시민을 포상한다.

[12] American Architecture Foundation. *Back from the brink: Saving America's Cities by Design. videocassette.* WAshington, DC: American Architecture Foundation, 1996.

이러한 목표를 달성하는 데 필요한 단계는 다음과 같다.

- 야외조명, 보도, 도심풍경의 개선
- 블록 감시, 안전한 주택과 인근 청소
- 현금을 가지고 다니지 않도록 홍보
- 대중교통의 획기적 개선과 확장
- 개선된 거리조명
- 목적이 분명한 대중교통 중심지

이러한 혁신은 삶의 질을 개선하고, 각각의 지역사회를 특성화하는 환경을 조성한다.

학교에 대한 CPTED 적용 설계는 여러 지역에서 지역 담당자들의 노력과 학교 관계자 간의 협력을 통하여 촉진되어 왔다. Tim Crowe, *Crime Prevention Through Environmental Design: Applications of Architectural Design and Space Management Concepts*[13]는 CPTED를 특별한 주제로 취급하여 연구자들과 담당자들이 애용하는 도서이며, 추가적인 CPTED 사례연구와 자료를 얻는 데 적합하다.

8) CPTED의 미래

CPTED 및 관련 프로젝트의 평가에서 가장 일관된 결론은 공간 사용자가 설계결정에 관여해야 한다는 것이다. 그들이 참여함으로써 디자인은 현실적으로 설계되며, 사용자는 계획의 행동목표를 준수하게 된다. CPTED 개념을 적용한 수많은 프로그램이 현장에서 성공적으로 시도됐으며, 이는 보다 단순한 접근법이 가장 실용적이라는 생각을 지지하는 경향이 있다. 즉 범죄예방 담당자가 매우 구체적이고 통제된 환경에서 CPTED 전략을 자신 있게 활용할 수 있다고 가정하는 것이 합리적이다.

오늘날 CPTED 전략을 실제 적용한 사례는 수도 없이 많다. 불

[13] Crowe, T. D. *Crime Prevention Through Environmental Design: Applications of Architectural Design and Space Management Concepts.* Stoneham, MA: Butterworth, 1991.

3 보안설계의 성과

행하게도 성공적으로 적용한 대부분의 사례가 제대로 공개되지 않았는데, 그 이유는 일반적으로 평가자나 정부기관의 관심을 끌지 못했던 현장활동의 일부분이었기 때문이다. 하지만, 대부분의 적용사례는 자연적 감시, 자연적인 출입통제, 영역성 강화라는 세 가지 프로세스의 혼합 또는 상호작용에 초점을 맞춘 것으로 알려진다. 가장 기본적인 공통 논리는 '자연스러움'을 우선 강조하는데, 했어야 하는 바를 단순하게 조금 더 잘 하는 것을 말한다.

　　머지않은 미래에 CPTED 개념의 가장 생산적인 적용은 다음의 단순한 전략에 초점이 맞춰진다.

- 통제된 공간의 경계선을 분명하게 정한다.
- 이동 시에 개방된 구역, 반사적 공간, 사적 공간임을 알 수 있도록 전환구역을 분명하게 표시하라.
- 모임 공간(Gathering area)은 자연적인 감시와 접근통제가 되는 지역으로 혹은 잠재적인 공격자의 시계에서 벗어날 수 있도록 재배치하라.
- 자연적인 감시가 이루어지는 곳에서 안전한 활동이 이루어져야 일반사용자의 안전은 배가되고 공격자는 리스크를 안게 된다.
- 불안전한 활동을 안전한 지역으로 옮겨 실행하게 함으로써, 자연적인 감시와 출입통제를 통하여 취약성을 극복한다.
- 충돌이 예견되는 활동을 자연적인 장애물로 차단하려면 공간활용을 재지정하라.
- 공간의 효과적인 사용, 허용된 행동의 적절한 '임계강도(Critical intensity)'와 시간규정에 관한 일정관리를 개선한다.
- 자연적인 감시가 발현될 수 있도록 공간을 재설계하거나 개조한다.
- 통신 및 효율적인 설계로 거리상 이격과 고립의 문제를 극복한다.

CPTED의 미래는 공·사 간의 정책을 담당하는 사람들의 책임이다. 범죄예방 담당자들은 조직이나 공동체의 전반적인 목표 우선순위의 관점에서 CPTED 개념을 전파해야 한다. 생산성, 수익성, 삶의 질은 정책입안자가 선호하는 관심사이지만, 보안이나 범죄예방 자체에는 특별한 관심을 보이지 않는다. 따라서 최고경영자, 건축가, 기획자, 기술자 및 개발자는 CPTED 설계목표를 수용해야 한다. 선출직 공무원과 입법기관은 CPTED가 예산확보와 개발계획에 검토되고 있는지에 대한 책임을 져야 한다. 부동산 소유주, 주거 및 상가지역 거주자에게 기획, 용도지정, 교통신호체계 결정에 관여할 기회가 주어져야 한다. 마지막으로 20년의 지역사회 개발기관을 포괄하는 전략계획에는 범죄예방 요구와 프로그램의 평가가 포함되어야 한다.

미 연방정부는 1995년 오클라호마 머라빌딩 폭파사건과 2001년 무역센터 및 펜타곤 테러공격 이후 연방 건축물과 거주자를 적절히 보호하기 위한 물리적 설계 기준을 제시했다. 이러한 규제는 물리적 보안뿐만 아니라 CPTED를 포함한다.

4. 결론

범죄예방 담당자가 환경설계 개념을 적용하는 것은 특정 장소 관리를 위한 범죄위험관리 시스템의 설계만큼 비용 대비 효과적이어야 한다. 그러한 적용은 특정 범죄패턴 및 그러한 패턴과 관련된 물리적·사회적 조건의 건전한 분석에 근거해야 하며, 특정 상황에 적합하고 비용 대비 효과적이며 해결할 수 있는 혁신적인 솔루션이어야 한다. 또한, 그러한 적용은 '해야 할 일(Things as they ought to be)'에 맞추기보다는 '있는 그대로의 사실(Things as they are)'에 부합하는 것이 중요하다.

보안담당자는 무엇보다 공동체의 발전과 재개발에 책임이 있는 개인 및 조직과 잘 알고 지내야 한다. CPTED 개념을 적용할 가장 좋은 기회는 건축물, 도로 조성, 거리조명 계획, 새로운 구획 정리, 상가 및 주거 정비계획 등이 아직 기획단계에 있을 때인데, 이는 범죄예방 원칙들을 공사가 시작되기 전에 반영할 수 있기 때문이다. 건축물의 완공 후에 시설이나 공간을 개보수하는 것보다 기획과정에서 보안 문제를 설계에 반영하는 것이 비용 면에서 훨씬 더 효율적인 것으로 알려졌다. CPTED의 전제는 물리적 설계와 공간의 사용이라는 것을 반드시 기억해야 한다. CPTED는 범죄예방을 위해 전통적으로 적용해왔던 '목표강화 접근법(Target hardening approach)'[14]이 아니다.

물리적 환경수준이 인간행동에 영향을 미친다는 이론에 근거하여 생각해 보면, 범죄예방과 지역사회의 개발은 동시에 진행되어야 한다. 경제적·사회적·정치적으로 균형 잡힌 관점에서 '환경'을 강화하는 물리적 설계는 범죄 의지를 좌절시킨 것인바, CPTED 개념은 인구 고밀도의 도심, 소도시, 지방에 이르기까지 어떤 상황에서도 적용될 수 있다. 보안담당자 또는 전문가의 근본역할은 물리적 설계, 주민의 참여, 치안활동이 어떻게 조화를 이루는지 '전체의 그림' 혹은 전체론적 접근법을 통해 확인하는 것이다. 실제로, 우리는 결속력이 강한 공동체 형성에 필요한 참여의식, 상호작용, 협력(Partnership) 프로그램을 통해 안전에 대한 책임감을 공유하는 것이 '기본'이라는 명제를 되돌아볼 필요가 있다.

2009년 6월, 세계산업보안협회(ASIS International)는 *Facilities Physical Security Measures, ASIS GDL, FPSM-2009*[15]을 발간했다. 이 책은 모든 범죄예방 프로그램에서 기존의 물리적 보안대책과 더불어 CPTED가 중요한 부분임을 강조한다. 환경에 대한 물리적 설계는 중요하게 간주되어야 한다. 따라서 범죄예방 담당자의 중요한 과업은 현재의 또는 계획 중인 물리적 환경설계를 분석하고, 현존하는 또는 잠재적인 범죄의 패턴과 어떻게 연관하여 판단할 것인지를 결

[14] 역자 주: '목표강화 접근법'은 보호해야 할 목표만을 위해 감시장비, 경비인력 등의 자산을 집중적으로 투입하는 방법론에 대한 비판적 표현이다.

[15] ASIS International. Facilities Physical Security Measures Guideline. Alexandria. VA: ASIS International, 2009, ASIS GDL, FPSM-2009.

정하며, 관련 인사나 조직에 물리적 환경설계를 통한 예방대책을 조언하는 것이다.

참고자료

[1]   Jacobs J. *The death and life of great American cities*. New York: Vintage Books, 1961.

[2]   Rainwater L. Fear and the home-as-haven in the lower class. J Am Inst Plan January 1966, pp. 23-37.

[3]   Wood E. *Housing design: a social theory*. New York: Citizens' Housing and Planning Counsel of New York, Inc., 1961.

[4]   Angel S. *Discouraging crime through city planning*. Berkeley: University of California Press, 1968.

[5]   Leudtke G. & Lystad E. Crime in the physical city. Final Report, LEAA Grant No. NI. 1970, pp. 69-78.

[6]   Newman O. & Rand G. *Defensible space*. Published by Oscar Newman, New York: Macmillan, 1972.

[7]   National Institute of Law Enforcement and Criminal Justice. Urban design, security, and crime. In: Proceedings of a seminar held April 12-13, 1972. Published by the Law Enforcement Assistance Administration (LEAA), 1972, p. 15.

[8]   Reppetto T. A. *Residential crime*. Cambridge, MA: Ballinger Publishing, 1974.

[9]   Conklin J. *The impact of crime*. New York: Macmillan Publishing, 1975.

[10]   Jeffrey C. R. *Crime prevention through environmental design*. Beerly Hills, CA: Sage Publications, 1971.

[11]   ____. Behavior control techniques and criminology. In: Ecology youth development workshop. Honolulu: University of Hawaii School of Social Work, 1975.

[12]   Op cit., Newman, pp. 51-52.

[13]   Ibid.

[14]   Ibid.

[15]   Newman O. *Design guidelines for creating defensible space*. Washington, DC: LEAA, 1976.

[16] Robidas R. L. Reports on activity in project area for the Manchester (NH) police department, 1996.

[17] Lab SP. *Crime prevention: approaches, practices and evaluations*. OH: Bowling Green State University, 2007, Anderson Publishing.

[18] American Architecture Foundation. *Back from the brink: saving America's cities by design, videocassette*. Washington, DC: American Architecture Foundation, 1996.

[19] Crowe T. D. *Crime prevention through environmental design: applications of architectural design and space management concepts*. Stoneham, MA: Butterworth, 1991.

[20] Atlas R. I. *21st century security and CPTED*. Boca Raton, FL: Auerbach Publications, 2008.

[21] ASIS International. *Facilities physical security measures guideline*. Alexandria, VA: ASIS International, 2009, ASIS GDL, FPSM-2009.

4 　　　物리보안 설계[1]

[1] *Security design for*
maximum protection.
Boston: Butterworth-
Heinemann, 2000.
Updated by the editor,
Elsevier, 2016.

Richard Gigliotti, Ronald Jason

본 장에서는 물리보안의 설계를 어떻게 접근하여 풀어갈 것인가 하는 이론과 개념을 논의하는데, 가장 바람직한 길은 현장의 요구를 충족하기 위한 물리적 보호수준(Security level)에 근거하는 것이다. 또한 물리보안의 또 다른 방법론과 각각의 보호수준이 적용되어야 할 상황에 대하여도 상세하게 살펴볼 것이다.

인간과 자산을 보호한다는 것은 지극히 당연한 일이다. 불행하게도 인간이나 자산을 목표로 삼아 빼앗으려는 자들이 늘 존재해왔다. 범죄와의 전쟁에서 우리들의 삶과 자산을 지켜내기 위해 더 나은 방법을 설계하고 발전시켜 나가려는 지혜는 끝이 없다. 하지만 어떤 시스템도 완벽할 수 없으며, 어떤 시스템은 실패한 것으로 여겨진다.

다시 말하면, 어떠한 물리보안 시스템도 100% 신뢰할 수 없다. 만일의 어떠한 위협도 거부할 수 있다고 주장하며 설계하더라도, 울타리와 경보체계의 예와 같이 취약한 구석이 있기 마련이다. 보안체계가 위협으로부터 인간과 자산을 완전히 보호할 수 없는 경우라면, 임시방편이라 하더라도 그 위협을 거부할 수준으로 보완하기까지 그 위협을 지연시키는 정도의 보안수준을 제공해야 한다(예를 들면, 지역의 군대나 경찰 또는 현장경비대의 투입, 추가적인 물리적 장애물이나 유독가스의 방출과 같은 우발대책의 시행으로).

'최고의 보안태세'는 개념에 근거하여 시스템을 구현함으로써 가능하다. 물리적 장애물, 경보체계, 경비대, 그리고 시스템의 다른 구성요소들은 독자적으로는 완벽한 보안태세를 구현할 수 없다. 각각의 부분은 조화롭게 통합되어야 궁극적인 목표를 구현할 수 있다.

1. 물리보안의 수준

누가 독특한 보안체계를 범주화할 수 있을까? 누가 보호수준을 최소, 중간, 최대로 구분하고, 그러한 판단의 근거를 제시할 수 있을까? 어떤 시설을 교도소, 원자로, 백화점 혹은 일반 가정에 비교할 수 있을까? 처음에는 이 질문들에 쉽게 답할 수 있을 것 같지만, 영리하고도 공정하게 평가하기란 매우 어렵다. 왜냐하면 보안 전문가가 보안체계를 평가할 정도로 보편적인 표준이 아직 없기 때문이다.

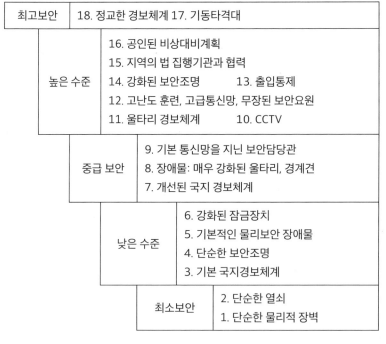

그림 4.1 물리보안 수준, *Reprinted with permission from Security Management*

최고보안	18. 정교한 경보체계 17. 기동타격대

높은 수준	16. 공인된 비상대비계획 15. 지역의 법 집행기관과 협력 14. 강화된 보안조명　　13. 출입통제 12. 고난도 훈련, 고급통신망, 무장된 보안요원 11. 울타리 경보체계　　　10. CCTV

중급 보안	9. 기본 통신망을 지닌 보안담당관 8. 장애물: 매우 강화된 울타리, 경계견 7. 개선된 국지 경보체계

낮은 수준	6. 강화된 잠금장치 5. 기본적인 물리보안 장애물 4. 단순한 보안조명 3. 기본 국지경보체계

최소보안	2. 단순한 열쇠 1. 단순한 물리적 장벽

이와 같이 표준이 없다는 것은 때때로 보안책임자들이 실제보다 높은 수준의 보호를 제공하고 있는 것으로 착각하게 한다. 그 주제에 관한 일치된 의견이 없고 혼란스러운 이유로 인해, 본고에서는 보안체계를 다음 다섯 가지의 수준으로 구분한다(그림 4-1).

1) 최소보안

최소보안은 허가받지 않은 어떤 외부의 행위를 '지연'시키도록 설계된다. 허가받지 않은 외부의 행위란 보안체계의 범주 밖에서, 단순한 침투에서부터 무장공격까지를 포함한다. 이러한 정의 때문에, 최소의 보안체계는 잠금장치가 있는 보통의 출입문과 창문 같은 간단한 물리적 장벽으로 구성된다. 미국의 보통 가정은 최소의 보안체계로 보호된 적절한 예이다.

2) 낮은 수준의 보안

이는 어떤 허가받지 않은 외부행위를 '지연'시키고 '탐지'할 수 있도록 설계된다. 단순한 물리적 장벽과 잠금장치가 정상적으로 설치됐다면 강화된 출입문, 창문의 빗장과 쇠창살, 강력한 보안기능의 열쇠, 출입문과 창문 위의 평범한 조명보다 조금 더 정교한 조명시스템, 그리고 침입 탐지능력과 국지경보를 제공하지만 모니터링은 하지 않는 기본 경보체계와 같은 다른 보호벽으로 보강될 수 있다.

3) 중급 보안

이 유형의 보안체계는 허가받지 않은 외부의 행위와 어떤 내부의 행위를 '저지'하고, '탐지'하고, '판단'하도록 설계된다. 여기서 말하는 행위란 단순히 훔치기부터 사보타주[2]를 기도하는 음모까지를 망라한다. 어떤 보안체계가 '중급 보안'으로 개선된다는 것은, 기존 설치된 '최소보안'과 '낮은 수준 보안'의 방책들이 장벽, 탐지 및 평가역량 면에서 강화한다는 의미이다. 중급 보안에 필요한 역량이란

[2] 사보타주는 핵물질 및 원자력시설을 파괴, 손상 또는 그 원인을 제공하는 행위, 정상 운전을 방해 또는 방해를 시도하는 행위를 말한다. "2014 KINAC 핵안보 교육 및 교육시설 산학연 이용협의회 워크숍", p. 177.

① 원거리 근무자에게 전파가 가능한 개선된 침입경보체계의 설치
② 보호해야 할 지역 밖으로 울타리를 설치할 때, 침투가 불가능하도록 최소 6~8피트 높이의 펜스와 그 상부를 윤형 철조망으로 강화
③ 원거리의 근무지까지 기본훈련을 이수하고, 기본 통신수단(예컨대 핸드폰)을 휴대한 비무장의 보안담당관을 운용하는 것을 말한다.

중급 보안시설에는 보세창고, 대형 제조공장, 아웃렛, 그리고 방위군 무기고 등이 포함될 수 있다.

4) 높은 수준의 보안

이 수준의 보안체계는 허가받지 않은 외부와 내부의 심각한 행위를 '저지', '탐지' 그리고 '판단'할 수 있도록 설계된다. 위에서 언급한 방안들이 보안체계에 작동됐다면, 높은 수준의 보안은 다음의 추가적인 사항들이 구현된다.

① 최신 설비
② 디지털 감시체계(CCTV)와 설비
③ 높은 보안수준의 장애물과 원격 모니터가 가능한 울타리 경보체계
④ 시설 전체 최소 조도가 0.05 이상인, 높은 보안수준의 조명(LED)
⑤ 고도의 훈련을 받은 보안담당자이거나 과거경력과 마약검사 여부가 확인됐고, 핸드폰이나 경찰과의 쌍방향 무전 및 자동경보가 가능한 신형 통신장비를 지닌 비무장 보안담당자
⑥ 출입통제나 생체인식의 방법으로 허가받은 인원에 한해 시설로, 혹은 시설 내부로의 이동을 통제

보호된 구역에서 특별한 우발사건이 발생했을 경우에 경찰의
    대응과 지원계획을 담은 공식적인 협정서

⑧ 군, 경[3]과 다양한 협력

⑨ 매년 보안평가 및 심사의 실시

⑩ 매월 모든 체계를 점검

높은 수준의 보안은 특정한 감옥, 방위산업, 제약회사, 그리고 첨단 전자제품 제조업체가 포함될 수 있다.

5) 최고보안

최고보안 체계는 허가받지 않은 모든 외부와 내부의 위해(危害)행위를 '저지', '탐지', '판단', 그리고 '무력화'할 수 있도록 설계된다. 이미 언급한 방책들에 더하여 다음 사항들이 특별하다 할 수 있다.

① 혼자서는 파괴할 수 없고, 한곳 이상의 보호된 장소에서 원격으로 모니터링하며, 보조 전원식별기와 연결되어 간단없이 변경사항을 표시하는 첨단 경보체계, 그리고 출입통제와 생체인식

② 철저히 자격심사와 훈련을 마쳤고, 하루 24시간 무장한 채로 우발상황에 대비하며, 외부 지원역량이 도달할 때까지 시설에 대한 어떠한 위협도 무력화하거나 저지할 수 있는 즉응(卽應)전력

물리적 방호의 최고수준은 핵시설, 특정한 감옥, 군사기지 및 정부의 특별연구소, 그리고 외국의 대사관에서 확인할 수 있다.

보안체계를 그보다 높은 최고의 수준으로 보강하려면 그 수준에서 요구하는 모든 표준을 그림 4-1과 같이 따라야 한다. 전체적으로 보강하지 않는다면, 상위수준에 이르는 각각의 표준이 요구될 수 있음을 기억해야 한다. 예컨대 '중간수준'의 보안시설이 출입통제

[3] 원문의 'local
  law enforcement
  authorities'는 '지역의
  법 집행기관'으로
  직역해야 하나, 우리의
  현실에서 물리보안과
  대테러 상황 발생 시
  협조기관은 지역의
  군과 경찰이므로 '군·
  경'으로 번역했으며,
  군·경에는 항만청 등
  관련기관을 포함함.

와 디지털 CCTV 감시체계만을 도입했다면, 전반적인 보안수준이 '높은 수준'으로 보완된 것이 아니다. 실제로 중간수준의 보안체계를 일부 높은 수준의 특성으로 보강했다면 그 결과는 어떨까? 역량에 기초하여, '높은 수준'의 보안체계는 무력화 역량을 보강함으로써 '최고수준'에 이를 수 있다. 최신의 방법, 자재와 기술을 사용함으로써, '최고수준'의 보안체계로 발전되거나 기존 체계를 보강할 수 있다.

본 장은 최고수준의 보안체계로 발돋움하는 여러 사례에 초점을 맞춘다. '최고수준 보안'이란 용어가 사용됐다면, 높은 수준의 보안체계가 전체적으로 보강됐음을 의미한다. '높은 수준'의 보안체계를 이루는 구성요소보다 사소한 부분에 관한 논의가 있다. 예컨대 목재 출입문, 국지경보체계, 그리고 단순한 펜스가 '최고수준'의 보안체계에서 부수적이고, '최고수준'이라는 개념에 의미를 부여한다고 볼 수 없기 때문이다.

최고수준의 보안은 종심(縱深)을 유지하여, 어떤 구성요소의 역량으로 다른 구성요소의 취약성을 상쇄할 수 있도록 충분히 다양하고 중복적으로 설계한다. 방호계층의 수에 관한 일정한 규칙은 없다. 다시 말하면 보호되어야 하는 자산에 따라 다르다. 하지만, 일반적으로 방호계층의 수가 많으면 전체적인 체계를 파괴하기가 어렵다. 핵 규제위원회는 수년간 요소별 특정 기준을 핵시설을 대상으로 조사했다. 그러한 평가는 어떤 구성요소의 취약성을 명확하게 꼬집어낼 수 있지만, 결코 전체적인 체계의 효율성을 증명하지 못한다. 최고수준의 보안체계는 전체적인 체계의 문제이지 각각의 구성요소에 관한 설명이 아니다.

'최고보안'의 심리학

'최고보안'의 개념은 물리적인 설명이지만 매우 심리학적인 면이 있다. 보안을 등한시하는 시설을 찾아다니는 범죄자들에게 있어 '최고

보안' 시설은 포기해야 할 목표이다. 보안책임자에게 '최고보안'이란 그러한 방호체계로 말미암아, 실제든 상상이든, 보호받아야 할 자산이 그곳에 아침까지 그대로 있으리라는 확신을 가지고 퇴근하여 집에서 쉴 수 있다는 것을 의미한다. 일반 시민에게 '최고보안'이란 물리적인 조건이기보다 심리적인 상태이다. 그뿐만 아니라 누구라도 범죄에 취약한 표적이 되기를 원하지 않을 것이다.

방호체계를 설계할 때, 누구든지 '최고보안'의 심리학적 측면을 활용할 수 있다. 어떤 체계가 침입 불가하다는 인식을 준다면, 유약한 공격자들은 포기하게 될 것이다. 짖어대는 개와 실제로 공격하는 개의 비교를 예로 들 수 있다. 짖어대는 개는 공격하는 시늉만 하지만, 공격하는 개는 한 번 무는 것이 짖는 것보다 효과가 크기에 실제로 물도록 훈련됐다.

'최고보안'의 개념이 범죄를 억제하려 하겠지만, 범죄가 일어날 가능성에 대비하는 것이다. 보호해야 할 자산의 가치가 탈취과정의 리스크 수준을 상회한다면, 탈취하려는 자는 늘 있게 마련이다.

범죄의 실행은 범죄자에게 의도도 있고 기회가 주어졌기에 가능한 일이다. 보안체계의 효율성은 기회를 주지 않았느냐의 관점에서 평가될 수 있으며, 심리적 측면의 효율성은 범죄자의 의도를 잠재우는 것으로 평가될 것이다.

범죄의 의도는 다양한 방법으로 잠재우거나 줄일 수 있다. 범죄자가 목표한 보물보다 행함에 있어서의 리스크가 더 크다고 느끼게 되면, 다른 목표를 찾게 될 것이다. 의도를 잠재울 강력한 유인은 잡힐지도 모른다는 위험이다. 범인의 체포 가능성은 가시범위를 넓혀줄 조명, 침투를 지연시킬 장벽, 경보, 그리고 범죄자를 무력화할 경비대의 운용으로 극대화할 수 있다. '최고보안'의 심리학적 효과는 범죄자가 보안체계의 역량을 인지하여 잡힐 공산이 크다고 믿도록 하는 것이다. 이러한 효과는 보호역량을 광고하려는 시설과 주위에 표시판을 붙여놓음으로 증진된다. 보안체계의 역량을 알려야 하지만, 세부사항은 독점적 정보이기에 마땅히 보호되어야 한다. 그래야 하는 중요한 이유는 통신, 출입통제, 잠금장치, 그리고 CCTV의 상세한 사항은 주 담당자가 임기를 마치고 떠날 때마다 그 세부내용도 변경되기 때문이다. 보안체계의 취약성(기회)을 제거하는 것보다 범죄의 의도를 잠재우는 것이 훨씬 간단하고 비용이 적게 든다.

보안체계의 능력을 광고해야 하는 이유에 반대하는 사람들도 있다. 그들은 보안체계의 윤곽만 보여주는 것이 보안의 전반적인 효율성에 다소라도 기여할 것이며, 범죄자들로 하여금 매력적인 목표의 존재를 모르게 할 것이라고 주장한다. 이러한 철학을 '타조 신드롬'[4]이라 할 수 있는데, 그것은 다중매체의 출현 전까지는 설득력 있었지만 요즈음은 확실하게 아니라고 할 수 있다. 보안체계의 윤곽만 보여주면 범죄자가 포기할 것이라고 생각하는 보안책임자는 누군가가 보호를 위임한 자산을 단지 위험에 빠뜨릴 뿐이다. 차라리 보호받고 있는 시설에 침입하기 위해 꼼꼼히 살피는 누군가가 있다면, 수동적이든 능동적이든 신중하게 계획할 것이며 추가적인 도움을 받을 가능성도 있음을 이해하게 될 것이다.

그러므로 보안체계를 설계하거나 보완계획을 세울 때에 '최고 보안'의 심리학적 측면을 감안하는 것은 중요하다. 함축된 보안체계의 과시는 놀랍게도 범죄자가 시설을 목표로 할 수 없도록 한다.

[4] '본질회피 증후군'으로 번역하는 경우도 있다.

2. 보안 계획의 가치

최고의 보안체계를 설립할 때, 가장 좋은 결과물은 신중하고 상세한 계획으로부터 시작되며 몇 가지 근본적인 질문에 먼저 답해야 한다.

① 무엇을 보호해야 하는가? 어떤 자산인가?
② 얼마나 중요한가? (이는 정치적·경제적인 영향, 법인의 보호공약, 그리고 공공의 건강과 안녕의 관점에서 평가되어야 함)

그리고 가끔 세 번째 질문이 있을 수 있는데, 보호비용이 가치를 상회하는가? 이것은 '최고수준'보다 낮은 보안체계를 계획할 때의 고려사항일지도 모르지만, 그것은 최고보안에 필요한 어떤 요소가 비용적인 가치가 있음을 암시한다. 이러한 질문들에 답을 했다면, 보안계획을 착수할 수 있다.

착수의 이상적인 방법의 하나는 보안체계의 필수요건을 목록화(目錄化)하는 것이다. 앞서 말한 바와 같이, '최고보안'은 허가받지 않은 모든 외부와 내부의 위협행위를 저지·탐지·판단, 그리고 무력화하도록 설계해야 한다. 각 필수요건 아래에는 이러한 과업을 완수할 수 있는 구성요소를 목록화한다. 만약 보안체계가 무력화할 역량을 포함한다면, 이는 다음 사항이 언급되고 제공되어야 한다.

- 경비대
- 기동타격대
- 지역의 군·경 및 소방관서와 협력체계

다음으로 어떤 구성요소가 저지(표 4.1), 탐지(표 4.2), 판단(표 4.3), 그리고 필요하다면 무력화(표 4.4)에 필요한지 결정한다.

만약 어떤 구성요소가 '최고보안' 체계에 활용되도록 결정했다면, 설계참고위협(DRT, Design Reference Threat)을 발전시키는 데 주의를 기울여야 한다.

1) 설계참고위협

'설계참고위협'의 정의는 시설의 물리보안체계가 다루어야 할 또는 이겨야 할 위협수준이다. 이는 보안체계를 설계하거나 보강할 경우에 가장 중요한 고려사항이며, 비용 대비 효과를 계획함에 있어 중요한 근거가 된다.

보안감독자는 특정 시설에 대한 모든 가능한 위협과 리스크를

<표 4.1> 저지에 필요한 구성요소

물리적 장벽	울타리, 강화된 출입문 & 창문, 금고
잠금장치	울타리 펜스, 통로, 지정된 출입문
경비대	인력수준, 훈련
출입통제	제한지역, 핵심지역, 시설장비

<표 4.2> 탐지에 필요한 구성요소

경보체계	출입문, 울타리, 제한지역, 핵심지역

<표 4.3> 판단에 필요한 구성요소

조명	울타리, 제한지역, 핵심지역
통신	시설 내부, 시설 외부
CCTV	울타리, 제한지역, 핵심지역

<표 4.4> 무력화에 필요한 구성요소

경비대	인력수준, 훈련, 장비
기동타격대	인력수준, 훈련, 장비
군·경과 협조	우발계획, 통합훈련

목록화해야 한다. 예컨대, 병원의 보안감독자는 보안체계가 대처해야 할 조건과 상황을 아래와 같이 목록화할 수 있다.

- 응급실 적용 범위 및 응급절차
- 환자의 무질서한 행동
- 내부 절도 혹은 전용(轉用)
- 종업원, 의사 또는 방문객에 대한 병원 내·외에서의 공격
- 시설에 대한 무장공격 혹은 단지 내에서의 총기사용
- 절도
- 마약류 도난

- 납치, 성폭행
- 주차장에서의 차량 도난
- 인질사건
- 유아 납치
- 생물학적 유해 및 방사능 폐기물 보관
- 단전(Power loss) 및 복구체계
- 폭풍, 악(惡) 기상

다음 단계는 이러한 위협을 과거 경험, 손실률, 범죄통계 등에 근거하여 평가함으로써 신빙성에 따라 내림차순으로 정리하는 일이다. 병원을 예로 들어, 신빙성이 높은 것부터 낮은 순으로 목록화하면 다음과 같다.

① 내부의 절도나 전용   ② 주차장에서의 차량 절도
③ 무질서한 행동   ④ 종업원이나 방문객에 대한 공격
⑤ 절도   ⑥ 도난   ⑦ 인질사건
⑧ 납치   ⑨ 무장공격   ⑩ 직장 내 폭력

이러한 예로 볼 때, 내부의 절도나 전용이 과거 경험으로 보아 가장 가능성이 높으며, 그다음에 병원 주차장에서의 차량 절도이다. 가능은 하겠지만, 무장공격의 위협은 가능성이 낮으므로, 보안체계에 투자되어야 할 예산을 판단하고 설계하는 데 있어서 관심도가 낮을 수 있다. 가능성 있는 실제의 위협으로 판단되어 우선순위마저 높게 평가됐다면, 이러한 평가정보는 '설계참고위협'으로 활용될 수 있다.

보안체계를 돌파하려고 드는 적대행위자의 유형은 '설계참고위협'을 결정할 때 고려해야 할 또 다른 영역이다. 핵규제위원회는 적대행위자 유형을 다음과 같이 여섯 개의 일반적인 범주로 설명

한다.

① 테러리스트 그룹
② 조직화되고 정교한 범죄자 그룹
③ 극단적 시위단체
④ 이상한 사람들(정신병자, 신경증 환자 등)
⑤ 불만에 찬 종업원 혹은 부모
⑥ 기타 범죄

보안책임자는 이러한 잠재적 적대행위자를 평가하여 가능성이 높은 순위부터 낮은 순위로 평가해야 한다. 병원의 목록은 아마도 다음과 같을 것이다.

① 잡다한 기타 범죄
② 불만에 찬 종업원 혹은 직장 내 폭력
③ 이상한 사람들
④ 조직화되고 세련된 범죄자 그룹
⑤ 극단적 시위단체
⑥ 테러리스트 그룹

가장 가능성이 높은 위협에는 병원 내에서의 좀도둑이 포함될 것이다. 시간, 위치, 그리고 환경은 특정한 그룹의 위협 가능성에 영향을 준다. 예를 들면, 노동쟁의가 불만을 가진 종업원들에 의한 위협으로 연결되거나, 지지도가 낮은 정치인의 입원이 테러위협을 촉발할 수도 있다. 어떤 특별한 상황이 가능성 있는 적대행위자에게 영향을 주지 않을 수도 있겠지만, 우발계획의 시행을 늘 고려해야 한다.

일단 가능성 있는 위협과 적대행위자로 판단했다면, 두 가지 요소를 연결하여, 특정한 '설계참고위협'으로 설정할 필요가 있다. 그 과정은 특정한 시설에 대한 가장 신빙성이 높은 위협에 대하여, 가장 가능성 있는 적대행위자를 견주어 봄으로써 시작한다.

① 내부의 절도나 전용
    ⓐ 기타 범죄   ⓑ 불만에 찬 종업원
    ⓒ 조직화되고 세련된 범죄자 그룹

② 차량 절도
    ⓐ 기타 범죄   ⓑ 조직화되고 세련된 범죄자 그룹

③ 이상스러운 행동
    ⓐ 이상한 사람들   ⓑ 기타 범죄

④ 공격
    ⓐ 기타 범죄   ⓑ 이상한 사람들
    ⓒ 조직화되고 세련된 범죄자 그룹

⑤ 절도
    ⓐ 조직화되고 세련된 범죄자 그룹   ⓑ 기타 범죄

⑥ 도난
    ⓐ 이상한 사람들   ⓑ 기타 범죄

⑦ 인질사건
    ⓐ 이상한 사람들   ⓑ 기타 범죄
    ⓒ 불만에 찬 종업원   ⓓ 극단적인 시위단체

⑧ 납치
    ⓐ 조직화되고 세련된 범죄자 그룹   ⓑ 테러리스트
    ⓒ 극단적인 시위단체   ⓓ 기타 범죄

⑨ 무장공격
    ⓐ 테러리스트   ⓑ 극단적인 시위대/불만에 찬 종업원
    ⓒ 직장 내 폭력

적대행위 집단은 늘 중첩되는데, 이러한 사실은 위협-적대행위자 분석을 준비할 때 기억해야 한다. 이러한 예로부터 병원의 보안책임자는 최우선 위협이 내부 도난이나 전용임을, 가장 가능성 높은 적대행위자가 불만스러운 종업원과 조직화되고 세련된 범죄자 그룹에 의한 기타 범죄인 것으로 규정했다. 시설의 보호체계는 가장 실현 가능성이 높은 위협에 대응할 수 있도록 설계되거나 보강되어야 한다. 가장 비중 있는 적대행위자는 조직화되고 세련된 범죄자 그룹인 것으로 나타나는데, 아마도 병원의 마약공급 때문일 것이다. 비록 이러한 위협에 있어서 적대행위자 그룹의 실현 가능성은 가장 낮을지라도 의도, 자원과 능력 면에서 충분하므로, 보안체계는 조직화되고 세련된 범죄자 그룹을 이겨낼 수 있도록 설계되어야 한다. 그럼 역량이 조금 부족한 적대행위자들도 위협에 실패할 수밖에 없을 것이다. 매우 단순한 비유로 원칙을 설명할 수 있다. "개폐문을 제대로 설치하여 출입을 막는다면, 말벌이나 나비, 새들도 들어올 수 없다."

가장 가능성 있는 위협을 실행할 가장 역량 있는 적대행위자를 판단하는 과정을 계속하다 보면, 병원의 보안책임자는 아마도 다음과 같은 결론에 도달하게 될 것이다.

① 내부 도난 – 조직화되고 세련된 범죄자 그룹
② 차량 도난 – 조직화되고 세련된 범죄자 그룹
③ 이상한 행동 – 이상한 사람들
④ 공격(폭력) - 조직화되고 세련된 범죄자 그룹
⑤ 절도 – 조직화되고 세련된 범죄자 그룹
⑥ 도난 – 기타 범죄
⑦ 인질사건 – 테러리스트
⑧ 납치 – 테러리스트
⑨ 무장공격 – 테러리스트

⑩ 병원 내 폭력

현실적인 보안문제와 그 문제에 가장 적합한 적대행위자를 지목하는 보안설계로 말미암아, 설계자는 가능성 있는 최악의 상황과 최소한의 역량을 가진 적대행위자를 대비하게 된다.

그러므로 '설계참고위협'을 설정하는 것은 어떤 특정한 위협 혹은 어떤 적대행위자가 속한 그룹을 판단하는 문제이다.

- 내부 도난(자산범죄)　　• 차량　　　• 절도
- 폭력행위(사람에 대한 범죄)　　• 무장 강도　　• 이상한 행동
- 공격적 행위/성폭행　　• 인질사건　• 납치　• 무장공격

이러한 근거를 통하여, 병원의 보안책임자는 자원과 필요한 보호의 정도를 어디에 근거를 두고 파악해야 하는지를 알게 된다. 내부 도난이나 전용이 가장 가능성 높은 위협으로 규정됐기 때문에, 보안체계는 조직화되고 세련된 범죄자에 의해 자행될 범행에 대비하여 설계되어야 한다. 이는 가장 많은 예산을 어디에 집행해야 하는지를 보여주는 근거이다. 두 번째로 가능성 있는 위협은 주차장에서의 차량 도난이다. 보안자원은 또다시 조직화되고 세련된 적대행위자에 의해 자행될 차량 도난에 대비하여 집행되도록 해야 한다. 반대로 시설에 대한 무장공격은 그 가능성이 가장 낮다. 만약 발생한다면 그건 테러리스트에 의한 행위일 것이다. 가능성이 매우 낮기 때문에, 관심과 예산 등의 자원 투입은 최소화해야 하고, 우발계획이나 지역 군·경과의 협력 정도로 대비해야 한다.

'설계참고위협'과 역량 분석은 사건의 발생을 방지하거나 미칠 영향에 대비하기 위한 방책 설계의 근거가 된다.

　　　　　　　　　　　　　　　　　　　　　4 물리보안 설계

예: 핵연료주기시설(Nuclear Fuel Cycle Facility)

핵연료주기시설의 '설계참고위협' 결정과정도 예와 같다.

① 가능성 있는 위협

    ⓐ 내부 도난 혹은 전용 ⓑ 무장공격 ⓒ 인질사건 ⓓ 절도

    ⓔ 민간 소요사태 ⓕ 차량 도난   ⓖ 사보타주

    ⓗ 종업원의 절취 ⓘ 납치 ⓙ 강도 ⓚ 폭력행위

② 신빙성 있는 위협(가능성 순위)

    ⓐ 핵물질의 내부 도난 혹은 전용   ⓑ 사보타주(위협 포함)

    ⓒ 무장공격(다른 행동의 배제)

    ⓓ 민간 소요사태(반핵시위 포함)

    ⓔ 종업원의 절취(핵물질이 아닌)   ⓕ 폭력행위

    ⓖ 차량 도난(주차장) ⓗ 납치 ⓘ 인질사건 ⓙ 절도 ⓚ 강도

③ 잠재적 적대행위자(가능성 순위)

    ⓐ 테러리스트   ⓑ 이상한 사람들 ⓒ 불만스러운 종업원

    ⓓ 극단주의자 혹은 시위자 그룹   ⓔ 기타 범죄자들

    ⓕ 조직화되고 세련된 범죄자들

④ 위협과 적대행위자 묶음

    ⓐ 내부 도난 혹은 전용

       ㉠ 불만에 찬 종업원 ㉡ 이상한 사람들 ㉢ 테러리스트

    ⓑ 사보타주

       ㉠ 테러리스트 ㉡ 이상한 사람들 ㉢ 불만에 찬 종업원

    ⓒ 무장공격

       테러리스트

    ⓓ 민간인 소요사태

       극단주의자 혹은 시위자

    ⓔ 절취

       기타 범죄

ⓕ 폭력행위

　　이상한 사람들

ⓖ 차량 도난

　　기타 범죄

ⓗ 납치

　　㉠ 테러리스트 　㉡ 이상한 사람들

ⓘ 인질사건

　　㉠ 테러리스트 　㉡ 이상한 사람들 　㉢ 불만에 찬 종업원

ⓙ 절도

　　기타 범죄

ⓚ 강도

　　기타 범죄

⑤ 가장 신빙성 있는 위협 – 가장 가능성 있는 적대행위자

ⓐ 내부 도난 혹은 전용 – 테러리스트

ⓑ 사보타주 – 테러리스트

ⓒ 무장공격 – 테러리스트

ⓓ 민간인 소요사태 – 극단주의자 혹은 시위대

ⓔ 좀도둑 – 불만에 찬 종업원

ⓕ 폭력행위 – 이상한 사람들

ⓖ 차량 도난 – 기타 범죄

ⓗ 납치 – 테러리스트

ⓘ 인질사건 – 테러리스트

ⓙ 절도 – 기타 범죄

ⓚ 강도 – 기타 범죄

⑥ 기본적인 일반 위협

ⓐ 도난

　　㉠ 내부자 혹은 외부자 　㉡ 좀도둑 　　㉢ 차량 　㉣ 절도

ⓑ 폭력

ⓐ 사보타주　ⓑ 무장공격　ⓒ 민간인 소요　ⓓ 폭력행위
　　　ⓔ 납치　　　　ⓕ 인질사건　ⓖ 강도

　　우리는 위의 분석을 통하여 핵연료주기시설의 보안 관심사 중
첫 번째는 핵물질의 도난 혹은 전용임을 알 수 있다. 빈도는 낮겠지
만 가장 가능성 있는 적대행위자는 테러리스트 집단이다. 도난이 가
장 심각한 관심사이겠지만 사보타주와 무장공격을 포함한 난폭행
위 또한 실현 가능성이 매우 높다. 경험적 관점에서 봤을 때 핵연료
주기시설의 절도나 강도 가능성은 엄중한 보호로 인하여 무시해도
될 것이다. 그러므로 보안책임자는 보안체계를 가장 심각한 관심이
요구되는 '설계참고위협'에 근거하여 보완 발전시켜야 한다. 연방
규제위원회의 규정은 핵연료주기시설에 대하여 "물리적 보호체계
를 유지 관리해야 … 보안설계 … 특별한 전략 핵물질과 방사능 사
보타주의 도난 혹은 전용"을 요구한다. 이 규정은 보안체계가 감당
해야 할 위협을 기술하고 있다.

① 방사능 혹은 생물학 사보타주
　　ⓐ 다음의 속성, 지원, 그리고 장비를 가지고, 여러 사람이 외부
　　　로부터 행하는 단호하고 맹렬한 공격, 은밀공격 또는 기만
　　　행위: ㉠ 잘 훈련됨, ㉡ 아는 것이 많으며, 수동적 혹은 능동
　　　적 역할로 참여하고자 하는 사람을 포함할 수도 있는 내부의
　　　지원, ㉢ 소음기와 원거리 정밀사격이 가능한 화기, 소형 자
　　　동화기 포함, ㉣ 도수운반 장비, 무능화 작용제와 폭발물을
　　　포함.
　　ⓑ 내부자의 내부 위협, 모든 직위의 종업원 포함.
② 전략적으로 특별한 다량의 핵물질 도난 또는 전용
　　ⓐ 다음의 속성, 지원, 그리고 장비를 지닌 소그룹에 의한 외부
　　　로부터 행하는 단호하고 맹렬한 공격, 은밀공격 또는 기만행

위: ⓐ 잘 훈련됨, ⓑ 아는 것이 많으며, 수동적 혹은 능동적 역할로 참여하고자 하는 사람이 포함될 수도 있는 내부의 지원, ⓒ 소음기와 원거리 정밀사격이 가능한 화기, 소형 자동화기를 포함, ⓓ 도수운반 장비, 무능화 작용제와 폭발물을 포함, ⓔ 둘 혹은 그 이상이 팀으로 작전 능력이 있음.

ⓑ 종업원을 포함한 개인.

ⓒ 어떤 직위에 있는 개인들 사이의 음모.

요약하면, '설계참고위협'은 모든 가능한 위협과 적대행위자에 대한 체계적인 분석으로, 신빙성 있는 위협과 적대행위자를 식별할 수 있고, 이러한 정보는 물리적 보안체계를 설계하고 구현하는 데 근본이 된다.

2) 방호 계층

보안설계자는 종심보안의 원칙을 기억해야 한다. 방호는 다양성과 중복성을 유지할 수 있도록 계층을 이루어야 한다(그림 4.2). 시간과 공간이 가능하다면 어떻게든 계층을 유지해야 한다. 시설 전체와 예상 침투로를 발로 직접 걸어봐야 한다. 외곽의 어느 한 지점이나 내부에서 출발하거나, 시설 내부와 외곽의 가장 취약한 지역에서부터 출발하라.

3. 물리적 장애물

물리적 장애물은 금고, 감방, 공구창고, 혹은 발송부서와 같은 가장 민감한 지역에서 점검되어야 한다. 다음과 같은 지역이 목표가 된다.

① 1단계: 목표 주위에 높은 수준의 보안장벽을 설치

② 2단계: 또 다른 높은 수준의 보안장벽으로 봉쇄

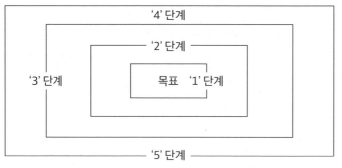

그림 4.2 심층보안(Security Layers)

③ 3단계: 침투방지 펜스로 외곽 장벽을 둘러치기
④ 4단계: 침투방지 펜스 전면과 후면을 고립지역화
⑤ 5단계: 또 다른 침투방지 펜스와 고립지역으로 둘러치기
⑥ 6단계: 펜스 가장 바깥쪽을 고립지역화

입구와 출구는 전체적인 보안체계의 효율성에 있어서 가장 중요한 지점이라 인정되는바, 완벽해야 한다. 높은 보안수준의 출입문과 창문이 적절한 수준으로 설치되고 보강되어야 한다. 일반적으로 창문은 특별히 필요하지 않다면 없애는 것이 좋다. 목표를 포함하는 지역은 금고나 다른 귀중품 보관소가 될 수 있는데, 비용 면과 전체적인 보안체계를 고려하여 결정되어야 한다. 담장, 천정, 그리고 바닥과 같은 시설의 구조적 요소를 판단하고, '설계참고위협'에 해당하는 위협을 견딜 수 있는 강도를 결정하는 것은 중요하다.

물리적 장애물은 사람이 나가지 못하도록 하는 것뿐만 아니라, 들어오지 못하게 하는 데 활용될 수 있다.

1) 자물쇠

어떤 출입구에 높은 보안수준인 혹은 그렇지 않은 자물쇠가 필요할지 결정됐다면, 그 형태를 선택해야 한다. 명품번호키(Grand master combination)라 해서 한 개만 사용하는 것은 바람직한 사례가 아니다.

2) 출입통제

제한지역이나 통제구역을 지정했다면, 접근이 가능한 자와 자유자재로 출입이 허용된 자를 결정해야 한다. 제한지역은 일반적으로 그 시설과 가까운 침투저지 펜스에 이르는 주변지역을 포함한다. 통제구역은 금고와 귀중품 보관소, 그리고 경보센터, 비상발전소 건물, 혹은 그 목표와 시설을 보호함에 있어서 긴요한 다른 지역을 포함할수 있다. 한편, 시설 내부의 내용물보다 시설 자체가 목표가 될 수 있음을 간과하지 말아야 한다.

3) 경비대

5 미국의 어떤 주에서는 경비대 직위자들에게 구체적인 훈련수준을 요구한다.

경비대의 적절한 수준이란 곧 필요하고 요구되는 훈련을 양적으로 소화했느냐에 달려 있다.[5] 경비대는 '설계참고위협'에 대처할 수 있는 장비를 갖추어야 한다.

4) 경보체계

최고수준의 보안체계라면 울타리 상의 어떤 곳에 침투하더라도 탐지할 수 있는 최신의 경보체계를 갖추어야 한다. 더불어 모든 핵심구역은 침입자를 탐지할 수 있는 경보기가, 방호체계상의 모든 출입문은 원격의 장소에서 지속적으로 감시가 가능한 경보장비가 설치되어야 한다. 또한 경보회로는 시스템 또는 구성품을 조작하면 경보가 울리도록 수시 점검해야 한다.

5) 조명

조명의 가치는 침투여부의 판단은 물론 침투를 방해하는 정도로 평가된다. 경계등이 어디를 지향해야 할지 판단할 때, 조명으로 말미암아 보안요원의 윤곽이 드러나지 않아야 함을 명심하라. 보호구역의 밖 고립지역을 조명하도록 설치된 고강도 조명기구는 최고수준의 보안환경에 적합하다. 또한, 안쪽 구역의 조명으로 최신 사양의 디지털 CCTV 운용을 원활하게 해주며, 값비싼 저조도 카메라 사용과 에너지 비용을 절감할 수 있다.

6) 통신

현장에서의 통신역량은 경비대가 임무를 수행하는 데 매우 중요한 사안이며, 통신수단의 대안도 준비되어야 한다. 경비대는 상용 전화기는 물론이고, 지역 군·경의 전담 및 감독용 직통선을 한 회선 이상, 그리고 쌍방형 무선망을 장비해야 한다. 모든 간부는 쌍방형 무전기를 휴대하고, 시설은 최소 2개 채널을 운용하여 지역 군·경과 무전기 또는 핸드폰으로 통화할 수 있어야 한다.

4. 감시체계(CCTV)

CCTV 카메라를 설치하여 감시와 판단의 신뢰성을 제고해야 한다. 장비의 형태와 성능에 따라서 울타리와 제한구역과 통제구역을 효과적으로 감시할 수 있다.

1) 기동타격대[6]

보안체계의 본질이 위협을 무력화하는 것이라면, 기동타격대의 휴대장비와 훈련에 주의를 기울여야 한다. 기동타격대의 편성은 '설계참고위협'에 대처하는 데 충분한 수준이어야 한다.

2) 군·경과 협력체계

중요한 수준으로 보호가 요구되는 어떤 보안체계를 설계하거나 개선할 때에, 지역의 법 집행기관인 군·경 등과 협조하여야 한다. 군·경은 초기에 상황을 신속하게 전파한다. 일단 협조체계가 마련되면 '설계참고위협'에 근거한 우발계획을 상의하고, 가능하다면 합동훈련 세미나와 실제 훈련계획을 수립하여 도울 수 있다.

[6] 원저의 'Response Force'는 '대응군'으로 직역할 수 있으나, 우리가 일상적으로 사용하는 '기동타격대'로 번역하는 것이 의미전달에 용이할 것임.

환경과 위협을 분석한 후에는 보안체계를 설계해야 하는데, 건축공사와 병행하여 보안시설물을 설치하는 것이 훨씬 쉽다. 이러한 측면에서 지역 군·경의 지원은 매우 중요하다. 보안책임자는 건축가 및 하청업자와 전 과정에 걸쳐 함께 일해야 한다. 건축공사 시에 보안시설물 설치가 불가하여 기존 시설물을 개선할 수밖에 없다면, 보안책임자는 당연히 시설개선의 수석 설계자가 되어야 한다. 이러한 경우에는 언제나 논의된 계획이 공식적인 보안체계의 시공에 명백한 근거가 된다.

5. 보안 혹은 기본계획 & 대비책

보안계획 혹은 위기관리종합계획은 때로 보안책임자가 협력해야 할 컨설턴트에게 의뢰한다. 보안체계의 이행 전에 문서화는 필수인데, 이는 이행 후에도 필요한 참고문헌이 된다. 말할 것도 없이 그 계획은 주요문서로 등록하여, 알아야 할 필요가 있는 자에게만 접근이 제한적으로 허용되어야 한다.

그 계획은 여러 형태로 많은 정보를 포함하며, 기본적 의미에서 보호체계와 구성요소를 설명한다. 상세계획은 보안책임자의 의도에 따라 많을 수도, 적을 수도 있다. 하지만 건축물에 관한 문서는 아주 상세하게 작성되어야 한다. 정보는 보안체계의 이행 후에는 삭제될 수 있으나, 시설이 정부기관에 의하여 보호하도록 규정되어있다면 세부계획을 구체적으로 작성해야 한다. 이러한 경우에 그 문서는 민감하게 취급되어야 한다.

보안계획은 다음의 정보를 포함해야 하지만 필수적인 것은 아니다.

① 시설과 구조를 설명
② 보안조직
③ 보안체계 내의 물리적 장벽에 관한 논의

④ 경보체계에 관한 논의

⑤ 시설 진·출입을 제한하기 위한 통제수단을 설명

⑥ 보안조명에 관한 논의

⑦ 통신역량에 관한 설명

⑧ 영상감시 체계와 역량에 관한 설명

⑨ 경비대의 조직, 훈련, 장비, 역량, 자원 그리고 운용절차

⑩ 군·경을 포함한 외부 협조기관에 관한 논의

⑪ 연례적인 평가와 종합계획의 설계 및 보완

시설의 특성과 규제기관의 요구에 따라서, 혹은 보안책임자가 원한다면 우발계획, 훈련, 그리고 검증계획 등이 작성되어야 한다.

정당성

보안설계나 보완계획을 수주하기로 했다면, 그 일을 행함에 있어서 다음의 몇 가지 기본원칙을 따라야 한다. 대부분의 보안책임자들은 "보안이 생산성에 기여하는 바 없는 과도한 주제이고 필요악이다" 라는 말을 들어왔다. '필요악 신드롬'은 자산을 보호해야 하는 과업을 수행하고부터 자주 반복된 토의의 주제였다. 보안업무를 잘한다 함은 손실을 최소화하고 비용을 낮추어 결과적으로 이익을 극대화하는 것이다. 보안업무의 완성은 생산성에 기인한 양(+)의 이익과 비교할 때, 손실을 줄여 남길 수 있는 얼마의 돈일 수 있다. 보안체계의 관리자는 당연히 전체는 아니더라도 보안체계, 지출, 각종 계획, 인력, 접근로, 그리고 가끔은 자신들의 존재이유까지도 정당화해야 한다.

대부분의 시설들은 무엇보다 먼저 보안예산을 삭감하려 든다. 따라서 중장기 계획이나 체계적인 접근을 통하여 이러한 관행을 잠재우고, 보안자산의 운용에 필요한 충분한 자원을 확보해야 한다. 정당성은 다음의 과정에 근거해야 한다.

① 제안이 정당하다는 확신
② 다른 사람에게 정당성 주입
③ 접근논리를 공식화
④ 접근논리를 공표

6. 제안이 정당하다는 확신

훌륭한 세일즈맨은 자신이 판매하는 상품을 믿어 의심치 않는다. 그와 같이 보안책임자도 자신의 제안을 다른 사람이 정당하다고 말하기 전에 스스로 정당하다고 확신해야 한다. 확신은 때로는 몇 분도 걸리지 않는, 정신적인 평가결과이다. 다른 사람들이 지루하게 여러 대안들을 상세하게 시험하고 있는 중에 말이다.

첫 단계로 인력, 장비, 정책 등 어떤 내용을 이슈로 다루어야 하는지 정의할 필요가 있다. 찬반의 양론도 고려해야 한다. 그 결과가 비용을 정당화할까? 같은 사안에 대하여 더 저렴한 방안은 없을까? 실제로 필요한 것이라면, 이행하지 않는 경우 무슨 일이 발생할까? 가용한 재정은 충분할까?

두 번째로 회사에 끼칠 이익을 고려해야 한다. '이렇게 하면 이익을 증진할까? 그렇지 않을지도 몰라. 과도하지 않을까? 가능할지 몰라. 과업을 쉽게 만들까. 그렇겠지.'

반응시간이나 지출 혹은 개시함으로 말미암아 이익이 실현될 송달시간(Turnaround time)도 고려해야 한다.

보안책임자는 어느 면에서는 직감에 의존해야 한다. 제안서가 논리적이고 합리적이며 부정적인 느낌이 없다면, 그 제안서를 제쳐 놓았다가 며칠이 지난 후에 재검토하면 된다. 환경이 바뀔 수도 있고, 제안서 전체가 휴지조각이 될 수도 있다.

4 물리보안 설계

1) 다른 사람에게 정당성을 주입하기

만약 제안서가 온전하다면 붉은 잉크로 기술된 '보안'을 포함해 여러 가지를 구하는 누군가에게 팔려야 한다. 일반적으로, 절약할 수 있는 얼마의 돈은, 몇 퍼센트이든 관계없이, 어떤 제안서가 정당화됐을 때 이익이 된다. 절약된 돈은 음(-)의 이익이고, 그만큼 제안서는 잘 팔린다.

어떤 시도가 건전한 접근법이라고 누군가에게 확신을 주려 하기 전에, 보안책임자는 이슈의 중요성과 소요될 지출에 비례하는 시간과 노력을 투자하면서, 전체적인 이슈를 조사해야 한다. 조사는 회사의 과거 경험, 개인적 경험, 신청서류, 그리고 다른 사람들의 인식에 바탕을 두어야 한다.

(1) 회사의 경험

기관이나 회사는 과거에 이 분야의 여러 문제를 경험해왔을 수도 있기에, 그러한 제안에 동조할 수 있다. 현존하는 정책은 그 제안을 지지하거나, 시작부터 부정할 수도 있다.

보안책임자는 접근방식의 구현, 또는 실패로 인하여 발생할 수 있는 부정적인 평판을 고려해야 한다. 실추된 회사의 이미지는 아마도 회사 차원에서 가장 가볍게 간주하는 영역 중 하나일 것이다. 만약에 어떤 회사가 이미지를 위협하는 문제에 봉착했다면, 경영진과 대외협력 간부들은 이미지를 만회하기 위하여 최선의 노력을 다할 것이다. 하지만 나쁜 평판에 대응하기 위해 자금을 사용하려는 성향은 시간이 지나면서 시들고 만다. 불리한 상황의 재발을 방지하려는 경향도 시간이 경과하면서 사라진다. 아이디어의 장려는 뭔가를 틀어막아야 하는 상황이 발생했을 때 이루어진다.

(2) 개인적인 경험

보안책임자는 같은 이슈를 다루어왔거나 유사한 주제를 취급하는 주위의 사람들을 알고 있을 것이다. 그들을 통해 이전의 경험을 정의하고, 단기·장기의 영향과 긍정·부정적 결과를 분석한다.

접근방향을 특별하게 제시하는 '독특함'에 더 많은 주의를 기울이는 것은 바람직한 일이며, 가능하다면 그 독특함을 활용해야 한다. 예컨대, 발주기관이 유용한 장치와 장치들의 활용이 필요한 접근방법을 좋아한다면, 이러한 선호도의 인식은 입찰을 성공적으로 이끌 수 있다.

2) 접근논리를 공식화

가공되지 않은 원천데이터를 축적하는 것은 논점을 설득하기 위한 전략의 일환으로 중요하다.

접근방법의 공식화는 조달기관에 대한 개인적인 지식과 경험을 기반으로 한다. 차트나 슬라이드가 일반적으로 잘 수용된다면 활용해야겠지만, 소모될 시간의 양은 프로젝트의 규모에 비례해야 한다.

만약 개인적인 경험으로 간결한 접근방법이 좋을 것 같으면, 보안책임자는 그렇게 공식화해야 한다. 형식을 수기 혹은 구두, 아니면 두 가지 다 준비할 것인지를 결정한다. 일관성은 매우 중요한데, 신뢰도가 쌓였다면 그다음의 승인과정은 우호적일 공산이 크다. 보호되어야 할 지역의 목록을 순차적으로 만들어야 한다(그림 4.3).

모든 기본적인 정보는 형식에 구애됨이 없이 소통되어야 한다.

① 문제의 정의   ② 영향   ③ 대안
④ 한 가지를 제외한 제안의 제거   ⑤ 해법
⑥ 해법을 지원

문제의 정의

↓

문제를 지속케 하는 영향을 논의

↓

해결방안을 목록화

↓

자신의 제안을 제외한 대안들을 제거

↓

제안을 설명

↓

자신의 확신과 일치하는 정보를 이용하여 해결방안을 지원

그림 4.3 정당성 절차.
Security Management,
pp. 30-34.

3) 접근논리 공표

어떤 이슈를 연구하여 접근논리를 정립했다면 공표해야 하고, 이슈와 관련한 요약지(要約紙)를 기관이나 회사에 사전에 보내주는 것이 좋다. 공식적인 발표가 요구된다면, 비평하게 될 사람들에게 미칠 영향을 점검받는 것이 바람직하다.

이러한 보고의 첫 번째 고려사항은 시간을 맞추는 일(Timing)이다. 일단 보고가 시작되면, 사전에 검토한 기본정보를 포함하여 접근논리는 공식화된다. 보안책임자는 간결하고, 일관되며, 어떠한 질문에도 대비해 답변을 준비해야 한다. 가용한 시간과 중요도에 따라 유인물과 같이 시청각 자료가 효과적일 수 있다. 한 페이지를 넘지 않아야 하지만, 이후에 참고자료로 활용될 수도 있다. 무엇보다 과장하거나 부풀려 말해서는 안 된다.

이러한 노력에도 불구하고 제안서가 채택되지 않고 자신을 변호해야 할 경우에, 파일과 기타 서신에 대한 메모를 작성해 놓으면, 노출된 문제점들에도 불구하고 자신이 노력했던 과정을 내세워 보여줄 수 있다.

7. 보안설계와 사이트의 배치

새로운 복합단지로의 보안설계는 내부 보안으로부터 시작하여, 바깥 울타리까지 외부로 진행해야 한다. 당신은 건축설계자와 상의하기 전에 아래의 사항들을 명심해야 한다.

① 필수적인 출입문과 창문 외에는 모두 제거
② 내화성 재질(Fire-resistant material)의 내부 사양(仕樣)
③ 화재, 침입, 그리고 환경 통제체계의 설치
④ 가능하다면 적재(Shipping)와 수용(Receiving)지역을 분리
⑤ 장애인 대비
⑥ 울타리 주위, 건축 전·중·후 적절한 조명
⑦ 건축설계와 시설배치를 심리(審理)
⑧ 현장평가/현장조사계획
⑨ 내부/외부의 탐지체계
⑩ 자연감시, CPTED 원칙과 전략
⑪ 보안담당 간부/감독
⑫ 직원들의 인식/정책과 절차
⑬ 물리적 보안계획의 교육
⑭ 예산배정과 5개년 계획
⑮ 심사/평가/미래의 요구(Needs)
⑯ 보고서의 결론은 보안운용상의 다양한 측면을 반영해야 함

1) 억제

다양한 억제방안으로 '억지력'을 강화해야 한다.

2) 범주 A

• 감시체계는 사적 영역과 공적 영역의 범죄예방을 위함
• CPTED 원칙과 개념

　　　　　　　　　　　　　　　　　　　　　　　4 물리보안 설계

- 방어공간(Defensible space) 원칙과 개념
- 상황적 범죄예방 원칙과 개념
- 표준에 적합하고 가시성 증대 기반으로 설계된 조명
- 특정 구역에 생체인식과 출입통제
- CPTED 디자인
- CPTED 경관 원칙
- 안내판 혹은 가시적인 보안 간판
- 자물쇠
- 침입경보와 경보신호
- 감시체계(CCTV)
- 보안의식 고취 프로그램
- 경작자와 가시가 많은 수풀
- 도심의 볼라드 또는 바리케이드
- 건물 내외의 경계견(警戒犬)
- 진입로의 차량
- 교통체증과 우회도로
- 정책과 절차
- 훈련 프로그램

3) 범주 B

- 무장한 보안간부와 개인적으로 비무장한 호텔 도어맨, 버스기사, 매표원 혹은 검표원, 그리고 지휘자
- 범죄의 가능성과 그들로 인해 사고를 억제할 것이라 추정하는 정장 차림의 경찰간부와 무장한 보안요원
- 호텔 주차장, 병원, 소매점을 순찰하고, 법인의 자산과 고객을 보호하는 보안간부
- 도로, 이웃, 지하철을 순찰하는 수호천사
- 지역민

범죄변위이론(Crime Displacement Theory)에 의하면, 목표를 경화(硬化)하고 연성(軟性)목표는 다른 위치로 이동시켜야 한다.

4) CPTED 전략
① 자연적인 접근통제
② 자연적인 감시
③ 영역성의 강화(Crowe & Fennelly, 2013)

'방어공간(Defensible Space)' 개념은 공공주택 환경에서 개발됐으며, CPTED 전략과 유사하다.

환경적인 보안은 사회적 관리, 소셜미디어, 목표 경화활동 지원(Target hardening activity support), 그리고 군·경 등 법 집행기관을 포함한 보다 넓은 범위의 범죄 통제전략이라는 관점에서 CPTED와 다르다.

5) CPTED의 환경설계 원칙
① 자연감시를 위해 후면의 관목은 3ft 높이까지로 유지
② 지면으로부터 8ft 이하의 나뭇가지를 잘라야 함
③ 6~8ft 높이의 쇠고리형 울타리는 세 가닥의 윤형철조망으로 보강
④ 석조담장의 높이는 6~8ft
⑤ 울타리와 담장의 전·후 최소 10ft는 빈 공간 확보[7]

[7] Broder, CPP, risk analysis and the security survey, 3rd ed, Elsevier, 2005.

상황범죄 예방은 특정 장소의 범죄 문제에 초점을 맞추기 위해 다른 방범 및 법 집행 전략을 포함한다.

6) 결과와 목표
• 폭력범죄의 감소
• 재산범죄의 감소

- 범죄의 전이
- 위협과 리스크 제거
- 더 많은 사고의 가능성 감소
- 취약성 제거 & 자산 보호

리스크 관리란 어떤 기관이 잠재적 손실 가능성과 이에 대응하기 위한 최선의 방법을 확인하는 절차로 정의된다.[8]

- 리스크: 손실 가능성

  (예: 화재, 자연재해, 진부한 상품, 관련 산업의 위축, 가동중단)

  [8] Ibid.
- 보안관리자는 범죄, 관련 산업의 위축, 사건, 그리고 위리관리에 우선적으로 관심을 가짐
- 리스크 관리자는 일반적으로 화재와 안전 이슈에 더 주력함
- 순수 리스크(Pure Risk)란 지진, 홍수와 같이 내재된 이익이 전혀 없는 리스크
- 동적 리스크(Dynamic Risk)란 수익이 있을 수 있는 리스크
- 최대가능손실(Possible Maximum Loss)이란 목표가 완전히 파괴됐을 경우의 최대 손실
- 최대확률손실(Probable Maximum Loss)이란 목표가 입을 수 있는 손실의 총량

8. 요약

본 장은 2017년 편집자에 의해 개정됐으며, 제시된 이론과 개념은 일반적으로 적용되고 있다. 물리적 보안방법론은 현장의 수요에 충족하기 위한 물리적 보호개념에 근거하고 있다. 리스크 산출방식의 사용에도 불구하고, 시설에서는 물리적 보호방안의 개선안을 다양하게 제안하고 있다.

시설에서는 편익비용을 분석하여 가장 좋은 안을 선택하고 이행할 수 있다. 리스크는 자산손실의 결과(Consequence)로 이어지므로, 항상 부족한 물리적 보호자산을 적절히 배분 활용하여 모든 리스크가 수용 가능한 수준으로 유지되도록 해야 한다.

참고자료

[1]   Gigliotti R. J, Jason R. C & Cogan N. J. What is your level of physical security? Secur Manag 1980: 46-50.

[2]   U.S. Nuclear Regulatory Commission. Generic adversary summary report. Washington, DC: The Commission; 1979.

[3]   United States Code of Federal Regulation, Title 10, Part 73.1. 1982.

[4]   Gigliotti R. J. The fine art of justification. Secur Manag 1980:30-4.

[5]   Garcia M. L. The design and evaluation of physical protection of systems. Boston: Butterworth-Heinemann; 2001.

[6]   Fennelly L. J & Perry M. 150 Things You Need To Know about Physical Security. Elsevier, 2017.

5 　보안용 조명

Joseph Nelson, CPP, Philip P. Purpura, CPP, Lawrence J. Fennelly,
CPO, CSS, CHL III, CSSP-1, Gerard Honey, James F. Broder, CPP

적절한 조명은 사람들에게 위험을 피할 수 있도록 도와줄 수 있을
뿐만 아니라 침입자에게는 탐지, 식별, 체포에 대한 경각심을 일으
켜 범죄를 저지르지 않도록 할 수 있다(Randy Atlas, CPP, 1993).

1. 들어가며

이 장에서는 범죄를 예방할 수 있는 조명에 대한 개념을 설명하고자
한다. 조명에는 두 가지 주된 목적이 있는데, 침입자에게 심리적으
로 침투하지 않도록 하는 것과 탐지 시 알람 판단에 도움을 주는 용
도이다.

　사업적인 관점에서 볼 때, 조명은 사업과 상품을 더 매력적으로
만들어 매출을 개선하고, 안전을 촉진하고, 소송을 예방하며, 직원
의 사기와 생산성을 향상시키며, 부동산의 가치를 높여주기 때문에
정당화될 수 있다. 보안적인 관점에서도 조명은 두 가지 주된 목적
이 있다. 하나는 침입자에게 심리적으로 침투하지 않도록 하는 것과
다른 하나는 탐지 시 알람 판단에 도움을 주는 것이다. 좋은 조명은
매우 효과적인 범죄통제 방법으로 간주되어 많은 지역에서 건물은

적절한 조명을 유지하도록 법으로 통제하고 있다.

조명 결손을 분석하는 하나의 방법은 밤에 빌딩으로 가서 부적절한 조명으로 침입이 가능한 출입 영역과 방법이 있는지 찾아보는 것이다. 방문 전에, 지역 경찰에게 조명 실수로 인한 침입을 막기 위한 예방책으로 계약하고 조명의 약점을 찾아내는 일에 대해 그들의 동의를 구해야 한다.

침입자에게는 어느 정도의 조도에서 범죄를 저지르기가 쉬울까? 대부분의 사람들은 어두운 상태에서는 범죄자가 범죄를 범하기 쉽다고 생각한다. 그러나 이러한 관점은 어두운 곳에서는 활동할 수 없을 것이라는 잘못된 인식에서 비롯된 것이다. 밝은 조명, 어둠, 희미한 조도와 같은 세 가지 가능한 조도를 비교해 볼 수 있다. 밝은 조명은 범죄자에게 나쁜 일을 하기에 충분한 조도를 제공하지만 다른 사람들에게 쉽게 발각될 가능성이 있어 범죄를 막을 수 있다. 조명이 없는 어두운 상태에서는 도둑이 자물쇠를 풀거나, 빗장을 풀거나, 접근하기 위해 필요한 모든 일을 하는 것이 쉽지 않다. 그러나 희미한 조명은 외부인의 관찰을 피해서 건물을 부수고 침입할 수 있기에 충분한 빛이 될 수 있다. 이러한 견해에 대한 근거로는 희미한 빛이 만들어지는 보름달이 뜨는 날 발생한 범죄에 대한 연구에서 찾을 수 있다.

이러한 연구결과는 3개 경찰서에서 2년 동안 972명의 경찰 교대근무 기록에서 만월과 비(非)만월 기간 동안 발생한 9건의 범죄에서 찾을 수 있다. 오직 한 건의 범죄만 만월 기간 동안 건물을 부수고 침입했다. 많은 사례에서 조명은 안전한 환경을 제공하기 위한 노력의 지표로 나타나고 있지만, 보안전문가들은 조명에 대한 이러한 생각에 의문을 제기하고 있다. 야간에 많은 조명이 사용되지 않기 때문에, 조명을 줄여야 하는가, 꺼야 하는가? 범죄자는 불빛 아래에서 더 수상해 보이는가, 아니면 손전등을 사용하는 어두운 곳에서 수상해 보이는가? 모션(Motion) 활성화 조명이 더 많이 사용되어야 하는가? 이러한 접근법이 안전성과 비용 효율성에 어떤 영향을 미칠까? 이러한 질문에 대한 연구를 해야 한다.

2. 조도

와트(입력전원)당 루멘(lumen, 빛의 밝기)은 램프의 효율성을 측정하는 단위이다. 초기 와트당 루멘의 정의는 램프의 광출력에 기초를 두고 있다. 그러나 광출력은 사용함에 따라 점점 줄어든다. 조도는 표면으로 조사되는 빛의 세기를 나타내며, Foot-candles(미국식 표기법) 또는 lux(미터 표기법)의 단위를 사용한다. Foot-candle(줄여서 fc)는 표면으로부터 1foot(약 30cm) 떨어진 거리에서의 밝기 정도를 나타내며, 1lux는 약 0.0929fc에 해당한다. 맑은 날 태양 빛을 직접 받는 상황에서는 약 10,000fc 정도이며, 흐린 날에는 약 100fc, 그리고 만월(滿月)인 경우에는 약 0.01fc 정도이다. 북미조명공학협회(Illuminating Engineering Society of North America)에서 추천하는 실외조명 수준은 다음과 같다. 자율주차지역은 1fc, 보조주차지역은 0.20~0.90fc, 지붕이 있는 주차지역은 5fc, 장애인 주차지역은 5fc, 빌딩 주위는 1fc 수준을 추천하고 있다. 사람과 물건이 드나드는 출입구 쪽은 확인을 하기 위해 최소 2fc 수준, 사무실은 최소 약 50fc 수준을 추천하고 있다.

fc를 이해하기 위해서는 몇 가지 주의사항이 있다. 조명이 수평인가, 수직인가? 수평 조명은 표지판과 열쇠구멍과 같은 수직 물체에 대한 가시성 확보에는 도움이 되지 않는다. (앞에서 언급한 fc는 수평인 경우이다) 조도를 나타내는 fc는 램프로부터 거리와 각도에 따라 달라진다. 만약 측정자가 조도계를 수평으로 들고 있다면, 수직으로 들고 있었을 때와는 다른 결과를 나타낸다.

David G. Aggleton는 "Security Technology Executive"(march, 2011)라는 기사에서 "최소 반사되는 빛의 조도는 (a) 탐지용으로는

0.5fc, (b) 인식용으로는 1.0fc, (c) 확인용으로는 2.0fc가 필요하다"라고 주장했다. 유지와 조명등 교체는 고품질의 조도에 필요하다.

3. 램프의 종류

실외용에 적용할 수 있는 램프에는 다음과 같은 것이 있다.

- 백열등: 주택에서 자주 사용한다. 텅스텐 와이어에 전류를 흘리면 백색광이 나온다. 이 램프는 일반적으로 와트당 10~20루멘의 밝기를 내어 효율이 낮으며, 수명이 약 9,000시간으로 짧아 유지비용이 가장 많이 든다.
- 할로겐과 수정 할로겐램프: 할로겐 가스로 채워진 백열등으로, 일반적인 백열등에 비해 25% 정도 개선된 효율과 수명을 나타낸다.
- 형광 램프: 유리관 내에 봉입된 가스로 전기를 흘리게 되면 와트당 40~80루멘 밝기의 빛을 내는 원리이다. 이것은 백열등에 비해 동일한 와트당 2배 정도 밝고 열도 반 정도만 발생한다. 비용은 5~10배 정도 더 많이 들며, 수명은 9,000~20,000시간 정도이다. 이것은 신호용을 제외하고는 실외용으로 많이 사용되지 않는다. 형광등은 백열등에 비해 동일한 밝기를 내는데 전력 소모가 1/3~1/5 정도이며, 수명은 20배 정도 더 길다. 전구당 매년 $9~25 정도 절약할 수 있을 정도로 경제적이다.
- 수은증기 램프: 가스를 통해 전류가 흐른다. 와트당 30~60루멘의 밝기를 나타내며, 수명은 약 20,000시간이다.
- 메탈할라이드 램프: 가스를 사용하는 방식이다. 와트당 80~100루멘의 밝기를 나타내며, 수명은 10,000시간 정도이다. 이것은 낮과 같은 밝기와 색상이 자연스럽기 때문에 주로 스포츠 스타디움에 사용된다. 결론적으로, 이들 램프는 CCTV와 연동해서 사용하며, 설치와 유지비용이 가장 비싼 램프이다.

- 고압 나트륨램프: 이것도 가스를 사용하며, 와트당 100루멘의 밝기에 수명은 약 20,000시간 정도이며, 에너지 효율적인 램프이다. 주로 가로등과 주차장에 사용되며, 안개가 낀 날씨에도 좀 더 멀리 있는 곳을 자세히 볼 수 있다. 수은증기 램프보다 빛 공해를 덜 유발한다.
- 저압 나트륨램프: 이것도 가스를 사용하며, 와트당 150루멘의 밝기에 수명은 약 15,000시간 정도이며, 고압 나트륨램프보다 효율적이다. 다만 유지비용이 많이 든다.
- LED: LED등은 가장 효율적이고 밝기에 대한 기준과 표준을 충족한다. 그러나 모든 응용 분야에 다 적용할 수는 없다. 이것은 크리스마스 장식용 전구와 같이 작은 등이다. 소비전력도 작으며, 수명도 50,000~80,000시간 정도이다. 미래에 가장 많이 사용될 빛 소스용으로 사용될 전망이다. 현재 LED등은 창고, 가로등, 자동차의 미등과 같은 매우 많은 응용 분야에서 사용되고 있다.
- 수은 램프: 이 램프는 매우 밝은 빛을 낼 수 있으며 백열등만큼 빨리 켜진다. 이것은 매우 높은 와트 수에 자주 사용되며 (1,500~2,000W는 보호 시스템에는 부적합), 외곽 장벽과 문제가 있는 지역에서 사용하기에 매우 적합하다.
- 방전관등: 이것은 형광등과 사촌이라 할 수 있을 정도로 매우 유사하다. 그러나 수은을 포함하고 있지 않아 매우 간단하다.

상기 램프의 종류에 따라 연색지수(CRI: Color Rendition Index)가 다르게 나타나며, 사람이 색상에 대해 느끼는 인식에 영향을 끼칠 수 있다. 백열등, 형광램프, 할로겐램프 등은 100%의 CRI를 제공한다. 높은 CRI와 효율성에 의하면 메탈할라이드 램프가 CCTV 시스템의 실외용으로 적합하다. 수은증기 램프는 우수한 CRI를 제공하지만 파란색 쪽으로 치우쳐져 있다. 저압 나트륨램프는 실외용으로 가장 많이 사용되고 있지만, 노란색이 강해 CRI가 별로 좋지 않다. 따라서 저압 나트륨램프는 색상 인식이 어렵고 대상물을 황갈색으로 인식되게 한다. 이 램프는 노란색 연무를 생성한 것처럼 인식되게 만든다. 이 조명은 미학적 가치와 상충되며 수면 습관에 영향을 미친다는 주장이 제기되고 있다. 사람들이 낮에 주차장에 차를 주차하고 밤에 차를 찾으러 왔을 때, 낮은 CRI로 인해 차의 위치를 찾는 데 많은 애로사항을 느끼게 된다. 심지어 어떤 사람은 자기 차가 도난당했다고 생각하기도 한다. 또 다른 문제는 침입자의 형상을 목격자가 정확하게 묘사하지 못한다는 데 있다.

수은증기 램프, 메탈할라이드 램프, 고압 나트륨램프 등은 완전히 밝아질 때까지 시간이 많이 소요된다는 단점이 있다. 만약 이들 램프의 전원을 끈 후 다시 완전히 밝게 하려면 처음에 켰을 때보다 더 많은 시간이 소요된다. 왜냐하면 전원을 내리게 되면 냉각되는 시간이 필요하기 때문이다. 이러한 이유로 몇몇 보안용 응용 분야에는 적합하지 않다. 백열등, 할로겐, 수은 할로겐램프 등은 전원을 켠 순간 즉시 밝아지는 장점이 있다. 제조사들은 '점등'과 '재점등' 시간을 나타내는 램프의 특성을 제공하고 있다. 다음은 조명에 대한 부가적인 정보를 제공하고 있는 곳이다.

- National Lighting Bureau(http://www.nlb.org): Publications.
- Illuminating Engineering Society of North America (http://www.iesna.org): 기술 자료와 서비스, 추천 사례와 표준, 많은 회원이 엔지니어 출신임.
- International Association of Lighting Management Companies (http://www.nalmco.org): 세미나, 교육, 인증 프로그램

1) 비용과 투자수익률

비용은 ① 88% 에너지 비용, ② 8% 자본경비, ③ 유지비용 등 세 가지로 나눌 수 있다. 투자수익률(ROI; Return on Investment)도 ① 효

율과 에너지 절약 투자 회수, ② 불필요한 단위를 폐쇄하여 비용절감, ③ 친환경적 개념 등 세 가지로 나눌 수 있다.

2) 조명등 장치

백열등 또는 가스를 충전하는 방식의 램프들이 가로등으로 사용되고 있다. 프레넬 조명은 외곽으로 넓고 평평한 빔이 되도록 만들어주며, 접근하는 사람들의 얼굴을 비춰주고 외곽을 보호하게 한다. 투광 조명은 빛의 빔을 가진 영역으로 퍼져 가며, 이로 인해 주위를 환하게 비춰준다. 투광 조명은 고정되어있으나, 빛의 빔을 원하는 위치로 조준할 수 있다. 다음과 같은 전략은 좋은 조명을 강화하는 데 도움이 된다.

① 담장의 양쪽으로 조명이 비춰지도록 외곽 조명등을 설치한다.
② 빛을 바로 하단으로 비추게 하여 침입자에게 시설물을 환하게 비춰주지 않도록 한다. 조준된 조명이 순찰담당자의 순찰을 방해하지 않는지 확인한다.
③ 침입자가 움직이는 영역 내에 숨을 수 있는 어두운 지역이 없도록 한다. 이를 위해 조명을 서로 겹쳐서 비출 수 있도록 설치해야 한다.
④ 조명 시스템을 다음과 같이 보호한다. 조명을 담장 안쪽에 위치시키고, 램프 표면에 보호막을 설치하고, 램프를 높은 곳에 설치하며, 전원 선을 매립하고, 스위치 박스를 보호해야 한다.
⑤ 자동으로 램프의 전원이 켜지고 꺼질 수 있도록 자연광에 따라 반응하는 광전 소자를 사용한다. 수동 방식은 백업용으로 가능하도록 한다.
⑥ 외부 및 내부 영역 관찰용으로 모션-활성화 조명을 고려한다.
⑦ 항해할 수 있는 수역 근처에서 조명이 필요한 경우 미국 해안경비대에 연락한다.

⑧ 강한 빛의 세기로 인해 이웃이 방해받지 않도록 한다.

⑨ 전원에 문제가 발생할 것을 대비하여 휴대용 긴급조명과 부가적인 전원공급 대책을 준비한다.

⑩ 좋은 실내조명은 강도의 침입을 막을 수 있다. 금고, 비싼 물건, 기타 귀중품 위에 전등을 설치하고 크고 잘 보이는 창문이 있으면, 지나가는 순찰대원들이 내부를 볼 수 있다.

⑪ 요한 경우 다른 사업주들과 함께 지역정부에 개선된 가로등 설치를 청원한다.

4. 조명에 관하여 알아야 할 25가지

① 와트(watt): 공급하는 전기 에너지 양의 척도

② Foot-candle: 면적 1ft2의 표면에 1lm(루멘)의 광속이 균일하게 분사되는 표면 밝기의 척도

③ 루멘(lumen): 램프로부터 나오는 빛의 밝기 단위

④ 램프(Lamp): 전구라고도 불리는 빛의 소스를 지칭하는 단어

⑤ 룩스(Lux): 조도의 측정단위

⑥ 조도(Illuminare): 대상물에 비춰지는 빛의 세기

⑦ 밝기(Brightness): 사람 눈으로 빛을 볼 수 있는 감각의 세기

⑧ Foot-lambert: 밝기의 척도

⑨ 눈부심(Glare): 매우 밝은 상태

⑩ 조명기구(Luminaire): 조명장비. 램프, 하우징, 리플렉터, 렌즈, 케이블 등을 포함하는 조명 기자재를 부르는 미국식 표현

⑪ 밸러스트(Ballast): 형광등과 고출력 방전램프에서 램프가 동작하도록 전류와 전압을 인가하는 데 사용하는 장비

⑫ HID: 다음과 같은 네 가지 유형의 램프 - 수은등, 메탈할라이드, 고압 나트륨, 저압 나트륨

⑬ 조명률(Coefficient of utilization): 조명기구 내의 광원(램프)에

서 나오는 광속 중 표면에 들어오는 광속의 비율. 조명기구별로 정해져 있으며, 광속법의 계산에서 사용한다.

⑭ 대비(Contrast): 물체의 밝고 어두운 부분의 관계

⑮ 디퓨저(Diffuser): 광선을 확산하고 부드럽게 하기 위해 조명기구의 앞에 부착하는 반투명한 물질

⑯ 픽스처(Fixture): 조명기구의 다른 표현

⑰ 렌즈: 조명기구의 빛이 나오는 부분에 설치하여 빛의 방향과 밝기를 제어하는 유리 또는 플라스틱으로 된 보호막

⑱ 루버(Louvers): 기하학적 무늬로 배열된 칸막이. 이것은 눈부심을 피하도록, 램프를 직접 보지 않도록 보호

⑲ 일정한 조명(Uniform lighting): 주변지역보다 특별히 작업하거나 일하는 곳으로 빛을 직접 조사하는 조명시스템을 말한다.

⑳ 반사경(Reflector): 램프로부터 빛이 재반사되도록 하는 기구물

㉑ 업무 조명(Task or work lighting): 업무하는 영역에 조사되는 빛의 양

㉒ 베일 반사(Veiling reflection): 물체와 배경 사이의 대비를 감소시켜 물체를 자세히 볼 수 없도록 물체로부터 반사된 빛

㉓ 백열 램프: 유리구 내에 있는 텅스텐 필라멘트에 전류가 흘러 빛이 발생하는 램프. 전구 중에 가장 효율이 낮다.

㉔ 형광 램프: 두 번째로 가장 많이 사용하는 램프. 튜브를 따라 전기적인 방전으로 빛이 발생한다. 튜브의 내벽에 빛을 발생시키는 형광물질이 코팅되어있으며, 전기 방전 시 자외선도 발생한다.

㉕ HID 램프: 수은등, 메탈할라이드, 고압 나트륨램프, 저압 나트륨램프를 의미한다. 저압 나트륨램프는 가장 효율이 좋지만 CRI가 5 정도로 매우 낮은 단점이 있다.

5. 에너지 관리

조명의 효율성과 관리 측면은 새로운 건물과 기존 시스템 업그레이드의 시운전에서 우선순위가 매우 높아지고 있다. 실제로 에너지 관리 문제는 건물 관리 문서 내에 가장 중요하게 고려해야 하는 사항 중의 하나이며, 건축산업에서 에너지를 바라보는 방식에 큰 영향을 끼치고 있다. 이제 에너지 사용량과 낭비를 줄이기 위한 심각한 조치가 취해져야 한다는 것은 명백하다. 이것은 보안용 조명과 그것이 적용되는 방식에 영향을 미치고 있다. 조명 전문가들은 에너지-효율적인 조명이 설치되어야 하는 역할과 응용을 파악하여 전기 시공사 및 설치업체와 함께 작업하여 사업 기회를 늘리려는 충동이 증가하고 있다. 전기 시공사들도 에너지 효율적인 조명디자인에 관해 많은 학습을 하고 있다. 조명디자인 전문가는 다음과 같은 것을 인식할 필요가 있다.

- 비효율적인 설치를 인식
- 에너지 효율적인 조명 개념의 환경, 비용, 관련된 이익에 대해 감사
- 에너지 절약 비용을 예측하고 회수기간을 계산
- 관리 시스템 설계에 있어서 전문가와 전문적인 지식이 필요한 상황을 인식
- 환경을 보존하려고 노력하는 사업 분야가 증가하고 있다는 생각

예전에는 밝은 조명 시스템이 유리하다고 생각했었다. 그러나 이제 외부 조명이 요구되는 최소 럭스 수준에 훨씬 더 초점을 맞추고 있기 때문에, 밤에 매우 밝은 조명에서 벗어나 강한 흰색 섬광을 비추는 추세로 변하고 있다. 또한 방향성이 있는 빔으로 추세가 변하고 있다. 조명업계는 공공 및 민간의 실외조명 계획의 확산에서 직면하고 있는 빛 오염 문제를 제거하고, 조명 구성에 있어 더 많은 에너지와 비용을 의식하게 됐다. 수많은 투광 조명, 대형 조명, 스포

트라이트, 장식용 설치, 그리고 잘못 설치되고 명시적이며 빛 오염을 일으키며 높은 에너지를 사용하는 일련의 보안조명 형태의 문제를 다루기 위한 메커니즘이 있어야 한다. 빛 오염은 다음과 같은 두 가지 이유로 논란에 직면하고 있다.

① 빛 오염이 밤하늘의 자연적인 효과를 망치고 있다.
② 빛 오염이 심해질수록 전력 소모량이 점점 증가한다.

불행히도, 어느 정도의 빛 오염은 안전과 보안의 응용 분야에서는 필수적이다. 이와 유사하게, 장식용 조명 설치에 대한 욕구도 항상 있으며, 답은 절충점에 있다. 빛 오염과 에너지 낭비를 피할 수 있는 정도의 생각으로 시스템은 설계되어야 한다. 실외조명은 최소한의 빛 공해, 안전한 환경, 그리고 매력적인 기능을 제공한다. 매력적인 기능을 위해, 빛이 아래로 향하도록 설계된 조명과 색상변화 효과를 가진 광섬유 솔루션을 더 많이 사용하는 것을 볼 수 있다. 볼라드나 움푹 들어간 지면에 설치된 조명은 산책로에 설치할 수 있어 야간보행에 도움을 줄 수 있다. 지능적으로 설계된 계획조명은 조명이 아래 방향으로만 비추게 되어 보행자에게 길을 더 잘 보게 하고, 낭비가 거의 없는 만족스러운 효과를 보장할 수 있다. 그러므로 조명산업 내에서는 빛과 조명과 관련된, 특히 에너지 관리와 빛 공해를 고려하는 모든 분야에서 표준화가 필요하다는 요구가 있다. 조명의 즐거움을 정의하고 이용해야 하지만 동시에 대중들 사이에서 잘 설계된 에너지 효율 계획의 이점을 널리 홍보해야 한다. 그러기 위해서는 소형화되고 수명이 긴 램프가 필수적이다. 그러므로 에너지 관리는 보안용 조명의 한 부분이 되어야 한다.

6. 조명 체크리스트

① 경계지역을 모두 비추고 있는가?

② 펜스의 양쪽에 흑백(밝고 어두운 영역)이 존재하는가?

③ 약 100야드의 거리에 있는 사람의 움직임을 쉽게 구분할 수 있을 정도로 조명이 충분한가?

④ 어두워지기 전에 매일 조명의 동작여부를 점검하는가?

⑤ 출입구 영역과 침투가 가능한 지점에 추가적인 조명이 설치되어 있는가?

⑥ 조명 수리는 적절히 이루어지고 있는가?

⑦ 조명용 전원공급(템퍼에 대한 대책)에 쉽게 접근이 가능한가?

⑧ 시설물의 빠른 수리를 위한 조명용 회로도가 준비되어있는가?

⑨ 스위치와 제어기들이

ⓐ 보호되어있는가?

ⓑ 방수와 템퍼 기능이 있는가?

ⓒ 보안요원의 접근이 가능한가?

ⓓ 경계면 바깥에서 접근이 가능한가?

ⓔ 중앙에 위치한 마스터 스위치가 있는가?

⑩ 경계 내부에 있는 모든 경로가 보안요원들에게 충분한 조명을 비추고 있는가?

⑪ 입고·발송·보관구역의 자재와 화물에 적절한 조명이 제공되고 있는가?

⑫ 외곽에 있는 물의 표면 형상을 볼 수 있도록 충분한 조명이 밝혀졌는가?

⑬ 보호용 조명을 위한 보조전원의 공급이 가능한가?

1) 보호용 조명 체크리스트

• 외곽에 보호용 조명이 적절한가?

• 어떤 종류의 조명이 있는가?

- 경계 내부에 있는 공터의 조명은 적절한가?
- 음영이 있는 곳이 있는가?
- 바깥 보관장소에 적절하게 빛이 비추고 있는가?
- 내부 장소에 적절히 빛이 비추고 있는가?
- 조명에 의해 보안요원이 보호받거나 노출되는가?
- 출입구와 외곽에 적절하게 조명이 비추고 있는가?
- 출입구 조명의 빛으로 차량 내부를 비추고 있는가?
- 중요하고 취약한 영역에 빛이 잘 비추고 있는가?
- 보호용 조명이 수동 또는 자동으로 동작하는가?
- 경계면의 조명이 서로 겹쳐 있는가?
- 경계면 조명이 병렬로 연결되어있는가?
- 입고·발송 부두 또는 교각에 적절한 빛이 비추고 있는가?
- 주차장에 적절한 조명이 비추고 있는가?
- 보조전원이 백업용으로 잘 준비되어있는가?
- 건물의 내부에도 적절한 빛이 비추고 있는가?
- 최상의 기밀과 비밀 활동에 적절한 조명이 있는가?
- 보안요원은 전원이 충분한 보조등을 지니고 있는가?
- 적절한 조명을 제공하기 위해 어떤 종류의 조명이 얼마나 많이 필요한가? 어떤 위치에 필요한가?
- 보안요원은 정전 시 이를 보고하는가?
- 고장 난 조명을 얼마나 빨리 교체하는가?
- 캠퍼스의 공터에 보행자를 상대로 행해지는 범죄행위를 막을 수 있도록 충분한 빛이 공급되고 있는가?
- 빛이 불충분한 곳에 키가 큰 관목 또는 나무에 가리는 영역이 있는가?
- 건물 외부에 귀중한 자재나 중요한 활동을 인식할 수 있는 조명이 공급되는가?
- 밤에 건물의 문이 열렸을 때, 복도 내부와 출입구 쪽에 조명이 있

는가?

- 대학 기준 범위 내에서 여자 기숙사 주변에 조명이 충분한가?
- 캠퍼스의 주차장에 주차된 차 탈취 또는 불법적인 행위를 단념시킬 수 있도록 충분한 조명이 들어오는가?
- 금고, 도서관, 서점, 음식 보관장소 등의 고가의 물건이 저장되어 있는 곳에 조명이 잘 들어오는가?
- 램프 수명 대 효율성은?
- 램프의 연색지수(CRI)는?
- 밤에 빛의 조도가 일정한가?
- CCTV 용도로 충분한 조도가 제공되고 있는가? 요즘은 HD 카메라와 HDTV 모니터뿐만 아니라 저조도 카메라를 사용하고 있으며, 이를 통해 범죄를 억제 시키는 역할을 한다.
- 야간순찰에 조명이 요구되는가?
- 단지 내에 조명이 평탄하고 적절하게 분배되어있는가?

2) 조명 레벨

정의에 의하면, foot-candle은 표면에 도달하는 조명 또는 빛의 단위이다. 이것은 표준 초로부터 1foot 떨어진 표면에서의 빛의 밝기 레벨을 나타낸다. 1fc는 ft2당 1루멘과 같다.

- 외곽지역의 경계에서는 0.5fc
- 제한구역의 경계에서는 0.4fc
- 차량 출입구에서는 10fc
- 보행자 입구에서는 5fc
- 도로에서는 0.5~2fc
- 개방된 항구의 부두에서는 0.2~5fc
- 실내의 민감한 구조에 대해서는 10~20fc

개방된 주차장의 조명 레벨은 낮은 레벨 활동 영역에서는 최소 0.2fc이고, 높은 자동차 활동 영역에서는 2fc이다. 정산하는 곳에서는 조명 레벨이 최소 5fc는 되어야 한다.

- 하역장: 15fc
- 하역장 내부: 15fc
- 수하물 입고 및 반출: 5fc
- 보안용 초소: 25~30fc
- 보안용 초소 내부: 30fc

보행자 또는 일반적인 CCTV 카메라에서 요구되는 최소 조도는 다음과 같다.

- 탐지(Detection): 0.5fc
- 인식(Recognition): 1fc
- 확인(Identification): 2fc
- 주차장 건물: 5fc
- 주차 영역과 개방된 공간: 2fc
- 하역장: 0.2~5fc
- 하역장 주차장: 15~30fc
- 항구와 부두: 0.2~5fc

7. 조명 정의

1) 루멘(lumen)

램프에 의해 발산되는 빛의 양 또는 흐름은 루멘으로 측정된다. 예를 들면, 일반적인 가정집에서 사용하는 100W 전구는 약 1,700lumen의 빛을 낸다. 조도는 특정한 영역에 빛이 모이고 이것을 lux로 측정하며, 제곱미터당 루멘의 수 또는 fc로 정의한다. 1fc는 10.76lux와 같다(일반적으로 1:10 정도로 근사적으로 고려).

참고: 특수한 CCTV 카메라(또는 맨눈)로 영상을 받아들이기에 필요한 빛의 양을 평가할 때, 루멘은 렌즈 Iris(카메라 또는 눈)의 면적에 도달하는 빛의 양을 의미한다.

2) 반사도(Reflectance)

사람이 물체를 본다는 것은 물체로부터 반사되어 온 빛을 눈이 감지하는 것이다. 만약 물체로부터 반사된 빛이 전혀 없으면 배경과 대비해서 흐릿한 실루엣만 볼 수 있다. 만약 물체에 백색광이 아닌 다른 색을 비추게 되면 물체의 진짜 색이 아닌 다른 색상으로 물체를 보게 된다. 따라서 물체의 색은 반사도에 영향을 미친다. 즉 콘크리트로 깔린 주차장 바닥과 같은 밝은 표면은 아스팔트 또는 검은 물질로 된 주차장 바닥과 같은 어두운 표면보다는 더 많이 반사를 한다. 물체의 반사도 측정은 표면에 비춰진 빛의 양 대비 반사된 빛의 양의 비율인 %로 표현한다.

3) 연색지수(Color Rendition Index)

물체에서 나타내는 색상을 믿을 수 있도록 해주는 램프의 능력은 CRI의 척도로 측정된다. 보안요원은 정확하게 색상을 묘사해야 한다. 이것은 CCTV 디스플레이와 저장된 범죄자를 확정하는 데 중요하다. CRI는 1~100 사이의 값을 가진다. 70~80 정도의 CRI는 충분하지만, 80 이상이면 우수하고, 낮에는 100으로 본다.

4) 보정된 색상 온도(Corrected Color Temperature)

빛의 따뜻함과 차가움의 척도가 보정된 색상 온도이다. 이것은 주변 분위기와 분위기에 상당한 영향을 미친다.

5) 조명 시스템

조명 시스템은 여러 가지 부품들로 구성되며, 이런 부품들은 조명 응용분야의 유효성에서 중요하다. 다음은 주요 부품들의 기능을 나열한 것이다.

- 램프

양산된 조명 소스는 필라멘트 또는 아크튜브, 유리케이스, 전기적인 연결부로 구성되어있다. 램프의 종류에는 빛을 발산하는 기술에 따라 백열등과 수은 증기 등으로 구분한다.

- 루미네르(Luminary)

램프를 구성하고 있는 완전한 조명 기자재로서, 홀더, 빛을 분배하고 초점을 맞추어주는 반사경과 디퓨저 등을 포함하고 있다.

- 탑재 하드웨어

루미네르의 정확한 높이와 위치에 고정시킬 수 있는 벽 브라켓(Bracket) 또는 폴대와 같은 것이다.

- 전원

램프, 밸러스트(Ballast), 광소자를 동작시킨다. HID 램프와 같은 일부 램프들은 낮아진 전압에 매우 민감하다.

참고자료

[1] Purpura P. Police activity and the full moon. J Police Sci Adm 1979, 7(3): 350.
[2] Berube H. New notions of night light. Secur Manage 1994, pp. 29-33.
[3] National Lighting Bureau. Lighting for safety and security. Washington, DC: National Lighting Bureau; n.d. pp. 1-36; Smith M. S. Crime prevention through environmental design in parking facilities. Washington, DC: National Institute of Justice, 1996, pp. 1-4; Bowers D. M. Let there be light. Secur Manage, 1995, pp. 103-111; Kunze D. R. & Schiefer J. An illuminating look at light. Secur Manage, 1995, pp. 113-116.

[4] Fischer R. J., Halibozek E. & Green G. *Introduction to security*. 8th ed, Boston: Butterworth-Heinemann, 2008.

[5] Fennelly L. J. & Perry M. *150 Things You Need To Know about Physical Security*. Elsevier, 2017.

부록 1: 조명 설명

표 5.1 조명 유형

유형	CRI (Color Rendition Index)	컬러 색상
백열등	100	백색 모든 빛을 반사
형광등	62	푸르스름/백색 우수한 CRI
수은등	15	파란색/초록색 좋은 CRI 가로등으로 사용할 때, 와트를 표시하는 파란색 라벨이 있다.
고압 나트륨 등	22	금색/흰색 낮은 CRI 가로등으로 사용할 때, 와트를 표시하는 노란색 라벨이 있다.
저압 나트륨 등	44	노란색 매우 낮은 CRI
메탈할라이드	65~90	밝은 백색 매우 우수한 CRI 가로등으로 사용할 때, 와트를 표시하는 흰색 라벨이 있다.
할로겐/수정 할로겐	100	백색
LED	95~98	백색
인덕션	80~100	백색

표 5.2 운영비용(10년)

기술	와트	램프 교체	에너지	유지	재료	운영비용
고압 나트륨	70	3.7	$927	$201	$73	$1,201
	150	3.7	$1,971	$201	$73	$2,245
	250	3.7	$3,154	$201	$73	$3,427
	400	3.7	$4,878	$201	$73	$5,151
	1,000	3.7	$11,563	$201	$224	$11,988
인덕션	40	0	$429	0	0	$429
	80	0	$858	0	0	$858
	100	0	$1,072	0	0	$1,072
	120	0	$1,287	0	0	$1,287
	200	0	$2,144	0	0	$2,144
메탈할라이드(V)	150	5.8	$1,971	$321	$187	$2,479
	175	8.8	$2,263	$482	$278	$3,022
	250	8.8	$3,101	$482	$280	$3,863
	400	8.8	$4,793	$482	$280	$5,556
	1,000	7.3	$11,248	$402	$365	$12,014
메탈할라이드(H)	150	7.8	$1,971	$428	$249	$2,648
	175	7.8	$2,263	$642	$370	$3,275
	250	11.7	$3,101	$642	$374	$5,810
	400	11.7	$4,793	$642	$374	$5,810
	1,000	9.7	$11,248	$535	$487	$12,270
저압 나트륨	180	5.5	$2,308	$301	$345	$2,964
	135	5.5	$1,873	$301	$257	$2,432
	90	5.5	$1,306	$301	$203	$1,809
	55	4.9	$838	$268	$161	$1,267
	35	4.9	$629	$268	$161	$1,057

6 전자적 시스템에 관한 상세 논의[1]

[1] Integrated Security Systems Design. Thomas Norman: Butterworth-Heinemann, 2015. Updated by the editor, Elsevier, 2016.

Thomas L. Norman, CPP, PSP, CSC

1. 요약

이 장에는 경보 및 접근제어 시스템, 시스템 서버, 워크스테이션, 고급 요소, CCTV 및 디지털 비디오 시스템, 무선 디지털 비디오, 보안 통신 시스템, 지휘·통제·통신(C3) 콘솔, 콘솔 가드 기능 및 통신 시스템의 설계 요소에 대하여 상세하게 설명한다.

2. 경보/출입통제 시스템

최신 경보 및 출입통제 시스템의 기본 요소는 아래와 같이 분야별로 설명한다.

1) 식별장치

식별장치에는 카드·키·바코드·무선 주파수 식별 리더기, 키패드 및 생체인식 리더기가 포함된다. 출입통제 시스템은 당신이 알고 있는 것, 소유한 것 또는 당신이 누구인지에 따라 당신의 신원을 판별할 수 있다.

가장 기본적인 식별(ID) 리더기 유형은 키패드이다. 기본 키패드는 0~9까지의 번호와 *과 # 기호로 단순한 12자리 숫자 키패드를

그림 6.1 알람 키패드

포함하고 있다(그림 6.1). 키패드의 가장 바람직한 속성은 사용하기 쉽고 저렴하다는 것이다. 키패드의 가장 바람직하지 않은 속성은 주변 사람이 통제 데이터베이스를 읽는 것이 상대적으로 쉽다는 것이다. (즉, 두 사람이 당신의 코드를 알고 있으므로 코드를 사용한 사람이 실제로 본인인지 확신할 수 없다). 또한 피자 배달원은 일반적으로 코드를 알고 있다. 왜냐하면 일반적으로 조직 내에는 외부인에게 코드를 제공하는 누군가가 있기 때문이다. 이렇게 경영진이 코드를 가지고 있는 사람을 알지 못하기 때문에 출입통제의 목적은 무효화된다. 비록 키패드 가림용 측판을 사용할 수 있지만 번거로워 설치하지 않게 되며, 피자 배달원은 여전히 코드를 알고 있게 된다.

다른 두 가지 변형은 코드를 잘 숨기는 소위 "재떨이" 키패드(그림 6.2)와 매우 잘 작동하는 허쉬 키패드이다. 허쉬(Hirsch) 키패드는 7세그먼트 LED 모듈을 사용하여 유연하고 투명한 덮개 뒤에 번호를 표시한다. 그런 다음 방 건너편에 있는 사람과 쌍안경을 가진 사람을 혼동하기 위해 숫자의 위치를 뒤섞어 키패드의 같은 위치에 두 번 표시되지 않도록 한다. 이것은 쌍안경을 가진 사람이 버튼을

물리보안 체계와 방법론

누르는 패턴을 볼 수 있지만 그 패턴이 자주 반복되지 않기 때문에
쓸모가 없게 된다(그림 6.3). 또한 많은 조직에서 허쉬 키패드 시스
템의 하이테크 특성에 대해 사용자가 권한이 없는 사람에게 코드를
제공할 필요가 없음을 더 잘 인식하게 한다.

그림 6.2 조기 출입통제 키패드

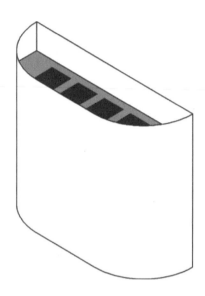

그림 6.3 허쉬 스크램블 패드.
Hirsch Electronics, Inc.의
허가를 받아 사용된 이미지

6 전자적 시스템에 관한 상세 논의

키패드의 정교함을 한 단계 더 높이는 것은 ID 카드와 카드 리더이다. 출입통제 카드는 여러 가지 변형으로 제공되며 카드 유형과 환경 모두에 맞는 다양한 카드 리더 유형이 있다. 일반적인 카드 유형은 다음과 같다.

그림 6.4 마그네틱 스트라이프 카드

- 마그네틱 스트라이프
- 위겐드(Wiegand) 와이어
- 패시브 근접
- 능동적 근접성
- 이식 가능한 근접
- 스마트 카드(터치 및 비접촉 유형 모두)

점점 더 희귀한 유형은 다음과 같다.

- 바코드
- 바륨 페라이트
- 헐로리스(Hollerith)
- 희토류 자석

2) 마그네틱 스트라이프 카드

마그네틱 스트라이프 카드(그림 6.4)에는 카드 뒷면에 마그네틱 밴드(마그네틱 테이프와 유사)가 적층되어 있다. 이것은 은행 업계에서 자동입출금기 서비스를 제공하기 위해 발명했다. 일반적으로 카드에 자기화되는 밴드가 2개 또는 3개 있다. 카드에는 코드(출입통제 식별에 사용됨), 사람 이름 및 기타 유용한 데이터가 포함될 수 있다. 일반적으로 출입통제 시스템에서는 ID코드만 인코딩 된다. 마그네틱 스트라이프 카드에는 높은 보자력과 낮은 보자력(마그네틱 스트라이프에 충전되는 자기 에너지의 양)으로 두 가지 유형이 있다. 은행 카드는 낮은 보자력으로 300에르스텟(Oersted)이고 대부분의 조기 출입통제 카드는 높은 보자력인 2,750에르스텟 또는 4,000에르스텟이다. 그러나 고객이 자신의 은행카드가 지갑에서 출입카드 옆에 넣은 뒤로 작동하지 않는다고 불평하기 시작하면서 많은 제조업체도 출입카드에 대해 낮은 보자력으로 전환했다. 마그네틱 스트라이프 카드는 사용하기 편리하고 비용이 저렴하나 복제하기 쉬우므로 보안시설에서 사용하기에 적합하지 않다.

(1) 위겐드(Wiegand) 카드/키

위겐드 효과의 발견은 존 R. 위겐드(John R. Wiegand)의 이름을 따서 명명되었다. 이 효과는 특수 제작된 와이어가 자기장을 지나 이동하여 자기장에 반응하여 매우 빠른(10⊠s) 자기 펄스를 방출할 때 나타난다. 위겐드 와이어는 북/남 패턴으로 카드와 키에 배치되어 위겐드 카드 및 키 리더로부터 읽을 때 1과 0을 만든다. 출입통제의 초기에 위겐드 효과 리더기를 수용하기 위해, 카드 리더기용 위겐드 배선체계라고 하는 배선 프로토콜이 설정되었다. 오늘날 제조업체는 위겐드 유선 인터페이스와 연결되는 근접식 카드 리더기를 참조한다.

(2) 바코드 카드

바코드 카드는 여러 가지 바코드 체계 중에 하나를 사용하며, 가장 일반적인 것은 다양한 두께의 라인 시리즈이다. 바코드는 보이는 유형 및 적외선 유형으로 제공되며, 보이는 유형은 식품의 UBC 바코드와 유사하다. 적외선 바코드는 육안으로 보이지 않지만 적외선에 민감한 바코드 리더기로 읽을 수 있다. 문제는 어느 유형이든 쉽게 읽을 수 있으므로 복제할 수 있다는 것이다. 따라서 바코드는 보안 환경에 적합하지 않다.

(3) 바륨 페라이드 카드

바륨 페라이트 카드는 자석 간판 및 냉장고 자석에 사용되는 것과 유사한 자성 재료를 기반으로 한다. 1과 0의 패턴이 카드 내부에 배열되어 있으며, 재료는 본질적으로 영구 자석이기 때문에 매우 견고하다. 바륨 페라이트 카드 리더는 삽입 또는 스와이프 유형으로 구성할 수 있다. 스와이프 유형의 경우는 경사진 표면 내에 배치된 알루미늄 판 형태이다. 사용자가 카드를 알루미늄 표면에 대면 카드가 판독된다. 스와이프 및 삽입 바륨 페라이트 카드와 키는 오늘날 거의 존재하지 않으며, 레거시 시스템에만 적용된다. 알루미늄 터치 패널은 일부 지역에서 여전히 일반적으로 사용된다.

(4) 홀러리스(Hollerith)

홀러리스 카드의 코드는 일련의 천공 구멍을 기반으로 한다. 가장 일반적인 종류의 홀러리스 카드는 호텔 자물쇠에 사용되는 카드이다. 일부 홀러리스 카드는 구멍 패턴이 적외선 투명 재료로 가려지도록 구성된다. 홀러리스의 한 브랜드는 황동 키로 구성된다(그림 6.5). 홀러리스 카드는 보안시설에서 일반적으로 사용되지는 않는다.

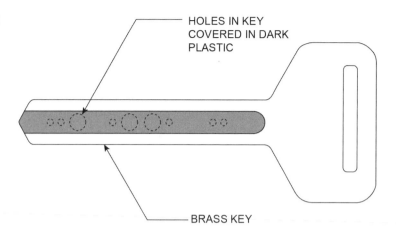

그림 6.5 홀러리스 출입 키

(5) 희토류 자석

매우 드문 유형의 출입자격 증명은 희토류 키이다. 희토류 자석은 너비 4 × 길이 8의 패턴으로 설정되어 있으며 각각 북쪽이 왼쪽 또는 오른쪽을 가리키도록 배치하여 1과 0의 패턴을 만들 수 있다. 이러한 키는 복제하기가 매우 어렵고 보안 수준이 높은 시설에 적합하지만 각 키는 수작업으로 이루어져야 하므로 비용이 많이 소요된다.

3) 사진 식별 요소

출입카드는 출입을 허용하고 신분증은 소지자가 해당 지역에 있을 수 있는 권한이 있다는 시각적 증거를 제공한다. 식별 배지에는 소지자의 사진, 조직명, 소지자명, 소지자의 출입이 승인된 영역을 식별할 수 있는 색 구성표 등 많은 시각적 속성이 있을 수 있다. 때로는 색상이나 코드를 통해 출입카드 전달자가 계약자인지 공급업체인지를 지정할 수 있다. 카드의 진위 여부를 확인하기 위해 카드가 훼손되지 않았음을 시각적으로 표시하는 홀로그램 오버레이를 라미네이팅하는 것이 일반적이다. 일부 조직에서는 별도의 출입카드와 ID카드를 사용하지만 대부분은 두 기능을 하나의 자격 증명으로 결합하여 사용한다.

4) 다중 기술 카드

조직이 성장함에 따라서 일부 직원은 서로 다른 카드 기술을 사용할 수 있는 여러 사무실과 시설로 이동해야 하는 경우가 많다. 이런 문제는 세 가지 해결책이 있다. 첫 번째 해결책은 출장 직원이 방문하는 시설마다 다른 카드를 소지하도록 하는 것이다. 두 번째 방법은 전체 조직의 출입통제 시스템을 단일 카드 표준으로 변환하는 것이다. 마지막으로 두 개 이상의 출입통제 시스템에서 읽을 수 있는 코드가 포함된 카드를 만들어 이용할 수 있다. 멀티 테크놀로지 카드에는 마그네틱 스트라이프, 위겐드, 근접식 및 스마트 카드를 모두 하나의 카드에 포함할 수 있다. 이식형 칩은 자격 증명이 잘못된 사람에게 전달되지 않았음을 보장하면서 출입에 대한 매우 높은 보안을 제공할 수 있다.

(1) 카드 리더

카드 리더는 여러 가지 방법으로 구성되어 있다. 초기 카드 리더기는 삽입 형태의 구조를 가진다(그림 6.6). 이것은 쉽게 더러워져서 카드를 읽을 경우 간헐적으로 읽힌다. 다음으로 스와이프 리더가 나왔다(그림 6.7). 이는 깨끗하고 더 안정적으로 유지하기가 수월하다. 껌과 동전이 삽입되는 문제를 대부분 제거했으며 사용이 편리하다. 그러나 신뢰성에는 여전히 문제점이 존재한다.

그림 6.6 삽입카드 리더기

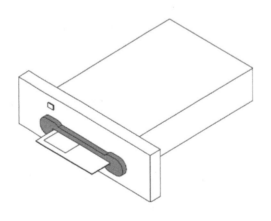

그림 6.7 스와이프 카드 리더기

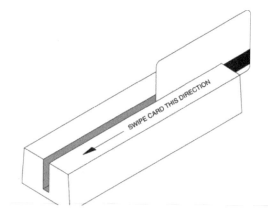

근접식 카드 리더기는 1970년대 초반으로 거슬러 올라가며 계속 발전하고 있다(그림 6.8). 고의적인 남용을 제외한 모든 경우에 대한 신뢰성 문제가 사실상 제거되었다. 근접식 카드 리더기는 일반 내부벽(단일 갱 전기 상자에 장착. 그림 6.9) 및 도어 프레임(멀리언 리더기. 그림 6.10)을 포함하여 고유한 환경에 맞게 설계되었다. 또한 사용자가 차창을 내리거나 날씨에 노출될 필요가 없도록 주차장과 차고에서도 사용할 수 있는 장거리 리더기가 있다(그림 6.11).

그림 6.8 근접식 카드 리더기. HID Global의 허가를 받아 사용된 이미지

그림 6.9 단일 갱 근접식 리더기. HID Global의 허가를 받아 사용된 이미지

6 전자적 시스템에 관한 상세 논의

그림 6.10 Mullion 근접식 리더기. HID Global의 허가를 받아 사용된 이미지(왼쪽)

그림 6.11 장거리 근접식 리더기. HID Global의 허가를 받아 사용된 이미지(오른쪽)

근접식 카드 및 리더기는 핸드셰이크 무선 주파수 신호 세트(전통적으로 60-150kHz 범위)를 전달하여 작동한다. 기본적으로 리더기는 항상 카드 리더기의 두 안테나 중 하나를 통해 저전력 신호를 전송한다. 카드가 무선 에너지 필드에 들어오면 카드에 있는 두 개의 안테나 중 하나에 의해 무선 주파수 에너지가 픽업되어 커패시터를 충전하는 데 사용된다. 커패시터 전압이 임계 수준에 도달하면 고유한 카드번호로 프로그래밍 된 카드의 집적회로(칩)에 에너지를 '덤프'한다.

이 칩에는 또한 무선 주파수 송신기가 있으며 카드의 두 번째 안테나를 통해 고유한 카드번호를 전송한다. 이 모든 것이 밀리 초 단위로 발생한다. 카드 리더기가 카드에서 전송을 받으면 출입통제 시스템의 리더 입력보드로 카드번호를 전달한다. 여기서 시설코드 및 카드번호를 기반으로 액세스 허용 또는 거부 결정이 내려지는 경우에 고유한 카드번호 코드와 카드 제시날짜 및 시간을 함께 구성한다.

최신 근접식 카드 및 리더기는 카드 리더기에서 카드로 다시 정보를 수신.저장 및 처리할 수 있는 스마트카드 기술을 사용하므로 더 복잡한 거래가 가능하다. 예를 들어, 카드는 자동판매기에서 음식을 구매하거나 가스 펌프에서 가스를 구매할 때 신용카드처럼 사용할 수 있다. 카드는 사용자가 어디로 갔는지, 어떤 독자와 상호작용했는지와 같은 거래내역을 저장할 수 있다. 일부 거래는 사용자가 알 수 없으므로 주어진 시간에 또는 기타 특수목적으로 시설에서 사용자의 위치를 추적할 수 있다. 이국적인 출입통제 자격증명 중 하나는 이식 가능한 칩이다. 쌀알보다 약간 큰 칩은 사용자의 팔에 이식할 수 있으며 보안 수준이 높은 영역에 접근할 수 있다. 이 칩은 동물의 건강을 추적하고 길을 잃었을 때 주인을 찾을 수 있도록 수년 동안 농업 동물과 애완동물에게 이식되었다. 생체인식에 가장 가까운 것이다(그림 6.12).

그림 6.12 VeriChip. 이식 가능한 출입통제 자격 증명. VeriChip Corporation의 허가를 받아 사용된 이미지

(2) 트와이스(TWIC) 카드

미국 교통안전국(TSA)은 트와이스(TWIC: Transportation Worker Identification Credential) 프로그램을 구현했다. 트와이스 카드는 TSA가 통제하는 시설에 대한 물리적 또는 컴퓨터 접근에 제한이 없는 모든 직원이 사용할 수 있다. 트와이스 자격 증명은 항공 및 운송 보안법 및 해상운송 보안법이 관할하는 시설에서 사용된다.

트와이스 카드에는 사진, 생체인식 자격증명 및 표준 액세스 카드 자격증명이 모두 단일 카드에 포함된다. 트와이스는 그 사람을

본인의 자격증명과 본인의 위협평가에 긍정적으로 연결한다. 그런 다음 자격증명을 사용하여 시설의 적절한 영역에 대해 카드 소지자에게 무제한 접근을 허용할 수 있다. 트와이스 카드는 시설에서 시설로 이동하는 카드 소지자가 단일 카드로 인식될 수 있도록 한다.

생체인식 리더기는 다양한 형태로 제공되지만 모두 고유한 신체적 속성으로 사람을 식별하는 기능을 공유한다. 일반적인 생체인식 리더기에는 지문 리더기, 손 기하학 리더기, 홍채 스캐너, 음성인식 시스템, 필기인식 시스템 및 손가락 혈관 패턴인식 시스템이 포함된다.

(3) 기타 필드 장치

기타 필드장치에는 전기 잠금장치, 도어 위치 스위치, 요청 종료장치 및 게이트 운영자가 포함된다. 전기 잠금장치에는 거의 무한한 수의 유형과 응용 프로그램이 있다. 이것은 숙련공과는 다른 마스터 디자이너를 설정하는 영역 중 하나이다. 많은 코드가 특정 유형의 전기 잠금을 적용할 수 있는 방법을 규정하기 때문에 전기 잠금을 잘 알아두는 것이 좋다. 또한 각 프로젝트에는 도어의 유형, 이동 방향, 비상구 경로 및 코드와 결합된 고유한 보안 요구사항 세트가 있어 잠금 유형은 무한한 조합이 가능하다.

5) 전기 잠금장치(Strikes)

전기 잠금장치는 일반적인 도어의 걸쇠가 닫히는 기존 도어 잠금장치를 대체한다. 도어 걸쇠를 당겨서 열어야 하는 기존의 도어 잠금장치와 달리 전기 잠금장치는 사용자가 도어를 당겨 열 때 도어 걸쇠를 해제하기 위해 간단히 뒤로 접어 도어의 잠금을 해제한다. 도어 걸쇠가 잠금장치를 제거하면 즉시 튀어나와 도어가 다시 닫힐 때 걸쇠를 받을 준비가 된다. 많은 유형의 전기 잠금장치가 있지만 모두 동일한 방식으로 작동한다. 일부 전기 잠금장치는 보안장치로 고려할 수 있지만 대부분은 높은 보안환경에 의존해서는 안 된다. 안타깝게도 대부분의 전기 잠금장치는 강도 등급이 지정되지 않아 강력한 공격에 저항할 수 있는지 여부를 결정하기가 어렵다. 물리적 강도가 표시되지 않은 잠금장치는 강력한 공격에 저항할 수 없다고 가정해야 한다. 전기 잠금장치의 유리한 속성 중 하나는 잠금을 해제할 때를 제외하고는 전력을 끌어오지 않는다는 것이다. 따라서 전력 가용성이 좋은 환경에 적합한 장치이다.

6) 전기 장붓구멍 자물쇠

장붓구멍 잠금장치는 도어에 경로가 있는 구멍 또는 '장붓구멍'에 내장된 잠금장치이다. 이 자물쇠는 걸쇠 및 데드(원기둥 모양) 볼트에 비해 크기가 크고 자물쇠는 사실상 도어의 일부로 본질적으로 도어만큼 강하기 때문에 매우 강하다. 장붓구멍 자물쇠가 고정 도어나 속이 빈 금속 도어에 배치되면 속이 빈 금속 프레임에 배치된다. 그 결과 매우 강력한 도어와 자물쇠가 생성된다. 장붓구멍 잠금장치는 다양한 구성으로 제공되며 가장 일반적인 것은 사무실 및 창고 유형이다. 오피스 잠금은 걸쇠 볼트만 장착하고 창고형은 걸쇠 볼트와 데드(원기둥모양)볼트를 모두 장착하고 있다. 전기식 장붓구멍 잠금장치는 걸쇠 볼트가 잠금 몸체 내의 솔레노이드(전류를 전달할 때 자석 역할을 하는 원통형 와이어 코일)에 부착되어 솔레노이드를 자동으로 작동하게 하면 걸쇠 볼트가 수축하여 도어를 잠금 해제하는 단순한 일반 장붓구멍 잠금장치이다. 전기식 장붓구멍 자물쇠가 몇 개 있지만 대부분은 사무실 유형이다.

7) 자기 잠금

종종 전기 자물쇠의 핵심으로 간주되는 자석 자물쇠는 도어 프레임에 부착된 전자석에 불과하며 도어에 전기자가 부착되어 있다. 전자석에 전원이 공급되고 도어의 전기자가 잠금장치에 닿으면 잠금장치가 작동한다. 이 자물쇠는 일반적으로 매우 강력한 잠금장치이며, 일반적으로 800~1,500파운드의 유지력을 가진다. 이 자물쇠는 때때로 그것이 부착된 도어보다 강하다. 자석 잠금장치는 잠긴 영역 안에 있는 사람이 항상 나갈 수 있도록 중복 잠금해제 수단과 함께 사용해야 한다. 자석 잠금장치의 전원을 차단하는 '종료하려면 누르기' 버튼 또는 밀어서 부수기 장치바 설치를 상시 권장한다.

8) 전기 출구장치(패틱) 하드웨어

출구 경로에 도어가 있는 경우 점유 등급에 따라 출구장치 하드웨어가 자주 사용된다. 긴급상황에서 많은 사람들이 필요로 할 수 있는 모든 도어에는 출구장치 하드웨어가 필요하다. 출구장치 하드웨어는 사용자가 도어를 누를 때 누르는 푸시바(밀어서 부수기 장치)로 쉽게 식별할 수 있다. 출구장치 하드웨어는 사용자가 도어를 통과할 때 도어를 밀기만 하면 되기 때문에 단일 출구 동작을 용이하게 한다. 이렇게 하면 도어 손잡이를 돌리기 위해 멈출 때 다른 사람 뒤에서 기다릴 필요가 없기 때문에 많은 사람들이 빠르게 빠져나갈 수 있다. 화재와 같은 심각한 비상상황에서는 이러한 순간적인 지연이 더해져 도어가 열리지 않게 되면 도어 뒤에서 사람들을 충돌하게 만들 수 있고, 누군가 도어 손잡이에 어려움을 겪으면 도어가 장벽이 될 수 있다. 출구장치 하드웨어가 장착된 도어의 요구사항에 따라 몇 가지 기본 유형의 출구장치 하드웨어 구성이 있다. 출구장치 하드웨어는 일반적으로 도어의 걸쇠를 해제하는 솔레노이드(전류를 전달할 때 자석 역할을 하는 원통형 와이어 코일)를 포함하는 여러 방법 중 하나로 전기를 공급한다.

9) 특수 잠금

대부분의 사람들은 도어와 자물쇠에 거의 주의를 기울이지 않고 사용한다. 그러나 도어, 프레임, 잠금장치 및 전기적 처리방법에는 매우 다양한 변형이 있다. 특별한 요구사항들을 위해 일부 비정상적인 잠금장치가 개발되기도 했다.

10) 스위치

도어와 게이트의 위치 스위치(DPS)는 도어 또는 게이트가 열리거나 닫혔는지 감지한다. DPS의 변형은 모니터 잠금장치로, 도어가 닫혀 있을 뿐만 아니라 걸쇠 볼트 또는 데드(원기둥 모형)볼트가 실제로 체결되었는지 여부도 결정한다. 일반적인 DPS는 자기에 민감한 스위치와 스위치에 가까운 자석으로 구성된다.

그림 6.13 표면 장착 도어 위치 스위치

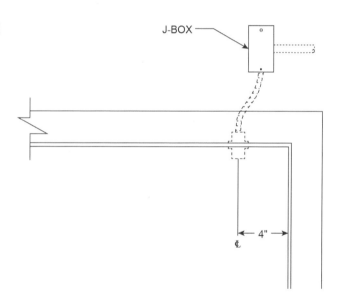

일반적으로 스위치는 도어 프레임에 배치되고 자석은 도어 또는 게이트에 배치된다. 도어나 게이트가 열리면 스위치도 열리고 경보 시스템에 신호를 보낸다. DPS의 변형에는 표면 및 은폐 장착 버전(그림 6.13 및 6.14), 넓고 좁은 간격 감지 영역, 기존 또는 균형 바이어스 유형이 포함된다. 넓은 간격의 DPS는 바람이 슬라이딩 유리문에 불 때와 같은 성가신 조건으로 인한 우발적 작동을 방지하기 위해 개발되었다. 침입자가 도어를 여는 동안 단순히 DPS에 자석을

대는 것을 방지하기 위해 스위치를 밀접하게 제어되는 자기장에 배치하는 밸런스 바이어스 스위치가 개발되었다. 도어가 닫혀 있을 때 다른 자석을 스위치 근처에 가져가면 도어가 열리기 전에도 그 동작만으로 경보가 울린다.

다른 유형의 DPS에는 플런저 유형, 홀 효과 및 수은 스위치가 있다. 도어나 게이트에 자석을 놓을 수 없거나 장치가 움직일 경우 경보를 받아야 하는 곳에서 종종 사용된다. 플런저 스위치는 밀린 물체가 움직일 때 경고한다. 이들은 종종 기계식 스위치이며 높은 보안 애플리케이션에서는 신뢰할 수 없다. 홀 효과 스위치는 제한된 영역 내 자기장의 존재에 의존하여 경고하며 또한 물체를 움직여서 작동한다. 수은 스위치는 때때로 어떤 차원으로도 움직이면 안 되는 물체 내부에 위치하며 아주 작은 움직임을 경고하도록 만들 수 있다. 이들은 종종 무선 주파수 송신기와 함께 사용된다.

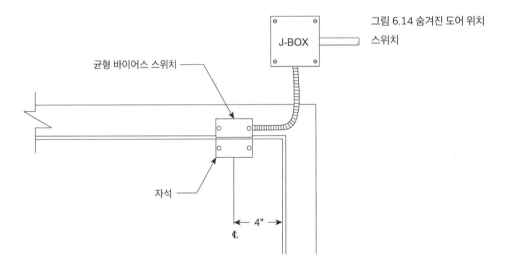

그림 6.14 숨겨진 도어 위치 스위치

11) 협박 스위치

협박 스위치는 일반적으로 카운터에 있는 사람이 위협을 느끼는 경우 보안 경고를 위해 책상이나 카운터 아래에 배치한다. 가장 일반적인 두 가지 유형은 손가락 작동과 발 스위치 작동이다. 환자가 도움이 필요하다고 생각하면 덮개가 있는 버튼(오경보를 방지하기 위해 두 개의 버튼을 함께 누름)을 누르거나 발가락을 아래에 놓고 발 스위치를 들어올릴 수 있다. 현금 보관함의 응용 프로그램에 사용되는 또 다른 유형은 지폐 함정이다. 이 유형은 서랍의 마지막 지폐가 제거되면 활성화되어 강도를 암시한다.

12) 요청종료 센서

도어가 열렸을 때 보안 시스템이 경고할 수 있다는 것은 좋지만, 카드 리더기가 장착된 도어에서 DPS는 어떨까? 사람이 합법적으로 그 도어를 나갈 때 출구가 경보가 아님을 식별하고 도어가 열리는 동안 DPS를 예외할 수 있는 방법이 있어야 한다. 이것이 요청종료 센서가 하는 일이다.

요청종료 센서에는 적외선 및 푸시 스위치의 두 가지 일반적인 유형이 있다. 적외선 요청종료 센서는 보안 측면의 도어 위에 배치되어 도어 핸들을 지속적으로 모니터링하여 사람의 움직임을 찾는다. 도어에 접근하는 영역에서 움직임이 감지되면 센서가 활성화되어 출입통제 전자장치에 보류 중인 도어 열림이 경보가 아닌 법적 출구임을 알리게 된다. 푸시 스위치 유형은 도어 근처의 레이블이 있는 버튼으로 구성되거나 장붓구멍 잠금장치 또는 전기 출구장치(패닉) 하드웨어 푸시바의 핸들에 구성되는 스위치일 수 있으며 이것들은 보다 직관적이다. 자기적으로 잠긴 도어에 다른 유형의 요청종료 센서를 사용하는 경우에도 도어 근처에 레이블이 붙은 '푸시 잠금 해제' 버튼을 구성하는 것이 중요하다. 이 버튼은 출입통제 시스템 전자장치에 연결하여 합법적인 출구를 알리고 타이머를 통해 잠금장치에 연결하여 출입통제 시스템 전자장치가 고장 나더라도 사용자가 도어를 통해 나갈 수 있도록 해야 한다. 사용자가 빠져나갈 방법이 없는 건물 안에 갇힌 경우 구조과정에 법적으로 비용이 많이 들고 치명적일 수 있다.

6 전자적 시스템에 관한 상세 논의

13) 도어 및 게이트 운영자

도어 및 게이트 운영자는 명령에 응답하여 도어와 게이트를 자동으로 열고 닫는 기계장치이다. 도어 운영자는 공공건물에서 일반적이며 적은 노력으로 많은 사람들의 이동을 돕거나 도어를 통해 장애인을 돕는다. 게이트 운영자는 일반적으로 명령에 응답하여 차량 게이트를 자동으로 여는 데 사용된다. 출입통제 시스템이 잠금을 해제한 다음 도어를 열 수 있도록 도어 운영자는 종종 자기 잠금장치와 함께 사용된다. 이것은 주요 공공 및 상업용 건물 도어에서 일반적이며, 이 조합은 장애인을 지원해야 하는 경우에도 자주 사용된다. 도어 오퍼레이터가 자석 잠금장치와 함께 사용되는 경우, 도어가 먼저 잠금 해제된 다음 열리도록 작동 순서를 지정해야 한다. 이 순서가 설계에 내장되어 있지 않으면 자동 작업자가 짧은 시간에 실패할 수 있다. 더 나은 도어 오퍼레이터 회사는 이러한 목적을 위해 특수회로를 통합했지만 명확하고 확실하게 식별해야 한다.

나는 주요 도어 오퍼레이터 제조업체를 위한 최초의 인터페이스 중 하나를 설계했다. 탈출경로에 있는 도어에는 사람이 특별한 지식 없이 비상시 탈출할 수 있도록 안전장치가 장착되어 있어야 한다. 이는 일반적으로 레이블이 지정된 누름 버튼 또는 다른 유형의 코드 승인방법이 있어야 함을 의미한다. 자석으로 잠긴 도어에는 항상 코드가 적용되며, 한 도시의 코드가 다른 도시에서 허용된다고 가정하지 않아도 된다. 전기적으로 잠긴 게이트 오퍼레이터도 올바르게 작동하도록 인터페이스 되어야 한다.

회전도어 및 전자 개찰구

회전도어와 전자식 개찰구는 때때로 긍정적인 접근제어를 제공하는 데 사용된다. 즉, 각 사람은 접근자격 증명을 사용하여 출입해야 하며 책임을 위해 한 번에 한 사람만 통과할 수 있다. 회전도어(그림 6.15)에는 회전(X) 창을 통해 한 번에 한 사람만 허용하는 특수 작업자가 장착될 수 있다. 도어 오퍼레이터와 마찬가지로 회전도어는 사용 중에 잠글 수 있지만 잠금이 해제된 경우에도 작업자가 제어할 수 있으므로 한 번만 회전할 수 있다. 초기 회전도어 운영자는 때때로 문제가 있었다. 그러나 주요 제조업체의 현대 운영자는 잘 개발되어 있으며 대부분 잘 작동한다. 원하는 기능을 얻으려면 회전도어는 다음 사항들을 포함하여 작동기 제조업체와 직접 조정하는 것이 좋다.

- 제어되는 카드 리더기
- 보안 콘솔에서 원격 우회
- 한 장의 카드 사용으로 두 명 이상이 입장하는 경우 자동 반전
- 권한이 없는 사람이 권한이 있는 사용자와 동시에 회전도어 반대편에서 도어를 사용하려는 경우 자동 반전
- 지침과 함께 부적절한 사용에 대한 오디오 경고

이러한 도어는 경보, 후진, 사용자 수 및 기타 옵션에 대한 상태 경고와 함께 사용할 수도 있다.

접근제어를 위한 회전도어는 다음 사용을 기다릴 때 '+' 구성이 아닌 'X' 구성으로 구성되어야 한다.

그림 6.15 회전 도어

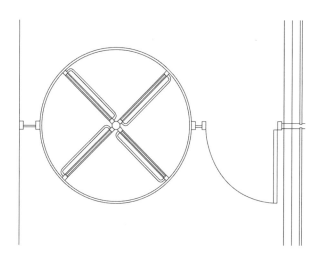

6 전자적 시스템에 관한 상세 논의

전자식 개찰구(그림 6.16)는 지하철과 야구장에서 사용되는 구식 개찰구와 유사하지만 회전 부재가 누군가가 통과할 때 이를 감지하는 적외선 포토 빔으로 대체된다는 점이 다르다. 패들 암이나 유리 날개를 물리적 장벽으로 사용하는 전자 개찰구 유형도 있다. 이러한 장치는 높은 속도(처리량)와 우아함으로 상업용 또는 정부 건물에 대한 접근을 제어하도록 설계되었다. 전자 개찰구는 사용자가 수락할 수 있는 신속한 카드 실행을 제공할 수 있는 출입통제 시스템과 함께 사용해야 한다. 회전도어의 경우 설계자는 회전식 도어 제조업체와 신중하게 사양을 조정해야 한다.

그림 6.16 패들 장벽이 있는 전자 개찰구

14) 전자처리 부품

전자처리 구성 요소에는 리더 인터페이스 보드, 알람 입력 보드, 출력 릴레이 보드 및 컨트롤러가 포함된다. 오늘날 만들어진 모든 경보 및 접근제어 시스템은 워크스테이션과 서버와 필드 장치 사이에 특수 형태의 컨트롤러가 사용된다(그림 6.17). 제조업체마다 약간씩 다르지만 테마는 동일하며 각각의 세 가지 기본 요소가 있다.

그림 6.17 경보/접근제어 패널.
DSX Access Systems, Inc.의
허가를 받아 사용된 이미지

- 서버 및 기타 컨트롤러에 연결되는 마이크로 프로세서
- 메모리
- 필드 장치 인터페이스 모듈(리더 인터페이스 보드, 알람 입력
  보드 및 출력 릴레이 보드)

구성은 다양할 수 있지만(일부 시스템은 이러한 요소를 하나의
보드로 결합하는 반면 다른 시스템에서는 하나의 전기 상자에서 함
께 배포하거나 배선할 수 있는 구성 요소임) 모든 시스템이 동일한
요소를 사용한다. 그러나 곧 바뀔 것이다. 내가 2006년에 이 책을 쓰
기 시작했을 때 오랫동안 제안해왔던 마이크로 컨트롤러의 개념에
대해 업계에서는 대부분 비웃었다. 그러나 이 책이 초판으로 출간될
당시에는 적어도 한 제조업체가 보조입력 및 출력과 함께 단일 도어
를 제어하는 소형 마이크로 컨트롤러를 만들고 있었다. 당시 나는
차세대 마이크로 컨트롤러가 자체 메모리와 마이크로프로세서를
포함할 것이라고 말했다. 이는 도어 윗부분의 작은 상자에 들어가게
되고 결국 이더넷으로 연결된 미니 데이터 스위치를 통합할 것이라
고 말했다. 나는 이 디자인이 업계에 혁명을 일으킬 것이라고 말했

6 전자적 시스템에 관한 상세 논의

다. 경보 및 접근제어 산업은 수년 동안 금형 분야, 즉 하드웨어 판매에 기반을 두고 있다. 이것은 곧 소프트웨어 산업이 될 것이다. 머지 않아 카드 리더기, DPS, 요청 종료 및 잠금장치를 인터콤 출력 및 비디오카메라와 함께 자체 중앙처리장치(CPU)와 메모리를 포함할 단일 소형전자 스마트 스위치에 연결할 수 있다.

3. 서버(비즈니스 연속성 서버)

모든 엔터프라이즈급 경보 및 접근제어 시스템은 모든 시스템 운영이 의존하는 마스터 데이터베이스를 저장하고 관리하기 위해 서버에 의존한다. 더 작은 시스템은 서버 기능을 시스템의 워크스테이션에 직접 통합할 수 있다. 서버는 기본적으로 시스템 운영과 보관의 두 가지 서비스를 운영한다. 단순 시스템에서는 둘 다 단일 서버에 포함되지만 더 크고 복잡한 시스템에서는 이러한 기능을 별도의 상자로 분리할 수 있다. 큰 시스템에서는 데이터베이스와 기본 서버의 기능을 복제하는 백업 서버가 별도로 있는 것이 일반적이다. 이러한 백업 이중화 서버는 일반적으로 기본 서버에 예기치 않은 오류가 발생하거나 계획된 종료가 발생할 경우 인계하도록 구성된다. 현명한 설계자는 백업 이중화 서버를 다른 건물이나 다른 상태에 배치하여 단순한 장애조치 서버가 아닌 비즈니스 연속성 서버 역할을 하도록 구축한다.

　　백업 서버에는 미러링 작업과 장애조치 작업의 두 가지 기본 기능이 있다. 미러링 백업 서버는 보관된 데이터(알람/접근제어 데이터 및 비디오 이미지 데이터 모두)의 지속적이고 즉각적인 백업을 유지하는 데 사용된다. 장애조치 서버는 기본 서버가 실패할 때까지 기다린 다음 즉시 또는 더 간단한 시스템에서는 운영자가 장애조치 서버로 전환하도록 하여 시스템을 제어한다. 이러한 서버는 시스템 운영 서비스 및 백업 서버가 메인 서버와 동일한 물리적 영역에 있는 보관 장소에서 사용되어야 한다. 진정한 무중단 업무운영 서버의 경우 백업 서버는 오프사이트에 있어야 하며 모든 아카이빙을 미러링하여 메인서버 위치에서 치명적인 사건이 발생하더라도 데이터가 손실되지 않도록 해야 한다.

4. 워크스테이션

워크 스테이션은 컨트롤러 및 서버를 관리하고 통신하는 휴먼 인터페이스이다. 단순한 시스템에서는 하나의 워크스테이션 서버, 카드 프로그래밍, 시스템 프로그래밍, 보고서 인쇄, 식별 배지 및 경보 모니터링 등 모든 작업을 수행할 수 있다. 그러나 엔터프라이즈급 경보 및 접근제어 시스템에서는 이러한 기능이 서로 다른 워크스테이션으로 나뉘게 된다. 시스템상에서는 주요 석유화학회사의 본사를 위해 다음과 같이 설계했다.

단일 건물에는 카드 및 시스템 프로그래밍용 워크스테이션 한 개, 사진 식별 시스템용 사진 및 프로그램 데이터 캡처용 워크스테이션 한 개, 메인 로비 데스크에서는 경보 및 전자 개찰구 액세스를 모니터링한다. 두 개는 보안명령센터의 경보 모니터링을 위해 사용했으며, 같은 시스템은 두 개의 서로 다른 건물에 다섯 개 서버를 사용했다. 이러한 모든 워크스테이션과 서버는 단 하나의 캠퍼스에 있었다.

이러한 시스템은 여러 국가에서 수백 개의 사이트를 모니터링할 수 있으며, 각 사이트에 여러 개의 워크스테이션이 있을 수 있으므로 수십에서 수백 개의 워크스테이션을 생성하게 된다. 요약하면 시스템 구축 시 워크스테이션 수는 제한이 없으며, 워크스테이션 서버, 이더넷 백본, 컨트롤러 또는 웹브라우저를 사용하여 인터넷에 직접 연결할 수 있기 때문에 보안 관리자가 휴가나 주말에도 원격으로 의사결정을 내릴 수 있다. 엔터프라이즈급 시스템은 무한한 선택을 제공한다.

1) 데이터 인프라 기초

사용자가 카드 리더기에 카드를 제시하고 카드 리더가 해당 정보를 컨트롤러에 전달하면 도어 잠금을 해제하기로 결정하게 된다. 이 정보는 경보감지 정보와 함께 데이터 인프라를 따라 서버로 전송된 다음 적절한 워크스테이션으로 배포된다. 데이터 인프라는 시스템의 중추이다. 이전 시스템에는 경보 및 접근제어 시스템을 위한 고유한 데이터 인프라가 있었지만 대부분의 최신 시스템은 이더넷 통신 프로토콜로 전환되었다. 이전 프로토콜에는 RS-485, 프로토콜A, 프로토콜 B, 20mA 전류 루프 및 기타 방법이 포함되었다. 최신 이더넷 프로토콜은 각 클라이언트, 각 사이트 및 각 보안환경의 특별한 요구를 충족하기 위해 다양한 방법으로 연결할 수 있는 전 세계 시스템 아키텍처를 지원한다. 또한 이더넷 프로토콜은 단일 데이터 인프라에서 CCTV 및 음성기술을 모두 전달할 수 있다. 이더넷은 광섬유, 802.11a / b / g / n, 레이저 또는 정지 위성으로 쉽게 변환 할 수 있으며 심지어 SCADA 시스템에서도 일반 유선 인프라가 설계 문제를 제시하는 고유한 환경 요구사항을 지원할 수 있다.

2) 다른 빌딩 시스템에 대한 인터페이스

경보 및 출입통제 시스템은 다른 빌딩 시스템과 연결될 때 놀랄 만한 작업을 시작하게 된다. 일반적인 인터페이스에는 화재경보 시스템, 엘리베이터, 주차제어 시스템, 조명제어 시스템, 간판, 롤다운 도어, 개인 자동분기 교환 시스템, 호출 시스템, 물 기능, 관개제어 시스템 및 에스컬레이터가 포함된다. 경보 및 출입통제 시스템을 다른 건물 시스템에 연결하는 주된 목적은 출입 도어 및 출입 게이트 이외의 것에 대한 접근을 제어하고, 건물 사용자의 안전이나 편의성을 높이고, 수많은 다른 시스템에서 처리할 건물 기능을 자동화하는 것이다. 또한 침입자의 경로에 지연 전략을 적용할 수 있다.

5. 고급요소

1) 구형(레거시) 시스템 통합

엔터프라이즈 보안 시스템 설계자가 직면한 주요 과제 중 하나는 새로운 기술을 기존의 구형(레거시) 시스템에 통합하는 방법이다. 일반적으로 정부기관과 대기업은 다소 무질서한 방식으로 보안 시스템을 개발했다. 이는 전자보안이 처음에는 거의 모든 대규모 조직에서 로컬 수준에서 다루어졌고, 나중에야 전체 조직에 단일 표준을 갖는 것이 가치가 있다는 것을 깨닫게 되었기 때문이다. 그 결과 대부분의 조직은 여러 사이트에 걸쳐 단일 연속 시스템으로 통합하기 어려운 다양한 유형의 제품을 보유하고 있었다. 이 문제를 복잡하게 만들기 위해 보안업계는 단일 표준(기존 NTSC 표준을 준수해야 하는 CCTV 시스템 제외)을 기반으로 하지 않는 독점 시스템의 오랜 전통을 가지고 있다. 사실상 모든 경보 및 접근제어 시스템과 모든 주요 보안 인터콤 시스템은 교환할 수 없는 구성요소를 사용했다. 이 문제는 독점적인 압축기술을 기반으로 하는 디지털 비디오 시스템의 초기 도입으로 인해 더욱 악화되었으며, 이는 저장된 데이터를 경쟁사 제품과 공유할 수 없도록 보장했다. 이의 장점으로 첫 번째, 전체 엔터프라이즈 보안 시스템 구성요소 제품군이 이더넷 데이터 인프라에 연결된다는 것이다. 다음은 세 가지 단점으로 작지 않은 문제이다.

- 이전 및 현재의 경보 및 접근제어 시스템은 대부분의 경우 데이터를 다른 경쟁 시스템과 연결하지 않는 독점 소프트웨어 인터페이스를 사용한다. 제조업체는 여전히 고객이 다른 제

조업체의 모든 설치를 기꺼이 포기하고 자신이 만든 장비로 교체하기를 원한다.

- 다른 디지털 CCTV 제조업체는 다양한 비디오 압축기술을 채택하여 단일 표준에 대한 인터페이스를 어렵게 만든다. 일부 제조업체는 기존 압축 알고리즘을 자체적으로 독점적으로 수정했다.

- 보안 인터콤 제조업체가 디지털 제품으로 이동함에 따라 다양한 압축 프로토콜을 채택하여 단일 플랫폼을 더욱 어렵게 만들었다.

두 번째 장점은 컴퓨터는 동일한 플랫폼에서 여러 프로토콜을 함께 작동하는 데 매우 능숙하다. 이는 압축 프로토콜이 진정으로 고유하지 않더라도 여러 프로토콜을 단일 운영 플랫폼으로 결합할 수 있음을 의미한다. 세 번째 장점은 일부 경보 및 접근제어 시스템 제조업체가 다중 시스템 상호 운용성을 생성하기 위해 균일한 인터페이스를 만들기 시작했다는 것이다. 네 번째 장점은 거의 모든 경우에 서로 다른 시스템을 완전히 연결하여 진정으로 의미 있는 방식으로 협력할 필요가 없어졌다는 것이다.

2) 데이터 대 하드웨어 인터페이스

경보 및 출입통제 시스템은 종종 엘리베이터 및 빌딩 자동화 시스템과 같은 다른 빌딩 시스템과 연결된다. 이러한 인터페이스를 수행하는 방법에는 두 가지가 있다. 데이터 정보를 교환하거나 두 시스템 간의 건식 접촉으로 핸드 쉐이킹을 통해 구현할 수 있다. 두 가지 방법 모두 장점과 단점이 있다.

데이터 인터페이스에는 놀라운 장점이 있다. 첫째, 단일 데이터 인터페이스(작은 와이어 하나)는 시스템을 확장.조정 및 업그레이드하는 횟수에 관계없이 평생 지속될 수 있다. 원래 데이터 인터페이스가 연결되고 소프트웨어가 인터페이스 되면 시스템을 반복적으로 조정하여 인터페이스의 수량과 기능을 확장할 수 있다.

둘째, 단일 와이어가 전체 제국을 제어할 수 있고, 인터페이스가 네트워크에서 수행되면 전 세계화가 되는 것이다. 시스템이 데이터 인터페이스로 통신할 수 있는 경우 모든 사이트를 인터페이스할 필요가 없게 된다.

데이터 인터페이스는 훌륭하지만 소프트웨어에 의존하고 소프트웨어 업그레이드에 취약하다. 소프트웨어를 업그레이드할 때 소프트웨어 프로그래머가 거의 아무도 사용하지 않은 마지막 문제의 작은 세부사항을 잊어버리는 경우는 자주 일어난다. 업그레이드 릴리스 날짜를 맞추기 위해 빡빡한 일정을 소화하는 동안에는 업데이트를 유지하는 것이 중요할 수 없다. 이는 나중에 패치작업에서 선택할 수 있다. 따라서 이에 대해 의심하지 않는 불쌍한 클라이언트는 새 소프트웨어 업그레이드가 설치되기를 기다리며, 인터페이스는 더 이상 작동하지 않는다. 이에 소프트웨어 데이터 인터페이스 취약성이 발생하게 된다. 실제로 오래된 데이터 인터페이스를 유지하기 위해 오래된 소프트웨어를 다시 설치해야 하는 조직이 있다.

마찬가지로 하드웨어 인터페이스에도 장점과 단점이 있다. 하드웨어 인터페이스는 한 시스템에 있는 릴레이의 건식 접점을 다른 시스템의 입력지점에 연결하여 수행하게 된다. 이를 통해 첫 번째 시스템은 일부 조건이 변경되었고, 두 번째 시스템이 이에 대해 조치를 취해야 된다는 것을 두 번째 시스템을 통해서 알릴 수 있다. 이 간단한 원리는 각 시스템에 필요한 만큼의 개별 연결을 수용할 수 있도록 증가시키고, 릴레이를 결합하여 논리를 수행할 수 있으며 (또는 그렇지 않은 경우) 신뢰할 수 있다. 릴레이 인터페이스를 설정하고 테스트한 후에는 두 시스템에서 소프트웨어가 몇 번 업데이트 되는지는 중요하지 않다. 왜냐하면 그것은 항상 작동할 것이기 때문이다.

　　　　　　　　　　　　　　　　6 전자적 시스템에 관한 상세 논의

하드웨어 인터페이스의 단점은 일반적으로 사이트 단위로 다르며 완전히 유연하지 않다는 것이다. 시스템이 확장되고 더 많은 인터페이스 포인트가 필요한 경우 더 많은 릴레이와 더 많은 입력이 필요하며 변경 또는 확장이 있을 때마다 더 많은 비용이 발생한다. 따라서 이것은 한 가지가 증가하고 다른 것이 감소해야 하는 절충안의 기준이 된다. 각 시스템에는 조직에 가장 적합한 것이 무엇인지에 대한 개별적인 결정이 필요하다.

6. CCTV와 디지털 비디오 시스템

아날로그 비디오 시스템의 진화(Evolution of Analog Video Systems)

(1) 시간의 북엔드(The Bookends of Time)
한때 비디오카메라가 보안시스템에서 매우 드물게 사용됐던 적이 있었다. 비디오카메라 하나만 가지고 있는 시스템조차 첨단 보안시스템의 정점으로 여겨졌었다. 현재는 보안용 비디오카메라를 100달러 미만으로 구입할 수 있다. 예전에는 건물 밖을 카메라로 촬영하는 것 자체가 어려웠지만, 오늘날에는 50여 명의 군중 속에 있는 특정인의 의심스러운 행동을 카메라로 추적하고 있으며, 보안요원은 추가분석을 위해 이러한 정보를 즉각 전송한다. 지하철 전체를 약 1,000대의 카메라로 이러한 자동화를 구현할 수 있으며, 도시에 제공하는 보안조직의 가치를 크게 증가시킨다.[2]

[2] 보안설계자는 영상감시 시스템을 선택하기에 앞서서, 신중한 자료 조사와 시험 평가결과를 확인해야 한다.

(2) 아날로그 비디오의 동작 원리
토마스 에디슨의 직원이었던 필로 판스워스(Philo Farnsworth)가 TV를 발명했다. 이 천재적인 발명가는 진공관 내의 유리에 부착된 형광제인 인(Phosphorus) 표면에 대해 직진하는 전자빔의 움직임을 조절할 수 있다면 인에 빛을 '도색'할 수 있다는 것을 알아냈다. 빔의 강도를 조절하면 더 밝고 더 어둡게 빛나게 할 수 있다. 빔을 원점으로 되돌려서 몇 번이고 위아래로 움직이게 하면 인 스크린에 그림을 그릴 수 있다. 하나의 완전한 프레임을 쓰는 데 걸리는 시간이 인간 망막의 감도보다 약간 더 빠르게 정확한 시간 동안 인광의 빛을 내도록 주의 깊게 선택을 하면 움직이는 영상을 구현할 수 있다. 이것이 TV의 개념이다.

초기의 보안 비디오 시스템은 한두 개의 튜브형(흑백 비디콘) 카메라, 동축 케이블 일부, 한두 대의 흑백 비디오 모니터만을 가지고 있어 성능을 유지하기에 턱없이 부족했다. 비디콘의 튜브와 모니터는 매년 교체해야 했다. RCA(Radio Corporation of America, 미국의 전자회사명)가 순차 비디오 스위치를 발명했을 때 엄청난 기술적인 진보가 일어났다. 이 편리한 상자를 이용하면 최대 16대의 비디오카메라를 연결하여 두 대의 비디오 모니터에 표시할 수 있었다. 한 대의 모니터에는 모든 카메라를 순서대로 연결하고, 두 번째 모니터는 관심이 있는 영상을 연결할 수 있었다.

(3) 진화(The Branch)

그 후 비디오 진화는 오늘날에도 여전히 계속되고 있다. 이전에 '쿼드'라고 불리는 장치가 개발됐다. 이 장치는 한 화면에 네 대의 비디오카메라를 띄워 한 장의 테이프에 모두 녹화할 수 있었다. 그 이후 비디오 매트릭스 스위치가 개발됐는데, 이 비디오 스위치는 많은 카메라(초기에는 16개, 많게는 64개)의 연결이 가능했고, 최대 4개(또는 8개)의 비디오 모니터에 영상을 표시할 수 있었다. 키보드를 사용하여 사용자가 어떤 모니터에 어떤 카메라를 보여줄지를 프로그래밍 할 수 있게 됐고, 또한 하나 이상의 모니터에 카메라 순서를 정할 수도 있었다.

6 전자적 시스템에 관한 상세 논의

(4) 비디오테이프(Videotape)

비디오테이프 레코더가 개발됨으로써 보안 프로젝트에 유용하게 사용됐다. 이전에는 비디오테이프 레코더들에 릴 형태의 테이프를 사용했는데, 초기 레코더들은 2인치 테이프를 사용하여 1시간 분량의 비디오만 녹화했으며, 레코더는 작은 서랍장 정도의 크기였다. RCA가 3/4인치 U자형 비디오테이프 카트리지가 발명하기 전까지는 어떠한 보안 애플리케이션에도 기록장치가 상용화되지 못했다. U자형 테이프 녹화기는 여행용 가방 정도의 크기였지만 2시간 정도를 저장할 수 있었다. 곧이어 필립스에서 VHS(Video Home System, 비디오카세트의 한 규격) 녹화기를 개발함으로써 U자형 테이프 녹화기는 역사 속으로 사라졌다. 조그만 VHS 테이프 녹화기로 6시간 분량의 영상저장이 가능했다. 그 후 1990년대 초 로봇이라는 회사에서 완전히 새로운 장치인 비디오 멀티플렉서와 결합하여 최대 24시간까지 녹화할 수 있는 VHS 레코더를 선보였다. 당시는 초당 30프레임의 속도로 스트리밍 되는 비디오 영상을 초당 4프레임의 속도로 일련의 개별 프레임으로 분해하는 것이 일반적이지 않았다. 이 장치를 사용하게 되면 각 카메라에서 하나의 이미지만 저장하고 나머지 3프레임은 폐기해야만 했다.

멀티플렉서(Multiplexer)는 24시간 녹화가 가능하도록 만들어졌고, 그 반대의 경우인 재생도 가능했다. 이 새로운 기기의 독특한 점은 24시간 녹화라는 놀라운 결과를 얻기 위해 완전히 새로운 방식으로 작용했다는 것이다. 로봇사의 연구자는 비록 VHS 레코더가 6시간 이상의 연속적인 비디오 스트림을 기록할 수는 없지만, 개별 영상에서 레코더에 시퀀스를 맞추면 엄청난 수의 개별 프레임을 기록할 수 있다고 판단했다. 이러한 접근방식을 이용하면 16대의 카메라에 대해 거의 정확하게 초당 2프레임을 기록할 수 있었다. VHS 레코더는 초당 30프레임의 속도로 공급되는 단일 스트림 비디오 녹화를 위해 설계된 것이다. 새로운 멀티플렉서는 각 카메라에서 0.5초마다 프레임을 샘플링하여 비디오 레코더에 스틸 이미지를 제공했다. 따라서, 새로운 24시간 VHS 레코더는 모든 것이 녹화될 때까지 각 카메라에서 하나의 프레임을 순서대로 저장한 다음 첫 번째 카메라로 다시 시작했다. 이 새로운 멀티플렉서는 16대의 카메라 각각에서 비디오 녹화기로 한 프레임의 영상을 순차적으로 전달한 후 처음부터 다시 시작했다. 이와 같이 멀티플렉서는 완전히 새로운 녹화방식을 시도했다. 먼저 아날로그 스캔 비디오를 일련의 디지털화된 단일 프레임으로 변환했다. 그 후 테이프를 아날로그 프레임을 저장할 수 있는 속도보다 훨씬 느리게 움직이게 하면서 디지털 프레임을 개별적으로 테이프에 저장했다. 당시, 비디오의 디지털화는 멀티플렉서의 업적에 있어서 선구자였다. 거의 아무도 눈치 채지 못했다. 하지만, 그 산업에 종사하는 몇몇 사람들은 이에 주목해서 미래를 예측하기 시작했다. 나는 1993년에 다가올 디지털 혁명에 대해 이야기하기 시작했다.

7. 아날로그와 구분되는 디지털 비디오의 원리

1) 아날로그 영상을 획득하고 디스플레이 하기
(Capturing and Displaying Analog Video)

아날로그 비디오는 비디오카메라 영상을 인광을 이용하여 전자빔을 스캔하여 만들어진다. 빔 강도는 인광의 각 작은 영역에 있는 빛의 양에 의해 결정되는데, 이 빛 자체는 렌즈에 의해 초점이 맞춰지는 빛에 의해 조절된다. 그다음 이 빔은 녹화, 전환 또는 디스플레이 장치로 전송된다. 아날로그 스위처(Switcher)는 릴레이 건식 접점을 닫음으로써 장치들 사이를 간단히 연결할 수 있도록 하는 기능을 한다. 녹화기는 단순히 전자의 전압 변화를 테이프에 기록하고 표시장치는 전압을 다시 전자빔으로 변환하여 다른 인광 표면을 조준하는 데, 이것이 바로 튜브형 모니터다.

2) 디지털 영상을 획득하고 디스플레이 하기
(Capturing and Displaying Digital Video)

디지털 비디오 이미지는 완전히 다르게 캡처된다. 빛은 렌즈에 의해 디지털 센서에 집중된다. 센서는 칩의 플라스틱 본체에 가려지지 않고 '칩'이 빛에 노출되는 정상적인 집적회로와 같다. 사실상 모든 집적회로가 빛에 반응한다는 것은 알려진 사실이다. 초기 전자 프로그램이 가능한 읽기 전용 메모리칩은 빛을 '깜빡' 하여 프로그래밍을 지웠다. 이런 현상을 이용하여 수십만 개의 개별 빛 민감 칩을 구성하는 집적회로를 만들었다. 빛이 이 칩에 집중됐을 때, 그것은 각각의 개별적인 요소(픽셀)에 입사하는 빛의 양에 정비례하여 출력전압을 만들어낸다. 각 행의 출력전압과 칩의 열로부터 매트릭스가 형성되고, 이와 같은 행과 열의 전압을 스캔하여 기존의 튜브형 비디오 디스플레이에 전압을 복제하여 화면을 나타냈다. 이렇게 만든 것이 세계 최초의 디지털 사진기였다. 비디오는 수집된 것과 같은 방식으로 표시할 수 있다. 오늘날 가장 일반적인 기술은 직접 보는 디스플레이를 위한 LCD(액정표시기, liquid crystal display)와 플라스마 디스플레이와 투사 비디오를 위한 디지털 라이트 프로세서(DLP) 장치들이다. 이들 모두는 동일한 기본개념의 변형이다. 반투명 색상 픽셀(파란색, 녹색, 빨간색)을 센서 앞에 배열하고, 비디오 이미지를 디스플레이로 보내게 되면 모니터의 각 픽셀은 비디오 이미지를 표시하면서 컬러로 구현된다. LCD는 소형 디스플레이의 실질적인 표준이 됐으며, 대형화면용으로는 플라즈마 디스플레이와 LCD가 사용됐다. DLP 프로젝터는 대각선으로 60인치의 디스플레이를 구현했다. LCD, 플라즈마 또는 투사형 비디오박스 디스플레이들로 이렇게 큰 화면으로 표시하기 위해 모니터 각각을 그룹화한 어레이로 구성한 비디오 벽(Video wall)으로 구현했다.

3) 아날로그와 디지털 비디오의 통합
(Archiving Analog and Digital Video)

아날로그 비디오는 색상, 채도, 감마코드가 내장된 변동전압으로 전송된다. 이렇게 처리된 변동전압은 기록 헤드에 저장된다. 비디오용 기본 아날로그 녹화용 헤드는 아날로그 오디오 테이프 레코더와 동일한 원리로 작동한다. 즉 정보를 포함하는 전류에 의해 전자기장이 형성되고, 이 정보가 회전하는 테이프 표면에 기록된다. 기록 헤드와 테이프 사이에는 매우 작은 갭이 있으며, 기록 헤드의 자기장 유속은 변동전압에 의해 생성된다. 테이프가 기록 헤드 부분의 작은 갭을 통과하면서 지나가게 되고, 이때 테이프는 전자기장에 비례하여 자화가 된다. 테이프를 재생하기 위해, 같은 테이프가 다른 재생 헤드를 지나면서 테이프에 기록된 자기장 신호는 원래 녹음된 신호에 해당하는 전류로 다시 변환된다. 비디오테이프는 수평에서 약간 기울어져 회전하면서 일련의 대각선 줄무늬 형태로 기록된다는 점에서 오디오 테이프와 다르다(그림 6.18). 각 비디오 프레임에는 두 개의 필드가 있으며, 첫 번째 필드 레코딩 또는 525개의 비디오 줄무늬가 표시되도록 이 필드가 연동되어있다. 그다음 빔은 첫 번째 필드의 첫 번째와 두 번째 줄무늬 사이의 영역으로 이동되고, 그다음 525개의 줄무늬의 두 번째 필드에 대해 프로세스가 반복된다. 그 결과 두 필드가 함께 결합되어 하나의 비디오 프레임이 형성된다. 전체 스크린은 두 개의 필드로 구성된다. 두 번째 필드는 첫 번째 필드보다 약간 아래에 위치해 있게 되는데, 이렇게 하여 필드가 서로 겹치게 구성된다. 하나의 필드를 사용하는 것보다 두 개의 필드를 사용함으로써 해상도가 더 좋아지게 된다. 스크린 상단의 첫 번째 스트립부터 하단의 마지막 스트립까지 화면에 나타나는 시간이 너무 짧아 눈으로는 시간 차이를 인지하지 못한다.

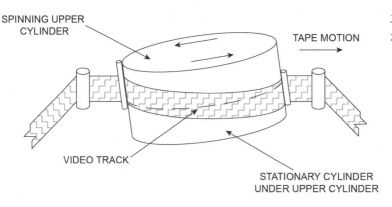

그림 6.18. 나선형 스캔
기록 헤드

디지털 비디오는 데이터 패킷으로 전달된다. 각 패킷은 1과 0으로 디지털화된 형태로 구성되어있다. 각 패킷은 헤더, 꼬리부, 데이터로 이루어져 있으며, 이것들은 암호화되어있다. 헤더는 패킷의 주소(이것이 어디에서 왔고, 어디로 갈 것이며, 패킷 내부에 어떤 종류의 데이터가 있는지, 패킷의 데이터 길이는 얼마인지, 카메라 번호, 날짜와 시간, 기타 다른 정보)로 구성되어있다. 꼬리부는 대상 장치가 전체 패킷을 수신했음을 알 수 있도록 패킷을 닫는 정보를 가지고 있다. 각 비디오 패킷은 디지털 디스크나 디지털 테이프에 저장되며, 저장된 영상은 시간코드, 카메라 번호, 비디오가 녹화 중인 알람조건 또는 헤더에 저장됐을 수 있는 다른 기준에 따라 검색할 수 있다.

4) 디지털 전달 시스템(Digital Transmission Systems)

디지털 비디오 패킷은 다음 두 가지 기본 프로토콜 중 하나로 전송되는데, 하나는 전송제어 프로토콜(TCP), 다른 하나는 사용자 데이터그램 프로토콜(UDP/RDP)이다. TCP는 일대일 통신관계이며, 한쪽은 전송하는 부분이고 다른 쪽은 수신하는 부분이다. TCP 패킷은 사실 많은 목적지 주소로 전송될 수 있지만, 각 목적지 장치에 대해 개별적인 일대일 세션을 열어야 한다. 많은 카메라와 여러 개의 감시 스테이션이 관련된 경우, 이것은 네트워크 자원을 너무 많이 소모하여 전체 시스템이 데이터 과부하로부터 다운될 수 있다. 이러한 상황을 위해 네트워크 설계자는 UDP 또는 RDP 프로토콜을 선택한다.

디지털 기본(Digital Basics)

디지털 시스템을 이해하지 않고는 디지털 비디오를 제대로 이해할 수 없다. 디지털 시스템을 이해하기 위해서는 모든 디지털 비디오 시스템이 기반이 되는 TCP/IP(인터넷 프로토콜)를 이해해야 한다. 프로토콜은 디지털 시스템의 기본언어와 문화와 같다. 초기에는 경쟁하지 않는 디지털 프로토콜과 언어가 무수히 많았다. 각각은 특정한 목적과 응용을 위해 과학자들과 기술자들에 의해 개발됐다. 운영체제나 프로그램 언어에 관계없이 컴퓨터가 같은 언어를 말하게 하는 방법과 물리적 세계에서 여기서 저기까지 신호를 어떻게 전달하는가 하는 두 가지 과제가 있었다. 이것들은 별개의 문제였지만, 네트워크가 완벽히 작동하기 위해서는 둘 다 해결되어야 했다.

기본적으로 초기의 데이터 통신 솔루션은 군사 또는 학계 둘 중 하나에 특화된 방법으로 세분화됐다. 실제로 군은 대부분의 초기 디지털 통신 노력에 자금을 댔고, 학계는 군(학계를 위한 길고 번창하는 자금관계의 시작)의 문제점에 대해 연구하기 시작했다. 최초의 실행 가능한 컴퓨터가 만들어진 직후, 그 당시 몇몇 대학과 군사연구기관에는 단지 몇 대의 컴퓨터만이 존재했었고, 이러한 컴퓨터들을 네트워킹하는 아이디어는 컴퓨터를 사용하는 사람들만이 떠올릴 수 있었다. 응용연구 프로그램 에이전시(ARPA, 미군의 한 분과)는 다양한 컴퓨터를 함께 연결하는 네트워크를 이루는 프로그램을 개발하기 위해 자금을 지원했으며, 이 결과 아파넷(ARPANET)이 탄생했다.[3]

신기술의 개발 초기였던 그 당시에, 아파넷이 서비스하는 조직의 고유한 문제를 해결하기 위해 개발된 경쟁적인 아이디어들이 많

[3] Griffiths, R. T. 11 October 2002 From ARPANET to the World Wide Web. Leiden University, Leiden, The Netherlands. Available at www.let.leidenuniv.nl/history/ivh/chap2.html.

6 전자적 시스템에 관한 상세 논의

이 있었다. 이들 중 일부는 정말 좋은 아이디어로 판명됐지만, 대부분은 그렇지 않았다. 이 아이디어들은 특정 응용 프로그램에 대한 일을 해냈을 수도 있지만, 네트워킹은 많은 다른 컴퓨터들이 공통언어를 통해 통신을 교환하도록 하는 간단하고 강력한 방법을 필요로 했다. 통신이 실제로 이루어지는지, 의도된 수신자만이 메시지를 전달받는지 확인할 필요가 있었다. 많은 도전들이 있었다. 그 당시에는 단지 전화선만이 통신을 담당했기 때문에 전국에 신호를 보내는 방법을 알아내는 것이 주요 임무였다.

아파넷은 디지털 펄스를 오디오 톤으로 변환한 다음 수신 끝단에서 데이터로 다시 조립하는 디지털 모뎀을 채택했다. 아파넷은 후에 월드 와이드 웹으로 진화했다. 아파넷이 월드 와이드 웹으로 진화하는 것과 동시에, 다른 과학자들은 물리적 세계에서 어떻게 이곳에서 그곳으로 신호를 보낼 것인가에 대해 고심하고 있었다. 기본적으로 세 가지 방법이 연구됐다. 첫 번째는 두 대의 컴퓨터를 함께 연결하는 지점 대 지점 통신방식을 사용했고, 이를 위해 모뎀이 발명됐다. 두 번째와 세 번째 방법은 많은 컴퓨터를 모두 네트워크에서 함께 연결하는 것이었으며, 두 가지 접근방식을 통해 진정으로 풍부한 상호 연결 태피스트리(Tapestry)가 진화됐다.

첫 번째는 링 네트워크, 두 번째는 라인, 허브, 트리 계열의 네트워크다. 두 가지 접근방식 모두 개별 디지털 장치(노드)를 네트워크에 연결함으로써 기능한다. 초기의 링 네트워크에서는, 토큰(토큰 링)이 릴레이 경주에서 바톤처럼 노드에서 노드로 전달됐다. 토큰을 가진 사람은 누구나 말할 수 있다. 다른 사람들은 모두 들을 준비를 한다.[4] 토큰이 있는 노드가 링에 데이터를 넘기면 토큰은 링의 다음 노드로 전달된다. 노드에서는 데이터가 지정한 주소가 자기 주소인지 데이터를 조사하고, 만약 자기 주소이면, 그 노드에서는 데이터를 다운로드한다. 그렇지 않으면, 노드는 데이터에 자신의 메시지를 추가한 후에, 그것을 다음 노드로 전달한다. 토큰링은 네트워크

[4] Cisco Education, available at www.cisco.com/univercd/cc/td/doc/cisintwk/ito_doc/tokenrng.html.

상에서 데이터 메시지의 충돌이 있을 수 없기 때문에 견고하다. 보내지는 자료가 비교적 작은 한 그들은 잘 작동한다. 데이터 이동량이 커지면 토큰링은 모든 데이터의 무게에 따라 분해되며, 각 노드가 원하지 않는 것을 처리하고 메시지에 자신의 것을 추가함에 따라 링은 점점 느리게 이동하게 된다. 단, 한 개의 노드만이 주어진 시간에 링에 있을 수 있기 때문에 충돌은 결코 없다는 것을 기억하라.

개발된 또 다른 방법은 충돌 기반이었다. 이들 중 가장 빠른 것은 각 노드가 동축 와이어와 같은 공통 통신회선에 연결되는 회선 통신 시스템이었다. 모든 노드는 언제든지 회선에 접속하여 송신할 수 있고, 송신하지 않으면 모든 노드가 수신모드에 있게 된다. 이 접근방식의 가장 좋은 아이디어는 노드가 귀 기울이기 위해 토큰이 전달되기를 기다릴 필요가 없다는 것이었다. 즉 그들은 항상 수신모드로 있게 된다. 이것은 네트워크의 총 트래픽을 크게 감소시켰다. 문제는 만약 두 개의 노드가 동시에 전송하려고 하면, 아무도 이해할 수 없는 곳에서 다투는 사람들로 가득 찬 방처럼 데이터가 소음으로 변하기 때문에 충돌이 일어나고 다른 노드가 들을 수 없다는 것이었다. 이 접근방식은 충돌을 처리할 수 있는 프로토콜을 필요로 했다.

이와 같은 충돌 문제를 처리하기 위해 두 가지 방법이 사용됐다. 첫 번째는 토큰링의 하나의 긴 데이터 스트림을 더 작은 개별 데이터 패킷으로 분할하여 전송한 후 수신 엔드에서 다시 조립하는 방식이다. 다른 하나는 수신 노드에 패킷이 속하는 메시지의 모든 패킷을 실제로 수신했다고 알리는 코드의 사용이다. 이 방법은 어떤 메시지가 25개의 패킷으로 구성되어있는데 23개의 패킷만 수신됐다면, 수신 노드는 2개의 누락된 패킷을 네트워크에 호출하고, 송신 노드는 그 2개의 패킷만 재전송하게 된다. 메시지의 모든 패킷이 수신됐을 때, 수신 노드는 모든 패킷이 수신됐고 통신이 끝났다는 메시지와 함께 송신 노드로 다시 전환된다. 이 접근방식은 매우 견고하고 신뢰할 수 있는 TCP/IP 프로토콜이 개발 및 개선될 때까지 수

6 전자적 시스템에 관한 상세 논의

년 동안 개선됐다.

그동안, 네트워크 프로토콜은 가상지역 네트워크(VLAN), 가상 사설 네트워크(VPN) 서브넷, 그리고 심지어 소위 슈퍼넷까지 개발됐다. 이론적으로 TCP/IP 네트워크에 연결할 수 있는 노드 수에는 실질적인 제한이 없다. 오늘날, 수조 개의 노드가 연결 가능한 IP 버전 6(IPv6)을 연구하고 있는데, 이것은 공통의 백본(Backbone)인 인터넷을 통한 통신방식이다.

순수 회선 네트워크 이후에 허브나 스타 네트워크가 생겨났다. 허브는 단순히 모든 노드가 연결되는 하나의 중심점이 있는 라인 네트워크였다. 이러한 디바이스를 허브라고 불렀다. 허브는 트래픽에 따라 최대 256개의 노드와 같은 몇 개의 노드에서 잘 작동한다. 그러나 노드의 수가 증가함에 따라 데이터 패킷의 충돌횟수도 증가한다. 충돌이란 두 개의 데이터 장치가 동시에 동일한 라인으로 데이터 패킷을 보내려고 할 때 발생한다. 그래서 데이터 충돌이 일어나면, 어떤 패킷도 온전하게 통과해 목적지에 도달하지 못한다. 두 패킷은 목적지를 찾기 위해 데이터 버스에 각 패킷이 단독으로 통신될 때까지 다시 전송되어야 한다. 그때까지 두 데이터 장치는 둘 중 하나가 만들어질 때까지 동일한 패킷을 반복적으로 전송할 수 있으며, 그러면 다른 패킷은 데이터 버스에 대한 경쟁도 없을 것이고 패킷 역시 목적지를 찾을 수 있다. 따라서 충돌이 증가함에 따라 전송량이 증가하게 된다.

사실, 새로운 정보가 전송되는 것보다 정보를 재전송해 달라는 요청이 더 많아질 수가 있다. 이렇게 되면 시스템 충돌이 발생한다. 이 문제는 일반적인 데이터 트래픽을 분석하여 해결할 수 있다. 네트워크를 통과하는 대부분의 트래픽이 실제로 전체 네트워크를 통해 전송되어야 하는 것이 아니라 논리적으로(그리고 종종 물리적으로) 그룹화된 노드(예: 특정 건물이나 캠퍼스 내의 노드)에만 전송되면 된다. 그러한 종류의 트래픽을 해당 그룹 내의 노드만으로 제한하고, 특별히 그룹 외부로 나가라고 요구하는 트래픽에 대해 예외를 두는 것으로, 우리는 트래픽의 양을 크게 줄일 수 있고, 다시 더 많은 전체적인 트래픽을 충돌 없이 통신할 수 있게 된다. 이렇게 해결해주는 디바이스가 데이터 스위치이다. 데이터 스위치는 논리적 그룹을 기반으로 하여 트래픽이 전체 네트워크로 나갈 필요가 없도록 데이터를 주소화하는 장치이다. 연결 수와 충돌횟수가 감소하면 트래픽이 증가한다. 스위치는 데이터가 어디로 가는지 결정하는 장치다. 많은 노드가 스위치를 사용하여 서로 연결되면 LAN(Local Area Network)을 형성한다.

스위치보다 높은 수준의 제한을 할 수 있는 디바이스가 있다. 라우터는 전체 건물과 캠퍼스에 대해 동일한 작업을 수행할 수 있으며, 시카고에서 뉴욕까지 실제로 전송할 필요가 없는 트래픽은 시카고 캠퍼스 내에만 머무르게 하는 디바이스이다. 라우터는 개별 LAN을 광역 네트워크(WAN)에 연결한다. 이러한 라우터는 회사의 행정 네트워크에서 보안시스템에 접근할 수 없도록 하는 논리적 서브넷 작업(하위 네트워크)을 만드는 데 사용될 수도 있다. 서브넷은 본질적으로 VLAN(네트워크 내의 네트워크)이다. 라우터들은 또한 VPN을 만들 수 있는데, 이는 네트워크나 인터넷에 대해 세션을 보호하는 네트워크나 인터넷 연결 내의 터널이다. 이것은 원격 사용자가 사기업 업무에 인터넷을 사용할 때 유용하다. 실제로 하드웨어로 회사 네트워크에 직접 연결된 것처럼 집에서 노트북을 작동시킬 수 있는 웜홀(Wormhole)이라고 생각할 수 있다. 이는 쉽게 해킹할 수 있는 인터넷 세션과는 다르다. VPN은 암호화를 통해 사용자의 노트북과 사용자의 네트워크 사이 통신을 보호한다. VLAN과 VPN은 기업의 WAN 또는 인터넷을 통해 기업 보안시스템의 세그먼트 간의 통신을 용이하게 하기 위해 사용된다.

라우터들은 또한 의도된 주소뿐만 아니라 그들이 어떤 종류의 데이터인지에 근거하여 데이터를 라우팅 한다. 예를 들어, 특정 유형의 데이터는 그러한 종류의 데이터를 볼 필요가 없는 경우 네트워크의 다른 스위치와 포트를 '바로 지나치기'할 수 있다. 이것은 보안시스템에 있어서 중요한 원칙이며, 나중에 유니캐스트와 멀티캐스트 데이터 유형에 대해 논의할 때 다시 언급될 것이다. 디지털 비디오 시스템은 때때로 LAN의 대역폭을 보존하기 위해 멀티캐스트 타입 데이터를 사용한다. 그러나 많은 장치들은 멀티캐스트 데이터와 공존할 수 없기 때문에, 라우터는 그러한 장치들이 멀티캐스트 데이터를 결코 보지 못하도록 하기 위해 사용된다.

링을 기억하고 있는가? 선 네트워크와 트리 네트워크는 죽었다고 생각하는가? 그렇지 않다! 엔터프라이즈 보안시스템의 한 가지 중요한 요소는 안정적이고, 중복되며, 견고해야 한다는 것이다. 스위치의 선들을 함께 연결하고 선의 양쪽 끝을 닫으면 다시 루프나 링이 된다. 노련한 스위치 프로그래밍에 의해, 그것이 단지 집으로 가는 한 가지 방법뿐만 아니라 루프 둘레에 있는 두 가지 방법 모두를 통신하도록 시스템을 구성할 수 있다. 다시 한 번 능숙한 스위치와 라우터 프로그래밍에 의해, 예를 들어, 하나의 스위치나 노드가 손실되면 다른 스위치나 노드가 루프의 절단으로부터 좌우로 통신하여 전체 트리가 손실되지 않도록 루프를 구성할 수 있다. 루프와 스위치는 루프가 스스로 치유되고 손실된 노드를 보고하도록 프로그래밍 할 수 있다. 가능하면 모든 엔터프라이즈급 보안시스템을 이중 중복 자가치유 루프(dual-redundant self-healing loop)로 설계할 것을 권장한다.

8. 무선 디지털 비디오

배관과 배선은 비용이 많이 든다. 실외 시스템 총비용의 최대 70% 이상을 차지할 수 있다. 무선 시스템에서는 유선과 같은 신뢰성을 보장하지 못한다는 것이 일반적인 생각이다. 그러나 그렇지 않다.

이중 중복 자가치유 유선 루프를 복제하는 것이 목표라면, 도관과 와이어에 비해 더 작은 비용으로 구현하는 것이 실제로 가능하며 더 실용적이다. 그러나 여기에는 몇 가지 문제가 있는데, 이 문제에 대해서 논의하고자 한다.

1) 무선 접근과 주파수(Wireless Approaches and Frequencies)

이에는 많은 방법들이 있고, 확실히 무선 비디오에 적용 가능하다. 다음은 비디오를 무선으로 전송하는 가장 일반적인 방법에 대한 기술이다.

• 레이저: 찾기가 점점 어려워지지만 레이저 송신기와 수신기는 다른 방법보다 몇 가지 장점이 있다. 이 시스템은 일반적으로 레이저 송신기와 수신기 쌍으로 구성되며, 광학렌즈와 방수가 가능한 외관 박스로 구성된다. 이 시스템은 일반적으로 한 방향이기 때문에 제어신호가 필요한 팬(fan)/틸트(tilt)/줌(zoom) 카메라에는 적합하지 않다. 레이저 비디오 송신기는 무선 주파수에는 무관하지만, 짙은 안개나 비 또는 바람 부는 물체의 영향을 받는다(그림 6.19).

그림 6.19 레이저 통신기

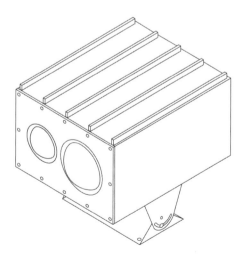

• 마이크로파: 마이크로파 무선 시스템은 아날로그 신호나 데이터를 전송할 수 있다. 레이저와 많은 무선 시스템과 달리, 사실상 모든 마이크로파 시스템은 면허를 필요로 한다. 적절하게 적용된 마이크로파 시스템은 일반적으로 최대 20마일의 상당히 먼 거리까지 신호를 전송할 수 있다. 마이크로파 시스템은 양방향 통신이 가능하며, 주의 깊고 영구적인 배치가 가능하다. 비록 임시 시스템이 존재하지만, 그것들은 보통 민간용이 아닌 군용으로 사용된다. 마이크로파 시스템은 안개, 비, 번개 및 기타 마이크로파 신호등에 의한 간섭 영향을 받는다. 그러나 광섬유를 사용할 수 없고 다른 무선 주파수 간섭으로 인해 무선 주파수가 잠재적인 문제가 있을 경우에도 마이크로파는 확실한 대안이 될 수 있다(그림 6.20).

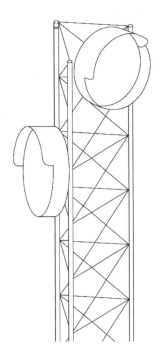

그림 6.20. 마이크로웨이브 타워 사례

• 라디오: 오늘날 대부분의 무선 비디오는 라디오 전파를 통해 전송된다. 이것들은 아날로그 또는 디지털도 가능하다. 무선 기반 시스템은 면허를 받아야 하는 영역과 무면허 영역대의 두 가지 유형으

로 나뉜다. 영구적으로 설치해야 하는 곳은 면허 시스템을 사용하는 것이 더 신뢰할 수 있는 경우가 많은데, 이는 간섭 가능성이 낮기 때문이다.

- 주파수: 다음은 라디오 전파로 비디오 영상을 송수신하는 용도로 사용하는 일반적인 주파수 영역대이다.

  - 440MHz (FM TV, 아날로그)

  - 900MHz (FM TV, 아날로그/디지털)

  - 1.2GHz (FM TV - 아날로그)

  - 2~4GHz (FM TV - 아날로그/802.11 디지털)

  - 4.9GHz (공용 안전 영역)

  - 5.0~5.8GHz (802.11 디지털)

  - 10~24GHz (디지털)

2) 아날로그(Analog)

오늘날 사용할 수 있는 아날로그 송신기와 수신기는 거의 없다. 이러한 송수신기 시스템의 대부분은 UHF 주파수대역을 사용한다. 아날로그 송신기/수신기 쌍은 디지털 시스템보다 무선 주파수 소음과 환경조건에 더 많은 영향을 받으며, 신호는 거리에 따라 약해져 이미지 품질에 영향을 미친다. 아날로그 라디오 시스템은 아날로그 PAL/NTSC 비디오 신호를 공중으로 직접 전송한다. 이들 시스템의 대부분은 전력이 50MW 이상일 경우 면허가 필요하다.

NTSC는 미국 내에서 사용을 승인한 국가 텔레비전 표준위원회의 이름을 따서 명명된 전송표준이다. 60~525Hz의 스캔속도로 전송하고, 4.2MHz의 비디오 대역폭과 4.5MHz의 오디오 캐리어를 사용한다.

PAL은 위상변환 라인(Phase-Alternating Line)의 약어이다. PAL은 유럽, 아프리카, 중동, 동남아시아, 그리고 아시아 전역의 많은 나라에서 사용되고 있다. PAL 신호는 50Hz에서 625선을 스캔한다. 비디오 대역폭은 5.0MHz 및 오디오 캐리어는 5.5MHz이다. 일부 국가에서는 수정된 PAL 표준을 사용하고 있다. PAL N은 4.2MHz의 비디오 대역폭을 가지고 있으며, 오디오 캐리어는 4.5MHz이다. PAL M은 스캔속도가 50Hz, 비디오 대역폭은 4.2MHz, 오디오 캐리어는 4.5MHz이다. 아날로그 주파수는 앞에 있는 FM TV와 같다(앞의 목록 참조).

3) 디지털(Digital)

디지털 무선 주파수 시스템은 공중으로 IP(TCP/IP 또는 UDP/IP) 신호를 전송한다. 일반적으로 비디오를 전송하기 위해, IP가 가능한 비디오카메라에서 직접 비디오 신호를 소싱 하거나, 비디오 코덱을 통해 아날로그 비디오 신호(PAL/NTSC 형식)를 UDP/IP로 변환한다.

TCP/UDP

TCP/IP와 UDP/IP의 주요 차이점은, 둘 다 IP임에도 불구하고, TCP는 모든 패킷이 목적지에 도달하도록 보장하는 방법이다. 그렇지 않을 때, 목적지 컴퓨터는 송신 컴퓨터에 누락된 패킷을 재전송하도록 요청한다. 이것은 더 많은 통신량을 초래한다. 역동적이고 끊임없이 변화하는 비디오나 오디오와 같은 데이터에 대해서는 이미 이미지가 표시되거나 오디오가 들리기 때문에 패킷으로 보내는 것이 의미가 없다. 따라서 UDP/IP를 사용한다. UDP는 TCP와 마찬가지로 IP 네트워크 위에서 실행되는 연결 없는 프로토콜이다. TCP/IP와 달리 UDP/IP는 오류복구 서비스를 거의 제공하지 않으며, 대신 IP 네트워크를 통해 데이터를 직접 주고받을 수 있는 방법을 제공한다. 주로 네트워크를 통해 영상과 오디오를 방송하는 데 사용된다.

4) 주파수(Frequencies)

일반적인 디지털 라디오 주파수는 2.4, 5.0, 5.8 및 10~24GHz이다. 이러한 주파수 중 일부는 무면허이고 일부는 면허를 필요로 한다. 일반적으로 802.11a/b/g/i는 라이선스를 필요로 하지 않는 반면, 다른 프로토콜들은 필요하다.

5) 지연 문제(Latency Problems)

디지털 신호 회로에서의 대기시간을 지연이라고 한다. 지연시간은 일반적으로 밀리초(ms), 마이크로초(μs) 또는 나노초(ns) 단위로 측정된다. 유선연결은 0밀리초 지연시간을 제공한다. 고품질 디지털 스위치의 지연시간은 마이크로초 범위 내로 측정되어야 한다. 가장 좋은 스위치는 대기시간이 나노초 단위로 전송되어야 한다. 만약 지연시간이 150ms를 초과하면 문제가 된다. 지연시간이 50ms 미만이 되도록 시스템을 설계해야 한다. 대기시간이 길면 다음과 같은 세 가지 잠재적 영향이 있다. 첫째, 실시간으로 비디오를 보는 것이 아니라 지연된 실제 이미지를 보는 것이다. 둘째, 팬(P)/틸트(T)/줌(Z) 카메라를 실시간으로 제어할 수 없다. 이것은 중대한 문제다. 주차장에서 번호판을 보기 위해 카메라를 P/T/Z 하는 것을 상상해 보자. 여러분이 위치를 조정할 때마다 카메라가 보내는 이미지를 여러분은 더 늦게 보게 되기 때문에 정확한 조정이 불가능해진다. 따라서 움직이는 목표물을 따라가는 것은 완전히 절망적이다. 마지막으로, 매우 긴 지연시간(>1s)은 많은 시스템에서 TCP/IP 처리과정에 패킷 추적이 손실되어 많은 중복 비디오 패킷이 전송되거나 비디오 패킷이 손실될 수 있다. 패킷의 손실은 매우 나쁘거나 전혀 쓸모없는 영상을 전송하며, 추가 패킷의 전송은 중복 패킷으로 가득 차서 전체 영상을 적시에 수신할 수 없는 훨씬 더 느린(쓸데없는 것일 수도 있음) 전송을 초래할 수 있다. 이것은 특히 위성전송에서 많이 나타난다. 대기시간은 짧은 게 좋다. 최고의 디지털 무선 시스템은 노드당

6 전자적 시스템에 관한 상세 논의

1ms 미만의 지연시간을 보장해야 한다. 일부 일반적인 시스템 설계 접근방식은 노드당 최대 35ms까지 허용될 수 있다.

9. 위성

위성을 통해 영상을 전송할 수 있다. 여기에는 두 가지 방법이 사용된다.

1) 위성접시 안테나(Satellite Dish)

위성접시 전송은 고정식 또는 휴대용 위성접시 중 하나를 사용하여 지구 동기식 위성에 업링크 및 다운링크를 한다. 1945년 가을, 영국 공군 전자공학 장교 겸 영국 행성 간 협회 회원인 아서 클라크〔Arthur C. Clarke, 2001년 저명한 작가: A Space Odyssey(1968)〕는 적도 바로 위에 위치하는 위성의 궤도를 지구의 자전과 정확히 같은 속도로 회전하도록 구성할 수 있다면, 지구 위의 고정된 위치 위의 궤도에서 움직이지 않고 '항'하는 것으로 보일 것이라고 추정하는 짧은 기사를 썼다. 이것은 위성으로의 연속적인 전송을 가능하게 한다고 볼 수 있다. 이전의 초기 통신위성(Echo; Telstar, Relay, Syncom)은 낮은 지구 궤도에 위치하여 각 궤도에 대해 20분 이상 사용할 수 없었다. 위성 비디오는 정확한 위치 확인, 날씨 간섭, 240ms를 초과하는 지연시간 및 위성접시의 고정 IP 주소 비용 등의 네 가지 주요 문제가 있었다. 정확한 접시 위치를 설정하는 시간은 기술에 따라 최대 30분까지 걸릴 수 있었다(일부 사람들은 절대 이해하지 못한다). 위성 지연시간이 최대 2,500ms에 이를 수도 있다. 이 정도의 지연은 다루기가 거의 불가능하다.

2) 위성전화(Satellite Phone)

위성전화는 비디오를 전송하는 데 사용될 수 있다. 위성접시와 달리 정확한 위치설정은 필요하지 않다. 라디오를 켜고, 비디오카메라를 연결하고, 통신을 설정하고, 전송하기만 하면 된다. 위성전화는 매우 비싸지만, 현장과 연안 석유 플랫폼의 운영자들에게는 위성접시 통신에 큰 도움이 된다.

3) 지연 문제(Latency Problems)

모든 위성통신은 일반적으로 240ms 이상의 매우 높은 대기시간이 발생한다. 이것은 팬/틸트/줌 사용에 유용하지 않으며, 지연은 음성통신을 어렵게 만들기도 한다. 하지만 만약 당신이 다른 방법으로 통신할 수 없다면, 그것은 정말 축복이다. 무인 해상 석유 플랫폼의 경우 알람 시스템에 연결되면 비디오는 어선이 해안에서 100마일 떨어진 곳에 정박해 있고 플랫폼에 침입이 일어나고 있음을 확인할 수 있다. 음성통신과 결합하여, 그러한 침입자들에게 선박 번호가 기록됐다는 메시지와 함께 가상으로 실시간으로 플랫폼 밖으로 나가도록 명령할 수 있다. 보안수준을 높이면, 비디오 시스템을 이용해서 각 종류별로 수천 달러를 들여 헬리콥터를 파견할 필요 없이 플랫폼의 가상 '경비 투어'가 가능하다.

10. 무선 설계

기본적인 무선 아키텍처는 세 가지가 있으며, 유선 네트워크와 유사하다.

1) 점 대 점(Point-to-point) 통신

점 간 무선 네트워크는 두 개의 노드로 구성되며, 두 노드 간에 무선으로 통신한다. 모뎀 연결과 유사하다. 무선 점 간 연결에는 가시선(Line of sight) 신호 또는 양호한 반사 신호가 필요하다.

6 전자적 시스템에 관한 상세 논의

2) 점 대 다점(Point-to-multipoint) 통신

점 대 다점 연결은 단일 무선 노드가 여러 개 또는 많은 다른 무선 노드에 연결되는 네트워크다. 단일 무선 노드는 다른 모든 노드에 서비스를 제공하며, 모든 노드는 동일한 단일 노드를 통해 서로 통신한다. 이것은 허브나 스위치 또는 라우터 연결과 유사하다. 무선의 점 대 다점 연결 또한 가시선(Line-of-sight) 신호 또는 절대적으로 신뢰할 수 있는 반사 신호를 필요로 한다.

3) 무선 메쉬(Wireless Mesh)

무선 메쉬 시스템은 인터넷과 같다. 즉, 각 노드는 망의 매트릭스에 연결하여 가능한 한 많은 연결을 찾는다. 소스와 대상 노드 사이의 기본연결은 최소 노드 수에 의해 결정되며, 이것은 설정된 최상의 신호강도 또는 규칙에 근거하여 기본연결이 결정된다. 노드가 대상 노드와 직접 통화할 수 없는 경우, 해당 신호는 대상 노드를 찾을 때까지 다른 노드를 통해 '뛰어 넘기(hop)'를 한다. 무선망은 인터넷과 같다. 유럽에 있는 당신이 어떻게 서버에 접속했는지 모를 수 있지만, 당신은 확실히 웹페이지에 접속이 가능하다. 무선 메쉬는 신호를 여러 번 '뛰어 넘기' 할 수 있으므로, 사용 가능한 가시선 연결이 없더라도, 서로 가시선(Line-of-sight) 연결이 있는 다른 몇 개의 노드를 건너뛰어 오일 탱크, 나무 또는 건물을 확실히 통과하여 통신이 가능하다. 잘 설계된 무선 메쉬 네트워크는 소스부터 목적지까지 각 노드와 노드에 대해 사용 가능한 최상의 연결 또는 사용 가능한 최단경로를 자동적이고 지속적으로 검색한다. 매번 항상, 좋은, 확실한 신호를 가질 수 있도록 유지한다.

4) 양방향 통신(Full-duplex) 무선 메쉬

일반적으로 공중파에서 말하는 방법에는 두 가지가 있다는 것을 알고 있다. 즉, 단방향 통신(Half-duplex)과 양방향 통신(Full-duplex)

이다. 그 차이는 디지털 비디오 시스템에서 매우 중요하며, 독자들이 이 책에서 무선 시스템에 대해 배운다면, 이것은 바로 이해해야 할 부분이다. 단방향 통신 시스템에서는 각 노드(트랜시버)가 듣거나 말할 수 있지만 동시에 둘 다 할 수는 없다. 그래서 한쪽이 말할 때, 다른 한쪽은 듣고 있어야 하며, 듣고 있으면 말을 못 한다. 디지털 비디오 시스템의 경우, 송수신기의 대역폭은 사실상 절반으로 감소하는데, 이는 사실 대역폭이 적기 때문이 아니라 양방향으로 통신하는 시간이 절반에 불과하기 때문이다. 54GHz의 경우 27GHz의 시스템으로 출발한다. 네트워크 오버헤드와 암호화를 빼면 가용 대역폭이 약 22GHz 또는 23GHz로 감소한다. 그러나 무선 메쉬 네트워크의 목적이 노드에서 노드로 비디오를 재전송하는 데 메쉬를 이용하는 것이라는 것을 이해한다면, 그것은 새로운 의미를 갖는다. 대역폭의 절반의 손실은 각각 재전송함에 따라 발생한다. 첫 번째 노드부터 두 번째 노드까지 대역폭은 22GHz에서 비디오 신호(예: 2GHz)를 뺀 값인 20GHz가 남는다. 두 번째 노드에서 세 번째 노드로 다시 20GHz에서 10GHz로 반감되며, 이제 두 번째 비디오카메라의 신호인 2GHz를 감산하면 8GHz만 남는다. 통신 혼란을 막기 위해 최소 6GHz의 오버헤드를 남겨 두어야 하기 때문에 제3의 카메라를 안전하게 추가할 수 있는 대역폭이 충분히 남아있지 않다. 이 경우 단 두 개의 카메라 노드만 사용해도 사실상 대역폭이 부족하다.

반면에 양방향 통신 무선 노드는 항상 송신 및 수신 통신이 가능한 수단이다. 이것은 양방향 통신 무선 메쉬 시스템이 각 노드(송신기 1대 및 수신기 1대)에 2대의 무선을 사용하기 때문이다. 안테나를 신중하게 선정하게 되면, 각 무선 노드에서 연속적으로 송신하고 수신할 수 있다. 각 카메라의 2GHz 강하를 가정하여 최대 10개의 노드에서 디지털 비디오를 효과적으로 전달할 수 있다.

또 다른 방법은 안테나 선택이다. 모든 무선 시스템에는 기본적으로 방향성 안테나와 전(全) 방향 안테나 두 종류가 있다. 전향 안테나는 사과와 같은 패턴으로 송신하거나 수신한다. 패턴의 위쪽과 아래쪽에 약간 약한 부분이 있지만, 나머지 방사선 패턴은 최소한 수평면에서는 구형이 된다. 방향성 안테나는 설계자가 원하지 않는 시야를 제한하는 방식이므로 통신의 시야가 좁다. 원하지 않는 구형 방사선 패턴의 부분을 제거함으로써, 원하는 부분을 길게 만들 수 있다. 이를 통해 이득을 향상시킬 수 있다.

유용한 신호는 가시선(Line-of-sight) 연결이나 단일 반사 신호로부터 획득이 가능하다. 그러나 수신기가 원래의 신호와 반사 신호를 모두 볼 수 있다면 그 반사 신호는 문제가 될 수 있다. 반사 신호는 소스에서 목적지까지 더 먼 거리를 이동하기 때문에 가시선 신호보다 늦게 도착한다. 모든 안테나는 다중경로라는 현상에 노출되어 있다. 다중경로 신호는 송신원으로부터 발생하지만 적어도 두 개 이상의 소스로부터 발생하는 것으로, 그중 적어도 하나는 반사 신호이다. (적어도 지금까지는) 거의 알려지지 않은 또 다른 형태의 안테나가 있는데 다상의 전방향(multiphased omnidirectional) 안테나가 있다.

11. 영상분석

영상분석(Video Analysis)은 특수 알고리즘을 사용해 디지털 비디오 신호를 처리해 보안 관련 기능을 수행하는 기술이다. 비디오 분석에는 다음과 같은 세 가지 유형이 있다.

- 고정 알고리즘 분석
- 인공지능 학습 알고리즘
- 안면인식 시스템

이들 중 앞의 두 가지는 같은 결과를 얻으려는 방향으로 분석된다. 즉, 이것은 비디오카메라의 시야에서 원치 않거나 의심스러운 행동이 발생하는지 여부를 알고리즘을 통해 판단하며 그 결과를 콘솔 운영자에게 통지한다. 그러나 그 결과에 도달하기 위한 과정은 서로 약간 다르다. 고정 알고리즘 분석은 특정 작업을 수행하고 특정 동작을 찾도록 설계된 알고리즘을 사용한다. 예를 들어 고정 알고리즘 분석에서 찾는 일반적인 동작에는 다음과 같은 내용이 포함된다.

- 선을 넘는 행위
- 복도를 따라 잘못된 방향으로 이동하는 행위
- 물건을 떨어뜨리는 행위
- 물건을 집는 행위
- 어정거림
- 수영장에서 엎드린 자세

각각의 고정 알고리즘은 매우 특정한 행동패턴을 찾는다. 클라이언트는 대부분의 경우 개별 비디오카메라에 각 개별 알고리즘을 탑재하여 운용한다.

인공지능 학습 알고리즘은 완전히 다르게 작동한다. 학습 알고리즘 시스템은 빈 슬레이트(Slate)로 시작한다. 이 알고리즘은 완전히 빈 상태에서 시작한다. 몇 주 동안 특정 카메라에 접속한 후, 경계(Alert)와 알람(Alarm)을 학습하기 시작한다. 이 기간 동안 시스템은 주간, 야간, 평일, 주말 및 시간대별로 카메라 이미지에 대해 정상적인 것을 학습한다. 몇 주 후, 시스템은 이전에 보지 못했거나 그 주일의 그 기간 동안 본 것과 일치하지 않는 화면의 행동에 대한 경계와 알람을 발령하기 시작한다. 이러한 알고리즘의 적용사례는 다음과 같다. 주요 국제공항에서 수하물 운반대를 타고 올라가는 아이들을 발견하려는 목적으로 시스템을 설치했다. 그런데 어느 날 이 시스템

6 전자적 시스템에 관한 상세 논의

은 컨베이어 벨트에서 작은 가방을 집어서 빈 큰 가방으로 대체하는 한 남자를 발견해 경고를 발령했다. 이 남자는 공항에서 심문을 당하게 되고, 이 짐은 자기 것이 아니며, 이런 방식으로 짐을 훔치기 위해 정기적으로 공항에 왔다는 것을 알게 됐다. 공항에서는 이런 일이 일어나고 있다는 것을 전혀 몰랐기 때문에, 설사 그런 것이 존재한다고 해도 (그렇지 않은) 이에 대한 고정 행동 알고리즘을 구입할 수가 없었다. 인공지능 비디오 분석은 이러한 측면에서 아주 유용하다.

세 번째 분석유형은 안면인식이다. 안면인식 시스템은 접근제어 또는 피아식별을 돕는 용도로 사용될 수 있다. 안면인식 시스템은 추가조사를 위해 사용될 수도 있다. 일반적인 안면인식 시스템은 데이터베이스에 저장된 샘플과 얼굴의 포인트를 일치시킨다. 만약 얼굴의 기록과 일치하지 않는다면, 새로운 사람이라는 의미이므로 그 사람의 가장 적절한 얼굴 이미지를 통해 새로운 기록을 만든다. 이 시스템은 한 이미지와 많은 이미지를 실시간으로 비교할 수 있다. 최신의 안면인식 시스템은 실시간으로 얼굴의 3D 데이터를 만들고, 이를 방대한 데이터베이스와 비교한다. 어떤 제조업체에서는 국가 규모의 이미지 데이터베이스(백만 개 이상의 레코드)와 실시간으로 개인들을 비교할 수 있다고 한다.

전통적인 안면인식 시스템은 조명이 잘 들어오는 장면과 꽤 정적인 배경을 필요로 한다. 그러나 최신 버전은 조명이 불량하거나 배경이 자주 바뀌는 역동적인 환경에서도 잘 동작한다고 보고되고 있다.

12. 렌즈와 조명

렌즈는 확성기가 오디오 시스템에서 매우 중요한 역할을 하듯이 비디오 시스템에서 매우 중요하다. 음악을 재생하는 확성기의 질에 따라 오디오의 질에 극적인 차이가 생기는 것처럼, 렌즈의 질은 비디오 이미지의 질을 직접적으로 결정한다. 수년 동안 보안 설치업체들은 경쟁업체에 비해 가격 우위를 점하기 위해 저렴한 플라스틱 렌즈를 좋은 비디오카메라에 부착하곤 했다. 그 결과는 매우 형편없었고 때로는 사실상 쓸모없는 비디오 이미지를 초래했다. 더 나은 품질 이미지에 대한 기대가 커지면서 메가픽셀 비디오카메라가 도입됐고, 많은 사용자들은 설치자들이 표준 품질의 렌즈를 장착했을 때 매우 비싼 카메라로 나쁜 이미지를 보게 되어 매우 실망했다. 모든 비디오카메라에 좋은 렌즈만 사용하는 것은 매우 중요하다. 그리고 특히 메가픽셀 비디오카메라에는 메가픽셀 품질의 렌즈를 사용하는 것이 중요하다. 좋은 렌즈는 모두 유리로 되어있고, 반사를 줄이기 위해 코팅되어있으며, 빨간색과 파란색이 초점면의 동일한 지점에 집중되도록 하는 무채색 디자인이어야 한다. 값싼 플라스틱 렌즈를 제조하는 제조업체들은 흔히 완곡한 표현을 사용해 부실 재료를 감추는데, 이를 '광수지(Optical resin)' 같은 것이라고 부른다.

렌즈는 카메라에 초점이 정확히 맞는지 확인하기 위해 카메라에 역점을 두어야 한다. 설계자는 이 작업이 완료됐는지 확인하고 설치 프로그램에 필요한 기술이 있는지 확인할 수 있도록 설치자에게 질문해야 한다. 마찬가지로 좋은 조명은 좋은 품질의 이미지를 위해 필수적이다. 좋은 조명에는 조명 수준, 조명 대비, 조명 색 온도 등의 세 가지 구성요소가 있다.

1) 조명수준(Lighting Level)

좋은 비디오를 만들기 위해서는 적절한 조명이 필요하다. 북미 보안용 조명위원회(IESNA)의 조명공학 분과에서 작성한 "사람, 재산 및 공공 공간의 보안조명에 대한 가이드"를 참고할 필요가 있다. 약 73페이지의 리포트를 인터넷에서 무료로 다운로드 받을 수 있다.[5]

최소 조명수준은 최소 1f-c로, 입사형 조도계를 이용하여 지면

5 http://www.smsiinc.com/pdfs/security-lightingguide.pdf.

으로부터 1m에서 떨어진 위치에서 측정한다. 입사형 조도계는 흰색 반투명 표면에서 도달하는 빛을 측정한다. 반사형 광도계는 배경에서 반사되는 빛을 측정한다. 광도 판독은 반사형 측정기가 장착된 비디오카메라가 아닌 입사형 조도계로 측정해야 한다. 1f-c은 보행로 또는 주차장에 최소 허용 가능한 조명 수준이만, 진정으로 좋은 이미지를 위해서는 5f-c 이상의 조도가 필요하다. 건물 출입구, 통로 교차점 및 지하주차장(주차구조 포함) 주변에 5f-c의 조도를 사양으로 제시하고 있다. 빛은 많을수록 좋다. 비교해 보면, 일반적으로 주간의 야외 조도는 약 6,000f-c이다.

다양한 용어의 사용은 혼란스러울 수 있다. 광원은 루멘(lumen, 광속(光束)의 국제단위)으로 측정된다. 표면의 빛은 foot-candle(피트 촉광, 조도(照度)의 단위, 약자로 f-c로 표시)과 lux(럭스, 조명도의 국제단위, 약자로 lx로 표시)로 측정한다. 비록 수학은 지루할 수 있지만, 1f-c은 약 10lx에 해당한다. 양초로부터 정확히 1피트 떨어진 표면의 빛에 해당하는 조도가 1f-c로 정의된다.

2) 조명 대비(Lighting Contrast)

조명 대비는 배경에서 가장 밝은 부분과 어두운 부분 사이의 광도 차이이다. 모든 조명이 정확히 같은 수준으로 켜지고 피사체가 피부색과 비슷한 옷을 입었다면 피사체 식별이 어려울 것이다. 조도 균일성 비율은 약 4:1(평균/최소)이어야 한다. 이상적으로는 피사체와 주변 장면 사이에 좋은 대비가 있어야 한다. 조명을 통해 대상자의 의복, 얼굴 및 기타 기능의 명확한 식별이 가능해진다.

3) 조명 색온도(Lighting Color Temperature)

조명 색상은 색온도(켈빈: kelvin 절대온도의 단위. 기호: K)로 측정한다. 켈빈 스펙트럼의 최하단은 빨간색이고, 스펙트럼의 최상단은 파란색이다. 중간 부분이 대낮에 해당한다. 비디오로 주간은 약

5,600K 온도의 램프에 해당하며, 색온도는 이보다 낮은 경우 노란색에서 빨간색으로, 색온도가 높은 램프는 녹색에서 파란색으로 나타난다. 백열등과 나트륨 증기 램프는 비디오 이미지를 노란색으로 보이게 하는 반면, 일부 LED 램프는 비디오를 파란색으로 보이게 할 수도 있다. 두 가지 모두 피실험자의 의복을 식별하는 데 어려움을 야기하며, 콘솔 운영자가 보안요원에게 완전히 잘못된 설명을 하는 결과를 초래할 수 있다. 이러한 조명으로 인해 그들의 옷이 인상착의와 일치하지 않기 때문에 침입자로 예상되는 대상자들을 놓칠 수 있다.

4) 다른 조명 이슈(Other Lighting Issues)

보호 덮개, 보호 전선(매립 또는 금속도관 사용) 및 높은 위치에의 설치를 통하여 외부로부터 쉽게 만질 수 없는 상태로 설치하여 조명을 보호해야 한다. 정전 시 비상등을 확보해야 하며, 계단을 포함한 모든 대피경로에 조명이 설치되어있어야 한다.

13. 보안용 통신

보안통신은 대응의 근간이다. 통신에는 다음과 같은 범주가 포함된다.

- 보안담당자와 보안담당자가 서비스하는 대중 간의 통신
- 보안담당자와 기타 보안담당자의 통신
- 전화를 통한 보안담당자와 대중 간의 통신
- 보안담당자와 공공기관(소방/경찰 등) 사이의 통신

보안통신은 다음과 같은 몇 가지 목적을 제공한다.

- 작업 수행지침 및 정보수신
- 대중에게 접근 또는 정보를 제공하는 것
- 대상자에게 설정된 보안정책을 준수하도록 지시
- 비상대응자 조정

1) 양방향 무선 시스템(Two-way radios)

양방향 무선 시스템은 모든 보안요원의 통신의 핵심이다. 이것은 보안요원들 간의 통신 그리고 관리 및 유지보수/정비를 포함한 다른 시설 직원들과 의사소통할 수 있는 능력을 제공한다. 양방향 무선 시스템은 보안통제실과 현장 실무자 사이의 통신이 가능하며, 또한 현장 실무자 사이에 통신하는 데 사용된다.

양방향 무선 시스템에서 사용하는 주파수는 다양하다. 공통 스펙트럼 섹션에는 150MHz 및 450MHz 대역이 포함된다. 800MHz의 무선은 기존의 양방향 무선기술과 컴퓨터 제어 송신기가 혼합된 것이다. 이 시스템의 주요 장점은 컴퓨터 프로그래밍의 도움으로 무선 송신기를 여러 부서나 사용자 간에 공유할 수 있다는 것이다. '대화 그룹'이라고 불리는 가상 무선그룹은 소프트웨어적으로 사적으로 부서 간 대화가 가능하다. 이것은 한 사람이 많은 '주파수'를 가지고 있는 것처럼 보이고 느끼게 해주는데, 이것은 실제로 모든 사람들이 단지 몇 개만 공유하고 있을 뿐이다. 공공 및 개인 무선 주파수에 대한 빠른 참조는 http://www.bearcati.com /freer.html에서 확인할 수 있다.

2) 휴대폰(Cell Phones)

휴대전화는 저렴한 통신수단을 제공할 수 있으며, 특히 양방향 무선 기능이 가능하다. 이것은 하나의 유닛에서 양방향 통신이 가능하며, 필요시 경찰뿐만 아니라 관리자에게 직접 전화할 수 있다.

그러나 휴대전화는 한계가 있다. 주요 통신수단으로 휴대전화를 사용하기로 결정하기 전에 건물의 외진 휴식공간, 주차 구조물, 계단, 화장실, 보관실, 그리고 전체 시설에서 사용할 수 있도록 휴대전화의 통신시험을 실시하는 것이 중요하다. 그렇지 않으면, 가장 최악의 비상사태가 일어날 수 있는 곳에 사각지역이 발생할 수도 있다. 휴대전화는 지리적으로 통신거리가 넓기 때문에 건물 안팎으로 접근하는 차량 내 순찰자들에게 특히 유용하다.

3) 인터컴(Intercoms)

중앙통제실 담당자는 보안 인터컴을 통해 현장 인터컴 스테이션(일반적으로 다른 담당자나 일반 직원) 근처에 있는 모든 사람과 대화할 수 있다. 통화는 보통 통제실이나 현장 인터컴 스테이션에서 '통화' 버튼을 눌러 시작할 수 있다. 대부분의 인터컴은 핸드셋이 사용되기도 하지만 주로 핸즈프리로 동작한다. ADA(Americans with Disability Act)에 의한 인터컴은 사용자가 청각장애가 있는 경우 통화를 승인했다는 시각적 표시도 제공한다.

또 다른 유형의 인터컴에는 콜 아웃 전용 스테이션과 휴대용 확성기(Bullhorns)가 있다. 콜 아웃 스테이션은 표준 인터컴과 유사하지만 콜 버튼이 장착되어있지 않다. 통제실 담당자는 항상 이러한 유형의 전화를 받는다. 휴대용 확성기는 콜 아웃 스테이션과 유사하지만, 통제실 담당자와 현장 담당자 사이의 먼 거리(일반적으로 최대 100ft)에서도 통신할 수 있도록 오디오를 음향적으로 증폭시키는 기능이 장착되어있다.

휴대용 확성기는 보통 먼 거리에서 들을 수 있도록 보조 증폭기를 사용한다. 혼(Horn)은 화자의 목소리를 증폭시키며, 이를 통해 담당자는 화자의 소리를 더 잘 들을 수 있다. 휴대용 확성기는 종종 화자 전용으로만 사용된다.

4) 긴급전화(Emergency Phones)

긴급전화(보조전화라고도 함)는 응답담당자가 전화를 거는 대상을 찾고 그 대상에게 범죄를 저지하는 것을 돕기 위해 점멸하는 조명이나 스트로브가 장착된 인터폰이다.

5) 호출 시스템(paging system)

호출 시스템은 엄밀히 말하면 통제실 담당자와 현장 간의 통신을 위한 것이다. 호출 시스템은 하나의 호출 스피커 또는 확성기로 구분되며, 이것은 넓은 영역을 커버하는 확성기이다. 호출 시스템은 긴급 상황에서 대피 명령을 내리거나 지시를 내리는 등 다수의 사람들에게 동시에 공지할 때 유용하다.

14. 아날로그와 디지털

1) 아날로그(Analogue)

인터컴과 음성 시스템은 역사적으로 아날로그 통신을 사용했는데, 즉 마이크가 앰프와 스피커에 연결된 시스템이었다. 대형 시스템의 경우, 매트릭스 스위처(Switcher)는 많은 필드 인터컴으로 나가는 하나 또는 몇 개의 콘솔 통신경로를 관리하는 데 사용됐다. 이를 회로교환망(Circuit-switched network)이라고 한다. 기존의 전화 시스템도 회선교환 네트워크다. 각 회로는 오직 하나의 통신만을 할 수 있고 스피커에서 피사체에 이르는 연속적인 와이어 연결이 있어야 한다. 이러한 접근방식은 단일 사이트에서는 괜찮지만, 배선이 고정 구조물이며, 이로 인해 하나의 인터컴 마스터 스테이션에서 여러 현장 스테이션으로 연결되기 위해서는 와이어로 연결되어야 하는 단점이 있다. 마스터 스테이션을 더 추가하려면 마스터에서 마스터로 또 다른 와이어로 연결해야 한다. 또한, 주 마스터 스테이션의 위치를 옮기게 되면 일일이 배선을 연결해야 하기 때문에 비용이 많이 드는 단점이 있다.

2) 디지털(Digital)

기업용 시스템으로 사용할 경우, 회로교환 네트워크의 단점으로 인해 문제가 발생한다. 뉴욕에서 캘리포니아까지 회로를 어떻게 유지해야 하는가? 임대 회선의 비용이 너무 비싸기 때문에 디지털 인터컴이 사용된다. 디지털 비디오 시스템이 보편화됨에 따라, 그 디지털 경로에서 음성통신을 '피기백(Piggyback)' 하는 것도 더 쉬워졌다. 디지털 시스템은 통신을 위해 회로교환 네트워크 대신 패킷교환 네트워크를 사용한다. 그러므로 디지털의 연결은 역동적일 수 있다. 어떤 조직이 콘솔을 옮기려면 새 콘솔을 가장 가까운 디지털 스위치에 연결하기만 하면 된다.

디지털 인터컴도 단점이 있다. 보안을 위해서 오디오는 다른 어떤 통신보다 더 중요하다. 오디오가 끊기는 것은 생명을 잃는 것을 의미할 수도 있다. 따라서 오디오 통신은 통신이 끊어지지 않도록 우선 통신으로 구성되어야 한다. 예를 들면 비디오카메라의 새 화면이 다음 화면으로 연속적으로 로드되는 것과 같다. 이것은 프로그래밍 요소로서 코드에 기록되지 않으면 소프트웨어에서 구성할 수 없다. 오디오 압축 프로토콜은 일반적으로 G.711, G.721, G.722, G.726, G.728, G.729 및 G.7XX 시리즈를 포함한다. 또 다른 일반적인 프로토콜은 MP-3를 포함한 MPEG 프로토콜이다. 이것들은 모두 UDP 프로토콜이다. 소프트웨어 설계자는 오디오 프로토콜이 디지털 및 데이터 프로토콜보다 통신의 우선순위를 갖도록 보장해야 한다. 이것이 이루어지지 않는 곳에서는 보안요원이 비디오가 로드되는 동안 대화하기가 어렵다는 것을 알 수 있다. 비록 이 글을 쓸 당시 여러 비디오 소프트웨어 제조업체들이 이러한 결함을 가진 소프트웨어를 출시하고 있었지만, 이와 같은 음성 우선순위 조건은 반드시 지켜져야 한다. 제조업체들의 일반적인 해결책은 오디오를 위해 추가 클라이언트 워크스테이션을 설치하는 것이다. 이러한 내용을 알고 있으면 아무도 이런 시스템은 사지 않을 디자인 결함 중의 하나이다.

디지털 오디오는 많은 장점을 가지고 있다. 추가 스위치 포트가 있는 곳에 인터컴 스테이션을 추가할 수 있으므로 유선 인프라 비용을 크게 절감할 수 있다. 새로운 인프라에서는 적은 비용으로 스위치를 추가할 수 있다. 기업 시스템의 경우 인터넷이나 비동기 전송모드 네트워크는 주 경계와 국가 경계를 넘나드는 통신을 허용하여, 하나의 통제실에서 전 세계 사이트를 감시할 수 있다.

3) 무선 디지털(Wireless Digital)

모든 디지털 통신은 유선 네트워크뿐만 아니라 무선으로 작동하도록 구성할 수 있다. 이러한 무선은 매우 큰 공원이나 주차장을 가로질러 원격으로 비상전화기를 사용할 수 있도록 해준다. 필요한 것은 전력뿐이며, 때로는 태양 전지판과 배터리를 통해 구현이 가능하다. 비상전화는 무선 주파수 노드에는 적은 양의 전력만 소비되고, 사용 중일 때만 전력을 사용하기 때문에 태양전지 패널과 배터리로 동작이 가능하다. 이는 일반적으로 매우 낮은 전력으로 동작하며, 잘 설계된 시스템의 경우 일반적으로 25W 미만이다.

4) 통신 시스템 통합(Communication System Integration)

또한 양방향 무선, 휴대전화, 지상전화, 인터컴을 통합 통신시스템(CCS, consolidated communications system)으로 통합하는 것도 가능하다. 전형적으로 통제실에 보안요원이 한두 명밖에 없지만 통신시스템은 여러 개 있을 수 있다. 내가 본 최악의 경우, 로스엔젤레스의 고층 빌딩에는 엘리베이터를 위한 10개의 인터컴, 보안을 위한 4개의 인터컴 시스템, 4개의 양방향 무선 시스템, 2개의 호출 시스템,

8개의 전화선, 그리고 휴대폰이 있었다. 지진이 일어나기 전까지는 이 모든 것이 보안을 감당할 수 있었다. 그러나 지진이 발생했을 때 보안통제실에 혼란이 발생했다. 이를 기억하라. 한두 명의 담당자가 있는 통제실에 29개의 개별적인 통신 시스템이 있었으며, 이러한 시스템은 제 기능을 발휘하지 못했다.

이상적인 구성으로 보면, 시스템은 각 유형의 시스템 중 하나 이상이 되지 않도록 조정해야 하며, 일부 시스템은 'CCS'로 통합된다. CCS는 다양한 통신 플랫폼을 관리하는 단일 소프트웨어로 구현되어, 단일(또는 다중) 콘솔 통제실로 연결된다. 받을 수 없는 전화는 순서대로 대기한다.

순서대로 대기 중인 통화는 대기 중인 패티(Patties)에게 피드백을 제공하도록 자동으로 안내원에게 전달된다. 지진의 예에서, 정지된 엘리베이터에 탄 사람들이 지원 버튼을 누를 때 인터컴 스피커로부터 지진이 막 건물을 강타했고, 보안 콘솔 담당자에게 많은 요구가 있으며 그들의 통화가 대기 열에 있다고 알려주는 자동 메시지를 들을 수 있다. 의료 비상사태가 발생하면 대기 열에서 앞당기기 위해 지원 버튼을 두 번 눌러 통화를 진행할 수 있다. 그 사이에 불안감을 낮게 유지될 수 있도록 매우 다양한 디지털화된 벨소리와 녹음된 메시지를 들을 수 있다. 시스템은 또한 그들에게 예상 대기시간을 알려줄 수 있다.

15. 명령/제어와 통신 콘솔

모니터링 콘솔(Monitoring Consoles)

콘솔과 워크스테이션은 보안시스템이 환경 및 사용자와 어떻게 행동하고 상호작용하는지를 지시하고, 보안시스템용 얼굴을 사용자(카메라 보기, 인터컴 사용, 알람에 대한 대응 등)에게 제공하고, 시스템 보고서를 제공한다. 이러한 유형의 워크스테이션에는 제한된 수의 공통 유형이 있다. 시스템 크기에 따라 유형이 결정된다.

(1) 소형 시스템(Small Systems)

단일 소형 사이트 시스템은 일반적으로 하나의 컴퓨터로 모든 시스템 서비스를 함께 제공하는 공통 워크스테이션으로 설계된다. 시스템은 알람/출입제어, 비디오 모니터링 및 인터컴 마스터 스테이션을 세 개의 개별 유닛으로 분리할 수 있으며, 일반적으로 디지털이 아닌 아날로그 비디오/인터컴 시스템으로 설계할 수 있다. 그러나, 이러한 시스템이 더 작은 시스템에 더 많이 보급되면 시간이 지남에 따라 디지털 비디오와 인터컴으로 변화할 것이다. 어떤 경우에는, 알람/출입제어 시스템이 현장장치(카드판독기, 잠금장치 등), 현장장치 컨트롤러 및 이를 관리하는 단일 컴퓨터로 구성될 가능성이 높다.

시스템 인터페이스와 자동화는 알람에 대응하여 비디오카메라를 활성화하는 것으로 제한될 가능성이 높고, 이러한 인터페이스는 건식 접점(Dry contact)을 사용하여 충분히 이루어질 수 있다. 따라서 소형 시스템은 알람/출입제어 시스템을 위한 단일 컴퓨터 워크스테이션, 비디오 멀티플렉서 및 몇 개의 비디오카메라를 위한 아날로그 비디오 모니터 한 쌍, 인터컴에 응답하는 인터컴 마스터 스테이션으로 구성될 수 있다. 이러한 장비들은 로비 책상, 경비실 또는 매니저 사무실에 주로 설치된다.

(2) 중형 시스템(Medium-Sized Systems)

중형 시스템은 일반적으로 높은 수준의 시스템 통합이며, 둘 이상의 워크스테이션 또는 콘솔을 통합한 크기이다. 중형 시스템은 서버 기능의 시스템과 클라이언트 워크스테이션 기능의 시스템으로 기능을 분리할 수 있다. 또한 이러한 시스템은 아날로그 또는 디지털 비디오/인터컴으로 설계될 수도 있다. 클라이언트 워크스테이션은 로비 데스크 또는 보안 사무소용의 별도 워크스테이션과 시스템 관리를 위한 관리자용 워크스테이션으로 구분할 수 있다.

(3) 엔터프라이즈급 시스템(Enterprise-Class Systems)

초기에 디지털 비디오/디지털 인터컴 인프라로 설계되지 않은 엔터프라이즈급 시스템(여러 건물 및/또는 여러 사이트)은 시간이 경과함에 따라 업그레이드, 확장 및 유지보수하는 비용이 많이 드는 시스템이 될 수도 있다. 이러한 시스템은 일상적으로 다른 건물 시스템에 높은 수준의 통합을 하며, 로컬 및 원격 또는 중앙집중식 시스템 모니터링 및 관리 등을 모두 수행한다.

모든 대형 시스템은 클라이언트/서버 모델을 기반으로 구축되며 로컬 및/또는 중앙보관소 역할을 하는 서버, 로컬 및/또는 중앙집중식 가드 워크스테이션, 사진식별 및 ID 확인 워크스테이션을 포함한 로컬 및/또는 중앙집중식 관리 워크스테이션 등 많은 클라이언트와 서버로 구성되어있다.

16. 워크스테이션과 콘솔 사용

1) 명령·제어·통신용 콘솔

(command, control, and communication consoles: C3 콘솔)

모든 보안 콘솔 중 가장 정교한 C3 콘솔은 엔터프라이즈급 알람 모니터링 및 관리 시스템의 운영 중심이다. 일반적으로 콘솔이 두 개 이상(때로는 최대 12개)인 C3 접근방식은 안전, 보안 및 때로는 운영 효율성에 대한 중앙집중식 기업 감시의 궁극적인 방법이 된다.

주요 정유공장 폭발과 같은 사고는 상태, 안전, 효율성(HSE: Healthy, Safety, Efficiency) 모니터링을 중앙에서 집중해서 관리하면 효과적으로 방지할 수 있다. 이와 같은 중앙집중식 모니터링 방법은 현지 관리자의 지식 없이 발생할 수 있는 확립된 기업안전 또는 보안정책과 상충되는 안전하지 않은 관행을 현지 현장 HSE 직원에게 조언해줄 수도 있다. 중앙집권적 권위의 침입에 대해 불평할 수도 있는 모든 직원에게, 눈에 띄지 않는 안전하지 않은 산업 관행을 피함으로써 생명을 구할 수 있다.

C3 콘솔에는 일반적으로 하나 이상의 워크스테이션이 통합되어있으며, 각 워크스테이션에는 다수의 LCD 모니터가 포함되어있다. 일반적으로 2~4대의 모니터에 비디오를 표시하고, 1대의 모니터는 알람 및 제어 맵을 표시하고, 1대의 모니터는 알람/출입제어 시스템 내역을 표시할 수 있으며, 보고서 작성, 스프레드시트 또는 워드프로세서와 같은 애플리케이션 패키지를 위한 모니터를 추가할 수 있다. 일부 시스템에서는 이 메일 서비스 및 음성통신 소프트웨어를 사용할 수 있다. C3 콘솔에는 모든 사람이 쉽게 볼 수 있는 하나 이상의 대형 스크린 디스플레이가 있을 수 있다. 이것들은 일반적으로 콘솔의 워크스테이션 중 하나에서 실행된다. C3 콘솔에는 상황 분석 소프트웨어가 통합되어있어 실제 세계에서의 건물, 통로 및 수로 등을 시스템에 표시하여 콘솔 관리자가 이해할 수 있도록 도와줄 수 있다.

C3 콘솔(및 다른 콘솔도 포함하지만, 특히 C3 콘솔에 관한) 한 가지 고려사항은 워크스테이션의 파워 문제다. 모든 프로그램 및 프로세스에는 CPU, 메모리, 비디오카드 처리가 필요하며, 따라서 각 개별 워크스테이션마다 프로세서, 클록 속도, 비디오카드 등이 한정된다. 오버 로드된 처리 사이클 요청은 워크스테이션을 충돌시킬 수 있다. 그것은 나쁜 일이다. 따라서 워크스테이션은 이런 일이 발생하지 않도록 설계하는 것이 중요하다. 좋은 소식은 무어의 법칙에 따라 처리능력이 약 1년 반마다 2배씩 증가할 것이라는 기대감이다. 나쁜 소식은 워크스테이션의 처리능력이 프로세서, 비디오카드, 메

모리 유형 및 용량, 운영체제 또는 소프트웨어 중에서 가장 약한 연결부위에 의해 결정된다는 것이다. 주어진 응용 프로그램을 처리하는 데 소요되는 파워를 계산할 수 있는 간단한 공식은 없다. 그러나 다음과 같이 간단하게 유추할 수 있는 방법이 있다.

- 사용하고자 하는 기계의 종류와 대략 비슷한 기계를 찾는다. 일반적으로 디지털 비디오 소프트웨어 제조업체는 연구실에서 선택할 수 있는 여러 대의 기계를 갖고 있다.
- 연구실 기술자에게 운영체제와 디지털 비디오 응용 프로그램만 실행 중인 상태에서 기계를 시동하도록 요청한다(이때 카메라 표시 안 함). 작업관리자 소프트웨어를 로드하고 CPU 사용량을 사용률 백분율로 기록한다.
- 이제 한 대의 카메라를 디스플레이 할 해상도와 프레임률로 표시한다. 다시 작업관리자 소프트웨어를 보고 CPU 처리비율 차이를 확인한다.
- 그런 다음 4대와 16대의 카메라를 표시하고 CPU 사용률을 기록한다.
- 그다음 이미 열려 있는 비디오 위에 브라우저 창을 열고 CPU 사용률 수치를 다시 기록한다.
- 마지막으로 표준 스프레드시트 또는 워드프로세싱 응용 프로그램을 로드한 후 CPU 활용률을 기록한다.

이러한 정보로부터, 컴퓨터가 모든 의도된 카메라 신호와 보조 브라우저 프로그램으로 가득 차 있을 때 얼마나 많은 CPU 활용이 일어날지를 계산할 수 있다. 이것은 의미 있는 실제 숫자가 될 수 있다.

시스템은 CPU 사용률의 60%를 초과하지 않도록 설계되어야 한다. 연속 사용으로 60%를 초과하면 CPU가 과열되어 수명이 짧아질 수 있다. 컴퓨터가 동영상을 적절하게 처리하지 못하여 관찰할 수 없는 나쁜 이미지를 야기하게 되고 컴퓨터를 손상시킬 수 있다. 이런 상태는 영상 사양을 초과하는 경우에도 발생할 수 있다. 예를 들어 컴퓨터의 용량이 15fps에서 32개의 2-CIF 이미지 디스플레이를 기반으로 설계된 콘솔에 대해 사용자가 해상도를 4-CIF로, 프레임률을 30fps로 프로그래밍하게 되면 설계사양을 넘어서기 때문에 시스템이 정상동작을 하지 못할 수 있다. 따라서 사용자는 워크스테이션의 설계사양의 한계를 준수해야 한다.

모든 보안 콘솔 워크스테이션에서 중요한 요소는 프로세서, 메모리, 비디오카드 및 모니터 품질 등이 포함된다. 서버와 워크스테이션을 대충 사용하는 것은 현명하지 못하다. 그렇게 하면 그 시스템에 무거운 부담을 주게 된다. 규모를 비용과 동일한 시스템(단위의 1/4이 더 많은 비용)과 달리, 서버와 워크스테이션에 대한 투자는 일반적으로 시스템의 전체 비용과 비례하지 않는다. 설계자가 추천하고 고객이 투자하는 것은 현명한 투자이다.

C3 콘솔에 대한 인체공학도 주요 고려사항이다. 콘솔설계는 콘솔이 코너 또는 측면 벽에 설치되는 벽 주위(Wraparound) 설계 또는 방의 한쪽 끝에 설치되는 대형화면 디스플레이 또는 비디오 벽을 마주하는 개별 워크스테이션 등과 같이 여러 가지 구성 중 하나로 구성될 수 있다. 조명의 품질, 키보드, 마우스, 모니터 위치 및 의자의 품질에 각별히 주의해야 한다. 이 모든 요소들은 콘솔 담당자가 여러 시간 동안 비디오를 관찰하는 능력에 영향을 주기 때문이다.

또한 얼마나 많은 카메라를 콘솔에 표시해야 하는지에 대한 많은 논의가 있었다. 다른 사람들과 마찬가지로 나도 의견이 있다. 먼저 다양한 사례들을 살펴보자. 많은 것이 좋다는 의견은 다음과 같다. 만약 많은 카메라 영상들이 표시된다면, 콘솔 담당자는 어떤 카메라의 영상도 마음대로 관찰할 수 있다. 운영자는 가능한 모든 영상을 빠르게 스캔할 수 있다. 그러나 카메라의 영상이 디스플레이

되지 않으면 결코 관찰할 수 없다.

적은 것이 더 좋다는 의견은 다음과 같다. 일부 연구자는 담당자가 긴 시간 동안 관찰하게 되면 동일한 정밀도로는 대략 6개 이상의 영상을 볼 수 없다는 것을 증명했다. 더 많은 모니터를 보게 되면 관찰 책임자의 입장에서는 안일함이 생길 수 있다. 따라서 가능하면 대부분의 비디오 영상에 어떤 종류의 알람 또는 사건을 표시해주는 것이 좋다. 이 때문에 많은 카메라와 더 적은 모니터를 사용하면서도 가능한 경우 알람에 의한 카메라와 연동하도록 하는 것이 좋다.

나는 두 번째 의견에 동조한다. 관련 비디오카메라를 사용하여 일련의 장면 영상(예를 들어, 주차장의 1층에 있는 모든 카메라, 2층 등등)을 만드는 것이 좋다. 관련 카메라 그룹을 조립해 콘솔 담당자가 관련 카메라 그룹을 순차적으로 선택하게 되면 시설 내부를 마치 '걸어다닐' 수 있는 '가상 가드투어'를 만들 수 있다. 또한 알람 사건과 가장 가까운 단일 카메라뿐만 아니라 관련 카메라 그룹을 선택하도록 알람도 프로그래밍 할 수 있다. 가드투어 그룹은 비디오가 추구하는 방향인데, 이 부분은 이 책의 뒷부분에서 다시 논의하겠다.

(1) 공공기관 설정에서 C3 콘솔 사용
(C3 Console Use in Public Settings)

C3 콘솔은 대중교통 시설에 많이 사용된다. 이러한 경우 C3 콘솔을 경찰 담당자가 아닌 민간인이 근무하는 조사 콘솔로 사용하는 것이 중요하다. 이는 파견 담당자가 오보 알람에 시달리지 않도록 하기 위함이다. C3 콘솔을 통해 알람을 검토한 후, 경찰의 파견이 필요한 경우 실제 사건을 콘솔로 전달하여 적절한 조치를 취할 수 있다.

잘 설계된 C3 콘솔체계는 민간 감시자가 경찰파견의 아이콘을 이동시킴으로써 민간콘솔 담당자가 다른 콘솔에서 경찰 파견자에게 사건을 '전송'할 수 있도록 허용한다. 이 작업이 완료되면 비디오는 경찰 담당자 모니터에 대기 열을 하게 되고, 운영자에게 주의를 유도하기 위한 알람을 발생하고, 민간 감시자는 이 사건을 경찰 담당자에게 넘김으로써 다른 업무를 수행할 수 있다.

(2) 로비 데스크용 콘솔(Lobby Desk Consoles)

보안 워크스테이션은 로비 데스크에 배치되는 경우가 많다. 여기서 보안설계자는 워크스테이션을 고도로 미적인 환경을 고려해서 설계해야 하는 경우가 많다. 필요한 인체공학적 요소를 결정하기 위해서는 내부 설계자와의 세심한 조정이 필요하다. 설계자는 로비 데스크 보안 구성요소의 파악과 콘솔설계를 밀접하게 고려해야 한다.

(3) 파견용 콘솔(Dispatch Consoles)

C3 콘솔과 마찬가지로 파견 콘솔에도 워크스테이션이 많을 수 있다. 보안용 비디오, 알람/출입제어, 인터컴 외에도 무선통신이 주요 요소이다. CAD(Computer-aided dispatch) 소프트웨어가 구현되며, 이를 통해 자동차, 사람 및 이들의 움직임 위치를 표시하도록 조정되어야 한다. 비디오 시스템은 이러한 결과를 얻기 위해 CAD 소프트웨어와 통합될 수 있으며, 보안 인터컴은 양방향 무선통신 시스템, 전화 시스템, 심지어 휴대폰/무선전화 시스템과 통합하여 통신을 용이하게 할 수도 있다. 다른 모든 측면에서, 설계자가 매우 제한된 공간을 부담하는 경우와 때로는 매우 작은 기존 공간에 더 많은 기능을 추가해야 하는 경우를 제외하고, 파견용 콘솔은 요구사항과 설계 면에서 C3 콘솔과 유사하다.

(4) 관리자용 워크스테이션(Administrative Workstations)

관리자용 워크스테이션은 카드, 시스템 소프트웨어, 하드웨어 및 펌웨어 구성 변경, 시스템 보고서 작성 및 검토를 용이하게 한다. 관리자용 워크스테이션은 일반적으로 2대의 모니터로 제한되며, 보안관리자 또는 사이트관리자 책상에서 다른 업무와 병행하여 처리될 수 있다.

관리자용 워크스테이션은 보안작업 스테이션에서 가장 간단하고 덜 까다롭다. 항상 그렇듯이 프로세서, 메모리 및 비디오카드 요구사항을 준수해야 한다. 관리자용 워크스테이션에는 컴퓨터, 모니터, 키보드, 마우스 및 보고서 프린터를 포함한다.

(5) 출입증 확인용 콘솔(Identification Badging Consoles)

사실상 모든 중·대형 시스템은 출입증 사진 확인시스템을 포함하고 있다. 이것들은 대개 출입 자격증명서에 직접 붙이거나 인쇄되어있다. 사진식별 자격증명은 일반적으로 자격증명 보유자의 사진, 조직의 로고 또는 일부 다른 식별 로고, 개인의 이름 및 부서를 표시하며, 개인의 접근권한의 식별 기능인 색상 또는 패턴 체계를 표시할 수도 있다. 이 기능은 조직의 직원으로 출입증을 소지한 사람, 출입증을 소지한 조직 또는 부서, 그리고 출입증이 발견된 장소에 접근이 허용되는지 안 되는지를 쉽게 식별할 수 있도록 해준다. 신분확인용 시스템은 출입증 인식 콘솔(워크스테이션), 디지털 카메라, 조명, 배경, 포즈 의자 및 인증 프린터로 구성된다.

출입증 발급량과 조직의 인적자원 프로세스에 기초해 시스템을 중앙집중화하거나 여러 사이트에 배포할 수 있으며, 인증 프린터는 여러 개의 사진식별 워크스테이션에 의해 공유하는 워크스테이션 또는 네트워크에 연결될 수 있다.

(6) 신분확인 워크스테이션(Identify Verification Workstations)

드물지만 신분확인 워크스테이션은 접속포털을 통해 인증된 사람의 절대적인 확인을 용이하게 해준다. 이것들은 핵 및 무기 저장시설, 연구 및 설계 시설, 그리고 대중에게 해를 끼칠 수 있는 중요한 소유권 정보나 자산이 있는 다른 장소와 같은 보안이 높은 환경에 사용된다. 신분확인 워크스테이션은 일반적으로 접근자격 증명을 보유한 사람이 신분이 검증된 사람이라는 것을 확실히 확인할 수 있는 수단을 제공하기 위해 회전문, 광학 개찰구(Optical turnstile) 또는 맨트랩(Mantrap)과 함께 사용된다.

워크스테이션은 자격증명 판독기, 이동 일시중지 메커니즘(도어, 물리적 또는 전자적 개폐장치, 맨트랩 또는 가장 단순한 형태의 전기잠금식 도어) 및 일반적으로 비디오카메라와 컴퓨터 소프트웨어의 형태로 시각적 인식시스템을 포함하는 전체 ID 확인포털의 일부이다. 모니터에는 포털에 방금 제시된 출입자격 증명을 위해 저장된 것과 일치하는 사진식별 데이터베이스에서 검색된 이미지 옆에 그 사람의 실제 이미지를 재생한다. 이를 비교한 후, ID 검증포털에 근무하는 보안담당자는 신분의 자격증명이 포털에 유효하고(포털과 사용날짜 및 시간에 대해 허가됨), 자격증명 보유자가 자격증명을 할 수 있는 권한이 있는 사람(사진 ID 이미지가 출입자의 실제 비디오 이미지와 맞음)인지 확인한다. 확인 후 보안요원은 원격 전자제어를 이용해 수동으로 도어를 잠금 해제해 인증확인서를 소지한 사람이 제한구역으로 들어갈 수 있도록 한다.

17. 가드 콘솔 기능

가드 콘솔은 시설의 보안을 관리하기 위해 사용된다. 가드 콘솔은 보안 기능에서 항공기 컨트롤타워의 역할을 한다. 이 위치에서 콘솔 가드는 건물에서 발생하는 모든 주요 접근 제어 및 침입사건을 감시할 수 있어야 한다. 기본 가드 콘솔 기능은 다음과 같다.

- 적절한 대응을 위한 경보 발생
- 원격 액세스 허용
- 비디오 감시
- 비디오 가드투어

- 동영상 추적
- 빌딩 시스템 인터페이스

1) 알람 검색(Vetting Alarms)

보안시스템의 어느 곳에서나 발생하는 모든 알람은 가드 콘솔에 보고된다. 콘솔 소프트웨어의 눈, 귀 및 입은 알람이 어디에서 발생하든지 시설 깊숙이 확장되도록 통합되어야 한다. 가드는 알람에 대한 즉각적인 통지를 받고 콘솔에서 알람을 즉시 확인할 수 있어야 한다. 이를 위한 가장 좋은 방법은 알람장치 근처에 있는 비디오카메라를 활용하는 것이다. 알람이 침입으로 확인되면, 콘솔 가드는 (무선) 응답하기 위해 담당자를 파견하거나 보안 인터폰을 통해 침입자와 대치하는 등의 조치를 취해야 한다.

이러한 이유로, 좋은 설계원칙은 가능한 경우 모든 알람에는 알람 확인을 위한 카메라가 근처에 있어야 한다. 이상적으로는 카메라 근처에 현장 인터컴이나 현장토크 방송국이 있어야만 대상자를 침입의 영역으로부터 멀어지게 할 수 있다. 또한 소프트웨어는 모든 알람에 대해 카메라가 자동으로 디스플레이 하도록 프로그래밍하고 카메라의 이미지가 기록/저장되도록 구성해야 한다. 디지털 비디오 시스템의 경우, 사전 사건기록도 저장되어야 한다. 만약 카메라가 연속 보관하도록 프로그래밍 되지 않더라도, 시스템은 해당 카메라가 응답할 수 있는 알람의 경우, 알람이 발생하기 전 2분 동안의 장면이 녹화되도록 하여 모든 카메라의 영상을 보관해야 한다. 이렇게 하지 않으면, 시스템은 계속해서 기록하게 된다.

2) 원격 출입 승인(Granting Access Remotely)

가드 콘솔의 또 다른 일반적인 기능은 승인된 방문자, 계약자 및 공급업체에 대한 원격 접근권한이다. 일반적으로 하나 이상의 원격도어를 사용하여 이러한 접근을 용이하게 할 수 있다. 만약 출입구를 통해 사람들이 지속적으로 유입된다면, 허가 및 접근 허가를 쉽게 하기 위해 그곳에 보안요원을 배치하는 것이 적절할 것이다. 그러나 이는 정규직 보안요원에 대한 비용이 많이 소요된다. 이러한 경우, 인가된 사용자의 카드판독기, 카메라 및 인터컴을 포함하도록 구성하여 출입권한을 부여할 수 있도록 시스템을 구성하는 것이 이상적이다. 이러한 설계에는 두 가지 공통적인 형태가 있다.

(1) 최종 방문자 로비(Finished Visitor Lobby)

예를 들어 다단계 고층건물 환경에서 정상적인 업무시간 이후 원격으로 출입을 허가하기 위해 최종 방문자 로비를 사용할 수 있다. 현관은 로비 데스크 가드 등 건물 안에 아무도 위험에 처하지 않고 출입할 수 있는 안전한 수단을 제공한다.

방문자용 현관은 콘솔 가드의 통제하에 있거나 건물 디렉토리와 인터컴 시스템을 사용하여 입주자의 통제하에 있다. 이 경우 방문자는 입주자를 찾아보고 입주자 이름 옆에 있는 코드를 사용하여 전화를 걸 수 있다. 입주자가 전화를 받으면 내부 문을 열고 건물 안으로 들어갈 수 있는 전화 코드를 입력할 수 있다.

제어장치가 콘솔 가드 전용인 경우, 가드는 방문자가 실제로 요청한 층으로 가고 입주자가 승인한 층으로만 갈 수 있도록 하는 엘리베이터 시스템에 대한 통제권을 가질 수도 있다.

(2) 배달용 로비(Delivery Lobby)

현관 입구에 배달용 로비를 만들면 보안요원 수를 줄일 수 있다. 이 경우, 임시 현관이 필요하고, 외부 출입문이 열려 임시 현관에 사람이 들어서면 시스템은 곧바로 사건을 활성화한다. 배달원이 건물에 익숙하지 않다면, 임시 현관의 용도는 보안요원의 손에 달려 있어 배달원이 임시 현관 유무를 알고 있는지는 중요하지 않다.

가드 콘솔은 외부 출입문이 열리면 배달용 로비 카메라의 영상을 표시하고, 배달용 로비 인터컴을 사용한다. 보안요원은 배달원에게 누구에게 배달하고 있는지 묻기 위해 통화를 한다. 배달원이 답한 후, 보안요원은 배달원에게 운전면허증 및 배달회사 신분증을 인증카메라 판독기에 올려달라고 요청한다. 자격증 판독기는 신분증을 잘 볼 수 있도록 평편하게 배치된 조명이 달린 장치이다.

배달원의 신분증을 기록한 후, 보안요원은 배달원에게 배달용 서류를 박스의 위에 올려 배달용 소포의 위치를 기록하도록 지시한다. 이 작업이 끝나면 보안요원은 엘리베이터의 콜 버튼을 사용하여 배달원이 올라갈 층을 제어하여 엘리베이터가 적절한 층으로 가도록 유도할 수 있다.

3) 비디오 감시(Video Surveillance)

비디오 감시는 카메라의 영상을 관찰하여, 부적절하거나 부적절한 행동을 유발할 수 있는 특정한 행동을 찾도록 도와준다. 일반적으로 비디오 감시는 스포츠 경기, 대중교통(열차 플랫폼, 공항 등) 및 보안시설의 주변, 특히 지역사회 공간에 의해 직접 경계가 정해진 시설에서 대중을 관찰하는 용도로 사용된다.

비디오 감시 프로세스는 관심 영역을 확인하기 위해 그 영역을 볼 수 있는 특정 카메라 또는 카메라 그룹을 선택할 수 있다. 보안적인 요소가 발생했거나 발생할 가능성이 있는 일정을 알고 있다면, 이 또한 프로세스에 도움이 된다. 그런 다음, 적절한 시간의 영상을 선택함으로써 부적절한 활동이 일어나고 있는지 여부를 판단할 수 있다.

이러한 응용 프로그램 중 하나가 기차 플랫폼용이다. 특정 열차 승강장에서의 위협적인 행동에 대한 일련의 보고에 따르면, 비디오 카메라와 인터컴으로 기록된 가해자들의 행동이 경찰에게 이들을 식별하는 데 사용될 수 있다는 것이 알려진 이후, 이와 유사한 사건의 가능성이 감소된 것으로 밝혀졌다. 더욱이, 무단으로 기차를 타는 무단 탑승자들은 다음 역에서 탑승한 경찰에 의해 체포됐다. 이러한 내용이 알려지면서 이와 같은 행위는 극적으로 줄어들었다.

4) 비디오 가드투어(Video Guard Tours)

그룹으로 연결되어있도록 프로그램 된 비디오카메라들을 사용하면 콘솔 담당자는 한 번에 전체 영역을 볼 수 있다. 담당자는 그 시설의 공간을 영상을 통해 가상으로 걸어갈 수 있고, 매번 가드투어를 하는 것처럼 그 지역 전체를 볼 수 있다. 가상의 비디오 가드투어를 하는 것은 물리적으로 가드투어 하는 것에 비해 훨씬 더 빠르기 때문에, 공간을 더 자주 검색할 수 있다. 또한 카메라는 항상 제자리에 있기 때문에 부적절한 행동을 하는 사람들은 파견된 담당자나 인터컴의 개입에 의해 제지되는 사건이 일어나기 전까지 당국으로부터 자신들이 감시되고 있다는 사실을 알지 못한다. 이 두 가지는 부적절한 행동을 억제하는 데 효과적일 수 있다. 비디오 가드투어는 특히 공간이 방대하고 지역 간 이동 시간이 많이 소요되는 대중교통 시설과 같은 매우 큰 시설을 관리하는 데 효과적이다.

5) 비디오 추적(Video Pursuit)

가드투어 카메라는 관찰 대상자가 걸어온 경로에 있는 그룹의 카메라를 선택하여 공항이나 카지노 등의 환경의 콘솔 담당자가 관찰 대상자를 따라 걸으면서 계속해서 추적할 수 있도록 하는 '비디오 추적'도 만들 수 있다. 해당하는 카메라를 선택함으로써, 새롭게 선택된 카메라에 의해 새로운 장면이 디스플레이 되고, 이전의 영상을 촬영한 다른 카메라는 관찰 대상자가 지나왔던 지역을 모니터에 표시해준다. 관찰 대상자가 카메라에서 카메라로 이동함에 따라, 비디오 추적은 관찰 대상자를 카메라의 관심 영역으로 집중하도록 해준다. 해당 지도를 콘솔 담당자에게 모니터 상으로 보여줌으로써 지도에서 어떤 영역으로 지나왔는지 강조해서 표시해줄 수 있다.

18. 통신 시스템

보안통신 시스템은 신속한 정보 수집, 의사결정 및 취해야 할 조치를 촉진한다.

1) 보안시스템 인터컴(Security System Intercoms)

보안 인터컴은 방문객들이 원격 출입문에서 정보를 얻거나 출입할 수 있는 편리한 방법을 제공한다. 원격접속 허용을 용이하게 하거나 방문자에게 방문자 로비로 안내하는 데 사용할 수 있다. 방문자는 인터컴의 통화버튼을 눌러 콘솔 보안담당자와 연결하여 통화를 시작할 수 있다. 마찬가지로 콘솔 보안담당자도 콘솔에서 직접 통화를 시작할 수 있다.

두 번째 유형의 인터컴은 담당자가 관리하는 보안 인터컴이다. 통화버튼은 없지만 기존의 인터컴 방송국과 유사하며, 알람 확인 후 피사체를 지시하는 데 사용할 수 있도록 비디오카메라 옆에 배치되는 경우가 많다.

보안 인터폰의 세 번째 유형은 인터컴 확성기이다. 담당자 통제 인터컴과 비슷하지만 확성기로 인해 더 먼 거리까지 전달할 수 있다.

2) 엘리베이터와 주차 시스템 인터컴

보안 인터컴은 엘리베이터 내부, 엘리베이터 로비, 그리고 주차 출입구에 설치하여 사용한다.

3) 비상 콜 스테이션(Emergency Call Stations)

파란색 스트로브, 비상 신호등과 결합된 보안용 인터컴은 대학 캠퍼스의 주차시설이나 산책로 등 폭행이 발생할 수 있는 지역에 도움이 되는 장치이다. 보고에 따르면 폭행 범죄는 비상통화 기기가 사용되는 장소에서 줄어들었다고 보고되고 있다.

6 전자적 시스템에 관한 상세 논의

디지털 인터컴 시스템은 현장 인터컴 스테이션에서 디지털 인 프라까지 사용할 수 있는 코덱을 활용한다. 디지털 비디오 소프트웨 어는 종종 통신경로를 사용하며, 또한 카메라가 인터컴을 볼 때마다 사용할 수 있도록 인터컴을 자동으로 대기시킬 수 있다. 이것은 알 람에 대응하여 자동적으로 이루어질 수 있다.

아날로그 인터컴은 2-와이어 또는 4-와이어 현장 인터컴 스테 이션을 사용한다. 4-와이어 인터컴 스테이션은 스피커에 2개, 마이 크에 2개를 사용하여 통화버튼 시 별도의 2개 와이어를 사용하는 반 면, 2-와이어 인터컴은 3개의 기능 모두에 2개의 공용 와이어를 사 용한다. 4-와이어 인터컴은 양방향 통신모드(동시 대화/듣기)로 동 작할 수 있으며, 반면 2-와이어 인터컴은 단방향 통신모드로 동작한 다. 비록 이것이 콘솔 보안담당자가 대화를 제어할 수 있도록 하고 콘솔 룸의 대화가 의도하지 않게 현장 인터컴 스테이션에서 엿듣지 않도록 하기 때문에 종종 더 권장되기도 한다.

4) 직접 링다운 인터컴(Direct Ring-Down Intercoms)

이것은 수신기를 들거나 통화버튼을 누를 때(핸즈프리 버전) 특정 번호로 울리는 전화기들이다. 이것들은 엘리베이터와 비상통화 스 테이션에서 흔히 사용된다. 직접 링다운 인터컴은 CO(중앙사무실 회선 연결)와 비CO 버전 모두에서 사용할 수 있다(비CO 버전은 자 체적인 언어전압 생성 및 자동 전화국 세트에 연결된 한 쌍의 와이 어만 필요하다). 이것들은 원격 주차 게이트에 자주 사용된다. 두 가 지 유형 모두 일반적으로 정지 스테이션의 건식 접점 릴레이에 대한 리모컨을 갖추고 있어 주차 게이트나 도어를 통해 원격으로 접근할 수 있다.

5) 양방향 무선(Two-Way Radio)

양방향 무선 시스템은 파견자, 콘솔 보안책임자, 보안관리, 보안 보안요원 및 건물 유지관리 직원 간의 지속적인 통신을 가능하게 해준다. 양방향 무선 시스템은 마스터 스테이션 없이 휴대용 통신의 어셈블리로 구성될 수 있으며, 보안명령센터에 마스터 스테이션을 설치할 수 있다. 어떤 경우의 사건에도 대응하기 위해서는, 충전 스테이션은 보안지휘센터의 공간 계획하에 제공되어야 한다.

양방향 무선 시스템은 다른 통신 시스템과 통신 소프트웨어를 통합하여 무선, 전화, 호출기, 인터컴을 하나의 통신 플랫폼으로 통합한 CCS(Central Control Station)를 구성할 수 있다.

6) 호출기(Pagers)

호출기는 순찰하는 보안담당자에게 알람을 통지하거나 주의를 요하는 상태를 알려주는 데 사용된다. 많은 알람/출입제어 시스템은 건물 내 또는 캠퍼스에서 로컬 방송을 위해 호출 시스템 송신기에 직접 연결할 수 있다. 이 시스템은 또한 전화기에 연결하여 한 도시나 국가 전역으로 호출을 내보낼 수 있다. 보안 콘솔은 호출 소프트웨어를 이용하여 다른 인터페이스와 무관하게 메시지를 단축키로 입력할 수 있다.

7) 무선 헤드셋(Wireless Headsets)

콘솔 담당자가 움직이는 공간이 넓은 보안 콘솔과 로비 보안 데스크의 경우, 무선 헤드폰으로 인터컴/전화나 양방향 무선을 사용하는 것은 유용하다. 이것은 콘솔 담당자를 일반 헤드셋의 구속에서 해방시켜 준다. 무선 헤드셋은 헤드폰 플러그, USB 또는 RS-232를 포함하여 제조업체와 모델 에 따라 다양한 방법으로 연결하여 사용할 수 있다.

19. 요약

알람/출입제어 시스템의 기본은 카드판독기, 키패드 및 생체측정 시스템과 같은 식별장치이다. 키패드는 단순하거나 복잡할 수 있으며, 그중 가장 진보된 것은 각 용도마다 숫자를 구성하고 인접 사용자의 시야를 제한하는 것이다. 카드판독기 종류로는 마그네틱 스트라이프, 위갠드, 수동적이고 능동적인 근접, 스마트카드가 있다. 많은 조직들은 사용자가 다양한 시설에 접근할 수 있도록 하는 다중기술 카드를 사용하며, 각각의 조직마다 다른 카드 기술로 구분할 수 있다.

출입카드는 일반적으로 출입카드와 함께 ID 인증 정보용 사진 식별 시스템을 같이 사용한다. 사진식별 카드는 사용자가 접근할 수 있는 구역을 나타내며, 사진, 이름 및 부서를 표시하여 사용자를 시각적으로 식별하는 데 도움이 되도록 한다.

다른 장치로는 잠금장치, 도어 위치 스위치 및 출입요청 장치들이 있다. 일반적인 전동식 잠금장치 유형에는 전동식 타격, 전동식 박격식 잠금장치, 자기식 잠금장치, 전동식 패닉 하드웨어 및 특수 잠금장치들이 있다. DPS는 표면에 장착하거나 숨길 수 있다. 다른 장치로는 도어, 게이트 운영기, 회전문, 개찰구가 있다. 출입제어 시스템 필드 요소는 마이크로프로세서, 메모리 및 필드 인터페이스 모듈을 포함하는 전자처리 보드에 의해 제어된다. 이러한 모든 기기는 서버와 워크스테이션에 의해 관리된다. 통합 보안시스템의 서로 다른 서브시스템은 단일 시스템으로 혼합될 수 있다. 이 시스템은 또한 고급자동 기능을 달성하기 위해 다른 시스템과 연계될 수 있다.

초기 아날로그 비디오 시스템에는 카메라, 케이블 및 모니터만 포함되어있었다. 수요가 증가함에 따라 순차 스위치를 이용하여 여러 대의 모니터에 더 많은 카메라의 영상이 표시됐다. 기술이 발전함에 따라 순차 스위치는 디지털 매트릭스 스위치로 발전했고, 쿼드와 멀티플렉서는 여러 대의 카메라 영상을 나타내고, 하나의 테이프에 녹화했다. 아날로그 비디오는 나선형 스크린 회전기록 헤드를 사용해 녹화했다. 초기 레코더들은 2인치 릴-투-릴 테이프를 사용했는데, 나중에 카트리지, 특히 VHS 카세트로 대체됐다.

　디지털 비디오는 아날로그 비디오와 같이 동축 케이블에 전압으로서가 아니라 0과 1의 연속으로 된 정보를 기록하고 전송한다. 디지털 시스템은 영상의 정보를 패킷으로 전송한다. 디지털 비디오 시스템, 즉 네트워크를 진정으로 이해하기 위해서는 TCP/IP 프로토콜의 작동방식을 완전히 이해해야 한다. 네트워크 스위칭과 라우팅이 어떻게 작동하는지 이해하는 것도 중요하다. 또한 유선 네트워크와 무선 네트워크에 대한 이해도 포함된다. 유선 네트워크는 케이블, 스위처 및 라우터를 이용한다. 무선 네트워크는 레이저, 마이크로파 및 지상 및 우주 기반 전파를 포함한 무선 링크를 이용한다. 대표적인 무선 기반 네트워크는 일대일, 일대다 통신으로 지점 간 무선 메시 네트워크를 통해 연결된다. 비디오 분석에는 고정 알고리즘 분석, 인공지능 학습 알고리즘, 안면인식 알고리즘 등이 포함된다.

　보안통신은 대응의 근본이다. 일반적인 기술로는 양방향 무선, 휴대전화, 인터컴 등이 있다. 인터컴은 또한 비상전화와 호출 시스템과 관련되어있다.

　명령과 통신 콘솔은 그들이 서비스하는 설비의 필요에 따라 크게 다르다. 작은 시스템들은 종종 간단한 콘솔을 가지고 있어서 기본적인 기능만 제공한다. 중간 규모 시스템에는 일반적으로 일부 시스템 통합요소가 포함되어있는 반면, 엔터프라이즈급 시스템은 광범위한 통합을 사용하는 경우가 많다. 콘솔 유형에는 로비 데스크 콘솔, 파견용 콘솔, 관리 워크스테이션, 출입증 확인용 콘솔 및 ID 확인 콘솔 등이 포함된다. 가드 콘솔은 적절한 대응을 위해 알람을 검색하고, 원격으로 출입을 제어하며, 비디오 감시 및 비디오 가드 투어를 수행하고, 비디오 추적을 할 수 있으며, 빌딩 시스템 인터페이스를 관리한다.

1. 식별장치가 구분하는 것은?
   ① 당신이 알고 있는 것
   ② 당신이 가지고 있는 것
   ③ 당신이 누구인지
   ④ 위의 세 가지 모두

2. 기타 출입제어 필드에서 사용하는 장치는?
   ① 전동식 잠금장치, 도어 위치 스위치, REX 장치 및 게이트 운영자
   ② 기계적 잠금장치, 자기 테이프, 신호등 및 푸시 버튼스위치
   ③ 푸시버튼 스위치, 모든 유형의 잠금장치, 광섬유 케이블 및 카메라
   ④ 위의 어느 것도 아니다.

3. 생체인식 리더기가 판독하는 것은?
   ① 카드의 특성
   ② 키 코드의 특성
   ③ 인체의 특성
   ④ 위의 어느 것도 아니다

4. 일반적인 전동식 잠금장치에 속하는 것은?
   ① 전동식 잠금장치
   ② 자석식 잠금장치
   ③ 전기식 패닉 소프트웨어
   ④ 위의 모든 것

5. 출입제어용으로 사용되는 일반적인 2개의 서버는?

   ① 기본 및 비즈니스 연속성 서버

   ② 1차 및 2차 서버

   ③ 1차 및 일반 서버

   ④ 기본 서버 및 두 번째 서버가 필요하지 않는 한 켜지지 않는 경우

6. 보안시스템 설계자가 종종 새로운 시스템 요소를 고려해야 하는 것은?

   ① 오래된 시스템

   ② 수동 보안시스템

   ③ 과거 보안시스템

   ④ 위의 어느 것도 아니다.

7. 디지털 보안시스템의 통신방식은?

   ① TCP/IP 프로토콜

   ② UDP 프로토콜

   ③ RDP 프로토콜

   ④ 위의 모든 것

8. 무선신호의 통신방식은?

   ① 무선, 레이저, 마이크로파

   ② 라디오, 광섬유 및 레이저

   ③ 광섬유, 유니캐스트 및 멀티캐스트

   ④ 위의 어느 것도 아니다.

9. 영상분석에서 수행하는 행위는?

    ① 고정 알고리즘 분석

    ② AI 알고리즘

    ③ 안면인식 시스템

    ④ 위의 모든 것

10. 보안용 통신 시스템에 포함되는 것은?

    ① 비상전화

    ② 인터컴과 호출기 시스템

    ③ 양방향 무선과 휴대전화

    ④ 위의 모든 것

정답 1. ④, 2. ①, 3. ③, 4. ④, 5. ①, 6. ③, 7. ④, 8. ②, 9. ④, 10. ④

7 내부위협과 대책[1]

Philip P. Purpura

[1] From Purpura,
P. P. *Security and
loss prevention 6e.*
Boston: Butterworth-
Heinemann, 2013.
Updated by the editor,
Elsevier, 2016.

1. 들어가며

위협은 심각하고 충동적이며 손실을 초래할 수 있으므로 즉시 조치해야 한다. 내부의 손실 예방은 조직 내부로부터의 위협에 초점을 맞춘다. 범죄, 화재와 사고는 주요한 내부손실 문제이다. 카트란초스(Nick Catrantzos)는 내부에서 그들의 고용주에 대한 충성을 배신하고 직장 절도, 폭력, 파괴, 간첩행위, 그리고 다른 해악 행위들을 저지르고 있다고 지적한다. 직장은 스파이, 폭력조직, 조직범죄, 테러리스트 등의 침투대상이 될 수 있다.

손실은 정규직, 시간제 및 임시 직원, 계약자, 공급업체와 물리적·원격 방식으로 작업장에 접근할 수 있는 또 다른 인원(조직)으로부터 발생할 수 있다. 생산성 저하는 내부손실과도 연관이 있다. 이러한 손실은 열악한 공장 배치나 직원들에 의한 물자(물품) 남용으로 야기될 수 있다. 생산성 저하의 또 다른 사례는 빈둥거리거나 늦게 출근하고, 일찍 퇴근하며, 커피 휴식시간을 남용하고, 불필요하게 직원들과 어울려 다니는 것이다. 또한 업무와 관계없이 인터넷을 사용하고, 일부러 야근하기 위해 주간에 빈둥 직원들에 의해 발생할 개연성이 높다. 이러한 행위들을 시간의 도둑질이라고 말한다.

직원들이 알거나 모를 수 있는 결함을 가진 측정기기가 또 다른

271

손실의 원인이 될 수 있다. 트럭의 무게나 구리선 길이를 측정하는 저울이나 분사장치가 그 예다. 우리는 내부 위협의 광범위함을 알 수 있다. 비록 이 장이 내부 절도에 대한 대응책에 관계된 내용이라 할지라도, 대응전략은 많은 내·외적(예: 도둑과 강도) 위협에 적용할 수 있다.

2. 내부 소행자의 절도

1) 조직 내부의 절도가 왜 심각한 문제인가?

내부 절도는 직원 절도, 좀도둑질, 횡령, 사기, 장물, 술책 및 배임 등이다. 직원 절도는 그들의 고용주가 소유한 것을 고용인이 훔치는 것을 말한다. 좀도둑질은 작은 물건을 훔치는 것이다. 횡령은 자신이 관리한 돈이나 재산을 불법으로 취득한 것을 말하며, 술책과 배임은 횡령의 동의어다. 어떠한 경우이든지 간에 이런 문제는 기업, 기관, 조직의 생존에 심각한 위협이 된다. 이러한 위협은 많은 직장에서 매우 심각해서 직원들은 '못을 박지 않은' 것은 무엇이든지 훔치려 한다. 직원 절도의 총 추정비용은 데이터가 매우 다양한 방법으로 수집되기 때문에 각 출처에 따라 다르다. 미국 상공회의소에서 흔히 볼 수 있는 통계는 사업 실패의 30%가 직원 절도에서 비롯된다는 것이다.

공인부정행위방지협회는 직장의 자원이나 자산을 고의적으로 오용하거나 잘못 적용함으로써 직업사기(자신의 직업을 개인의 이익을 추구하기 위해 사용하는 것)에 연간 매출액의 5%를 날린다는 연구결과를 발표했다. 그들은 만약 이 수치를 세계 총생산에 적용한다면, 전 세계의 손실은 연간 약 2조 9,000억 달러로 줄어들 것이라고 주장한다. 이러한 수치는 직접비용과 간접비용을 결합할 때 더 높을 수 있다. 간접비용은 브랜드 가치의 격하, 생산의 둔화, 직원의 사기 저하, 조사비용 및 보험료 인상을 포함할 수 있다. 사건당 평균 손실은 약 16만 달러였고 각 범죄를 발견하기까지는 약 18개월이 소요됐다.

2) 직원들은 왜 도둑질을 하는가!

직원 절도의 두 가지 주요 원인은 직원 개인 문제와 근무환경이다. 직원 개인의 문제인 자금난, 가정불화, 약물 남용, 과도한 도박 등이 절도에 영향을 미칠 수 있다. 그런 문제가 있는 모든 직원이 도둑질을 한다고 말하는 것은 부적절하지만, 어려운 시기에는 도둑질을 할 수밖에 없다는 압박감이 더 클 수도 있다. 공인부정행위방지협회(ACFE: the Association of Certified Fraud Examiners)의 연구조사에 따르면 가장 흔한 부정행위인 '빨간색 깃발'은 그들의 수단(43%) 및 재정적 어려움(36%)과 크게 관계가 없는 것으로 나타났다. 현명한 고용주는 괴롭힘을 당한 직원에게 주의를 기울이고 직원 지원 프로그램을 참조할 것을 제안해야 한다. 이 환경은 또한 외부 절도에도 영향을 미친다(그림 7.1).

블레이드는 개인의 차이(예: 민족성, 말씨, 취미)는 동료들에 의한 괴롭힘이나 고통으로 이어질 수 있으며, 이는 절도나 폭력을 초래할 수 있다고 주장한다. 경영진은 기업문화가 개인의 차이를 존중하도록 해야 하며, 정책과 절차, 상대방에 대한 인식과 이를 위한 훈련과정이 필수적이다. 그렇지 않으면 개인 간 발생한 문제에 대한 소송으로 인하여 또 다른 손실이 발생할 수 있다. 정치인들, 기업 간부들, 그리고 다른 '사회의 중심인물들'은 계속해서 다양한 범죄행위로 유죄판결을 받고 있으며, 이는 직원들에게 잘못된 사례가 될 수 있다. 즉, 직원들이 경영주의 경영상의 불법행위를 관찰한 후 비슷한 행동을 할 수 있다는 것이다. 많은 사업장에서 많은 사람들이 도둑질을 하고 있기 때문에, 도둑질하는 것이 정상이고 정직한 것은 비정상적인 것이 된다. 일부 관리자들은 직원 절도가 사기를 높이고 지루한 일을 흥미진진하게 한다고 믿는다. 특정 작업장에서는 직원들에게 실제로 정직하지 않은 일을 가르친다. 이는 부서 직원이 상사나 공급업체에 알리지 않고 트럭운송 초과비용을 부담하라는 지시를 받을 때 알 수 있다.

유명한 범죄학자 에드윈 서덜랜드(Edwin Sutherland)는 범죄를 설명하기 위해 미분연합 이론을 제시했다. 간단히 말해서 범죄행위는 다른 사람들의 행동을 통해서 배우게 되고, 법을 위반하면 벌을 받는 규정보다 그렇지 않은 경우가 많기 때문에 범죄를 저지르게 된다는 것이다. 직장에 이 이론을 적용해 보면 회사의 상사들과 동료들이 개인의 특별한 성격보다 더 중요한 범죄의 결정요인이 될 수 있다는 것이다.

콘클린(Conklin) 전 증권거래위원회 집행부장은 범죄학 교과서에서 "우리 대기업들은 우리의 가장 영리한 젊은이들에게 정직하지 못한 교육을 시켰다"라고 단도직입적으로 이야기하고 있다. 컴퓨터 범죄를 저지르는 대학생들을 연구한 결과에 따르면, 범죄행위에 대한 처벌규정이 그들의 범행에 거의 영향을 미치지 않는다는 것을 발견했다.

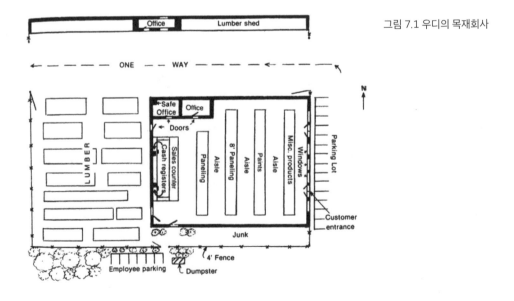

그림 7.1 우디의 목재회사

우디의 목재회사는 최근 몇 년 동안 수익 감소를 겪었다. 최근 고용된 한 매니저는 내부 절도로 해고된 이전 직원들을 대체하기 위해 신입직원 6명을 고용했다. 이들 중 4명은 파트타임 직원으로 투입하기 위해 즉시 추가 채용됐다. 그들의 업무는 고객들이 가게 앞에 차를 주차하고, 판매 카운터로 걸어가 원하는 목재에 대한 비용을 지불하고, 영수증을 받고 가게 뒤쪽으로 차를 운전하며 야외 직원들의 도움을 받아 목재를 싣고, 그리고 나서 뒤쪽 자동차 출구를 통해 출발하도록 하는 것이다. 목재회사에서 목재의 분실 방지에 대해서는 관심이 거의 없었다. 도난경보기는 작동하지 않았고, 소화기는 2대만이 구내에 비치되어 있어다. 차등조합 이론에서 보안에 대한 함의는 모든 직원의 올바른 행동에 좋은 본보기를 보여야 하는 최고 경영자의 윤리적 행위의 중요성을 지적한다. 또한 형법은 적용에 한계가 있기 때문에 예방적 보안전략이 필수적이다. 직원들이 절도를 할 때에는 죄의식을 해소하기 위해 자기 합리화(핑계) 거리를 만들어낸다. 이러한 합리화 내용 중 일부는 다음과 같다. "모두들 그렇게 해", "그것도 일종의 혜택이야", "그들은 내게 충분히 돈을 주지 않아".

클렌노스키 외 연구에서 화이트칼라 범죄자들의 인터뷰를 통해 그들이 자신들의 범죄행위를 정당화하기 위해 남성과 여성의 성별 테마에 의존한다는 것을 발견했다. 연구자들은 남성과 여성이 그들의 범죄를 다른 방식으로 설명한다는 것을 보여준다.

일반적으로 둘 다(남녀 모두) 죄책감을 최소화하고 긍정적인 자아상을 유지하려고 노력하지만, 남자들은 범죄행위를 합리화하기 위해 자기 의견(예: 다른 모든 것을 희생하여 사업 세계에서 목표를 달성)을 사용했고, 반면에 여성들은 필요성에 의존했다(예: 고통받는 재정상황). 연구자들은 남성이 피해를 부정해서 고발하는 것이 더 쉽다고 결론짓고, 여성보다 행동이 정상적이라고 주장한다고 했다.

도널드 크레시(Donald R. Cressey)는 고전적 연구에서 수천 명의 범죄자들을 분석하여 내부 절도와 관련된 공통적인 요인을 확인했다. 그들로부터 절도를 하기 전에 반드시 존재하는 세 가지 특징을 발견했다.

크레시의 직원 절도공식은 동기+기회+합리화=절도이다. 동기는 부채나 마약 문제에 자금을 대거나 다른 사람들의 승인을 얻기 위해 돈이 필요한 것에서 시작한다. 기회는 물건을 적재하는 장소처럼 보호되지 않은 장소에서 발생한다. 크레시는 횡령하는 자들의 재정 문제는 그들의 당황함과 수치심 때문에 '서로 공유할 수 없는' 것이므로 그들의 불법적인 행동을 합리화한다고 보았다. 이 공식은 보안과 정직한 환경의 필요성을 보여준다.

범죄에 대한 당국의 신속한 행동과 처벌이 모두 이루어지지 않는 경우가 많기 때문에 억제에는 한계가 있다. 예방은 유해사건의 발생확률을 낮추고, 유해사건이 발생할 경우 손실을 완화하기 위한 사전예방적 보안수단을 모색한다. 억지 이론과 관련된 합리적 선택이론은 범죄를 저지르기 전에 범죄의 결과를 연구하여 그 결과가 상쇄될 경우 범죄행위를 선택한다고 지적한다.

일상적인 활동 이론은 세 가지 요소가 동기부여 범죄자, 적절한 대상, 능력 있는 보호자가 없을 때 범죄가 일어난다는 점에 주목한다. 합리적 선택 이론과 일상적인 활동 이론은 때때로 환경의 물리적 특징을 바꾸고, 보안전략을 실행하고, 행동을 변화시킴으로써 범죄의 기회를 줄이려고 하는 기회 이론이라 설명할 수 있다.

상황범죄 예방기술은 범죄에 대한 기회를 줄이기 위한 실용적인 전략을 제공한다. 그 예로는 범인과 맞서기 위한 노력과 위험성을 증가시키는 것을 들 수 있다. 이 이론들은 종업원 절도 문제에 실질적으로 적용할 수가 있다. 범죄 이후에 당국의 신속한 행동과 처벌이 이루어지지 않는 경우가 많기 때문에 범죄를 억제하는 데에는 한계가 있다. 예방은 유해사건의 발생확률을 낮추고, 유해사건이 발생할 경우 손실을 완화하기 위한 사전예방적 보안수단을 모색한다.

억지 이론과 관련된 합리적 선택 이론은 범죄를 저지르기 전에 범죄의 결과를 고려하여 그 결과가 적절한 보상을 주지 못할 경우 범죄행위를 하지 않는다는 것을 지적한다.

일상적인 활동 이론은 범죄가 세 가지 요소, 즉 ① 동기를 가진 범죄자, ② 적절한 범죄대상의 존재, ③ 유능한 경호인력이 없을 때 일어난다는 점에 주목한다.

합리적 선택 이론과 일상적인 활동 이론은 때때로 환경의 물리적 특징을 바꾸고, 보안전략을 실행하고, 행동을 변화시킴으로써 범죄의 기회를 줄이려고 하는 기회 이론으로 간주되기도 한다.

상황범죄 예방기술은 범죄에 대한 기회를 줄이기 위한 실용적인 전략을 제공한다. 그 예로는 범죄행위 문제를 해결하려는 노력과 그에 따른 위험을 증가시키는 것이 있다. 이 이론들은 종업원 절도 문제에 실질적으로 적용할 수가 있다.

스피드(Speed)의 연구는 고용인의 알 수 없는 부정직함의 속내가 무엇인지, 무엇이 직원이 도둑질하도록 동기를 부여하는지, 그리고 이러한 상황을 경영진이 파악하고 대응책을 강구하기 위한 통찰력을 제공한다. 그는 어떻게 하면 손실예방이 더 잘 타깃팅될 수 있는지 알아보기 위해 영국의 한 대형 소매점을 대상으로 연구를 집중하여, 직원 범죄자의 회사 기록을 신속하게 조사하고 직원 표본의 태도를 조사했다.

그는 연령과 근속연수를 기준으로 직원을 4개 그룹으로 나누는 경영전략을 제시한 뒤 그룹별로 손실 방지 전략을 설계했다.

다음은 4개 그룹과 각 그룹의 전략을 요약한 것이다.

• 제1그룹: 20세 이하 직원, 신규 직원
• 제2그룹: 약 2년간 근무한 20세 이상의 직원
• 제3그룹: 처음 두 그룹보다 더 긴 근무기간과 경험이 있는 직원

7 내부위협과 대책

• 제4그룹: 근무기간이 상당히 길거나 나이가 많은 직원

스피드(Speed)의 연구는 첫 번째 그룹이 절도의 큰 위험을 나타낸다는 것을 보여준다. 왜냐하면 그들은 절도에 대한 다른 사람들의 거부감이나 절도의 결과로(절도로 인하여) 실직할 가능성이 적기 때문이다. 그러나 그들 중 많은 수가 경험이 많은 직원들보다 절도 행위가 노출되는 것을 두려워한다. 첫 번째 그룹은 가장 단순한 유형의 범죄는 가치가 낮다고 생각한다. 이 그룹에 대한 전략에는 고위험성이 있는 분야는 접근을 제한하고 규정을 준수하는지를 확인하는 것이 포함된다. 두 번째 그룹은 그들의 행위를 감출 수 있는 자신이 있기 때문에 절도의 위험이 크다. 그들은 상당한 수준의 범죄를 저지르지만 실직의 가능성이 높기 때문에 첫 번째 그룹보다 더 많은 제한을 받는다. 이 그룹에 적용되는 전략은 범죄 위험과 기소 가능성을 포함한다. 세 번째 그룹의 범죄행위는 흔하지 않지만 매우 복잡해서 알아내기가 쉽지 않다. 이 그룹은 다른 사람들의 불만에 의해 단념하게 될 가능성이 더 높다. 기회를 없애는 통제방법은 이 그룹에서 성공할 가능성이 적다. 더 성공적인 전략은 그들이 회사 내에서 유지하고 있는 지위와 혜택, 그리고 범죄행위에 따른 재정적 영향을 상기시키는 것이다. 네 번째 그룹은 가장 낮은 위험을 나타내지만 잘 노출되지 않는다는 특징이 있다. 다른 특징은 제3그룹과 유사하다.

3) 직원들은 어떻게 절도를 하는가?

고용주의 재산을 절도하는 방법은 직원들의 생각에 따라 차이가 있다. 직원들은 퇴근하기 전에 옷 속에 숨겨 물건을 훔치는 경우가 많다. 좀 더 정교한 방법은 전산화된 회계기록의 내용을 조작하는 것이다. 또한 직원 혹은 외부인과 공모할 수가 있다. 금융사기검사협회(ACEF)는 자산유용방식이 직원들의 가장 흔한 사기 형태라는 점

에 주목했다. 직원들에 의한 가장 흔한 사기형태는 횡령계획이었다. 일부 직원들의 절도방법은 다음과 같다.

① 퇴근하면서 몸 안에 훔친 물품 착용. 예를 들어, 물품을 속옷으로 입거나 몸의 윤곽에 맞게 만들어진 고철 납을 착용
② 도시락, 포켓북, 컴퓨터, 작업복 뭉치, 우산, 신문, 적법한 구매품, 모자, 심지어 머리털 속에까지 넣어 물건을 훔침
③ 나중에 회수할 쓰레기통 또는 쓰레기 더미에 물품 숨김
④ 몇 시간 후 일터로 돌아와 물품하역을 도우면서 숨겨둔 물건 가져감
⑤ 사업주에게 연료보충과 수리를 위해 허위 청구서를 제출하고 트럭정류장에서 돈을 나누는 운전자들
⑥ 트럭 운전사와 수취인 사이의 결탁
⑦ 추가비용 계정을 작성하여 제출
⑧ 고가의 물건을 구매한 업자로부터 리베이트를 받는 구매 대리점
⑨ 소매직원이 현금판매로 돈을 챙기고 거래를 기록하지 않음
⑩ 시간 및 급여 비율에 대한 추가급여 지급
⑪ 급여명부에 존재하지 않거나 해고된 직원 유지 후 급여 지급
⑫ 미지급 직원이 위조 계좌에 허위 청구서를 지불한 다음에 수표를 자신의 용도에 맞게 현금으로 바꾸는 계좌 사용

4) 절도의 징조
다음의 특정 요인들을 통해서 절도가 발생했음을 알 수 있다.

① 재고현황 및 실제 물품 수량의 차이
② 부정확한 회계기록
③ 물품의 잘못된 선적 및 수취
④ 특정 물량생산에 필요한 원자재 증가

⑤ 보관상자에서 누락된 상품(예: 완제품 20상자의 팔레트마다 최소 2상자 이상의 품목이 부족함)

⑥ 부적절한 장소에서 보관 중인 상품(예: 출구 근처에 숨겨져 있는 완제품)

⑦ 보안장치가 손상됐거나 작동하지 않는 것으로 확인됨

⑧ 잠겨 있어야 할 때 창문 또는 도어의 잠금이 해제

⑨ 허가되지 않은 구역의 작업자(예: 직원, 트럭 운전사, 수리 담당자)

⑩ 일찍 와서 퇴근하는 직원들

⑪ 사무실에서 점심을 먹거나 휴가를 거부하는 직원들

⑫ 고객이 이전 지급액을 계정에 입금하지 않은 것에 불만이 있는 직원

⑬ 특정 직원의 서비스를 절대적으로 받아야 한다는 고객

⑭ 키를 소지하여 감시받지 않고, 업무시간 후 청소하는 직원

⑮ 업무에 관한 일상적인 질문에 민감한 직원

⑯ 소득수준을 초과하여 생활하고 있는 직원

⑰ 표준 외의 경비 계정

3. 관리적 차원의 대응책

1) 관리지원

경영진의 지원이 없으면 손실을 줄이려는 노력은 수포로 돌아갈 수 있다. 좋은 경영진은 전략의 토대를 만들고 절도가 용납되지 않는 분위기를 조성하는 데 최대한 관심을 가질 것이다. 예산과 적절한 정책, 업무수행 절차에 대한 지원은 필수적이다.

2) 효율적인 계획 및 예산 수립

내부 절도에 대한 대책을 실시하기 전에 문제에 대한 철저한 분석이 필수적이다. 손실과 비용효과적인 대응책은 무엇인가? 어떤 유형의 손실이 발생하는가? 어디서, 어떻게, 누구에 의해, 언제, 그리고 왜 발생하는가?

3) 내외관계

좋은 대내외 관계는 직원들의 절도를 막는 역할을 할 수 있다. 직원들은 전문적이고 종종 더 기꺼이 정보를 제공하면서도 협력하는 손실방지 담당자를 존경한다. 직장 내에서의 손실방지 분위기가 고조되면서 외부적인 평판이 뒤따를 것이 분명하다.

4) 입사지원자 심사 및 직원 사회화

입사지원자 심사는 대표적인 절도예방 기법(그림 7.2)이다. 내부 절도를 방지하기 위한 효과적인 전략으로 종종 심사를 권장하지만, ACFE에 의한 조사에서는 85%의 범죄자들이 이전에 사기범죄에 대해 기소되거나 유죄판결을 받지 않은 것으로 밝혀졌다. 따라서 무한 선별은 필수적이다.

5) 계정, 회계 및 감사

책임감은 어떤 것에 대한 상세한 설명을 요구한다. 예를 들어, 존 스미스(John Smith)는 공장의 모든 완제품에 대한 책임을 지며, 재고에 대한 정확한 기록을 유지하는 책임이 있다. 회계처리는 비즈니스 데이터의 기록, 분류, 요약, 보고 및 해석과 관련이 있다. 감사는 일탈상황을 파악하기 위한 시스템의 검사 또는 점검이다. 인사검사는 침입경보 시스템, CCTV 등을 점검해 물리적 보안을 감사한다. 감사인은 회사의 회계기록을 감사하여 그 기록이 신뢰할 수 있는지 확인하고 부정행위를 검사한다.

7 내부위협과 대책

6) 정책 및 정책 제어

정책과 절차적 통제는 책임, 회계 및 감사와 일치해야 한다. 이 세 가지 기능 각각에서 정책과 절차는 매뉴얼과 메모 등을 통해 직원에게 전달된다. 정책은 직원의 의사결정을 통제하고 경영의 목표와 목적을 반영하는 관리도구다.

절차는 정책의 요구사항을 충족하기 위한 행동을 이끈다. 한 예로, 어떤 회사 정책은 쓰레기를 외부 쓰레기 처리장으로 가져가기 전에 도난방지 담당자가 있어야 도난품을 확인할 수 있다고 명시하고 있다. 절차에서는 이 방침에 따라 청소부장이 유실방지 부서에 전화를 걸어 경찰관이 도착하기를 기다렸다가 쓰레기를 밖으로 운반해야 한다고 지적한다.

7) 범죄예방 경고문

분실방지에 관한 메시지를 구내에 두는 것도 방법이다. 메시지는 간단하게 작성하고, 다양한 사람들을 위한 언어로 기술되어야 한다. "모두 힘을 합쳐 손실을 줄이고 일자리를 구하자"라는 것도 메시지의 한 예다. 보바(Boba)와 산토스(Santos)는 건설현장의 범죄예방 경고문은 비용 면에서 효율적이며 절도 감소를 위한 경영진의 의지를 보여준다고 보고했다.

지난 2년 동안 스미스 공장은 수익 감소를 보였다. 이 기간 동안 관리자들은 직원 절도가 원인일 수 있다고 믿었지만 어떻게 해결해야 할지 확신이 서지 않았고 추가비용이 우려됐다. 직원들은 오전 8시부터 오후 3시까지 교대근무를 한다. 정오부터 오후 1시까지 점심식사, 재봉틀 운영자 350명, 정비사 15명, 자재 취급자 20명, 잡무종업원 20명, 소매판매원 2명, 부장 5명, 사무지원자 13명 등 총 425명이 나뉘어 근무하고 있다. 계약정화요원은 월, 수, 금요일에 오전 6시부터 8시까지, 그리고 오후 5시부터 7시까지 일한다. 일요일 잡무정리는 오후 1시부터 4시까지이다. 직원들은 그들만의 출입

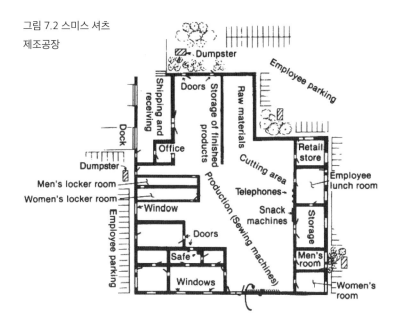

그림 7.2 스미스 셔츠
제조공장

열쇠를 가지고 있다. 쓰레기 더미 픽업은 월, 수, 금요일 오전 7시, 오후 7시이다. 이 공장에는 화재경보 시스템과 4개의 소화기가 있다. 매년 한 번의 물품재고 확인이 시행된다.

8) 손실보고 및 보상 시스템

많은 조직들은 수신자 부담 전화, 투서함, 웹사이트 또는 인트라넷과 같은 것을 통해 손실보고를 한다. 포상제도는 신고를 강화하기 위한 전략이다. 한 가지 방법은 익명의 제보자에게 포상금을 수령하는 데 필요한 비밀번호를 제공하는 것이다.

2002년 SOX(Sarbanes-Oxley)법은 공개상거래 기업들에게 미준수에 대한 벌칙과 함께 익명으로 신고하는 시스템을 제공할 것을 요구하고 있다. 연구에 따르면, 제3자가 운영하는 24시간 연중무휴의 비밀 핫라인을 통해 보고를 장려하는 것이 가장 좋은 방법이라고 한다(그림 7.3).

스키치타노 외(Scicchitano et al)의 조사에 따르면, 경영진은 조사대상 대형 소매업체들 중에서 직원들에게 직장에서 관찰한 부정

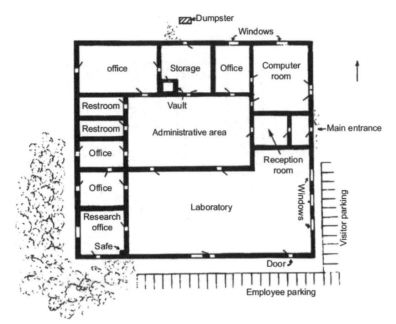

그림 7.3 컴풀랩
주식회사(Compulab
Corporation)

직함을 보고하도록 장려했다. 보상이 있는 핫라인은 직원들이 손실을 보고하도록 하는 데 효과적이었다. 연구원들은 기업의 풍조가 동료들의 재도약을 용이하게 하는 데 중요한 역할을 한다고 강조했다. 보바와 산토스는 연구를 통해 핫라인이 도난방지에 비용효율적이고, 직원들이 범죄를 저지를 가능성이 높다고 판단했을 때 훔칠 가능성이 적으며, 직원 범죄자들은 경영자 제재보다 동료의 제재를 더 두려워한다는 것을 발견했다.

　　컴풀랩 주식회사는 엄청난 잠재력을 가진 연구사업이다. 그러나 혁신적인 연구결과를 낼 때마다 경쟁자는 곧 유사한 결과를 내놓곤 했다. 컴풀랩은 연구자를 포함하여 감독, 조수 2명, 과학자 조사관 10명, 컴퓨터 전문가 8명, 그리고 사무직 직원들 등 33명의 직원을 고용하고 있다. 이 시설은 하루 24시간, 주 7일 운영되며 직원들은 매달 교대근무를 하며 집이나 다른 장소에서 원격으로 근무한다. 거의 모든 직원들은 건물에 들어갈 수 있는 열쇠를 가지고 있다.

9) 조사

직원 절도는 종종 조직의 운영 내막을 잘 알고 있으며 쉽게 절도를 숨길 수 있기 때문에 가능하다. 또한 분실방지 프로그램에 대하여 직원들이 잘 알고 있기 때문에 가능하다. 따라서 비밀조사는 교활한 직원 도둑들과 그들의 공모자들을 따돌리고 폭로하기 위한 효과적인 방법이다. 도난을 당한 기업은 경찰과 협력하여 도난품 시장을 조사 및 차단해야 한다. 조사는 전당포, 벼룩시장, 용의자 도매상과 소매상, 온라인 사이트, 범죄 및 조직범죄 집단에 초점을 맞춰야 한다.

또 다른 조사 접근방식은 내부자 위협을 나타낼 수 있는 비정상적인 활동을 노출하기 위해 그래프에 상호 연결되고 분석 및 음모를 위한 관련 데이터를 포함하는 직원 정보, 네트워크 활동, 전자우편 및 급여와 같은 데이터 세트의 채굴로 구성된 그래프 기반 이상행위 검출이다. 에버레 외(Eberle et al)는 정상적인 행동이 무엇인지 알게 되면 그 행동에서 벗어난 것이 비정상적일 수 있다고 설명한다. 그러나 그들은 그래프 기반 이상행위 검출은 범죄자가 가능한 한 합법적인 행동에 가깝게 행동하려고 하기 때문에 어렵다는 점에 주목한다.

10) 재산손실 및 도난 감지

조직 내의 재산손실을 시정하기 위해 몇 가지 전략을 적용할 수 있다. CCTV와 공공연한 비밀, 그리고 무선 주파수 식별(RFID: radio frequency identification)은 인기 있는 방법이다. 또 고부가가치 자산에 대해서는 위성위치확인 장치(GPS) 칩을 자산에 삽입해 보안업체나 경찰에 통보하고 허가 없이 이동할 때는 컴퓨터를 통해 자산의 움직임을 추적할 수 있다. 여기서는 재고 시스템, 물품 표식 및 금속탐지기의 사용에 중점을 둔다. 재고 시스템은 재산과 상품 현황을 확인 가능하게 한다. 예를 들어, 종업원이 장비를 빌리거나 사용할 때, 품목, 일련번호, 종업원 이름, 날짜에 대한 기록이 보관된다. 품목을 반납하면 점원과 사용자 모두 날짜를 포함하여 표기한다. 자동시스템은 디지털 레코드를 위해 스캐너가 읽는 항목에 마이크로칩을 포함할 수 있다. 재고는 판매용 상품, 원자재, 미완성 상품도 포함한다.

재산 표식(예: 도구, 컴퓨터 및 가구)은 몇 가지 유용한 목적을 제공한다. 재산에 일련번호, 특수물질, 또는 회사 이름을 새기면 그 재산을 식별할 수 있고, 판매를 더 어렵게 하며, 그 표시가 증거 역할을 하기 때문에 도둑들이 단념한다. 표시는 또한 소유자를 찾을 때 도움이 된다. 재산 표시를 공표하는 것은 억제 효과를 강화한다. 경찰청은 분실방지를 위한 재산 표시를 위하여 시민을 모집하기 위해 수년 전부터 '식별작전'이라는 프로그램을 운영해 왔다. 도둑을 잡기 위해 비밀 감시용 핀홀(PinHole) 렌즈 카메라를 사용하는 것 외에 다른 감시기법은 재산을 표시하기 위해 형광물질을 사용하는 것이다. 이런 보이지 않는 자국을 보기 위해서는 자외선(검은 빛)이 필요한데, 이는 범인에게는 뜻밖의 일이 될 것이다.

예를 들어, 회사의 소액 현금이 자주 누락된다고 가정하자. 범죄자를 밝히기 위해 분말, 크레파스, 액체 형태의 형광물질로 돈에 표시하여 분실되는 돈을 확인할 수가 있다. 근무시간 이후에 일하는 직원들이 그 용의자들이다. 근무시간 이후 직원들이 도착하기 전에 사건을 처리하는 수사관은 눈에 보이지 않는 형광가루를 뿌리거나 형광 크레파스로 표시한 지폐를 작은 현금봉투에 넣는다. '표시된 돈'과 같은 문장은 자외선 아래의 지폐를 식별하는 데 사용될 수 있다. 지폐에서 나온 일련번호는 수사관이 기록하고 보관한다. 형광물질은 다른 물건과 정직한 사람의 손에 옮겨질 수 있기 때문에 표시된 돈은 봉투에 넣어야 한다. 부당하게 체포되면 허위 구속소송으로 이어질 수 있다. 표시된 돈에 대한 용의자의 현금 확인은 이 문제를 피하는 데 도움이 많이 된다.

세척액들은 자외선에 의해 주황색으로 보인다. 조사자들은 건물 안의 모든 세척액을 분석하여 청소물질과 다른 형광색을 선택할 수 있다. 다른 형광물질로는 로션, 플라스틱, 체액, 머그잔 등이 있다.

속성을 표시하는 또 다른 방법은 마이크로도트(Microdot)를 사용하는 것이다. 마이크로도트는 로고나 ID 번호를 포함하고 있으며, 점들은 페인트로 칠하거나 땅에 뿌린다. 현미경은 그 재산의 소유자를 식별하는 점들을 보기 위해 사용된다. 예를 들어, 한 전력회사는 구리선 및 장비 도난으로 수백만 달러의 손실을 입었기 때문에 조사 및 복구 과정에서 회사 재산의 식별을 돕기 위해 구리 자산에 점을 찍었다.

보행시선 금속탐지기는 공항에서 사용하는 것과 유사하게, 금속물 도난방지 및 직원 도둑 식별을 위해 직원 접근지점에서 유용하다. 그러한 탐지기는 특정 지역에 반입되는 무기들을 발견할 수 있다. 휴대용 금속탐지기도 도움이 된다. 특정 총기, 칼 및 기타 무기는 주로 플라스틱으로 만들어지기 때문에 금속탐지기로 탐지할 수 없다는 점을 유념하는 것이 중요하다. 따라서 엑스레이 스캐너는 밀수품을 식별하는 데 비용이 많이 드는 옵션이다(다음 장에서는 밀수품 감지를 다룬다).

11) 보험, 채권

보험이 손실에 대한 가장 큰 방벽이라면, 보험비용이 치솟을 가능성이 있다. 이러한 이유로 보험은 실패할 수 있는 다른 손실방지 방법의 보완책으로 가장 잘 활용된다. 신용보험은 현금을 취급하고 다른 재무활동을 수행하는 직원들을 위한 일종의 직원 정직보험이다. 보험은 다른 일을 하지 못하게 한다. 나쁜 동기를 가진 지원인력들과 직원들이 있는 일부 회사들은 직원들이 보험에 완전히 가입하지는 못하지만 실제로 채권을 취득하지도 않는다.

12) 직원 용의자와 마주침

피고용인 용의자와 마주칠 때는 주의를 기울여야 한다. 전문성과 기밀성을 유지하여야 한다. 다음의 권고안은 좋은 법률적 지원과 함께 좋은 사례가 될 수 있다. 단계별 목록의 내용들은 신중한 접근을 나타낸다. 용의자를 체포하기 전에 경영진의 승인을 받아야 한다.

① 절도를 절대적으로 확신하지 않는 한 아무도 고발하지 말라.
② 절도는 믿을 만한 사람에 의해 관찰되어야 한다. 풍문에 의존하지 마라.
③ 의도를 보여줄 수 있도록 확인하라: 도둑맞은 물건은 회사 소유물이고, 절도 혐의를 받는 사람은 해당 시설 내에서 없어졌다.
④ 피의자를 만나보기 위하여 사무실로 불러야 한다. 직원들은 이러한 회의 중에 변호사를 선임할 권리가 없다. 만약 용의자가 노조원이고 노조 대표에게 요청한다면, 그 요구에 응하라.
⑤ 종업원을 고발하지 않고, '절도에 관한 소문에 대하여 설명해주기'를 요구한다.
⑥ 모든 것에 대하여 정확한 기록을 유지한다. 이 기록들은 범죄나 민사소송의 필수적인 부분이 될 수 있다.
⑦ 용의자를 협박해서는 절대 안 된다.
⑧ 그 사람이 떠나고 싶다면 절대로 용의자를 구금하지 않는다. 인터뷰 시간은 한 시간 미만으로 하라.
⑨ 용의자를 만지거나 용의자의 호주머니에 손을 대지 않는다.
⑩ 용의자의 소지품 검색 허가를 요청한다. 만약 용의자가 감시받는 방에 혼자 남겨진다면, 용의자는 그 물건을 자기 사람에게 숨기거나 방에 숨길 수 있다. 이러한 방식은 용의자 검색을 어렵게 할 수 있다.
⑪ 증인이 항상 출석해야 한다. 만약 용의자가 여자고 당신이 남자라면, 다른 여자를 같이 출석시켜야 한다.

⑫ 1988년에 만들어진 거짓말 탐지 보호법에 의해 허용될 경우, 피의자에게 거짓말 탐지기에 대한 시험을 자원하도록 요청하고, 피의자에게 진술서에 서명하도록 한다. EPPA(근로자 종합 보호법, the Employee Polygraph Protection Act) 지침을 따라야 한다.

⑬ 만약 입회나 자백이 피의자에 의해 이루어진다면, 피의자가 그것을 작성하도록 하고, 참석자 모두가 서명하도록 하라. 용의자의 쓰기 오류를 수정하지 않아야 한다.

⑭ 피의자에게 무력과 협박이 가해지지 않았다는 진술서에 서명하도록 요청한다.

⑮ 용의자가 비협조적인 경우 또는 기소가 유리한 경우에는 경찰에 연락하되, 우선 3단계와 같이 증거를 반드시 확보해야 한다.

⑯ 훔친 재산은 뇌물로 해석될 수 있고 보험에 지장을 줄 수 있으므로 별도의 지불금을 받지 않는다.

   법원이 배상 결정을 내리게 해야 한다.

⑰ 청소년은 성인과 다르게 취급하고, 경찰과 상담한다.

⑱ 의심스러운 일들은 변호사와 상의한다.

13) 기소

많은 사람들은 기소가 억제책이라고 강하게 느끼는 반면, 다른 이들은 기소가 사기와 홍보에 해가 되고 비용효율적이지 않다고 주장한다. 경영진이 어떤 결정을 내리든 간에, 직원들이 중대한 행위가 일어났다는 것을 깨닫게 하기 위해서는 상당한 주의를 기울여야 한다. 공정하고 일률적으로 적용될 수 있도록 서면으로 대책을 수립한다.

4. 물리적 보안 차원의 대응책

1) 통합 및 수렴

이후 페이지에서 다루는 물리적 보안전략은 통합 시스템에 관련된 내용이다. 키너(Keener)는 통합시스템을 다음과 같이 정의했다. "통합 시스템은 하나의 시스템만이 모든 기능을 수행하고 있다는 인식을 가진 복수의 시스템의 단일 운영자에 의한 제어와 운영이다." 컴퓨터 기반 시스템에는 접근 통제, 경보 모니터링, CCTV, 전자 감시, 화재 보호 및 안전시스템, HVAC, 환경 모니터링, 라디오 및 비디오 미디어, 인터컴, 매장거래, 재고관리 등이 포함된다. 전통적으로 이러한 기능은 서로 분리되어 존재했지만, 점차적으로 전 세계 시설 내에 통합되어 설치되며, 중앙집중식 워크스테이션 또는 원격 위치에서 운영자와 관리자에 의해 제어 및 모니터링 된다. 통합 시스템의 이점은 비용 절감, 직원 감축, 효율성 향상, 중앙집중화, 출장 및 시간비용 절감이다. 예를 들어, 기업 본사의 제조임원은 지점의 운영, 생산, 재고, 판매 및 손실방지를 모니터링 할 수 있다. 마찬가지로 본사의 소매 임원은 매장과 매장의 판매층, 특별 전시품, 매장거래, 고객행동, 재고, 축소 및 손실방지 등을 관찰할 수 있다. 이러한 '확인'은 사무실 내에서 수행된다. 통합을 위해서는 다음과 같은 많은 질문에 대한 세심한 계획과 명확한 대답이 필요하다.

- 통합 시스템이 개별 시스템보다 실제로 비용이 적게 들고 운영 및 유지보수가 더 쉬울 것인가?
- 공급업체는 모든 애플리케이션에 대한 전문지식을 갖추고 있는가?
- 통합 소프트웨어가 언더라이터 노동연구소(Underwriter Laborator Laboratories)와 같은 제3자 테스트 기관에 의해 나열되거나 승인됐는가?

• 당국이 특정 시스템의 통합을 금지하는가? 일부 소방서는 화재경보 시스템을 다른 시스템과 통합하는 것을 금지하고 있다.

로버트 피어슨(Robert Pearson)에 의하면, 컨퍼런스나 무역박람회에 참석하는 모든 판매회사와 제조사들이 '통합 솔루션'을 가지고 있다고 주장하고 있지만 이는 어느 특정 회에서만 필요할 것이다. 모든 전시 부스에서 주문하면 사용자 편의성의 보안 문제는 간단히 사라질 것이다. "벤더와 제조업체는 최종 사용자가 시스템과 부품을 구매하도록 설득하기 위해 통합 시스템, 엔터프라이즈 시스템 및 디지털 솔루션과 같은 용어를 자주 사용한다."

피어슨은 보안통제센터 컴퓨터의 데이터 수집패널에 연결되는 센서로 구성된 일반적인 보안경보 시스템을 설명하고 있다. 통합은 센서, 카드판독기 및 기타 기능이 동일한 컴퓨터에 보고하는 동일한 데이터 수집패널에 연결됨을 의미한다. 어떤 다중기능이 통합되는지는 제조업체에 따라 달라진다. 일부 제조업체는 에너지 관리로 시작하여 보안경보 시스템을 후반기에 추가했으며, 다른 제조업체는 보안경보 시스템으로 시작하여 액세스 제어를 추가했다. 피어슨은 한 대의 컴퓨터를 통해 서로 다른 제조사들 간의 기능을 통합하는 것은 종종 도전적이고 다양한 접근법이 필요하다고 지적한다. 그러나 통합회사는 특정 클라이언트의 시스템을 결합하는 애플리케이션별 소프트웨어를 전문으로 하는 경우도 있다.

IT와 물리적 보안의 융합은 전문화와 관련 기술이 공통의 목적을 위해 결합한다는 것을 의미한다. 데이터베이스, 전자우편, 조직 인트라넷에 대한 접속을 확보하기 위한 노력이 접속제어, 화재 및 도난경보 시스템, 비디오 감시와 합쳐지고 있다. 물리적 보안은 IT

시스템과 관련된 소프트웨어에 점점 더 의존하고 있다. 이는 IT 시스템과 물리적 보안시스템 모두 관리되는 데이터를 생성하는 센서를 가지고 있다. 예를 들어, IT 시스템에는 바이러스 백신 프로그램이 있고 물리적 보안시스템에는 동작 탐지기가 있는 것 등이다.

버나드(Bernard)는 융합이 계속 진화하며 기술융합과 조직융합을 구별한다고 지적한다. 그는 음성, 데이터 및 비디오 장치 및 시스템이 상호 작용하고 향상된 데이터 처리량을 수용할 수 있는 충분한 대역폭을 갖춘 케이블 및 무선통신 인프라를 필요로 하는 기술융합을 기술한다. 두 번째 형태의 보안융합은 IT와 물리적 보안의 통합을 목표로 하는 조직융합이다.

버나드는 IT 보안이 정보를 보호하고 물리적 보안이 정보를 보호한다고 설명함으로써 이러한 유형을 설명한다. 조직은 정보보안을 계획할 때 두 가지를 동시에 포함해야 한다. 브레너(Brenner)는 IT 보안 측면과 물리적 보안 측면이 어떻게 함께 작동할 수 있는지에 대한 시나리오를 제공한다.

범인은 직장에서 컴퓨터를 훔친다. 보안사고사건 관리기술 시스템이 리소스 변경(누락된 시스템)을 감지한다. 물리적 보안 정보 관리시스템은 도어 접근기록 및 기타 물리적 보안을 점검한다. 모든 시스템은 '서로 대화(즉, 데이터 비교)'와 알림기술을 통해 경보와 응답을 견인(牽引)한다.

보안담당자들은 조사를 돕기 위해 데이터를 보완한다. 다른 시나리오에서는 데이터 손실방지(DLP) 기술회사 컴퓨터에서 배우자에 대한 위협을 탐지한다. 기업의 물리적 보안 조사원이 내부자의 배경을 확인하고 내부자가 가정폭력범이라는 것을 발견한다. IT 보안기술(예: 전화 모니터링 및 DLF 시스템)을 적용하고 보안담당자가 사례를 면밀히 모니터링 하여 조치를 취한다.

버나드는 IDMS(integrated data base management system, 종합 데이터베이스 관리시스템)로 알려진 융합의 또 다른 측면을 언급한다. 그것은 컴퓨터 시스템과 사람들의 신분과 특권을 관리하는 데 사용된다. 버나드는 예를 들어 다음과 같은 설명을 통해 IDMS의 이점을 강조한다: "물리적 보안은 물리적 접근 통제 시스템과 IDMS를 통합함으로써 직원의 인사부(Human Resources) 등록에 활용할 수 있다. 따라서 인사부가 직원을 등록, 재할당 및 종료할 때 IT 권한과 함께 액세스 제어권한이 자동으로 관리된다." 버나드는 "연방정부는 국토안보부 대통령지령(HSPD) 12에 의해 위임된 개인 신원확인(PIV) 시스템에서 IDMS의 중요성을 인식하고 있다"고 지적했다. 이 의무사항은 연방기관들 간의 물리적 및 IT 보안에 모두 사용될 하나의 스마트 액세스 카드를 가리킨다.

IT와 물리적 보안이 융합된 장점으로는 향상된 데이터, 원격 모니터링, 적은 이동시간과 비용이 있다. 단점으로는 단일 서버를 공유할 때 물리적 보안에 영향을 미칠 수 있는 바이러스, 미작동시간(유지관리, 위협, 장애 등 다양한 원인에서 발생함), 그리고 장비의 대역폭이 비디오 감시요건에서 한계에 도달할 수 있다는 점이다. 기획자를 위한 출처는 표준화(ISO) 및 국제전기기술위원회(IEC) 등의 국제기구와 같은 모범 IT 보안표준이다.

조직의 IT 전문가들이 물리적 보안 의사결정에 더 큰 역할을 하고 있다. 그들은 물리적 보안기술이 네트워크와 호환되는지 확인하고자 한다. 조직의 물리적 보안 구매결정은 종종 보안 또는 손실방지, IT 및 운영담당위원회로 구성된다. IT 관리자들이 사이버 범죄가 물리적 범죄보다 더 큰 위협이라고 고위 경영진에게 확신시킬 수 있다면, 이것은 또한 보안예산의 방향에 영향을 미칠 것이다. 기업 경영 변화의 또 다른 주체는 시설관리자다. 종종 엔지니어인 시설관리자가 인력 및 운영을 수용하는 회사의 인프라가 비즈니스 목표를 지원하기 위한 최적의 효율성을 발휘하도록 보장해야 한다. 관리 프로세스는 누가 그것을 통제하고, 어떻게 처리하는가에 대한 정보 제공에 점점 더 의존하고 있다.

기존의 보안책임자가 사라질 것이라고 주장하는 사람들이 있는데, 이들은 IT책임자나 설비책임자로 대체될 것이다. 그러한 추리는 전통적인 보안관리자와 직원들이 수행하는 광범위하고 필수적인 기능을 놓치고 있다. 범죄예방, 범죄대응, 응급조치, 조사, 범인 체포를 위한 경찰과의 공조, 생활안전, 화재예방 등이 그 예다. 동시에, 전통적인 보안 실무자들에게 IT 시스템의 평생학습에 참여하기 위해 공고해야 하는데, 이것은 그들의 전통적인 의무의 모든 분야를 간섭하는 것이다.

2) 접근통제

접근 통제는 건물이나 시설로 이동하는 사람, 차량 및 물품 등을 규제하는 것이다. 이러한 이동에 대한 규제로 인해 자산을 더 쉽게 보호할 수 있다. 만약 트럭이 시설 내부에 쉽게 들어가서, 운송 부두로 후진하여 운전자가 허가 없이 귀중한 화물을 적재하고, 아무런 제재 없이 차를 몰고 갈 수 있다면, 그 사업은 제대로 하지 못할 것이다. 그러나 다음과 같은 접근 통제는 트럭이 게이트에 정차해야 하고, 보안담당자가 트럭과 운전사의 정보를 확인하고, 접근 허가를 위해 회사 IT 시스템을 통해 출입을 허락해야 하며, 출입증 발급 이후 다른 담당자는 주의 깊게 물건 적재 장소에서 문서를 교환해야 한다. RFID(Radio Frequency Identity, 무선주파수 식별) 기술은 트럭의 ID 태그에 있는 정보를 게이트의 판독기/접근 통제 시스템에 업로드(무선)하는 경우에 적용할 수 있다. 트럭의 출입이 허가되면 출입문이 열린다. 트럭이 진입하면 판독기는 자동으로 운전자와 트럭에 대한 식별정보를 수집하며, 트럭이 출발하면 정보가 업데이트된다. 다른 옵션으로는 CCTV와 차량 번호판 인식(번호판을 스캔하여 데이터베이스에서 문제 여부를 검사함)이 있다.

(1) 직원 트래픽 통제

접근 통제장치는 단순한 것부터 복잡한 것까지 다양하다. 직원을 위한 간단한 장치는 자물쇠와 열쇠, 식별배지를 확인하는 경찰관, 출입구와 출입구의 서면 또는 디지털 로그를 포함한다. 보다 복잡한 시스템은 다수의 기능과 기록을 위해 판독기와 상호작용하는 컴퓨터 메모리가 들어있는 '스마트카드'를 사용한다. 생체인식은 접근을 거부하거나 허가하기 위해 사용된다. 카드 RFID를 소지하고 있는 사람은 시설 전체에 걸쳐 리더기가 감시할 수 있으며, 허가 없이 민감한 지역에 진입하면 출입이 통보되고 물리적 보안기능이 활성화된다(예: 경보음이 울리며 문이 잠기고 카메라의 줌 기능 작동). 채택된 시스템의 종류에 영향을 미치는 주요 요인은 사용자의 요구사항이다. 새로운 제품을 개발하는 연구소는 엄격한 접근통제가 필요한 반면, 소매업자는 최소한의 통제가 필요할 것이다.

출입구와 출구 최소화는 출입통제와 비용절감을 위해 최선이다. 가능하다면 직원 등은 귀중한 자산으로부터 먼 목적지에 가장 가까운 입구로 연결되어야 한다. 허가받지 않은 출구는 화재발생 시 위험을 야기한다. 안전을 보장하고 손실을 줄이려면 암호 시스템과 일치하는 비상출구 경보를 설치해야 한다. 이러한 장치는 도어를 가로질러 고정된 수평 막대에 압력이 배치될 때 빠른 출구 접근이나 지연 단축을 가능하게 한다. 이러한 도어가 활성화되면 경보가 울리며, 이는 무단사용을 금지한다.

(2) 직원 검색

경영진은 고용계약에서 합리적인 구금이 허용되며, 사람과 회사의 자산을 보호하기 위해 합리적인 검색을 수행할 수 있고, 책상, 사물함, 직원이 운반하는 컨테이너 및 차량을 언제든지 검색할 수 있다. 법원 판례에서 고용주가 복제키를 사용하여 직원의 락커에 마음대로 들어갈 수 있도록 허용했다. 반면에 개인 자물쇠를 사용하는 직원은 사생활 보장을 위하여 강제출입을 통제하길 바란다. 특정 직원에게 책상을 배정할 때 계약서에 달리 명시되지 않은 한 사생활을 보장해야 한다. 직원들이 공동으로 책상을 이용하는 것은 사생활을 보장할 수 없다. 검색에 대한 정책과 절차는 경영진, 변호사, 직원, 그리고 구내에 있는 경우 조합으로부터의 허용을 고려해야 한다. 또한 사업상의 필요성, 각 직원의 서명된 승인, 시설 주변과 직장 내에서의 안내문, 방문자 및 기타 인원의 검색 등을 고려한다.

(3) 방문객들

방문자에는 고객, 영업사원, 행상인, 서비스 요원, 계약자, 공무원 등이 포함된다. 이 사람들 중 누구든지 절도를 하거나 다른 손실을 입힐 수 있다. 필요에 따라 방문자 접근 통제에 다양한 기법을 적용할 수 있다. 예약제는 방문객을 위한 준비를 가능하게 한다. 방문객이 약속 없이 도착했을 때, 접수 담당자는 대기실로 안내해야 한다. 안전과 같은 특수장비를 빌려줘야 할 수도 있다. 방문기록이나 일지를 기록하는 것이 현명하다. 관련 정보는 방문자의 이름, 운전면허 번호 및 상태, 방문날짜, 출입시간, 목적, 방문자 특정 위치, 방문자를 호송하는 직원 이름 및 임시 배지번호가 될 수 있다. 이 기록들은 수사관들에게 도움이 된다. 터치스크린 디렉터리 기능이 있는 키오스크(Kiosk, 그림 7.4)는 방문자 체크인, 사용자 지정지도 인쇄, 임시 배지 작성과 같은 옵션을 제공한다. 가능한 한 절차를 밟으면 직원과 방문자의 접촉을 최소화할 수 있다. 예를 들어, 트럭 운전사들이 직원들과 친해지고 모의가 이루어질 수 있는 운송 및 수취 부서에서 이는 특히 중요하다. 화장실과 자동판매기가 공장 전체에 흩어져 있을 때, 트럭 운전사와 쉽게 접근할 수 있는 다른 방문객들은 손실을 야기할 수 있다. 이러한 서비스는 선적 및 수령 선착장에 배치되어야 하며 외부인에 대한 접근은 제한되어야 한다.

(4) 포장물 및 물품 반출입 통제

포장물 및 물품의 반출입은 통제되어야 한다. 일부 장소에서는 포장된 폭탄, 편지 폭탄 및 기타 위험에 대한 예방조치를 요구한다. 출입물품에 대한 분명한 확인방법과 절차는 매우 중요하다. 직원 절도에 대응하기 위해, 반출품목은 정밀조사와 정확한 실셈을 요구한다. 시설에 배치된 판독기와 결합하여 자산의 RFID 태그는 자산이 허가되지 않은 위치로 이동될 때 경보를 표시한다. 물품확인 시스템이 정상적으로 기능을 수행하더라도 보안요원은 반출물품을 확인할 수 있다. 한 유통센터에서는 직원에게 홈 마분지를 취급할 수 있는 권한을 주었다. 그 직원이 납작한 판지를 끈으로 묶고 나가려고 하자 퇴장하는 동안 보안 담당자가 판지를 확인해 보려고 했지만, 직원이 재산권이 있다는 이유로 압수수색을 강하게 반대했다. 결국 CCTV가 그의 절도행위를 발견했다.

그림 7.4 많은 방문객을 관리하는 대화형 키오스크. Courtesy Honeywell Security.

(5) 직원식별 시스템

직원식별(카드 또는 배지) 시스템의 사용은 다른 직원이 파악하고 인식해야 하는 직원수에 따라 달라진다. ID 시스템은 허가받지 않은 사람이 시설에 들어가는 것을 막을 뿐만 아니라 허가받지 않은 직원이 제한된 구역으로 들어가는 것을 방지한다. 시스템이 효율적으로 작동하기 위해서는, 수행정책에 ID 카드 사용지침, 카드를 표시해야 할 장소와 시기, 그만두거나 해고된 직원들로부터 카드를 수집해야 하는 사람, 그리고 규정 미준수에 대한 벌칙을 명시해야 한다. 분실 또는 도난카드는 적절한 정보가 모든 이해관계자에게 전달되도록 보고해야 한다. 때때로 신분증 시스템은 장난거리가 되고 직원들은 신분증을 착용하기를 거부하거나 장식용으로 착용하거나 적절치 못한 위치에 착용한다. ID 시스템을 유지하기 위해서는 적절한 공론화가 필수적이다. 간단한 신분증에는 고용주와 직원원 이름이 들어있다. 좀 더 복잡한 시스템에는 이름, 서명, 주소, 직원번호, 신체적 특성(예: 키, 체중, 머리 및 눈 색), 검증날짜, 승인된 서명, 작업 할당위치, 지문 및 색상 사진이 포함된다. 신분증은 종종 출입통제 카드와 다른 목적을 위한 역할을 하기도 한다. 계약자, 방문자 및 기타 비직원에게는 직원 신분증과 명확하게 구별할 수 있는 신분증이 필요하다.

임시 신분증 배지는 정해진 기간 후에 공백이라는 단어가 나타나게 하는 화학물질로 인쇄할 수 있다. 만약 ID 카드가 접속카드라면, 컴퓨터 시스템에 유효기간과 시간을 입력할 수 있다. 보호용 라미네이트 코팅(Laminate coating)은 카드의 수명을 증가시킨다. 또한 위조하는 것을 방지한다. 만약 카드를 바꾸려고 시도한다면 그것은 손상될 것이다.

위조 방지대책은 항상 범법자에 대한 대응으로 개선되고 있으며, 다양한 홀로그래픽(이미지) 기법, 배지의 비밀기호나 문자, 레이저로만 볼 수 있고 육안으로는 보이지 않는 영숫자 활자를 포함한

다. 신분증이 준비된 구역과 관련 장비와 물자를 안전하게 보관해야
한다. 또한 장비와 소프트웨어는 암호로 보호되어야 한다.

(6) 자동화된 접근통제

산업보안협회는 다음과 같이 자동접속 통제시스템의 개발을 추진
했다(D'Agostino, 2005). 전통적으로 접근통제 시스템은 접근 통제,
ID 신분증, 경보 시스템 및 CCTV를 포함하는 건물의 전자 보안시
스템의 중심에 있었다. 인증(즉, 신원확인)과 허가(즉, 식별된 개인
이 들어갈 수 있는지 확인)는 일반적으로 접근통제의 한 단계 프로
세스로서 만들어졌다. 보안요구에 따라 접근통제는 1단계 인증(예:
카드 또는 개인식별번호 또는 생체인식), 2단계 인증(예: 카드와
PIN 또는 카드와 생체인식) 또는 3단계 인증(예: 카드와 PIN 및 생
체인식)을 위해 설계됐다.

　　암호기술(즉, 정보에 대한 보안을 제공하기 위해 암호화된 문서
나 비밀문서의 연구)은 암호의 사용과 함께 접근통제 시스템의 일부
가 됐다(즉, 데이터를 처리하는 하드웨어 또는 소프트웨어를 사용하
여 암호와 기타 정보를 허가받지 않은 사람이 알아들을 수 없게 만
들었다). 암호화는 HSPD-12의 요건에 따라 필수적이다. 이더넷 네
트워크(Ethernet Networks, 로컬 영역에서 컴퓨터 간 통신 시스템의
트레이드마크)는 독점적 장비 연결을 대체할 수 있고, 보안시스템
이 점점 더 인터넷 프로토콜(IP) 메시지 및 다른 사업과의 공유 네트
워크에 의존하고 있기 때문에 그 중요성이 유지되고 있다. 전통적으
로, 이러한 시스템에 대한 보안표준은 존재하지 않았기 때문에, 제
조업체들은 그들 자신의 디자인을 적용했다. 그러나 산업보안협회
에 따르면 다음과 같은 동인으로 인해 현재 표준이 시행되고 있다.

- 물리적 보안 및 IT 보안의 융합
- 물리적 보안 및 IT 보안의 접근권한 부여를 통해 직원등록과

해고(일반적으로 인력관리 시스템)를 동일 지점에서 가능하게 하는 일반 사용자 공급 프로그램

- 대규모 조직을 가진 고객(예: 연방정부)은 자신의 시설이 상호운용성이 보장될 수 있도록 요구한다(즉, 다른 제품이나 시스템과 같이 작동할 수 있는 제품 또는 시스템).
- 액세스(Access) 컨트롤을 사용하여 기업 전체 건물, 시설 및 컴퓨터 네트워크에서 단일 자격증명(즉, 스마트카드)을 사용할 수 있다. 이것은 HSPD-12, 연방정부 PIV 프로그램 및 민간부문의 모델 역할을 하는 암호표준이 있기 때문이다.
- 전자인증 시스템(Digital Certificate System)은 운전면허 및 다른 ID에 대하여 전자정보 서명에 사용되고, 웹상의 보안 전자 통합을 위한 기초의 일부로서 사용되며, IT와의 물리적 접근 통제 시스템의 통합에 필수적이다.

기존의 접근 통제방식에는 한계가 있다. 예를 들어, 열쇠는 통제기능이 약하고 복제하기는 쉽다. 이에 따라 향상된 접근통제의 필요성과 기술혁신으로 인해, 전자카드 접근통제 시스템의 거대한 시장이 만들어졌다. 이러한 시스템에는 유선 및 무선 구성요소가 포함되어있다. 이러한 시스템의 이점은 각 통제지점에서 보안담당자가 필요하지 않기 때문에 최신 카드를 복제하는 것과 비용 절감이 어렵다는 것이다. 현대의 접속제어 시스템 역시 인터넷 기반이며 직원, 방문자, 경영진을 위한 수많은 기능을 제공한다. 예를 들어, 직원들은 분실 또는 도난카드를 신고할 수 있고, 방문객들은 사전에 등록할 수 있으며, 경영진은 출입하는 사람들의 상세한 보고서를 볼 수 있으며, CCTV와 다른 물리적 보안장치를 시스템에 통합하여 감시업무를 도울 수 있다.

자동 접근통제 시스템을 구현하기 전에 몇 가지 고려사항이 필요하다. 먼저 비상시 신속한 탈출을 보장하기 위해서는 안전이 가장

중요한 요소가 되어야 한다. 또 다른 고려사항은 현재 사용 중인 도어의 유형에 대한 시스템의 적응성을 고려해야 한다. 시스템이 모든 트래픽 요구사항을 수용할 수 있는가? 얼마나 많은 입구와 출구가 있어야 하는가? 출입하고자 하는 사람들에게 짜증스러운 대기기간이 있을까? 시스템 운용기능 추가가 가능한가? 만약 시스템이 고장나면 어떻게 대응할 수 있는가? 백업 전원(예: 발전기)을 사용할 수 있는가?

테일게이트와 패스백(Passback)은 다른 걱정거리들이다. 테일게이팅(Tailgating)은 권한이 부여된 사용자에게 권한이 미부여된 사용자가 뒤따르는 것을 의미한다. 이 문제를 해결하기 위해 비밀 임원이 각 접근지점에 배정될 수 있지만, 이 접근방식은 CCTV, 회전도어, 개찰구를 적용하는 것에 비해 비용이 많이 든다. 문을 고치는 것은 처음에는 비용이 많이 들 수 있고, 그것들은 승인된 화재 출구가 아니다. 광학 개찰구는 눈에 보이지 않는 적외선 빔을 사용하여 테일게이트와 패스백을 하는 사람들을 셀 수 있다. 이러한 센서는 도어 프레임에 설치될 수 있으며 알람 시스템과 CCTV에 연결될 수 있다. 한 사람이 열린 문을 통과한 후 다른 사람이 문을 통과할 때에는 자격증명을 다시 확인하라.

카드 액세스 시스템에 사용되는 카드 일람표는 다음과 같다.

- 스마트카드는 내부에 정보와 개인식별코드를 기록하고 저장하는 컴퓨터 메모리가 있다. 정보가 읽을 수 있는 자료가 아닌 카드에 있기 때문에 보안을 더 강화할 수 있다. 잘루드(Zalud)는 카드의 메모리 기능을 통하여 카드의 정보를 판독기가 읽을 수 있도록 장비운용자는 판독기에 PIN(개인식별번호)이나 생체정보를 제공해야 한다고 했다. 이 기능은 무단사용을 방지하고, 암호기술은 판독기와 카드 사이의 안전한 소통을 보장한다. 스마트카드는 접근통제에서 물건 구매에 이르기까

지 많은 곳에서 사용되면서 열쇠나 현금의 필요성을 거의 없 앴다. 이런 형태의 카드는 응용범위가 확대되면서 인기가 높 아지고 있다.

- 접근카드(RFID라고도 함)를 판독기에 삽입할 필요는 없지만 판독기로부터 '가까운 곳'에 있어야 판독이 가능하다. 오늘날 은 무선주파수, 자기장 또는 마이크로칩 튜닝회로를 통해 정 보가 전송되는 암호를 사용하는 카드가 널리 사용되고 있다.

- 접속 메모리 배지는 컴퓨터 칩이 들어있는 스테인리스 스틸 로 만들어져 있다. 배지의 정보는 다른 시스템처럼 판독기로 다운로드하거나 업데이트할 수 있다. 이 배지는 내구성이 좋 은 것으로 알려져 있으며 순찰 중인 보안 담당자에게 적합하 고 자산의 확인용으로 널리 사용된다.

- 자기 스트라이프 카드는 암호가 인쇄되는 한쪽 가장자리에 자석 스트라이프가 있는 플라스틱 라미네이트 카드(신용카드 와 유사)이다. 카드를 삽입하면 자기로 인코딩된 데이터를 컴 퓨터에 저장된 데이터와 비교하여 허가여부를 판단한다. 이 카드는 널리 쓰이지만 복제하기가 쉬운 단점이 있다.

- 위간드 카드는 코드번호를 생성하기 위해 카드 내의 자화선 에 코드화된 패턴을 사용한다. 출입하기 위해서는 카드를 감 지판독기에 넣어야 한다. 그러나 기술의 발달로 이런 종류의 카드의 인기가 감소됐다.

- 바코드 카드에는 적외선 판독기가 읽어들이고 복사하거나 보 이지 않는, 눈에 잘 띄는 일련의 작은 수직선이 포함되어있다. 다른 기술의 발달은 이 취약한 카드의 인기를 감소시켰다.

- 자기도트 카드에는 플라스틱층 사이에 적층된 바륨(Barium), 페라이트(Ferrite)라는 자성 물질이 포함되어있다. 이 점들은 카드판독기의 내부 센서를 작동시키는 자기 패턴을 만든다. 이 카드는 복제하기 쉽고 거의 사용하지 않는다.

접속 카드시스템은 장점과 단점, 비용 면에서 다양한 것들이 있다. 각 카드별 타입은 충분한 지식과 시간, 장비가 있으면 복사가 가능하다. 예를 들어, 자기 줄무늬는 복제하기 쉽다. 적절하게 인코딩된 자기 띠를 가진 마분지 조각은 동일한 효율로 기능한다. 위간드 카드는 출입을 위해 슬롯을 통과하는 카드가 마모되거나 찢어질 가능성이 있는 단점이 있다. 근접카드(RFID)는 내부에 숨겨져 있는 감지요소가 있다는 장점을 가지고 있으며, 일반적으로 카드를 주머니에서 꺼내지 않고도 읽을 수 있다. 스마트카드는 비싸지만 다른 카드 시스템과 결합할 수 있다. 또한 웹을 통해 카드 응용 프로그램을 로드하고 업데이트할 수 있기 때문에 편리하다.

근거리 통신(NFC: Near Field Communication)은 넓은 애플리케이션을 가진 기술이다. 단거리(4인치 미만) 무선(라디오)통신으로, 기기를 서로 근접하게 배치해 두어야 한다. 근거리 무선통신은 RFID로부터 진화됐다. 차이점은 RFID는 일방적이지만, NFC는 양방향 근거리 무선통신 가능장치가 정보를 주고받을 수 있다는 것이다. 근거리 무선통신 기능이 포함된 스마트폰은 신용카드 또는 직불카드 역할을 할 수 있다. 근거리 무선통신 기능이 있는 장치는 다른 응용 프로그램 중에서도 보안도어, 컴퓨터 또는 네트워크에 대한 도서 대출카드, 중계권 및 액세스 카드 역할을 할 수 있다. 지갑과 열쇠는 언젠가 쓸모없게 될 것이다. 근거리 무선통신은 해킹의 대상이 된다. RF(Radio Frequency, 무선주파수) 신호는 안테나로 포착할 수 있으며, 정보를 훔치거나 수정할 수 있다. 보안에는 암호, 암호화, 키패드 잠금 및 바이러스 백신 소프트웨어의 사용이 포함된다.

(7) 바이오메트릭스

생체 보안시스템은 사건을 특정 개인과 연결시키는 반면, 허가되지 않은 개인이 키, 카드, PIN 또는 암호를 사용할 수 있기 때문에 접근 통제의 주요한 진보라고 칭송되어 왔다. 디 나르도(Di Nardo)는 바

그림 7.5 손의 형태로 신원 확인
Courtesy HID Corporation

이오메트릭스를 "정체성을 결정하거나 검증하기 위해 생리적 또는 행동적 특성을 자동으로 사용하는 것"으로 정의한다. 그는 또한 "측정 가능한 생물학적 특징에 대한 연구"로도 정의될 수 있다고 덧붙였다.

　이러한 시스템은 지문 스캔, 손 기하학(손의 모양과 크기), 홍채 스캔(홍채는 눈동자 주변의 색상 부분), 안면 스캔, 망막 스캔(모세관 패턴), 음성 패턴, 외형 인식, 혈관(정맥) 패턴 인식, 손바닥, 귀 모양, 걸음걸이, 타자 치는 모습 등을 통해 개인의 신원을 확인하고자 한다. 생체인식 리더는 지문, 손 모양, 홍채, 안면인식을 한다. 생체보안시스템은 단점이 있으며 우회할 수 있다. 예를 들어, 망막 인식은 질병의 영향을 받을 수 있고, 혈관 인식은 값이 비싸고, 부피가 큰 장비를 필요로 하며, 약물 인식은 걸음걸이에 영향을 줄 수 있으며, 자판 형태 판독은 오류율이 높다. 홍채인식은 유리눈, 콘택트렌즈, 고해상도 사진을 사용하면 통과할 수가 있고, 지문은 공인된 사람의 지문을 테이프를 이용하여 수집하면 이를 통과할 수가 있다. 테러범들은 지문 기반 접근통제 시스템을 통해 진입하기 위해 은행 지점장의 엄지손가락을 잘라냈다. 연구원들은 진짜 손가락에 깁스를 해서

플레이도(Play-doh)로 만들어 가짜 손가락을 만들었다. 연구원들은 이 술책을 이용한 침입을 줄이기 위해서 습기를 확인하는 기술을 개발했다.

스펜스(Spence)는 락 스미스 레이거(Locksmith Leger)에서 일부 자물쇠 수리공이 생체인식 지문 시스템에 관여하는 것을 주저하고 있다고 했다. "생체인식 지문 시스템은 내 매출의 1퍼센트에 불과했고 내게 걸려온 서비스 전화의 10퍼센트 정도였으며, 사업의 실패율은 3%에서 20% 사이였다고 말했다.

연구를 통해서 생체인식 기술을 계속 향상시키고 있다. 가까운 시일 내에 안면 스캔을 통하여 군중 속에서 테러리스트를 찾아내는 것을 볼 수는 없겠지만 이를 위해 기술은 발전하고 있다. 각도나 조명이 좋지 않은 곳에서 디지털사진은 결함이 있을 수 있다. 안면 스캔을 위한 도전과제는 이동 중인 사람을 식별하는 것이다.

생체인식 시스템은 접속을 요청하는 주체가 제시한 정보와 비교할 수 있도록 식별정보(예: 지문, 사진)를 컴퓨터에 저장하여 작동한다. 접근 통제는 스마트카드와 생체인식과 같은 여러 기술을 사용하는 경우가 많다. 특정한 위치에서 카드와 PIN(개인식별번호, Personal identification number)이 필요할 수 있으며(그림 7.6), 또 다른 위치에서는 손가락과 PIN을 스캔해야 한다. 많은 시스템에는 누군가가 피해를 입었을 경우 입력할 수 있는 조난코드가 있다. 또 다른 특징은 무단진입 시도 시에 울리는 경보다. 접속 시스템은 시간, 일정, 위치에 따라 선택적 접근을 가능하도록 프로그래밍 할 수 있다. 로그 기능은 시간, 날짜 및 지출된 리소스(예: 컴퓨터 작동시간, 주차공간, 구내식당)에 따라 직원 위치를 확인하는 또 다른 기능이다. 이러한 기능들은 문제발생 시 조사를 하거나 비상사태 발생 시에 정보를 제공한다. 현재는 카드 접근 시스템과 생체인식 기술을 통합하여 운용하는 경우가 증가하고 있으며, 이는 카드를 분실하거나 도난당할 경우에 대비할 수가 있다. 우리는 현금화, 신용카드 및 기타 거

그림 7.6 카드판독기 및 키패드
Courtesy Diebold, Inc.

래를 위해 생체인식을 사용하는 경우를 더 많이 보게 될 것이다. 연구활동을 통하여 생체인식 기술을 계속 발전시킴에 따라, 이러한 시스템은 보편적인 은행, 교정시설, 복지관리 프로그램 등에 적용될 것이다.

3) 잠금 및 키

잠금 키 시스템의 기본 목적은 무단진입을 방해하는 것이다. 안전한 장소에 진입하려는 시도는 대개 건물 창문이나 문이나 건물 내 어딘가에 있는 문에서 이루어진다. 결과적으로 자물쇠는 외부인과 내부자의 무단접근을 막는다. 많은 사람들은 자물쇠를 문을 여는 데 필요한 시간만큼 가치가 있는 지연장치로만 본다. 준켈(Zunkel)은 "잠금 자체는 문, 벽, 둘레 및 보안계획을 포함하는 더 큰 시스템의 일부에 불과하다는 것을 설계자들이 아는 것이 중요하다"고 했다. 범인은 높은 보안 잠금장치를 피하고 약한 문, 벽, 천장, 바닥, 지붕 또는 창문을 뚫을 수 있다.

잠금 시스템과 관련된 표준은 미국 국립표준연구소(ANSI), 미국 시험재료협회(ASTM), Underwriter Laboratories(UL), BH-MA(Builder Hardware Manufacturers Association)의 표준이다. 각 부

분별 조례에 자물쇠에 대한 요건을 명시할 수 있다.

자물쇠를 분류하는 두 가지 일반적인 방법은 기계식과 전기 기계식이다. 기계식 잠금장치에는 잠금해제 하는 액세스 코드를 입력하기 위한 키패드가 들어있는 일반적인 키 잠금과 푸시 버튼 잠금장치가 포함된다. 전기 기계식 잠금장치는 전기충격, 잠금 또는 자기 잠금장치에 연결되는 전자 키패드를 포함한다. 접속코드를 입력하면, 출입문을 열기 위해 충격이나 잠금을 해제한다. 간단하고 오래된 방법을 사용하는 것에서부터 전기, 무선 부품, 컴퓨터, 인터넷 등 현대기술을 적용하는 것에 이르기까지 다양한 종류의 자물쇠와 잠금 시스템이 있다. 여기서 우리는 자물쇠의 이해를 위한 기초로서 기본적인 정보부터 알아보기로 한다.

잠금장치는 키, 숫자 조합, 카드 또는 전기로 작동되는 경우가 많다. 많은 잠금장치(패드락 제외)는 데드볼트와 래치를 사용한다. 데드볼트(또는 볼트)는 도어록에서 도어 프레임 내의 볼트 소켓을 고정한다. 적절한 키를 사용하여 수동으로 볼트를 도어 잠금장치 안으로 이동시킴으로써 자물쇠가 열린다. 래치는 스프링이 달려 있어 데드볼트보다 덜 고정되어있다. 그들은 문이 닫힐 때 바로 잠길 수 있도록 되어있다(그림 7.7). 래치에 잠금 바(데드래치)가 장착되어 있지 않으면 칼을 사용하여 래치를 뒤로 밀면 문을 열 수가 있다.

잠금장치의 실린더 부분에는 열쇠구멍, 핀 및 기타 기계적 기능이 포함되어있다. 즉, 접근을 위해 키를 사용하여 데드볼트 또는 래치를 이동할 수 있는 메커니즘(그림 7.8)이다. 도어의 양쪽에 위치하는 이중 실린더 잠금장치는 단일 실린더 잠금장치에 비해 추가된 기능으로, 널리 사용되고 있다. 이중 실린더 잠금장치는 양쪽을 열기 위한 키가 필요하지만, 화재코드는 그러한 잠금장치를 금지할 수 있다. 단일 실린더 잠금장치를 사용하면 도둑이 유리를 깨거나 목재 패널을 제거한 다음 손잡이를 돌려 잠금을 해제할 수 있다. 안전을 위해 이중 실린더 잠금장치를 사용하는 위치는 키를 쉽게 사용할 수

7 내부위협과 대책

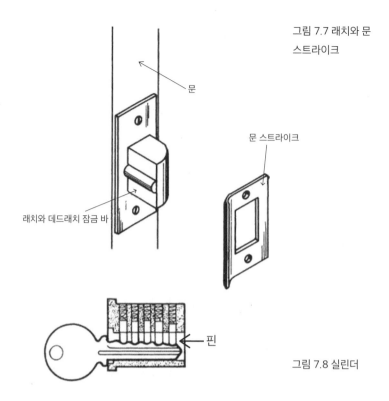

그림 7.7 래치와 문 스트라이크

문

문 스트라이크

래치와 데드래치 잠금 바

핀

그림 7.8 실린더

있도록 하여 비상탈출에 대비해야 한다.

키 삽입형 손잡이 잠금장치는 보편적으로 사용되지만 ADA (The American with Disabilities Act, 미국장애인보호법) 호환키 삽입형 잠금장치(그림 7.9)로 대체되고 있다. 이름에서 알 수 있듯이 열쇠구멍은 노브나 레버에 있다. 대부분 바깥쪽에는 열쇠구멍이 있고 안쪽에는 잠금용 버튼이 있다.

(1) 장애인 출입구

국세청은 장애인에게 편의 제공을 촉진하기 위해 ADA의 규정을 준수하는 적격 사업자에게 세금공제를 제공한다. 도어 하드웨어 산업은 장애인을 돕기 위한 몇 가지 제품과 솔루션을 제공한다(그림 7.10). 자석 잠금장치와 전기 기계식 잠금장치와 같은 전기식 도어 하드웨어는 전원이 공급되면 래치를 수축시킨다.

그림 7.9 배선, 전자장치 또는 배터리가 필요 없는
레버가 있는 기계식 잠금장치. Courtesy Ilco
Unican

그림 7.10 장애인을 위한
출입구 Courtesy Von Duprin
Division of Ingersoll-Rand
Company.

Lever trim reduces force required
to unlatch a door.

Push/Pull Latch

Push/Pull latches are popular on
institutional doors because of
ease of operation.

Proximity Card

Proximity card reader requires
only close presence of the user's
card to activate door's automatic
opener.

Presence detectors are popular
with automatic exit doors and
require no physical action.

(2) 공격행위 및 방어장치

유튜브를 포함해 인터넷에는 자물쇠 공격에 대한 많은 정보를 제공한다. 또한, 록 픽은 여러 국가에서 클럽 회원과 단체가 있는 스포츠 모임이 됐다. 구글은 '잠금장치 공격', '잠금 선택', '잠금 충돌'에 대한 질의를 통해 수백만 개의 출처를 얻는다. 이러한 방법들은 다음과 같다.

자물쇠를 공격하는 방법은 여러 가지가 있다. 앞에서 말한 바와 같이 문틀(잼)과 자물쇠 근처의 문 사이에 칼을 넣어 빗장을 푸는 방법이 있다. 그러나, 데드래치(Dead Latch)나 데드볼트가 잠금 메커니즘의 일부인 경우, 더 강력한 방법이 필요하다. '문의 스프링'이라고 하는 한 가지 방법으로, 문 잠금장치에서 볼트 소켓으로 확장된 볼트를 분리할 수 있도록 문과 문틀 사이에 스크루 드라이버 또는 쇠지레를 이용하여 문이 열릴 수 있도록 한다(그림 7.11). 그러나 1인치 볼트가 이 공격행위를 막을 것이다.

또 다른 공격방법인 '잼 벗기기'는 문이 열리는 것을 막기 위해 쇠지레를 볼트 소켓 근처의 문틀에서 벗겨내는 데 사용한다. 문틀을 위한 튼튼한 장치가 도움이 된다. '볼트 톱질'에서는 그림 7.11의 스크루드라이버 배치와 유사하게 문과 문틀 사이에 헤스 톱을 적용한

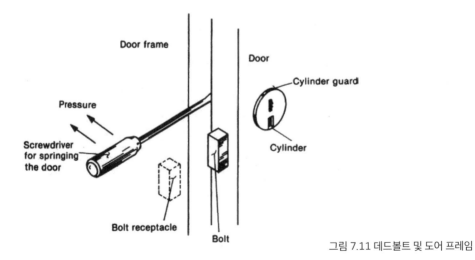

그림 7.11 데드볼트 및 도어 프레임

다. 여기서 다시, 톱날을 견딜 수 있는 합금으로 구성된 금속 볼트와 같은 강한 장치가 공격을 방해할 것이다. 일부 범법자들은 실린더 풀링 기술을 사용한다. 문에 있는 실린더는 내구성이 있는 펜치 또는 집게 세트를 이용하면 뜯어낼 수 있다. 그러나 실린더를 둘러싼 원형 강재 가드(그림 7.11)는 이러한 행위를 막아낼 수가 있다. 또 출입문 프레임을 문 밖으로 밀어내기 위해 자동차 잭을 사용하는 것으로 알려졌다.

고품질의 장치와 건축물은 문을 열지 못하도록 하지만 문 자체의 역할을 간과해서는 안 된다. 만약 나무로 만든 문이 1/4인치 두께에 불과할 경우, 강한 자물쇠가 부착되어있음에도 불구하고, 범인은 쉽게 문을 부수고 들어갈 수 있다. 13/4인치 두께의 단단한 목재 문이나 금속 문은 설치할 가치가 있다. 최소 2인치 두께의 목재 문틀은 내구성 있는 보호막을 제공해준다. 중간에 공간이 있는 프레임을 사용할 경우, 비어있는 부분에는 볼트 소켓 근처에 압착되지 않도록 시멘트로 채울 필요가 있다. 일방향 나사로 고정되어있는 L자 모양

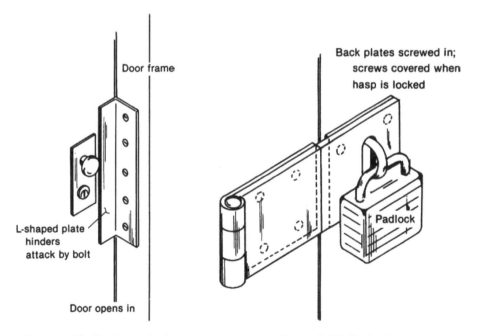

그림 7.12 L자형 판(L-shaped plate) 그림 7.13 안전 걸쇠(Safety hasp)

7 내부위협과 대책

의 철 조각은 도어 스윙을 위한 볼트 소켓 근처의 공격을 못하도록 작용한다(그림 7.12). 자물쇠가 안전 걸쇠와 함께 사용될 때, 걸쇠는 나사가 노출되지 않도록 올바르게 설치되어야 한다(그림 7.13).

많은 공격은 강제침입에 의한 것으로, 이러한 강제적인 행위가 최소화된 공격보다 탐지하기가 쉽다. 자물쇠 따기는 최소한의 힘이 필요한 기술이다. 인터넷에서 그 사용방법을 알아내는 것이 가능하지만 고도의 전문성 때문에 자주 사용하지 않는다. 잠금 픽은 장력 렌치(L자 모양의 금속조각)를 실린더에 삽입하고 장력을 가하는 동시에 금속 픽을 사용하여 실린더의 핀을 정렬하여 잠금해제를 수행함으로써 이루어진다(그림 7.8).

핀의 수가 많을수록 조정하기가 어렵다. 실린더에는 최소 6개의 핀이 있어야 한다. 잠금 범핑은 특수 설계된 범프 키를 열쇠구멍에 삽입하고 키를 돌리는 동안 약간의 힘을 가하여 핀 텀블러 잠금장치를 쉽게 고를 수 있는 방법을 권장한다. 다른 유형의 공격(더 어려운)은 빈 키, 같은 짝 및 파일을 활용한다. 빈 키는 키에 탄소가 생성될 때까지 불이 켜진 성냥 위에 놓인다. 그러고 나서 열쇠를 실린더에 삽입한다. 핀이 탄소를 긁어낸 위치는 표시할 위치를 나타낸다. 말할 필요도 없이, 이 방법은 시간이 많이 걸리고 반복적인 시도가 요구된다. 때때로 범법자는 열쇠를 은밀하게 빌려서, 재빨리 그것을 막대기에 집어넣는다. 비누나 왁스를 바른 다음, 열쇠를 반납하고, 빈 열쇠에 사본을 붙인다. 이 방법은 키 사용의 통제의 중요성을 말하고 있다.

접근권한을 얻은 후, 범죄자는 자신이 범죄를 저지르는 동안 아무도 들어오지 못하도록 몇 가지 속임수를 쓸 수 있다. 예를 들어, 열쇠로 핀이나 장애물을 삽입하고 문을 안에서 잠그는 것 등이다.

어떤 방법을 적용하든 자물쇠를 공격하는 데 시간이 걸릴수록 범인의 노출 위험성은 커진다. 한 가지 더 언급하자면, 대부분의 도난당한 보험증권들은 청구가 이루어지기 위해서는 강제침입의 명백한 징후가 있어야 한다고 말한다.

범법자는 다른 출입방법을 사용할 수 있다. 도둑은 단순히 도난당한 열쇠나 다른 사람에게 빌린 열쇠(또는 접근카드)를 사용할 수 있다. 안타깝게도, 누군가가 잠금장치를 사용하는 것을 잊어버려 침입자들은 종종 제한구역으로 들어간다. 이 실수는 대부분의 복잡한 자물쇠를 쓸모없게 만든다. 자물쇠 사용 시스템을 돌파하는 방법은 여기서 그치지 않는다. 현명한 도둑들과 다양한 종류의 자물쇠, 열쇠, 접근 시스템은 도난방지 전문가들이 이해하고 있는 많은 방법들을 쓸모없게 만들어 버린다.

(3) 잠금장치의 유형

잠금장치에 대해서는 많은 내용들이 있다. 다음은 간단하고 복잡한 잠금장치에 대하여 간략하게 요약한 것이다.

- 워드 자물쇠(Warded Lock, 또는 골격 키 텀블러): 골격 키가 볼트와 직접 접촉하여 문 쪽으로 들어갈 때 이 오래된 종류의 잠금장치는 해제된다. 튼튼한 L자 모양의 금속조각을 열쇠구멍에 끼워 볼트를 움직일 수 있기 때문에 열기가 쉽다. 오래된 건물에서는 낡은 자물쇠가 사용되고 있으며, 통로를 볼 수 있는 열쇠이다. 수갑의 자물쇠는 가운데에 돌기가 있는(Warded) 종류로, 이는 기능을 알고 있는 범인이 쉽게 열 수가 있다.
- 디스크 텀블러 잠금장치: 원래 자동차 산업을 위해 고안된 이 잠금장치의 사용은 책상, 파일 캐비닛, 자물쇠로 확장됐다. 이 장치의 작동에는 키를 사용할 때 작동되는 핀 대신 플랫 메탈 디스크를 쓰고 있다. 이 자물쇠는 대량 생산되고 저렴하며 수명이 짧다. 이는 보다 많은 보안제공 보호용 자물쇠로 사용할 수 있지만 디스크 텀블러 자물쇠는 다른 수단에 의해 쉽게 열릴 수 있다.
- 핀 텀블러 잠금장치: 1844년 리누스 예일(Linus Yale)이 발명한 핀

텀블러 잠금장치는 산업 및 주거지에서 광범위하게 사용된다(그림 7.8). 이 장치의 보안 기능은 가운데에 돌기가 있는 종류나 디스크 텀블러 종류보다 뛰어나다.

- 레버 텀블러 잠금: 레버 잠금장치는 매우 다양하다. 알맞은 키가 텀블러를 정렬할 때 잠금장치가 해제된다. 여행용 짐, 캐비닛, 상자, 책상에 사용되는 것들은 최소한의 보안을 제공하는 반면, 은행 금고에서 사용되는 것들은 더 복잡하고 더 높은 수준의 보안을 제공한다. 좋은 품질의 레버 잠금장치는 최고수준의 핀 텀블러 잠금장치보다 더 높은 보안수준을 제공한다.

- 결합 잠금: 이 잠금장치를 열기 위해서 번호의 다이얼을 조작해야 한다. 결합 잠금장치는 대개 올바른 순서로 정렬되어야 하는 다이얼이 서너 개 있다. 이 자물쇠는 제한된 수의 사람들만이 자물쇠 번호의 조합을 알고 있으므로, 열쇠가 불필요하며, 자물쇠를 별도로 여는 수단이 없기 때문에 열쇠 자물쇠보다 더 높은 수준의 보안을 제공한다. 이것은 개인 금고, 은행 금고, 그리고 비밀문건을 보관하는 서류 캐비닛에 사용된다. 숙달된 도둑들은 자물쇠를 열기 위해 자물쇠 메커니즘을 청취해서 열 수가 있으므로, 이러한 약점을 보완하기 위한 기술을 개발하여 취약점을 보완했다. 범법자가 쌍안경이나 망원경으로 결합 잠금장치의 개방을 관찰할 때 심각한 취약성이 발생한다. 소매업자들은 때때로 경찰이 순찰하여 감시할 수 있도록 하기 위해 현관 근처에 콤비네이션 금고를 설치한다. 그러나 소매업자가 자신의 몸으로 다이얼을 보지 못하게 하지 않는 이상 손실이 발생할 수 있다. PIN을 입력하여 접근이 허용되는 경우에도 동일한 약점이 존재한다.

- 결합 패드락(Combination Padlock): 이 잠금장치는 결합 잠금장치와 작동방식이 유사하다. 그것은 직원이나 학생 사물함에 사용되며 안전 걸쇠나 체인과 함께 사용된다. 이 자물쇠들 중 일부는 열쇠로 열 수 있다.

• 패드락(Padlock, 맹꽁이 자물쇠): 이를 열기 위해서는 열쇠가 필요하며, 이 자물쇠는 걸쇠 또는 쇠사슬과 함께 사용된다. 이 장치에는 많은 유형이 있으며, 각각의 보호수준은 다르다. 좀 더 안전한 것은 디스크 텀블러, 핀 텀블러 또는 레버 캐릭터이다. 자물쇠의 일련번호는 결합 자물쇠와 유사한 수준의 보안 취약점을 가지고 있다.

다른 종류의 자물쇠에는 수평이 아닌 수직으로 잠그는 볼트가 있는 장치가 있다. 알람 또는 '패닉 알람'이 포함된 비상출구 잠금장치는 승인되지 않은 도어사용을 금지하면서 비상시 신속하게 문을 열어줄 수 있다. 시퀀스 잠금장치는 미리 정해진 순서대로 도어를 잠글 필요가 있다. 이렇게 하면 내부 도어가 잠길 때까지 외부 도어가 잠기지 않기 때문에 모든 도어가 잠길 수 있다.

교환식 코어 잠금장치의 사용은 키의 도난, 복사 또는 분실에 대비할 수 있는 방법이다. 특수 제어키를 사용하면 하나의 코어(열쇠구멍을 포함하는 부분)가 다른 코어로 대체되고, 잠금장치를 작동시키기 위해서는 다른 키가 필요하다. 이 시스템은 초기에는 비싸지만 잠금장치의 필요성이 클 경우 잠금장치의 완전한 변경을 최소화할 수 있어 장기적으로는 예산이 적게 사용된다.

자동잠금 및 잠금해제 장치는 접근을 제어하는 광범위한 방법의 일부이기도 하다. 디지털 잠금 시스템은 번호가 매겨진 특정 조합을 입력하면 도어가 열린다. 잘못 입력하면 알람이 울린다. 번호의 결합은 필요할 때 바꿀 수 있다. 전자파 잠금장치는 문을 닫힌 상태로 유지하기 위해 자기, 전기, 금속판을 사용한다. 전기가 꺼지면 문을 열 수 있다. 원격 잠금장치는 원격 위치에서 전자적으로 문을 열 수 있다.

자물쇠와 열쇠의 발전 추세는 전자제품과 마이크로칩 기술의 사용을 증가시키는 것을 포함한다. 예를 들어, 어떤 문에는 표준 하드웨어 키를 사용하고, 다른 문에는 전자키로 작동할 수 있는 하이브리드가 개발됐다면, '스마트 자물쇠'의 인기가 더 높아질 것이다. 이 잠금장치는 기존의 잠금장치와 전자 접근 통제장치를 결합하고, 접근을 위해 다양한 종류의 접속카드를 읽으며, 소형 컴퓨터를 사용하여 데이터(예: 접속사건) 수집을 포함한 여러 가지 기능을 수행하고, 데이터를 업로드하고 다운로드하기 위해 접근 통제 시스템에 연결할 수 있다. 오벨레(Aubele)는 '지능형 키 시스템'을 언급하며, "키들은 접근 통제 카드처럼 프로그래밍이 가능하여 특정 시간 및 특정 문에 따라 접근을 제한한다. 또한 이러한 키는 사용 중인 데이터를 저장한다"고 주장한다.

무선 잠금 시스템과 RF 온라인 잠금 시스템은 최신기술을 사용하지만, 제품평가와 구매과정에서 주의를 기울여야 한다. 시범적용을 통하여 제품의 신뢰성을 확인해야 한다. 접근을 위한 신호는 금속 재료(예: 강철 건물)에 의해 방해받는다.

(4) 마스터키 시스템

대부분의 경우 자물쇠는 그에 맞는 하나의 키만 받아들인다. 이에 2개 이상의 키에 의한 접근을 허용하도록 변경한 자물쇠가 마스터키이다. 마스터키 시스템은 마스터키로 여러 개의 잠금장치를 열 수 있다. 이 시스템은 핀 텀블러 잠금장치를 이용한 고품질 하드웨어로 제한되어야 한다. 마스터키 시스템의 단점은 마스터키를 분실하거나 도난당하면 보안이 훼손된다는 것이다. 교환 열쇠는 하나의 자물쇠에 맞는다. 서브 마스터키는 예를 들어 건물의 모든 자물쇠를 열 것이다. 마스터키는 2개 이상의 서브마스터 시스템에 의해 보호되는 잠금장치를 연다.

(5) 키 사용의 통제

적절한 키 통제가 없으면 자물쇠는 무용지물이고 자재손실이 발생할 가능성이 있다. 출입카드와 마찬가지로 기능의 보장과 적절한 출입기록이 필요하다. 키 통제를 위해 컴퓨터화된 온라인 기록보관 프로그램을 이용할 수 있으며, 이는 전자카드 접근통제 시스템에 사용되는 소프트웨어와 유사하다. 키에는 해당 잠금을 식별하기 위한 코드가 표시되어야 한다. 코드는 안전한 장소에 저장된 기록을 통해 해석된다. 키를 사용하지 않을 때는 잠긴 키 캐비닛이나 볼트의 후크에 배치해야 한다. 직원명, 날짜, 키 코드는 키가 발행됐을 때 유지되는 중요한 기록이다. 이 기록들은 지속적인 업데이트를 필요로 한다. 직원 이직은 정확한 기록이 중요한 한 가지 이유가 될 수 있다. 퇴사하는 직원들에게 최종 급여가 지급되지 않으면 퇴사자는 최종 급여를 받기 위하여 열쇠(및 기타 귀중품)를 반납할 것이다.

보안계획에는 분실된 키를 보고하면 처벌을 하지 않고, 수시 확인과 관리상태 보고를 통해 키 통제를 강화할 것이라는 것을 명시해야 한다. 키 관리 상태를 정기적으로 점검할 경우, 누가 어떤 키를 가지고 있는지에 대한 통제가 더욱 강화된다. 자물쇠의 복제를 방해하기 위해, '복제하지 말 것'이라는 문구를 자물쇠의 표면에 스탬프로 표시할 수 있으며, 회사 정책에는 자물쇠를 복제하면 해고당할 수 있다는 것을 명확하게 기술할 수 있다. 자물쇠 변경은 매 8개월마다 하는 것이 바람직하며 때로는 불규칙적으로 짧은 간격으로 바꿀 수 있다. 자물쇠 통제는 자동차, 트럭, 지게차와 같은 차량에도 중요하다. 전통적인 잠금장치와 주요 시스템의 취약성은 현대적 접근통제 및 생체인식 시스템으로 전환하는 데 있어 많은 영향을 주었다.

4) 침입탐지 시스템

침입탐지 시스템은 감지 영역 내의 사건이나 자극을 탐지하고 보고한다. 보고된 문제를 해결하기 위한 대응은 필수적이다. 여기서 강조되는 것은 내부 센서다. 울타리 보호에 적합한 센서는 다음 장(외부 위협과 대응)에 기술되어 있다. 우리는 침입탐지 시스템이 종종 다른 물리적 보안시스템과 통합되고 인터넷 기능이 있는 IT 시스템에 의존한다는 것을 기억해야 한다.

침입탐지 시스템의 기본 구성요소는 무엇인가? 침입탐지 시스템은 세 가지 기본 구성요소로 구성되어있으며 이는 센서, 컨트롤 유닛 및 신호표시기이다. 센서는 사람의 열이나 움직임에 의한 침입을 감지한다. 제어장치는 센서로부터 경보 통보를 받은 후 자동경보 또는 신호표시기(예: 조명 또는 사이렌)를 작동시켜 경비인력이 조치토록 한다. 침입탐지 시스템은 다양하며, 유선 또는 무선으로 연결될 수 있다. UL, ISO, 전기전자공학연구소 및 기타 그룹의 침입탐지 시스템에 대한 몇 가지 표준이 존재한다. 다음은 내부 센서 유형이다.

(1) 실내 센서

전자 분야에서 '스위치'는 전기회로(예: 조명 스위치와 같이)를 차단할 수 있는 구성품이다. 안전한 자석 스위치는 문(또는 창문) 틀에 장착된 스위치와 이동식 문 또는 창문에 장착된 자석으로 구성된다. 문이 닫히면 자석이 스위치를 닫아 전기회로를 완성한다. 문이 열리고 회로가 중단되면 알람이 발생한다. 일반 자기 스위치는 단순하고, 비용이 저렴하며, 낮은 수준의 보안을 제공하는 것을 제외하면 안정된 유형과 유사하다. 스위치는 눈에 보이거나 숨길 수 있으며 문을 열지 못하도록 잘 보호할 수 있다. 그러나 어떤 보안방법도 '완벽한' 것은 아니다.

기계식 접촉 스위치는 표면으로 오목하게 들어간 푸시 버튼 작동 스위치를 포함한다. 그 위에 스위치를 누르는 항목이 있어 경보 회로를 완성한다. 스위치를 들어올리면 회로가 중단되고 경보가 울린다.

압력감지 매트는 발포 고무 또는 기타 유연한 소재의 섹션으로 분리된 두 겹의 금속조각 또는 스크린 와이어를 포함한다. 매트 위를 걷는 사람에 의해 압력이 가해질 때, 매트의 두 층이 만나 경보신호를 보내기 위한 전기접촉을 한다. 이러한 매트는 문, 창문, 주요 교통지점뿐만 아니라 귀중한 자산에 가까운 내부 트랩으로 적용된다. 이를 설치하는 데 비용이 저렴하고, 이 매트들은 침입자가 탐지하기가 어렵다. 만약 침입자가 매트를 발견하면 매트를 우회해서 걸어갈 수 있다.

그리드 와이어 센서는 두 개의 회로로 구성되어있다. 한 개는 수직, 다른 하나는 수평, 그리고 각각은 서로 겹치는 두 개의 회로로 구성된 격자 패턴으로 보호 표면에 부착된 미세한 절연 와이어로 구성된다. 어느 한 회로가 차단되면 알람을 신호한다. 이 유형의 센서는 그릴 작업, 스크린, 벽, 바닥, 천장, 도어 및 기타 위치에 사용된다. 이 센서들은 침입자가 발견하기 어렵다는 장점은 있지만 설치비용이 많이 들고, 침입자가 발견하면 회로를 뛰어넘을 수 있다.

트립 와이어 센서는 보호구역에 설치되어있는 와이어에 부착된 스프링 장착 스위치를 사용한다. 침입자는 와이어가 스위치에서 풀리면(즉, 회로를 개방하면) 알람을 '제거'한다. 침입자가 감지기를 발견하면 그것을 우회할 수 있을 것이다.

진동 센서는 구조물을 공격했을 때 가해진 힘에 의해 발생하는 저주파 에너지를 감지한다(그림 7.14). 이 센서들은 벽, 바닥, 천장에 사용할 수 있다. 다양한 센서 모델이 있으므로 설치장소에 적합한 센서를 선택해야 한다.

그림 7.14 진동 센서
(Vibration sensor)

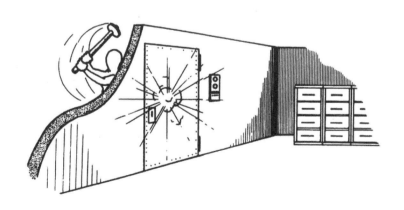

7 내부위협과 대책

그림 7.15 캐패시턴스 센서
(Capacitance sensor)

캐패시턴스 센서(Capacitance sensors)는 누군가가 물체를 건드릴 때 알람을 알리는 금속물체 주변에 전기장을 형성한다(그림 7.15). 이러한 센서는 금고, 파일 캐비닛, 개구부(예: 창문), 울타리 및 기타 금속물체에 사용할 수 있다. 하나의 센서는 많은 물체를 보호할 수 있지만 단열재(예: 무거운 장갑)를 사용하면 작동이 안 될 수 있다.

적외선 광전자 빔은 보이지 않는 적외선 빔이 방해를 받을 때 알람을 울린다(그림 7.16). 범죄자가 이러한 시스템이 있는 것을 감지하면 빔 위로 뛰어오르거나 밑으로 기어 들어가 작동을 피할 수 있다. 이 취약성을 줄이기 위해 타워 인클로저(Tower enclosure)를 사용하여 센서를 여러 겹으로 쌓을 수 있다.

초음파 탐지기(UM)는 움직임을 감지하기 위해 음파를 사용한다. 능동형 UM 검출기는 음파를 한 영역으로 전송하여 수신기에 의해 감시되는 들리지 않는 음파를 통하여 침입 여부를 확인하는 형태이다. 이 검출기는 침입자의 움직임으로 인한 주파수 변화인 도플러 효과로 작동한다. 수동형 UM 검출기는 소리에 반응한다(예: 유리 깨짐). 이러한 검출기는 벽이나 천장에 설치되거나 은밀하게 사용된다(즉, 다른 물체 내에서 위장). 그러나 이 검출기의 민감한 능력은 많은 거짓 경보를 발생시켜 사용을 제한할 수도 있다.

마이크로파 운동 감지기는 도플러 주파수 이동원리로도 작동

그림 7.16 적외선 광전 빔 시스템
(Infrared photoelectric beam system)

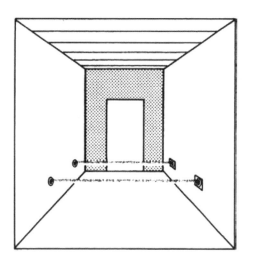

한다. 에너지장이 특정 영역으로 전송되고 그 패턴과 빈도의 변화를 모니터링 하여 경보를 발생시킨다. 마이크로파 에너지가 각종 건축 자재를 관통하기 때문에 배치와 조준에 주의가 필요하다. 그러나 이 것은 하나의 센서로 여러 개의 방과 넓은 지역을 보호하는 데 이점 이 될 수 있다. 이러한 센서는 물체를 감지하거나 빠르고 느린 움직임으로 인해(UM과 같이) 범법자의 침입을 저지할 수 있다.

수동 적외선(PIR) 침입센서는 침입자가 방해하는 신호를 전송하지 않는다는 점에서 수동적이다. 오히려 (사람으로부터) 적외선 복사를 이용하여 달라지게 하는 것으로 방 안의 적외선 변화를 검출한다. 침입자가 방에 들어오면 적외선 에너지 레벨이 바뀌고 경보가 작동된다. PIR은 초음파 및 마이크로파 검출기만큼 많은 방해 알람의 대상이 아니지만 에너지를 반사할 수 있는 열원이나 표면의 출처를 목표로 해서는 안 된다. PIR은 센서를 막아서 열을 받을 수 없다.

수동형 오디오 감지기는 침입자가 침입할 때 발생하는 소음을 수신한다. 어떤 모델은 자연발생 소음을 걸러낸다. 이 탐지기는 건물에서 공공용 스피커를 사용할 수 있으며, 이것은 내부자의 소리를 듣기 위한 마이크 역할을 할 수 있다. 침입자의 실제 대화는 이러한 시스템에 의해 수집되고 기록될 수 있다. 이 시스템을 강화하기 위해, CCTV는 경보조건의 시각적 확인, 실시간 비디오, 보안을 확보하거나 경찰에 디지털 스틸 이미지, 그리고 증거를 제공할 수 있다. 오디오는 또한 양방향일 수 있으며, 보안시스템을 통하여 침입자에게 경고할 수 있다. 이러한 시청각 시스템은 프라이버시, 기밀성 및 민감한 정보를 보호하고 주 및 연방의 도청 및 전자감시법 위반을 방지하기 위해 극도의 주의를 기울여야 한다.

광섬유는 침입탐지와 경보장치의 전송에 사용된다. 광섬유는 유도 광파를 통한 정보전달을 한다. 이 센서는 보호가 필요한 많은 물체에 부착되거나 삽입되어 사용할 수 있다. 광섬유 케이블에 응력이 가해지면 케이블을 통과하는 적외선 펄스가 응력에 반응하여 경보를 울린다.

(2) 기술 발전 경향

두 가지 유형의 센서기술은 거짓 경보를 줄이거나, 범법자의 침입기술 적용을 방지하거나, 사용자의 특정 요구를 충족시키기 위해 특정 장소에 적용되는 경우가 많다. 극초단파와 PIR 센서의 조합은 이중 기술을 적용한 대표적인 예다(그림 7.17). 두 센서 모두 (허위 경보를 줄이기 위해) 침입을 감지하거나 어느 센서가 침입을 감지할 때 경보가 울리고 보고를 할 수 있도록 설계할 수 있다. 센서는 제어판이나 컴퓨터로 센서 데이터를 전송해 사람과 동물을 구분하고, 센서 렌즈가 차단되면 고장 출력을 활성화하는 등 '스마트화'되고 있다.

센서와 패널 사이의 무선 주파수 링크의 무결성, 배터리 상태, 센서 정상적으로 작동하는지 여부를 지속적으로 모니터링하지 않고도 센서를 최적의 위치에 배치할 수 있기 때문에 감독자가 없어도 작동이 잘될 수 있도록 기술이 발전했다.

그림 7.17 상용 침입 경보시스템
(Commercial intrusion alarm
system)

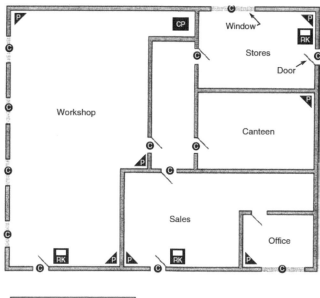

(3) 운용 영역 시스템

운영 구역은 보호되는 건물에 분할된 경보 시스템이 있다는 것을 의미하며, 사용 용도에 따라 특정 구역 내에서 경보를 켜고 끌 수 있다. 예를 들어, 만약 이른 아침 청소부들이 공장의 북쪽에 있다면, 그 구역의 경보는 다른 구역의 경보기가 켜져 있는 동안 꺼진다. 또한 구역별 경보시스템은 침입이 발생한 위치를 정확히 파악하는 데 도움이 된다.

(4) 경보 모니터링

오늘날 많은 기업들은 사내 방송국 또는 건물 외부에 위치한 중앙상황실(계약 서비스)에서 감시하는 경보시스템을 가지고 있다. 이러한 서비스는 일상적인 것뿐만 아니라 비정상적인 개폐가 발생했을 때 손쉽게 그에 대한 정보를 제공받을 수 있다. 8장에서는 경보신호 시스템을 다룬다.

5) 폐쇄회로 텔레비전(CCTV)

CCTV(그림 7.18)는 침입자의 저지, 감시, 체포, 증거확보 등에 도움을 준다. 이 기술은 민간 사례에서도 조직의 이익을 보호하는 데 도움이 된다. 이의 사용은 시설경비에 크게 도움이 되고 침입자의 증거확보에 결정적인 역할을 한다. 예를 들어, CCTV는 생산 문제나 고객의 행동을 이해하는 도구 역할을 수행함으로써 더 큰 투자수익을 산출할 수 있다. 처음에는 비용이 많이 들지만 CCTV는 한 사람이 여러 곳을 볼 수 있기 때문에 인건비를 절감한다. 예를 들어, 제조 공장 전체에 여러 대의 카메라가 설치되고, 콘솔 앞에 있는 한 명의 경비인력이 카메라를 감시한다. 구성장비는 팬(즉, 측면 이동), 틸트(상하 이동) 및 'PTZ'라고 하는 줌 렌즈를 포함하며, 이는 이동하면서 감시할 수 있고 의심스러운 활동을 면밀하게 볼 수 있는 메커니즘이다. 추가적인 시스템 기능에는 조명이 약할 때에도 상황을 녹화하고 감시할 수 있는 기능을 가지고 있다. 현대기술은 다음 단락에서 설명한 바와 같이 CCTV 기능을 크게 향상시켰다.

CCTV 시스템에 대한 표준은 몇 가지 출처에서 나온 것이다. 여기에는 ANSI (American National Standards Institute, 미국 표준국) 정부기관, ISO/국제전기기술위원회 및 국제법규위원회가 포함된다. 영국과 호주는 특히 CCTV 기준 마련에 적극적이다.

CCTV는 1950년대에 개발을 시작했다. 1970년대에 더 많이 사용되기 시작한 기존의 CCTV 시스템은 아날로그 기록 시스템, 솔리드스테이트 카메라, 동축 케이블로 구성됐다. 이 구형 기술은 중앙제어실에 여러 대의 비디오카세트 레코더(VCR)를 공급하는 멀티플렉서와 카메라 제어장치에 케이블을 통해 연결된 여러 대의 카메라를 사용했다. 그 이미지들은 여러 대의 모니터를 통해 실시간으로

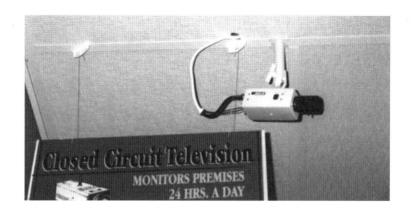

그림 7.18 폐쇄회로
텔레비전(CCTV)

시청됐다. 이 기술의 단점은 다음과 같다. 중앙통제실은 보안 인프라 내의 단일 통제지점이다. 카메라가 이동하기 시작하면 이를 연결하기 위해 케이블이 필요하다. VCR을 사용하면 정보 저장을 위해 많은 카세트테이프가 필요하게 되어 별도의 저장방법이 필요하게 됐다.

제한된 시간 동안만 녹화할 수 있는 VCR과 같은 오래된 기술에 이어서 녹화와 함께 시간경과 비디오(즉, 비디오의 단일 프레임이 긴 시간 간격으로 저장됨) 기술이 개발됐다.

이는 최대 수백 시간까지 녹화가 가능하고, 경보조건이 성립되면 레코더가 실시간으로 되돌아가는 경보 모드 기능을 가지고 있다. 실시간 설정은 초당 30프레임이며, 시간경과 비디오는 초당 1프레임과 8초마다 1프레임 사이를 기록할 수 있다. 시간 경과 비디오의 기능에는 재생 중 경보조건을 신속하게 검색하고, 사용자가 입력한 시간에 따라 녹화된 비디오 프레임을 재생하며, 출입하는 모든 사람의 비디오 기록을 보장하기 위한 접근 통제와 같은 다른 보안시스템과의 인터페이스가 포함됐다.

신세대 CCTV는 인프라에서 카메라를 구동할 수 있도록 하는 비(非)차폐 트위스트 페어 케이블(즉, 단일 피복에 여러 쌍의 트위스트 구리 도체가 있는 케이블)로 개발된 장비이다. 디지털 비디오 레코더(DVR)는 1990년대 중반에 도입됐으며, 파일을 개인용 컴퓨터에 저장하기 때문에 하드디스크 드라이브에서의 녹화를 비롯한 아날로그에 비해 몇 가지 장점이 있다. 또 다른 장점은 테이프 저장, 원격 보기, 간편한 재생 및 검색, 향상된 이미지 품질, 긴 녹화 수명 등이다. 더욱이 네트워크 비디오 레코더(NVR)라고 불리는 네트워킹에서의 디지털 녹음이다. 여러 개의 DVR이 동시에 네트워크로 연결되지만 NVR은 카메라 시스템이다. NVR은 비디오 감시를 관리하도록 특별히 설계된 컴퓨터 운영 소프트웨어에 의해 관리되는 디지털 카메라이다.

IP 기반 네트워크 카메라는 오프사이트 스토리지를 포함하여 네트워크에 도달하는 곳에서 비디오의 IP 네트워킹을 공유할 수 있도록 한다. IP 비디오는 PDA, 전화, 노트북, 컴퓨터 또는 기타 모바일 장치에서 제어하고 볼 수 있다. 이는 또한 암호화되어있다. IP 카메라, IP 비디오 서버, IP 키보드를 포함한 IP 기반 CCTV 시스템은 거의 모든 곳에 위치할 수 있다. 또한, IP 키보드는 PTZ와 기록과 검색과 같은 다른 관리 기능을 제어할 수 있다. 건물의 기존 인프라를 사용할 경우, 건물은 하나의 케이블 시스템에서 자동화할 수 있으며 CCTV뿐만 아니라 접근 통제, 화재/안전 시스템, 음성, 네트워크 트래픽, 기타 시스템도 포함할 수 있다.

모든 사람이 IP 기반 네트워크 카메라에 만족하는 것은 아니다. 피에플(Pieifle, L)의 한 소매 보안담당자의 보고서에 의하면, 특히 IT 직원과의 많은 협조가 필요하며 설치도 어렵고 충분한 대역폭을 사용할 수 있어야 하며, 여러 대의 카메라로 이들을 관리할 수 있는 플랫폼이 필요하다고 주장하고 있다.

오래된 아날로그 기술과 새로운 디지털 기술을 구별하는 것은 중요하다. 아날로그 신호는 원래 형태로 사용되며, 예를 들어 테이프 등이다. 대부분의 초기 전자기기는 아날로그 형식(예: 텔레비전, 레코드플레이어, 카세트테이프 레코더 및 전화)을 사용한다. 아날로그 기술은 오늘날에도 여전히 적용되고 있다. 디지털 기술로 아날로그 신호를 수없이 샘플링해 숫자로 변환해 디지털 시스템에 저장한다. 오늘날 많은 장치들은 디지털 기술(예: 고화질 TV, CD, 광섬유 전화선, 디지털 전화선)을 포함하고 있다.

CCTV용 IP 기반 네트워크 시스템으로 전환하더라도 영상은 여전히 동축 케이블, 트위스트 페어 와이어, 광섬유 케이블, 마이크로파, 무선 주파수, 전화선을 통해 전송된다.

특정한 상황에서는 무선 영상전송(예: 전자 마이크로웨이브나 라디오 주파수)의 선정은 하나의 선택이다. 이를 카메라가 정기적으로(예: 전시장을 바꾸는) 감시 요구사항을 쉽고 빠르게 설치하도록 규정하고, 상황이 발생한 현장으로 이동해야 하는 등 융통성 있는 구축 내용까지 포함하고 있다. 그리고 케이블을 설치할 수 없는 역사적 건물도 포함하고 있다. 송신기와 수신기를 설치하기 전에 무선신호가 차단되지 않도록 세심한 계획이 필요하다. 주파수 전달방향은 중요한 문제다. 간섭은 금속 건물, 알루미늄 면, 타오르는 태양, 번개, 폭우, 눈, 강풍과 같은 환경조건에서 발생할 수 있다.

IT 직원이 네트워크상의 CCTV에 접근하면, 그들은 동영상이 얼마나 많은 대역폭을 사용할지에 대해 종종 걱정한다. 걱정을 덜기 위해, 멀티 빌딩시설의 한 가지 방법은 모든 건물에 비디오 저장을 위해 DVR을 유지하는 것이다. 그래서 모든 비디오는 중앙 컴퓨터로 전송되지 않는다.

기존의 아날로그 기술 사용자의 경우 옵션에는 아날로그와 IP 기반 신호를 모두 수용하는 '하이브리드' 제품 사용이 포함된다. 래스키(Lasky)는 수많은 IP 카메라를 가진 네트워크에서 요구되는 대역폭의 양을 명확하게 이해하지 않는 한 완전한 IP를 장착할 수 없음을 조언하고 있다.

CCTV 시스템을 사용하는 기관은 원격 사이트에서 지역센터로 비디오 감시를 스트리밍하는 것을 고려할 수 있다. 이러한 접근 방식은 도전적일 수 있지만, 공장 및 인건비도 줄일 수 있다. 대역폭 제한이 송신 사이트와 수신 사이트 간에 교환할 수 있는 비디오의 양에 영향을 미치기 때문에 이 결정의 핵심요소는 압축이다. 도로 터널에는 한 번에 일정 수의 차량만 터널에 진입할 수 있다. 그러나 차량을 작게 만들면 더 많은 차량이 진입할 수 있다. 압축은 저장과 전송 전에 이미지에서 떼어낼 수 있는 중복 비디오의 양이며, 다양한 압축기법이 있다.

물리적 보안담당자가 네트워크에 점점 더 의존함에 따라 발생하는 또 다른 우려사항은 다양한 보안 관련 정보를 위한 네트워크 접속이다. 이 경우에, IT 담당자는 전체 네트워크에 대한 접근을 방지하기 위해 보안정보를 서브넷에 배치할 수 있는 선택권을 가진다.

기술의 변화로 등장한 CCD(충전 커플링 장치)나 '칩' 카메라는 폐쇄회로 카메라의 튜브를 교체하도록 설계된 작고 감광적인 장치다. CCD 기술은 캠코더에서 발견된다. CCD 카메라는 튜브 카메라보다 몇 가지 장점이 있다. CCD 카메라는 다양한 상황에 더 잘 적응하고, 수명이 길며, '유령(즉, 사람이 투명해 보이는 것)' 문제가 적고, 빛에 대한 편협성이 적고, 전력소모가 적으며, 열이 덜 발생하기 때문에 통풍과 발열이 덜 필요하여 더 많은 장소에 설치하고 있다.

디지털로 이미지를 포착하는 또 다른 기술은 보완적인 금속산화물 반도체(CMOS)이다. CCD와 CMOS를 모두 제공하는 디지털 이미징 분야의 글로벌 리더인 텔레다인 달사(Teledyne DALSA)는 이 두 가지 모두가 미래가 밝으며 적용에 따라 장단점이 있다고 지적한다. 두 종류 모두 빛을 전기로 변환하여 전자신호로 처리한다. CCD는 비용이 적게 들고 CMOS만큼 복잡하지 않다.

디지털 카메라가 아날로그 카메라를 대체하고 있다. 아날로그 신호를 디지털 신호로 변환해 PC에 녹화할 수 있지만 품질은 떨어질 수 있다. 디지털 카메라는 하드 드라이브에 직접 저장된 디지털 신호를 사용하지만 하드 드라이브의 공간은 비디오로 제한된다. 네트워크 카메라는 IP 주소로 인터넷에 연결된 아날로그 또는 디지털 비디오카메라이다.

100만 픽셀과 HD(고화질) 보안 카메라는 최근 비디오 감시의 일부분이다. 둘 다 아날로그에 비해 향상된 사진 이미지를 제공한다. 메가픽셀은 이미지의 백만 픽셀 수를 나타낸다. 우리는 이 형태를 스틸 사진으로 식별한다. 픽셀 수가 많을수록 이미지 세부정보가 증가한다. 이것은 예를 들어, 한 사람이 제대로 식별되어야 할 필요가 있거나, 카지노에서 플레이 카드가 신분확인을 필요로 할 때, 조사 중에 특히 유용하다. 키스(Keys)는 메가픽셀 카메라의 장점을 극찬한다. 그는 메가픽셀 기술로 처음에는 쓸모없어 보일지도 모르는 기록된 이미지를 확대함으로써 중요한 세부사항을 보여줄 수 있다고 지적한다. 키스는 이 카메라들의 조명에 문제가 있다는 것을 인정한다. 그는 또한 그들이 '메모리 호그'이며 기획자들은 데이터를 보관하는 데 필요한 메모리를 연구해야 한다고 생각한다. HD는 메가픽셀 카메라의 부분집합 또는 유형으로 간주될 수 있다. 뛰어난 색상을 보장하기 위해 업계 표준을 준수하며 메가픽셀보다 더 넓은 이미지를 생산한다. 만약 캠퍼스 경찰이 많은 군중 속에서 무질서한 학생들을 찾고 있다면, HD는 메가픽셀보다 더 적합할 것이다. 어떤 카메라가 더 좋은지는 응용 프로그램에 따라 다르다. 메가픽셀, HD 및 기타 유형의 카메라를 결합하면 효과적인 다목적 IP 기반 네트워크 비디오 시스템이 될 수 있다.

점점 더 발달된 '지능'이 CCTV-컴퓨터에 기반한 시스템으로 구축되고 있다. 멀티플렉스(Multiplex)는 하나의 통신채널을 통해 많은 신호를 전송하는 것을 의미한다. 비디오 멀티플렉스 시스템은 한 비디오 화면에서 수많은 카메라를 동시에 볼 수 있게 함으로써 보안 담당자가 감시해야 하는 모니터의 수를 최소화한다. 사진은 압축되어있지만, 전체 보기는 각각의 사진이 보일 수 있도록 되어 있으며, 경보가 발생하면 전체 화면을 불러올 수 있다. 디지털 멀티플렉스 레코더는 사용자가 직접 하드 드라이브에 상황을 기록할 수 있게 해 저장 공간을 줄일 수 있다.

보안요원이 졸지 않고 CCTV 모니터(즉, 화면)를 장시간 시청하는 것은 이러한 시스템을 개발한 이후에 해결해야 될 주요한 문제로 부각됐다. 주기적으로 교대근무를 하지 않는 직원들은 CCTV를 너무 많은 시간 동안 보고 있으면 피곤해질 수밖에 없다. 이 심각한 문제는 종종 간과되어 왔다. 보안요원이 근무를 정상적으로 하고 있는지를 확인하기 위해서 카메라 위에 가방이나 헝겊을 놓거나 렌즈에 페인트를 뿌려 시스템의 모니터링을 '테스트'할 수 있다. 만약 보안요원이 아무런 반응이 없다는 것을 알게 되면, CCTV 사용은 아무런 의미가 없다. 보안요원이 인체모형을 발견했을 때, CCTV는 기만적인 장난으로 인식될 수 있기 때문에 더미 카메라의 사용은 권장되지 않는다.

CCTV 시스템의 사용자들은 특히 자신의 직원이 여러 가지 업무(예: 고객의 질문에 답하고 전화를 통해 정보를 제공하는 것)에 몰두하고 있으며 모니터를 지속적으로 확인할 수 없다는 것을 알고 있기 때문에 시스템의 녹화능력에 관심이 많다. 사건이 발생하면 이러한 시스템은 날짜, 시간, 위치 및 기타 변수별로 기록을 검색할 수 있도록 허용한다.

비디오 동작감지(VMD)를 이용하면 CCTV 기능을 높일 수 있다. 비디오 동작 감지기는 카메라에서 메모리 평가 장비에 사진을 전송한다. 메모리 평가 장비는 픽셀 변경을 위해 이미지를 분석한다. 움직임과 같은 사진의 모든 변경요인을 통하여 경보를 활성화한다. 이러한 시스템은 보안 담당자들이 위협에 대처하는 것을 돕고 모니터의 장시간 시청으로 인한 피로 문제를 줄인다. Tse는 보안요원이 12분 동안 모니터를 계속 관찰하고 있으면 모니터에 나오는 장면의 최대 45%를 놓치는 경우가 많으며, 22분 후에는 최대 95%가 넘게 된다는 호주의 연구결과가 있다고 말했다.

지능형 비디오 시스템(IVS)이라고도 하는 VMD와 비디오 분석의 통합은 경보조건을 정밀하게 정의하고, CCTV 시스템의 기능을 강화하며, 모니터에서 중요한 사건을 놓치는 인간의 문제를 줄이는 것을 목표로 하는 다양한 기능을 제공하는 기술이다. 이러한 시스템은 사용자가 디지털 비디오 시스템에 프로그래밍 된 동작을 미리 선택할 수 있도록 하며, 이 소프트웨어는 그러한 사건이 발생할 때 경보를 울린다. 경보를 울리게 하는 사건의 예로는 정지 또는 이동 차량, 버리거나 제거된 물체, 사람들의 어슬렁거림이 있다.

카메라는 보통 공공장소, 진입지점, 통로, 선적과 하역 부두, 상품 보관구역, 출납소, 현금 보관소, 부품 부서, 오버룩 파일, 개인 금고, 은행 금고, 그리고 생산라인에 배치된다. 직장에서의 카메라 배치는 직원들의 근무 의욕을 해치지 않도록 세심한 계획을 필요로 한다. 카메라의 배치에 대한 주요 제한사항은 누군가가 합리적인 프라이버시를 기대하는 장소(예: 화장실, 개인이 옷을 갈아입는 장소)에 카메라를 설치해서는 안 된다는 것이다.

숨겨진 감시카메라의 사용범위는 측정하기 어렵다. 많은 직장인이 작업장에서 이러한 카메라의 존재를 인식하지 못하기 때문이다. 핀홀 렌즈(Pinhole lens)는 몰래카메라의 인기 부품이다. 이는 지름이 1/8~1/4인치에 불과하여 발견하기 어렵다는 점에서 이러한 이름이 붙여졌다. 카메라는 시계, 파일 캐비닛, 컴퓨터, 스프링클러 헤드, 마네킹 등 거의 모든 장소에 숨겨져 있다.

5. 보안 담당자

보안 담당자들은 내부 손실에 대처하는 데 중요한 역할을 한다. 그들은 기술과 통합되어야 하며, 이것은 양질의 교육과 감독을 필요로 한다. 유니폼을 입은 보안 담당자들이 생산, 보관, 선적, 수령, 사무실, 판매장 등 시설 내에서 도보로 순찰하면서 내부 손실을 예방한다. 예측할 수 없고 불규칙한 순찰은 직원 절도(여러가지 손실 중에서)를 막는다. 제대로 훈련된 보안 담당자는 특이한 장소에 저장되거나 숨겨져 있는 물품이나 변조된 보안장치와 같은 불법행위을 찾아낸다. 쓰레기통을 철저히 뒤지는 것은 직원들이 숨기기 쉬운 그곳에 물건을 숨기는 것을 예방한다. 또한 보안 담당자가 출입문에서 사람, 물품, 차량을 식별하고 확인함으로써 손실을 예방할 수 있다.

1) 금고, 저장고 및 파일 캐비닛

(1) 금고

보호용기(그림 7.19)는 귀중한 물품(예: 현금, 기밀정보)을 보호한다. 이 장치들은 일반적으로 화재나 도난으로 인한 손실을 견딜 수 있도록 설계되어있다. 장비의 사양은 다양하며, 사용자의 요구를 고려하여 신중하게 계획되어야 한다. 귀중한 물품을 보호하는 화재방지 금고에 도둑이 들어간다면 경영진은 충격을 받을 것이다. 전형적인 내화성(또는 기록) 금고는 단열재를 포함하는 사각형(또는 직사각형)의 문과 얇은 강철 벽을 가지고 있으며 조립, 단열재를 강철 벽 사이에 붓는다. 혼합물이 마르면 습기가 남는다. 혼합물이 마르면 습기가 남는다. 화재가 발생하면 절연재는 지정된 시간 동안 350°F(용지의 발화점) 미만의 금고를 냉각시키는 증기를 발생시킨다. FBI는 현장 수사관들을 돕기 위해 안전한 절연파일을 관리하고 있다. 컴퓨터 미디어용 레코드 금고는 125°F에서 손상이 발생할 수 있으며, 이러한 레코드는 습도에 더 취약하기 때문에 좀 더 높은 수준의 보호대책이 필요하다. 내화성 금고는 한 번의 화재에는 견딜 수 있으므로 단열재를 사용하지 않는다.

전형적인 도난방지 금고는 보통 외곽이 두껍고 둥근 문과 두꺼운 벽을 가지고 있다. 둥근 문은 저항을 강화시킨다고 생각됐지만, 오늘날 많은 새로운 도난방지 금고에는 사각형이나 직사각형 모양의 문이 더 많다. 도난방지 금고는 화재방지 금고보다 비용이 더 많이 든다.

그림 7.19 전자 잠금장치 사용 금고,
Courtesy Sargent & Greenleaf, Inc.

  더 나은 품질의 금고에는 비영리 시험기관(UL, Underwriter Laboratories) 등급이 있다. 이는 제조업체가 UL의 시험용 금고를 제출했다는 것을 의미한다. 이러한 테스트는 금고의 화재 또는 도난방지 특성을 결정한다. 예를 들어 UL 등급이 350-4인 내화성 컨테이너는 내부 온도가 350°F를 초과하지 않는 동안 외부 온도가 2,000°F까지 4시간 동안 견딜 수 있다. UL 시험은 실제로 불을 시뮬레이션하기 위해 점점 더 뜨거운 용광로에 금고를 설치하는 것을 포함한다. 예를 들어, 도난방지 컨테이너와 관련하여, TL15의 UL 등급은 최소 15분 동안 공통 공구를 이용한 도어 공격에 대하여 최소 750파운드의 무게와 저항을 견딤을 의미한다. UL 등급의 도난방지 금고에는 UL 목록의 결합 잠금장치와 기타 UL 목록의 구성품도 포함되어 있다. 금고를 선택할 때는 보험회사와 동료의 추천, 회사가 얼마나 오랫동안 사업을 해왔는지, 그리고 금고회사에 채무가 있는지 여부를 고려해야 한다.

(2) 금고 절도

숙달된 도둑은 금고를 공격하기 전에 금고의 보호방식을 연구하며, 내부 정보(예: 금고의 번호조합)는 그중에 가장 연구해야 할 대상이다. 금고 절도를 당한 회사의 직원과 전직 직원 수십 명이 절도사건에 연루될 수 있다. 금고를 공격하는 방법에는 무력을 사용하는 것과 그렇지 않은 유형이 있다. 무력을 이용한 공격방법에는 다음이 포함된다.

- 찢기 또는 벗기기: 이 방법은 대부분 경량 금속으로 만들어진 내화성 금고에 사용된다. 정어리 통조림을 여는 것처럼 범인은 구석에서부터 금속을 뜯어낸다. 박리기술을 사용할 때 범죄자는 자물쇠에 닿기 위해 문 가장자리를 따라 하나씩 하나씩 제거해 나가야 된다.
- 펀치: 콤비네이션 다이얼은 망치로 떼어낸다. 노출된 스핀들에 펀치를 올려 잠금박스가 파손될 수 있도록 두드리고 손잡이는 문을 여는 데 사용된다. 이 방법은 오래된 금고에 효과적이다.
- 절단: 이것은 밑으로부터 내화성 금고를 공격하는 것이다. 금고를 뒤집어 도끼나 망치로 쳐서 구멍을 만든다.
- 드릴: 숙달된 도둑이 잠금 메커니즘을 노출시키기 위해 문에 구멍을 뚫는다. 잠금 텀블러는 수동으로 정렬되어 문을 연다.
- 토치: 이 방법은 도난방지 금고에 사용된다. 산소 아세틸렌 커팅 토치가 강철을 녹인다. 이 장비는 금고가 있는 곳으로 가져오거나 범인이 현장에서 장비를 만들어 사용한다.
- 반출: 범인은 금고를 보관장소에서 이동을 시킨 후에 편리한 장소에서 개방한다.

무력을 사용하지 않는 공격방법은 다음과 같다.

- 사무실 검색: 범인은 은밀하게 숨은 곳에서 금고번호를 알아낸다 (예: 책상 서랍 아래에 녹음장치를 부착하는 것).
- 조작: 범인은 시력, 소리, 촉각 등을 이용하여 금고번호를 알지 못한 상태에서 금고를 연다. 때때로 도둑은 운이 좋아서 금고 주인의 생년월일, 집주소 또는 전화번호와 같은 번호를 사용하여 금고를 열기도 한다.
- 관찰: 범인은 쌍안경이나 망원경을 이용하여 건물 건너편에서 금고를 개방할 때 번호를 확인한다. 이를 방지하기 위해서는 다이얼의 면보다는 다이얼의 상단 가장자리에 숫자를 배치시켜야 한다.
- 일과시간 금고 조작 활용: 직원들은 편의상 낮 동안에는 금고를 사용할 때마다 다이얼을 완전히 돌리지 않으므로 이는 범인이 금고에 쉽게 접근할 수 있는 기회를 제공한다. 범인은 일과시간에 번호 조합을 할 수 있다.
- X선 장비: 금고의 번호조합을 촬영하기 위해 금속성 X선 장비를 사용한다. 사진에는 번호조합을 식별하는 데 도움이 되는 흰 반점이 나타난다. 그러나 장비 사용이 복잡해서 이 기법을 사용하는 경우는 드물다.

금고 및 기타 용기의 보안을 강화하기 위해 다음 조치를 권고한다.

① 경보[예: 캐패시턴스(Capacitance) 및 진동], CCTV 및 적절한 조명을 활용한다.
② 금고를 도난당하지 않도록 건물에 고정시킨다. (이는 또한 대낮에 대로에서 도난당할 수 있는 현금 보관상자에도 적용할 수 있다.) 금고를 건물기초에 고정시키거나 시멘트 바닥에 고정시키고 바퀴를 모두 제거해야 된다.
③ 범인에게 구내에 있는 공구를 사용할 기회를 주지 말고, 모든

사용 가능한 공구(예: 토치)를 숨기거나 보안조치를 강구한다.

④ 시간자물쇠는 금고를 선택한 시간에만 열 수 있게 한다. 이것은 금고의 번호조합을 알더라도 범인이 금고에 접근할 수 없게 한다. 지연동작 잠금장치는 번호조합 사용부터 잠금 메커니즘이 작동되는 시간까지 자동 대기시간(예: 15분)을 제공한다. 자동 신호 잠금장치는 금고를 열 때 특별한 조합을 사용할 때 경보를 발생시킨다.

⑤ 일과를 마치면 금고의 다이얼을 같은 방향으로 여러 번 돌린다.

⑥ 번호 조합내용을 기록해 두면 위험하다. 만일 번호가 노출되면 가능한 한 빨리 번호조합을 변경해야 한다. 번호조합을 알고 있는 직원이 퇴사할 경우에는 번호조합을 변경해야 한다.

⑦ 자주 이용하는 은행을 통해 금고에 제한된 귀중품을 보관한다.

⑧ 내부에 UL 등급이 표시된 금고를 선택한다. 도둑이 외부에 표시된 등급을 확인하면 공격이 더 쉬워진다.

⑨ 금고의 현대적 특징을 고려해야 한다. 즉, 원격접속 관리, 현금 흐름 보고, 추적 가능한 예금 등이다.

(3) 보행자용 금고

보행자용 금고는 큰 금고이며, 화재나 외부공격으로부터 취약성을 가지고 있다. 보행자용 금고는 워낙 크고 비싸기 때문에 전형적으로 문만 강철로 만들고, 나머지 부분은 철근 콘크리트로 구성돼 있다. 보행자용 금고는 건물에 큰 영향을 줄 정도로 무겁기 때문에 일반적으로 건물에 대한 압력을 피하기 위해 지면과 동일하게 설치한다.

(4) 파일 캐비닛

도난, 화재, 홍수, 기타 위협 또는 위험으로 인해 기록물의 손실이 지속되는 기업은 사업 실패와 소송과 같은 심각한 결과에 직면할 수 있다. 특정 유형의 기록물에는 법에 따른 보호가 필요하다. 일부 중요한 기록은 고객식별정보, 수취채권, 재고목록, 법률문서, 계약서, 연구개발, 인적자원 자료 등이다. 기록은 보험금 청구 시에 손해배상액 청구에 도움이 된다. 단열기능과 잠금장치가 있는 파일 캐비닛은 화재와 도난으로부터 보호를 받을 수 있다. 기록물 보관비용은 개인용 금고나 은행금고보다는 상당히 낮지만, 안전한 관리가 요구되는 귀중한 기록은 금고나 금고 안에 보관하고 사본은 외부에 보관해야 한다. 특수 컴퓨터 금고는 컴퓨터 시스템을 파괴하는 강제침입, 화재, 습기로부터 보호하기 위해 고안됐다.

참고자료

[1] Alten J. Shhh... don't tell anyone that DVRs are becoming obsolete. *Secur Dir News*. 2005; 2 [March].
[2] Association of Certified Fraud Examiners. Repo1t to the nations on occupational fraud and abuse, 2010. www.acfe.com.
[3] Aubele K. Checking out secmity solutions. *Secur Manag*. 2011; 55 [December].
[4] Aughton S. Researchers crack biometric security with play-Doh. PCPRO. 2005. www.pcpro.co.uk/news/81257.
[5] Bany J. Don't always play the cards you are dealt. *Secur Technol Des*. 1993 [July-August].
[6] Bernard R. The state of converged secmity operations. *Secur Technol Exec*. 2011; 21 [April].
[7] Bernard R, Web services and identity management. *Secur Technol Des*. 2006; 16 [January].
[8] Blades M. The insider threat. *Secur Technol Exec*. 2010; 20 [November/December].
[9] Boba R, Santos R. A review of the research, practice, and evaluation of construction site theft occurrence and prevention: directions for future research. *Secur J*. 2008; 21 [October].
[10] Brenner B. How physical, it security sides can work together.

7 내부위협과 대책

Computerworld. 2010 [September]. www.compute1world.com. Prod. 2005; 9 [September].

[11] Canadacom. Hydro lost millions from theft, damage last year. *VaneSun*. 2007 [February 7]. www.canada.com.

[12] Catrantzos N. No dark corners: a different answer to insider threats. *Hamel Secur ff* 2010; 6 [May]. www.hsai.org.

[13] Chan H. Overcoming the challenges of wireless transmission. *Secur Technol Des*. 2005; 15 [October].

[14] Coleman J. Trends in secmity systems integration. *Secur Technol Des*. 2000; 10 [August].

[15] Computer Security Institute/FBI. CSI/FBI computer crime and security survey. 2005. www.GoCSl.com.

[16] Computer Security Institute/FBI. CSI/FBI computer crime and security survey. 2006. www.GoCSl.com.

[17] Conklin J. *Criminology*. 7th ed. Boston: Allyn & Bacon Pub; 2001.

[18] Cressey D. *Other People's money: a study in the social psychology of embezzlement*. Belmont (CA): Wadsw01th; 1971.

[19] D'Agostino S, et al. The roles of authentication, authorization and c1yptography in expanding security industry technology. 2005. www.siaonline.org.

[20] Dean R. Ask the expert. Secur.

[21] Department of Defense. *User's guide on controlling locks, keys and access cards*. Port Hueneme (CA): Naval Facilities Engineering Service Center; 2000.

[22] Di Nardo J. Biometric technologies: functionality, emerging trends, and vulnerabilities. *J Appl Secur Res*. 2009; 4.

[23] Duda D. The ultimate integration-video motion detection. *Secur Technol Des*. 2006; 16 [June].

[24] Eberle W, et al. Insider threat detection using a graph-based approach. *J Appl Secur Res*. 2011; 6(1).

[25] EEOC. How to comply with the American with disabilities act: a guide for restaurants and other food service employers. 2011 (January 19). www.eeoc.gov.

[26] Freeman J. Security director as politician. *Secur Technol Des*. 2000 [August].

[27] Garcia M. *Vulnerability assessment of physical protection systems*. Burlington (MA): Butterworth Heinemann; 2006.

[28] Gersh D. Untouchable value. *iSecurity*. 2000 [November].

[29] Greene C. Hang up on fraud with confidential hotlines. *Fraud Alert*. 2004 [Chicago (IL): McGovern & Greene].

[30] Honey G. *Intruder alarms*. 2nd ed. Oxford (UK): Newnes; 2003.

[31] Hulusi T. Creating a trusted identity. *Secur Technol Exec*. 2011; 21 [May].

[32] Hunt S. Integrated security solutions: getting to know it. *Secur Prod*. 2006; 10 [February].

[33] Inbau F, et al. *Protective securit1y law*. 2nd ed. Boston: Butterworth-Heinemann; 1996.

[34] Jarvis B. The next generation of access control: vi1tual credentials. *Access Control Trends Technol*. 2011 [June].

[35] Jordan B. Telework's growing popula1ity. *Homel Def J*. 2006; 4 [June].

[36] Keener J. Integrated systems: what they are and where they are heading. *Secur Technol Des*. 1994 [May].

[37] Keys R. What is intelligent video? *Law Off Manazine*. 2010; 6 [March].

[38] Klenowski P, et al. Gender, identity, and accounts: how white collar offenders do gender when making sense of their c1imes. *Justice Q*. 2011; 28 [February].

[39] Kosaka M. Public goes p1ivate. *Secur Pro*d. 2010; 14 [March].

[40] Lasky S. Video from the top. *Secur Technol Des*. 2006; 16 [June].

[41] Loughlin J. Secmity through transparency: an open source approach to physical security. *J Phys Secur*. 2009; 3(1).

[42] Mellos K. A choice you can count on. *Secur Prod*. 2005; 9 [October].

[43] Morton J. Top sma1t card blunders. *Buildings*. 2011; 105 [Ap1il].

[44] Nemeth C. Private security and the law. Burlington (MA): Elsevier utteiworth Heinemann; 2005.

[45] Nilsson F. The resolution to your confusion. *Secur Technol Exec*. 2011; 21 [March].

[46] Nosowitz D. Everything you need to know about near field communication. *Popular Sci*. 201 1[March]. www.popsci.com.

[47] O'Lea1y T. New innovations in motion detectors. *Secur Technol Des*. 1999; 9 [November].

[48] Pearson R. Integration vs. Interconnection: it's a matter of semantics. *Secur Technol Des*. 2000; 11 [November].

[49] Pearson R. Open systems architecture: are we there yet. *Secur Technol Des*. 2001; 11 [Janua1y].

[50] Ffeifle L. McDonald's, Saks begin first install of HDCCIV. *Secur Dir News*. 2010 [January].

[51] Philpott D. Physical security–biometrics. *Homel Def J*. 2005; 3 [May].

[52] Piazza P. The smart cards are coming... really. *Secur Manag*. 2005; 49 [January].

[53] Scicchitano M, et al. Peer reporting to control employee theft. *Secur J*. 2004;

17 [April].

[54] Shaw E, et al. Managing the threat from within. *Inf Secu*r. 2000; 3 [July].

[55] Siemon Company. Video over 10G ipTM. 2003. www.siemon.com.

[56] Skinner W, Fream A A social learning theory analysis of computer crime among college students. *J Res Crime Delinquency*. 1997; 34 [November].

[57] Speed M. Reducing employee dishonesty: in search of the tight strategy. *Secur J*. 2003; 16 [April].

[58] Spence B. Advances in fingerprint biometric technology. *Locksmith Led ger*. 2011 [June]. www.locksmithledger.com. [59] Suttell R. Security monito1ing. *Buildings*. 2006; 100 [May].

[60] Swa1tz D. Open Architecture systems: the future of security management. *Secur Technol Des*. 1999; 9 [December]

[61] Teledyne DALSA. CCD vs.CMOS. 2011. www.teledynedalsa.com.

[62] Toye B. Bar-coded security ID cards efficient and easy. *Access Control*. 1996 [March].

[63] Trnncer E. Controlling access system pe1formance. *Secur Manag*. 2011; 55 [March].

[64] Tse A The real world of critical infrastructure. *Secur Prod*. 2006; 10 [May].

[65] U.S. Department of Homeland Security, Science and Technology Directorate and the Executive Office of the President, Office of Science and Technology Policy. The National plan for research and development in support of critical infrastructure protection. 2004. www.dhs.gov.

[66] Zalud B. Higher level credentials leave footprint on card p1inters. *Security*. 2010; 47 [October].

[67] Zunkel D. A short course in high-security locks. *Secur Technol Des*. 2003; 13 [February].

8   외부위협과 대책[1]

[1] *Effective Physical Wecurity*, Fifth Edition, http://dx.dio. org/10.1016 /B978-0-12-804462-9.00009-9

Phillip P. Purpura

1. 들어가며

이 장에서 외부위협 예방책은 외부로부터의 비인가 접근을 통제하기 위한 대응책에 중점을 두고자 한다. 만약 인가되지 않은 접근이 성공하게 되면 폭행, 절도, 강도, 기물파손, 방화 및 간첩행위 등과 같은 범죄로 인해 엄청난 손실이 발생할 수 있다. 자연적으로 직원뿐만 아니라 외부인 또는 양자 간 모의에 의해 이러한 행동을 할 수 있다. 더구나 외부인이 만약 고객이거나 수리기술자 등과 같은 사람이라면 합법적으로 출입허가를 받을 수도 있다.

내부 및 외부 대응책들은 손실을 최소화하기 위해 각자 독립적으로 역할을 할 수 있으며, 내부 및 외부 대응책 간에 명확한 구분은 불가능하다. 왜냐하면 이들은 서로 밀접하게 연관되어있기 때문이다. 더 나아가서 앞 장에서 설명한 바와 같이 오늘날 우리는 포괄적인 위협의 시대에 직면해 있다. 이러한 점은 곧 재택근무로 인해 업무가 구내에서 수행되든 밖에서 수행되든 관계없이 직원이나 소속기관이 모두 동일한 위협에 직면하고 있다는 말이다.

'IT 관점은 포괄적인 보안을 달성하는 데 중요하다.' IT 전문가들은 물리보안 전문가들이 사용하는 접근거부와 침입탐지와 같은 용어를 동일하게 정보통신 시스템의 방호에 사용한다. 그래서 IT나 물리보안 전문가들이 서로에게 배우는 것처럼, 다수의 방호방법들을 개선할 수 있는데, 예를 들면 시스템 통합, 조사 및 업무연속성 계획(BCP) 등을 들 수 있다.

2. 비인가 통행방법

비인가 통행을 막는 방법론 연구의 시작은 침입자가 쓸 수 있는 방법에 대해 연구해 보는 것이다. 관리자(침투를 저지하는)와 침입자(접근을 성공하기 위한) 모두 순찰, 펜스, 감지기, 잠금장치, 창문, 출입문 등 이와 같은 것들의 특성을 공부해야 한다. 당신을 침입자의 위치에 놓고(예를 들면 도둑이라 생각하고) 그다음에 손실방지를 담당하는 관리자로 놓고 생각하면, 여러분은 우디스 목재회사(Woody's Lumber Company)나 스미스 셔츠 제조공장(Smith Shirt manufacturing plant), 컴퓰랩(Compulab Corporation, 8장에서 논의한) 회사 등을 연구하는 동안 두 가지 관점의 조합이 방어설계에 도움이 됨을 알 수 있다. (이 장의 마지막에 사례문제로 그러한 계획이 요구된다.) 더 나아가서 이러한 이론과 이론의 실질적인 적용방안을 염두에 두어야 한다. 이러한 이론은 범죄발생 기회를 줄이기 위한 합리적 선택 이론, 일상활동 이론, 상황에 따른 범죄예방 이론 등을 말한다.

무단침입은 특히 창문이나 출입문을 통한 비인가 접근을 시도하기 위해 사용되는 가장 흔한 방법이다. 침입자는 반복적으로 창문이나 출입문의 유리를 부수거나 유리 커터로 유리를 자르고 자물쇠나 걸쇠를 풀기 위해 내부로 들어온다. 유리가 떨어져서 소리가 나지 않도록 침입자는 흡입 컵을 사용하거나 깨진 유리를 잡고 있거나 제거할 목적으로 테이프를 사용한다. 침입자가 얄팍한 문을 망치나 끌, 톱 등을 사용해서 통과할 수만 있다면 복잡한 자물쇠도 소용없게 만들 수 있다. 무단침입은 또한 벽, 천장, 지붕, 채광창, 공동구,

하수관이나 빗물배수관, 환기구의 통풍구나 배관을 뚫고 들어올 수도 있다. 소매점은 부수고 집어가는 공격을 할 수 있는 대상이 될 수 있다: 이러한 소매점은 도둑이 진열장 유리를 부수고 상품들을 신속히 끄집어내 바로 도망갈 수 있다.

아틀라스(Atlas)는 절도범들이 오류(誤謬)경보를 만들어 내기 위해 상점 앞을 연달아서 딸랑거리고 돌아다닌다고 설명한다. 이 오류경보는 결국 경찰의 대응을 늦게 만들고, 상점 관리인들은 벌금이 부과되는 것을 피하기 위해 절도 경보기를 꺼두게 만드는 결과를 초래한다. 경찰과 상점 관리인들은 '미끼를 물게 되고' 절도범들은 마스크와 장갑으로 변장하고 타이어를 빼는 지렛대로 드라이브 스루 문을 부수고 차에 타서 아침 영업하기 위해 준비해 둔 보안장치가 설정되지 않은 금고를 절도한다.

베루베(Berube)는 절도범 경보시스템의 차단효과에 관해 상반되는 연구결과를 기술하고 있다. 절도범은 범죄현장에서 1~2분 사이에 범죄를 끝내지만 경찰은 그들을 체포하기 위해 그렇게 빨리 대응하지 못하기 때문에 어떠한 절도범도 경보기 작동을 두려워하지 않는다고 주장하고 있다. 오류경보 문제 때문에 경찰은 즉각 대응하기를 주저하거나 전혀 대응하지 않을 수도 있다. 우리가 합리적인 선택이론과 일상활동 이론을 생각해 볼 때, 경보에 대한 경찰의 늦은 대응이 절도범에게는 위험을 줄이고 오히려 기회를 늘려 줄 수 있다. 베루베도 역시 경보시스템의 차단효과를 지지하는 연구결과를 인용하고 있다.

비인가 접근은 힘을 쓰지 않고도 달성할 수 있다. 자물쇠를 사용하는 곳은 어디든 완전하게 잠겨 있지 않으면 접근이 가능하다. 놀랍게도 창문이나 출입문을 잠그지 않는 일이 흔히 발생한다. 자물쇠를 따거나 분실된 열쇠 또는 출입카드를 손에 넣게 되면 힘을 쓸 필요도 없다. 자물쇠를 풀어 놓거나 창문 또는 출입문을 직접 열어주고 또는 열쇠나 기술정보를 넘겨주는 수법으로 정직하지 않은 직원들이 침입자들을 도와주는 것으로 알려져 있다. 침입자는 때로 문을 닫을 때까지는 건물 내부에 숨어 있다가 나와서 폭행이나 절도를 감행한다. 앞장에서 설명한 꼬리 물기나 뒷문으로 들어가는 것도 힘들이지 않고 접근이 가능한 또 다른 방법이다. 출입을 할 수 있는 은밀한 방법은 은밀 출입(Surreptitious entry)으로 불린다.

3. 대응책

외부(내부도 포함)위협에 대한 대응책은 5D로 개념화될 수 있다.

- 차단(Deter): 물리보안은 단지 존재한다는 것만으로도 침입자가 범행을 포기하게 할 수 있다. 물리보안의 충격은 보안의 아우라를 통해서 향상될 수 있다. 이러한 아우라는 어떤 대상이 풍기는 특징적인 분위기를 말한다. 지원하는 관리자와 보안요원은 전문적인 보안 이미지를 창출할 수 있도록 조치해야 한다. 그들은 기지에 설치된 침입감지기의 숫자나 유형, 보안시스템의 취약성 등을 주제로 올리는 것은 삼가야 한다. 보안순찰은 예측 불가능하게 해야 하며 절대 틀에 박힌 듯이 하지 않아야 한다. 표지판은 보안의 아우라를 창출하는 데 기여할 수 있도록 내용을 써놓아야 한다. 예를 들면 '우리 기지는 최첨단 기술을 적용한 보안시스템으로 방호되고 있습니다'와 같은 것이다. 이러한 표지판을 울타리나 건물의 개구부를 따라 설치해 놓으면 이것이 풍기는 보안의 아우라가 침입자에게 범죄행위가 성공할 수 없을 거라는 강한 심리적 차단을 가능하게 할 수 있다. 그러나 어떠한 차단도 완전히 보장되는 것은 없다는 점을 주목하는 것이 중요하다. (범죄자는 긴 경보문구를 대하더라도 계속 범행을 하는 경우 차단이 안 된다는 것 때문에 형사사법 정책이 심각한 어려움에 처하고 있다.) 그래서 보안 영역에서의 차단은 이어지는 네 가지 D 요소로 아울러 보강되어야 한다.

- 탐지(Detect): 침입자는 반드시 탐지되어야 하고 구내에 발을 들여 놓거나 구내에서 범행을 저지르자마자 최대한 빨리 그들의 정확한 지점을 알아 낼 수 있어야 한다. 이러한 것은 보안요원의 감시, 폐쇄회로 TV(CCTV), 침입감지기, 경보, 무기소지 검색, 방호견(防護犬) 및 직통선 등을 통해서 목적을 달성할 수 있다.

- 지연(Delay): 물리적 보안은 대응 조치까지의 소요 시간으로 평가된다. 이중보안(Redundant Security)은 두 개 또는 그 이상의 유사한 보안대책을 사용(예를 들면 이중 울타리, 두 가지 유형의 침입 감지기 설치 등)하는 것을 말한다. 심층방호(Layered Security)는 같은 것을 연달아서 설치하거나, 서로 다른 것을 설치하는 상이한 보안대책(예를 들면 경계 울타리, 강력한 문, 안전함 등)을 말한다. 이중 혹은 심층방호 모두 시간을 지연시킬 수 있다. 그래서 침입자는 당황하여 현장에서 이탈하려 할 수도 있고 이러한 지연이 비상 출동 인력이 침입자를 체포하기 위해 현장에 도착할 때까지 대응할 시간을 벌어줄 수도 있다.

  누네스(Nunes)와 바제탈(Vazetal)은 보안에 관한 연구를 장려하고 투자에 대한 길잡이가 되도록 '심층방호(Layered security)'와 '종심방호(Security-in-depth)'를 구분하는 것을 선호한다. 그들은 '위험 최소화는 이미 가장 효과를 거두고 있는 부분을 더욱 강화하고 복합적인 여러 보안대책 중에 가장 취약한 기능 부분에 집중함으로써 가장 효과적으로 달성할 수 있다'고 기술하고 있다. 더 나아가 그들은 '종심방호'는 복합운용의 효과뿐만 아니라 복합 시스템을 적절하게 통합하여 만드는 것을 목표로 할 것을 주장하고 있다.

- 거부(Deny): 통상 표적 공고화(Target hardening)라고 불리는 강력한 물리보안은 접근을 거부할 수 있다. 철문이나 안전함이 그 예

이다. 현금이나 기타 귀중품들을 빈번하게 은행에 예치하는 것은 침입자가 성공하지 못하도록 할 수 있는 기회를 더 연장시킬 수 있다.

• 파괴(Destroy): 당신이 목숨이나 다른 것을 잃을 위험에 처해 있다고 판단될 경우 필사적으로 힘을 사용하는 것이 합법적으로 허용된다. 자산(예를 들면 상표등록정보 등)은 잘못된 사람의 수중에 들어가기 전에 파기할 필요가 있다.

1) 환경보안 설계

새로운 시설을 기획할 때, 설계자와 방화 및 안전기술자, 손실예방 전문 변호사, 경찰, 소방요원 및 다른 전문가들과 노력을 통합할 필요성은 아무리 과장해도 지나치지 않다고 할 수 있다. 더구나 실제 건축하기 전에 보안과 안전을 계획하는 것은 건설한 다음에 보완하는 것보다 예산도 훨씬 더 절감할 수 있다.

비록 작은 부분이지만 수년 전에는 건물을 설계할 때 기획단계부터 손실예방을 위한 사항들이 요즈음보다 더 많은 부분을 차지하고 있었다. 에어컨이 폭넓게 사용되기 전에는 적절한 환기를 위해 많은 창문과 넓은 출입문이 필요했으며 이런 점은 반대로 도둑이 출입할 수 있는 지점을 제공해주는 측면도 있었다. 오늘날의 건물들도 문제는 여전히 있다. 예를 들면 천장에 타일을 시공할 때 그것을 단지 들어올리기만 해도 타일 위로 침입할 수 있는 공간이 생기는 자재를 사용하여 시공한다. 일단 타일 위로 올라가기만 하면 같은 층의 다른 방으로 기어서 갈 수도 있다. 인접한 건물 옥상을 통하여 넘어오는 것은 오래된 건물이나 새로운 건물이나 똑같이 문제가 된다. 이러한 취약한 부분은 대부분 옥상 출입문에 잠금장치를 달고 침입감지기를 설치하는 것 등 적절한 하드웨어를 설치하는 방식으로 문제를 해결할 수 있다.

건축계획에 범죄예방을 포함시켜 설계하는 설계자들의 역할이 점점 더 증가하고 있다. 환경보안 설계는 보도와 주차장의 자연스러운 감시와 전자적인 수단에 의한 감시, 가시도(可視度)를 높인 창문과 조경, 개선된 조명, 그리고 기타 범죄예방을 위한 건축설계 기법 등이 모두 포함된다. 추가적으로 울창한 관목 숲은 숨을 곳이 줄어들도록 적절하게 관리해주어야 되고, 격자 형태로 설치된 도로는 탈출이 쉽지 않도록 바리케이드 용도로 사용할 수 있도록 막다른 골목으로 변경시킬 수도 있다.

메리어트 호텔의 설계를 보면 CPTED가 어떻게 적용되는지를 분명하게 볼 수 있다. 가능한 한 침입자가 잘 보이게끔 모든 통행로는 호텔 정면으로만 향하도록 설계되어있다. 객실이나 승강기실로 걸어가는 사람들이 반드시 프론트 데스크 앞을 지나도록 로비가 설계되어있다. 바깥쪽을 보면, 산울타리는 울타리 역할보다 심리적인 걸림돌 역할이 더 강조됐다. 보행자 통로는 조명을 밝게 하고 고객이 고립된 지역을 피해가도록 되어있다. 주차공간은 조명과 명확한 시계를 갖추고, 접근통제가 되도록 한 것이 특징이다. 차고의 벽체에는 조명 효과가 배가(倍加)되도록 흰색으로 도색을 했다. 호텔 내부의 수영장, 체력단련실, 매점과 세탁실은 만에 하나 있을지도 모를 목격자에게도 최대한 노출되도록 유리문과 벽을 설치했다. CCTV의 한 가지 응용사례를 보면 로비에 서 있는 사람을 카메라로 잡고 그곳에 설치된 모니터에서도 잘 보이도록 설치했다. 사람들이 자신이 찍힌 모습을 모니터로 스스로 볼 수 있도록 되어있기 때문에 강도사건이 감소됐다. CPTED는 순찰이나 비상 전화박스 등과 같은 전통적인 보안대책들도 강화시킬 수 있다.

영국의 연구결과는 CPTED의 범위를 보다 더 확장시켰다. 영국의 범죄방지 설계 프로그램(DAC: The UK Design Against Crime)은 범죄 및 범죄의 공포와 맞서 싸울 수 있는 창의적이고 감지하기 어려운 디자인 기법을 개발하기 위해 설계전문가 집단을 광범위하게 찾고 있다. DAC는 사람을 불편하게 하거나 요새와 같은 환경을 만들지 않으면서도 범죄예방은 촉진할 수 있는 총체적이며 인간중심적인 접근방법을 택하고 있다. 예를 들면 다음과 같은 것이다: 젊은 사람들이 울타리에 올라앉거나 많은 시간을 보내지 못하게 꼭대기에 난간을 설치하는 것, 특정 지역에는 클래식 음악을 틀어서 젊은 사람들이 모여들지 않도록 하는 것, 짧은 끈과 정교하게 만든 지퍼를 달고 두꺼운 가죽 재질로 경보장치까지 부착하여 만든 '도난방지용 핸드백' 등과 같은 것들이다.

CPTED는 제임스 윌슨(James Q. Wilson)과 조지 켈링(George Kelling)의 '깨진 창문이론'을 통해 더 향상됐다. 이 이론은 수리하기 위해 방치된 건물과 무질서한 행동들이 입주민들에게는 공포감을 가중시키고 침입자와 범죄는 더 끌어모으게 된다는 것이다. 만약 누군가 창문을 깨뜨리고 이를 수리하지 않은 채로 두면 더 많은 창문이 깨지게 되고, 다 허물어져 가는 상태가 계속되면 '거주하는 사람이 더 이상 돌보지 않는 건물이구나' 하는 신호를 줄 수 있다. 마찬가지로 기물파손, 낙서와 공공장소 주취 등 사소한 문제들도 침입자를 더 많이 끌어모으게 되거나 인접한 곳까지 연이어 파괴하게 만드는 보다 큰 문제로 발전될 수 있다. 그러나 이와 반대로 잘 관리된 주변 환경에 대해 입주민들이 자부심을 가질 정도가 되면 안전과 보안은 보다 더 나아질 수 있다.

2) 울타리 보안

울타리는 외곽 경계선을 말한다. 그것은 보통 대지의 경계선이자 비인가자 접근에 대비하는 첫 번째 방어선이다(그림 8.1).

출입문이나 창문 등과 같은 건물에 접근할 수 있는 지점 역시 많은 지역에서 울타리 방어선의 일부로 간주되고 있다. 대표적인 울타리 보안은 펜스와 정문부터 시작해서 방호력을 증진시키기 위해 설치된 다양한 보안대책들(예를 들면 카드키, 자물쇠, 감지기, 조명,

그림 8.1 울타리보안
Wackenhut Corporation社 제공,
Ed Burns 촬영

그림 8.2 복합적인 보안대책이
방호력을 향상시킴

CCTV 및 순찰 등)이 대부분 포함될 수 있다(그림 8.2).

수로에 근접한 시설에 설치된 레이더처럼 울타리 외곽으로까지 보안감시를 연장할 수 있는 기술도 사용되고 있다(그림 8.3).

8 외부위협과 대책

그림 8.3 레이더로 시설의 울타리 외곽으로 수로까지 보안감시를 연장함.
Honeywell Security社 제공

다음과 같은 사항이 울타리 보안설계에 다양하게 적용될 수 있다.

① 어떠한 울타리 보안수단이라 할지라도 계획을 수립할 때에는 총 손실방지 프로그램 및 기업의 목표와 상호 연관성이 있어야 한다. 더 나아가 녹색 보안도 반드시 고려해야 한다.

② 울타리 보안은 비용 대 효과가 있어야 한다. 계획을 브리핑할 때 경영자는 "우리가 투자한 것이 어떤 형태로 보상이 됩니까?" 하고 질문해야 됨을 명심해야 한다.

③ 비록 최소한의 통로를 두면 울타리 보안은 강화되겠지만, 정상적인 영업활동이나 비상상황에 대응하는 데에는 방해가 되지 않도록 계획해야 한다.

④ 울타리 보안은 잠재적인 무단침입자에게 심리적인 충격을 줄 수 있다. 무단침입을 봉쇄하기 위해 취해지는 모든 단계적인 조치 그 자체가 외부인들에게는 경고신호를 주는 것이다. 침입자는 실제 취약한 지역(즉, 기회)을 노리게 되어있다.

⑤ 비록 대지의 경계선이 잘 방호되어있다고 해도 무단출입이 생길 가능성을 완전히 배제할 수는 없을 것이다. 예를 들면 펜스

는 위로 넘어가든가 지하로 또는 직접 뚫고 들어가는 방법을 사용함으로써 방어선이 뚫릴 수도 있다.

⑥ 울타리를 통과하는 것은 내부로부터도 가능하다. 물품을 펜스 위로 또는 창문 밖으로 던질 수도 있다. 수많은 물품들은 보행자가 몸에 숨겨 가져갈 수도 있고 울타리를 이용해서 세워놓은 차량을 이용해서 밀반입될 수도 있다.

⑦ 특히 도시지역의 경우 종종 건물의 벽 자체가 건물의 울타리가 되는 수도 있다. 침입자는 벽을 뚫거나 인접한 건물의 지붕을 타고 들어올 수도 있다.

⑧ 시야를 방해하는 것이 없도록 만들기 위해서는 울타리 양쪽 모두에 차량, 장비 및 초목이 없도록 깨끗하게 정리되어야 한다. 이렇게 하여 '클리어 존(Clear Zone)'이라고 알려진 환경이 만들어지게 되는 것이다.

⑨ 울타리 침입감지기가 조경용 스프링클러 시스템과도 통합되도록 고려해야 한다. 무단출입 인원, 시위대 및 기타 침입자들이 침입을 포기하게 만들고, 침입하더라도 스프링클러가 작동하여 물에 젖으면 그들을 쉽게 찾아내고 식별할 수 있게 된다.

⑩ 울타리 보안수단들은 내부에서는 눈에 띄지 않는 적대적인 외부환경에 노출 되어있다. 따라서 보안요원들에게 적절한 복장과 대피장소가 필요하다. 적합한 보안시스템을 선택하면 야생동물, 차량 진동 및 악천후 등에 의한 오류경보를 막아 줄 수 있다.

⑪ 울타리 보안은 반드시 주기적으로 점검하고 평가해야 한다.

장애물

포스트(Post)와 킹드베리(Kingdbury)는 "물리보안 과정은 각자 특별한 쓰임새가 있는 수많은 종류의 장애물 시스템을 모두 이용한다. 이러한 시스템에는 자연장애물, 인공장애물, 인간, 동물 및 에너지 장애물 등을 모두 포함한다"라고 기술하고 있다. 자연장애물에는 강, 언덕, 절벽, 산, 나뭇잎 및 기타 극복할 수 없는 장애물들이 포함되어있다. 인공장애물에는 펜스, 담장, 출입문 및 기타 설계된 건물의 배열 등이 있다. 인간 장애물은 시설에서 나가거나 들어오는 사람, 차량 및 물자 등을 세심하게 살피는 보안요원을 말한다. 대표적인 동물 장애물은 개를 들 수 있다. 에너지 장애물은 방호용 조명등과 침입감지기가 포함된다.

가장 일반적인 장애물 형태는 상부에 철조망을 설치한 고리형 철망이다(그림 8.1). 인터넷을 검색해보면 ASTM, UL, ISO 및 미국과 다른 나라의 많은 단체들이 제시한 울타리에 관한 산업표준을 찾아 볼 수 있다. 예를 들면 ASTM F567은 고리형 철망의 물자규격, 설계 요구조건 및 설치방법에 관해 중점을 두고 제시하고 있다.

고리형 철망 울타리의 한 가지 장점은 양쪽에서 모두 관측할 수 있다는 점이다: 즉 보안요원은 안에서 밖으로, 경찰은 밖에서 안으로 들여다볼 수 있다는 것이다. 울타리에 나뭇잎이나 장식용 플라스틱 등이 있으면 시계를 감소시켜 침입자에게 도움이 될 수 있다. 관리자들이 너무 인공적으로 보이는 환경이 싫다고 하면 고리형 철망 울타리가 아닌 다른 것으로 대체할 수도 있다. 산울타리도 한 가지 대안이 될 수 있다.

고리형 철망 울타리는 최소한 규격 9번 이상의 철선을 사용하여 가로세로 2인치(2"×2") 다이아몬드 모양의 그물망으로 만드는 것이 바람직하다. 또한 높이는 최소한 7피트 이상이 되어야 한다. 기둥은 바닥에 콘크리트로 고정하고 10피트 이상은 이격되지 않도록 해야 한다. 하단은 단단한 지면에서 2인치 이내로 간격을 유지하되 단단하지 않은 지면인 경우에는 지하로 몇 인치 더 연장해서 견고하게 설치되어야 한다. 상단은 1~2피트 이상 긴 상단 지지대를 바깥 방향으로 45도 경사를 두고 설치하고 그 위에 6인치 간격으로 팽팽하게 3~4가닥의 유자 철조망을 설치하는 것을 권고하고 있다.

그림 8.4 기어오름
방지울타리의 취약성

　그림과 같은 기어오름 방지 울타리(Anti-climb fences, 그림 8.4)
는 고리형 철망 울타리의 또 다른 대안이다. 유럽에서 주로 쓰이고
있으며 미국에서도 관심이 증대되고 있는데 이러한 울타리는 고리
형 철망 울타리보다 미관이 더 좋고 기어오르기 어렵게 제작되어있
다. 손가락이나 신발이 들어가지 않도록 만들어서 울타리를 기어오
르는 것을 막을 수 있도록 격자구멍이 더 작게 만들어져 있다. 다른
모든 보안수단들과 마찬가지로 기어오름 방지 울타리도 취약점은
있다.

　유자 철조망 울타리는 가장 흔히 사용되는 것이다. 유자 철조망
은 규격 12번 철선 두 가닥을 꼬고 매 4인치마다 가시를 다는 방식으
로 제작한 것이다. 적절히 방호가 되도록 6피트 간격으로 수직 지지
대를 세우고, 수평으로 철조망을 2~6인치 이격하여 설치하며 가장
양호한 높이로 8피트까지 설치하는 것이다.

　접이식 울타리(Concertina fence, 윤형철조망)는 약 55파운드의
무게가 나가는 강철 레이저 와이어를 실린더 형태의 코일로 만든다.
각 실린더는 높이 3피트, 길이 50피트로 윤형장애물로 펼쳐진다.
50피트 철조망의 양쪽 끝은 움직이지 않도록 그다음 철조망과 함께

묶어 놓는다. 역시 말뚝으로 울타리를 고정시킨다. 이러한 형태의 울타리는 급조 장애물로 쓸 수 있도록 군에서 개발된 것이다. 각각의 윤형철조망을 울타리 위에 얹으면 6피트 높이로 장애물을 만들 수 있다. 두 개의 철조망 위에 한 개를 얹으면 뚫고 지나가기 어려운 피라미드 모양의 걸림돌이 된다. 접이식 장애물은 손상된 울타리를 신속히 임시로 보수할 때 특히 유익하다.

레이저 리본(Razor ribbon)과 윤형 유자철조망은 점차 인기가 늘고 있다. 이는 여러 가지 면에서 접이식 울타리와 유사하다. 몇 인치 간격으로 끝이 날카롭고 나비넥타이 모양으로 생긴 날카로운 못을 단다.

정문(Gates)은 펜스를 통과해서 출입하는 차량 때문에 필요하다. 위병소 자체가 출입문이나 창문처럼 울타리에 취약한 부분이기 때문에 적게 설치할수록 좋다. 정문은 보통 쇠사슬이나 자물쇠로 잠근다. 각각의 위병소와 개방된 펜스에 배치된 제복을 입은 근무자는 인원과 차량에 대한 관측이 가능하게 하여 보안을 강화할 수 있다.

차량 장애물(Vehicle barriers)은 교통을 통제하고, 차량이 울타리를 뚫고 들어오지 못하게 차단시킨다. 차량폭탄과 주행차량을 이용한 충격 문제 때문에 결과적으로 차량 장애물 사용이 크게 늘어나게 됐다. 이러한 장애물은 방호등급을 기반으로 한 정부 인증평가를 받게 되어있다. 그럼에도 불구하고 평가제도는 정부기관 간에 상이하다. 예를 들어 한 기관은 시속 50마일로 달리는 1만 5천 파운드 트럭으로 시험하지만 다른 기관에서는 동일한 속도에 1만 파운드 트럭으로 시험하는 식이다. 수동형 차량 장애물은 고정형 장애물이며, 여기에는 장식용 볼라드(bollard), 대형 콘크리트 화분, 화강암 분수, 특별히 제작하여 바닥에 고정시킨 벤치, 강화 펜스, 펜스 케이블 및 나무 등이 포함된다. 볼라드의 대안으로 강화 콘크리트로 바닥에 기초를 묻은 낮은 벽 형태의 차단벽(Plinth wall)이 있다. 무어(Moore)는 볼라드의 대안으로 타이거 트랩(무거운 하중이 실리면 붕괴되는 낮은 강도의 콘크리트 기초를 하고 그 위에 돌로 포장한 통로)과 노고(NOGO: 크고 무거운 황동블록)가 포함된다고 기술하고 있다. 능동형 차량 장애물은 출입구에 설치되며, 대문, 장애물 무기류(Barrier arms), 지하에 설치해 놓고 작동시켜 차량진입을 차단할 수 있도록 솟아오르게 하는 돌출타입의 시스템까지 포함된다. 차량 장애물을 계획할 때에는 통행의 빈도, 도로형태(즉, 굽은 도로는 차량속도를 늦출 수 있다), 미적인 요소, 그 장애물이 기타 다른 물리보안 수단 및 인원과 어떻게 통합되는지 등을 고려해야 한다.

우리가 잘 알고 있는 바와 같이 어떠한 보안대책도 실패할 염려가 없는 것은 없으며, 탐지 알고리즘(ADA, a Detection Algorithm) 요구수준과 같은 것을 포함하여 신중하게 보안계획을 수립하는 것이 필수적이다. 1997년에 정부정책에 항의하고자 환경단체 그린피스가 워싱턴 DC에 있는 정부기관의 보안시스템을 뚫고 들어가서 연방 수도 건물에 5톤의 석탄을 쏟아 부어버리는 일이 있었다. 그 트럭 운전수는 빌딩으로 가는 일방통행로를 반대방향으로 차를 몰고 들어갔다!

담장(Walls)은 상대적으로 비싸며, 경영진이 철조망 펜스 설치를 반대할 때 대안으로 사용할 수 있다. 멋진 담장은 주변 조경과 잘 조화되면서 펜스와 동일한 수준으로 보안을 설계할 수 있다. 담장은 벽돌, 콘크리트 블록, 돌, 시멘트 등과 같은 다양한 재료로 만들 수 있다. 설계에 따라 다르지만 6~7피트 높이의 담장 꼭대기에는 철조망을 설치하거나 철핀 또는 깨진 유리조각을 시멘트에 박기도 한다. 침입자는 올라가기 전에 담요나 상의를 담장 꼭대기 위에 던져서 상처 입는 것을 피하기도 한다. 담장의 이점 중 하나는 외부인에게 투시되지 않는다는 것이다. 그러나 경찰이 순찰 중에 범행현장을 발견하도록 하는 데는 방해도 되고 이 점이 오히려 침입자에게는 이득이 되기도 한다.

산울타리(Hedges)나 관목 숲(Shrubbery)은 장애물로 아주 유용하다. 가시가 있는 관목은 침입자 차단에 아주 효과적이다. 여기에는 호랑가시나무, 매자나무 및 찔레나무 등이 포함된다. 이 나무들은 물을 많이 줘야 한다. 쥐똥나무 산울타리는 어디서나 잘 자라고 손도 거의 가지 않는다. 산울타리와 펜스를 적절히 혼합하여 설치하는 것이 효과적이다. 산울타리는 높이가 3피트를 넘지 않아야 하며, 지나다니는 사람에게 상처를 입히지 않도록 하면서도 누군가 울타리를 넘으려고 시도할 때에는 또 다른 걸림돌이 될 수 있도록 안쪽에 조성해야 한다. 건물이나 어떤 장소에 키가 큰 나무를 지나치게 근접해서 심어 놓으면 기어오르는 도구나 절도범의 은신처 및 부정 거래 물품을 숨기는 장소로도 이용될 수 있다.

지방자치단체는 위협적으로 보이는 장애물의 모습은 나오지 않게 하면서 매력적인 환경이 될 수 있도록 펜스, 담장 및 산울타리 높이를 제한하도록 조례를 제정하고 있다. 어떤 장애물은 이러한 목적에 부합하도록 설치를 금지하기까지 한다(예를 들면 철조망 등). 계획을 수립할 때에는 반드시 해당 지역의 표준을 모두 망라해서 검토해야 한다.

다음에 제시한 것들은 보안관리자가 울타리나 장애물에 수반되는 취약요소를 제거하는 데 도움이 되는 사항이다.

① 야외에 있는 전봇대, 수목, 상자, 화물 운반대(팰릿: Pallet), 지게차, 장비 및 기타 모든 물건들이 장애물을 넘는 데 사용될 수 있다.

② 야외에 방치된 사다리는 침입자가 가장 좋아하는 것이다. 그러나 고정된 사다리는 철창문을 잠가 놓으면 거의 접근할 수 없게 만들 수 있다.

③ 보통 벽은 두 개의 분리된 공간을 공유한다. 절도범은 인접한 건물이나 방을 임차 또는 매입하거나 아니면 무단으로 들어가서 그 벽을 부수고 침입할 수 있다.

④ 지붕으로도 들어오기 쉽다. 드릴이나 톱과 같은 도구 몇 개만 있으면 침입자는 지붕을 뚫고 들어갈 수 있다. 조명이나 펜스, 감지기 및 순찰요원 모두 지붕까지는 거의 영향력이 미치지 못하기 때문에 이러한 취약점 자체가 절도범에게는 끌리게 되어 있다. 지붕에서 내려올 때는 줄사다리를 이용하며, 지붕으로 물건을 들어올릴 때는 지게차를 이용할 수 있다. 차량 열쇠는 반드시 감춰두어야 하고 다른 예방조치도 취해야 한다.

⑤ 지붕에 있는 해치, 채광창, 지하실의 창문, 에어컨, 기타 환기 및 배기구, 마루나 건물 아랫부분의 기어 다닐 수 있는 공간, 화재대피소, 그리고 정리함 같은 것들은 모두 자물쇠, 감지기, 쇠막대, 무거운 철망, 펜스뿐만 아니라 점검까지 모든 수단을 잘 조합하여 대비해야 한다. 최소한 96제곱인치(Square inch)보다 면적이 넓은 개방공간은 어디든지 방호를 보강할 필요가 있다고 보는 것이 광범위하게 사용되는 표준이다.

3) 테러에 대비한 건물 방호

보안과 손실방지를 위한 예산을 정당하게 집행하는 데 도움이 되도록 경영진은 FEMA 426과 마찬가지로, 건물에 대한 잠재적인 테러공격을 경감하기 위한 참고서(*Reference Manual to Mitigate Potential Terrorist Attacks against Buildings*)를 반드시 참고해야 한다. 이 책에는 다양한 위험요인을 경감시키는 데 건물설계를 통해서도 도움이 될 수 있다고 언급하고 있다. 비산하는 파편을 막는 데 특별히 효과적인 허리케인 창호 디자인(Hurricane window design)이나 폭발물 폭발에 적합한 비구조 건물자재에 대한 내진설계 표준 등을 예로 들 수 있다. 퓨퓨라(Purpura)는 FEMA 426으로부터 인용한 파편 방호법에 대해 다음과 같이 기술하고 있다.

FEMA 426에는 토지사용계획 통제, 경관설계, 단지 배치계획 및 기타 테러와 다양한 위험을 경감시키기 위한 전략들이 포함되어

있는 현장수준의 보안에 대한 고려사항이 있다. 토지개발 제한과 사용통제가 포함된 토지사용계획 통제(Land use controls)는 범죄와 테러의 위험을 높일 수도 있고 낮출 수도 있는 도시의 공간적 특성을 정의해 놓고 있기 때문에 보안에 영향을 미칠 수 있다. 예를 들면, 단지 내 빗물을 관리하는 것은 물과 관련된 그 설비들 자체가 차량장애물이나 폭발 저지에도 기여할 수 있기 때문에 보안을 강화하는 데 기여할 수 있는 것이다. FEMA 426에는 보안을 강화하기 위한 여러 가지 건물 설계방법들을 제시하고 있다(그림 8.5).

사람이나 자산 및 활동이 밀집지역에 집중될 때는 표적이 되기 쉬운 환경(A Target-rich environment)이 조성된다. 밀집되어있는 무리에는 장점과 단점이 모두 있다. 장점은 울타리로부터의 이격(즉, 폭발이 발생될 때 방호를 받는 점 등)을 최대화할 수 있는 가능성이다. 또 다른 보안상 장점은 방호하기 위해 접근 가능한 통로와 감시지점의 수를 줄일 수 있다는 것과 방호해야 할 울타리 자체가 줄어드는 것이다. 다수의 건물이 밀집되어있다는 것은 예를 들면 열을 생산하는 지역에서 열을 사용하는 지역으로 이전하는 것과 같은 에너지 비용을 절약할 수 있는 것이다. 더구나 빛과 에너지 사용이 더 많이 필요한 넓은 지역으로까지 외부조명을 사용하지 않아도 된다. 이와는 반대로 분산된 건물, 사람, 활동 등은 위험을 분산시킬 수는 있다. 그렇지만 분산은 보안을 더 복잡하게 하고(예를 들면, 더 많은 접근로가 생긴다든가) 더 많은 자산(예를 들면, 보안요원, CCTV, 울타리 방호용 조명 등)이 필요하게 된다.

FEMA 426은 설계자는 기능적으로 호환이 되고 유사한 위협정도에 맞도록 건물을 통합해서 설계할 것을 권장하고 있다. 예를 들면, 인원이나 물품을 접촉하기 전에 면밀히 감시해야 하는 우편실, 물품 상·하차장, 방문자 접수창구 등은 사람이나 활동, 중요한 자산들의 밀집을 방지하고 분리되어있어야 한다. 방호를 염두에 두고 개방공간을 설계하면 침입자, 차량 및 무기에 대한 감시 및 탐지가 용이하고, 폭발 시 가치 있는 자산을 이격할 수 있다. 또한 빗물이 지표면에 스며들 수 있도록 배관이나 맨홀을 줄임으로써 은밀한 접촉지점 및 무기은닉이 가능한 장소를 감소시키고, 차량진입을 막으면서도 미적인 가치를 높여주는 습지 및 초목지역을 형성하는 등 여러 가지 장점을 구현할 수 있다.

출입금지지역은 차량과 사람 또는 건물 간 특정한 거리를 유지하는 데 도움이 된다. 울타리 보안을 통해서도 이러한 점은 달성될 수 있다. 만약 테러분자가 특정 건물을 공격하기로 계획을 세웠다면, 그들은 보안 특성을 알아내기 위해 정찰을 할 것이며 취약점을 찾아내고 창의적인 방법으로 접근 통제수단과 방어수단을 극복하려고 노력할 것이다. 그래서 보안계획에는 울타리 위로 혹은 밖에서 그러한 정보를 수집하는 사람을 식별해 낼 수 있는 방법과 감시계획이 포함되어있어야 한다.

FEMA 426에는 건물에 적용할 수 있는 다음과 같은 제안내용도 있다.

그림 8.5 건물 테러위험 경감수단들
美 국토안보청(U.S. Department of Homeland Security), 건물에 대한 잠재적인 테러공격을 경감하기 위한 참고서, FEMA 426, Washington D.C.: FEMA, December 2003.

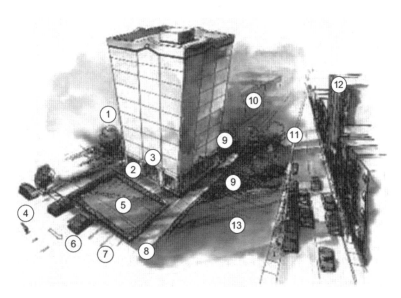

8 외부위협과 대책

① 건물 외부현장에 자산을 둘 때에는 시설 내부에 있는 방에서 보이는 곳에 위치시켜라.

② 주차공간이 건물 바로 밑에는 위치하지 않도록 하라.

③ 외부에 자산위치를 표시하는 표지판이나 기타 표시를 최소화하라.

④ 쓰레기통은 가급적 건물과 멀리 이격시켜라.

⑤ 접근로는 건물에 직각으로 연결되지 않도록 하라.

⑥ 주차장은 건물과 거리를 두고 이격시켜라.

⑦ 자산이 노출되어있는 빌딩 외부나 기지에도 조명을 설치하라.

⑧ 차량이 접근할 수 있는 지점을 최소화하라.

⑨ 건물 주변에 가급적 은신할 수 있는 장소를 제거하고 시설 주변은 시계를 방해받지 않도록 하라.

⑩ 다른 건물에서도 보이는 곳에 시설을 위치시켜라.

⑪ 건물과 설비구역 간의 거리를 최소화하라.

⑫ 건물은 자연 또는 인공적으로 좋은 위치와 이격하여 위치시켜라.

⑬ 발전이나 난방설비, 가스공급, 수도시설 및 전력설비 연결경로를 확보하라.

- 비상시 생활안전, 보안 및 구조기능을 계속 유지할 수 있는 예비설비를 준비해 두어라.

- 강화유리는 내부에서 폭발이 일어나더라도 깨져 나가지 않을 수 있기 때문에 제연설비도 반드시 설치되어야 한다.

- 지면 높이에서 건물로 유독물질이 들어올 가능성을 줄이기 위해 가능할 때 신선한 외기 흡입을 가속해야 한다. 이러한 흡입구를 통해 물건을 던져 넣을 경우에 대비해서 흡입구는 바깥으로 경사지게 설치하고 내부에 거름망을 설치해야 한다.

- HVAC 시스템을 중복해서 설치하면 중독물질의 확산을 최소

화할 수 있다. 공기 정화장치는 고가이기는 하지만 또 다른 대안이 될 수 있다.

폭발 완화 대책

이격거리(Stand-off distance)는 자산과 위협요인 간의 간격이다. FEMA 426에는 이격거리를 폭발에 대응할 가장 효과적이고 바람직한 전략으로 보고 있다. 왜냐하면 기타 수단들은 효과가 다양하고 비용이 더 많이 들며 의도하지 않은 결과를 낳을 수 있기 때문이다. 방폭벽은 폭발물이 근접해서 폭발될 경우에 파편의 일부가 될 수도 있다. 도시환경은 땅값이 비싼 경우가 많고 매입을 하지 못하는 경우도 있기 때문에 이격거리를 설계할 때 그 자체가 저항요인이 될 수도 있다. 이상적인 이격거리란 존재할 수 없다. 위협이나 폭발의 형태, 건축특성 및 표적의 견고성, 요망하는 방호의 정도 등과 같은 너무나 많은 변수들이 계획과정에 나타나기 때문이다.

폭발과 충돌방지벽(Blast and Antiramming walls)은 특히 도시지역에서 유용한 건물을 방호하기 위한 고비용 선택사양이다. 레벨(Revel)은 미국 정부 기술지원 워킹그룹(TSWG, U.S.: Government's Technical Support Working Group)이 이러한 보안방법의 효과를 입증하는 방폭벽 시험을 수행했다고 기술하고 있다. 이 방폭벽은 무라 연방 빌딩(Murrah Federal Building, Oklahoma City boming)을 폭파했던 것보다 더 강한 폭발에도 견딜 수 있었고, 방폭벽 후방에 위치한 시험용 건물에 대한 피해도 약 90%가 감소된 것으로 나타났다. 방폭벽은 18피트 길이의 방폭 기둥을 지상으로 9피트만 나오도록 지면에 박아 넣는 것으로 건축을 시작한다. 그런 다음에 강판으로 피복된 콘크리트와 콘크리트 보강용 강철봉을 채운 패널 기둥 사이에 서로 맞물리게 아랫부분에 설치하는 방법으로 만든다. 폭발이 발생했을 때 기둥은 뒤틀어지면서 패널 위나 뒤쪽으로부터 방향을 바꾸어 벽의 끝부분 주위나 건물의 낮은 철 구조물의 위나 뒤쪽으로 힘이 향하게 돌려준다. 방폭벽은 고속으로 돌진하는 대형차량의 충격도 흡수할 수 있다.

비록 많은 건물의 설계방법이 폭발물 폭발효과를 경감시킬 수 있지만 비용, 목적, 거주비율 및 위치 등 많은 특성들을 고려해서 건물설계에 반영한다. 고위험 건물의 경우 저비용 건물보다 폭발위험을 더 많이 경감시킬 수 있는 특성들을 포함시켜야 한다. 기존 건물들을 구조적으로 현저하게 변화시키려고 하면 지나치게 비용이 많이 들 수도 있다. 그러므로 적은 비용으로 변화시키는 방법이 모색되어야 한다. 볼라드나 철문은 건물에 구조적인 변화를 주는 방법보다는 비용이 덜 드는 방법이다. 더 나아가서 수목, 식생군(Vegetative groupings) 및 흙둑(Earth berms)도 폭발 시 어느 정도 방패막이가 될 수 있다.

FEMA 426에는 다음과 같은 경감조치 사례를 제시하고 있다.

- 폭발의 충격파를 가둘 수 있는 U자나 L자 모양의 건물설계는 회피하라. 원형의 건물은 사각형 건물보다 충격파의 입사각 때문에 충격파 감소효과가 더 크다.
- 건물의 외부에 구조물 요소들(예를 들면 기둥 등)이 노출되는 것을 회피하라.
- 가능한 유리공사(즉 창문 등)는 가로방향으로 최대한 이격하여 설치하라.
- 폭발의 힘이 건물 내로 들어오는 것을 제한할 수 있도록 내부 복도의 출입문은 서로 마주보게 설치하는 것을 피하라.
- 고도의 보안이 요망되는 격실은 방폭 및 파편방지 설비가 되어야 한다.
- 터진 폭발물이 굴절되도록 경사지붕을 설치해야 한다.

4) 유리 시공

열처리된 유리(Annealed glass) 또는 판유리(Plate glass)라고 불리는 유리가 건축에 일반적으로 사용된다. 이 유리는 낮은 강도이기 때문에 만약 깨지는 경우에는 면도날처럼 날카롭게 조각이 난다. 강화유리(TTG: Fully thermally tempered glass)는 열처리된 유리보다 4~5배 정도 더 단단하고 일단 깨지더라도 작은 깍두기 모양으로 조각 나게 된다. 일반인들이 접촉하는(예를 들면 출입문 등) 모든 장소에는 강화유리로 설치하도록 건축법규에 규정되어있다. 철망유리는 판유리에 와이어 매쉬(wire mash)를 한 겹 깔아서 만든다. 이것은 방화용이나 무단침입 장애물로 사용된다. 이러한 세 가지 유형의 유리가 모두 폭발 시 위험한 위해요인을 제공한다.

전통적으로 창문에 대한 방호는 무단침입 방지에 주력하고 있다. 오늘날 폭발에 의한 것을 제외한 기타 여러 가지 위험요인에 의해 발생되는 비산 유리조각의 피해효과를 감소시키기 위한 설계가 증가추세임을 알 수 있다. 전문가들은 모든 폭발물 폭발에 의한 손상이나 상해는 그 원인의 75%가 비산하거나 낙하하는 유리라고 보고하고 있다. 그래서 생산업자들은 이러한 문제를 감소시키기 위해 유리표면에 비산방지보호막(Shatter-retention film) 또는 파편억제막(Fragment-retention film)으로 불리는 필름이 부착된 제품을 판매하고 있다. 반면, 1993년 세계무역센터 테러공격에 관한 보고서는 창문이 부서져서 오히려 유독가스가 빠져나오게 됐고, 건물 내부에 있던 사람들이 살아남는 데 도움이 될 수 있었다고 주장하고 있다.

균형감 있는 설계(즉, 유리형태, 유리 창틀, 건물에 대한 틀 등)란 모든 창문 부품들이 호환능력을 가져야 되고 동일한 압력수준에 고장 나도록 강도가 같아야 한다는 의미이다. 미국 조달청에서 간행된 기준에 따르면 유리제품의 수준별 방호능력은 유리파편이 얼마나 멀리 공간내부로 날아 들어가서 상해를 입히는지에 기초를 두고 설정하고 있다. 그러나 가장 높은 방호등급을 받은 유리일지라도 대형폭발이 발생했을 때에는 피해를 감소시키지 못할 수도 있다는 점을 확인하는 것이 중요하다.

방폭 커튼(Blast Curtains)은 폭발이나 기타 위험요인으로 인해 생기는 유리파편을 막기 위한 목적으로 설계된 특수직물로 만든 창문 커튼이다. 다양한 설계기술이 적용되어 깨진 유리는 잡아주고 직물망을 통해 가스와 공기압은 빠져나가도록 할 수 있다. 이러한 커튼의 직물은 강철보다 몇 배는 강한 섬유로 되어있다. 미 조달청은 이러한 제품에 대한 표준을 제시하고 있다.

유리는 총탄의 관통을 막고 무단침입 시도를 무산시키며 폭발이 난 다음에 잔해를 그 자리에 고스란히 남기고, 전자적인 도청을 막을 수 있도록 설계될 수도 있다. 인터넷으로 미국의 설계생산자협회(AAMA: American Architectural Manufacturers Association), ANSI, UL, ASTM, Consumer Product Safety Commission, ISO 및 기타 해외단체들이 정한 표준제원을 찾아볼 수 있다. 보안용 유리는 ASTM F1233이나 유리제품 및 시스템에 대한 표준 평가방법(Standard Test Method for Security Glazing Materials and Systems) 등과 같은 공인되어 국가적으로 합의된 표준에 입각한 비교평가를 통해 평가되어야 한다. 생산 수명주기, 내구성, 설비, 정비유지 및 테두리 작업 등도 유리시공에 관한 중요한 요소이다.

손해사정사 연구소(Underwriters Laboratories)는 방탄유리창(Bullet-resistant windows)을 총 8개의 방호등급으로 분류하고 있으며, 1~3등급은 권총에 대한 방호, 4~8등급은 소화기에 대한 방호로 분류하고 있다. 4등급 또는 그 이상 등급의 창문은 보통 정부기관이나 군사용에 적용하고 있다. 방호 창은 유리나 플라스틱 또는 여러 가지 조합방식으로 만들 수 있다.

합판유리(Laminated glass)는 여러 겹의 유리판을 통과하는 과정에 총탄을 흡수하도록 만들어져 있다. 이 유리의 장점은 유지관리에 있다. 청소하기에 용이하고 플라스틱보다 흠집이 덜 생기는 이점이 있다. 단위면적당 가격은 플라스틱보다 덜 비싸지만 더 무거워서 더 많은 작업자가 필요하고 더 강력한 문틀이 필요하다. 유리는 총탄에 맞으면 조각으로 부서지는 경향이 있다. UL725번 유리는 총탄 세 발까지는 견디지만 총탄을 더 맞으면 그때는 부서지기 시작한다.

창문에 사용되는 두 가지 유형의 플라스틱은 아크릴과 폴리카보네이트이다. 두 가지 모두 두께가 다양하고 유리보다는 가볍지만 쉽게 흠집이 생긴다. 아크릴 창문(Acrylic windows)은 투명하고 한 겹이지만 유리와 폴리카보네이트 창문(Polycarbonate windows)은 하나 위에 여러 겹의 물질을 붙이는 식으로 만들어진다. 아크릴이 총탄을 굴절시킬 수 있고 여러 번 총격을 가해도 버텨낼 수 있다. 폴리카보네이트 창은 아크릴보다 고위력 화기에 더 강하다. 지자체 조례는 비상시에는 뚫고 바깥으로 나갈 수 있는 유리로 시공할 것을 요구할 수도 있다.

보통 사격을 받으면 직원들은 창문 아래로 몸을 구부리기 때문에 방호창문과 함께 벽체 장갑(Wall armor)이 매우 중요하다. 철제나 유리섬유판도 좋다.

절도방지 창문(Burglar-resistant windows, UL972, Burglary Resisting Glazing Materials)은 다음과 같은 점이 좋다. 아크릴이나 폴리카보네이트 제품이 있으며, 망치나 화염 및 진열장을 깨고 물건 훔쳐가거나 기타 침입으로부터 보호받을 수 있다. 총탄 및 절도방지 기능이 통합된 창문도 있다. 비록 창문 방호가 비용 산정이 어려울 수도 있지만 보험업자는 그러한 설비가 되어있으면 보험료를 인하해줄 수도 있다.

금속화 섬유를 포함하고 있는 전자보안 유리시공(Electronic security glazing)은 내부의 전자기 신호를 외부에서 가로채지 못하도록 하고, 마찬가지로 외부 전자기파 도청으로부터 시설을 방호할 수도 있다. 이러한 유리시공 유형에 관한 표준은 국토보안청 NSA 65-8에 명시되어있다.

(1) 창문 방호

쇠창살이나 보안차단막을 창문에 설치하는 것은 침입자가 들어오는 것을 막거나 부정직한 직원이 물건을 밖으로 무단 반출하는 것을 방지하기 위한 추가적인 조치이다. 창문 쇠창살(Window grating)은 창문을 가로질러 쇠막대를 설치하는 것이다. 이러한 쇠창살은 방호효과가 있도록 수직과 수평으로 쇠막대를 설치한다. 이러한 쇠창살이 미관상 보기 좋지 않다고 하면 보다 매력적인 장식용 디자인의 쇠창살을 구매해서 설치할 수도 있다. 보안차단막(Security screens)은 문틀에 쇠 또는 스테인리스 재질의 철망을 용접하여 만든다. 보안차단막은 확실히 창문 쇠창살보다는 나은 점이 있다. 직원들이 보안차단막보다는 창문 쇠창살을 통해 훨씬 쉽게 물건을 빼돌릴 수 있다. 보안차단막은 일반 커튼처럼 보이지만 구조상 훨씬 더 무겁고, 돌이나 기타 물건들도 막아낼 수 있다.

창문 방호를 계획할 때에는 반드시 비상시 탈출과 환기의 소요를 고려해야 한다. 보안을 위해 어떤 창문은 업무시간 중에 창문 방호장치를 해제해 놓아야 하는 경우도 있다.

(2) 창문 잠금장치

업체나 기관은 보통 창문을 열어 놓지 않는다. 열어놓은 창문에는 안쪽에 걸쇠나 잠금장치를 설치해서 방호를 한다. 보통 주택에 많이 쓰이는 내리닫이 창(Double-hung window)을 설치하는 것이 창문 방호의 기본이라고 흔히 설명한다. 이 창은 사용자가 편리한 대로 위 또는 아래로 창을 올리거나 내릴 수 있도록 만들어져 있다. 위쪽 창을 올리고 아래쪽 창을 내려서 구부러진 회전 손잡이가 달린 반달 모양 창 멈추개(crescent sash)로 두 창을 한꺼번에 잠글 수 있다(그림 8.6). 상하 두 창이 합쳐진 반달모양 창 멈추개 밑으로 칼을 집어넣으면 침입자는 잠긴 걸쇠를 풀 수 있다. 만약 창을 깨고 손을 그 안으로 집어넣어도 걸쇠를 해제할 수 있다. 그와 같은 단순한 기술을 침

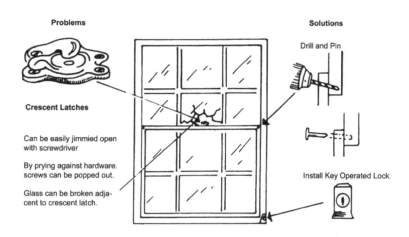

그림 8.6 내리닫이
창문(내부에서 본 모습)

입자가 알게 되면 더 복잡한 방어대책이 필요하게 된다.

못이 창문 보안을 유지하면서도 신속한 대피를 촉진할 수 있는
수단이 될 수도 있다. 위아래 창문의 왼쪽과 오른쪽 끝에 각각 아래
방향으로 절반씩 관통해서 경사지게 구멍을 내고, 구멍보다 얇지만
더 긴 못을 그 구멍 속에 박아 두는 방법이다. 이렇게 하면 비상대피
상황에는 못을 신속하게 제거할 수 있다. 만약 무단침입자가 창문을
타고 온다 해도 못을 찾아내거나 제거할 수가 없게 된다(그림 8.6).
또 다른 방법으로 창문에 열쇠가 달린 자물쇠를 부착하는 방법이다
(그림 8.6). 이러한 자물쇠는 창문을 잠그거나 조금 열어 놓는 경우
에 쓸 수 있는 방법이다. 이 방법도 마찬가지로 못을 사용하여 (여러
개의 구멍에) 설치할 수 있다. 열쇠는 반드시 비상시를 대비하여 창
문 가까운 곳에 숨겨두어야 한다.

(3) 전자적 창문 방호

전자적 창문 방호에는 은박지, 진동·유리파손·접촉스위치 감지기
등 네 가지 영역이 있다. 창문 은박지(Window foil)는 이미 인기가
상당히 없어지긴 했지만 1인치보다 작고 종이보다 얇은 은박지를
창문 끝부분에 가까운 유리 위에 설치한다. 경보가 없는 상태에서는
은박지를 통해서 폐쇄회로가 형성되어 전기가 통한다. 만약 은박지

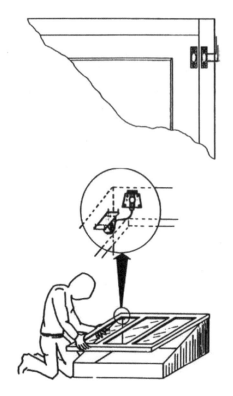

그림 8.7 스위치 센서에 창을 물리적으로
움직일 때 전기를 흐르게 하거나 차단시키는
방법으로 반응하도록 전기적 접점 설치

가 부서지면 경보가 울리게 된다. 창문 은박지는 비싸지도 않고 수
리하기도 쉽다. 한 가지 단점은 무단침입자가 은박지를 건드리지 않
고 유리를 자를 수도 있다는 점이다. 진동감지기(Vibration sensors)
는 진동이나 충격에 반응한다. 이 감지기는 유리나 창문틀 바로 위
에 부착하는 것이다. 이러한 감지기는 오류경보율이 낮은 것으로 알
려져 있고 펜스나 담장, 고가 예술품 및 다른 물건들 사이에도 설치
할 수 있다. 유리파손센서(Glass-breaking sensors)는 유리가 깨지면
작동한다. 큰 동전 크기만 한 감지기를 유리 위에 바로 붙여 놓으면
몇 피트 이격된 곳에서도 유리가 깨질 때 바로 감지할 수 있다. 유리
가 깨질 때 발생되는 주파수에 맞추어진 소리굽쇠를 통해서 작동되
는 것도 있다. 마이크로폰이나 전자증폭기를 활용하는 것도 있다.
접촉스위치(Contact switches)는 창문을 열면 접촉이 끊어져서 경보
가 작동되는 것이다. 그림 8.7처럼 이 감지기는 출입문이나 지붕 창

문을 방호하는 데 사용한다.

창문 방호에 대한 몇 가지 추가적인 고려사항은 다음과 같다.

① 견고하게 건물에 고정된 창문틀은 창문을 통째로 제거하거나 문틈으로 들여다보지 못하게 할 수도 있다.

② 1층의 창문은 특히 침입에 취약하며 보다 강화된 방호대책이 있어야 한다.

③ 침입자가 들여다보는 것을 차단할 수 있도록 창문에 착색필름 부착을 고려하라.

④ 더 이상 사용하지 않는 창문(기타 개방된 곳 모두)은 벽돌로 막아버릴 수 있다.

⑤ 창문 근처에 고가의 물품을 두는 것은 문제를 초래할 수 있다.

⑥ 창문이나 창턱을 주기적으로 청소해주면 범죄가 발생했을 때 명확한 손자국을 확보할 기회가 늘어날 수 있다.

5) 출입문

출입문에는 AAMA, ANSI, ASTM, BHMA, NAAMM(National Association of Architectural Metal Manufacturers), NFPA, Steel Door Institute(SDI), UL, ISO 등 많은 표준이 적용되고 있다. 더구나 다른 나라들도 표준을 가지고 있다. 아글레톤(Aggleton)은 생명의 안전 문제(예를 들면 비상시 신속한 퇴거)와 연계되어있기 때문에 출입문의 재질과 자물쇠는 침입감지기와 같은 기타 물리보안보다 훨씬 더 엄격한 지침과 표준을 적용하기 마련이라고 기술하고 있다.

내화 정격이 있는 출입문은 반드시 특정한 구조물 및 재질에 대한 요구조건을 충족해야 한다. 어떠한 자물쇠 형태를 할 것인가 하는 것과 어떠한 전자적 접속을 적용할 것이냐 하는 결정이 출입문의 재질에 영향을 미친다. 특히 매일 사용해야 하고 사용자나 관리자의 요구수준을 만족시킬 수 있을 것인지를 고려해야 하기 때문에 출입문에 대한 결정은 특히 중요하다.

기업체와 기관들은 대체로 알루미늄 출입문을 사용한다. 대부분이 알루미늄 틀에 유리를 끼운 구조이다. 적절한 방호수단이 없으면 유리는 취약하며, 약한 알루미늄을 떼어내는 것도 어렵지 않다. 전체가 금속으로 된 문은 미관은 좋지 않지만 방호력은 향상시킬 수 있다.

중공(中空) 출입문(Hollow-core doors)은 침입자가 문에 바로 구멍을 내버릴 수 있기 때문에 복잡한 자물쇠도 소용없게 만들어 버릴 수 있다. 그래서 얇은 나무판이나 유리를 문 위 취약한 부분에 덧대야 한다. 더 비싼 것으로는 중실(中實) 출입문(Solid-core doors)이 더 강력하다. 이것은 약한 충전재를 사용하지 않고 단단한 목재(두께 1인치 이상)로 만든 것이다. 중공재(中空材)나 중실재(中實材) 문을 더 강하게 만들려면 나사못을 박아 16게이지의 철판을 덧댈 수 있다.

가능하다면 항상 문의 경첩은 내부에 설치해야 한다. 바깥에서 보이게 설치된 경첩은 쉽게 출입이 가능하다. 드라이버나 망치를 사용하면 경첩에서 핀을 빼버리고 문을 들어낼 수도 있다. 경첩 핀을 방호하기 위해서는 경첩 핀이 이런 방법으로 제거될 수 없게 용접하는 것도 좋은 아이디어이다. 또 다른 방호형태로는 경첩 반대편에 있는 두 개의 나사못을 제거하고 핀이나 나사못을 경첩의 문설주 방향에 약 반 인치 정도로 튀어나오게 삽입한 다음에 문을 닫았을 때 핀에 맞추어서 반대편에 구멍을 파주는 것이다. 이런 방법으로 문의 위와 아래 양쪽의 경첩에 설치하면 비록 경첩 핀을 빼낸다고 해도 문은 경첩에서 떨어져 나오지 않을 수 있게 된다(그림 8.8).

문에 붙은 접점 스위치는 전기방호를 제공할 수 있다. 문의 끝이나 문틀의 움푹 들어간 곳에 접점스위치를 설치하면 방호수준을 더 높일 수 있다. 문에 설치할 수 있는 기타 전자감지기의 종류에는 진동센서, 압력매트, 문이 있는 구역에 설치된 여러 종류의 동작감

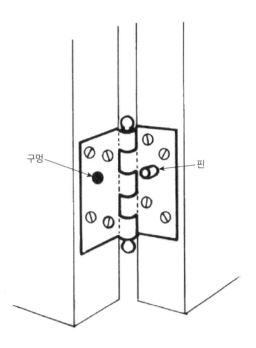

구멍

핀

그림 8.8 경첩 고정핀

지기 등이 포함된다.

출입문 보안을 위한 몇 가지 추가적인 조언은 다음과 같다.

① 견고한 문 안쪽에 광각 도어뷰어를 설치하면 문을 열기 전에 바깥쪽을 먼저 살펴볼 수 있다.

② 출입문(창문도 마찬가지)은 야간에 체인으로 폐쇄시키면 추가적으로 방호효과를 볼 수 있다. 쇼핑몰의 상가 입구나 범죄발생이 많은 지역에서 자주 보이는 것들이다.

③ '잠복한' 빈집털이범들(문을 닫을 때까지 건물 안에 숨어있는)이 쉽게 빠져나가는 것을 막으려면 출입문이나 창문과 같은 개방된 곳은 내부뿐만 아니라 외부에도 열쇠로 잠그는 자물쇠를 설치해야 한다.

④ 거의 모든 소방서는 화재가 난 경우에 문을 부술 수 있는 전동톱을 장비하고 있다. 대다수의 소방관은 소방차 안에 건물주가 준 열쇠를 보관하고 있기 때문에 지역 내 건물에 쉽게 진입할

수 있다. 설사 이런 행위가 보안상 위험을 초래할 수 있다고 하
더라도 화재가 발생했을 때에는 손실을 줄일 수 있다.
⑤ 창고 문, 미끄럼식 문, 높이 세운 문, 체인 및 전기로 작동되는
문을 포함한 모든 출입문은 방호대책이 필요하다.

6) 침입탐지 시스템

침입탐지 시스템의 표준은 UL, IEEE(the Institute of Electrical and
Electronics Engineers), ISO 및 미국과 해외의 기타 기관들이 제시하
고 있다. 예를 들어 UL은 모든 설비에 UL 인증서를 발행할 수 있도
록 승인된 설비업체 목록을 게재하고 있다. 이는 곧 설비업체는 UL
이 요구하는 기준대로 정비와 시험평가를 하는데, 이것은 사전예고
없이 점검하는 방식으로 수행된다.

침입탐지기 시스템은 여러 세대를 거쳐 오면서 개선됐다. 목록
에 없는 것 중에 자기장(Magnetic field)은 피복된 전선고리나 코일로
구성된 것이다. 금속물질을 감지기 위에서 움직여 주면 전류와 경
보신호를 유발하게 된다. 연구결과 자기장과 적외선 빔은 VD(Vul-
nerability to Defeat, 탐지실패율)가 높게 나타났다. 마이크로웨이브,
전기장, 펜스 장애물, 진동감지 케이블, 철선 및 영상동작 감지시스
템 등은 모두 중간 정도 수준이다. 포트 모양의 동축 케이블의 VD
수준은 낮다. 눈에 보이는 감지기들은 비교적 탐지에 실패하기는 쉬
운 반면 낮은 수준의 보안에 응용할 수 있는 비용 대 효과가 좋은 방
법이다. 다수의 감지기들, 특히 은밀하게 설치하는 감지기들이 높은
수준의 방호를 제공할 수 있다.

광섬유는 침입탐지와 전송에 점점 더 많이 쓰이고 있다. 광섬유
는 광망 내부에 유도된 광파를 따라 데이터를 전송한다. 이것은 구
리선을 따라 전기에너지를 전송하는 전통적인 방식과는 상이하다.
광섬유 제품은 영상, 음성 및 데이터 통신이 모두 가능하다. 광섬유
를 이용한 데이터 전송은 보다 더 안정적이면서 옛날 방식보다 전파

방해는 더 적게 만들어졌다.

광섬유를 이용한 울타리 방호는 펜스 위에 광섬유 케이블을 설치하는 형태로 행할 수 있다. 침입자가 케이블에 압력을 가하면 시스템 내부의 적외선 광파가 압력이나 절단을 알아채고 경보를 작동한다. 광섬유는 경보신호를 발생하기 위해 레이저 리본, 방범용 철격자, 창문, 출입문 등 다양한 사물들의 내부에 삽입하거나 바깥에 붙여서 사용할 수 있고, 이렇게 해서 컴퓨터와 같은 소중한 자산을 방호할 수 있다.

디바자르(Dibazar) 외 공동저자들은 다양한 감지기술로 구성한 '스마트 펜스 시스템'의 개발 및 운용 연구결과에 대해 기술하고 있다. 그들은 연구결과에 스마트 펜스 시스템의 방향과 가능성을 제시하고 있다. 설계에 포함된 사양을 보면 '① 음향기반 장거리 감지기는 차량엔진 소리와 사양을 구별해 낼 수 있고, ② 진동기반 자력분석기는 사람의 발자국 소리와 동물이 내는 소리 등과 같은 기타 자력신호를 구별하여 식별해 낼 수 있으며, ③ 펜스 절단 진동감지기는 펜스의 인위적인 변화를 탐지해 내고, 기어오르는지 발로 차는지 흔드는지 기대는지 등을 구분해서 식별해 낼 수 있는 것' 등이 있다.

가르시아(Garcia)는 침입감지기의 성능은 다음의 세 가지 특성에 달려 있다고 보고 있다: 위협의 탐지확률, 오류경보율(Nuisance alarm rate), 그리고 탐지실패율(VD)이 그것이다. 탐지확률은 탐지해야 할 예상되는 위협(예를 들면 걷기, 굴토 등), 감지기 디자인, 설비, 민감도 조정, 기후, 정비와 평가 등의 제반요인들이 변수다. 가르시아에 따르면 오류경보율은 환경에 따른 감지기 반응에 나타나는 결과이며 이는 감지기가 실제 위협과 기타 경보(예를 들면, 기차 진동 등)를 구분해 내지 못하는 것이다. 오류경보율은 장비 자체 요인으로 인한 결과로서 잘못된 설계, 고장 및 정비불량 등이 원인이다. 탐지실패인 VD는 시스템에 따라 다르다. 우회(Bypass)는 상대방이 침입감지기를 피해가는 것이다. 위장(Spoofing)은 상대방이 경보를 울리지 않도록 하고 탐지구역을 통과해서 지나가는 것이다: 이에는 감지기 종류에 따라 다르지만 매우 천천히 움직여서 경보를 울리지 않게 하는 것도 한 가지 방법이다. 가르시아는 침입감지기를 적절하게 설치하는 것 못지않게 시험평가가 중요하다고 강조하고 있다.

어떠한 기술도 완벽하지 않기 때문에 대다수 방호시스템의 침입탐지를 강화하기 위해 복합적인 기술을 적용하고 있다. 시스템을 선정하는 단계에는 제조업체가 주장하는 성능이라는 것이 완벽한 기상조건일 때를 기초로 한 것이라는 것을 명심할 필요가 있다. 보안에 관한 의사결정권자는 다양한 조건에서 각각의 시스템이 가지는 장점과 단점을 명확히 이해하고 있어야 한다.

(1) 적용

침입탐지 시스템은 제공되는 방호의 종류에 따라 분류된다. 기본적으로 방호는 세 가지로 분류된다: 지점(Point), 구역(Area), 차단선(Perimeter)이 그것이다. 지점 방호는 특정한 장소에 침입하면 경보를 울리는 것이다(그림 8.9). 이는 또한 점 또는 목표 방호(Spot or object protection)라고도 한다. 서류, 금고, 은행금고, 보석진열장 및 예술품 등이 지점 방호의 대상이 된다. 전위차(電位差, Capacitance) 및 진동시스템이 지점 방호에 사용되며 대상이 되는 목표물에 직접

그림 8.9 지점 방호

설치한다. 이러한 시스템은 보통 침입자가 일단 침투에 성공한 다음
에 추가로 보완하기 위해 사용된다.

  구역 방호는 건물에 들어오는 주된 통로나 전략상 중요한 통행
로같이 선정된 지역 안으로 들어오는 침입자를 탐지하는 것이다. 마
이크로웨이브나 적외선 시스템이 구역 방호에 적합하다(그림 8.10).

  차단선 방호는 기지의 외곽 경계선에 집중하는 것이다. 만약 출
입문이나 창문이 차단선의 일부로 포함되면 여기에는 접촉 스위치,
진동 감지기 및 기타 도구가 적합하다(그림 8.11).

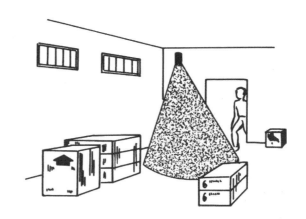

그림 8.10 구역 방호

그림 8.11 차단선 방호

8 외부위협과 대책

(2) 경보신호 체계

경보신호 체계는 방호대상 구역에서 발생한 신호데이터를 경보시스템으로 전송하는 것이다. 지방조례와 방침에는 이러한 시스템에 대한 지침과 제한사항을 제시하고 있다.

국소경보 시스템(Local Alarm)은 신호를 보거나 들을 수 거리 내에 있는 사람에게 소리나 빛으로 알려주는 것이다. 여기에서 언급된 '사람'에는 도망하려는 침입자도 포함된다. 대표적으로 건물 밖에 사이렌이나 종을 울리도록 하는 것이다. 종종 국소경보가 울리는데도 대응하지 않게 되면 도시지역에서는 책임 있는 조치가 취해지지 않을 수도 있고, 시골지역에서는 아무도 들을 사람이 없는 상황이 발생할 수도 있다. 이러한 경보들은 다른 종류의 신호체계보다 비용은 더 적게 들지만 탐지에 실패하기 쉽다. 만약 강도행위가 벌어지는 동안 국소경보가 울린다고 해도 사람들이 이미 상해를 입고 난 뒤일 수도 있다. 이와는 반대로 영국에서 수행한 연구의 결과에 따르면 무단침입을 했을 때 음성경보가 지연되어 울릴 경우에 생길 수 있는 장점에도 주목하고 있다. 즉 경보기는 침입자가 차단선을 통과해서 진입할 때 작동이 시작되지만 경보음성은 몇 분 경과한 뒤에 발생함에 따라 카메라가 침입자를 충분히 녹화할 수 있는 기회가 생기고, 경찰이 즉시 알아채기만 한다면 침입자가 도망가기 전에 대응조치를 할 시간적 여유가 생긴다는 것이다. 중앙지휘통제실에 즉각 조용한 경보를 보내는 것과 이러한 전략을 결합시키면 침입자를 체포하기가 더 쉬워질 수도 있다.

중앙지휘통제실 경보시스템은 방호대상 지역과 이격되어 모니터링 하는 컴퓨터 콘솔에서 침입, 화재, 의료 및 환경과 관련된 신호를 접수하는 것이다. 경보신호가 접수되면 중앙지휘통제실에서 근무하는 인원은 경찰, 소방 및 기타 대응인원들에게 연락을 취한다. 중앙지휘통제실는 구매, 설치, 지원, 영상감시 및 대응인력을 운용한다. 전담 영상감시 시스템은 전담조직만이 영상감시와 시스템 운용을 전담한다는 점 이외에는 중앙지휘통제실와 유사하다. 중앙지휘통제실 설계에 필요한 자산은 UL, NFPA 및 보안산업협회(the Security Industry Association)로부터 획득할 수 있다.

기술이 발달함에 따라 중앙지휘통제실의 능력 진화도 촉진되고 있다. 원격 영상감시는 경보가 울릴 때 사람이 직접 대응할 필요가 있는지를 중앙지휘통제실 운용자가 영상을 즉각 확인하여 식별하도록 해준다. 그리고 GPS(Global Positioning System)를 이용하여 실시간 추적(예를 들면 위치, 방향 및 속도 등)과 자산 및 인원의 이동이 녹화된 파일로 저장될 수도 있다. 특히 UL 승인을 받은 중앙지휘통제실에 설치된 원격 영상저장(Off-site video storage)은 영상녹화 백업과 방호력이 모두 향상됐다. 또한 침입자가 녹화장비를 가지고 범행현장에서 빠져나가 증거를 파기하는 문제가 생기지 않도록 하는 데 도움이 될 수도 있다.

위가드유(WeGuardYou)라는 미국의 보안업체는 쇼핑몰 보안에 적용한 기술을 다음과 같이 설명하고 있다. 안전한 무선시스템으로 전송되는 지역 및 원격영상, 경보 및 데이터를 실시간에 모니터링이 가능하도록 하여 각각의 보안차량 안에서도 중앙지휘통제실의 기능을 수행할 수 있다고 주장한다. 한 가지 시나리오를 예를 들어 설명하면, 어떤 여성이 저녁에 쇼핑몰에서 물건과 지갑을 손에 든 채 나가고 노상강도로 의심되는 사람은 주차장에 있을 때, 카메라는 실시간으로 여성의 움직임을 추적하며 촬영한 영상을 쇼핑몰 중앙통제실에 있는 TV 모니터로도 볼 수 있을 뿐만 아니라 기동타격대(즉, 방호요원이 탑승한 차량)에게 동시에 보낼 수 있다. 기동타격대는 비상등, 확성기뿐만 아니라 및 추가적인 희생을 방지하기 위해 '분쟁지점'을 확실하게 비출 수 있는 조명기구를 갖추고 있다. 이때 만약 비상상황이 발생하면 보안요원들이 즉각 행동을 취하며, 모든 보안요원들에게 무선으로 상황을 전파하고, 경찰 및 EMS(전자 전송시스템)로 전파하는 동시에 고정 카메라와 기동타격대의 카메라들은 원격조정으로 현장영상을 녹화하는 것이다.

다양한 데이터 전송시스템이 경보신호를 보내는 데 이용된다. 보다 오래된 기술은 새로운 기술로 가장 먼저 대체된다. 화재경보 시스템과 마찬가지로 보안경보 시스템은 이동통신망, 광섬유케이블 사용과 인터넷 전화(Voice over IP) 등을 포함하는 디지털 시스템이 진화하여 재래식 전화선은 잘 사용하지 않는다.

자동 전화 다이얼시스템(Automatic telephone dialer)은 자기테이프 자동다이얼 장치(Tape dialer)와 디지털 자동다이얼 장치(Digital dialer)가 포함된다. 자기테이프 자동다이얼 장치는 오늘날 거의 사용되지 않는다. 이것은 관련 부서(예를 들면 중앙지휘통제실, 경찰서 등)가 전화에 응답하면 사전에 녹음되거나 코드화된 메시지를 전달한다. 디지털 자동다이얼 장치는 전송되는 코드화된 전자기파를 사용하고 전자 단말은 수신된 메시지를 해독한다. 통상 디지털 통신기로 불리는 디지털 자동다이얼 장치는 비록 관련 기술이 예전보다 향상됐음에도 불구하고 오늘날에도 여전히 사용되고 있다. 지방자치단체의 조례에는 대표적으로 통제기관(예를 들면 경찰이나 소방 등)과 연결된 자기테이프 자동다이얼 장치나 이와 유사한 자동화 장치를 사용하는 것은 금지하고 있다. 왜냐하면 오류경보나 불필요한 자원낭비를 막고, 비상상황이 발생했을 때에 통제기관이 질문을 해야 할 필요가 있기 때문이다. 중앙지휘통제실은 정보가 수집되고 통제기관과 접촉하기 이전에 상황을 식별할 수 있도록 함으로써 비상상황이 발생한 곳과 통제기관 간 완충역할을 할 수 있도록 진화하고 있다.

오늘날에는 감지기가 작동되면 중앙지휘통제실이나 각 개인에게 연결되도록 하는 각기 다른 방식의 자동화된 음성 및 무선호출 다이얼 장비도 시중에 나와 있다. 컴퓨터를 통해 호출이 가능한 소프트웨어를 사용하는 기술 같은 것들도 보다 저렴한 비용으로 적용할 수 있다.

무선주파수(Radio frequency)와 마이크로웨이브 데이터 전송시스템(Microwave data transmission system)은 종종 전화선이 없거나 유선 가설이 실질적으로 적합하지 않은 곳에서 사용된다. 이 시스템에 소요되는 부품은 송신기, 수신기, 거리를 연장시키는 중계기, 배터리 백업, 태양전지 등이다.

앞서 논의됐던 광섬유케이블 데이터 전송시스템(Fiber optic data transmission system)은 얇은 유리관 내부로 광파를 이용하여 데이터를 전송하는 방식이다. 이러한 케이블은 지하에 매설하거나 공중에 가설할 수 있다. 이 시스템에 소요되는 부품은 송신기, 수신기, 중계기, 배터리 백업과 태양전지이다. 광섬유케이블 시스템은 직도 전선보다 더 안정적이다.

신호는 여러 가지 기술로 뒷받침되어야 한다. 활동의 외부전송을 위한 선택사양으로 위성, 근거리 통신망(LAN), 광역 통신망(WAN), 무선전화와 인터넷을 들 수 있다. 무선전화는 특히 백업에 유용하다. 왜냐하면 이것은 어떠한 재난지역에서도 계속 운영될 가능성이 크기 때문이다. 마찬가지로 이것이 주 통신수단으로도 사용될 수 있다.

진화된 경보 모니터링 중에는 원격 프로그래밍법이 있다. 이 방법을 사용하면 중앙지휘통제실에서 해당 기지로 직접 가지 않고도 여러 기능을 수행할 수 있다. 무장과 무장해제, 출입문 잠금장치 해제, 진단과 수정 등의 기능이 포함되며, 접근통제 시스템에 카드 추가 또는 삭제기능도 있다.

경보시스템은 다중으로 설치하거나 통합할 수도 있다. 다중화는 단일 통신채널로 여러 정보신호를 전송하는 방법이다. 단일 통신채널을 사용하면 여러 가지 방호설비의 신호전달을 위한 유선 소요를 줄일 수 있다. 또 다른 두 가지의 장점은 가령 탐지기가 경보 중인 상태라고 말해주는 것과 같이 보다 상세한 정보를 전송할 수 있다는 점과 암호화되어 전송선으로 보안이 향상됐다는 점이다. 통합 시스템

(Integrated system)은 제7장에서 다루어진 바와 같이 여러 가지 시스템(예를 들면 경보 모니터링, 접근통제, CCTV 등)을 결합시킬 수도 있다.

7) CCTV(Closed-Circuit Television)

CCTV는 한 사람이 여러 곳을 동시에 볼 수 있게 해준다(그림 8.12). 이것을 사용하면 시설의 경계선을 방호할 때 필요한 인건비를 줄일 수 때문에 확실한 장점이 있다.

TV 프로그램이나 영화에는 종종 CCTV 카메라가 순간적으로 다른 지역으로 돌아 갈 때 침입자가 울타리 경계선을 뚫고 침투해 들어가는 것이 묘사되기도 한다. 보통 침입자가 접근에 성공한 직후에 그가 출입한 장소로 카메라가 되돌아오면서 침입자를 놓치게 된다. 그러나 카메라 감시범위를 중복시켜서 운용하면 그렇게 될 가능성을 막을 수 있다. 만약 카메라들이 서로 다른 카메라를 볼 수 있게 되면 영상을 감시하는 사람이 감시방해나 사보타주, 공공기물 파손

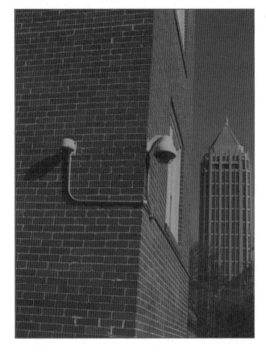

그림 8.12 CCTV

또는 기타 문제점들을 영상으로 확인할 수 있게 된다. 까만 유리로 된 돔 카메라는 침입자로 하여금 카메라가 어느 방향을 비추고 있는지를 알아채지 못하게 할 수 있다. 더 나아가 옥외에 운용할 때에는 노출되지 않은 CCTV 감시와 노출된 CCTV 감시를 함께 운용하는 방법도 고려할 수 있다.

카메라 보안덮개는 카메라의 불능화 시도를 저지할 수 있다. 공공기물 파손, 탄환, 폭발, 먼지 및 악기상 등에 견딜 수 있는 다양한 사양들이 있다. 덮개는 열선, 서리 제거장치, 와이퍼, 세척기 및 햇빛 가리개 등을 결합하여 제작한다.

저조도 카메라는 빛이 거의 없는 상태에서도 외부를 감시할 수 있는 용도로 사용된다. 가시광선이 없을 때에는 맨 눈으로는 볼 수 없지만 적외선 감지 카메라로는 보이는 빛을 적외선 발광체가 만들어 낼 수 있다. 또 다른 방식으로 침입자가 발산하는 열을 감지하고, 특히 어두운 곳이나 안개, 연막, 나뭇잎 속에 있는 것, 심지어 수 마일 떨어진 지점까지도 찾아내는 데 아주 유익한 열 영상 카메라도 있다. CCTV 사용에 있어 적절한 영상감시는 필수적인 요소이다. 비록 영상 동작탐지 및 영상분석(제7장)에 적용된 기술을 사용하여 사람이 눈으로 관측하면서 놓칠 수 있는 사각을 찾아낼 수 있다고 해도, 보안관리자는 피로를 감소시키고 양호한 영상을 보장하기 위한 대책을 강구해야 한다. 영상감시자는 피로를 감소시키기 위해 두 시간 단위로 근무자를 교대시키고, 영상감시는 최소 10분 이상 연속으로 보지 않도록 하며 감시자 앞에 놓인 모니터는 곡선으로 배치하고, 콘솔 상부조명은 모니터 스크린 위에 설치하여 번쩍거리지 않도록 하거나 필요하다면 모니터를 기울여 놓는 것이 좋다. 모니터 위치도 카메라 위치를 쉽게 인식할 수 있도록 순서대로 배치하고, 졸음을 방지할 수 있는 회전의자를 비치하며, 감시자에게는 부가임무(예를 들면 전화보고나 기록 등)를 부여하는 것이 권장된다.

8) 조명

사업적인 관점에서 조명을 사용하는 것이 좋은 것으로 밝혀지고 있다. 왜냐하면 조명을 사용하면 장사와 상품을 더욱 매력적으로 보이게 하고 안전을 향상시키며 소송을 방지하고 근로자의 사기와 생산성을 향상시키며 부동산의 가치를 높일 수 있기 때문이다. 보안 관점에서 조명을 사용하는 세 가지 주요목적은 심리적으로 침입을 차단하는 효과와 탐지를 가능하게 하고 CCTV 시스템의 성능을 향상시킬 수 있다는 데 있다. 대다수 지역에서 건물에 적절한 조명을 사용하도록 법에 명시하는 것과 같은 양호한 조명은 아주 효과적인 범죄 통제방법으로 간주되고 있다.

영국의 페인터(Painter)와 파링톤(Farrington)은 조명이 범죄발생에 미치는 효과에 관한 주요 연구를 수행했다. 세 군데 거주지역이 선정되어 그중 한 곳은 개량된 조명을 설치한 실험지역이고 두 번째는 인접지역이며, 더 나아가 세 번째는 통제된 지역이었다. 인접지역과 통제된 지역의 조명은 바꾸지 않았다. 과연 개선된 조명이 인접한 지역에도 범죄가 감소되는 결과를 낳을 것인가 하는 질문이 연구에 포함됐다. 연구결과 실험지역에서는 모든 범죄가 현저하게 감소된 반면, 인접지역과 통제지역에서는 이전과 다름이 없이 동일하게 발생한다는 것을 보여주었다.

조명의 취약점에 관한 연구의 한 방법은 야간에 해당 지역에 가서 진입이 가능한 방법이 있는지와 잘못된 조명 때문에 오히려 침입자에게 도움이 되는 지점이 없는지를 찾아보는 것이었다. 무단행동을 시도하는 것으로 오해하여 기지에서 대응하지 않도록 하고, 조명이 취약한 지점이 어디인지를 알아내는 데 도움이 될 수 있도록 해당 지역을 방문하기 전에 반드시 지역 내 경찰과 사전에 접촉하여야 한다.

조명에 관한 정보는 북미조명공학협회(IESNA: the Illuminating Engineering Society of North America), 국가조명국(the National

Lighting Bureau), 국제조명기업협회(the International Association of Lighting Management Companies) 등 세 곳으로부터 확인할 수 있다. IESNA는 각각의 다양한 장소에 맞는 추천 조명등급에 관한 정보를 제공한다.

어떤 조명등급이 침입자에게 도움이 되는가? 대부분의 사람들은 어두운 조건에서 범죄자가 안전하게 범행을 저지를 수 있을 것으로 믿고 있다. 그러나 어두운 곳에서는 보통의 경우 어떤 일을 하기 어렵다는 점에서 이러한 견해는 틀린 것일 수 있다. 조명등급은 밝은 조명(Bright light), 어둠(Darkness), 약한 조명(Dim light)의 세 가지로 구분된다. 밝은 조명은 침입자가 어떤 일도 할 수 있을 만큼의 충분한 빛을 제공하지만 다른 사람에게 쉽게 발견될 수 있다. 이러한 점 때문에 범죄를 차단할 수 있다. 조명이 없고 어두우면 절도범이 문을 열기 위해 지렛대를 열거나 자물쇠를 풀기 위해서 또는 내부로 진입하기 위해 필요한 일을 해야 하는데, 보이지 않는 상태이므로 손전등이 필요하고 그렇게 되면 누군가에게 들킬 수도 있다는 걸 알게 된다. 그러나 약한 조명이 있으면 지휘통제실의 감시는 지장을 받지만 반대로 외부에서 부수고 들어가기에는 충분한 정도의 조명이 될 수 있다.

이러한 견해를 뒷받침하는 것이 약한 조명이 제공되는 보름달이 뜨는 기간 중 발생한 범죄에 관한 연구에서 나타난다. 이 연구는 보름달이 뜨는 기간과 보름달이 뜨지 않는 기간의 각각 다른 아홉 가지 유형의 범죄를 비교하기 위하여 경찰서 세 곳에서 2년간 972개 경찰 근무조의 기록을 검토한 것이다. 건물을 부수고 들어간 오직 한 개의 범죄유형만이 보름달 기간에 높게 나타났다. 비록 더 많은 판례법이 안전한 환경을 만들기 위한 노력의 척도로서 조명을 지지하지만, 보안 전문가들은 조명에 관한 기존의 인식에 관해 의문을 나타내고 있다. 그렇게 많은 야간조명이 불필요하다면, 숫자를 줄이거나 꺼두어야 하는 게 아닌가? 동작감지 조명을 더 많이 설치해야 하는 것 아닌가? 이러한 접근방식이 안전과 비용 대 효과 면에 어떤 영향을 미치게 되는가? 이와 같은 질문들에 대해 연구할 시기가 무르익었다.

(1) 조명

L.P.W. 또는 lpW(Watt: 전력입력)당 Lumens(빛 발산)가 전등 효율성을 측정하는 단위이다. 최초 lpW 데이터는 신제품인 전등에서 발산되는 빛의 세기를 기반으로 측정한다. 그러나 전등을 사용하면서 빛의 발산은 점점 감소하게 된다. 조도(Illuminance)는 어떤 물체의 표면에 투사되는 빛의 밀도이다. Foot-candles(영국 단위) 또는 lux(미터 단위)로 측정된다. FC(Foot-candle)는 광원으로부터 1피트 이격됐을 때 빛이 얼마나 밝은지를 나타내는 단위이다. 1lux는 0.0929FC와 동일하다. 조도를 측정하기 위해 수직으로 분류되지 않은 값은 일반적으로 수평 FC(또는 lux)로 간주된다. 맑은 날 태양의 직사광선은 약 10,000FC 정도이다. 구름이 낀 날은 약 100FC 정도로 떨어지며, 보름달이 뜰 때는 약 0.01FC 정도까지 떨어진다. IESNA에서는 야외조명 시 조도에 관한 샘플을 다음과 같이 권고하고 있다. 정문 및 수위실을 포함한 경비시설은 10FC(100lux), 주차시설, 차고, 지붕이 있는 주차공간의 포장된 지면은 6FC(60lux), 계단, 승강기 및 램프는 5FC(50lux), 패스트푸드 식당 주차장, 학교와 호텔 및 모텔 등의 일반 주차장, 다세대 주택 및 주거시설의 공용공간 등은 3FC(30lux)이다.

조명을 연구할 때는 크게 주의하지 않으면 안 된다. 수평 조명은 간판이나 열쇠구멍 같은 수직적인 목표물을 보는 데는 도움이 되지 않을 수 있다. FC는 조명등으로부터의 거리와 각도에 따라 달라질 수 있다. 만약 조도 측정기를 수평으로 잡고 측정하면 종종 수직으로 잡고 측정할 때와 다른 측정값이 나올 수가 있다. FC가 초기 상태인가 아니면 유지관리 중인 것인가? 정비와 교체를 적절히 하면 양질의 조명을 보장할 수 있다.

(2) 조명등
다음과 같은 조명등이 야외설치가 가능하다.

- 백열등(Incandescent lamp)은 주거공간에 사용한다. 전류가 유리전구 안에 밀봉된 텅스텐 선을 통과하여 빛을 만들어 내는 방식이다. 텅스텐 선이 백색으로 뜨겁게 달궈지면서 빛을 내게 된다. 이 등은 17~22lpW를 낸다. 가장 효율이 낮지만 운용 비용이 가장 많이 들고, 500~4,000시간 정도로 수명이 짧다. 소형 형광전구(Compact florescent light bulbs)는 '지구 친화적'이며 아주 적은 에너지를 쓰고, 수명이 더 길고(10,000시간), 열이 거의 나지 않기 때문에 백열등을 대체하고 있다.

- 할로겐(Halogen)이나 석영 할로겐등(Quartz halogen lamp)은 할로겐 가스를 백열등 안에 충전하고(실드 빔 차량 헤드라이트와 유사하게) 효율성과 수명 면에서 일반 백열등보다 약 25% 이상 더 나은 등이다.

- 형광등(Florescent lamp)은 유리튜브에 밀봉된 가스에 전기를 통과시켜 약 67~100lpW의 빛을 만들어낸다. 이것은 동일한 전력을 사용할 때 백열등보다 빛은 두 배, 열은 절반만 발생하며 가격은 5~10배 비싸다. 형광등은 높은 등급의 빛을 내지는 않는다. 수명은 약 9,000~17,000시간이다. 신호등을 제외하고 옥외용으로는 광범위하게 사용되지는 않는다.

- 수은 진공등(Mercury vapor lamp)은 가스에 전기를 통과시켜 빛을 만든다. 빛의 양은 31~63lpW이며, 수명은 24,000시간으로 백열등에 비교하여 효율이 더 높다. 긴 수명 때문에 흔히 가로등에 사용된다.

- 금속 할로겐등(Metal halide lamp)은 마찬가지로 가스 타입

이다. 빛의 양은 80~115lpW이며 효율은 수은 진공등보다 약 50% 더 양호하지만 수명은 약 6,000시간에 불과하다. 빛의 특성이 태양광과 유사하고 색상도 자연스럽기 때문에 보통 스포츠 경기장에 사용된다. 결과적으로 이 등은 CCTV 시스템을 잘 보완하지만 설치하고 유지하는 데는 가장 비용이 많이든다.

- 고압 나트륨등(High-pressure sodium lamp)은 기체를 사용하며 빛의 양은 80~140lpW이고 수명은 약 24,000시간이며 에너지 효율이 높다. 이 등은 보통 가로, 주차장 및 건물 외벽에 많이 사용된다. 이 등은 안개를 투과하고 보다 먼 거리에서 더 자세하게 눈으로 볼 수 있게 해준다.
- 저압 나트륨등(Low-pressure sodium lamp)도 기체를 사용하며 빛의 양은 150lpW이고 수명은 약 15,000시간이며 고압 나트륨등보다 에너지 효율이 더 높다. 이 등은 유지관리 비용이 많이 든다.

각각의 등에서 발생하는 빛은 사람이 색깔을 인식하는 데 영향을 미치는 방법인 연색성(演色性, Color rendition)이 모두 상이하다. 백열등, 형광등 및 어떤 형태이든 금속 할로겐등은 양호한 연색성을 보여준다. 수은 진공등은 양호한 연색성을 보여주지만 진한 푸른색이다. 옥외에 광범위하게 사용되는 고압 나트륨등은 연색성이 좋지 않지만 사물이 노란색으로 보이게 한다. 저압 나트륨등은 색을 알아볼 수 없을 정도이지만 사물 위에는 황회색으로 나타난다. 나트륨 진공등은 노랑 안개처럼 빛이 나오기 때문에 사람들은 때로는 범죄를 예방하는 빛이라고도 부르지만 눈에는 거슬리는 것을 알 수 있다. 이러한 조명이 미관상 좋지 않다거나 수면 습관에 영향을 미친다든가 하는 불만이 제기되기도 한다. 많은 사례가 있는데, 사람들이 주간에 주차장에 차량을 주차하고 밤에 주차된 자리를 찾아갈 때

나트륨등은 연색성이 약하기 때문에 그 위치를 찾기 어려울 때도 있고, 차량이 도난당했다고 신고하는 경우도 있다. 또한 침입자를 목격해도 정확하게 묘사할 수 없는 정도가 될 수도 있다는 문제점이 있다.

수은 진공등, 금속 할로겐등, 고압 나트륨등은 빛이 충분히 발산되기까지는 몇 분 정도 시간이 소요된다. 등을 끈 다음에 다시 충분히 발산되기 위해서는 그보다 먼저 냉각시켜야 하기 때문에 더 많은 시간이 소요된다. 이러한 문제점 때문에 어떤 보안설비에는 적합하지 않을 수도 있다. 반면에 백열등, 할로겐등 및 석영 할로겐등은 전기가 들어오면 바로 빛을 내는 장점이 있다. 생산업체는 '점등시간(Strike)'과 '재점등(Restrike) 시간'을 포함한 조명등의 특성에 관한 정보를 제공해줄 수 있다.

(3) 조명기구

집광조명장치(Fresnel light)는 울타리에 접근하는 대상의 정면을 비추어 울타리를 방호할 수 있도록 외부로 향하는 넓적한 빔을 쏠 수 있다. 투광조명등(Floodlight)은 특정 지역을 광선 살로 채우도록 하여 상당히 눈부시게 만들 수 있다. 투광조명등은 비록 특정 위치를 골라서 광선 살을 지향시킬 수 있지만 고정해서 운용한다. 다음과 같은 전략을 사용하면 양호한 조명을 얻을 수 있다.

① 울타리 조명은 장벽의 양쪽 모두에 조명을 비추도록 위치시켜라.
② 침입자를 눈부시게 만들 수 있도록 조명등은 시설로부터 이격하여 설치하되 아래 방향을 지향하도록 하라. 지향하고 있는 조명이 순찰요원의 관측을 방해하지는 않는지 확인하라.
③ 조명이 비추는 지역의 간격 사이로 침입자가 숨어 들어올 수 있는 어두운 공간이 생기지 않도록 하라. 조명지역이 중복되도록

조명등의 위치를 설계하라.

④ 조명등을 보호하고, 장벽 안쪽에 위치시키며, 조명등 상단에 방호커버를 설치하고, 조명등은 높은 기둥 위에 설치하고 전선은 매설해야 하며 스위치박스도 방호대책을 마련하라.

⑤ 태양전지는 태양광 상태에 따라 자동으로 빛을 내다가도 중지될 수 있을 것이다. 수동조작이 되도록 하면 보조수단이 될 수 있다.

⑥ 외부 및 내부지역에 동작감지등을 설치하는 것을 고려하라.

⑦ 만약 조명을 가항수역(可航水域)에 근접하여 설치하려면 미국 해안경비대와 협의하라.

⑧ 에너지를 낭비하고 침입광(光)으로 인해 이웃을 방해하는 등 빛으로 인한 공해를 감소시키도록 노력하라.

⑨ 휴대용 비상등을 비치하고, 정전에 대비한 예비전력 공급대책도 준비하라.

⑩ 양호한 실내조명도 침입자를 차단할 수 있다.

⑪ 필요하다면 지방 행정기관에 보다 성능이 좋은 가로조명을 설치하도록 민원을 제기하기 위하여 다른 업체와도 협의하라.

9) 주차장 및 차량 지휘통제실

직원들의 주차장은 건물 주변에 설치하는 것보다 건물의 한쪽 면에 모아서 설치하는 것이 직원들에 대한 건물 출입통제가 쉽다. 차량들은 화물 상·하차대나 쓰레기 처리장 및 기타 범죄가 발생되기 쉬운 지역과는 이격하여 주차시켜야 한다.

직원들에게는 반드시 장기주차 스티커를 발급하고 반면에 방문자나 집배원 및 지원인력들에게는 임시출입증을 발급해주고 차량 앞 유리 위에 보이도록 비치하게 해야 한다. 스티커나 출입증을 보면 해당 내용을 통보받지 못한 안전요원도 비인가 차량이 위치하고 있다는 것을 알 수 있다.

주차장은 다음과 같은 대책이 강구될 때 보다 안전하게 관리할 수 있다: CPTED, 출입통제, 경고표지판, 보안순찰, 조명, CCTV 및 비상단추와 비상전화 등. 범죄는 주차장에서 흔히 발생되지만 이런 일들이 생기면 임직원들의 사기를 떨어뜨릴 수 있으며, 방호를 제공받지 못했다고 주장하는 소송사건에 휘말릴 수도 있다. 예를 들면 병원에서는 간호사들이 늦은 시간에 근무교대를 하고 차를 타러 주차장으로 걸어갈 때에 에스코트를 해준다. 개인의 안전에 대한 임직원을 대상으로 한 교육이나 차량 문 잠그기 및 추가적인 예방대책들을 강구하면 손실을 예방할 수 있다.

주차장의 안전 및 보안에 도움이 되는 장비들도 있다. 쿠쉬맨 순찰차(Cushman patrol vehicle)는 좁은 통로를 통과하여 운행할 수 있어 기동성을 향상시킬 수 있다. 자전거도 또 다른 대안이 될 수 있다. 경비초소나 보안박스를 설치해 두면 주차장에 위치한 지휘지휘 통제실로 유용하게 사용할 수도 있다(그림 8-13).

여러 가지 기술들을 차량의 접근을 통제하는 데 적용할 수 있다. 한 가지 예를 들면, 차량번호판 자동 인식시스템(Automatic license plate recognition system)은 영상처리기술을 적용하여 차량번

그림 8.13 주차장 출입통제

8 외부위협과 대책

호판을 인식하며, 어두운 곳에서도 번호판에 조명을 비출 수 있도록 적외선을 이용한다. 고속 카메라로 번호판을 찍고 이렇게 녹화된 정보를 사용하여 기존의 데이터베이스와 대조하는 것이다. 차량 출입통제 외에 차량관리, 도난차량 위치추적 및 국경보안 등에도 사용된다.

테러발생 위협이 주차장의 설계와 차량통제에도 영향을 미쳤다. 각기 다른 주차장의 형태로 인해서 다양한 보안이슈가 만들어졌다. 지상 주차장은 차량을 건물과 이격시켜야 하고 많은 땅을 차지하며 빗물의 유출량도 늘어나게 할 수 있다. 노상주차는 문제가 되지 않는다. 차고는 방폭기능이 필요할 수도 있다. 만약 차고가 건물 지하에 있는 경우에는 지하에서 폭발물이 터지게 되면 피해를 당할 수 있는 심각한 취약성이 있다.

설계자는 차량속도를 최소한으로 낮추도록 설계에 반영할 수 있다. 왜냐하면 예를 들어 시속 35마일로 달리는 15,000파운드 트럭을 차단시킬 수 있는 볼라드는 동일한 트럭이 시속 55마일로 달리는 경우에는 차단시키지 못할 수 있기 때문이다(FEMA 426). 건물에 직선으로 연결되는 도로가 아니면 도로 자체도 보안수단이 될 수 있다. 직선도로에서는 차량이 장애물을 들이받고 건물을 뚫고 폭발물을 터뜨릴 수 있을 만큼 차량속도를 올릴 수 있기 때문이다. 건물로 연결되는 진입로는 반드시 건물과 평행이 되도록 나란하게 개설하고, 차량이 도로에서 이탈하지 못하도록 큰 커브나 나무 또는 둔덕을 만들어 두어야 한다. 굽은 도로에 각 진 코너를 만들어 두는 것도 또 하나의 전략이 될 수 있다.

도로 안전정비 전략은 운전자들이 감지하지 못하는 가운데 적절한 속도로 조절할 수 있다. 과속방지턱이나 횡단보도를 높게 만들어 놓는 것 등을 그 예로 들 수 있다. 도로 위에 설치된 과속방지턱은 일반 과속방지턱처럼 높게 만들지는 않는다. 일반 과속방지턱은 주로 주차장에 설치할 때 사용된다. 이러한 모든 전략들이 안전을 강화하면서도 속도도 줄이고 법적인 책임도 줄일 수 있다. 단점으로는 초기 대응 시간이 더 늘어나고 제설작업이 더 어려울 수 있다는 점이다.

10) 보안요원

보안요원에게는 보통 고정초소 근무 또는 순찰임무가 부여된다. 고정초소는 인원과 차량 및 목표물들을 감시하고 검문하기 위해 출입문이나 정문에 운용한다. 고정초소는 교통정리나 통신, CCTV 및 경보를 모니터링 하는 통제실 직무를 포함한다. 기지 전체, 주차장, 울타리를 따라 임무를 수행하는 도보 또는 차량순찰은 침입자를 차단하는 동시에 이상 유무를 확인한다. 손상된 보안설비, 펜스에 생긴 구멍 또는 기타 침입흔적, 숨겨놓은 물품, 잘못 주차된 운전자가 없는 차량, 차량 내부에 방치된 열쇠, 차량 안에서 잠들어있거나 약물을 복용하는 직원, 방화문 폐쇄, 금연구역에 있는 담배꽁초, 쓰레기 더미, 연료나 가연성 물질 냄새 등이 모두 반드시 보고해야 할 비정상적이거나 유해한 상황에 포함될 수 있다. 경찰과는 반대로, 보안요원은 우선적으로 예방조치 역할을 수행하고 나서 관측과 보고를 한다.

보안요원을 채용하기 전에 다음과 같은 다양한 상황을 고려하여 원시안적으로 계획하면 이러한 서비스로부터 최적의 효과를 보장받을 수 있다. '그 기지만이 지닌 고유한 방호의 필요성과 특성이 무엇인가? 방호되어야 할 인적·물적 자산은 얼마나 되는가? 그 기지가 지닌 취약점은 어떤 것인가? 하루 몇 시간 동안이나 시설이 개방되는가? 임직원은 몇 명인가? 하루 동안 방문객과 차량이 출입하는 규모는 어느 정도인가? 보안요원에게 부여된 특정 과업은 무엇이며, 각각의 과업을 수행하는 데 얼마나 많은 시간과 인원이 소요되는가?' 등이다.

보안요원을 운용하려면 비용이 많이 든다. 그 비용에는 급여,

보험, 복장, 장비 및 교육훈련 등이 포함된다. 필수적으로 필요한 각 보안요원에게는 연간 약 4만 달러의 비용이 필요하며, 기지에 5명의 보안요원이 상시 운용하면서 일주일 동안 교대근무를 하면 약 20명이 필요하다. 이렇게 운용할 경우 연간 약 80만 달러가 필요할 것이다. 비용을 줄이기 위해서 많은 기업들이 경비용역으로 전환을 하거나 기술적으로 해결할 수 있는 방안을 고려하게 된다.

보안요원의 효율성을 제고하기 위해서는 여러 단계의 특별한 조치가 필요하다. 가장 중요한 세 가지 핵심사항은 지원자에 대한 세심한 선발, 심화교육, 그리고 적절한 감독 수행이다. 관리자는 보안요원에게 수행해주기를 바라는 내용을 잘 알고 있는지 확인해야 한다. 방침, 절차 및 일일 과업 등을 구두 지시나 메모 및 교육훈련 프로그램을 통해서 전달해야 한다. 예의와 확실한 외형적인 모습을 갖추게 하는 것도 보안을 향상시키는 좋은 방안이다.

감독자가 보안요원을 매 시간 확인하도록 방침이 설정되어있어야 한다. 보안요원에게 주어진 범위 내에서 각각 다른 직무를 교대하게 하는 것은 여러 가지 임무에 익숙해지도록 하는 한편 피로감도 줄일 수 있다. 어려운 조건을 점검하도록 하는 목록을 제시해주면 정신적인 긴장상태를 유지하게 할 수도 있다. 점검표는 일일 근무결과보고서와 함께 제출하도록 해야 한다. 밀러(Miller)는 ASIS CRISP 보고서에서 "보안전략 24장 7절, 피로가 미치는 영향 및 대응책"이라고 기술한 피로를 물리치기 위한 교대근무 전략을 제시하고 있는데, 예를 들면 '스마트 스케줄'이라고 이름붙인 교대근무를 계획하는 방법과 계획된 교대 중간에 충분한 시간을 부여하여 적절한 수면을 보장하는 방법이다.

(1) 무장과 비무장 보안요원

보안요원을 무장시킬 것인가 하는 문제는 아직 논란이 많다. 아마 이러한 질문에 대한 가장 훌륭한 대답은 특수보안요원이 수행해야 할 과업의 특성을 검토하는 것이다. 만약 범죄가 일어날 가능성이 많으면 보안요원은 무장이 필요하다. 범죄가 일어나지 않을 것으로 예상되는 지역에 배치된 보안요원은 무기를 소지하고 있으면 공격적으로 보일 수 있기 때문에 소화기로 무장할 필요가 없다. 법적인 책임 문제와 교육훈련 및 장비구입 비용문제 때문에 대체로 비무장 경비를 하는 추세다. 만약 무기가 보안요원에게 지급되는 경우에는 적합한 인원의 선발과 교육훈련이 무엇보다 중요하다. 교육훈련에는 무력과 총기사용에 대한 안전뿐만 아니라 4개월마다 반복해서 실(實)사격 훈련을 하는 것도 포함되어야 한다.

(2) 영상감시 요원

감독기관에 보고하게 되어있는 영상감시 순찰과 보험인력을 운용하면 절도피해와 화재보험료를 낮출 수 있다. 순찰손목시계(Watch clock)에는 사전에 계획된 통로를 따라 도는 순찰요원을 체크하는 기술이 일찌감치 사용됐다. 과거에는 순찰요원이 시간으로 세분화된 종이테이프나 디스크가 들어가 있는 시계를 가지고 다녔다. 이 손목시계는 순찰통로를 따라 정해진 위치의 벽에 붙여놓은 열쇠를 가지고 보안요원이 작동하게 되어있었다. 열쇠는 보통 금속상자 안에 넣어 놓거나 벽에 고리를 만들어 걸어 놓았다. 이 열쇠를 손목시계에 꽂으면 종이테이프나 디스크 위에 숫자형태로 자국을 남기게 된다. 그러면 감독자는 그 자국을 검사해서 보안요원이 열쇠 위치를 방문하여 계획된 경로를 돌았는지 확인할 수 있었다. 이 열쇠는 보안에 취약한 장소(예를 들면 출입지점, 화염물질 저장소 등)에 두었었다. 감독을 잘 하기 위해서는 보안요원이 교대근무를 시작할 때 모든 열쇠의 고리를 끊어 한 장소에 갖다놓고 손목시계에 꽂다가(그렇게 해서 한 시간에 한 번만 도는 것처럼) 근무 마지막에 열쇠를 원위치하는 행위를 하지 않도록 확인해야 했었다.

자동순찰 시스템(Automatic monitoring systems)은 순찰과 기록

을 유지하는 또 다른 방법이다. 사전에 계획된 시간과 장소에 따라서 열쇠 보관장소를 방문하게 한다. 만약 보안요원이 열쇠 보관장소를 정해진 시간에 방문하지 않으면 중앙지휘통제실 모니터에서는 전송된 경보신호를 받게 되고, 그래도 계속 열쇠가 접촉이 되지 않으면 인원을 현장으로 내보내게 된다.

바코드(Bar code) 또는 터치식 버튼(Touch button) 기술은 또 다른 순찰감독 방법이다. 보안요원은 바코드나 터치식 버튼에 접촉하면 나중에 컴퓨터 내에 자료가 다운로드 되어 기록되도록 하는 막대를 휴대하게 된다. 보안요원이 휴대하고 간 막대를 갖다 대야 방문기록이 남도록 바코드나 버튼을 보안이 취약한 장소에 부착해 놓고, 마찬가지로 다양한 상황(예를 들면 화재 소화기 충전이 필요할 때 등)이 생겼을 때에도 바코드나 버튼을 누를 수 있도록 한다. 이러한 시스템을 철저히 감독하면 보안요원이 적절히 순찰을 했는지, 특이한 상황 보고가 잘 됐는지를 확실하게 할 수 있다.

보안요원 운용의 효율성을 개선하기 위한 방법으로 보안요원이 무선 태블릿 PC를 휴대하도록 해서 감시초소를 벗어나더라도 컴퓨터 단말기로 계속 작업하도록 할 수 있다(그림 8.14). 만약 예를 들어 보안요원이 사고현장을 확인하고 조사하기 위해 지휘통제실에서 나와야 한다면 태블릿 PC를 현장으로 휴대하고 나가서, 계속해서 CCTV를 보거나 경보를 모니터링 하고 직원들이 들어올 때 문을 열어줄 수도 있다. 레빈(Levin)은 디지털 상황보고 도구로까지 발전한 상용화된 PDA 시스템은 GPS 추적기능을 휴대폰 속에 넣었을 뿐만 아니라 카메라를 장착하고 전자우편 및 문서전송 기능, 위험신호기, 시간 및 출근 기록, 순찰감시를 위한 바코드 읽기 수단 등으로까지 성장했다고 기술하고 있다. 한 가지 예로 만약 회의에 참석한 고객이 순찰하는 보안요원을 본 적이 없다고 불만을 나타내면, 보안관리자는 그의 컴퓨터를 꺼내 웹사이트에 접속하여 전날의 기록을 검색하고 순찰한 보안요원의 행적을 고객에게 보여줄 수도 있다.

그림 8.14 태블릿 PC는 보안요원이 초소에서 현장으로 나가거나, CCTV를 보거나 경보를 모니터링 하고 직원들이 들어올 때 문을 열어주는 것과 같은 일을 하는 데스크탑 PC가 하는 여러 가지 일을 할 수 있게 하는 이동형 워크스테이션이다.

11) 밀수품 탐지

밀수품은 특정 지역 안으로 반입이 금지되거나 소지하는 것이 불법이 되는 물품이다. 예를 들면 무기, 불법약품 및 폭발물 등이다. 보안요원과 정부 공무원이 밀수품을 잡아내는 데 중요한 역할을 수행한다. 이들은 밀수품을 찾아내기 위해서 특수한 장비나 탐지견을 사용하며, 이러한 장비나 방법을 사용한다는 것은 사람을 세워놓는 것이나 다름없다.

다양한 장비들이 밀수품을 탐지하는 데 사용된다. 금속탐지기(Metal detector)는 금속물질이 있으면 방해를 받는 자기장을 통과시켜서 광 신호나 음성신호를 내게 한다. 휴대용과 걸어서 통과하는 유형의 두 가지 금속탐지기가 있다. 엑스레이 검색기는 컬러 모니터에 형상이 나타나도록 사물을 관통시키기 위해 펄스 에너지를 이용한다. 이러한 장비는 휴대용과 고정식이 있으며, 우편물, 포장물, 적재된 트럭 및 해상운송 컨테이너 등을 검색할 수 있다. 9·11 테러 이후 항만, 국경 검문소, 공항 및 기타 장소들에서는 밀수를 탐지하기 위한 노력을 배가하고 있으며, 탐지장비의 연구개발 및 판매업체가 증가되어 왔다. 비록 판매업자는 과장해서 개발해 내겠다고 약속하면서 실제 시장에 내놓는 것은 부족하기 마련이긴 하지만, 밀수품 탐지기술은 진화하고 있다. 과학적 연구방법론을 적용하는 명망 있는 연구단체들이 홍보한 대로 도구들이 작동될 공산이 크다. 예를 들면, 국가표준기술연구소(the National Institute of Standards and Technologies)는 사용자(예를 들면 경찰이나 군 등)의 요구에 집중하고 다양한 기술 분야에 대한 연구를 수행하고 있다. 이러한 단체들의 연구는 자살폭탄을 찾아내기 위해 대형 은폐물을 탐지하기 위한 실시간 영상시스템과 위험한 액체를 식별하기 위한 마이크로웨이브 전자기 신호 등에 집중되고 있다.

12) 방호견

탐지견(K-9)은 밀수품을 탐지하고 인원을 방호하기 위한 업무 외에도 방호된 구역의 보안을 강화할 수 있는 동물 장애물로 분류된다. 경보견(Alarm dog)은 울타리지역 안쪽이나 건물을 순찰하며, 낯선 사람이 접근하면 짖기는 하지만 공격하지는 않는다. 이러한 개들은 위협을 받으면 물러서면서도 계속 짖는다. 개 짖는 소리가 두려워 침입자들이 도망가게 만들 수도 있다. 공격견(Guard or attack dog)은 경보견과 비슷하긴 하지만 부가적으로 침입자를 공격하는 특성도 가졌다. 소송에 휘말릴 가능성을 최소화하기 위해서 사업자는 적절한 견종을 선택하고 개들에게 울타리를 치고 경고판도 부착해 두어야 한다. 그리고 언제든지 호출에 응할 수 있는 인원을 준비하여 비상상황에 대처하는 것이 필요하다. 또 다른 공격견으로 초소견(Sentry dog)이 있다. 이 개는 훈련되어있고 항상 가죽 끈으로 목줄을 하고 있으며 제복을 입은 보안요원과 함께 순찰하면서 명령에 따라 움직이는 개로, 장점이 매우 많다. 이 개들은 보안요원도 방호해준다. 숨어있는 침입자(또는 폭발물이나 약물 등)의 위치를 찾을 때 이 개들이 가진 예리한 청각 및 후각은 엄청난 자산이 된다. 사람들이 스트레스를 받을 때 발산되는 미세한 땀 냄새도 맡을 수 있고, 개를 두려워하는 사람들을 찾아내게 할 수도 있다. 스트레스 때문에 발산된 땀내가 개를 자극하게 되고 이에 개는 겁을 집어먹을 사람을 더욱 공격하여 민감한 상태로 만들 수 있다. 독일 셰퍼드는 '공격'하라는 명령을 하면, 사람의 팔을 부러뜨리고도 남을 만큼 턱이 강하다.

만약 개가 사람을 공격하기라도 하면 소송을 당할 가능성이 있을 뿐만 아니라 더 이상 개를 사용하는 것이 어려울 수도 있다. 만약 소유하고 있는 개가 방호팀의 일부라면 개를 돌보기 위한 사람들과 개 사육장 설비들도 필요하다. 여기에 소요되는 비용에는 개 구매비용뿐만 아니라 훈련 및 치료비와 사료비용도 포함된다. 차라리 용역계약을 해서 개를 운용하는 것이 더 나을 수도 있다. 또 다른 단점으로는 개가 독살당하거나 마취 또는 살해당할 수도 있다는 점이다. 침입자가 개하고 친해질 수도 있다. 따라서 개는 반드시 조련사가 주는 음식만 받아먹도록 훈련시켜야 한다. 방호견을 운용하는 기지 인근에 사는 사람들은 가끔 개가 시끄럽다고 불평하거나 여러 가지 이유로 매우 공격적인 동물로 인식하기도 한다.

9·11 테러 이후 탐지견에 대한 관심이 늘어났다. 이와 동시에 훈련에 대한 표준, 품질보증, 개 사육장, 조련사 선발 및 증거제시 등에 대한 소요도 있다. 개념정의도 문제로 대두된다. 예를 들면 폭발물 탐지견이 구비해야 할 사항을 어디까지로 할 것인가 하는 명확한 개념정의가 없다. 미국의 재무부 주류·담배·화기 및 폭발물 단속국(The Bureau of Alcohol, Tobacco, Firearms and Explosives)에서는 NORT(국가 탐지인증시험계획, National Odor Recognition Testing initiative)를 발족시켜서 탐지견 인증을 위한 표준을 제시할 수 있도록 했다. 화학작용제 탐지견 관련 연구와 GPS 기술을 탐색·감시 및 인원 추적을 위한 원격명령과 연계시키는 연구도 진행 중이다.

13) 통신 및 지휘통제실

비상조치 인원이라면 모두 알고 있는 바와 같이, 먼 거리에서도 교신할 수 있는 능력은 필수불가결한 것이다. 모든 인원들이 휴대용 송수신 겸용 무전기를 소지하고 있어야 한다. 이러한 통신수단을 보유하고 있어야 보안요원들로 하여금 지원을 요청하거나 상급자에게 위험한 상황에 대해 보고하게 하고 재난확산을 방지할 수 있다. 일반적으로 임무를 수행하는 보안요원들은 손실방지 프로그램의 중추인 지휘통제실과 교신하게 된다. FEMA 426에서는 다중의 통신수단을 권장하고 있다. 지휘통제실은 경보표시기, CCTV 모니터, 출입문 통제, 장내 방송설비 및 통신과 손실방지를 위한 기타 모든 요소들이 통합되어 제어하는 콘솔을 운용하는 데 가장 적합한 장소이다(그림 8. 15).

IT와 물리보안의 통합으로 인해 기존의 보안지휘통제실이 네트워크 운용센터 내로 들어올 수도 있다. 어떤 기관에서는 운용의 일정한 부분을 외주 용역으로 수행하기도 한다. 보안운용은 굉장히 중요가기 때문에 전자적으로나 물리적인 면 모두 확보되어야 한다.

그림 8.15 Courtesy of Diebold 회사의 보안요원이 출입통제 및 CCTV 조작, 경보신호 감지, 영상감시 등을 콘솔에서 수행하는 모습

비상상황이 발생하면 사람들은 지휘통제실의 지침을 받고 싶어 하기 때문에 반드시 설비되어야 하고 상시 가동상태를 유지해야 한다. 지휘통제실에서 모든 위기 유형에 따른 적절한 의사결정과 조치를 하는 것이 필요하기 때문에 지휘통제실 내에서 수행하도록 설계된 자동 응답시스템을 운용하는 것이 오늘날의 추세이다. 지휘통제실은 무단침입이나 무단조작 시도, 문이 잠긴 상태에서 재난이 발생하는 것과 같은 비상상황에도 대비할 수 있도록 방호되어야 한다. 지휘통제실은 지하나 지하층에 위치시켜야 하며 방화자재를 사용하여 건축해야 한다. 콘솔 운용자가 자동화 원격조작 잠금장치를 설치해 놓고 방문자를 식별한 다음에 열어주도록 하면 보안을 향상시킬 수 있다. 범죄 위험이 높은 곳에는 방탄유리를 설치하는 것이 현명한 선택이 될 것이다. FEMA 426에는 가능하면 지휘통제실과 이격된 곳에 예비지휘통제실을 설치할 것을 권장하고 있다. 누가 됐건 지휘통제실을 설계하는 사람은 인체공학에 조예가 깊어야 하며, 그래서 인간과 기계 간 효과적이며 안전한 협업이 이루어지도록 설계해야 한다.

참고자료

[1]   Aggleton D. The Latest innovation in door hardware. Secur Technol Exec, 2010, 20. [May]

[2]   Arnhein L. A tour of guard patrol systems. Secur Manag, 1999. [November]

[3]   Atlas R. Fast food, easy money. Secur Manag, 2010, 54. [December]

[4]   Bernald R. The secur industry World has changed. Secur Technol Exec, 2010, 20. [May]

[5]   Berube H. An examination of alarm system deterrence and rational choice

theory: the need to increase risk. J Appl Secur Res, 2010, 5(3).

[6]   Berube H. New notions of night light. Secur Manag, 1994. [December]

[7]   Burton R. A new standard for high-performance green buildings. Buildings, 2010, 104. [March]

[8]   Clifton R, Vitch M. Getting a sense for danger. Secur Manag, 1997. [February]

[9]   Coupe T. & Kaur S. The role of alarm and CCTV in detecting non-residential burglary. Secur J, 2005, 18.

[10] Davey C, et al. Design against crime: Extending the reach of crime prevention through environmental design. Secur J, 2005, 18.

[11] Dibazar A, et al. Intelligent recognition of acoustic and vibration threats for security breach detection, close proximity danger identification, and perimeter detection. Homel Secur Aff, 2011. [March] www.hsaj.org/?special:article=supplement.3.4.

[12] Evans R. Remote monitoring. Secur Prod, 2005, 9. [March].

[13] Garcia M. Vulnerability Assessment of physical protection systems. Burlington (MA): Butterworth Heinmann, 2006.

[14] Gips M. A pharmacopoeia of protection. Secur Manag, 1999, 43. [March]

[15] Harowitz S. Dog use dogged by questions. Secur Manag, 2006, 50. [January]

[16] Illuminating Engineering Society of North America. Guideline for security lighting for people, property, and public spaces. New York(NY): IESNA, 2003.

[17] Levine D. Armed and ready. Secur Tech Exec, 2010, 20. [October]

[18] Miller J. Fatigue effects and countermeasures in 24/7 security operations(CRISP Report), 2010, www.asisonline.org.

[19] Milne J. Build your own security operations center. Secur Enterp 2005, [August 1], www.secureenterprisemag.com

[20] Moore M. Defensive devices Designed to blend in with New York. USA Today, 2006 [July 1], www.usatoday.com/news/nation/2006-07-31-ny-security_x.htm.

[21] Morton J. Access denied. Buildings, 2011, 105. [May]

[22] Morton J. Upgrade your fine alarms with IP reliability. Buildings, 2012, 106. [March]

[23] Murphy M. Grounds for protection. Secur Manag, 2000, 44. [October]

[24] National Fire Protection Association. NFPA 730, fuide for premises security, 2006 edition. Quincy (MA): NFPA, 2005.

[25] National Inatitute of Standards and Technology. Concealed weapon and contraband detecting, locating, and imaging, 2010, www.nist.gov/oles/diet-conceal.cfm.

[26] National Law Enforcement and Corrections Technology Center. No License

to steal. TECHbeat, 2006. [Spring]

[27] National Lighting Bureau. *Lighting for safety and security*. Washington(DC):
      National Lighting Bureau, n. d.

[28] Newman O. *Defensible space*. New York: Macmillan, 1972.

[29] Nunes-Vaz R, et al. A more rigorous framework for security-in-depth. J Appl
      Secur Res 2011, 6(3).

[30] Owen D. *Building security: strategy & cost*. Kingston (MA): Reed, 2003.

[31] Painter K, Farrington D. Street lighting and crime: diffusion of benefits in the
      stroke-on-trent project. In: Patrick K. & Tolly N, editors. *Crime prevention
      studies*. Monsey (NY): Criminal justice press, 1999.

[32] Patterson D. How smart is your setup? Secur Manag 2000, 44. [March]

[33] Pierce C. Thermal video for the mainatream? Secue Technol Des 2006, 16.
      [May]

[34] Post R, Kingsbury A. *Security administration: an introduction*. 3rd ed.
      Springfield(IL): Charles C. Thomas, 1977.

[35] Purpara P. Police activity and the full moon. J Police Sci Adm 1979, 7.
      [September]

[36] _____. *Terrorism and homeland security: an introduction with applications*.
      Burlington (MA): Elsevier Butterworth-Heinemann, 2007.

[37] Reddick R. What you should know about protecting about perimeter. Secue
      Prod, 2005, 9. [April]

[38] Revel O. Protective blast and anti-ramming wall development. Secue Technol
      Des, 2003. [November]

[39] Saflex, Inc. Architectural glazing. 2007, www.saflex.com

[40] Schmacher J. How to resolve conflict proper systems integration. Secue
      Technol Des, 2000, 10. [October]

[41] Shelton D. The new and improved moat. Secue Technol Des 2006, 16.
      [March]

[42] Smith M. *Crime prevention through environmental design in parking
      Facilities*. Washington (DC): National Institute of Justice, 1996. [April]

[43] Spadanuta L. How to improve your image? Secur Manag 2011, 55. [March]

[44] True T. Raising the ramparts. Secur Manag, 1996. [October]

[45] U.S. Department of Homeland Security. Reference manual to mitigate
      potential terrorist attacks against buildings, FEMA 426. Washington (DC):
      FEMA, 2003 (DC): [December]

[46] U.S. Environmental Protection Agency. Sustainability, 2011, www.epa.gov.

[47] WegGuardYou. Mall security scenario. 2011, http://weguardyou.com/
      applications-mallsecurity.html.

[48] Wilson J. & Kelling G. Broken windows: the police and neighborhood safety.

Alt Mon, 1982. [March]

[49] Wroblaski K. et al. Thr great debate: 2011´s key sustainability issues. Building, 2011; 105. [January]

[50] Zwin J. Alarm design that rings true. Secur Manag, 2003. [April]

형사사법 시스템과 생체인식

Dr. Thomas J. Rzemyk, Ed.D., CHPP, CAS

1. 들어가며

이 장에서는 미국과 국제사회에서 생체인식 기술 발전과정과 지방, 주 및 연방정부기관을 포함하여 사회, 민간단체 및 법 집행 커뮤니티의 관점에서 생체인식의 최근 트렌드 및 기술에 대한 심층 분석을 제공한다. 생체인식은 사람의 고유한 신체적 특성을 식별하고 전자장치 또는 시스템에서 신원을 확인하는 수단으로 기록하는 프로세스로 정의한다.[1] 오늘날 시대에 생체인식 데이터는 식별 및 출입통제에 대한 독립적인 증거의 형태를 통해서 인간의 특성과 직접적으로 관련된 척도로 간주한다. 생체인식 측정항목 및 데이터의 기능을 사용하여 직접적인 감시대상인 개인 또는 그룹의 데이터를 분류할 수 있다. 이러한 특정 기능에는 음성, 홍채 및 지문 데이터가 포함된다. 진화론에서는 각 인간이 육체적 및 행동적 관점에서 다르게 창조됐다는 것을 증명했다. 각 개인의 지문, 홍채, 안면 특징 및 신체유형은 서로 완전히 다르다. 효과적이고 효율적인 생체인식 기술을 적용하여 전 세계의 개인을 식별할 수 있다. 또한, 생체인식 기술은 생리학적 또는 행동적 특성을 기반으로 한 살아있는 사람의 신원을 확인하거나 인증하는 자동화된 방법을 사용하는 경향이 있다. 1차적으로 자동화됐지만 이러한 유형의 기술에도 효율성과 정확성을 보

1 "Biometrics", 2016. http://www.dictionary.com/browse/biometrics.

장하기 위해 수동 개입이 필요한 경우가 많이 있다. 이 장은 최근 논란이 된 주제로 입증된 개인들의 생체정보 수집에 대해 논의하여 결론을 맺을 것이다.

2. 미국의 생체인식 및 지문인식 역사

법 집행기관 및 개인보안 업계는 수십 년 동안 음성 및 지문을 포함하도록 생체인식 기술을 사용해왔다. 생체인식의 첫 번째 사례는 수 세기 전에 고대 중국에서 예술가가 점토 세트와 작품에 지문을 새길 때 이용됐다. 두 번째로, 1900년대 초반부터 1950년대 중반까지 미국에서 핑거프린팅의 기술이 확립됐다. 이후 개인의 신원확인은 귀속된 단체의 인증을 기반으로 했으며, 세계화는 개인 신원확인의 세 번째 시기이자 독립적인 생체인식 데이터 수집의 성장을 나타냈다.[2] 1924년 연방수사국(FBI: Federal Bureau of Investigation)은 여러 개인의 지문기록을 공식적으로 보관해오고 있다. 1960년대 후반 FBI의 지문 카탈로그는 수백만 개로 증가했으며 파일의 많은 수의 레코드를 관리하기 위해 자동화 시스템을 개발해야 한다는 것을 알고 있었다. 마지막으로 1986년에 FBI는 자동화된 지문인식 시스템(AFIS)을 개발했다. 이 시스템은 수동 및 자동 프로세스를 하나의 컴퓨터화된 중앙 데이터베이스로 결합했다.

그러나 이 새로운 시스템은 어려움과 문제 없이 만들어진 것은 아니었다. AFIS 및 입력된 지문 일치와 일치여부를 확인할 수 있는 속도를 향상시키는 데 수년의 시간 및 개인 공급업체가 필요했다. 2001년 9월 11일 미국 연방정부는 미국 애국자법과 국토안보부(DHS)를 통과시켰다. 미국 애국자법의 조항은 설립 초기부터 독립적으로 운영되어 온 연방기관이 DHS 우산 아래 함께 모일 것을 요구했다. 여러 대행사가 이전한 후 이제 통신 및 협력관계를 개선하기 위해 독립 데이터베이스를 각 당사자 간에 공유할 수 있다.

[2] Mordini E. "Biometrics, human body, and medicine: acontroversial history. Ethical, Legal, and Social Issues in Medical Informatics." Medical Information Science Reference (IGI Global), 2008.

[3] "Automated Fingerprint Identification System (AFIS)". World of Forensic Science 2005. Retrieved March 23, 2016. http://www.encyclopedia.com/doc/1G2-3448300049.html.

2005년까지 소수의 기업이 포괄적인 지문 도서관을 위한 국가 데이터베이스를 통합하는 보편적 표준 애플리케이션을 개발하여 AFIS(Automated Fingerprint Identification System, 지문 자동식별 시스템) 데이터베이스를 실행할 수 있는 소프트웨어를 대행사가 쉽게 선택할 수 있도록 했다.[3] 자동화된 시스템이 존재할 수도 있지만 합법적인 목적으로 레코드를 일치시키기 위해서는 적어도 1~2개의 잠재 지문 검사관이 필요하다.

3. 생체인식 사용법

오늘날의 생체인식 기술은 공공 부문과 민간 부문 모두에서 매우 빠른 속도로 성장하는 추세를 나타내고 있다. 오늘날 생체인식 활동과 관련된 개인 및 공공지역 주 및 연방기관이 여러 곳에 있다. 가장 큰 기관 중 하나가 FBI이다. 생체인식 기술은 오늘날 많은 네트워크에서 사용자 식별 및 보안 문제에 대한 해결책으로 많이 사용되기 때문에 중요하다.

4. 연방수사국 생체인식 우수센터

[4] Federal Bureau of Investigations— BCOE, 2016. Retrieved March 23, 2016. https://www.fbi.gov/about-us/cjis/fingerprints_biometrics/biometric-center-of-excellence/about/about-the-biometric-center-of-excellence.

FBI는 서부 버지니아의 클라크스버그(Clarksburg)에 있는 데이터센터와 캠퍼스를 BCOE(Biometric Center for Excellence)라고 한다. BCOE의 목적은 법 집행기관 및 사설보안 공동체 내부 및 외부에서 최적의 생체인식 및 신원관리 솔루션을 채택하고, 정보공유를 향상시키며 공동작업을 개선하는 것이다. 매일매일 업계가 운영에 통합된다. FBI와 BCOE는 다음과 같은 생체인식 우선순위를 수립하고 공식화했다.[4]

• 생체인식 기술 능력 확장

- 법의학 강화 및 생체인식 개선
- 국가 생체인식 측정
- 생체인식 기술을 개발하고 배포함으로써 국가안보를 향상시킨다.

5. 생체인식 양식 및 기술

FBI 및 기타 공공 및 민간기관에 의해 일반적으로 구현되거나 연구된 생체인식 양식은 다음을 포함한다.

1) 종려 인쇄

인간의 손바닥과 지문은 본질적으로 매우 유사할 뿐만 아니라 몇 가지 차이점을 포함한다. FBI에 의해 명시된 바와 같이 손바닥 식별은 지문인식과 마찬가지로 마찰 능선 노출에 표시된 정보를 토대로 한다.[5] 종려 무늬는 능선 흐름, 능선 특성 및 서로 구별되는 융기구조를 사용했다. 손바닥 인식은 수십 년 동안 사용되어 왔지만, 이 분야의 기술 향상속도가 느리기 때문에 자동화된 프로세스보다는 수작업 프로세스가 더 많이 사용됐다.

2) 지문

인간의 지문은 원, 물결 모양의 선, 호 및 소용돌이와 같은 고유한 특성을 포함한다. 지문채취는 사람의 생체정보를 수집하는 가장 일반적인 방법이다. FBI와 다른 기관들이 수백만 개의 지문기록을 보관하기 시작한 이래로 정확히 같은 사람은 아무도 없었다. 유전자 풀이 비슷한 경우와 아주 드물게 유전자 풀 밖에 비슷한 것이 있는 경우가 있다. 현재의 AFIS 기술은 특정 분류 및 특성에 따라 지문을 전자적으로 분류·스캔 및 정리할 수 있도록 한다. 최근 기술의 향상으로 자동화된 상호참조가 가능해졌다. 이전에는 잠재된 인쇄 검사관

[5] Federal Bureau of Investigations—Biometrics (Palm Prints), 2016. Retrieved March 23, 2016. https://www.fbi.gov/about-us/cjis/fingerprints_biometrics/biometric-center-of-excellence/modalities/palm-print.

이 지문조회의 최종결과를 확인했다(많은 지방, 주 및 연방 관할구역에서 민사 및 형사소송 절차를 위해 계속 진행됨).

3) 손 스캐너 및 손가락 인식 시스템

이들은 길이와 같은 손의 전체 구조, 모양 및 비율을 측정하고 분석한다. 폭, 손, 손가락 및 관절의 두께, 주름 및 융기와 같은 피부 표면의 특성 등이다.

4) 안면인식

안면인식 기술은 지난 10년 동안 여러 가지 기능 향상을 이루었다. 21세기 중반, 안면인식은 눈, 귀, 코, 입, 턱선 및 뺨 구조와 관련된 특성으로 제한됐다. 여러 민간단체가 정부와 일반 대중에게 최신기술을 공개했다. 새로 향상된 기술로 검증 및 식별이 가능하다(개방형 및 폐쇄형).[6] 오늘날 안면인식 기술은 복잡한 수학 표현과 일치 프로세스를 사용하여 무작위(feature-based) 및 측광(뷰 기반) 피처 (Feature)를 사용하여 얼굴 특성을 여러 데이터 세트와 비교한다. 이는 얼굴의 구조, 모양 및 비율을 비교하여 수행한다. 눈, 코, 입 및 턱선 길이, 안와의 위쪽 윤곽선, 입의 측면, 코와 눈의 위치, 그리고 광대뼈를 둘러싼 영역 등을 비교한다. 주요 안면인식 방법은 특징 분석, 신경망, 고유 얼굴 및 자동 얼굴 처리이다. 안면인식 기술이 크게 발전했지만 정확성과 신뢰성을 입증하기 위한 개선이 여전히 필요하다.

5) 홍채 스캔 및 인식

오늘날 인간의 홍채 특성을 수집하는 데 사용되는 몇 가지 기술이 있다. 일부 구형 생체인식 도구와 비교할 때 새로운 유형의 기술이다. 이 기술은 인간의 눈의 지문을 문서화하기 위해 복잡한 수학적 패턴을 사용한다. 그런 다음 여러 소유권 및 정부 데이터베이스에서

[6] Federal Bureau of Investigations—Biometrics (Facial Recognition), 2016. https://www.fbi.gov/about-us/cjis/fingerprints_biometrics/biometric-center-of-excellence/modalities/facial-recognition.

다른 사람들의 결과를 비교하여 일치성을 비교한다.

6) 음성인식

음성인식을 통한 생체인식은 언어치료사 및 기타 직업 관련 분야와 협력하여 최근에 크게 발전했다. FBI가 개략적으로 말한 것처럼, 연사 인지과정은 개인 성역의 물리적 구조와 개인의 행동특성에 영향을 받는 기능에 의존한다.[7] 신뢰할 수 있는 것으로 입증된 소프트웨어의 독점적인 부분이 있지만 항상 정확하지는 않다. 미국 정부는 음성인식을 위해 개발된 하위 레벨 API인 SVAPI(Speaker Verification Application Program Interface, 하위-레벨 화자인증)라는 기술을 사용한다. 이 기술은 특정 음성인식 프로그램과 통합되고 일관성 기반방식을 개선하며 다양한 공급업체와 네트워크 간의 호환성 및 상호 운용성을 허용하는 인터페이스 기술이다. 다른 음성은 그래프에 다른 모양을 만든다. 스펙트로그램은 음향의 음질을 나타내기 위해 색상이나 회색 음영을 사용한다.

[7] Federal Bureau of Investigations—Biometrics (Voice Recognition), 2016. https://www.fbi.gov/about-us/cjis/fingerprints_biometrics/biometric-center-of-excellence/modalities/voice-recognition.

7) 디옥시리보 핵산

DNA는 오늘날 전 세계적으로 수천 건의 범죄를 해결하는 데 사용되어 왔기 때문에 오늘날 가장 중요한 생체인식 기술 중 하나이다. DNA를 둘러싼 기술은 항상 진화하고 있으며 법 집행 커뮤니티에 새로운 개선사항이 적용되고 있다. 대부분 분석 중 참조 샘플 구강 면봉에서 CODIS(Combined DNA Index System, 결합 DNA 색인시스템) 코어(Core) STR(Short Tandem Repeat, 짧은 탠덤 반복) 프로파일 개발의 완전 자동화된 (핸즈프리) 프로세스를 설명한다. '면봉-아웃 프로필' 처리는 인간의 개입 없이 자동추출, 증폭, 분리, 검출, 대립 유전자와 통화로 구성된다.[8] FBI의 모방과정 기술을 CODIS 및 기타 DNA 관련 시스템에 통합하여 DNA 테스트를 완료하는 데 걸리는 프로세스와 시간을 개선하는 것이다. 요약하면, 생체인식 식

[8] Federal Bureau of Investigations—Biometrics (DNA), 2016. https://www.fbi.gov/about-us/lab/biometric-analysis/codis/rapid-dna-analysis.

별자로 DNA를 사용하면 얻을 수 있는 이점은 정확도 수준이다. 지문 데이터와 마찬가지로, 두 사람의 피험자가 동일한 DNA 구조를 공유하는 것은 거의 불가능하다.

8) 필적 인식

전형적으로 정적(靜的) 및 동적(動的)인 것을 포함하는 필기 및 기록기 생체인식의 두 가지 유형이 있다. 정적 방법은 개인이 종이에 직접 글씨를 쓰고 컴퓨터 시스템으로 스캔하여 분석한다.[9] 동적인 생체인식은 디지타이저, 태블릿 및 기타 장치를 사용하여 필기를 실시간으로 기록한다. 그런 다음 필기 예제를 자동화된 시스템을 통해 스캔하거나 필기 전문가가 독립적으로 스캔할 수 있다. 서명이 제대로 구현되면 전통적인 형식보다 위조하기가 더 어렵기 때문에 많은 면에서 전통적인 필기체 서명과 동일하다. 디지털 서명 방식은 암호를 기반으로 하며 효과적으로 구현하려면 올바르게 글씨를 써야 한다. 디지털 서명은 전자메일, 계약서 또는 기타 다른 암호화 프로토콜을 통해 전송된 메시지에 사용할 수 있다.

9) 손바닥 정맥

정맥 정합과 손바닥 정맥 생체인식은 1980년대부터 존재해왔다. 이것은 육안으로 보이는 혈관 패턴을 사용하기 때문에 정확성과 기록관리로 인해 논쟁의 여지가 있는 생체인식 유형으로 간주된다. 그러나 FBI, CIA 및 DEA와 같은 여러 정부기관은 여러 가지 형식으로 여러 해 동안 사용해왔다. 혈관기술은 스캐너를 사용하여 혈관 및 혈액 패턴을 비자동 형식으로 결정한다. 이러한 프로세스를 자동화하기 위한 발전이 현재 진행 중이다.

10) 행동 생체인식

글쓰기 스타일, 걷는 리듬, 타이핑 속도 등 사람들이 스스로 행동하

[9] Chapran J. "Biometric Writer Identification: Feature Analysis and Classification". *International Journal of Pattern Recognition & Artificial Intelligence*, 2006, 483–503.

9 형사사법 시스템과 생체인식

는 방식을 기반으로 한다. 이전 장에서 언급했듯이, 이러한 특징들은 지속적인 식별 암호화 목적으로 사용되기 위해서는 신뢰성 있고, 독특하고, 수집 가능하고, 편리하고, 장기적이고, 보편적이며, 수용 가능해야 한다.

6. 국제 생체인식: 인도 생체인식의 개인용도

인도의 국민은 모두 자신의 지문 및 기타 생체인식 데이터를 등록하여 주민등록증(ID)을 발급받을 것을 권장 받는다. 지문 및 기타 데이터는 아드하르(Aadhaar)라고 하는 세계에서 가장 큰 국가 암호화 데이터베이스에 보관된다. 이 데이터베이스는 인도 내의 내부 정보 기관들 간에 공유된다.[10] 이 시스템은 해당 국가의 모든 시민을 문서화하고 실종자, 범죄자를 파악하고 범죄를 해결하는 데 도움을 주도록 설계됐다. 또한 소매시장을 변화시키기 위해 개발됐다. 맞춤 아드하르 식별번호는 이제 인도 내의 일부 거래가 생체인식 데이터만을 기반으로 완료되도록 하고 있다. 많은 사람들이 시민권의 자유와 프라이버시에 대한 엄격한 침해라고 믿고 저항하고 있다. 현재는 자원봉사자 프로그램이지만, 앞으로 발전할 가능성이 높다. 현재까지 이 나라의 국민 약 50%가 아드하르 식별번호를 가지고 있으며, 모든 인도 국민들은 3~5년 내에 식별번호를 하나씩 가지게 될 것으로 추산된다. 문제는 "국제사회에서 얼마나 많은 다른 국가들이 이런 유형의 분류체계로 나아갈 것인가"이다.

10 Muralidharan K, Niehaus P, and Sukhtankar S. "Building state capacity: Evidence from biometric smartcards in India" (No. w19999). National Bureau of Economic Research, 2014.

7. 미래의 생체인식 기술

향후 몇 년 동안 여러 가지 생체인식 기능이 향상될 것이다. 지금까지 우리는 기술 장비를 사용할 때 생체인식이 일상생활에 통합되는 것을 목격했다. 스마트폰, 모바일 장치, 컴퓨터, 워크스테이션, 통신

시스템, 가정 보안시스템, 진입시스템 및 기타 여러 장비는 이제 인증 목적으로 지문을 사용한다. 또한 시간이 흐르면서 전방 생체인식 기술이 백 엔드기술 시스템에 통합되어 사이버 보안 공격에 대응한다. 마지막으로 인증 및 출입통제 기능에도 생체인식이 사용된다.

참고자료

[1]   Definition of "Biometrics," 2016, Retrieved from: http://www.dictionary.com/browse/biometrics.

[2]   Mordini E. Biometrics, human body, and medicine: a controversial history. Ethical, Legal, and Social Issues in Medical Informatics. Medical Information Science Reference (IGI Global), 2008.

[3]   "Automated Fingerprint Identification System (AFIS)." World of Forensic Science 2005. Retrieved March 23, 2016, http://www.encyclopedia.com/doc/1G2-3448300049.html.

[4]   Federal Bureau of Investigations—BCOE, 2016. Retrieved March 23, 2016https://www.fbi.gov/about-us/cjis/fingerprints_biometrics/biometric-center-of-excellence/about/about-the-biometric-center-of-excellence.

[5]   Federal Bureau of Investigations—Biometrics (Palm Prints), 2016. Retrieved March 23, 2016 from: https://www.fbi.gov/about-us/cjis/fingerprints_biometrics/biometric-center-of-excellence/modalities/palm-print.

[6]   Federal Bureau of Investigations—Biometrics (Facial Recognition), 2016. Retrieved from: https://www.fbi.gov/about-us/cjis/fingerprints_biometrics/biometric-center-of-excellence/modalities/facial-recognition.

[7]   Federal Bureau of Investigations—Biometrics (Voice Recognition), 2016. Retrieved from: https://www.fbi.gov/about-us/cjis/fingerprints_biometrics/biometric-center-of-excellence/modalities/voice-recognition

[8]   Federal Bureau of Investigations—Biometrics (DNA), 2016. Retrieved from: https://www.fbi.gov/about-us/lab/biometric-analysis/codis/rapid-dna-analysis.

[9]   Chapran J. "Biometric Writer Identification: Feature Analysis and

Classification." International Journal of Pattern Recognition & Artificial Intelligence 2006; 483-503.

[10] Muralidharan K, Niehaus P, & Sukhtankar S. Building state capacity: Evidence from biometric smartcards in India (No. w19999). National Bureau of Economic Research, 2014.

10　출입통제 시스템 및 식별배지

Dr. Joshua Sinai

1. 들어가며

이 장에서는 보안기반시설에 대한 두 가지 유형의 출입통제, 출입통제 시스템과 프로토콜 및 직원의 출입카드에 대해 설명한다. 이 두 가지 유형의 출입 메커니즘은 시설의 외부 및 내부 경계를 잠재적이고 악의적인 물리적 개체로부터 보호하기 위한 포괄적인 예방조치로 사용된다. 이 장의 결론 절에서는 출입통제 기술의 최신 동향 중 일부에 대해 계속 논의하여, 악의적인 공격자가 지속적으로 악용하려는 새로운 취약점의 해결방안을 모색한다. 본 논의에서 접근통제란 시설 내외부의 물리적 움직임을 통제하는 것이지, 인터넷을 통해 독점적이거나 기밀정보를 전송하는 것을 통제하지 않는다는 것을 주목하는 것이 중요하다. 따라서 CD나 USB 드라이브와 같은 독점적이거나 기밀정보가 포함된 물리적 장치의 제어가 이 정의에서 고려되지만 인터넷 보안을 관리하기 위한 보호 출입통제 메커니즘의 배치는 고려되지 않았다. 마지막으로 접근통제 보안시스템의 범위, 규모 및 기밀은 시설의 평가된 위협수준과 관련하여 설정되어야 한다. 위험관리의 원칙은 높은 위협이 되는 것으로 판단되는 시설에 대해서 출입통제 시스템의 특성을 적용해야 하며, 어느 정도의 잠재적 위협에 직면한 시설의 보안은 평가된 위협수준과 관련하여 구현되어야 한다.

2. 출입통제 시스템 및 프로토콜

경계 장벽, 침입 탐지장치 및 조명은 중요한 물리적 보안 보호 장치를 제공한다. 그러나 의도적 또는 우연한 무단출입으로부터 시설을 보호하기에 충분하지 않다. 완전한 출입보안을 위해 출입통제 시스템 및 프로토콜을 설정하여 시설에 무단출입하는 것을 방지해야 한다. 효과적인 출입통제 시스템과 프로토콜은 스파이 장치(예: 카메라, 스마트폰 및 USB 장치), 위험한 물건(총기/IED) 및 기타 스파이 기술(Spycraft) 구성요소(예: 눈에 잘 띄지 않는 전자 버그)의 도입을 방지한다. 시설출입 시 적절한 출입통제 시스템 및 프로토콜을 수립함으로써 출입 패키지, 물자 및 기타 자산의 운송을 통제하여 의도적이든 우발적이든 물물이나 기록된 정보의 부당이용, 도난 또는 타협을 방지한다. 또한 시설관리에서 출입통제 명부, ID카드와 같은 인사정보 인식시스템, 출입카드 교환, 반납절차 및 방문객을 목적지까지 인솔하는 것은 모두 효과적인 시설 출입통제 시스템에 기여한다. 이 절에서 출입통제를 수립할 때 적용되는 원칙은 해당 시설을 둘러싼 두 개의 일반적인 서클인 내부 원과 외부 원을 보호하는데 있다.[1] 내부 원은 "즉각적인 외부와 함께 보호되고 있는"[2] 시설로 정의된다. 외부 원은 시설 주변의 전체 영역이다. "보안담당자가 실제로 시각적으로 제어할 수 있는 범위(주변 환경에 따라 평균 1~3블록)"[3]까지 확장된다.

1) 내부 환경 출입통제

(1) 지정된 제한구역

출입통제 시스템을 구축하는 첫 번째 단계 중 하나는 보안 관리자가 보안 프로토콜을 필요로 하는 제한된 영역을 지정하고 설정하는 것

[1] Toben A. "The inner and outer circle relationship – part I: access control," https://protectioncircle.wordpress.com/2016/02/25/the-inner-and-outer-circle-relationship-part-1-access-control/; February 25, 2016.

[2] Ibid.

[3] Ibid.

이다. 일반적으로 제한구역은 보안상 특별한 제한이나 통제를 받는 구역으로 정의된다. 제한구역 밖에 있는 경우에는 시설 입구 로비나 식당이 반드시 포함되는 것은 아니지만 해당 구역으로 들어가려면 어느 정도의 출입통제가 필요할 수도 있다. 제한된 지역은 다음을 위해 설정할 수 있다:

- 보안대책의 시행과 인가받지 않은 직원의 배제
- 특별한 보호가 필요한 영역에서 강화된 출입통제
- 기밀정보 또는 중요장비 또는 자료의 보호

(2) 필요한 보안 등급 결정

출입통제 시스템 요구사항을 고려할 때 가장 중요한 단계는 출입통제 시스템 설계가 시설에 도전하는 특정 위협 프로필을 다루고 그 결과와 취약점을 잠재적 범위에 대해 고려할 수 있도록 리스크(위협 × 취약성 × 결과) 분석에 기초하는 것이다. 위협 시나리오는 이러한 협업 위험분석을 수행함으로써 시설의 보안부서는 출입통제 시스템 설계가 위협을 해결하고 대규모 보안시스템에 적합하며, 최고의 투자수익을 제공하도록 보장한다.[4] 따라서 접근통제 요구사항은 시설이 직면한 위협에 대한 평가에 의해 결정되어야 한다. 이러한 평가에는 내부자 위협, 불만이 있는 직원, 범죄 도용, 파괴자 및 테러리스트가 포함될 수 있다. 그런 다음 보안기반/출입통제 시스템을 보안부서가 잠재적인 위협으로 식별하는 각 위협 프로필에 대해서 평가해야 한다. 대부분의 위험평가와 마찬가지로 효과적인 위험분석과 위험관리를 지원하는 프로세스와 방법에 대해서 자세히 설명할 필요는 없지만 중요한 점은 '1온스의 분석은 1파운드의 솔루션의 가치가 있다'는 것이다.

그러므로 출입을 통제하는 데 필요한 보안수준은 시설 보안수준의 특성, 민감도 또는 중요도에 따라 달라진다. 제한구역은 통제

[4] Fuller J. Risk management from a county of city Perspective, Security Risk Newsletter, http://www.securityriskinc.com/wp-content/uploads/2015/03/SRI-Newsletter-5-Risk-Management-at-the-County-Level-Oct-2014.pdf, October 2014.

구역, 제한구역 또는 제외구역으로 분류된다.

- 통제구역은 제한구역 또는 제한구역 근처 또는 그 주변을 제한구역의 일부분으로 정의한다. 관리구역 출입은 출입이 필요한 요원으로 제한된다. 관리구역은 안전을 위해, 관리통제를 위해 또는 제한구역 또는 제외구역에 대한 심층보안을 위한 완충구역으로 제공된다. 보안국장은 그러한 지역 내에서 통제권을 행사할 책임이 있다.
- 제한구역 출입은 허가된 사람으로 제한되며 에스코트 및 기타 내부 제한을 통해 출입권한이 부여된다.
- 제외구역은 가장 제한적인 조건하에서 출입권한이 부여된 시설에서 가장 안전한 영역이다.

(3) 패키지, 개인 자산 및 차량에 대한 출입통제

물리적 항목에 대한 효과적인 출입통제 시스템은 도난, 파괴 행위 및 기타 유형의 간첩 행위를 방지하거나 최소화하는 데 필수적이다.

2) 패키지/개인 자산

시설의 표준운영절차(SOP: Standard Operation Procedure)는 검사 없이 제한된 지역으로 적절한 허가를 받은 포장의 출입을 허용할 수 있다. 출입문에도 패키지 검사 시스템이 사용된다. 실용적인 경우 제거가 적절히 승인된 패키지를 제외한 모든 출고 패키지를 검사해야 한다. 100% 보안검사가 불가능한 경우 보안군은 들어오거나 나가는 패키지에 대해 빈번하게 예고되지 않은 현장검사를 실시해야 한다. 따라서 효과적인 패키지 통제 시스템은 승인된 패키지, 자재 및 자산의 이동을 포괄적으로 관리할 뿐만 아니라 비인가 패키지의 이동 가능성을 완화한다. 재산 통제는 재산이나 재료를 감추는 데 사용할 수 있는 모든 것을 통제하기 때문에 공공연하게 운반된 포장에만 국한되지 않는다. 시설의 인원은 그것을 보증하는 특별한 상황을 제외하고는 일상적으로 검색해서는 안 된다. 검색은 시설의 SOP에 따라 수행되어야 한다.

3) 외부환경 출입통제

이전에 논의했듯이, 바깥쪽 원은 '실제적으로 시각적으로 제어될 수 있는' 설비 주변의 전체 영역으로 정의된다.

차량

시설의 바깥쪽 원에서 차량의 움직임을 관리하려면 개인소유차량(POV: Personal Owned Vehicle)의 주차공간이 설치되도록 울타리, 게이트 및 창문 바 등의 물리적 보호수단을 설치해야 한다. (적절한 경우) 제한구역 밖 또한 차량 입구는 안전하고 효율적인 유입통제를 위해 최소한으로 유지되어야 한다. 또한 시설의 차고 또는 옥외 주차장에 주차된 개인 차량은 시설의 보안사무소에 등록할 수도 있다. 방문객의 경우 경비요원은 승인된 주차를 표시하기 위해 차량에 임시 스티커 또는 기타 임시 ID 태그를 지정해야 한다. 스티커나 태그는 일반시설 직원의 것과 분명히 달라야 한다. 제한된 지역 안팎으로 배달 트럭 및 기타 상업용 차량의 이동은 감독 및 검사가 요구될 수 있다. 위협, 취약성 및 결과 분석에 따라 사용하지 않을 때는 잠금게이트로 배달 출입구를 제어하고 잠금 해제 시 보안담당자가 관리해야 한다. 경우에 따라 특정 적재 및 하역구역에 대한 출입을 위한 적절한 ID 및 등록을 보장하기 위해 운전자 ID카드/배지를 발급할 수 있다. 필요한 경우 배달트럭 및 지정된 제한구역 또는 제외구역에 출입하기 전에 호위를 배정해야 한다.

3. 신원 확인 배지 시스템

외부 또는 내부 원에 관계없이, 시설(ID) 배지 시스템이 시설에 설치되어 해당 건물을 사용할 권한이 있는 인원을 식별하는 방법을 제공한다. ID 시스템은 개인인식 및 보안 ID카드 또는 배지를 사용하여 시설 내외부의 인사활동을 제어하고 이동시키는 데 도움을 준다. ID카드에는 표준 및 보안의 두 가지 유형이 있다. 표준 ID카드는 제한이 없고 보안 요구사항을 제기하지 않는 영역에 대한 출입을 제공한다. 보안 ID카드 또는 배지는 제한구역에 접근해야 하는 요원에게 제공한다. 감시 보안요원이 쉽게 인식하고 관리할 수 있도록 각 유형의 카드/배지 디자인이 간단해야 한다.

1) 식별 방법

가장 일반적인 출입통제 ID 방법 중 네 가지는 개인인식 시스템, 단일카드/배지 시스템, 카드 또는 배지 교환 시스템 및 다중카드/배지이다.

(1) 개인인식 시스템

개인인식 시스템에서 출입통제 영역을 관리하는 보안담당자는 시설 입국을 요청하는 사람을 시각적으로 확인한다. 입국기준이 되는 결정항목은 출입통제 명단에 등재된 사람과 개인을 인식함으로써 출입 필요성을 근거로 한다.

(2) 단일카드/배지 시스템

이 시스템에서 특정 지역을 입력할 수 있는 권한은 특별히 지정되고, 인식된 문자, 숫자 또는 특정 색상(예: 녹색 또는 파란색)을 기반으로 한다.

(3) 카드/배지 교환 시스템

이 시스템에서는 두 장의 카드/배지에 동일한 사진이 포함되어있다. 각 카드/배지의 배경색이 다르거나 하나의 카드/배지가 중복 인쇄되어있다. 하나의 카드/배지가 특정 지역 입구에 제시되고 그 지역에 있는 동안 착용되거나 휴대된 두 번째 카드/배지와 교환된다. 두 번째 카드/배지를 소지한 것은 소지인이 발급된 지역에 있는 동안에만 발생한다. 해당 지역을 떠날 때 보안 영역에 두 번째 카드/배지가 반환되고 유지된다. 이 방법은 더 높은 수준의 보안을 제공하고 카드/배지의 위조, 변경 또는 복제 가능성을 줄인다.

(4) 다중카드/배지 시스템

이 시스템은 다양한 제한구역에 진입할 수 있는 권한을 나타내는 카드/배지에 특정 표시를 하지 않는 대신에 여러 카드/배지 시스템이 각 보안 영역의 입구에서 교환을 제공하기 때문에 가장 큰 보안수준을 제공한다. 교환 카드/배지는 특정 지역에 대한 출입권한이 있는 개인의 경우에만 유지된다.

2) 기계화/자동화 시스템

보안 관리자를 통하여 카드/배지를 육안으로 확인하는 대신, 빌딩 카드출입 시스템이나 생체인식 출입 리더를 사용하는 방법도 있다. 이러한 시스템은 단지에 들어가고 나가는 인사의 흐름을 제어할 수 있다. 이러한 시스템에는 다음이 포함된다.

보안담당자를 사용하여 카드/배지를 육안으로 확인하고 명단에 액세스하는 대안은 빌딩 카드 액세스 시스템 또는 생체 액세스 리더를 사용하는 것이다.

- 기계식 또는 전자식 키패드, 조합 잠금장치와 같은 코드화 장치
- 마그네틱 스트라이프 또는 근접식 카드판독기 등의 자격증명

장치

- 지문판독기 또는 망막 스캐너와 같은 생체인식 장치

출입통제 및 ID 시스템은 긍정적인 ID에 대해 일상적인 판별 장치를 통한 원격기능에 대한 판단요소를 기반으로 한다. 이 시스템은 진입점에서 보안담당자를 요구하지 않는다. 그들은 다음과 같은 방식으로 개인을 식별한다.

- 시스템은 개인으로부터 물리적 ID 데이터를 수신한다.
- 데이터가 인코딩 되어 저장된 정보와 비교된다.
- 시스템이 액세스가 허가됐는지 여부를 결정한다.
- 정보는 읽을 수 있는 결과로 번역된다.

3) 출입통제 명단

제한구역에 인원을 입회하는 것은 출입통제 명단에 명시되고 나열된 사람에게 부여된다. 명단은 출입통제 지점에서 유지 관리된다. 그들 명단은 관리자가 지정한 개인에 의해 최신 상태로 유지되고 확인된다. 명단에 있는 사람 이외의 사람의 입국은 보안 관리자 또는 다른 특정 관리자의 승인을 받아야 한다. 이 요원은 지역 SOP에 따라 에스코트를 요구할 수 있다.

4) 배지 상태

시설 직원에게 배지를 줄 경우 중요한 고려사항은 서비스를 시작하거나 종료할 때 직원의 경력에 대한 역할이다. 예를 들어, 컬러 코딩을 사용하는 배지는 수년간의 서비스, 통관 레벨, 부서 또는 위치를 지정하는 것을 포함하는 다양한 이유로 사용될 수 있다. 또한 기업 로고 또는 특수 디자인을 표시하고 색상으로 코딩할 수 있는 비디오 배지를 배치할 수 있으며 디지털화된 데이터나 사진을 포함하는 배지가 있다. 배지가 시설 보안시스템에 처음 도입된 경우 다음 사항을 고려해야 한다.

- 직원이 배지를 분실한 경우 교체비용을 지정한다. 일부 고용주는 초기에 하나의 '무료' 교체를 허용할 수 있다.
- 직원이 해고되면 배지, 키 또는 기타 회사 자산을 누가 검색해야 할지를 지정한다. 지난 30일 동안 사용하지 않았을 경우 모든 회사 배지를 삭제해야 한다.
- 배지가 도난당한 경우 사용 불가하게 만드는 과정을 결정한다.
- 인증되지 않은 사람이 배지를 빌리거나 사용하는 경우, 카드의 양면에 포함될 수 있는 홀더의 높이, 무게 및 눈과 머리카락 색과 같은 데이터를 결정한다.
- 출입권한이 부여되기 전에 권한이 부여된 관리자의 승인을 포함하여 모든 시설 배지에 대한 데이터베이스가 있는지 확인한다.
- 발급된 모든 배지에 대한 출입수준 및 인증 프로세스를 식별한다.
- 모든 잠재적인 취약점과 배지를 분실하거나 도난당한 경우 발생할 수 있는 위협의 위험을 고려한다.

5) 통제방법

이전에 논의된 바와 같이 제한(Limited), 통제(Controlled), 기밀(Restricted) 영역에서 직원의 이동과 통제를 관리하는 데 사용할 수 있는 여러 가지 방법이 있다. 다음 단락에서는 에스코트 사용과 2인 규칙에 대해 설명한다.

6) 에스코트

에스코트는 방문지역에 대한 교육 및 지식으로 인해 출입통제 작업을 효과적이고 적절하게 수행 할 수 있는 능력으로 선택된다. 에스코트는 방문지역의 보안요원 또는 인원일 수 있다. 시설의 보안규정 및 SOP는 제한구역에서 방문자가 에스코트를 요구하는지 여부를 결정한다. 접근 목록에 있는 직원은 에스코트 없이 제한구역에 입회할 수 있다.

7) 2인 규칙

2인 규칙은 개인이 혼자서 민감한 영역 또는 장비에 출입하지 못하도록 설계됐다. 두 명의 권한이 부여된 사람은 그들이 수행하는 작업이나 작업과 관련하여 부정확하거나 허가되지 않은 절차를 적극적으로 감지할 수 있는 물리적 위치에 있을 때 출석한 것으로 간주된다. 이 팀은 적용 가능한 안전 및 보안 요구사항에 익숙하며 2인 규칙을 요구하는 민감한 지역이나 장비에 출입할 수 있는 모든 작업 중에 존재한다. 2인 규칙의 적용이 요구될 때, 그것은 팀을 구성하는 인원에 의해 끊임없이 시행된다. 2인 규칙은 다음과 같은 경우의 물리적 보안작업의 다른 여러 측면에 적용된다.

- 중요한 기계류, 장비 또는 재료에 대한 통제되지 않은 접근으로 인해 설비의 사명이나 운영에 영향을 줄 수 있는 고의 또는 의도하지 않은 손상이 발생할 수 있는 경우
- 시설의 자금에 대한 통제되지 않은 접근이 계좌의 위조로 인한 전환 기회를 제공할 수 있는 경우
- 통제되지 않은 배달 또는 물품 수령이 '짧은' 인도와 잘못된 인도를 통해 도난의 기회를 제공할 수 있는 경우

2인 규칙은 시설보안 관리자의 권한과 재량에 따라 관리된다.

전자입력 제어시스템은 2인 규칙을 시행하는 데 사용될 수 있다. 권한이 부여된 두 명의 사람이 코드를 성공적으로 입력하거나 카드를 스와이프(Swipe) 할 때까지 접근을 거부하도록 시스템을 프로그래밍 할 수 있다.

8) 방문자 식별 및 제어

분류된 시설에서는 인가된 방문객의 접근을 효과적으로 통제하기 위해 이동을 통제하기 위한 적절한 절차와 시스템을 구현해야 한다. 방문객에 대한 승인은 적절한 경우 최소 24시간(가능한 경우) 전에 받아야 한다. 방문이 허가되면 방문객은 카드/배지를 제공받아 제한구역에 설치된 여러 출입구의 보안요원에게 제시해야 한다. 방문하는 동안, 초기 출입 포인트의 보안요원은 방문객이 언제든지 지정된 에스코트에 머무르면서 방문과 관련된 영역에 머무를 수 있도록 해야 한다. 제한구역에 진입할 권한이 있는 개인 또는 그룹 방문객은 출입권한을 부여받기 전에 특정 선행조건을 충족해야 한다. 제한구역에 대한 이러한 접근은 다음 지침에 따라 부여된다.

정상 근무시간 후 근무한 직원

정상 근무시간 후에 제한구역에서 근무하도록 지정된 지정 직원은 보안 관리자와의 조정에 기반한 내부통제 하에 감독자의 승인을 받아야 한다. 또한 감독자는 경비요원에게 그러한 상황에서 근로자의 출석, 근로허가 및 근로기간을 통보해야 한다.

9) 제한된 시설에서 일하는 도급업자

계약직 직원이 정규직, 시간제 근무자 또는 제한된 지역의 임시 컨설턴트로 일할 수 있도록 보안 관리자는 출입 위반 사실을 알기 위해 조달사무소와 협의해야 한다. 또한 보안 관리자는 이러한 계약인력에 대한 이동제어 절차를 확인하고 조정해야 한다.

10) 청소 팀

계약자 청소 팀을 고용하는 시설관리자는 제한된 영역에서의 운영을 위해 내부 통제에 관한 물리적 보안사무실로부터 기술적 자문을 구해야 한다. 여기에는 에스코트 제공이 포함될 수 있다.

11) 방문객

지정된 방문자를 제한구역에 출입하도록 허용하기 전에 보안사무실은 방문 중인 직원이나 활동(예: 회의)과 접촉해야 한다. 방문자의 신원을 확인하고 등록양식을 작성한 후 배지를 발행하고 필요한 경우 에스코트를 배정한다. 방문자는 서비스 기능을 수행하는 데 필요한 공공 유틸리티 및 상업 서비스 담당자를 포함할 수 있다.

12) 제한된 시설의 매우 중요한 인물

매우 중요한 인물(VIP), 특히 외국인을 시설의 제한구역에 입국시키는 절차는 출입통제의 또 다른 중요한 구성요소이다. 그러한 방문을 용이하게 하고 관리하기 위해서는 시설의 프로토콜 오피스와 보안사무소 간의 특별 고려사항과 조정이 필요하다. 24시간(또는 그 이상)의 사전 통보는 방문 의제 및 적절한 경우 에스코트의 지정과 함께 바람직한 요청이다. 우려되는 외국 귀빈의 경우 해당 지역 및 국가방첩 기관과 협조할 수 있도록 더 사전 통보가 필요할 수 있다.

13) 시행 조치

모든 ID 시스템에서 가장 취약한 링크는 시행이다. 보안군은 직무 수행에 능동적이어야 한다. 이러한 조치 중 일부는 다음을 포함할 수 있다.

- 진입 통제지점에서 경고 및 전술 보안요원을 지정한다.
- 직원이 빠른 지각과 올바른 판단력을 갖도록 보장한다.

- 출입국 관리요원에게 할당된 지역에 대한 수시 불규칙 검사를 요구한다.
- 경비요원을 배치하고 보안요원을 게시하고 해고하기 위한 표준절차를 공식화 한다. 이러한 조치는 자격을 갖추지 않은 직원의 게시 및 일상적인 업무수행을 방해한다.
- 보안 ID카드/배지를 다루거나 착용하는 통일된 방법을 처방한다. 카드를 휴대하고 다닐 경우 카드를 지갑(또는 다른 홀더)에서 꺼내 보안요원에게 제출해야 한다. 착용하는 경우 배지를 눈에 띄게 착용하여 멀리서 검사와 인식을 신속하게 수행할 수 있다.
- 제한된 영역의 출입통제 지점을 설계하여 인력이 보안요원 앞에서 단일 파일로 전달되도록 한다. 어떤 경우에는 긍정적인 통제를 유지하는 데 도움을 주기 위해 회전식 문을 사용하는 것이 좋다.
- 제어지점에서 조명을 제공한다. 보안직원이 ID카드/배지와 무기를 비교할 수 있도록 조명이 해당 영역을 밝게 비추어야 한다.
- 보안군 및 직원 교육을 통해 출입통제 조치를 시행한다. 출입통제 시스템의 시행은 주로 보안군에 달려 있다. 그러나 직원들의 완전한 협력이 필수적이다. 직원은 미확인 또는 부적절하게 식별된 각 개인을 침입자로 간주하도록 지시해야 한다. 특정 구역에 대한 접근이 제한되는 제한 구역에서 직원은 허가받지 않은 개인을 보안군에 보고해야 한다.
- ID카드/배지 선반 또는 컨테이너를 출입통제 지점에 배치하여 직원을 보호할 수 있도록 한다.
- 정책설명서에 따라 카드/배지의 통제절차를 수행할 수 있는 책임감 있는 임원을 임명한다. 보관 담당자는 보안 ID카드/배지의 발행, 회수, 갱신 및 다양한 분야의 개인에 대한 월 단위

10 출입통제 시스템 및 식별배지

확인 및 종료된 직원 배지의 삭제에 대한 책임이 있다.

ID 출입통제 시스템의 위험관리 정도는 필요한 보안위험 허용 수준에 따라 다르다. 다음 통제절차는 카드/배지 시스템의 무결성을 유지하는 데 권장된다.

- 모든 카드와 배지를 소장하고 기록된 정확한 기록 또는 로그를 유지 관리하며, 발행인과 처분하는 사람(분실, 파손 또는 파기)을 보여준다.
- 관리자의 기록 및 로그를 인증한다.
- 관리자 또는 감사인에 의한 정기적인 기록을 목록화 한다.
- 분실한 카드/배지의 즉시 무효화 및 분실 또는 무효화된 카드/배지의 현재 목록에 대한 보안관리 지점에서의 현저한 게시를 진행한다.
- 보안직원이 해당 지역의 인원수를 결정할 수 있도록 제한구역 내 통제를 설정한다.
- 2인 규칙을 수립한다(필요한 경우).
- 방문자의 이동을 통제하는 절차를 수립한다. 방문객 관리기록은 유지 관리되며 입장 통제지점에 있다.

14) 협박 코드

잠재적인 보안위반이 있는 시설의 경우, 협박 코드가 발행되어야 한다. 이것은 경보를 발령하여 권한이 있는 사람이 관찰 중이거나 협박을 받을 수 있음을 다른 보안담당자에게 알리기 위해 일반적인 대화중에 사용되는 단어 또는 문구이다. 협박 코드는 적절한 응답에 대한 응답 프로토콜이 원활하게 사용되도록 계획 및 리허설을 요구한다. 이 코드는 가능한 한 손상 또는 오용을 최소화하기 위해 정기적으로 개정되어야 한다.

15) 보안시스템 기술 활용

광범위한 위협, 보안기능과 카드 및 카메라의 통합에 직면한 크고 복잡한 시설의 경우, 중복권한 레벨(Multi-level) 직원의 맞춤형 액세스에는 최신 보안기술을 활용해야 한다. 현대의 보안기술의 특징과 기능을 이해하는 것이 중요하다. 예를 들어 오래된 카메라 감시 시스템과 최신 '스마트 카메라' 시스템 후속 제품의 차이점은 기하급수적으로 더 큰 효과를 발휘하기 때문이다. 이는 보안 및 출입통제 시스템 관리에서도 마찬가지이며, 현대 시스템이 출입통제를 시설의 전체 보안시스템에 통합할 수 있다. 따라서 최신기술을 활용함으로써 보안직원 배치를 특정 영역에서 줄이거나 보다 긴급한 과제에 집중할 수 있다. 따라서 출입통제 시스템의 전반적인 효율성은 위험관리 원칙을 사용하여 평가된 위협, 취약성 및 다양한 잠재적 공격의 결과에 대한 보안시스템의 최적성을 평가함으로써 극적으로 향상될 수 있다.

요약하면 출입통제 시스템을 선택하기 위한 고려사항 중 일부는 보안기능, 시스템 기능, 보고기능 및 도움 및 지원을 포함해야 한다. 보안기능에는 비디오 감시, 카드 제어관리, 인터넷 기반 모니터링, 연중무휴 모니터링, 승인된 개인에 대한 출입을 제한하는 시스템 및 프로토콜, 출입통제 일정 관리, 휴일 일정 관리 및 생체인식 검사 옵션이 포함되어야 한다. 시스템 기능에는 최대 문의 개수, 최대 사용자 수, 경보 기능, 전문설치 및 자동 업그레이드가 포함되어야 한다. 보고기능에는 예약보고서, 맞춤형 보고서, 전자메일 알림 및 스마트폰에서 사용할 수 있는 보고서가 포함되어야 한다. 마지막으로 도움말 및 지원 기능에는 전자메일, 전화, 교육문서, 비디오 자습서 및 FAQ(자주 묻는 질문)가 포함되어야 한다.[5]

16) 접근통제의 미래 동향

미래의 추세와 관련하여 시설의 서로 다른 출입통제 시스템은 궁극

5 Tripp N. "Access control systems reviews." Top-10 reviews, http://access-control-systems-review.toptenreviews.com/, 2016.

적으로 점점 더 네트워크로 연결되어 예측분석을 생성하기 위해 융합된 정보와 데이터를 융합하여 대응적 보안을 사전예방적인 수준으로 업그레이드한다.[6] 이러한 통합 출입통제 시스템은 사용자에게 '시설 또는 위치의 상태를 모니터링하고 비디오 감시, 비디오 관리, 방문자 관리, 시간 및 출석, 경보, 사진 이미징, 배지, 엘리베이터 제어, 건물 통제 및 기타 여러 시스템'을 제어한다.[7]

17) 위험 및 기타 고려사항

효과적인 출입통제 설정과 관련하여 중요한 고려사항이 있다. 이러한 고려사항은 다음을 포함한다.

- 보안위험 조사. 설치 전에 수행해야 한다. 보호할 자산은 물론 내부 및 외부위협을 관리해야 한다. 이는 보호가 필요한 즉각적이고 예상되는 요구사항을 결정할 수 있다. 예상되는 요구사항은 동시에 결정될 수 있지만, 현재의 위험정보를 유지하고 미래의 조직요구에 부응하기 위해 합리적으로 반복되는 리스크 조사를 실시해야 한다.

- 보호되는 보안이익의 규모와 성격. 자산의 성격도 고려해야 한다. 예를 들어, 접근통제 계획 내에서 추가적인 보안대책에 대한 고려가 이루어져야 한다. 예를 들어, 분류된 문서와 값이 작은 항목이 있는 영역은 금고 또는 다른 수단을 사용하여 추가 분리 또는 분류가 필요할 수 있다.

- 일부 보안이익은 타인보다 타협에 더 민감하다. 숙련되지 않은 사람에 의한 간략한 관찰이나 단순한 행위는 경우에 따라 타협이 될 수 있다. 다른 연구에서는 전문가에 의한 상세한 연구와 계획된 조치가 필요할 수 있다.

- 모든 안보이익은 그 중요성에 따라 평가되어야 한다. 이것은 기밀, 비밀 또는 일급비밀 같은 보안 분류에 의해 표시될 수

[6] Laughlin R. "9 Emerging trends to watch in access control, Security InfoWatch." http://www.securityinfowatch.com/article/12090850/9-emerging-trends-towatch-in-access-control', July 8, 2015.
[7] Ibid.

있다.

- 제한구역. 보안상의 이유로 특정 제한이나 통제를 받는 영역이다. 제한된 지역은 다음을 위해 설정될 수 있다:
  - 보안대책의 시행과 인가받지 않은 직원의 배제
  - 특별한 보호가 필요한 영역에서 강화된 통제
  - 기밀정보 또는 중요장비 또는 자료의 보호
- 지정된 제한구역. 보안 관리자는 일반적으로 제한구역 지정 및 설정을 담당하지만 해당 지역을 사용하는 관리자는 참여해야 한다.

18) 보안등급

요구되는 보안 및 통제의 정도는 보안 성향의 위험성 및 민감도 또는 중요도에 따라 달라진다. 모든 통제 영역이 제한되어있는 반면, 제한영역은 일반적으로 영역에 대한 보안통제 정도에 따라 보안 관리에 따라 분류된다. 관련된 학위의 몇 가지 예는 '한정적', '제한적' 및 '매우 제한적'과 같은 제한 범주로 표현될 수 있다.

- 보안 관리자는 조직적 필요가 있는 직원만 접근할 수 있도록 출입통제를 설계하고 구현하여 통제된 영역으로의 이동 및 진입통제 정도를 설정한다.
- 격리구역 또는 제한구역은 일반적으로 보안 관심사와 가까운 거리에 있는 제한구역이다. 이 지역 내에서 통제되지 않는 움직임은 자산에 용인될 수 없는 위험을 초래할 수 있다. 적절한 경우 제한된 지역에서 이동을 제어하기 위한 추가 보안요소도 고려해야 한다. 에스코트 및 기타 제한으로 인해 제한된 지역에서 위험이 발생할 수 있다.
- 일반적으로 제한구역 또는 고도로 제한된 구역은 보안 관심을 포함하는 제외구역이다.

- POV를 위한 주차공간은 제한구역 밖에 설치된다. 안전하고 효율적인 제어를 위해 차량 입구는 최소한으로 유지되어야 한다.
- 물리적 보호수단(울타리, 문, 창문 바 등)을 설치해야 한다.

참고자료

[1] The author would like to acknowledge the peer review by Jeff Fuller, the President of Security Risk, Inc., of Fairfax, VA, a leading authority on risk management, who also suggested adding a threat assessment and risk management component to this chapter.

[2] Toben A. The inner and outer circle relationship - part I: access control, https://protectioncircle.wordpress.com/2016/02/25/the-inner-and-outer-circle-relationship-part-1-access-control/, February 25, 2016.

[3] Ibid.

[4] Ibid.

[5] Fuller J. Risk management from a county of city Perspective, Security Risk Newsletter, http://www.securityriskinc.com/wp-content/uploads/2015/03/SRI-Newsletter-5-Risk-Management-at-the-County-Level-Oct-2014.pdf ; October 2014.

[6] See footnote 5

[7] Tripp N. Access control systems reviews, Top-10 reviews, http://access-control-systems-review.toptenreviews.com/ ; 2016.

[8] Laughlin R. 9 Emerging trends to watch in access control, Security InfoWatch, http://www.securityinfowatch.com/article/12090850/9-emerging-trends-to-watch-in-access-control ; July 8, 2015.

[9] Ibid.

[10] Nelson J. CPP, 150 things you need to know about security; 2017.

11 능형망 울타리 표준

[1] 참고: 이 장의 정보는 적절한 보안 울타리 설계를 지원하기 위한 공공 서비스로 제공되었다. Chain-Link Fence Manufacturers Institute는 특정 보안철책 시스템의 설계 및 운영에 대한 책임을 지지 않으며, 2012년에 허가를 취득했다.

[2] 철선을 지그에 의해 일정한 피치의 산형으로 굽혀진 열선을 연속적으로 서로 감기게 하여 단 꼬임으로 된 철망

Chain-Link Fence Manufacturers Institute[1]

이 장에서는 다양한 종류의 울타리와 함께 보안 울타리에 대한 표준을 논의하며, 울타리의 형태, 재료 사양, 설치 및 검사를 위한 내용을 포함하고 있다.

1. 권장사항

능형망 울타리[2]는 강도, 부식 방지, '관통 감시 가능', 설치의 용이성, 다양성, 다양한 제품의 선택 및 재질 때문에 지난 60여 년 동안 울타리의 대명사로 자리매김해온 산물이다. 능형망 울타리는 울타리 중심의 방호시스템에 있어서 기본적인 장애물이다.

능형망 울타리에 의한 장벽은 다음과 같은 기능을 제공한다.

- 시설 외곽의 합법적 경계선을 표시한다.
- 울타리를 통한 침입을 차단함으로써, 인가된 자만의 보안구역 진입통제 및 확인을 가능하게 한다.
- 침입 탐지장비 및 CCTV 설치를 위한 구역을 제공하여 감시·탐지·평가 및 기타 보안기능을 지원한다.
- 가시적인 장애물의 기능을 통해, 보안구역으로 스스럼없이

진입할 수 없도록 억제한다.

- 절단 혹은 월책을 시도해야 하기에 침입자의 의도가 노출된다.
- 시설로의 접근은 어렵고, 탐지될 가능성을 높여준다.
- 심리적으로 침입 의지를 약화시킨다.
- 보안인력 및 시설의 소요를 줄여준다.
- 보안인력의 운용을 최적화하는 동시에 인가되지 않은 침입자를 발견하고 체포하는 데 유리한 여건을 조성한다.
- 시설 보안에 대한 기업의 관심을 보여준다.
- 시설을 보호함에 있어서 비용 대비 효과적인(Cost-Effective) 방법이다.

2. 보안계획

능형망 울타리는 좀 더 향상된 보안계획의 수립을 가능하게 한다. 보안계획을 상세하게 수립하려면, 임무, 기능, 환경, 위협, 지켜야 할 시설현장을 고려해야 한다. 이는 보안 프로그램에서 능형망 울타리의 가치를 입증하는 4가지의 방법론으로 설명될 수 있다.

① 보안 강화: 능형망 울타리는 침입탐지기, 접근제어, 카메라 등 다른 보안장비의 사용을 지원한다. 능형망 울타리는 외부침입, 내부의 자산보호, 특정 지점의 방호는 물론 필요에 따라 일반적인 시설보호를 위하여 사용된다.

② 보안 장애물: 건축 구조물, 능형망 울타리, 담장, 임시 검문소 등의 형태일 수도 있다.

③ 통제: 차량 게이트 및 보행자 통행로와 연계된 출입통제 시스템, 임시출입증 등 다양한 수준의 식별 표지, 보호구역 안내절차 등은 물리적 보안 목적의 쇠고리 철책과 장애물의 운용을 지

원한다.

④ 억제: 능형망 울타리, 보안요원, 보안등, 경고 표지판 및 검문검색 절차(Check point contrl procedures)는 침입자가 쉽사리 진입이 어렵다고 판단하게 하는 몇 가지 억제수단이다.

①-②-③-④ 방법이 적절하게 적용될 때 시너지 효과를 발휘할 수 있다. 따라서 능형망 울타리는 침입을 저지하면서도 필요하다면 장벽의 역할을 할 수 있다. ①-②-③-④를 결합함으로써 침입자가 통제된 보호구역 내에서 발생하고 있는 정보를 얻지 못하도록 하며, 이러한 심층방호(Security in Depth) 개념의 구현을 통해 야간, 주말 및 휴일에도 시설에 대한 방호가 가능하다.

더 중요한 점은, 능형망 울타리가 ①-②-③-④ 시스템에 공통적으로 적용되어야 하는 요소이며, 리스크를 줄이고 환경을 보호하며 적절한 설계와 시공으로 방호체계의 비용을 줄일 수 있다는 점을 기억해야 한다. 그러나 울타리가 모든 불법적인 접근을 제거한다는 믿음은 신중치 못하며, 다만 침입을 지연시키거나 줄일 수 있을 뿐이라는 점 또한 기억해야 한다.

시설 보안 울타리 프로그램의 효과를 보장하기 위해서는, 울타리 시스템, 출입문, 출입문 운영자 및 출입통제 시스템의 적절한 관리를 위해 유지보수 프로그램의 개발을 권유한다.

3. 재질 사양

능형망 울타리의 재질 사양은 다음과 같다.

- 철조망울타리제조사학회 제품설명서(CLFMI)
- 미국시험재료학회(ASTM: American Society of Testing Materials), 버전 01.06

- 연방규격(Federal Specification) RR-F-191K/GEN, May 14, 1990
- ASTM F1553, '철조망 울타리 설치를 위한 표준안내서'는 재질의 설명서를 개발하는 데 필요한 적절한 정보를 제공한다.

1) 철조망 울타리의 틀 구조

철망 울타리의 틀 구조는 일련의 기둥(지주)으로 구성된다. 즉, 끝단 기둥, 모퉁이 기둥, 출입문 기둥이다. 필요한 경우 상단, 중단, 하단 또는 버팀쇠(쥠쇠) 레일에 연결한다. 연방규격 및 CLFMI의 '울타리 기둥 간격 및 크기 선택을 위한 풍압 가이드(Wind Load Guide)'는 다양한 울타리 높이에 권장되는 기둥 크기를 제공한다. 그러나 후자의 설명서는 다양한 지형에서의 바람 하중에 따라 선택된 울타리 높이와 재질 사이즈를 수용하기 위해 울타리 기둥 유형, 크기 및 간격을 제공한다. CLFMI 제품 매뉴얼, ASTM F1043, ASTM F1083 및 연방규격에는 울타리 기둥의 재료설명서가 나와 있다.

2) 철조망 구조

철조망 구조의 재질설명서는 철저히 CLFMI 제품 매뉴얼, ASTM 및 연방설명서로 작성되었다. 어떠한 형태의 철조망 형태를 선택하느냐에 따라 보안수준이 결정될 것이고, 어떠한 형태의 코팅을 하느냐는 내식성을 좌우할 것이다. 이 문서에서는 경량의 주택용 철조망 구조는 고려하지 않는다.

보안수준을 제공하는 철조망 구조만 제공되므로 와이어 및 망사 크기의 표준은 다음과 같이 좁혀졌다.

- 11 게이지(직경 3.05mm) 최소 절단강도 850lbf
- 9 게이지(직경 3.76mm) 최소 절단강도 1,290lbf
- 6 게이지(직경 4.88mm) 최소 절단강도 2,170lbf

고려해야 할 망사 크기(망사 크기는 망사의 평행면을 형성하는 와이어 사이의 최소거리임)는 2인치 망사, 1인치 망사 및 3/8인치 망사다. 망사 크기는 다음을 고려하면 된다.

- 망사 크기가 작을수록 오르거나 자르는 것이 더 어려워진다.
- 와이어 선이 굵을수록 절단하기가 더 어렵다.

앞에서 언급한 3가지 표준에서 사용할 수 있는 다양한 망사 크기는 침투 저지/보안 순서대로 나열되어 있다.

① 가장 높은 보안: 9.53mm(3/8인치) 망사 11 표준
② 매우 높은 보안: 1인치 망사 9 표준
③ 높은 보안: 1인치 망사 11 표준
④ 향상된 보안: 2인치 망사 6 표준
⑤ 일반적인 산업보안: 2인치 망사 9 표준

3) 출입문

출입문은 울타리에서 유일하게 열고 닫는 부분이므로 적절한 부속으로 올바르게 조립해야 한다. 철조망 출입문 설명서는 CLFMI Product 매뉴얼, ASTM 설명서에 나와 있다.

출입문을 여닫는 크기를 제한하면 차량보안이 강화되고, 한 차량이 다른 차량을 비켜서 지나갈 가능성이 줄어들며, 출입문을 여닫는 시간을 단축시킨다. 캔틸레버 슬라이드 출입문은 차량보안, 특히 전기적으로 작동되는 액세스 제어시스템에 연결하는 데 가장 효과적이다. 고속 캔틸레버 슬라이드 출입문 작동기는 특정 용도에 사용할 수 있다. 사람들이 드나드는 보행자 출입문은 기본 자물쇠를 사용하여 구성하거나 액세스 제어시스템에 연결된 전기 또는 기계 잠금장치 또는 키패드/카드키 시스템으로 설계할 수 있다.

11 능형망 울타리 표준

철책 라인과는 별도로 설치된 인원보행 출입문을 사용하면 센서가 포함된 철책 라인에서 게이트를 분리하여 오작동 가능성을 줄일 수 있다.

그림 11.1 캔틸레버 슬라이드 출입문

4. 설계 특징 및 고려사항

보안을 강화하기 위해서는 다음의 몇 가지 기본적인 설계기능을 고려해야 한다.

- 높이: 울타리가 높을수록 침입하는 것이 더 어렵고 시간도 오래 걸린다.
- 상단레일 제거: 울타리 상단의 레일을 설치하지 않으면 손잡이가 없어지므로 울타리를 오르기가 더 어려워진다. 상단레일 대신 7-표준치 코일 스프링 와이어를 설치할 수 있다.
- 가시철망(바브와이어, Barbed wire) 추가: 3가닥 또는 6가닥짜리 바브와이어를 추가 설치하면 접근하는 데 시간이 지체되고 침입도 어려워진다. 3중 스트랜드 45도 암을 사용하는 경우, 고정된 영역을 비스듬히 설치하는 것이 좋다.

그림 11.2 상단에
가시철망(바브와이어) 추가

그림 11.3 바브와이어

- 기둥의 볼트 또는 리벳 바브와이어 암: 바브와이어 암은 일반적으로 상단 인장 와이어 또는 상부 레일에 의해 기둥에 고정된다. 보안을 강화하기 위해 기둥에 볼트로 고정시킬 수 있다.
- 스테인리스 재질의 가시판(Tape) 추가: 스테인리스 스틸 가시가 붙은 판을 맨 위에 추가하거나 경우에 따라 울타리의 바닥에도 설치하면 접근을 어렵게 하고 통과시간을 크게 증가시킨다.

11 능형망 울타리 표준

그림 11.4 바브 가시판

1. Short Barbed Tape - Galvanized or Stainless Steel

2. Medium Barbed Tape - Galvanized or Stainless Steel

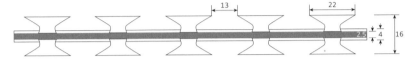

3. Long Barbed Tape - Galvanized or Stainless Steel

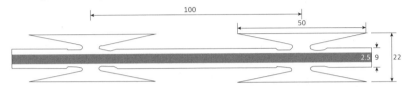

- 하단레일 추가: 기본적으로 콘크리트 기초에 고정된 3/8인치 직경의 아이크 후크를 사용하여 두 라인 기둥의 중앙에 고정된 하단레일을 추가하면 망사가 울타리 아래로 기어들어가게 할 가능성이 기본적으로 제거된다. 하단레일이 있거나 없는 울타리의 바닥은 규정보다 2인치 이상 크게 설치하면 된다.

- 철조망 구조물 묻기: 구조물을 12인치 이상 묻어도 철조망이 손상될 염려가 없다.

- 컬러 철조망 구조물: 철조망 울타리 보안기능 중 하나로서 울타리의 가시성을 높임으로써, 울타리 라인 내부 또는 외부에서 일어나는 일을 보다 효율적으로 모니터링 할 수 있다. 컬러 폴리머 코팅 철조망 구조물은 특히 야간에 시인성을 향상시킨다. 코팅된 구조물, 부속품, 틀 구조 및 게이트를 포함한 완벽한 폴리머 코팅 시스템은 특히 해안에 인접한 지역에서 사용할 때 가시성을 높이고 더 큰 내식성을 제공한다.

- 이중 보안울타리: 경계 울타리 안쪽에 10~20피트의 내부 보안 울타리를 추가하는 것은 드문 일이 아니다. 대부분의 경우

이중 울타리는 센서와 감지기 또는 울타리 사이에 순찰로를 설치하여 사용된다.

- 클리어 존: 수목이 있거나 수풀이 많은 지역에서는 감시를 강화하기 위해 울타리의 안쪽에 있는 수목 등을 제거하여 감시 영역을 확보하는 것이 좋다.
- 내부 보안울타리: 많은 상황에서는 특정 건물 또는 장비를 보호하기 위하여 별도의 내부 울타리를 설치하는 것이 필요하다.
- 모든 볼트 봉인(peen): 볼트, 너트에 블록을 채워 봉인하여 분해를 불가능하게 한다.

그림 11.5 볼트 봉인

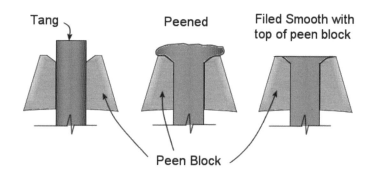

- 센서 시스템 추가: 이것은 울타리 시스템에 또 다른 수준의 보안을 추가한다.
- 조명 추가: 시야를 넓히고 침입자에게 심리적인 부담을 준다.
- 경고 간판: 담장 선을 따라 설치되어있는 경고 간판은 보안구역(위반자는 체포될 수 있음)을 표시하고, 경보 및 모니터링 시스템 상황을 기록하는 데 중요하다.

5. 전형적인 설계 보기(예)

예를 들어, 지정해야 할 다양한 항목을 식별할 수 있도록 참조된 사양을 별도로 나열하기로 했다. 사양 작성자는 문서를 개발할 때 이 형식 또는 CSI(Standard Construction Specification Institute) 형식을 사용할 수 있다.

출입문의 일반적인 설계/사양은 다음과 같다.

보행자/요원 스윙 게이트는 8'0" × 1'0" × 4'0", 상단에는 3개의 바브와이어가 있어야 한다. 게이트 프레임은 2인치 od 또는 2인치 정사각형 부재로 제작해야 한다.

철조망 구조는 별도로 명시되지 않는 한 울타리 선과 일치하도록 설치되어야 한다. 출입문의 기둥은 * - o.d, 1과 5/8인치 o.d, 브레이스 레일, 3/8인치 트러스 조립체, 최소 12인치 간격으로 고정된 12 게이지 인장 밴드, 필요한 인장 바, 피팅 및 너트, 볼트로 설치되어야 한다.

철조망 구조는 ASTM을 준수해야 한다.

스윙 게이트는 ASTM을 준수해야 한다.

출입문 기둥의 크기는 ASTM을 준수해야 한다.

출입문의 기둥은 ASTM을 준수해야 한다.

피팅은 ASTM을 준수해야 한다.

캔틸레버(외팔보) 슬라이드 게이트는 도면에 표시된 개구부 크기의 것이어야 하며, 높이는 8피트에 1피트를 더한 수치여야 하며, 3개의 가시 철선이 있어야 한다. (캔틸레버 슬라이드 게이트의 구조 및 설계는 다양하므로 특정 사양을 나열하는 것이 좋다.) 캔틸레버 슬라이드 게이트는 ASTM F 1184의 각 등급에 따라 제작되어야 한다.

철조망 구조는 달리 명시되지 않는 한 울타리 선과 일치해야 한다. (캔틸레버 슬라이드 게이트는 4인치 o.d. 출입문 기둥을 필요로 하며, 더 크거나 작은 기둥은 권장하지 않는다.) 4인치 o.d. 출입문 기둥은 1과 5/8인치 브레이스 레일, 직경 3/8인치 트러스 어셈블리, 최소 12인치 간격으로 고정된 12 게이지의 텐션 밴드, 필요한 텐션 바, 피팅 및 너트와 볼트로 완성되어야 한다.

4인치 o.d. 출입문 기둥 및 1과 5/8인치 o.d. 브레이스 레일은 ASTM에 적합해야 한다.
피팅은 ASTM을 준수해야 한다.
철조망 구조는 ASTM을 준수해야 한다.

1) 설치

철책라인, 터미널 포스트 및 게이트 설치는 필요한 보안수준, 현장조건, 지리적 위치, 토양 및 기상조건에 따라 다르다. 이 과정에서 도움이 되는 최고의 설명서는 ASTM F 567, '철조망 울타리 설치에 대한 표준사례' 및 CLFMI '라인 포스트 간격 및 크기 선택을 위한 Wind Load Guide'이다.

2) 프로젝트 검사

부적절한 자재를 사용하거나 설치할 경우 필요한 보안에 큰 영향을 미칠 수 있다. 프로젝트 자료가 계약사양을 준수하고 울타리가 올바르게 설치되었는지 확인하는 것이 중요하다. 조달 또는 시설 관리자는 다음과 같은 필수 요구사항을 고려할 수 있다. 검토자료 인증 및 프로젝트를 시작하기 전에 그림을 확인하고, 적절한 제품이 설치되고 특정 설치지침이 제공되었는지 확인한다.

6. 결론

철조망 울타리는 강도, 내부식성, '시야 확보', 설치의 용이성, 다양성, 다양한 제품 선택 및 가치로 인해 60년 이상 보안 울타리로 선택되어 왔다. 철조망 울타리는 시설의 경계를 특정 짓는 보안시스템의

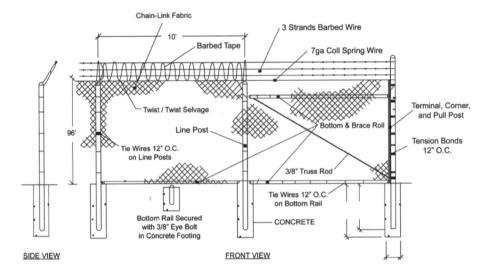

그림 11.6 1피트, 3가닥 철조망 보안과 8피트 높이 울타리의 전형적인 세부도면

주요 빌딩 장벽기능 중 하나다. 철조망 울타리가 제공하는 물리적
보안장벽은 다음 기능 중 하나 이상을 제공한다.

- 시설의 최외곽 한계에 대한 법적 경계를 알린다.
- 경계를 따라 다른 곳으로 진입하지 못하게 하여 보안 영역으
  로 승인된 시설의 출입을 통제한다.
- 침입탐지 장비 및 CCTV를 설치할 수 있는 공간을 확보하여
  감시·탐지·평가 및 기타 보안기능을 지원한다.
- 침입자의 침입 의도가 명백하게 노출될 수 있는 장벽이 구축
  됨으로써, 보호구역으로 침입하는 것을 방지한다.
- 진입을 시도하는 명백한 행동을 포착할 수 있게 하여 침입자
  의 의도를 보여준다.
- 시설에 대한 접근을 지연시켜 탐지 가능성을 높인다.
- 침입자에게 심리적으로 부담을 주어 침입을 저지한다.
- 필요한 보안요원의 수와 각 경비요소의 사용빈도를 줄인다.

- 보안인력의 사용을 최적화하면서 권한 없는 자가 접근할 경우 탐지능력을 향상시킨다.
- 시설보안에 대한 기업의 관심을 나타낸다.
- 시설을 보호하기 위한 비용 측면의 효율적인 방법을 제공한다.

12 보안설계 & 협업

Lawrence J. Fennelly, CPPI, CSSM, CHL III,
CSSP-1, Ron Hurley, DSc., CPP

건축술은 단지 스타일, 이미지 및 만족의 문제가 아니다. 그것을
통해 조우하거나 예방하는 수단이 될 수도 있다(Oscar Newman,
1972).

1. 리드

오늘날, 어떠한 신규 건설 프로젝트나 기존 구조물의 개조작업을 시
작할 때 보안설계자를 포함시키는 것은 매우 중요한 문제이다. 그렇
게 하는 것이 프로젝트 초기단계에 실행했을 때 그 조직에 더 많은
비용과 시간을 절약하게 할 수 있을 것이다. 건축가는 건물을 디자
인하고 건설하는 전문가이긴 하지만 궁극적으로 그 건축물이 제공
할 수 있는 주민들의 보안 요구사항을 종종 누락하는 경우가 있다.
기획하는 단계부터 각각의 상이한 그룹에서 나오는 상이한 요구사
항을 반드시 고려해야 하며, 그렇게 함으로써 그 건물에 사전에 미
리 생각하지 못했던 물리보안 조치들을 추가로 설비해야 되는 일이
없게 된다. 추가적인 조치에는 시간과 물자, 비용이 더 많이 든다. 또
한 추가작업으로 항상 호환성을 보장하는 것은 아니지만 궁극적으

로는 기존 시스템과 통합되어야 한다.

CPTED와 더불어 리드 개념의 일부는 보안에 관한 우려를 보완할 수 있는 반면에 물리보안 원칙과는 상충되는 면도 있다. 리드의 그린 빌딩 평가시스템(LEED, Green Building Rating System)은 '친환경 건축물'을 건설하기 위한 국가표준을 제시하고자 애쓰고 있는 미국 그린빌딩위원회(US GBC: The U.S. Green Building Council)의 대표적인 산물이다. 설계의 가이드라인과 제3자에 의한 인증도구로 이 평가시스템을 사용함으로써 사용자의 웰빙, 환경여건뿐만 아니라 혁신적인 적용, 표준, 기술 등을 적용한 건물을 사용함으로써 얻는 경제적인 이득까지도 향상시키는 것을 목표로 하고 있다. 리드는 상가, 기관 및 고층의 주거건물에 최적화된 자체 건물 평가도구이다. 건물 소유주나 설계자, 건설업자는 건물설계 목표들 간의 균형을 유지하기 위해서 반드시 협업해야만 한다.

리드가 기본적으로 검토하는 여섯 가지 분야는 다음과 같다: 지속 가능한 대지계획, 수자원의 효율성, 에너지 및 대기, 물자와 자원, 실내환경의 질, 그리고 혁신 및 설계과정 등이 그것이다. 각 분야에는 세부적인 목표달성 여부로 평가점수가 부여되며 총 69점을 획득할 수 있다. 26~32점 취득 시에는 기본인증(Basic certification)을 획득하고, 33~38점은 실버(Silver) 등급, 39~51점은 골드(Gold), 52~69점은 플래티넘(Platinum) 등급을 획득한다. 이러한 리드의 평가는 USGBC가 프로젝트를 서면으로 확인한 후에 부여하는 것이다.

리드가 지향하는 또 다른 목표는 보다 지속 가능한 건축 관행을 독려하는 것이다. 아울러 리드는 다음과 같은 자재를 공급하는 업자들을 장려하고 있다.

- 높은 재활용성 물질과 지속적으로 사용할 수 있는 원자재를 포함하고 있는 것

- 건설현장에서 가까운 곳에서 생산되는 것
- 휘발성 없는 유기화합 배출물이 있는 것
- 에너지 소비와 포장재를 최소로 사용하도록 설계된 것

2. CPTED 계획과 설계검토

CPTED의 기본원칙을 다시 한 번 살펴보면 다음과 같다.

자연스러운 감시: 설계공간에 집중해서 시계를 향상시키는 것이다. 이는 또한 적법하게 사용하는 일반인들의 사회적인 상호관계를 도와주는 것이며 예를 들어 다음과 같은 것들이 포함된다.

- 조명을 개선하는 것
- 더 나은 시계를 보장할 수 있도록 산울타리나 잡초를 웃자라지 않게 잘라주는 것
- 도보 보행자가 더 많이 다니도록 도로를 설계하는 것
- 적법하게 사용하는 일반인들을 위한 추가적인 사회적 공간을 추가하는 것

자연스러운 접근통제: 입구나 통로, 차도, 울타리, 볼라드, 조경 및 다른 방법을 사용하여 접근 가능한 공간에 이들을 전략적으로 배치시킴으로써 사적 공간과 공적 공간을 분리시키는 것이다.

영역성 강화: 소유권과 소유하는 공간에 대한 책임을 확실히 하는 것이다.

유지관리: 소유권을 공표하고 확보된 공간에 대해 관리하는 것이다.

CPTED 적용에 있어서 가장 우선해야 할 것 중 하나는 조직이나 관할권을 계획하는 과정 중에 CPTED를 적용하는 것이다. 학구(學區)나 주택당국, 수송기관, 지방자치단체 등이 모두 공공안전에 대한 근본적인 책임이 있다. 범죄예방과 계획 간에 공식적인 연계가 확립되도록 하는 것이 필요하다. 사기업이나 공기업은 모두 방대한 자산과 인력을 통제하고 있다. 모든 기관이 새로운 개발이나 투자를 하기 위해서는 의사결정 과정이 있다. CPTED의 개념과 절차가 이러한 과정에 포함되도록 해야 한다. 여러 분야가 망라된 통합팀이 CPTED를 적용해서 프로젝트를 수행할 때 더 큰 부가가치를 창출할 수 있다는 것을 연구결과에서 보여주고 있다. 이러한 통합팀을 구성할 때에 설계자, 법률전문가, 커뮤니티 관계자, 기획자, 자체 규정 점검반(Code Enforcement Officials)과 같은 보안전문가 등이 포함될 수 있다.

지역사회나 기관에서는 CPTED 과정이 반드시 다음과 같은 기능의 한 부분으로 포함되든가 아니면 연계가 되어있어야 한다.

- 포괄적인 계획(Comprehensive plans). 이 계획을 보면 미래의 토지사용이나 개발 모습을 알아낼 수 있다. 포괄적인 계획에는 지역사회의 가치와 장차 미래에 구현될 비전을 제시할 수 있다. 이 계획에는 50년 이후까지도 포함된 목적과 목표 수립이 포함된다. 범죄예방 요소들은 지역사회의 포괄적인 계획수립에 명확히 필요한 것들이다. 이러한 범죄예방 요소들이 포괄적인 계획과 일관되게 확실하게 포함되어있으면 문제점들과 필요성에 대해 그날그날 의사결정 할 때 도움이 될 수 있다.
- 용도지역 조례(Zoning ordinances). 이것은 토지사용 행위가 서로 호환되고 상호 지원할 수 있다는 것을 확신할 수 있도록 토지사용 계획에 포함된 위치를 공개적으로 알려줌으로써 사

람들의 건강, 안전 및 복지를 향상시킬 수 있도록 하기 위해 마련된다. 토지사용 제한규정들은 토지사용, 개발 밀도, 지면 제한, 개방공간, 건물 높이, 주차장 위치 및 수량 그리고 유지 관리 정책 등에 영향을 미친다. 이러한 것들이 결과적으로 범죄에 노출되는 정도, 감시 기회 및 지상 통제공간의 정의 등과 관련된 행동이나 일상에 영향을 미칠 수 있다.

- 구획 통제규정(Subdivision regulation). 이것에는 전체 크기와 규모, 가로와 우선통행권의 위치, 보도, 생활편의시설 및 공공 편의시설 위치 등이 포함된다. 이러한 사항들은 이웃에 대한 접근, 보행자 및 차량충돌 감소, 가로등, 지역사회의 기타 분야와의 연계 등에 직접적으로 영향을 준다.

- 조망 조례(Landscape ordinances). 이것은 울타리, 신호등 및 식물재료 등의 배치를 통제한다. 또한 공간 정의, 감시, 접근 통제와 표지판을 개선하는 데 사용될 수 있다. 조망을 어렵게 하면 주차장이나 바람직하지 않은 사적 공간으로의 침입자의 접근을 가능하게 하는 원하지 않는 결과를 낳을 수도 있다. 조망 식물재료들은 넓은 담장지역에 접근이 불가능한 상태로 만들어 낙서를 줄이게 할 수도 있다. 훌륭한 조경으로 삶의 질도 향상시키고 범죄에 노출되는 것을 줄이는 데도 도움이 된다.

- 건축설계지침(Architectural design guidelines). 이 지침은 현장의 목표와 목적 및 건물 성능을 구체적으로 명시한다. 이러한 지침이 활동 위치와 공적 및 사적 공간의 정의에 영향을 미칠 수 있다. 입지결정과 건축계획은 자연스러운 감시 기회, 보행자 및 차량접근, 표지판, 가까운 인접지역과 연결 및 토지이용 등에 직접적으로 영향을 줄 수 있다.

- 육체적·정신적 지체 장애인 통로(Access for physical and men-tally challenged persons). 이것은 접근성이나 표지판 기능을 향

상시킬 수 있는 반면에 눈에 안 띄는 문, 복도 또는 승강기 등을 사용하면서 야기될 수 있는 피해의 위험은 거의 고려되지 않는다.

1) 검토과정

건축업자, 설계자, 기획자들이 하는 일들은 보안 분야를 제외하고는 구조상 거의 모든 분야를 통제하는 규정에 오랫동안 영향을 받아왔다. 역사적으로 몇몇 관할구역에서는 보안에 관한 조례를 제정하기는 했지만 대부분 창문, 출입문, 잠금장치 등에 관한 것뿐이었다. 오늘날에는 최종적으로 계획을 마무리하기 전에 완전한 보안이나 범죄예방을 공식적으로 요구하고 있는 지방자치 법규나 절차서를 미리 찾아보는 것이 더욱 일반적인 일로 되어가고 있다. 그럼에도 불구하고 아직까지는 대체로 건물이나 구조물이 보안 측면에서 그 지역에 어떠한 영향을 미치는지를 이해하려 하기보다는 미관이나 배수, 화재안전, 도로경계석 및 주차장 진입 같은 문제에 더 많은 관심을 기울이고 있는 실정이다. 지역사회나 기관에서 훌륭한 기획안이 만들어지기 위해서는 CPTED 설계검토 과정은 반드시 포함되어야 한다.

물리적 공간을 설계하거나 사용하는 일은 범죄나 보안사고와 직접적인 관련이 있다. 최근 CPTED 관련 국제회의에서도 인간과 환경 관계에 대한 보편적 특성에 대해 밝혀낸 것처럼 물리적 환경과 범죄의 직접적인 연관성은 비교문화적 현상으로 이해되고 있다. 즉, 정치적이나 문화적 차이가 있더라도 사람들은 기본적으로 그들이 처한 주변 환경에서 직접 보고 경험한 바와 동일하게 대응한다는 것이다. 어떤 장소에서는 안전하게 느끼고 안심하는 반면, 또 다른 장소에서는 취약하다고 느낄 수도 있다는 것이다. 범죄자나 위험인물도 마찬가지다. 그들은 모두 설정되어있는 환경을 살피고 사람들이 어떻게 행동하는지를 지켜본다는 것이다. 이렇게 관찰한 결과 그들은 그 상황을 이용할 수 있는지 아니면 오히려 이용당하는 위험을 무릅써야 할지를 판단한다는 것이다.

설계와 개발, 사건계획 결정에 대해서 누군가는 의문을 가지고 들여다봐야 한다. 어떤 이유가 됐든 추락하게 되면 많은 사상자가 발생할 수도 있는 육교를 건설할 때 "남아있는 강화철골을 그냥 방치할 거냐"고 경찰이나 소방요원 중 그 누군가는 캔자스시에 있는 호텔건설업자에게 질문했다고 생각하는가? 기획자에게 2000년부터 2005년까지 유행처럼 휩쓸었던 도심의 보행자 전용 상가에 어떤 영향을 미칠 수 있는지를 물어보았을까? 천만에, 절대 아니다! 아무도 그런 어려운 질문을 던지지 않았기 때문에 계획상 중요한 실수는 그때나 지금이나 항상 존재하고 있다.

CPTED와 더불어 기억해야 할 보안상 중요한 아홉 가지 요점은 다음과 같다.

① 일반적인 건축의 목적(예를 들면 주거용, 학교, 사무실 등) 그 건물의 사용시간, 사용하는 사람, 출입자격이 있는 사람, 주요 제어, 정비계획 등을 고려해야 한다. 유지관리 책임자는 누구인가? 건물이 공개행사에 사용되는가? 만약 그렇다면 어떤 행사에 얼마나 자주 사용되는가? 건물은 평상시 일반인들에게 개방되어있는가? 그렇다면 중요한 요소를 식별하고 보완책을 강구해야 한다. 시설 관리자는 누구이며 범죄예방과 보안에 대한 책임이 누구에게 있는가?

② 건물이나 사용하는 사람이 내포하고 있는 위험요소 위험요소를 목록으로 작성하고 우선순위(예를 들면 사무비품 절도, 지갑절도, 자재창고 절도 등)를 부여해야 한다. 향후에 있을 수 있는 잠재적인 위험요소도 식별해야 한다.

③ 경찰이나 보안요원의 지원 이 사람들이 건물과 입주자들에게 순찰, 수사, 범죄예방 견지에서 대응력을 향상시키기 위해 무엇을 할 수 있는가? 보안요원 지원이

운용상 효과적이거나 비용 대 효과가 있는 것인가?

　　④ 물리적 보완책

출입문, 창문, 조명과 출입가능 장소를 점검해야 한다. 예를 들면 출입문이나 창문의 경첩에 핀을 설치하는 것과 같이 건물을 더욱 안전하게 하는 물리적인 변화를 주어 보완해야 한다.

　　⑤ 잠금장치, 볼트로 고정해야 할 장비, 카드통제기의 잠정 적
　　　용, 열쇠관리

구체적인 보완책을 만들어야 한다.

　　⑥ 경보

경보시스템은 비용 대 효과가 있는 것인가? 건물을 사용할 때는 경보가 되지 않도록 설정되어있는가? 건물을 사용하면 경보가 반드시 작동되도록 변경시키는 것이 경보를 사용하면서 얻는 이득이 되는가? 모든 종류의 경보를 사용할 것인지, 건물 전체 또는 특정 사무실에만 설치할 것인지, CCTV 혹은 휴대용이나 임시 경보장치를 사용할 것인지 등도 고려해야 한다.

　　⑦ 보관

예를 들면 특별히 주의를 기울여야 하는 고가의 물건, 소액 현금, 도장, 계산기나 현미경 등을 특별히 저장하는 데 있어 건물에 문제가 있는가? 구체적인 보완대책을 강구해야 한다.

　　⑧ 무단침입

적절한 '무단침입 금지' 경고문이 게시되어있는가? '잡상인 출입금지', '스케이트보드 금지' 등과 같은 경고문구를 설치할 필요가 있는가?

　　⑨ 관리인

관리인은 보안관점 이상의 더 훌륭한 방법으로 운용되고 있는지?

2) 복합건물의 인물

각각의 사업은 각기 특정적인 인원이 포함되어있다. 통상의 경우 건

물은 오전 9시부터 오후 5시까지 운용된다. 교통량은 이 시간에 가장 많이 생긴다. 오후 5시부터 자정까지는 건물은 일반인에게 개방되지 않는다. 일부 직원은 야근을 할 수도 있다. 그러면 누가 건물을 지킬 것인가? 자정에 청소원이 건물로 출입해서 다음 날 사용할 수 있도록 준비를 한다. 보고서를 완성하기 전에 복합건물에 있는 모든 유형의 인원이 반드시 고려되어야 한다.

건물의 인원들에 대해 좀 더 구체적인 예를 들어 보자. 복합건물이 가로, 세로 100피트 크기이고 두 개의 중실문(重室門, 이중 출입문)과 건물 정면에 한 개의 큰 창문이 있고 냉방이 가동된다고 하자.

> 케이스 1. 복합건물이 주도로에 있는 신용조합이고 인접에 경찰서가 있거나, 반대로 그 건물이 도시의 맨 끝자락에 위치해 있는 경우
> 케이스 2. 대형병원 건물이고, 의사는 미술품 수집가이며 사무실에 50만 달러짜리 미술품을 보관하고 있는 경우와, 반대로 고가의 미술품은 없지만 약 200달러 가치가 있는 마약이 들어있는 작은 금고를 가진 경우
> 케이스 3. 오후 6시에 문을 닫는 다른 종류의 가게와 반대로 새벽 2시까지 여는 주류가게가 건물에 입점해 있는 경우

이러한 각각의 사례에서 한 개의 복합건물에 여섯 가지 유형의 인원들을 제시했다. 앞서 기술한 것처럼 이러한 건물들의 라이프 스타일과 취약성에 적합한 보완대책이 뒤따라야 한다.

3) 보완책의 긍정적인 면과 부정적인 면

보안문제를 개선하기 위한 보완책을 준비함에 있어서 시설주가 그

것을 적용하는 상황에 생기는 보완책의 결과를 고려해야만 한다. 긍정적인 면뿐만 아니라 부정적인 면이 모두 포함되어있다. 바깥이나 안쪽을 막론하고 범죄 발생률이 높은 주거단지의 예를 든다면 이런 경우에는 '단지 주변에 10피트 높이의 펜스를 설치하라'고 권고할 수도 있다.

4) 긍정적인 면

범죄 감소: 이러한 환경을 조성해 놓으면 범죄를 저지르고자 하는 사람이 어떤 조치를 취하려고 해도 누군가에게 발각되기도 쉽고 경찰에 신고될 수도 있다고 느끼게 만들 수 있다. 또 다른 긍정적인 측면은 범죄에 대한 두려움이며 실제로 두려움이 생긴다면 그것 역시 의미 있게 다루어져야 한다.

공공기물 파손 감소: 공격목표를 만만하지 않다고 느끼게 조성해놓아 그 목표에 접근하는 것이 불가능하다고 느끼도록 만들 수 있다. 환경설계를 통해서 그 지역의 물리적·미적인 면도 향상시킬 수 있다.

시각적인 거부 효과: 이러한 환경은 보안환경을 강화하는 것뿐만 아니라 거주자들의 자산을 보호할 수도 있다. 출입지점을 줄이고 접근통제 대책이 확립되면 범죄발생 기회도 줄이고 비인가 인원의 무단출입을 막을 수도 있다.

5) 부정적인 면

요새와 같이 환경을 조성하는 것은 물리적인 효과보다 오히려 심리적인 장애물 효과가 더 클 수는 있다. 그러나 그것은 사회적으로 바람직하지도 않고 이제는 전국적으로 이러한 경향이 확산되고 있다.

6) 지역사회의 반응

이것은 무시할 수 없는 요소다. 더구나 설비 초기에는 공공기물 파손행위에 대해서 반드시 고려해야 한다. 거주자, 입주자, 종업원 등을 초기 기획단계부터 참여시켜야 한다.

아파트가 펜스를 연하고 있으면 그곳에 사는 세입자들에게는 공포감이 확산될 수 있다. 그러나 세입자들이 오고 가고 하면서 결국은 적응해서 자연스럽게 받아들일 수 있게 된다.

모든 펜스는 각자의 생각대로 페인트칠을 하기 마련이다. 펜스에다 눈에 띄는 낙서를 하기 어렵게 만들려고 하면 철조망 펜스나 다른 종류의 투시형 펜스를 설치하는 것도 고려해야 한다. 성벽과 같다는 비난을 받지 않으면서도 외관을 좋게 만들 수 있는 석조물, 정원, 테라스 등과 같은 곳에는 눈을 즐겁게 하는 건축학적인 CPT-ED 특성을 적용하는 것도 권장할 만하다.

7) 범죄분석

통계학자가 될 필요까지는 없다. 그러나 그 지역의 범죄문제를 더 많이 알고 이해할수록 기업이나 가정에서 생길 수 있는 잠재적 범죄위험에 따르는 손실분석을 더 잘할 수 있다.

범죄분석 연구결과를 수집한다는 것은 보고된 범죄와 이미 알려진 침입자들에 관련된 원천데이터만을 단순히 수집하는 것이다. 일반적으로 그러한 정보는 범죄와 관련된 보도, 체포 보고서와 경찰 접촉카드 등에서 얻을 수 있다. 범죄통계는 이러한 출처만 가용하다는 말은 아니다. 경찰 출입기자, 보안요원 보고서, 소방관서의 보고서, 인터넷상 구글 위치검색 및 신문 등이 모두 추가적으로 자료를 획득할 수 있는 원천이 된다.

범죄행위에 적용된 분석과정은 서로 연관된 다섯 가지 기능의 구체적인 단계적 순서이다. 즉 다섯 가지의 기능은 범죄자료 수집, 범죄자료 통합, 자료분석, 분석보고서의 전파, 그리고 범죄자료의 피드백 및 평가이다.

조사하고자 하는 기지의 범죄를 분석하면 손실이 발생한 특정한 장소에서 표적을 보다 확실하게 단정할 수 있게 하는 구체적인 정보를 얻을 수 있다. 그것이 범죄가 발생했을 때 '사후' 대응수단 중 하나가 될 수 있다.

8) 억제

정의에 의하면 저지와 관련되어 억제하기 위한 활동을 말한다.

(1) 범주 A
- 개인 및 공용 공간에서 범죄예방을 위해 사용되는 보안감시 시스템
- CPTED 원리와 개념
- 방어 가능한 공간 원리와 개념
- 상황에 따른 범죄예방 원리와 개념
- 시계가 향상되도록 설계되고 표준에 적합한 조명
- 특정 공간에 대한 홍채 인식시스템과 접근통제
- CPTED 설계
- CPTED 조경 원리
- 신호체계 또는 가시적인 보안표지판
- 통자물쇠, 출입문 자물쇠, 문구멍(Peepholes)
- 침입 경보장치와 경보 표시체계
- 보안감시 시스템(CCTV)
- 보안의식 고취 프로그램
- 화분과 가시덤불
- 볼라드 또는 도로차단 바리케이드
- 실내 또는 실외에 있는 짖는 개
- 차도 위의 차량
- 지역교통망과 이용할 수 있는 대피로
- 방침과 절차

- 교육훈련 프로그램

(2) 범주 B
- 무기를 보유한 보안요원과 개인적인 기능을 수행하는 비무장 요원, 즉 호텔 도어맨, 버스 운전기사, 표 판매인, 검표원, 안내원 등
- 범죄행위가 막 일어나려고 할 때 이를 축소시킬 수 있거나 사고현장에서 범죄자를 퇴치할 수 있는 제복을 입은 경찰과 무장 보안요원
- 호텔, 병원, 소매점 등의 주차장을 순찰하고, 가용한 자산을 협조하여 방호하고 고객을 보호할 수 있는 보안요원
- 거리와 인접지역 및 지하철 등을 순찰하는 수호천사들
- 지역 내에 있는 사람들

대상의 공고화와 경량 표적의 장소이동에 의한 범죄변이 이론이다.

(3) 범주 C
- 인원이 배치된 위병소 자체가 억제

(4) CPTED 전략
① 자연스러운 접근통제
② 자연스러운 감시
③ 지형적인 보강(Crowe and Fennelly, 2003)

방어공간(Defensible space): 이것은 공공건축 환경에서 개발된 개념이다. CPTED 전략과 유사하다(Crowe and Fennelly, 2003).
환경보안은 사회적 관리, 소셜미디어, 표적 공고화 활동 지원

및 낮은 수준의 강제 등을 포함하는 범죄 통제전략들을 광범위하게 사용하는 면에서 볼 때 CPTED와는 상이한 것이다.

CPTED의 조경 원리는 다음과 같다.

① 자연스러운 감시가 가능하도록 관목은 3피트 높이까지
② 나뭇가지는 지면에서 8피트 높이까지 가지치기
③ 8피트 높이의 철망 펜스와 세 가닥의 철조망
④ 돌담 높이는 8피트
⑤ 펜스와 벽체 간에는 최소 10피트의 이격공간[1]

[1] James F. Borded. CPP risk analysis and the security survey. 3rd ed. Elsvier, 2006.

상황범죄 예방은 특정 장소의 범죄 문제에 집중하기 위한 노력으로 다른 범죄예방책 및 법에 의한 강제전략이 포함되어야 한다.

(5) 결과와 목표
- 강력범죄 감소
- 재산범죄 감소
- 범죄 추방
- 위협과 위험요인 제거
- 사고발생 가능성 감소
- 취약점 제거와 자산보호

위기관리는 독립체가 잠재적인 자체손실 가능성을 식별하고 이러한 잠재적 손실을 관리할 최선의 방법을 택하는 과정이라고 정의할 수 있다.[2]

[2] Ibid.

- 위기: 발생 가능한 손실에 노출(예: 화재, 자연재해, 생산제품 노후화, 위축, 작업정지 등)
- 보안관리자는 우선적으로 범죄, 위축, 사고, 위기에 관심 경주

- 위기관리자는 일반적으로 화재와 안전문제에 더 많은 관심 경주
- 진정한 위기: 파생될 잠재적 이득이 전혀 없는 위험요인(즉, 지진, 홍수 등)
- 동적 위기: 이익이나 금전적 손실 초래(즉, 절도, 횡령 등)
- 최대손실 강도: 목표대상이 완전히 파괴되면 지속적으로 발생하는 최대손실
- 예상손실 강도: 목표대상이 지속적으로 발생될 수 있는 손실의 양

9) 고려해야 할 보안방책

(1) 출입문

출입시스템은 건물의 출입문과 문틀, 하드웨어 잠금장치, 건물에 고정된 장치 등을 포함한다; 출입문이 전자적으로 통제되는 시스템일 수도 있다. 균형 잡힌 설계 접근방식의 한 부분으로서 위험도가 높은 건물의 외부 출입문은 최대 동압력과 폭발위협 설계치의 지속하중을 견디도록 설계되어야 한다. 이러한 위협요인들은 보다 효과적인 폭발수단이나 운반수단(크기와 유형에 따른 상자, 백팩, 차량) 등 변화하는 위협환경에 대응할 수 있는 환경으로 지속적으로 설계되고 재설계될 수 있도록 재검토되어야 한다.

출입문과 관련하여 기타 일반적으로 고려할 사항은 다음과 같다.

- 철제 문틀에 각형 강관 철문이나 철판을 씌운 문 설치
- 최대위협이나 최고등급 방호수준의 방폭출입문 설치
- 가능하면 1개소의 문으로 들어오거나 나가도록 제한
- 비상대피 시에 필요한 만큼만 외부 출구를 설치하되 출입문은 요구되는 기능, 건축, 부착방법 때문에 근접한 벽체보다는

공격에 잘 견디지 않아도 될 수 있게 설치

- 외부출입문은 거주공간에서 바깥쪽으로 열리도록 되어있는 지 확인. 대피로를 편리하게 하는 것에 더해서 출입문은 폭발 시 위험한 파편들이 건물 안으로 튀어 들어오지 못하도록 문 틀에 견고하게 위치
- 문 부속품 중에 고리가 가장 취약하기 때문에 문 밖에서 걸게 되어있는 잠금장치는 내부에서 잠글 수 있는 잠금장치로 교체
- 공격에 취약점이 노출되는 것을 줄일 수 있도록 빈 공간의 세 척이 가능한 장소를 선정하여 실질적으로 필요한 곳에 출입 문을 위치시킴
- 경첩은 외부에서 훼손시킬 수 있는 위험을 줄일 수 있도록 보 이지 않게 하거나 안쪽에 위치하도록 설치
- 비상출입문은 단지 바깥으로 나갈 때만 사용할 수 있도록 설 치. 출구 전용문에 설치된 손잡이는 허가되지 않은 출입구로 는 건물 안으로 되돌아올 수 없도록 제거하도록 권장
- 모든 바깥으로 미는 이중문에는 방호 가능한 경첩과 틀에 구 멍을 내서 설치하는 모양의 자물쇠를 설치. 모든 종류의 전자 와 전기 선로는 문설주 안에 설치하거나 무단 파손에 대비할 수 있도록 보호덮개 설치
- 로비에 있는 현관 유리문은 취약점을 보완할 수 있도록 단단 한 문이나 벽을 설치
- 문설주의 수직면을 강화하고 보강

(2) 창문과 유리에 대한 일반지침

창문과 유리에 대한 일반지침은 다음과 같다.

- 유리창은 창문이 파손될 경우에 출입문의 잠금장치가 풀릴 수 있기 때문에 출입문과 근접한 설치 금지

- 한 면에 설치하는 창문의 수나 크기를 최소화. 설치하더라도 가능하다면 건물 면 대비 15% 이내로 제한. 공간에 들어올 수 있는 폭발의 양은 직접적으로 면에 개방되어있는 양만큼을 차지함. 저층부에는 창문을 최소화하여 건물 구조물에 대한 폭발의 충격을 최소화하도록 고려: 폭발에 취약할 것으로 보이는 면의 모든 창문을 줄이라는 개념은 지나친 것임
- 고위험 건물은 무단 기물파손이나 탄도에 잘 견디는 유리 사용을 고려
- 재래식 유리를 대신해서 합판유리를 사용할 것을 고려
- 파편을 감소시키기 위한 안전복층유리(Mylar 상표와 같은)나 유리 위에 파편억제 필름을 견고하게 설치하는 것을 고려
- 창문을 타고 오는 은밀한 침입에 대비해 창문 보호대나 창살, 그물망 등을 창을 가로질러 설치하는 것을 고려. 창문 보호대는 구조물에 단단하게 고정
- 유리파편이 내부로 날아 들어오지 못하도록 방폭 커튼, 방폭망, 그물망 설치 고려
- 인화물질 반입을 제한할 수 있도록 블라인드나 방폭망, 그물망 설치
- 전통적인 창문보다 덜 취약하기 때문에 경사진 문틀과 좁은 함입창(陷入窓) 설치 고려
- 창문에는 단순한 걸쇠 창보다는 훨씬 방호강도가 높은 열쇠로 잠그는 자물쇠 설치를 고려. 고정창이나 열리지 않는 창이 보안에 유리
- 밀 창의 움직이는 부분은 고정된 부분의 위쪽에 위치시키도록 하고 대가 긴 빗자루나 쇠막대 또는 끝부분을 견고하게 받칠 수 있는 이와 유사한 물건으로 고정시키는 것을 확인

(3) 요망하는 방호강도를 달성하기 위한 건물설계

평가과정이 건물구조에 대한 방호수준을 결정하고, 그 시설에 대한 특정 위협이나 위험을 정의한다. 폭발물 폭파위협은 고위험 건물을 위한 건물 구조설계를 지배한다. 구조기술자는 이러한 설계 폭발위협에 대응하기 위해서 건물붕괴뿐만 아니라 초기 손상과 치명도 등을 생각하면서 방호수준을 달성할 수 있도록 건물 설계구조를 결정해야 한다.

3. 물리보안 시스템

물리보안은 인원을 보호하기 위해 설계하는 장비, 설비, 물자 및 문서에 대한 비인가자의 접근 방지대책, 테러공격에 대비한 보호장치 등 물리적 수단에 관한 것이다. 그와 같은 모든 보안활동은 모든 활동 영역에 걸쳐 새롭고 복잡한 물리보안 위기에 직면하고 있다. 물리보안과 연계된 위기에는 인구 개체수, 정보 우위, 여러 국가 간 및 기관 간 연결성 및 대테러 등의 통제와 다목적 군의 승수효과를 가지는 물리보안자산의 활용 등이 포함된다.

물리보안 시스템의 기반체계는 특정 위험을 경감시킬 목적을 달성하기 위해 환경을 설정하고, 작동·유지하고 보안기능과 서비스 (예를 들면 비상통신 및 통보, 침입탐지, 물리적 접근통제, 영상감시, 방문자 관리, 보안요원 순찰관리 및 보안행정 업무 등과 같은)를 향상시키기 위한 전기보안 시스템 및 장치들의 네트워크이다.

숙지해야 할 50가지 체크리스트

• 거주공간으로 들어오는 외부 출입문은 반드시 바깥으로 열리게 해야 한다. 비상대피로의 문은 반드시 필요할 때만 작동해야 한다.

• 방으로 들어오는 쪽문은 안쪽에 보안장치를 하라. 건물 지붕

으로는 일반의 개방을 막아라.
- 건물 운용체계에는 외부의 접근을 제한하라.
- HVAC(냉난방 및 환기) 운용과 정비를 담당하는 인원은 주기적으로 훈련시켜라.
- HVAC 작동 선택옵션을 평가하라.
- 최초 건설 때부터 또는 중요한 개조작업을 할 때에는 향후 보안통제 장비를 추가 설비할 수 있는 빈 도관을 미리 설비하라.
- 외벽 안쪽에는 배관설치, 전기기구나 전선을 설치하지 마라.
- 고위험지역 부근에는 가급적 내부 창유리 설치를 최소화하라.
- 건물 탈출 및 대피계획을 서면으로 작성하라.
- CPTED를 포함, 중복 효과가 나도록 다중의 보안시스템을 통합하라.
- 건물 접근지점에는 조명을 설치하라.
- 건물 정보에 대한 접근을 제한하라.
- HVAC 흡입구와 기계실을 안전하게 잠가라.
- 통상 출입과 대피로로 사용되는 문의 숫자를 제한하라.
- 모든 시설의 개방된 곳은 잠금장치를 하라.
- 휴게실, 대피통로 및 모든 창문이 없는 회의실에는 비상조명을 위한 비상전기를 공급하라.
- 내부 출입문은 시차를 두게 운용하고 내외부 출입문은 교차 운용하라.
- 은폐된 공간이 없도록 하라.
- 예비 및 분리된 전화를 가설하라.
- 시설 전체에 무선통신이 가능한 안테나를 설치하라.
- 건물 출입을 할 때는 신분증 확인 시스템을 사용하라.
- CCTV 보안감시 시스템을 설비하라.
- 전자식 보안경보 시스템을 설비하라.

- HVAC의 신속한 가동 및 차단시스템을 설비하라.
- 보안등급을 달리한 내부 장애물을 사용하라
- 잠재적으로 공격당할 위험이 있는 지역과는 전기설비를 이격하여 설비하라.
- 중요한 공공 면담장소에 호출버튼을 설치하라.
- 비상용과 평시 사용하는 전력장비는 각각 다른 곳에 위치시켜라.
- 노출된 구조물이 없도록 하라.
- 현관 벽체는 강화된 재질을 사용하라.
- 주요 연직하중(鉛直荷重)에 노출된 인원들과 접촉되지 않도록 구조설계를 하라.
- 로비, 우편실, 상·하차 장소 및 창고지역은 분리하라.
- 계단통은 이격해서 설치하라. 로비, 주차장 및 상·하차 장소로 연결되는 계단을 설치하지 않도록 하라.
- HVAC에 신선한 공기 흡입을 증가시켜라.
- 대피용 공간과 지역을 만들어라.
- HVAC 구역을 분리하라. 새는 곳이 없도록 하고 건물 내 공기 밀폐도를 향상시켜라.
- 방폭문이나 철제 문틀이 있는 철문을 설치하라.
- 보호되지 않은 건물은 주 건물과 물리적으로 분리하라.
- HVAC 흡기 및 배기 시스템을 설비하라.
- 실내의 비하중 내진설계 벽은 연식접합으로 구조물과 연결하라.
- 연쇄붕괴를 막을 수 있게 구조물 설계기술을 사용하라.
- 외부 내진설계 벽은 주 구조물로 사용하라.
- 통제되지 않은 진입차량과 일차적으로 마주할 수 있는 주요 벽면은 수직으로 유리를 맞추어라.
- 벽돌이나 장막 벽체 대신에 강화콘크리트 벽체를 사용하라.

- 폭발물 공격 시 단일지점 고장이 나지 않도록 능동 화재 경보 시스템 작동을 확인하라.
- 예비 통제센터를 준비하라.
- 처마나 돌출부를 피하거나 폭풍효과에 견딜 수 있도록 보강하라.
- 4피트 이상 등급의 바닥 높이를 확보하라.
- 더 큰 목적과 하드웨어로 건물에 개방된 모든 곳은 지상에서 14피트 또는 지붕에서 14피트 이내로 확보하라.

CPTED, 환경보안, 핵심 기반시설 방호, 건물설계, 건물 내·외부 배치, 침입 감지시스템, 구조 장애물, 접근통제, 통신 및 CCTV 자산 등을 포함한 여러 가지 보안시스템을 중복효과를 나타낼 수 있도록 통합하는 것은 자산의 보호뿐만 아니라 손실의 통제나 감소에도 기여할 수 있다.

참고자료

[1] US Green Building Control. LEED green building z rating system for new construction and major renovation version 2. 1. November 2002. Avalable from: http//www.usgbc.org
[2] Crowe TD. CPTED. Boston: Butterworth-Heinemann: 2000, p. 3-54.
[3] Bernard R. What is a security infrastructure? Secur Technol Exec 2010.6.

13   국제표준, 규정, 지침의 준수 및 보안계획

Roderick Draper

1. 들어가며

이 장에서는 보안준수 표준, 규정 및 지침을 살펴본다. 규제기관, 표준기관 및 산업협회를 통해 조직에서 사용할 수 있는 리소스(자원)에 대해 논의하고 보안 프로그램이 규제환경의 변화에 대응할 수 있도록 한다.

2. 서론

조직이 노출시키는 위험의 성격은 다양하지만 위험관리에 대한 명확한 정의와 방어적인 접근방식의 필요성은 모든 민간 및 공공부문 기업에 공통적으로 적용된다. 하지만 당신은 어디서부터 시작하겠는가?

일부 산업은 물리적 및 정보보안 분야에서 엄격하게 규정하고 있으며, 규정은 위험관리 책임지에게 올바른 지침을 제공한다. 예를 들어, 핵규정위원회(Nuclear Regulatory Commission)는 미국에서 상업적으로 운영하는 원자력발전소의 보안 요구사항에 대한 규정을 정의하고 시행할 책임이 있으며, 규정 준수를 지원하기 위한 다양한 지침을 발간한다.

비슷하게, 호주의 퀸즐랜드(Queensland)에 있는 직장 건강 및 안전규정은 매우 다른 규모로 소매업 내의 고용주가 강도의 위협과 관련된 위험관리 전략을 개발하도록 요구한다. 노사관계 부서는 강도 관련 위험 및 관련 규정준수 관리를 지원하기 위해 다양한 전략을 포함하는 안내서를 발간한다. 보안 관련 위험을 이해하고 관리하는 전략은 아래의 두 가지 핵심그룹으로 나눌 수 있다.

1) 필수적인 준수사항(Mandatory practices)

법률, 규정, 면허, 등록 또는 유사한 법적인 요구사항을 충족시키기 위해서는 필수적인 준수사항을 따라야 한다. 이는 기업이 위험관리 계획을 수행하고 있거나 특화된 활동을 할 경우 적용될 수 있다. 예를 들어, 캐나다 온타리오에 있는 빌(Bill) 168은 작업장에서의 폭력과 괴롭힘을 줄이기 위해 엄격한 새로운 기준을 적용하기 위해 산업보건안전법(OHSA: Occupational Health & Safety Act)을 개정한 것이다. 이러한 요구사항은 5명 이상의 직원이 근무하는 모든 사업장에 적용되며, 노동부장관은 관련 조직을 지원하기 위한 지침을 발표했다. 마찬가지로 일부 관할지역의 회사 내 보안담당자는 특정 교육을 받고 현지 공인기관에서 발급한 라이선스를 보유해야 한다. 그러한 관할지역 내에서 운영되는 조직은 보안계획과 보안 라이선스 요구사항이 일관되게 적용되어야 한다.

2) 최소한의 준수사항[Benchmark (minimum) practices]

최소한의 준수사항은 특수한 환경이 적용될 경우, '합리적으로' 따라야 할 합법적인 접근법이다. 예를 들어 ISO 31010: 2009, "위험관리-위험성 평가기법"과 같은 표준은 광범위한 위험평가와 관련하여 일반적인 지침을 제공하지만 표준에 설명된 프로세스는 반드시 준수해야 하는 필수적인 요소는 아니다. 공인된 표준기관에 의해 발표된 표준에서 정의된 전략은 해당 표준이 명시된 경우에만 의무적으로 적용된다(예: 전기안전규정에 명시된 전기배선 표준). 그러나 공표된 표준 또는 지침을 보안 관련 위험관리에 명확하게 적용하는 경우, 기업들은 준수사항으로의 적용을 신중하게 고려해야 한다. 이러한 공인된 표준 및 지침은 보안준수를 위한 방어적 기반을 제공한다. 표준 및 지침들의 전반적인 내용을 살펴보면 보안에 사용되는 비용 또는 정책적인 지원을 위해 사용될 수 있다.

물론 전략의 구현은 필수적이지 않은 표준 및 지침에 설명된 것과는 다를 수 있다. 그러나 이러한 결정들은 주어진 정보에 근거하여 판단해야 하므로 고려해야 할 모든 요소를 명확하게 확인해야 한다. 기업 내의 보안 관련 위험관리에 적용할 수 있는 공표된 표준과 지침을 따르지 않기로 결정한다면, 그러한 결정이 소송에서 또는 언론이나 위험사건에 대한 침해 당사자에 대한 조사 시에 어떻게 방어할 수 있는지를 반영하는 것이 중요하다.

예를 들어, 호텔에서 발생한 강도사건과 관련하여 2009년 호주 빅토리아 대법원 판결(Ogden v. Bell Hotel Pty Ltd. [2009] VSC 219)에서 법원은 호텔이 합리적인 보안조치를 취하지 않았기 때문에 강도에게 기회가 생겼다는 결론을 내렸다. 호텔은 보안과 관련하여 비공식적인 조치와 예상대응책을 가지고 있다고 주장했지만 보안 위험관리에 대한 체계적이고 방어적인 접근방식이 없었다. 호텔은 모든 위험을 적절히 고려하지 못하고 정책 및 절차가 합리적이고 예측 가능한 방법에 따라 개발됐다는 것을 입증하지 못했으므로 원고에게 825,000달러의 손해배상금을 지급했다.

3. 표준

여기서 표준이라는 의미는 특정 분야에 대한 접근법 또는 요구사항을 명시하기 위해 공인된 표준기관이 발행한 문서를 의미한다. 전 세계적으로 수백 개의 공인된 표준기관이 있으며, 국제적인 표준을 개발하고 공표하는 많은 조직들이 있다. 가장 큰 조직 중 하나는 국제표준화기구(ISO: International Standards Organization, www.iso.org)이다. 최근 몇 년 동안 ISO는 국가표준기관이 공표한 표준에서 파생된 여러 표준을 공표했다. 이후, 이러한 새로운 ISO 표준은 해당 국가들에 의해 그대로 받아들여지거나 또는 자신들의 국가에서 제정한 표준에 추가하여 채택했다. 예를 들어, 캐나다표준협회(CSA: Canadian Standards Association, www.csa.csa)는 1997년에 표준 CAN/CSA-Q850-97, "위험관리: 의사결정자를 위한 지침"을 개발하여 공표했다. Q850은 현재 캐나다 표준으로 남아있지만, 2010년 CSA는 ISO 표준 ISO 31000: 2009, "위험관리 원칙 및 지침"을 채택하여 현재 CAN/CSA-ISO 31000-10, "위험관리 원칙 및 지침"이라는 제목으로 이를 공표했다. 마찬가지로, 호주와 뉴질랜드의 표준기관들은 1995년에 처음 위험관리 표준을 공표했고 2004년에 마지막으로 공표할 때까지 여러 번 개정했다. 2009년 ISO 표준이 공표됐을 때 AS/NZS ISO 31000:2009, "위험관리 원칙 및 지침"이라는 제목으로 호주와 뉴질랜드에서 사용하기 위해 채택됐으며, 로컬표준(AS/NZS 4360)은 국제표준(AS/NZS ISO 31000)으로 대체됐다.

모든 ISO 표준을 지역 또는 국가표준기관에서 채택하는 것은 아니지만, 이러한 표준은 해당 지역의 보안시스템에 적용하기 위해 활용하고 있다는 사실을 주목해야 한다. 예를 들어, 본 장의 도입부에서 언급한 위험평가를 위한 ISO 표준은 CSA, 스페인 국가규격(AENOR, www.aenor.es), 유럽 전기기술표준위원회(CENELEC, www.cenelec.eu), 프랑스 표준화협회(FNOR, www.afnor.org), 영국 표준협회(BSI, www.bsigroup.com), 오스트리아 표준연구소(ON, www.as-institut.at) 등을 포함한 표준기관에 의해 광범위하게 채택됐다. 이와는 대조적으로 ISO 31000 표준을 채택한 호주 및 뉴질랜드 표준기구는 ISO 위험관리 표준을 채택하지 않았다.

공표된 표준을 적용하는 것은 적용 이후 도출될 수 있는 혜택이 고려되어야 한다. 필수적인 규정 요구사항은 국내 또는 국제표준에서 도출될 가능성이 더 높지만, 산업기구에 의해 개발되고 공표되는 규정 요구사항은 본질적으로 더 구체적이고 기준 또는 최소 허용관행을 뒷받침하는 경향이 있다.

표준개발위원회의 전통적인 참여 외에도, 공인된 많은 산업협회가 표준기관과 협력하여 표준과 지침을 공동으로 개발 및 공표했다. 예를 들어, ASIS 인터내셔널(www.asisonline.org)은 BSI(Business Survey Index)와 협력하여 표준 ASIS/BSI BCM.01-2010 "비즈니스 연속성 경영시스템: 사용자를 위한 지침"을 개발했다. 이러한 산업/국가표준은 보안위험 관리상황을 고려하기 위해 채택된 BSI 표준을 기반으로 한다. 이와 유사하게 BSI는 전기전자공학연구소(IEEE, www.ieee.org)와 공동표준 개발에 협력했으며, 북미 보안제품기구(NASPO)는 미국 국가표준연구소(ANSI, www.ansi.org)와 협력하여 ANSI/NASPO SA-2008, "문서 및 제품 보안산업에 대한 보안보증 표준"을 작성했다. 개별 보안시스템의 관리에 적용할 수 있는 국내, 국제 및 산업표준의 범위는 너무 광범위하고 동적이어서 이와 같은 국내, 국제 및 산업표준에 포함하여 개발할 수 없다. 국가표준기관 및 산업기관에서 개발하고 공표한 표준을 고려하는 것이 중요하다. 특정 분야의 보안시스템에 적용 가능한 표준이 없는 경우, 다른 분야에서 적용하는 표준을 검토하는 것도 좋다. 궁극적으로, 규정에도 불구하고 표준 내의 조항 적용은 주어진 문제에 대한 구조적 접근법과 의사결정에 대한 방어력을 제공하며 보안시스템 전반에 걸쳐 일관성을 유지하는 데 사용될 수 있다.

4. 규정

거의 모든 보안시스템은 작업장 안전과 생명 안전에 관한 규정준수를 고려해야 한다. 그러나 입법, 규정, 라이선스, 등록 또는 유사한 규정 준수요건을 보안시스템을 통해 충족하거나 보안시스템에 직접 영향을 미치는 다른 많은 분야가 있다. 예를 들어 보안전략으로 CCTV(Closed-Circuit Television)를 사용하는 것이 널리 보급되어있다. 그러나 주어진 공간에 카메라를 설치하고 작동시키려면 다른 곳에는 적용하지 않는 여러 준수 요구사항을 추가로 포함해야 할 수 있다. CCTV 카메라를 설치하기 위해 추가적으로 고려해야 할 규정은 아래와 같다.

- 설치업체 라이선스(예: 캐나다의 브리티시컬럼비아주(州)의 조건, www.pssg.gov.bc.ca).
- 카메라 운영자의 라이선스(예: 영국의 조건, www.sia.homeof-fice.gov.uk).
- 설치조건(예: 호주 뉴사우스웨일스주(州)의 작업현장의 조건, http://www.austlii.edu.au/au/le/nsw/consol_act/wsa2005245/s11.html).
- CCTV 시스템 등록(예: 서호주, https://blueiris.police.wa.gov.au/).
- 운영자를 위한 교육(예: 호주 수도지역 버스 카메라의 경우, http://www.tams.act.gov.au).
- 개인정보 보호관리(예: 뉴질랜드의 개인정보보호법, www.privacy.org.nz 및 매사추세츠의 개인정보 보호표준, http://www.mass.gov/Eoca/docs/idtheft/201CMR1700reg.pdf).
- 문서(예: 캐나다 퀘벡주(州)의 위원회의 요구사항, http://www.cai.gouv.qc.ca/o6_documentation/01_pdf/new_rules_2004.pdf).

총기류와 관련된 특정 법률에도 불구하고 전 세계적으로 민간 보안은 규정을 준수하기 위해 보안요원의 훈련 및 능력향상 등 지역

사회의 고민을 해결해야 한다는 당국의 요구에 따라 규정이 강화되는 등의 영향을 받는다. 일부 국가에서는 라이선스 계약 및 라이선스 요구사항이 보안 계약자에게만 부과되며 회사 내부 보안직원(즉, 자산을 보유한 회사에서 직접 고용한 직원)에게는 적용되지 않는다. 반면에 다른 규정하에서는 라이선싱 및 교육의무는 사내 및 계약직원에게 동일하게 적용된다.

사내 직원이 법적으로 라이선스를 취득할 필요가 없는 상황에서도 회사는 라이선스를 갖고 있는 직원 채용의 이점을 고려할 수 있다. 라이선스 요구사항을 충족시키는 데 있어 비용이 분명히 영향을 미치지만 그렇게 할 경우 검증된 보안요원의 적절한 조치로 위험이 완화될 수 있다. 예를 들어, 대부분의 국가에서 보안 관련 라이선스를 취득하고 유지 관리하는 것은 라이선스 취득 시 범죄경력 조회 및 기본적인 교육을 포함하므로, 라이선스를 발급하는 기관은 면허소지자의 적합성에 대한 기본적인 보증을 제공하는 것이다.

그동안의 경험에 따르면 보안업계가 라이선스를 보유한다고 해서 보안요원이 의무를 수행하는 데 적절하고 합법적으로 행동한다는 보장은 없었다.

그러나, 산업감독 당국이 적합하다고 생각하는 사람을 선정하여 배치하기로 결정한 경우에는 어느 정도 수준의 능력이 있는 인원을 제공하는 보증은 해주기도 한다. 물론 이것은 보안담당자가 자신의 역할과 책임을 스스로 인식하고 정책, 절차, 훈련 및 전략학습 등을 강화해야 가능하다.

이번 장의 제목에는 보안시스템에 중점을 두고 있지만 보안과 관련된 위험은 따로 고려해서는 안 되며 위험관리에 대한 전체적인 접근방식은 '사일로(Silos)'[1]와 같은 함정을 피하는 것이 중요하다.

이번 장의 소개부분에서 언급했듯이 일부 산업은 물리적 및 정보보안 영역에서 엄격하게 규제받고 있으며, 자신의 운영환경에서 해당 산업에 부과된 요구사항을 연구함으로써 배울 수 있는 교훈이

[1] 사일로 효과 (Organizational Silos Effect): 조직부서들이 서로 다른 부서와 담을 쌓고 내부이익만을 추구하는 현상을 빗댄 것을 일컫는 말.

있다. 규정은 일반적으로 확인된 위험으로부터 지역사회를 보호하기 위해 일반적으로 시행된다.

5. 지침

특정 환경하에서의 보안시스템 구축 시 적용 가능한 지침들이 있었으며 많은 지침들이 개발됐지만 대부분 알려지지 않거나 자료보존이 제대로 되지 않아 정확한 내용을 알 수 없다. 이번 장에서 지침은 설명서, 규격 사례, 템플릿, 보조 메모, 점검표 및 사실자료와 같은 유사한 목적을 가진 다른 유형의 간행물을 포함해야 한다.

미 국토안보부의 연방 재난관리청(FEMA, www.fema.gov)은 물리적 보안의 여러 측면을 다루는 지침을 게시한다. 가장 많이 사용되는 FEMA 시리즈에는 다음이 포함된다.

- FEMA 426, "건물에 대한 잠재적 테러공격 완화를 위한 참고서". 이 설명서는 건축가와 엔지니어들의 건축과학 커뮤니티에 지침을 제공하고 건물, 관련 인프라 및 테러공격으로 인한 사람들의 물리적 손상을 줄인다. 설명서는 테러위협에 대한 건물의 취약성을 줄이기 위해 시간이 지남에 따라 구현할 수 있는 점진적 접근법을 제시한다. 많은 권장사항을 신속하고 경제적으로 구현할 수 있다(http://www.fema.gov/library/viewRecord.do?id=1559).
- FEMA 452, "빌딩에 대한 잠재적 테러공격을 완화하는 방법 안내서". 이 안내서에서는 건물 내의 중요자산 및 기능을 식별하고 해당 자산에 대한 위협을 파악하고 해당 위협과 관련된 취약성을 평가하는 방법에 대해 설명한다. 제시된 방법은 위험을 평가하고 위험을 완화하는 방법에 대한 결정을 내리는 수단을 제공한다. 이 방법의 범위에는 건물 및 관련 인프라의

구조 및 비구조적 구성요소에 대한 물리적 손상을 줄이고 재래식 폭탄공격 및 화학, 생물학 및 방사선 요법(CBR) 요원과 관련된 공격 중 사상자를 줄이는 것이 포함된다(http://www.fema.gov/library/viewRecord.do?id=1938).

- E155 및 L156, "국토 안전을 위한 건축물 설계" E155 및 L156의 목적은 폭발물의 폭발 및 CBR 요원을 비롯한 다양한 위협에 대한 상대적 위험수준을 식별할 수 있는 평가방법론을 학생들에게 가르치는 것이다. 학생들은 FEMA 426 및 FEMA 452 간행물을 소개받고 다양한 인위적 위험에 대한 완화조치를 제공받는다. 이 과정의 주요 대상은 엔지니어, 건축가 및 건물 관리인 등이 포함된다(http://www.fema.gov/library/viewRecord.do?id=1939).

- FEMA 453, "안전한 공간과 피난처 – 테러공격으로부터 사람들 보호". 이 설명서의 목적은 엔지니어, 건축가, 건축물 관련 공무원 및 부동산 소유자가 건물의 피난소와 안전한 공간을 설계하기 위한 지침을 제공하는 것이다. 이 설명서는 인간이 만든 위험에 대응하여 보호를 제공할 수 있는 작업장, 가정 또는 지역사회 건물 내의 피난처의 설계 및 건축에 관한 정보를 제공한다(http://www.fema.gov/librazy/viewRecord.do?id=1910).

- FEMA 389, "지진 위험에 관한 신축건물의 소유주와 관리자들과의 협의체". FEMA 389는 건물 소유주와 관리자들에게 현장선택 단계에서부터 설계, 시공 단계 및 운영 단계에 이르기까지 건물개발 단계에서부터 효과적이고 경제적으로 사용할 수 있는 지진위험 관리도구에 대한 교육 프로세스를 용이하게 하기 위해 개발됐다. 이 문서는 지진, 표면단층 파괴, 토양 액화, 잠재적인 지진 위험으로 인한 토사 및 침수 가능성을 포함하여 부지 선정과정에서 지진과 관련된 위험을 식별하고

평가하기 위한 지침과 건물에 영향을 줄 수 있는 기타 잠재적 위험(취약한 교통수단 및 편의시설 위험, 인접한 구조물에 의해 야기되는 위험, 유해물질의 방출, 지진발생 및 화재)을 알려준다(http://www.fema.gov/library/viewRecord.do?id=1431).

- FEMA 430, "사이트 및 도심의 보안설계: 잠재적 테러공격에 대한 지침". FEMA 430은 부지외곽 경계면으로부터 건축물에 이르기까지 건물과 거주자를 보호하기 위한 정보 및 설계개념을 제공한다. FEMA 430에 적용되는 대상에는 설계자, 조경설계자, 엔지니어 및 민간기관에서 일하는 기타 컨설턴트, 건물 소유주 및 관리자, 부지계획 및 설계와 관련된 주 및 지방 공무원의 설계협의체가 포함된다. FEMA 430은 인구밀도가 높은 민간부문 건물의 보안 문제를 해결하는 시리즈 중 하나이다. FEMA 426과 함께 위협, 위험, 취약성 및 위험에 대한 평가와 신규 건물, 기존 건물 및 건물 거주자의 보호를 향상시키는 데 필요한 설계방법에 대한 내용을 제공한다(http://www.fema.gov/library/viewRecord.do?id=3135).

- FEMA 427, "테러공격을 완화하기 위한 상업용 건물설계용 입문서". 이 입문서는 건물설계자, 소유자, 주 및 지방정부가 새로운 건물에 대한 테러공격으로부터의 위협의 위험을 완화하는 데 도움이 되는 다양한 개념을 소개한다. FEMA 427은 상업용 사무실, 소매점, 다세대 주택 및 경공업 관련 건물 등 4개의 인구가 많은 민간부문 건물 유형에 대해서 구체적으로 다루고 있다. 이 설명서에는 주로 폭발에 초점을 맞추고 CBR 공격에 대처하는 등 테러공격의 영향을 제한하거나 완화하기 위한 광범위한 설계지침이 포함되어있다(http://www.fema.gov/library/viewRecord.do?id=1560).

- FEMA 428, "테러공격에 대비한 안전한 학교를 설계하기 위한 입문서". 이 입문서의 목적은 설계협의체와 학교 관리자

들에게 테러리스트의 공격으로부터 안전한 학교를 설계하기 위한 기본원칙과 기술을 제공하는 것이다(hhttp://www.fema.gov/library/viewRecord.do?&id=1561.

산업협회는 관련 업계의 협회에서 보안시스템 설계를 지원하기 위한 훌륭한 지침이 되며, 예를 들어, ASIS 인터내셔널은 회원들에게 무료로 제공되며 비회원이 구입할 수 있는 다양한 지침을 개발 및 출판한다(http://www.asisonline.org/guidelines/published.htm). ASIS 인터내셔널에서 다루는 분야는 다음과 같다.

- 재난관리
- 시설물에 대한 물리적 보안조치
- 일반 보안위험 평가
- 정보자산 보호
- 취업자에 대한 범죄사실 조사
- 민간 보안담당자 선정 및 교육
- 위협에 대한 컨설팅
- 직장폭력 예방

미국 대중교통협회(American Public Transportation Association)는 다음과 같은 다양한 보안 관련 지침을 공표했다.

- APTA SS-SEM-RP-001-08, "운영계획의 연속성을 위한 권장사례"
- APTA SS-SEM-RP-002-08, "대중교통 시스템의 첫 번째 응답자와 친밀함을 위한 권장사례"
- APTA SS-SEM-RP-003-08, "권장사례: 특별사고에 대한 보안 및 비상관리 측면"

- APTA SS-SEM-RP-004-09, "권장사례: 대중교통 사고 및 훈련에 관한 일반지침"
- APTA SS-SEM-RP-005-09, "권장사례: 전염성 있는 바이러스 대응계획 개발"
- APTA SEM-SS-RP-008-09, "권장사례: 안전한 메일 및 패키지 처리"
- APTA SEM-SS-RP-009-09, "권장사례: 대중교통 기관을 위한 비상통신 전략"
- APTA SS-SEM-RP-012-09, "권장사례: 위협수준별 대응"
- APTA SS-SIS-RP-002-08, "CCTV 카메라 적용범위 및 여객 시설에 대한 시야각 기준"
- APTA RP-CCS-1-RT-001-10, "교통환경에서 제어 및 통신 시스템 보호, 제1부"

해당 응용계획 사용에 대한 지침을 검토할 때 적용 가능한 규정 또는 공개된 표준과 충돌하지 않도록 주의해야 한다. 예를 들어, ISO 31010 표준에 정의한 보안 관련 위험을 평가하는 프로세스는 앞에서 설명한 "ASIS 일반 보안위험 평가지침"과 크게 다르다. 관련 상황에서 각 상황을 평가해야 할 필요가 있지만 일반적으로 다음과 같은 계층별로 지침으로 사용할 수 있다.

① 법률/규정
② 표준(인정된 표준기관에 의한)
③ 지침

정부는 각 조직의 규정준수를 위해 지침을 정기적으로 공표하며 그러한 지침이 있는 경우 보안계획의 해당 부분에 대한 기초로서 고려해야 한다는 점을 인식하는 것이 중요하다. 지침 자체는 대부분의 경우 법적 근거가 없지만 별도의 규정에서는 그 내용을 참고할 수 있다. 예를 들어, 호주 퀸즐랜드 주(州)정부는 환경설계 지침 (CPTED, http://www.police.gld.gov.au/programs/cscp/safetvPublic/) 을 통해 범죄예방책을 공표했다. 퀸즐랜드 CPTED 지침은 지자체 정책과 법률로 지방정부에 의해 그 내용이 포함됐으며, CPTED 지침은 특히 퀸즐랜드 남동부 지역 계획 2009-31 및 관련된 규제조항 (정책 6.3-4, 80페이지 참조) 내의 정책으로 의무화되어있다. CPTED 지침을 참고하여 해당 지침에 언급된 사례에 대한 준수여부를 평가할 수 있다. CPTED 지침에 설명된 접근법과 차이를 확인한 경우, 개발자는 규정준수에 필요한 변경을 요구할 수 있다.

정부기관에서 개발한 많은 지침은 규정의 요구사항과 관련이 없지만 보안계획의 요소를 개발할 때는 여전히 고려해야 한다. 예를 들어, "대테러용 대중교통 CCTV 시스템에 관한 국가별 실무규범"에는 운영목표 및 최소 저장요건에 대한 권장사항이 포함되어있지만, 비용이 많이 들기 때문에 저자가 원하는 대로 광범위하게 채택되지는 않았다. 규정준수 의무 또는 기타 강력한 비즈니스 위험이 없는 경우 이 지침은 단순한 정보제공에 지나지 않는다(http://www.coag.gov.au/coag_meeting_outcomes/2006-07-14/docs/cctv_code_practice.rtf).

표준기관은 공표된 표준에 대한 보완문서로서 지침을 개발할 수 있다. 호주 표준 핸드북 HB 167: 2006, "보안위험 관리"는 보안위험 관리 프로세스에 포함되어야 하는 광범위한 체계와 핵심요소를 설명하며 AS/NZS 4360: 2004의 위험관리 원칙과 일치한다(https://infostore.saiglobal.com/store/details.aspx?ProductionID=568733).

이 핸드북은 호주 빅토리아주(州)에 있는 교통부에서 발행한 "테러리즘 위험관리 키트"에 언급되어있으며 "테러법 2003에 의거하여 입법요건을 충족시키기 위한 필수 서비스(DES: Declared Essential Services) 운영자를 돕기 위해 마련됐다." 이러한 법정의무, 표준 및 지침의 상호작용은 적용되는 운영환경 내에서 준수 시 신중한 고려와 상세한 검토가 필요하다.

6. 규정준수 관리

모든 조직은 운영의 규모나 부문에 관계없이 체계화된 보안관리 계획을 수립함으로써 이익을 얻을 수 있다. 이 계획은 반드시 복잡할 필요는 없지만 특정 규정준수 관련 위험을 포함하여 조직에 노출되는 다양한 위험을 인식해야 한다. 본질적으로 보안계획을 관장하는 정부조직은 규정준수 의무를 모니터링하고 관련 위험관리와 관련하여 의사결정에 우선순위를 정하는 체계가 포함되어야 한다.

예를 들어, 미국 증권거래위원회(SEC: Securities and Exchange Commission)가 관리하는 SOX(Sarbanes-Oxley Act 2002)는 물리적 및 정보보안 계획에 중요한 영향을 미친다. SOX 준수를 관리하려면 부정적인 감사결과와 관련 처벌을 초래할 수 있는 위험범위를 명확하게 이해해야 하며, 결과 및 관련 처벌기록을 5년 이상 보존해야 한다는 점을 감안할 때 보안계획의 SOX 준수요소는 다음을 통해 저장 내용이 손상되는 것을 방지하는 데 필요한 모든 전략을 고려해야 한다.

- 손실 또는 파괴
- 접근 거부
- 무단 수정 또는 변경
- 오염

SOX법은 기록을 어떻게 보호해야 하는지를 규정하지 않으며, 단순히 필요한 결과를 정의한다. 어느 정도까지는 위험관리를 위한 다양한 옵션을 열어 주지만 컴플라이언스 관리를 지원하기 위한 지침은 제공하지 않는다.

대조적으로, 일부 정부기관은 정책 및 규정의무 준수를 관리하기 위한 광범위한 내용을 포함하여 공표한다. 예를 들어 "호주정부 보호 보안정책 체계"는 정부기관이 정부가 요구하는 보안에 대한 의무적인 요구사항을 달성하는 수단이다. 규정준수 관리 프로세스를 용이하게 하기 위해 다음을 포함한 다양한 지원문서가 제공된다.

- 임직원 보호지침
- 보안인식 교육지침
- 호주정부 인사보안 프로토콜
- 기관직원 보안지침
- 보안허가 피험자 지침
- 절차적 공정성 지침
- 개인상황 변화보고의 지침
- 연락처 보고지침
- 개인보안 실무자 지침
- 개인보안 권고지침

궁극적으로, 규정준수를 관리하기 위해서는 의무와 위험을 이해하기 위한 체계적인 접근이 필요하며 운영상 위험이 존재하는 상황에서의 규정준수 불이행에 대한 영향을 명확하게 이해하여 방어 가능한 결정을 내린다. 일부 규정 및 정책의 준수의무에 대한 지침이 제공될 수 있지만 보안 관련 위험관리 책임자는 모든 직·간접 요구사항을 식별하고 규정준수 관리가 전체적인 통제체계를 포함해서 구성하는지를 확인해야 한다.

ISO 28001: 2007 표준인 "공급망 보안관리 시스템 - 공급망 보안, 평가 및 계획 구현을 위한 모범사례 - 요구사항 및 지침"은 다른 응용계획에 쉽게 적용할 수 있는 공표된 표준의 좋은 예이다. 제목에서 "공급망"을 언급하지만 표준에 구현된 원칙은 실질적으로 보편적이며, 동일한 자원을 보유하지 않은 다른 부문에서 보호보안 준수를 안내하는 데 사용할 수 있다.

보안과 관련된 위험을 관리하기 위해 잘 계획되고 실행된 계획이 모든 민간 및 공공부문 기업에 필수적이라는 점은 분명해 보인다. 보안위험 관리와 관련된 소송 및 규정에 대한 기소가 증가함에 따라 보안계획에 대해 방어할 수 있는 근거를 마련할 필요성이 강조된다.

특정 보안계획 요건이 광범위한 규정준수 의무를 지우는 경우, 이러한 요구사항은 다른 보안 관련 위험요소와 관련하여 신중하게 고려되어야 하며 사전예방책으로 관리해야 한다. 조직은 규제기관, 표준기관 및 산업 관련 협회를 통해 이용 가능한 자원을 활용하고 보안계획이 규제환경의 변화에 대응할 수 있도록 해야 한다.

참고자료

[1]   NRC. Domestic safeguards regulations, guidance, and communications. 2004. Available at: http://www.nrc.gov/securiJ;x/domestic/reg- de.html.

[2]   Queensland Department of Industrial Relations. Guide: personal security in the retail industiy. 2004 Available at: http://www.deir.qld.gov.au/workplace/resources/pdfs/retailsecguide2004.pdf.

[3]   Legislative Assembly of Ontario. Bill 168, occupational health and safety amendment act (violence and harassment in the workplace). 2009 Available at: http://www.ontla.on.ca/web/bills(billsdetail.do?locale=en&BillID=2 181&BillStagePrintld=4499&btnSubmit=go.

[4]   Ministiy of Labour, Ontario. Workplace violence and harassment: understanding the law. 2010 Available at: http://www.labour.gov.on.ca/english/hs/pubs/wpvh/index.php.

[5]   International Standards Organization ISO31010: 2009. Risk management-risk assess tech. 2009 Available at: http://www.iso.org/iso/iso_catalogue/catalogue_tc/catalogue _detail.htm?csnumber=43170.

[6]   Canadian Standards Association CAN/CSA-Q850-97. Risk management:

guideline for decision makers. 1997 Available at: http://shop.csa.ca/en/canada/risk-management/cancsaq850-97-r2009/invt/27003271997/

[7]   SAI Global AS/NZS 4360: 2004. Risk management. 2004 Available at: http://infostore.saiglobal.com/store/Details.aspx?productID=381529.

[8]   ACT. Bus se1vices minimum se1vice standards. 2009. Available at: http://www.tams.act.gov.au/data/assets/pdf_file/00181143019/BusAccreditationMSS_-_Part_3_-_Mar_09.pdf.

[9]   New Zealand Privacy Commissioner. Privacy and CCIV: a guide to the privacy act for businesses, agencies and organizations. 2009 Available at: http://privacy.org.nz/privacy-and-cctv-a-guide-to-theprivacy-act-for-businesses-agencies-and-organisations.

[10] Attorney-Generals Department. Protective security policy framework downloads. 2010 Available at: http://www.ema.gov.au/www/agd/agd.nsf/Page/Pr otectiveSecurityPolicyFramework_ProtectiveSecurityPolicyFrameworkDownloads.

14 정보기술 시스템 인프라

Thomas Norman, CPP

1. 요약

이 장에서는 초보자를 대상으로 하는 설계, 시공관리 및 시스템 시운전에 대한 설명과 함께 TCP/IP(Transmission Control Protocol/Internet Protocol, 전송제어 프로토콜/인터넷 프로토콜, 설계시스템의 기본 프로토콜)에 대해 간략히 소개하며, 네트워크 프로토콜의 기본이 되는 TCP/IP의 작동방식에 대하여 자세히 설명한다.

2. 개요

이 장은 이 책에서 가장 중요한 부분 중 하나일 수 있다. TCP/IP를 정확하게 이해하지 못하는 설계자는 설계, 시공관리 및 시스템 시운전을 제대로 수행하지 못할 수 있다. 시스템 설계자는 네트워크 시스템과 시스템 설치자 둘 다에게 휘둘릴 수 있으며, 시스템 설계자가 TCP/IP를 제대로 이해하지 못하는 것은 글을 읽거나 쓰지 못하는 것과 같다. 이 장은 TCP/IP에 대한 전반적인 설명을 제공하는 것이 아니니 독자들은 TCP/IP에 관한 다른 여러 전문서적을 구입하여 학습할 것을 제안한다. 이번 장에서의 설명은 초보설계자를 위한 설명임을 알아야 한다.

3. 전송제어 프로토콜/인터넷 프로토콜 및 신호통신의 기초

TCP/IP는 디지털 시스템의 기본 프로토콜이며, 이 프로토콜을 이해함으로써 디지털 시스템 전반에 대한 이해를 할 수 있다.

1) TCP/IP(전송제어 프로토콜/인터넷 프로토콜)의 역할

TCP/IP는 전체 데이터가 디지털 네트워크의 한 장소에서 다른 장소로 잘 전송될 수 있도록 데이터의 흐름을 조절하고 성공적으로 도착할 수 있도록 보장해주는 역할을 한다. 초기에는 컴퓨터가 정부, 군대, 대학교 및 대기업(은행 및 보험회사)만 소유했으며 컴퓨터가 네트워크에 연결되지 않았다. 대학과 군대는 그들의 컴퓨터를 네트워크에 연결하는 방법에 대한 논의를 했으며, 아파넷(ARPANET)이라고 불렸던 첫 번째 네트워크는 TCP/IP의 초창기 버전인 네트워크 제어 프로토콜(Network Control Protocol)을 사용하여 1969년에 개발됐다. 아파넷은 제한적인 통신을 했으며, 컴퓨터가 동일한 운영체제 및 소프트웨어를 사용하는 동일한 제조업체의 컴퓨터와만 통신할 수 있다는 점에서 문제점을 갖고 있었다. 궁극적으로는 어떠한 제한도 없이 통신하는 것을 원했으므로 연구를 거듭하여 현재의 TCP/IP로 발전시켰다.

TCP/IP는 실제로 별개의 프로토콜이며, 이 책에서는 전체적인 TCP/IP의 역사를 다루지는 않을 것이며, 이러한 내용이 필요한 분들은 Google 검색을 추천한다.

TCP는 칸(Kahn)과 서프(Cerf)에 의해 1974년에 개발됐으며 네트워크 간 연결을 위해 1977년에 도입됐다. TCP는 더 빠르고, 사용하기 쉽고, 구현비용도 저렴했다. 또한 손실된 패킷을 복구하여 네트워크 통신에 대한 서비스 품질을 보장했다. 1978년 IP가 보다 안정적인 방법으로 메시지 라우팅을 처리하기 위해 추가됐다.

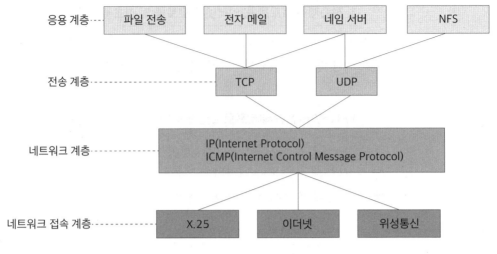

응용 계층 ········ 파일 전송   전자 메일   네임 서버   NFS

전송 계층 ········   TCP   UDP

네트워크 계층 ········   IP(Internet Protocol)
                        ICMP(Internet Control Message Protocol)

네트워크 접속 계층 ········   X.25   이더넷   위성통신

그림 14.1 TCP/IP 구조

그림 14.1에서처럼 일반적으로는 네트워크를 계층적으로 구
성하는데, 이를 프로토콜 스택이라 부른다. TCP/IP는 네트워크 접
속계층, 네트워크 계층, 전송계층 및 응용계층의 4계층으로 구성
되어있다. 가장 상위계층은 응용계층으로 일반적으로 사용자가 접
하는 웹서비스, 원격 파일전송, 메일전송 등의 서비스를 제공하며,
HTTP((Hyper Text Transfer Protocol), SMTP(Simple Mail Transfer
Protocol) 및 FTP(File Transfer Protocol)와 같은 많은 프로토콜들을
포함한다.

전송계층은 응용계층 메시지를 목적지 호스트까지의 종점 간
연결과 데이터 전달을 담당한다. 이를 위해 메시지를 좀 더 작은 패
킷으로 나누고 수신된 패킷들을 원래대로 재조립하는 일을 수행한
다. TCP 프로토콜, 즉 전송제어 프로토콜은 재전송이나 오류제어
등을 통해 응용계층 메시지의 전달을 보장하고, 흐름제어 및 혼잡
제어와 같은 서비스를 제공한다. 인터넷의 전송계층에서는 TCP 이
외에 UDP(User Datagram Protocol) 프로토콜이 사용되기도 하며,
UDP 프로토콜은 TCP와 달리 목적지까지의 메시지 전송을 보장하
지 않기 때문에 비연결형 서비스를 제공한다고 말하며, 재전송이나

흐름제어 등의 서비스를 제공하지 않는다.

네트워크 계층을 담당하는 IP 프로토콜은 IP 주소를 기반으로 각 패킷이 목적지까지 가는 길을 찾아 목적지에 정확하게 도달할 수 있게 하는 라우팅(Routing)을 담당한다. 하나의 상위계층(전송계층) 패킷은 IP 프로토콜을 이용해 여러 개의 패킷으로 나뉘어 서로 다른 경로를 통해 전달될 수 있으며, 최종 목적지에서 원래의 전달계층 패킷으로 재조립된다. IP 계층은 IP 프로토콜 이외에 ICMP(Internet Control Message Protocol), ARP(Address Resolution Protocol) 등의 여러 가지 프로토콜을 포함한다.

네트워크 접속계층은 IP 패킷이 물리적 네트워크를 통해 실제적으로 전달되도록 데이터 전송을 담당하며 이더넷, Wi-Fi, FDDI (Fiber Distributed Data Interface), ATM(Asynchronous Transfer Mode) 등의 전송방식을 포함한다. 최하위 계층인 네트워크 접속계층은 물리주소, 즉 MAC(Media Access Control) 주소를 기반으로 패킷의 전달경로 상에 있는 노드와 노드 간의 전송을 담당한다. 1983년 아파넷은 완전히 TCP/IP로 전환됐으며 인터넷으로 알려지게 됐다.

2) 개방형 시스템[1]에서의 TCP/IP

네트워크의 기본 기능 중 하나는 통신계층화 프로세스이다. 샌드위치를 만들 때와 마찬가지로, 마요네즈를 빵 위에 펼쳐 발라야지 손바닥 위에 발라서는 샌드위치를 만들 수 없다. 빵 위에 마요네즈를 펼쳐 바르고 다음에 고기, 상추, 피클 등을 추가하고 마지막으로 빵을 덮어서 완성한다. 네트워크 통신도 이와 같다. 영상, 소리, 또는 데이터의 패킷을 보내려면 일련의 층을 만들어야 한다.

Open Systems Interconnection(OSI)[2] 참조모델에는 7개의 계층이 있으며, 각 계층에는 각각의 프로토콜이 있다. 딕 루이스(Dick Lewis, Lewis Technology, www.lewistech.com)는 제임스 본드(James Bond)의 예를 사용하여 일곱 개의 계층이 어떻게 작동하는지 설명한다.

[1] 시스템 내의 다른 구성요소 상호 간에 데이터를 교환할 수 있는 기능을 구비한 독립적인 단일 시스템. 여기서 말하는 구성요소는 컴퓨터, 그와 관련되는 소프트웨어, 단말장치, 데이터 전송장치, 조작원의 조작, 데이터 전송수단 등 데이터 처리에 관여하는 실체를 총칭한다.

[2] 개방형 시스템 간 상호 접속. 서로 다른 컴퓨터나 네트워크 간의 상호 접속을 용이하게 하기 위해 ISO가 규정한 네트워크 프로토콜

표 14-1 7 OSI 7계층 모델

계층명	기능	방법	송신	수신
⑦ 앱(Application)	통신 파트너 식별, 서비스 품질 확인, 사용자 인증 등	e-mail, Telnet, FTP	⇩	⇧
⑥ 암호(Presentation)	암호화	암호화 소프트웨어	⇩	⇧
⑤ 세션(Session)	각각의 장치들과 소프트웨어 요청 간의 연결을 설정하는 역할	CPU 프로세스	⇩	⇧
④ 전송(Transport)	오류복구 및 흐름 제어	CPU 프로세스	⇩	⇧
③ 네트워크(Network)	스위칭 및 라우팅, 네트워크 주소 지정, 오류 처리, 처리지연 및 패킷 순서 제어	스위치, 라우터	⇩	⇧
② 데이터 링크(Data Link)	데이터 패킷을 비트로 인코딩/디코딩	매체 접근제어(MAC)	⇩	⇧
① 접속(Physical)	전기, 조명 또는 무선 비트 스트림	케이블, 이더넷, RS-232, 802.11a/b/g	⇩	⇧

다음은 그의 설명이다.

제임스 본드는 비밀정보본부 건물 7층에서 비밀정보본부의 제 1인자를 만난다. 제1인자는 본드에게 비밀리에 메시지를 전달하며, 비밀 메시지는 미국 대사관에 도착해야 한다.

제임스 본드는 6층으로 내려가며 그곳에서는 메시지가 기계가 읽을 수 있도록 번역되고, 작은 크기로 압축해주고, 암호화된다. 제임스 본드는 엘리베이터를 타고 5층으로 가며, 보안팀은 메시지를 검사하여 메시지가 모두 있는지 확인하고, 동기점(Check point)을 메시지에 삽입하여 전달 실패 시 동기점부터 재시작하여 끝까지 본드가 전체 메시지를 전달하는지 확인할수 있다.

4층에서는 메시지를 분석하여 미국에 도착해야 하는 다른 작은 메시지와 결합할 수 있는지 확인한다. 또한 메시지가 매우 큰 경우 여러 개의 작은 패키지로 분리하여 다른 스파이를 이용하여 미국에 보내고, 미국에서 다시 결합하여 올바른 메시지를 전달할 수 있다. 3층 직원은 메시지의 수신인 주소 및 수신인이 누구인지 확인하고 본드에게 대사관으로 가는 가장 빠른 경로를 알려준다.

2층에서는 메시지가 특별배송 파우치에 넣어지며, 메시지, 보낸 사람 및 대상 ID가 포함된다. 또한 다른 메시지 조각들이 오는 경우에는 받는 사람에게 경고를 한다. 제임스 본드는 미국 대사관으로 가기 위해 Q가 준비한 애스턴 마틴이 있는 1층으로 간다.

제임스 본드는 비밀 메시지를 들고 미국 대사관으로 출발하며, 미국 대사관에 도착한 후에는 지금까지와는 반대의 프로세스가 차례로 진행된다. 미국 대사는 메시지가 안전하게 전달된 것에 매우 감사해한다.

여기에서 우리가 알아야 할 중요한 점은 오늘날의 모든 네트워크에서 각각의 패킷은 전송 시 일곱 번의 캡슐화(Encapsulate)와 수신 시 일곱 번의 캡슐제거(Decapsulate) 과정을 거치는 것이다. 각각의 캡슐화 과정은 데이터를 확인하고 포장하여 여행을 확실하고 안전하게 해야 하며, 캡슐 제거과정은 캡슐화 과정의 반대로 수행되며 아래와 같다.

- 데이터는 소프트웨어 프로그램, 마이크로소프트 워드(Microsoft Word) 등을 포함하는 응용 프로그램 계층인 7층에서 출발한다.
- 데이터 압축, 암호화 및 기타 유사한 과정을 추가하는 표현계층인 6층으로 전달된다.
- 그다음은 세션계층인 5층으로 전달되며, 세션계층은 통신 시작 및 중지, 충돌이 발생할 경우 이를 관리하는 기능을 수행하

는 등 컴퓨터 간의 인터페이스 역할을 한다.

- 전송계층(TCP)인 4층으로 이동하여 컴퓨터 간의 안정적인 통신을 보장하며, 패킷은 데이터에서 세그먼트[3]로 변경된다.

- 3층은 네트워크 계층(IP)으로, 오류제어 및 라우팅 기능을 갖고 있으며, 세그먼트는 결합되거나 네트워크 계층에서 정의된 크기의 패킷으로 나누어진다. 라우터는 네트워크 계층의 장치다.

- 데이터 링크 계층인 2층은 두 포인트 간 신뢰성 있는 전송을 보장하기 위한 계층으로 오류제어 및 흐름제어가 필요하며 네트워크 위의 개체들 간 데이터를 전달하고, 물리계층에서 발생할 수 있는 오류를 찾아내며 수정하는 데 필요한 기능적 절차적 수단을 제공한다. 데이터 링크 계층에서는 상호 통신을 위해 MAC(Media Access Control) 주소를 할당받으며 MAC 주소는 사람의 이름처럼 네트워크 카드마다 붙는 고유한 이름이다. 네트워크 스위치 장비는 데이터 링크 계층의 장치이다.

- 마지막으로 물리계층인 1층으로 이동하며 그곳에는 케이블, 전원, 허브, 중계기 및 커넥터 등이 있다.

4. 전송제어 프로토콜(TCP)/사용자 데이터그램 프로토콜(UDP)/[4] 실시간 프로토콜(RTP)[5]

TCP/IP의 주요한 장점 중 하나는 통신 에러를 수정할 수 있다는 것이다. 이는 통신 시 패킷목록을 추적하여 수행한다. *TCP/IP Foundations*의 저자 블랭크(Andrew G. Blank)는 아케이드[6]가 있는 피자가게에서 어린이 축구팀의 멋진 그림을 사용한다.

내 아들이 소속된 축구팀을 데리고 아케이드가 있는 피자가게에서 팀 파티를 하기로 했다고 가정한다.

[3] 세그먼트: 데이터를 세그먼트로 쪼개고 순서를 부여하여 전송하며, 수신 측에서는 순서가 바뀌지 않게 관리하여야 한다.

[4] UDP: User Datagram Protocol(인터넷에서 정보를 주고받을 때, 서로 주고받는 형식이 아닌 한쪽에서 일방적으로 보내는 방식의 통신 프로토콜)

[5] RTP: Real-Time Transport Protocol(음성이나 동영상 등의 데이터 스트림을 실시간으로 전송하기 위한 데이터 통신 프로토콜)

[6] 아케이드(Arcade): 열주(列柱)에 의해 지탱되는 아치군(群)과 그것이 조성하는 개방된 통로공간을 말하는데, 대표적으로 콜로세움이나 폼페이의 유적 등이 있음.

7 호스트(Host):
호스트 이름에
대응하는 IP 주소가
저장되어있어서
도메인 이름시스템
(운)에서 주소정보를
제공받지 않고도
서버의 위치를 찾게
해주는 파일.

아케이드 밖에 팀 전체가 있으며, 내 임무는 아케이드의 다른 쪽 레스토랑에서 기다리고 있는 아내에게 팀을 보내는 것이다. 이 비유에서 팀은 하나의 호스트[7]에서의 전체 파일을 나타내고 각각의 아이들은 데이터 패킷을 나타내며, 내 목표 중 하나는 가능한 한 아이들을 잃어버리지 않는 것이다. 우리가 밖에서 있을 때 팀을 순서대로 배치하는 것은 쉽다. 모든 아이들은 번호가 매겨진 유니폼을 입고 있으며, 나는 아이들에게 우리가 아케이드를 통과하여 반대편에 있는 피자가게에서 만날 것이라고 알려준다. 아이들은 아케이드를 통과하여 피자가게까지 최대한 빨리 움직여야 한다. 문을 열고 "출발"이라고 말하면 아이들은 한 번에 한 명씩 들어간다. 아케이드 속으로 한 번에 한 명씩 들어가는 것은 파일이 전송되는 것을 의미한다. 각각의 아이들은 번호가 매겨진 유니폼을 입고 있으며 이것은 각각의 패킷이 수신 호스트 측에서 데이터를 다시 복구할 수 있도록 패킷 번호가 매겨져 있는 것과 같다.

이제 아케이드를 통해 움직이는 12명의 6살짜리 아이들의 그림을 상상해 보자. 아이들 중 일부는 짧은 경로를 택할 것이며, 나머지는 긴 경로를 택할 수 있다. 그들이 모두 다른 경로를 선택할 가능성이 훨씬 더 높지만, 가능하다면 아마도 그들은 모두 같은 경로를 택할 것이다. 내 아내가 피자가게에서 팀을 기다리고 있다. 그들이 피자가게에 도착하기 시작하면, 아이들은 모두 등번호가 있기 때문에 올바른 순서로 아이들(패킷)을 재구성할 수 있다. 누락 번호가 있으면 낙오자를 기다리면서 팀(파일)의 일부가 누락됐다는 메시지를 다시 보낸다. 그녀로부터 아이(패킷)가 누락됐다는 메시지를 받은 후에, 나는 누락된 부분을 다시 보낼 수 있다. 전체 팀 (모든 패킷), 누락된 아이(패킷 또는 패킷들)를 다시 보낼 필요가 없다.

주목할 부분은, 나는 잃어버린 아이를 찾지 않을 것이며,

나는 잃어버린 아이의 복제품에 똑같은 숫자의 유니폼을 입혀서 아케이드를 통과하여 피자가게로 보낼 것이다.

TCP는 손실된 패킷을 재구성하여 전체 통신이 손상되지 않도록 설계됐다. 인사기록, 워드 프로세싱 파일 및 스프레드시트(Spreadsheet)와 같은 파일의 경우 누락된 패킷으로 인해 전체 파일을 읽을 수 없게 되는 경우 매우 심각해진다.

5. 사용자 데이터그램 프로토콜(UDP)

비디오 및 오디오의 경우 다른 프로토콜이 필요하다. 손실된 패킷을 다시 보내려고 하면 통신이 부분적으로 잘못된 순서로 전달되기 때문에 TCP는 오디오 및 비디오 파일에 문제를 일으킬 수 있다.

인간의 눈과 귀는 대화 중 놓친 부분에 대해서 되살리는 데 매우 유용하다. 레스토랑에서 인접한 테이블에 앉은 사람들의 대화를 듣고 있는 상황을 상상해보라. 다른 사람들이 말하는 소음 때문에 모든 단어를 들을 수는 없지만 당신은 전체 대화의 내용을 파악할 수 있다. 경우에 따라서, 우리는 손실된 패킷을 재전송하지 않으며, 오류 수정 없이 데이터를 전송하는 프로토콜을 필요로 한다. 이 프로토콜은 UDP(User Datagram Protocol)이다. UDP는 잘못된 패킷을 수정하지 않으므로 비 연결 프로토콜이라고 한다. 그들은 데이터를 단순하게 보내고 받기만 하며, 전송장치는 그들이 일을 제대로 하는지, 그렇지 않은지 알지 못한다.

UDP와 관련이 있는 RTP(Real-Time Protocol)는 UDP와 유사한 기능을 수행하여 수신된 프로그램을 보거나 들을 수 있도록 일정한 데이터 스트림(스트리밍 데이터)이 제공되도록 한다. RTP는 오디오 및 비디오에 사용되며, 일반적으로 RTP는 UDP 프로토콜을 기반으로 실행된다.

모든 네트워크 데이터는 TCP/UDP 또는 RTP와 관계없이 TCP/IP 데이터라고 한다. 그것은 마치 어떠한 티슈를 클리넥스로 부르거나 복사기를 제록스 머신이라고 부르는 것과 같다. 정확한 명칭은 아니며, 많은 사람들이 그렇게 명명하여 부르는 것이다.

보안설계자가 알아야 할 또 다른 중요한 프로토콜 집합은 유니캐스트 및 멀티캐스트 프로토콜이다. 이에 대해서는 이번 장의 뒷부분에서 자세히 설명한다.

TCP(전송제어 프로토콜)/IP(인터넷 프로토콜) 주소체계

각 네트워크 장치에는 해당 장치를 네트워크에 연결하는 네트워크 카드가 있으며, 네트워크 인터페이스 카드(NIC)에는 MAC 주소와 TCP/IP 주소가 있어서 네트워크를 식별한다. MAC 주소는 장치를 제조할 때 공장에서 각각의 하드웨어에 할당한 고유 주소이며, 바꿀 수 없다. TCP/IP 주소는 할당이 가능하며 네트워크 계층에서 해당 장치가 있는 위치를 의미한다. TCP/IP 주소는 집이 어떤 거리, 어떤 이웃, 어떤 도시, 어떤 주 및 어떤 국가에 있는지를 식별하는 우편주소와 같다. MAC 주소는 집에 거주하는 사람의 이름과 같다. 컴퓨터를 다른 컴퓨터로 바꿀 경우 MAC 주소가 변경되지만 TCP/IP 주소는 네트워크에서 동일하게 유지되므로, 해당 사용자에게 보내는 모든 메시지는 정상적으로 전송되며, 새로운 MAC 주소는 필요하지 않다. TCP/IP 주소에는 IPv4(Internet Protocol version 4)[8]와 IPv6(Internet Protocol version 6)이라는 두 가지 버전이 있다. IP 버전 4는 초기 버전으로 사용 가능한 주소의 수가 한정되어, 대체 버전으로 IP 버전 6이라는 사용 가능 주소의 수가 무한대에 가까운 버전이 사용되고 있다.

IPv4에서 주소는 사용자의 편의를 위해 10진수 표기법으로 표현되며, 각 주소는 연속적인 이진 데이터(1과 0)로 나타내지만 훨씬 쉽게 이해할 수 있도록 그룹화하여 표현한다. 즉, 10진법으로 분

[8] IPv6는 고갈 직전인 IPv4를 대체하기 위해 제정한 인터넷 주소체계이며, IPv4가 43억 개(2^{32})의 주소를 지원한다면, IPv6는 43억4 개(2^{128}), 즉 무한대에 가까운 주소를 만들 수 있다.

리된 네 개의 그룹으로 표현하고, 각 그룹(바이트)은 0에서 255까지의 숫자로 표현할 수 있다(총 256개의 숫자, 8비트 값). IPv4에서 일반적인 주소는 0.0.0.0에서 255.255.255.255 사이로, 40억 개의 고유 주소를 제공한다. IPv6은 IPv4의 8비트 값을 12비트 값(0.0.0.0 ~ 4095.4095.4095.4095)으로 확대하여 표현하며, IPv6로 표현할 수 있는 주소의 범위는 3 뒤에 39개의 0이 있는 어마어마하게 큰 숫자까지 나타낼 수 있다. IPv4는 오늘날의 네트워크에 여전히 사용되고 있지만, IPv6가 차세대 인터넷 프로토콜 주소로 사용될 것이다.

간단히 말해서 네트워크의 클래스[9]에 따라 첫 번째 1~2바이트의 데이터는 일반적으로 네트워크의 번호를 나타내며, 세 번째 바이트는 서브넷 번호를 나타내고 네 번째 바이트는 네트워크의 호스트(장치) 번호를 나타낸다. 호스트는 0 또는 255가 될 수 없으며, 호스트에 할당된 하드웨어 주소가 없는 시스템을 부팅할 경우, 주소를 할당받을 때까지 0.0.0.0을 제공하기 때문에 모두가 0인 주소는 사용하지 않는다. 이는 원격 부팅(시작)되거나 동적 호스트 구성 프로토콜(DH-CP)[10]을 사용하여 동적으로 부팅되는 시스템에서 발생한다. 네트워크를 정의하는 IP 주소의 부분을 네트워크(Network) ID[11]라고 하며, IP 주소의 후반 부분을 호스트(Host) ID[12]라고 한다.

자동 또는 수동 IP 주소 사용과 관련해서는 DHCP는 보안침해의 가능성이 있으므로, 보안시스템 운용 시에는 수동 IP 주소를 지정하여 사용할 것을 권장한다.

[9] 클래스: 하나의 IP 주소는 크게 네트워크 주소와 컴퓨터 주소로 나뉘며, 네트워크의 크기나 호스트 컴퓨터의 수에 따라 클래스(Class)가 A, B, C, D, E 등급으로 나뉜다. 이 중 클래스 A, B, C가 일반 사용자에게 부여된다.

[10] DHCP: Dynamic Host Configuration Protocol(동적 호스트 구성 프로토콜), IP 주소를 동적으로 할당하기 위한 프로토콜로 제어판 네트워크 설정에서 tcp/ipv4 또는 tcp/ipv6에서, 자동으로 IP 주소 받기, DNS 받기를 활용하여 IP 주소와 DNS 주소를 받을 수 있다.

[11] 네크워크 ID: 하나의 IP 주소에는 네트워크 ID와 호스트 ID가 존재하며, 네트워크 ID는 인터넷상에서 모든 호스트들을 전부 관리하기 힘들기에 네트워크의 범위를 지정하여 관리하기 쉽게 만들어낸 것이다.

[12] 호스트 ID(Host ID): 호스트들을 개별적으로 관리하기 위해 사용하게 된 것이다. 따라서 우리가 인터넷을 사용할 때 라우팅(Routing)으로 목적지를 알아내고 찾아가는 등의 역할을 할 때에는 네트워크 ID와 호스트 ID가 합쳐진 IP 주소를 보게 된다.

6. 네트워킹 장치

보안시스템 디지털 네트워크는 다섯 가지 주요 유형의 네트워크 장치로 구성된다.

1) 종단 장치(Edge device)

종단 장치에는 디지털 비디오카메라, 디지털 인터컴 및 코덱이 포함된다. 이들은 대부분 시스템 프로세스에서 신호를 시작하는 부분의 장치이다. 한 가지 예외는 코덱을 사용하여 디지털 비디오 신호를 보거나 디지털 오디오 신호를 듣기 위해 디지털 신호를 디코딩하여 아날로그 신호로 변환하는 것이다.

2) 통신매체(Communication media)

디지털 신호는 케이블 또는 무선으로 전달된다. 유선 방식의 가장 일반적인 유형은 이더넷[13] 케이블 링 방식이며 링 토폴로지[14] 등 다른 방식도 있지만, 널리 사용되지는 않았다. 이더넷은 최대 1,024단말 사이에서 최장 2.5km 거리의 통신을 10Mbs의 데이터 속도로 처리가 가능하며, 전송로는 동축 케이블의 루프이고, 여기에 모든 유저 단말이 연결되어있다. 또한 전송 에러율이 작고, 버스트 지향의 데이터 트래픽[15]을 높은 피크 데이터 전송률로 다수의 유저 간에 보낼 수 있도록 만들어져 있으며, 모든 유저는 망에 대하여 동등한 액세스권을 갖지만 동시 발생 데이터의 충돌 같은 사태가 발생하지 않도록 설계상 배려가 되어있다.

이더넷은 IEEE Standard 802.3[16]에 정의되어있으며, 이더넷 클래스는 속도에 따라 다르며 가장 느린 속도는 10Base-T[초당 10메가비트(Mbps)]이다. 고속 이더넷은 100Base-T라고 하며 100Mbps로 작동한다. 기

[13] 이더넷(Ethernet): 가장 대표적인 버스 구조 방식의 근거리통신망(LAN)

[14] 링 토폴로지(Ring Topology): 버스 구조 방식을 원 형태의 링 구조 방식으로 변형한 것

[15] 버스트 지향 데이터 트래픽: 평상시에는 낮은 레벨의 통신량으로 동작하고 있지만 단시간만 망의 허용 통신량에 가까운 버스트 상태의 트래픽이 나타나는 데이터 전송의 성질을 의미한다.

[16] IEEE 802.3: 연결된 이더넷에서 물리 계층, 데이터 링크 계층의 매체 접근제어를 정의하는 워킹 그룹(Working group)이 제작한 워킹 그룹이자 IEEE 표준 집합임. 이 표준은 광역통신망 기술에도 활용되지만 일반적으로 근거리 통신망 기술이며, 물리 연결은 동축 케이블과 광 케이블 등 다양한 형태의 케이블을 통해 노드와 기반장치(허브, 스위치, 라우터) 사이에서 이루어진다.

가비트 또는 1,000Base-T는 초당 1기가비트(Gbps)로 작동한다. 통신을 위한 회선 구성거리는 와이어 유형 및 속도에 따라 달라지며, Category 5 또는 5e(Category 5 Enhanced) 회선 구성은 10Base-T, 100Base-T 및 1000Base-T(최대 328ft)에 사용되며, Category 6은 1000Base-T를 328ft까지 실행하는 데 유용하다. 1,000Base-T 연결의 경우 선로 4쌍(pair)이 사용되는 반면, 100Base-T 연결의 경우 2쌍의 선로만 사용된다.

Category 5, 5e 및 6 케이블은 4쌍의 선로를 사용하며 색상은 다음과 같다.

- 페어 1: 화이트 / 블루
- 페어 2: 화이트 / 오렌지
- 페어 3: 화이트 / 그린
- 페어 4: 화이트 / 브라운

두 번째로 가장 일반적인 유형의 유선방식은 광섬유이다. 광섬유를 이용하는 통신방식은 단일모드 및 다중모드의 두 가지 유형으로 나눠진다. 이 둘의 차이는 그들이 휴대할 수 있는 신호의 개수라는 말을 듣고 초보자는 종종 단일모드가 하나의 모드를, 다중모드가 더 많은 신호를 전송할 것이라고 생각하지만 사실은 그 반대이다.

단일모드 광섬유는 신호원(Signal source)을 레이저 기반으로 하는 반면 다중모드는 신호원에 레이저 또는 발광 다이오드(LED)를 사용할 수 있다(그림 14.2). 다중모드 광섬유는 일반적으로 플라스틱이지만 단일모드 광섬유는 유리로 만들어진다. 다중모드 광섬유는 일반적으로 1,300nm 변조 광 주파수의 경우 1.3μm에 비해 50μm(마이크론) 또는 62.5μm 광섬유 직경을 통해 전송되는 광의 파장에 비해 큰 단면적을 갖는다. 따라서 다중모드는 광섬유 안쪽에서 빛을 반사한다(그림 14.3). 빛이 광섬유 벽면에 반사되므로 다른

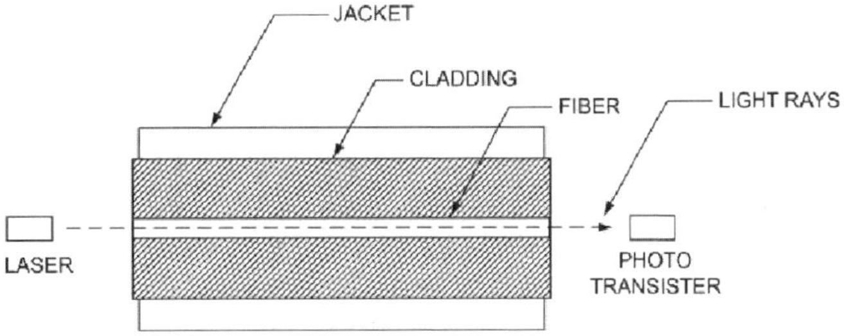

그림 14.2 단일모드
광섬유(Single-mode
fiber)

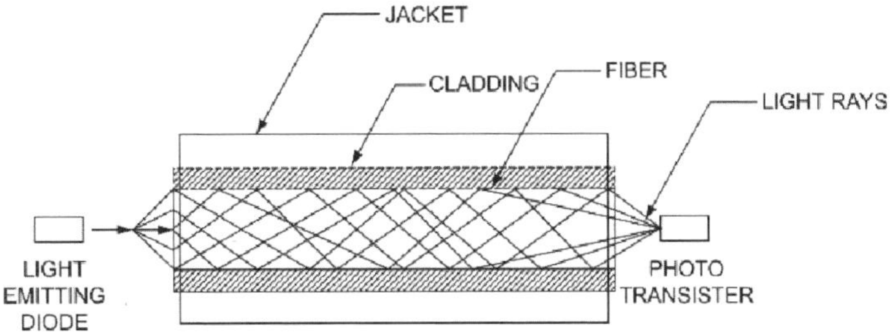

그림 14.3 복합모드
광섬유(Multimode fiber)

끝까지 도달하는 데 여러 경로가 사용되어 다른 끝에 여러 신호가 발생할 수 있으며, 그 결과 사각형 디지털 신호가 부드럽게 되거나 둥글게 된다. 다중모드 광섬유는 통신의 거리가 멀어지면 수신기에서 신호를 판독하기가 더 어려워져서 단일모드 대비 다중모드의 광섬유의 통신거리가 제한된다.

대역폭도 통신거리에 영향을 미치므로 비교적 먼 거리에도 멀티모드를 사용할 수 있다. 고속 이더넷(100Mbps)은 기가비트 이더넷(1000Mbps)보다 멀리 전송이 가능하며, 속도를 기준으로 사용할 광섬유 및 트랜시버(Transceiver)[17]에 대한 제조업체의 사양 시트를 확인하고 사용하면 된다.

단일모드 광섬유는 유리로 만들어지며 유리관을 도파관처럼 사용하여 레이저를 유리관의 가운데 부분으로 직접 통과시킨다. 이것은 단일모드 광섬유의 단면적($8\mu m$ 또는 $9\mu m$)에 대비하여 통과하는 빛의 주파수(1,300nm에서 $1.3\mu m$)의 단면적이 작기 때문이다.

가장 일반적으로 사용되는 주파수는 1,550nm, 1,310nm 및 850nm이며, 1,550nm 및 1,310nm 주파수는 단일모드 광섬유에

[17] 트랜시버
(Transceiver):
이더넷의 동축
케이블을 접속하는
기기

14 정보기술 시스템 인프라

서 주로 사용되며 850nm는 다중모드 광섬유에서 가장 일반적으로 사용된다. 1,310nm 및 1,550nm 주파수는 레이저를 사용하여 전송되며, 850nm 주파수는 LED를 사용하여 전송된다. 여러 주파수 (1,310nm 및 1,550nm)를 사용하여 단일 광섬유를 통해 양방향으로 송수신할 수 있으며, 일반적이지는 않지만 일부 송·수신기는 하나의 광섬유, 특히 단일모드 광섬유에서 두 개의 주파수를 사용할 수 있다.

일반적으로 양방향 통신은 동일한 주파수로 두 가닥의 광섬유를 사용하며, 다중모드 케이블에서 한 가닥의 광섬유에 여러 주파수를 운용하는 것에 대한 표준은 개발되지 않았지만 적어도 하나의 광섬유 회사는 두 개의 개별 주파수를 사용하여 단일 및 다중모드 광섬유로 전송 및 수신할 수 있는 광섬유 미디어 변환기를 개발했다.

광섬유 관련 제조업체들은 거리 측면에서는 오랫동안 IEEE 802.3z 표준을 능가해왔다. 멀티모드 광섬유의 전송거리는 고속 이더넷 연결의 경우 일반적으로 1,640피트로 제한되며, 기가비트 속도로는 일반적으로 1,000피트로 제한된다. 단일모드 광섬유 전송거리는 다양하며 저렴한 장비로는 일반적으로 43~62마일이 될 수 있으며, 고가의 미디어 컨버터를 사용하면 훨씬 더 먼 거리(최대 500마일)까지 전송 가능하다[18] 일반적인 장비를 사용하면 100Base-T 속도의 단일모드 또는 다중모드에서는 최대 93마일의 거리를 송신하며 l,000Base-T 속도는 75마일까지 전송이 가능하다.

마지막으로, 단일모드 송·수신기와 광섬유는 동등한 성능의 멀티모드 송·수신기와 광섬유보다 더 많은 비용이 든다. 짧은 거리(예: 캠퍼스) 또는 비용이 중요한 요인인 경우 다중모드를 사용하는 것이 유리하다.

기가비트 스위치 및 라우터는 일반적으로 단일 또는 다중모드 광섬유 포트와 함께 제공되며, 이것은 별도의 트랜시버를 사용하여 연결하는 것보다 더 이전의 연결 방법이다.

[18] Goleniewski L. *Telecommunication essentials: the complete global source for communications fundamentals, data networking and the Internet, and next generation networks.* Reading, MA: Addison-Wesley, 2001.

TCP/IP 신호는 무선, 초고주파 또는 레이저를 통해 통신할 수 있다. 무선통신 네트워크의 가장 일반적으로 사용하는 주파수 대역은 802.11[19]에 포함되어있으며, 802.11은 백홀[20] 또는 클라이언트[21] 서비스의 두 가지 주요 유형이 있다. 백홀 유형은 802.11a에 의해 제공되는 반면 클라이언트 서비스는 종종 802.11b / g / i 에 의해 제공된다. 802.11a는 10개의 채널을 사용할 수 있으며, 적합한 안테나를 사용하면 동일한 공중 공간에서 10개의 채널을 모두 사용할 수 있다. 802.11b / g / i는 매우 유사하지만 제공되는 대역폭과 구현되는 보안수준에 따라 다르다. 802.11g / i는 54Mbps를 제공하지만, 802.11b는 최대 11Mbps를 제공한다. 802.11g에서 108Mbps를 제공하는 장치를 찾는 것도 가능하며, 이들은 대역폭을 두 배로 만들기 위해 별도의 송신기와 수신기를 사용하는 전이중(Full-duplex)[22] 장치이다. 전이중 기능은 802.11a에서 매우 일반적이며 사용 채널당 54Mbps를 제공한다. 802.11b / g / i에는 13개의 사용 가능한 채널이 있지만 교차 트래픽이 문제다. 하나의 공간에서 6개 이상의 채널을 사용하는 설계는 하지 않는 것이 좋다.

7. 네트워크 인프라 장치

네트워크 인프라 장치는 통신매체를 이용하여 데이터 이동을 용이하게 하는 장치를 의미하며, 디지털 카메라와 코덱은 디지털 스위치에 연결되어 네트워크에 연결된다.

[19] IEEE 802.11: 흔히 무선 랜, 와이파이(Wi-Fi)라고 부르는 무선 근거리 통신망(Local Area Network)을 위한 컴퓨터 무선 네트워크에 사용되는 기술로, IEEE의 LAN/MAN 표준위원회(IEEE 802)의 11번째 워킹 그룹에서 개발된 표준기술을 의미. 현재 주로 쓰이는 유선 LAN 형태인 이더넷의 단점을 보완하기 위해 고안된 기술로, 이더넷 네트워크의 말단에 위치해 필요 없는 배선 작업과 유지관리 비용을 최소화하기 위해 널리 쓰이고 있으며, 보통 폐쇄되지 않은 넓은 공간(예를 들어, 하나의 사무실)에 하나의 핫스팟을 설치한다. 외부 WAN과 백본 스위치, 각 사무실 핫스팟 사이를 이더넷 네트워크로 연결하고, 핫스팟부터 각 사무실의 컴퓨터는 무선으로 연결함으로써 사무실 내에 번거로이 케이블을 설치하고 유지보수를 하지 않아도 된다.

[20] 백홀(Backhaul): 다수의 통신망을 통해 데이터를 전송하는 계층적 구조로 된 통신망에서 주변부 망(Edge|com network)을 기간 망(Backbone network)이나 인터넷에 연결시키는 링크.

[21] 클라이언트(Client): 서버 시스템과 연결하여 주된 작업이나 정보를 서버에게 요청하고 그 결과를 돌려받는 컴퓨터 시스템

[22] 전이중(Full-duplex): 두 대의 단말기가 서로 데이터를 송수신하기 위해 각각 독립된 회선을 사용하는 통신방식을 의미.

14 정보기술 시스템 인프라

1) 허브(Hubs)

가장 기본적인 유형의 네트워크 장치는 허브이며, 장치들을 아무런 처리 없이 이더넷 커넥터로 단순하게 병렬로 연결하는 장치이다. 일부 허브는 전원공급 장치를 포함하며 LED를 제공하여 포트 작동 상태를 나타내지만 능동적인 전자장치는 아니다. 허브는 단순한 연결장비이며, 허브에는 이더넷 환경에서 발생하는 충돌을 제어할 수 있는 기능이 없기 때문에 너무 많은 장치가 허브에 함께 연결될 경우 충돌로 인한 지연으로 인해 네트워크 처리량이 저하된다. 가장 단순한 네트워크(8개 미만의 장치)를 제외한 네트워크에 허브를 사용하는 것은 권장하지 않는다. 허브는 보안장치를 제공하지 않으며 OSI 레벨 1 장치 및 연결장치를 제공한다.

2) 스위치(Switches)

스위치는 좀 똑똑한 허브로 생각하면 된다. 연결된 모든 장치들 각자에 신호를 제공하는 허브와 달리 스위치는 TCP/IP 패킷 헤더를 읽고 해당되는 포트에 신호를 보낼 수 있다. 스위치는 OSI 레벨 2 장치이며 데이터가 이동하는 위치를 제어하여 해당하는 주소로 데이터를 보낸다.

3) 라우터(Routers)[23]

네트워크는 겉으로 보기에는 여러 대의 컴퓨터가 연결선을 통하여 마치 모두 하나로 이어져 있는 것처럼 보인다. 하지만 사실 네트워크가 단 하나의 체계로 이루어져 있는 것은 아니다. 서로 다른 네트워크들이 연결되어있을 수도 있으며, 각각의 네트워크는 통신방법이나 신호가 다르기 때문에 여러 가지 네트워크들이 정보를 주고받기 위해서는 중간에서 이것을 정리하고 길을 안내해줄 장치가 필요하다. 이것이 바로 라우터이다.

라우터(Router)의 명사형 Route는 '길'이라는 의미이다. 단순히

[23] 라우터(Router): 세부설명 내용은 역자가 추가

다른 네트워크를 연결해줄 뿐만 아니라 적절하고도 효율적인 길을 알려주는 역할까지 하는 장비이다. 집에서 케이블 TV 서비스를 신청하면 공유기가 설치되는데, 이 공유기가 바로 라우터의 역할을 하며, 크게 보면 공유기는 라우터에 포함된다고 할 수 있다. 이와 같은 공유기를 이용하면 집에서 사용하는 네트워크와 구글, 야후 등에 접속하는 네트워크를 연결할 수 있다.

또 다른 예로, 다른 나라로 여행을 갈 때면 인터넷에 쉽게 접속하기 위해 휴대용 와이파이 기기를 빌려가기도 한다. 이때에는 휴대용 와이파이 기기가 라우터의 역할을 한다. 외국에서도 쉽게 인터넷에 접속할 수 있도록 라우터가 조정자의 역할을 해주는 것이다. 이처럼 라우터는 여러 개의 네트워크 사이에서 적절한 통신이 이루어질 수 있도록 길 안내자의 역할을 한다. 라우터를 잘 활용하면 전체 네트워크의 성능이 향상될 뿐 아니라 종류가 다른 통신수단이나 장치 사이에 쉽게 연결이 가능하도록 도와준다. 통신 종류나 방법에 얽매이지 않고 대규모 네트워크 망을 구성할 수 있게 해준다는 점은 라우터의 최대 강점이다.

4) 방화벽(Firewalls)

방화벽은 라우터와 함께 사용되어 다른 네트워크의 부적절한 데이터 트래픽 접근을 거부한다. 방화벽은 하드웨어 또는 소프트웨어로 구성할 수 있다. 다른 시스템과 연결된 보안시스템은 방화벽을 통해 연결해야 한다. 그렇지 않으면 보안시스템이 안전하지 않으므로 시설의 안전을 보장할 수 없으며, 방화벽은 악의적인 데이터의 접근을 거부한다.

5) 침입탐지 시스템(Intrusion detection systems)

침입탐지 시스템 (IDS)은 하드웨어 또는 소프트웨어 장치일 수 있다. 네트워크에 대한 접근을 지속적으로 모니터링 하여 네트워크에

14 정보기술 시스템 인프라

대한 무단접근 또는 접속 시도를 탐지한다. IDS는 네트워크 관리자에게 부적절한 접근 시도들을 경고하고 방화벽에 대한 어떠한 공격 시도가 실행됐는지에 대한 전반적인 정보를 제공하여 동일한 방법에 대한 향후 시도를 제한한다. IDS는 네트워크에 대한 불필요한 접근 또는 악성파일의 유포 시도에 대해 시스템 관리자에게 경고를 해준다.

8. 서버

서버는 워크스테이션에서 사용할 데이터를 처리하고 저장한다. 보안시스템의 경우 가능한 여러 유형의 서버가 있으며, 이들은 하나의 서버로 시스템을 구축하거나 여러 개의 서버를 활용하여 물리적으로 분산하여 시스템을 구축할 수 있다.

1) 디렉토리 서비스 서버(Directory service server)

디렉토리 서비스는 모든 워크스테이션이 검색 중인 데이터를 찾는 것을 도와준다. 추가 기능에는 인터넷 정보 서비스(IIS: Internet Information Services), 도메인 이름 서비스(DNS: Domain Name Service) 및 기타 네트워크 관리 서비스가 포함될 수 있다.

2) 아카이브 서비스(Archive service)

아카이브 서버는 향후 활용을 위해 데이터를 저장한다.

3) 프로그램 서비스(Program service)

프로그램 서비스를 사용하면 프로그램을 워크스테이션이 아닌 서버에 상주시킬 수 있다. 이렇게 하면 시스템의 속도가 느려지므로 몇 달러 절약을 위해 이와 같이 사용하는 것은 권장하지 않는다.

4) FTP 또는 HTTP 서비스(FTP or HTTP service)

이것은 중앙 모니터링센터에서 각각의 사이트를 원격으로 들여다 보거나 데이터를 검색할 때 매우 유용하다.

5) 전자메일 서비스(e-mail service)

서버는 전자메일을 보내거나 관리할 수 있다.

6) 방송 서비스(Broadcast service)

서버는 호출기, 휴대폰, 스피커, 프린터 등에 경고 또는 경보를 전달 하여 방송할 수 있다.

7) 워크스테이션(Workstation)

워크스테이션은 개인이나 적은 인원수의 사람들이 특수한 분야에 사용하기 위해 만들어진 고성능 컴퓨터를 의미하며 단일 목적 또는 다목적용으로 사용할 수 있다. 대규모 사이트의 경우 전용 네트워크 를 구성하여 단일한 목적으로 컴퓨터를 사용하는 것이 가장 좋다. 워크스테이션은 디지털 비디오, 알람/출입통제, 인터컴, 보고서 및 분석 소프트웨어, 브라우저 등을 표시하기 위해 많은 비디오 모니터 를 지원할 수 있다. 경우에 따라서 워크스테이션당 최대 6대의 모니 터를 갖춘 시스템을 설계하기도 하며, 하나의 워크스테이션이 처리 할 수 있는 것보다 많은 기능을 지원하기 위해 하나의 키보드와 마 우스로 둘 이상의 워크스테이션을 작동시키는 것도 가능하다.

8) 프린터

프린터는 워크스테이션이나 네트워크에 직접 연결하여 여러 대의 워크스테이션을 지원할 수 있다.

9) 대용량 저장장치

디지털 비디오 시스템은 다른 유형의 시스템보다 훨씬 많은 데이터를 저장할 수 있다. 테라바이트급의 비디오 저장장치가 있는 시스템을 설계하는 것은 드문 일이 아니며, 테라바이트급의 저장용량은 단일 서버 또는 워크스테이션에 포함하여 설계할 수는 없다. 저장용량을 확장하는 두 가지 방법으로 NAS(Network Attached Storage) 및 SAN(Storage Area Network)이 있다. 이름은 매우 유사하여 혼동을 일으킬 수 있지만 그 차이는 상당히 크다.

NAS 장치에는 프로세서와 많은 디스크 또는 테이프(또는 둘의 조합)가 포함되며, 이들은 일반적으로 시스템에 디스크 드라이브처럼 보이도록 구성되어있으며 서버나 워크스테이션처럼 네트워크에 직접 연결된다. 즉, 대량의 데이터 트래픽이 NAS와 연결된 네트워크에서 발생함을 의미한다.

SAN은 특수목적용 고속 네트워크로서, 대규모 네트워크 사용자들을 위하여 서로 다른 종류의 데이터 저장장치를 관련 데이터 서버와 함께 연결해 별도의 LAN이나 네트워크를 구성해 저장 데이터를 관리한다. SAN의 가장 큰 장점은 서로 다른 종류의 저장장치들이 함께 연결되어있어 모든 사용자들이 공유할 수 있을 뿐 아니라, 백업, 복원, 영구보관, 검색 등이 가능하고, 한 저장장치에서 다른 저장장치로 데이터를 이동시킬 수 있다는 장점이 있다.

9. 네트워크 아키텍처

1) 단순한 네트워크

가장 단순한 네트워크는 두 개의 장치를 케이블로 연결한다(그림 14.4). 기본 네트워크는 여러 장치를 하나의 스위치에 연결하는 구조이며, 이렇게 하면 근거리 통신(LAN)이 만들어지는 것이다(그림

14.5).

LAN은 트리구조가 일반적이며, 하나 이상의 스위치를 통해 여러 대의 카메라, 인터컴, 코덱, 출입통제 패널 등에 연결되는 단일 워크스테이션/서버(두 가지 목적을 모두 수행하는 하나의 컴퓨터)가 있을 수 있다(그림 14.6).

그림 14.4 단순 네트워크 구성

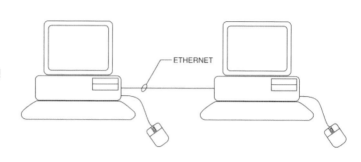

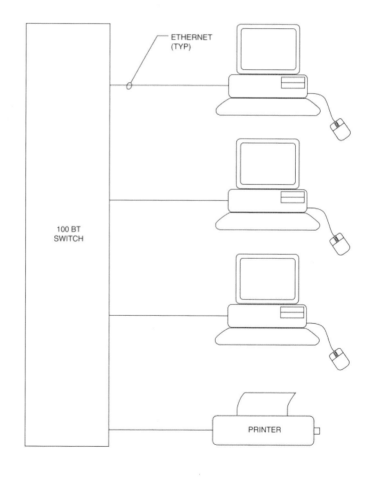

그림 14.5 스위치를 활용한 네트워크 구성

14 정보기술 시스템 인프라

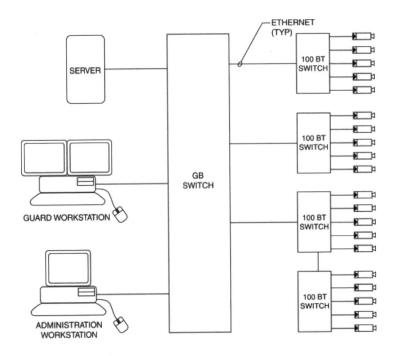

그림 14.6 단순한
트리구조 네트워크

24 백홀(Backhaul):
다수의 통신망을 통해
데이터를 전송하는
계층적 구조로 된
통신망에서 주변부 망
(Edge|com network)
을 기간 망(Backbone
network)이나 인터넷에
연결시키는 링크.

25 서브넷(Subnet):
대규모 네트워크를
구성하는 개별
네트워크를 의미하며
서브 네트워크라고
해서 일반적인
네트워크보다 미약한
기능을 제공한다는
의미는 아니며, 각각의
서브넷들이 모여 하나의
논리적인 네트워크를
이루어 망간 상호접속을
위한 완전한 동작을
수행한다는 의미이다.
다시 말하면, 여러
서브넷들이 하나의 상호
접속된 네트워크나
인터넷(Internet)
을 구성한다고 말할
수 있으며, 라우터로
구분된 범위에서
서브넷의 외부로는
브로드캐스트 데이터가
전달되지 않는다.

2) 고급 네트워크 아키텍처

(1) 백홀(Backhaul)[24] 네트워크

네트워크 크기가 커짐에 따라 단순한 트리구조 외에도 백홀 네트워크와 클라이언트 네트워크를 구축하는 것이 일반적이다. 이는 기가비트 스위치가 포함되는 가장 간단한 형태의 시스템일 수 있다. 기가비트 스위치에 카메라, 코덱, 인터컴 또는 출입통제 패널과 같은 단말장치와 기가비트(100Mbps) 속도를 지원하는 백홀을 연결하는 다수의 고속 이더넷(100Mbps) 포트가 있다. 백홀 네트워크는 그림 14.7과 같이 서버/워크스테이션이 기가비트 백홀 네트워크의 상단에 있고 단말장치(클라이언트)들이 100Mbps 스위치의 포트에 연결되는 구성이다(그림 14.7).

(2) 서브넷(Subnet)[25]

서브넷은 기본적으로 전체 LAN의 논리적 하위집합인 가상

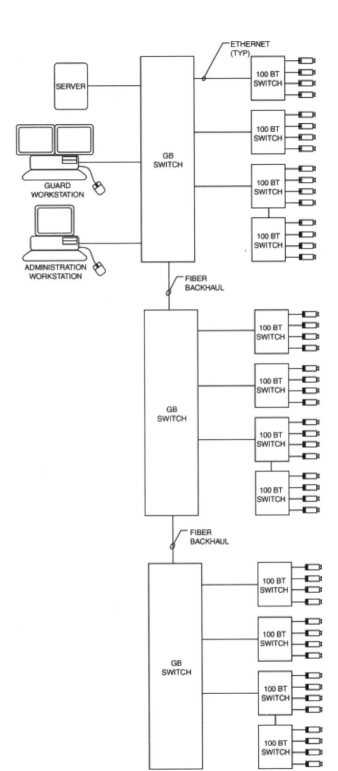

그림 14.7 백홀 네트워크

14 정보기술 시스템 인프라

LAN(VLAN)이다. 서브넷은 몇 가지 이유로 사용되며, 가장 일반적인 이유는 네트워크 대역폭을 관리 가능한 수준으로 제한하거나 캠퍼스에서 건물을 분리하는 것과 같이 특정 장치에 적합하지 않은 트래픽을 최소화하는 것이다.

(3) 네트워크 트래픽을 제한하는 서브넷

네트워크 대역폭이 증가함에 따라 스위치가 패킷을 드롭하기 시작하는 지점까지 작업을 처리할 수 있다. 정격 대역폭은 비디오와 같은 스트리밍 데이터가 아닌 정상적인 네트워크 트래픽을 기반으로 하기 때문에 모든 장치의 정격 대역폭의 45% 이상을 전송하지 않는 것이 좋으며, 45% 미만으로 유지하면 일반적으로 문제가 발생하지 않는다. VLAN은 두 개 이상의 네트워크를 라우터에 연결하여 만들어진다. 일반적으로 라우터는 백홀 네트워크에 배치되며 차례대로 많은 단말장치에 서비스를 제공하는 자체 백홀 네트워크를 가질 수 있다. 따라서 설계된 단일 서브넷은 트래픽이 너무 많지 않게 제한한다(그림 14.8).

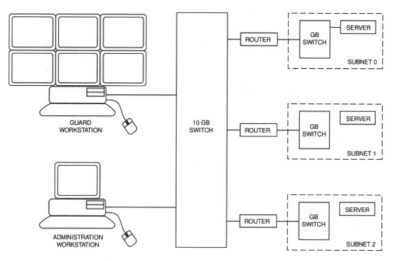

그림 14.8 네트워크 트래픽을 제한하기 위해 구성한 서브넷

(4) 네트워크 트래픽을 분산하는 서브넷

보안시스템이 캠퍼스의 많은 건물에 서비스를 제공할 때 다른 건물의 네트워크에서 다른 건물에 트래픽을 보내는 것은 불가능하다. 따라서 각 건물은 라우터를 통해 기본 백홀 네트워크에 연결될 수 있으므로 트래픽은 해당 건물과 관련된 데이터만으로 제한된다(그림 14.9).

보안시스템 구축 시 서브넷으로 대규모의 네트워크를 설계할 수 있다. 서브넷은 실제 네트워크가 라우터와 방화벽에 의해 서로 분리되어있는 완전히 분리된 네트워크로 작동하지만, 물리적으로는 두 네트워크가 연동되어있는 것처럼 보이며 대규모 네트워크에 통합되어 구성될 수 있다. 네트워크는 물리적으로 분리하는 것이 좋으며, 또한 보안시스템이 네트워크에 설치되면 정보 기술부서의 조

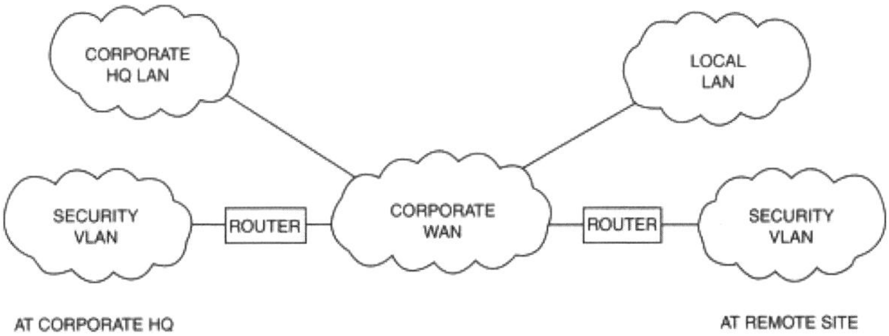

그림 14.9 네트워크
트래픽을 분산하는
서브넷 구성도

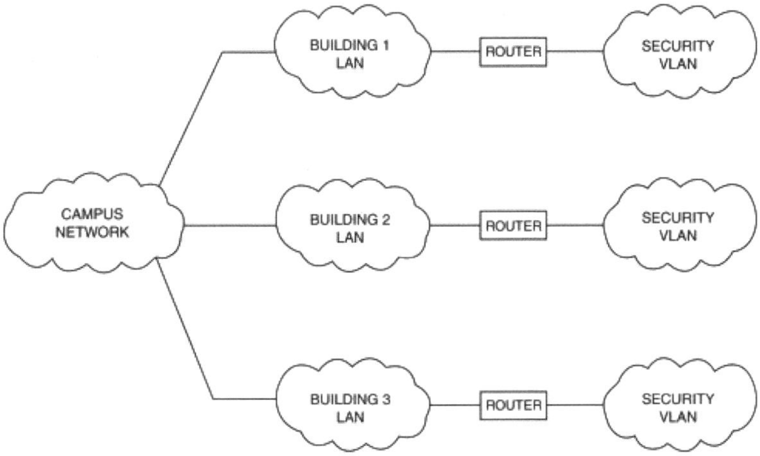

그림 14.10 혼합
네트워크에 사용되는
서브넷

치에도 불구하고 전체 네트워크에서 보안시스템 네트워크를 보호하는 데 상당한 노력이 추가로 필요하다(그림 14.10).

(5) 가상 근거리 통신망(VLANs: Virtual Local Area Networks)[26]
서브넷과 마찬가지로 VLAN은 특정 목적이나 그룹에 대한 데이터 채널을 분리하며, 물리적 LAN의 하부 계층에 포함된 서브넷과는 달리 VLAN은 두 개의 별도 하드웨어 인프라의 세트인 것처럼 VLAN으로 상부 계층 LAN에 공존할 수 있다. 이 작업은 VLAN만 권한이 있는 전용 포트에서 작동함으로써 수행된다. 따라서 카메라, 인터컴 및 출입통제 시스템 컨트롤러를 회사의 업무용 LAN의 워크스테이션 및 프린터와 동일한 관리대상 스위치에 연결할 수 있으며 보안장치의 포트가 보안 VLAN 전용인 경우 사용자 또는 LAN에 접속할 수 있다. 이것은 보안시스템과 업무용 시스템 간에 네트워크를 공유하는 가장 좋은 방법이다.

10. 네트워크 구성

네트워크는 함께 연결된 TCP/IP 장치들로 구성된다. 네트워크 구성은 여러 가지 방법이 있으며 각 방법에는 장점과 제한사항이 있다.

1) 피어 투 피어(P2P: peer to peer)
가장 기본적인 네트워크는 독립형 피어 투 피어 네트워크이다. 피어 투 피어 네트워크는 허브 또는 스위치를 통해 각 장치를 서로 연결하여 만들어진다. 각 컴퓨터, 코덱 또는 출입통제 패널은 스위치 측면에서 보면 모두 동일한 하나의 장치로 볼 수 있으며, 이 방식은 매우 작은 네트워크에 적합한 구성이다(그림 14 .11).

[26] VLAN: 물리적인 망 구성과는 상관없이 가상적으로 구성된 근거리 통신망(LAN). LAN 스위치나 비동기 전송방식 (ATM) 스위치를 사용해서 물리적인 배선에 구애받지 않고, 방송 패킷 (Broadcast packet)이 전달되는 범위를 임의로 나누어 서로 다른 네트워크에 접속되어있더라도 가상랜(VLAN)에 속한 단말들은 같은 LAN에 연결된 것과 동일한 서비스를 제공받을 수 있도록 한다. 복수의 LAN 스위치를 거쳐 가상 랜(VLAN)을 구성하기 위해 IEEE 802.1Q 규격이 표준화되어있다.

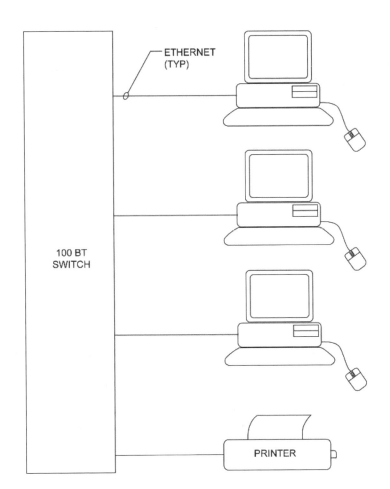

그림 14.11 피어 투 피어
네트워크

ETHERNET
(TYP)

100 BT
SWITCH

PRINTER

2) 클라이언트/서버 구성

네트워크 크기가 커짐에 따라 클라이언트/서버 구성이 미리 결정되고, 주요 처리는 하나 이상의 서버에서 수행되며 휴먼 인터페이스는 클라이언트 장치 또는 워크스테이션과 함께 연결된다(그림 14.12). 카메라, 인터컴, 출입통제 리더기, 잠금장치, 도어 스위치 등은 안내 데스크용 워크스테이션 시스템, 인터컴 메인 서버 등과 같은 휴먼 인터페이스 장치이다.

일반적으로 휴먼 인터페이스 장치는 TCP/IP 연결(일반적으로 이더넷)을 통해 네트워크와 인터페이스를 하는 처리장치에 연결되며, 코덱 및 알람 패널/출입통제 패널이 포함될 수 있다. 대규모 네

14 정보기술 시스템 인프라

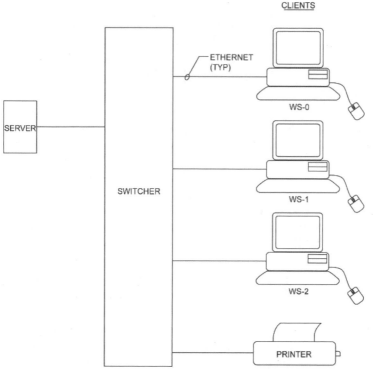

CLIENTS

ETHERNET
(TYP)

WS-0

SERVER

SWITCHER

WS-1

그림 14.12 클라이언트/
서버 네트워크 구성도

WS-2

PRINTER

트워크에서는 여러 개의 서버를 사용하는 것이 일반적이며, 다수의
스토리지로 시스템을 구성한다.

또한 메인 서버를 사용할 수 없는 비상상황 발생 시 메인 서버
에 대한 백업 서버를 사용하는 것이 일반적이다. 이것은 평상시 메
인 서버와 동일하게 데이터를 저장하고 관리하여 비상상황 발생 시
서비스의 연속성을 제공할 수 있도록 준비하는 것이다.

11. 효율적인 네트워크 구성하기

엔터프라이즈급 보안시스템의 주요 이점 중 하나는 멀리 떨어진 건
물을 원격으로 모니터링 할 수 있다는 것이다. 이를 위해 종종 보안
시스템용 네트워크와 회사의 업무용 네트워크를 혼합해서 사용해
야 한다.

보안시스템의 가장 일반적인 기능은 원격 사이트를 모니터링 하는 것이며, 모니터링 되는 사이트의 모든 데이터를 모니터링 하는 사이트로 보낼 필요는 없다. 모니터링 센터는 보고자 하는 데이터만을 보면 된다. 예를 들어, CATV의 채널 11로 스포츠 방송을 시청할 때 채널 4에서 재생되는 오페라에 대해 신경을 쓰지 않아도 되는 것과 마찬가지로 원격 모니터링 센터는 현재 관련 있는 데이터만 전송하면 된다. 즉, 모든 카메라의 영상을 계속해서 보낼 필요는 없다. 이 방법을 사용하면 큰 효율성을 얻을 수 있으며, 전체 네트워크 대역폭은 모니터링 되는 카메라의 용량만큼만 사용하면 된다.

업무용 네트워크를 통해 원격으로 모니터링 하는 방법에는 브라우저와 가상 사설망(VPN)이라는 두 가지의 매우 효율적인 방법이 있다. 브라우저 연결방법은 빠르고 쉬우며, 데이터를 전송하지 않을 때 대역폭을 소비하지 않는다. 브라우저 방식은 단지 영상을 표출하는 것만큼만의 네트워크 대역폭을 사용한다. 원격으로 모니터링 되는 사이트에 브라우저 연결을 통해 간단한 모니터링 센터를 구성할 수 있으며, 어떤 사이트를 보고 싶으면 연결하면 되고 그렇지 않으면 연결을 끊으면 된다.

그러나 브라우저 연결방식은 데이터가 화면에 전송되는지 여부에 관계없이 최소한의 데이터는 사용하며, 워크스테이션 처리를 위한 전력을 소비한다. 따라서 브라우저를 보지 않을 때는 브라우저를 닫는 것이 좋다. 알람시스템은 항상 연결되어있는 별도의 데이터 링크를 통해서 알람 모니터링 소프트웨어를 운용하여 신호가 전송된다. 이들은 대역폭을 거의 소비하지 않으므로 항상 연결되어있다. 브라우저는 http[27]가 아닌 https[28]로 실행되어야 하며(https는 높은 보안환경을 제공), https를 이용하여 모니터링 할 경우 시스템의 보안을 보장한다. 그러나 브라우저는 VPN만큼 안전하지 못하다. 브라우저 연결 시에 해킹당할 수 있다.

VPN은 브라우저처럼 열고 닫을 수 있지만 네트워크 보안 측면

[27] http(hyper text transfer protocol): 인터넷에서 하이퍼텍스트 (Hypertext) 문서를 교환하기 위하여 사용되는 통신규약이며, 하이퍼텍스트는 문서 중간 중간에 특정 키워드를 두고 문자나 그림을 상호 유기적으로 결합하여 연결시킴으로써, 서로 다른 문서라 할지라도 하나의 문서인 것처럼 보이면서 참조하기 쉽도록 하는 방식을 의미한다.

[28] https((HyperText Transfer Protocol over Secure Socket Layer): 월드 와이드 웹 통신 프로토콜인 http의 보안이 강화된 버전이다. https는 통신의 인증과 암호화를 위해 넷스케이프 커뮤니케이션즈 코퍼레이션이 개발했으며, 전자 상거래에서 널리 쓰인다.

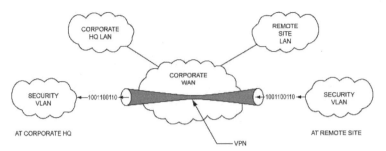

그림 14.13
가상사설망(VPN, virtual
private network) 개념도

에서 커다란 장점을 갖고 있다. VPN은 모니터링 중인 서버와 데이
터를 요청하는 서버 사이의 터널이라고 생각하면 되고, 이 터널은
방화벽으로 암호화되어있다. VPN은 시스템의 보안을 위해서는 최
고의 성능을 발휘하며, VPN을 해킹하기 위해서는 고도의 기술수준
이 필요하다. VPN의 단점은 고정된 대역폭을 사용한다는 것이며,
VPN이 연결되면 모니터링 되는 카메라 수에 관계없이 해당 대역폭
만이 사용된다. 이 대역폭은 해당 네트워크에서는 VPN 연결이 끝
날 때까지는 사용할 수 없다(그림 14.13).

12. 디지털 영상

1) 카메라 및 코덱

디지털 비디오카메라에는 디지털 카메라 또는 디지털 코덱 변환기
가 있는 아날로그 카메라의 두 가지 유형이 있다. 디지털 카메라의
시장점유율이 점점 커지고 있지만, 여전히 아날로그 카메라가 많이
사용되고 있으며, 디지털 비디오 시스템에서 아날로그 카메라를 사
용하려면 코덱이 있어야 한다.

디지털 카메라는 비디오 출력(PAL 또는 NTSC)을 제공하지 않
는다. USB 또는 이더넷 연결장치가 장착되어 디지털 이미지를 직접
출력한다.

코덱은 아날로그를 디지털로 변환하는 장치이며, 다음과 같은 종류의 코덱 유형이 있다.

(1) 채널수에 따른 분류

단일 채널 코덱은 하나의 카메라만 지원하며, 다중 채널 코덱은 여러 대의 카메라를 지원한다. 인프라가 주로 디지털인 경우 단일 채널 코덱이 가장 적합하며 대부분의 인프라가 아날로그인 경우 다중 채널 코덱을 선택하는 것이 합리적이다. 다중 채널 코덱을 사용하면 여러 대의 카메라를 아날로그 비디오 스위치를 활용하여 한 지점에 쉽게 연결할 수 있다.

(2) 비디오 데이터 스트림 수에 따른 분류

많은 코덱은 카메라당 하나의 데이터 스트림만을 출력한다. 일부는 두 개의 스트림 지원이 가능하다. 각 데이터 스트림은 일반적으로 프레임 속도 및 해상도를 조정하도록 구성할 수 있다. 두 개의 데이터 스트림을 통해 실시간 영상 표출 및 저장을 위해 하나씩 조정할 수 있다. 실시간 영상표출 데이터 스트림을 초당 15프레임(fps) 및 중간 해상도로 조정하고 두 번째 스트림을 4fps 및 고해상도로 조정할 수 있다. 일반적으로 영상을 저장하거나 모니터링 하는 것은 이미지에 대한 관심이 아닌 세부정보를 찾고 있기 때문에 저장된 영상을 검색할 때 실시간 영상표출보다 고해상도로 설정하여 원하는 정보를 찾는 것이 합리적이다.

(3) 오디오 유무에 따른 분류

일부 코덱은 오디오 채널을 지원하지만 일부는 지원하지 않는다. 오디오 채널은 일반적으로 동일한 TCP/IP 주소를 통해 별도로 데이터 스트림이 된다.

29 Dry-contact: 직역하면 건식 접점이지만 실제로는 유접점, 무전압 접점이라 하며 기계적으로 금속이 맞닿아서 연결해주는 일반적으로 많이 사용하는 릴레이 방식.
Wet-contact: 습식 접점, 무접점, 유전압 접점이라 하며 트랜지스터 IC회로를 출력하여 접점을 이루게 하는 방식.

(4) 입력 및 출력 접점에 따른 분류

많은 코덱은 하나 이상의 무전압 접점(Dry-contact,[29] 건식 접점, 유접점) 입/출력을 제공한다. 주변 장치를 제어하거나 시스템에서 일부 장치를 활성화하는 데 유용하다. 예를 들어 문을 열 때 문의 잠금을 풀거나 문 열림에 대한 경보를 울리는 데 사용할 수 있다.

(5) 압축 방식에 따른 분류

서로 다른 코덱은 다른 압축방식을 사용하며, 자세한 내용은 다음에 설명하겠다. BMP(비트맵)와 같은 기본 디지털 이미지는 픽셀이라고 하는 많은 수의 그림요소로 구성되며 각 픽셀에는 고유한 데이터 특성이 있다. 이 이미지는 많은 데이터 공간을 차지하며, 하나의 BMP 이미지가 여러 개의 메가비트의 데이터를 필요로 하는 경우가 일반적이다. 이러한 대용량 파일은 너무 많은 네트워크 대역폭을 사용하기 때문에 네트워크 전송에 유용하지 않다. 불필요한 데이터를 버리면 이미지를 압축할 수 있다(더 작은 패킷으로 만들 수 있음).

디지털 비디오 압축방식에는 JPEG와 MPEG의 두 가지 주요 유형이 있다. JPEG(Joint Photographic Experts Group)는 사진 등의 정지화상을 통신에 사용하기 위해서 압축하는 기술표준이며, 이미지를 만드는 사람이 이미지의 화질과 파일의 크기를 조절할 수 있다. MPEG(Moving Pictures Experts Group)는 동영상을 압축하고 코드로 표현하는 방법의 표준을 만드는 것을 목적으로 하는 동화상 전문가 그룹이다.

- MPEG-1은 가장 먼저 만든 포맷으로 비디오 CD와 MP3 오디오 제작에 활용.
- MPEG-2는 디지털 TV 셋톱박스 및 DVD의 기반이 되는 표준이며, 매우 높은 품질의 비디오를 제공.
- MPEG-3(MP3)은 오디오 코덱.

- MPEG-4는 양방향 멀티미디어를 구현할 수 있는 화상통신을 위한 동영상 압축기술 표준.
- MPEG-7은 멀티미디어 콘텐츠 기술표준.
- MPEG-21은 MPEG에서 멀티미디어 애플리케이션용 개방형 프레임워크를 정의하기 위한 표준.

디지털 비디오 보안코덱과 카메라는 일반적으로 MJPEG(JPEG 이미지는 데이터 스트림으로 함께 연결됨) 또는 MPEG-4이다.

BMP 이미지는 해상도에 따라 용량이 다르다. 즉, 각 개별 픽셀에 대해 각각의 데이터가 있다. JPEG 압축은 기본적으로 유사한 데이터를 저장하는 것이 아니라 복제하는 것이다. 예를 들어, 깃발에 그림이 있는 경우 빨간색 부분은 JPEG에서는 단일 픽셀에 저장하며 BMP 파일에는 모든 위치의 빨간색 픽셀을 저장하는 메모리가 있다. 이렇게 하면 BMP 파일에 비해 매우 높은 압축률을 얻을 수 있다. MPEG 압축은 이러한 프로세스를 한 걸음 더 진보시켜, 이미지의 경우 첫 번째 이미지는 JPEG 이미지로 저장하고 이후의 각 이미지는 이전 이미지와의 차이점만 저장한다. 첫 번째 프레임을 'I-프레임'이라고 하고 이후 프레임을 'P-프레임'이라고 한다. 너무 많은 업데이트가 발생하면 프로세스는 새로운 I-프레임을 저장하고 프로세스를 다시 시작한다. MPEG 프로토콜은 매우 효율적인 파일 압축을 제공한다.

2) 장점과 단점

각각의 JPEG 이미지는 새롭게 생성되는 이미지로 생각하면 된다. 이는 매우 낮은 대역폭의 위성 업 링크가 있는 해상 석유 플랫폼이나 네트워크 연결을 위해 전화 접속모뎀 연결만 사용할 수 있는 경우와 같이 프레임 속도가 매우 낮은 경우 매우 유용하다. 64kbs 속도의 위성 연결만 사용 가능한 해상 플랫폼에서 JPEG가 사용됐으며,

MPEG는 빠르게 움직이는 이미지에 적정한 데이터 대역폭이 있는 경우 효과적이지만, 미래의 확장과 네트워크 안정성을 위해 네트워크 리소스를 보존하는 것이 바람직한 경우에 가장 유용하다.

13. 디지털 해상도

디지털 이미지 해상도는 디지털 비디오 처리 시 가장 문제가 되는 부분이다. 고해상도를 갖기 위해서는 충분한 네트워크 대역폭 사용 및 하드디스크 저장공간을 위해 높은 비용을 지불해야 하므로 충분한 해상도를 갖기는 쉽지 않다. 해상도와 대역폭/저장공간 간에는 항상 이율배반적인 관계가 있다. 고맙게도 저장 비용은 지속적으로 떨어지지만, 네트워크 대역폭은 항상 문제가 될 것이라고 생각된다.

JPEG 해상도는 인치당 픽셀 수(PPI: pixel per inch)로 측정된다. 좋은 영상을 보기 위해서는 적절한 해상도가 필요하다. 이상적으로는 비디오 모니터의 각 픽셀에 비디오 이미지의 한 픽셀을 표시해야 한다. 기본 해상도보다 용지 또는 화면 크기가 큰 곳에 JPEG 이미지를 표시하면 흐릿한 이미지가 나타난다(그림 14.14). 일반적인 파일 크기는 120×160에서 720×480이다. 더 큰 크기는 더 높은 해상도로 사용할 수 있다.

그림 14.14 흐릿한 JPG 이미지(예)

그림 14.15 MPEG
해상도 도표

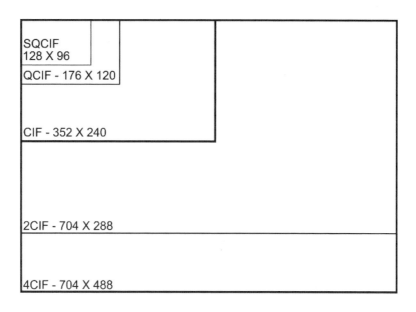

<pre>
SQCIF
128 X 96
QCIF - 176 X 120

CIF - 352 X 240

2CIF - 704 X 288

4CIF - 704 X 488
</pre>

MPEG 해상도는 공통 중간형식(CIF: Common Intermediate Format)으로 측정된다. NTSC에서 CIF는 352×240 픽셀을 제공한다. PAL에서는 352×288 픽셀을 제공한다. 가장 낮은 해상도의 MPEG 이미지는 1/4CIF(QCIF, 176×120), 2CIF(704×240, NTSC), (704×288, PAL) 및 마지막으로 4CIF(704×480, NTSC), (704×576, PAL)이다. 곧 16CIF가 매우 높은 해상도(1408×1152, NTSC/PAL)로 제공될 예정이며, 아주 낮은 저해상도 SQCIF(sub quarter CIF)(128×96, NTSC)도 있다. 대부분의 디지털 코덱은 CIF, 2CIF 및 때로는 4CIF 해상도를 제공한다(그림 14.15).

14. 프레임 속도

움직이는 이미지를 보려면 이미지가 빠른 속도로 변해야 한다. 프레임 속도는 비디오의 한 프레임을 다른 프레임으로 대체하는 속도이다. 프레임을 대체하는 속도는 초당 프레임 수(fps: frame per second)로 측정한다. 어떤 특정한 응용 프로그램은 초당 프레임 속도가 매우 느리다.

인간의 눈은 12~13fps 정도의 낮은 실시간 움직임을 인지할 수 있으므로, 실시간 이미지에는 최소 프레임 속도 15fps가 권장된다. 아날로그 비디오에 표시되는 항목이 많기 때문에 많은 사용자가 30fps를 선호한다. 그러나 객체가 빠르게 이동하지 않으면 해당 프레임 속도는 중요하지 않다. 해상도와 마찬가지로 프레임 속도는 fps에 정비례하게 대역폭과 저장용량에 모두 영향을 준다.

15. 디스플레이 관련 이슈들

1) 디스플레이 동등성

디스플레이 동등성은 보안업계가 아직 처리하지 못한 문제 중 하나이다. 이는 화면에 전송된 픽셀 수가 화면의 픽셀 수와 정확히 일치할 때 이루어진다.

20인치 LCD 고해상도 화면의 창에 9대의 카메라를 표시하는 경우 각 이미지에 대해 화면에서 160×120 픽셀만 사용할 수 있다. 여분의 픽셀은 어떻게 될까? 이는 낭비되고 버려진다. 문제는 그것들이 화면에서부터 버려진다는 것이다. LCD 모니터에 버려지기 전에 중앙처리장치(CPU) 및 비디오카드의 많은 부분을 점유한다.

4CIF 이미지는 337,920픽셀을 생성하며, 각 개별 픽셀은 높은 CPU 처리 성능과 많은 GPU(그래픽 처리장치) 처리용량을 필요로 한다. CPU와 GPU는 각각의 픽셀에 연동되어 소비된다. 1976년 로스 알라모스 국립연구소(Los Alamos National Laboratory)에서 개발된 최초의 슈퍼컴퓨터인 Cray-1은 80메가 플롭(flop: floating point operations per second)의 처리능력을 갖추고 있다. (플롭은 CPU 또는 비디오카드의 처리능력에 대한 단위이며 초당 부동 소수점 연산 명령을 몇 번 실행할 수 있는지를 의미한다.) 플롭과 픽셀 프로세싱

간에는 직접적인 상관관계는 없지만 비디오를 스크린에 표출하거나 저장장치에 저장하는 데 많은 처리능력이 필요하다.

30fps의 경우, 컴퓨터는 30fps로 각 이미지에 대해 10,137,600픽셀(10.1메가픽셀)을 처리한다. 9개의 이미지를 나타내기 위해서는 비디오만을 처리하기 위해 초당 91.2메가픽셀이 처리되며, 또한 비디오 응용 프로그램을 실행하고, 대형 시스템에서 인터컴, 알람/출입통제 및 기타 데이터용 오디오도 처리된다. 데스크톱에서는 화면당 100메가픽셀을 쉽게 처리할 수 있으며, 4CIF에서 30fps의 16개 이미지의 경우 실시간으로 160메가픽셀 이상을 처리한다. 처리능력에 관계없이 거의 모든 워크스테이션의 내부에서는 프로세싱 중에 다운현상이 발생한다. 높은 해상도, 높은 프레임 속도 및 많은 이미지들을 처리하기 위해서 컴퓨터는 종종 다운되기도 한다. 또한 화면에서 버려지는 픽셀은 이미지를 흐릿하게 보이게 한다. 여기서 이상적인 프로세스는 워크스테이션으로 데이터를 보내기 전에 불필요한 픽셀을 처리하는 소프트웨어를 서버에 보유하는 것이다. 비디오 이미지를 사전 렌더링[30]하는 방식은 디스플레이 및 네트워크 처리량의 품질 면에서 많은 이점을 제공하지만, 현재까지 우리가 알고 있는 소프트웨어 공급업체는 이러한 문제에 대해 생각조차 하지 않고 있다.

그렇다면 시스템 설계자는 어떻게 해야 할까? 설계자가 고려해야 할 요소는 이미지 해상도, 프레임 속도 및 처리용량 세 가지뿐이다. 첫째, 비디오를 전체 화면으로 표시하지 않는 한 4CIF 이상의 이미지를 표시할 필요가 거의 없다. 여분의 픽셀은 버려야 하며, 불필요한 네트워크 대역폭과 처리용량을 소비하는 불필요하게 높은 해상도는 도움이 되지 않기 때문에 2CIF로 라이브 이미지를 화면으로 보내는 것이 좋다.

둘째, 일반적으로 저장되는 이미지는 15fps 또는 30fps로 저장할 필요가 없다. 저장된 비디오를 불러올 경우 일반적으로 이미지의

[30] 렌더링(Rendering): 2차원의 화상에 광원·위치·색상 등 외부의 정보를 고려하여 사실감을 불어넣어, 3차원 화상을 만드는 과정을 뜻하는 컴퓨터그래픽스 용어다.

14 정보기술 시스템 인프라

세부묘사에 관심이 있다. 즉, 더 높은 해상도와 더 낮은 프레임 속도로 저장하는 것이 필요한 이유이다. 높은 해상도와 낮은 프레임 속도가 적당하지 않는 경우는 카지노 환경과 같이 손을 빠르게 움직여 사기를 치는 상황이 발생할 수 있는 곳의 영상을 저장하거나 재생할 때다.

　　마지막으로 일반적으로 많은 처리능력이 필요한 시스템은 일반적으로 듀얼 컴퓨터를 워크스테이션으로 설계한다. 듀얼코어 프로세서가 더 좋으며, 앞으로는 테라 플롭스의 그래픽 프로세싱 성능을 가진 컴퓨터가 나올 것이다.

2) 스토리지 관련 이슈

디스플레이와 마찬가지로 스토리지는 많은 양의 데이터와 처리용량을 소비한다. 특별한 이유가 없다면 라이브 화면보다 느린 프레임 속도로 데이터를 저장하는 것이 가장 좋다. 이를 통해 디스크 및 테이프 공간을 절약할 수 있을 뿐 아니라 향후 추가적인 용량 확장을 보장할 수 있다.

16. 데이터 시스템 처리량 관리

네트워크 처리량 관리에는 수학이 필요하며, 때로는 많은 수학적인 계산이 필요하지만 그러한 노력은 충분한 의미가 있다. 정격 용량의 45%를 초과하여 네트워크 또는 네트워크 세그먼트[31]를 구축하지 않는 것이 좋다.

　　100Mbps 용량의 세그먼트가 있는 경우 트래픽을 45Mbps로 유지하는 것이 좋다. 기가비트 백홀 세그먼트인 경우 트래픽을 450Mbps로 유지하는 것이 좋으며, 450Mbps를 초과해야 하는 경우 여러 개의 기가비트 통신경로 또는 10GB 경로를 구성하여 사용하는 것이 좋다. 당신의 고객은 이해하지 못할지 모르지만 그렇다고

[31] 세그먼트(Segment): 네트워크 케이블에 의해 만들어지는 네트워크 커넥션 (Connection)을 의미

하여 당신을 고소하지는 않을 것이다.

　네트워크 처리량을 관리하는 두 가지 방법은 더 많은 용량을 설계하여 구성하는 방법과 네트워크 세그먼트 방법이다. 비용/편익적인 측면에서는 일반적으로 네트워크 세그먼트 방법이 유리하다. 네트워크를 서브넷 또는 VLAN으로 나누어서 트래픽을 관리 가능한 수준으로 시스템을 구성하여 관리할 수 있다. 모든 트래픽이 어디에나 존재할 필요는 없으며, 중앙집중식이 아닌 원격으로 비디오를 녹화하면 트래픽이 감소한다. 백업이 필요한 경우 또는 원격저장소의 데이터 손실에 대한 우려가 있는 경우에는 네트워크 트래픽 및 인프라 구축비용이 훨씬 더 큰 중앙집중식 저장시스템 구축이 가능하다. 또 다른 대안으로 '분산보관' 기능을 생각할 수 있으며, 이것은 데이터 저장용으로 몇 개의 사이트를 모아 엔터프라이즈급 네트워크를 구성하고 트래픽을 적절하게 조정하여 구축한다.

17. 시스템 구조

1) 서버

서버는 전체 시스템을 감시·제어 및 관리하는 역할을 하며 그러한 내용들을 저장한다. 서버는 여러 응용 프로그램을 동시에 운영할 수 있으며 듀얼코어 CPU가 장착된 서버는 특정 서비스에 우선순위를 부여할 수 있으며, 예를 들어 인터컴 통화가 항상 원활하게 진행되도록 할 수 있다. 서버는 몇 가지 기본 서비스를 제공한다.

2) 디렉토리 서비스

디렉토리 서비스(DS: Directory Service)는 컴퓨터 네트워크의 사용자와 네트워크 자원에 대한 정보를 저장하고 조직하는 응용 소프트웨어(응용 프로그램들의 모임)이다. 네트워크 관리자가 여러 사용자들이 자원에 접근할 수 있게 도와주며, 또한 디렉토리 서비스는 사용자와 공유된 자원 사이의 추상계층으로 동작한다. 디렉토리 서비스는 디렉토리 서비스 안에 관리되고 있는, 이름이 있는 객체에 대한 정보를 가지고 있는 데이터베이스를 말하는 디렉토리 그 자체와 혼동하면 안 된다. 디렉토리 서비스 인터페이스는 중심/공통 권한으로 동작하며 디렉토리 데이터를 관리하는 시스템 자원을 안전하게 인증할 수 있게 해주며 데이터베이스와 같이, 디렉토리 서비스는 '읽기'에 최적화되어있으며, 디렉토리 안의 객체들과 연결할 수 있는 다른 많은 특성의 고급검색 기능을 제공한다. 디렉토리 안에 저장된 데이터는 확장과 수정이 가능하도록 정의되며 디렉토리 서비스는 자신의 정보를 저장하는 분배 모델을 사용하고, 이 정보는 보통 디렉토리 서버 사이에 복제된다.

또한 엔터프라이즈급의 통합 보안시스템은 주 서버와 병렬로 보조 서버를 사용하여 주 서버의 장애 발생 시 실시간으로 보조 서버가 주 서버와 동일한 역할을 수행한다.

3) 데이터 저장

서버는 일반적으로 알람/출입통제, 비디오 및 인터컴 시스템의 처리내용을 저장하고 날짜 및 시간별로 색인을 생성하여 비디오 및 음성 데이터를 알람 및 보안사건과 상호 연관시키며, 운영자가 적절한 비디오 및 음성에 즉시 접속하거나 검색할 수 있도록 한다. 엔터프라이즈급 시스템은 일반적으로 자동적으로 장애조치가 되는 저장 서버를 사용한다.

4) 원격접속 서비스

(1) 웹을 활용한 접속

VPN은 내부 망을 벗어난 지역에서의 웹서비스 연결에 대한 데이터의 보안을 보장한다. 도메인 내에서의 원격접속은 종종 VLAN을 사용한다.

(2) E-mail 및 호출기 알림 서비스

서버 소프트웨어는 전자메일 및 호출기 알림을 지원할 수 있다. 이것들은 교환기 서버 또는 이와 유사한 소프트웨어 또는 호출기에 대한 전화접속 또는 웹 연결을 통해서 이루어진다.

5) 하드웨어 구성

(1) 중앙처리장치(CPU: Central Processing Units)

일반적으로 중요한 캐시메모리는 충분해야 하며 서버의 용량에 적합한 빠른 CPU를 정하여 사용하는 것이 좋다.

(2) 메모리

2007년에는 최소 2GB의 RAM을 고려했었다. 시간이 지나면서 더 많은 메모리가 고려되고 사용될 것이며 가격이 저렴하니 충분한 용량의 메모리를 사용하는 것을 권장한다.

6) 디스크 저장소

(1) 운영체제 및 프로그램

모든 시스템 서버에는 운영체제 및 프로그램을 위해 자동적으로 장애조치를 할 수 있는 드라이브 2개를 포함한 여러 개의 디스크가 장착되어야 한다. 이들은 각각 최신 상태로 계속 유지되므로 어느 한쪽에 장애가 발생하면 즉시 서버의 임무를 다른 쪽으로 인계한다. 디스크는 매우 저렴하므로 사용 가능한 충분한 용량을 고려하여 디스크를 사용하는 것이 적절하다. RAID-5는 보관된 데이터의 신속한 검색을 위해 500GB씩 세그먼트로 구성하는 것이 좋다. 추가 디스크 용량이 필요한 경우 외부저장을 고려해야 하며, 외부저장 방법에는 두 가지가 있다.

(2) 네트워크 결합 스토리지(NAS: Network Attached Storage)

NAS, 즉 네트워크 결합 스토리지 시스템은 네트워크에 연결된 파일 수준의 데이터 저장서버로, 네트워크상의 다른 기기들에게 파일 기반 데이터 저장 서비스를 제공한다. NAS 시스템상에 다른 소프트웨어를 구동시킬 수도 있지만 일반 서버처럼 사용되지는 않기 때문에 키보드나 디스플레이를 가지고 있지 않으며 네트워크를 통해 제어 및 설정작업을 수행한다. 구축비용은 저렴하지만 네트워크 처리용량을 많이 소모하므로 권장하는 방법은 아니다.

(3) 광(廣) 저장장치 영역 네트워크(SAN: Storage Area Network)

SAN은 특수목적용 고속 네트워크로서, 대규모 네트워크 사용자들을 위하여 서로 다른 종류의 데이터 저장장치를 관련 데이터 서버와 함께 연결해 별도의 랜(LAN: 근거리 통신망)이나 네트워크를 구성해 저장 데이터를 관리한다.

SAN은 서버에서 별도의 네트워크로, 서버와 외부 저장장치 간에 데이터를 이동하는 데에만 사용하여 구성하며, SAN이 불필요하게 비싸다는 인식이 있지만, 그렇다고 해서 반드시 그런 것은 아니다. SAN은 추가 NIC(Network Interface Card)를 서버에 장착하고 저장할 데이터를 외부저장소로 보낸다. 여러 개의 서버 또는 여러 개의 외부 저장장치가 필요한 경우 SAN 스위치가 작업을 처리한다. SAN은 실제 데이터가 전달되는 기본 데이터 네트워크를 최대한 활용하며, 라이브 데이터 네트워크에 추가적인 부담을 주지 않아 시스템 확장을 위한 여분의 용량을 확보할 수 있도록 한다. SAN은 하나의 서버와 하나의 외부 저장장치가 있더라도 항상 외부 저장장치 사용을 권장한다.

7) 워크스테이션

워크스테이션은 시스템을 운영하는 사람이 사용하는 컴퓨터이며,

다양한 워크스테이션 유형이 있다.

(1) 상황실용 워크스테이션

상황실용 워크스테이션은 지휘통제센터(일반적으로 엔터프라이즈급 보안시스템)에서 사용된다. 지휘통제센터는 일반적으로 두 개 이상의 상황실용 워크스테이션을 포함하며 여러 대의 콘솔에서 운영자가 영상을 공동으로 볼 수 있도록 대형 비디오 월(Video wall)을 포함할 수 있다. 이러한 워크스테이션에는 일반적으로 알람/출입통제/디지털 비디오 및 보안용 인터컴과 보고서 작성 프로그램이 포함된다.

(2) 경비 또는 로비의 안내데스크용 워크스테이션

경비 또는 로비의 안내데스크용 워크스테이션은 로비에서 경호원의 데스크 업무를 지원하는 데에만 사용하는 단일 컴퓨터. 여기에는 알람/출입통제, 디지털 비디오 및 인터컴이 연결될 수 있다.

(3) 관리용 워크스테이션

관리용 워크스테이션은 시스템 구성, 데이터베이스 관리 및 보고서를 포함하여 통합 보안시스템의 관리를 지원한다.

(4) 이미지 식별용 워크스테이션

이미지 식별용 워크스테이션은 출입통제 시스템과 함께 사용할 식별배지를 만드는 데 사용된다. 이미지 식별용 워크스테이션에는 일반적으로 카메라, 배경, 광원, 의자, 디지털 카메라 및 워크스테이션이 포함되어있으며 피사체의 만족도를 높이기 위해 별도의 촬영용 모니터가 포함될 수 있다. 대형 시스템의 경우 특정 영역에 여러 개의 이미지 식별용 워크스테이션을 구성할 수 있다.

(5) 출입 인증용 워크스테이션

보안등급이 높은 시스템 구축 시에는 출입 인증용 워크스테이션을 부정한 짓을 하는 사람을 잡기 위한 전자장치(Mantrap) 및 카드판독기와 함께 사용하여 보안 영역으로 출입하는 사람이 실제로 승인된 사람인지를 확인한다. 출입 인증용 워크스테이션은 카드를 리더기에 접촉할 때마다 카드 소지자의 사진을 표시한다. 이렇게 하면 보안요원이 출입하는 사람이 유효한 카드 소지자인지 얼굴을 확인할 수 있다.

8) 단말 장비들

단말 장비에는 카메라, 인터컴, 카드리더기, 경보 감지장치, 전기식 도어 잠금장치, 도어 자동열림 감지기가 포함되며, 이들은 사용자와 인터페이스(Interface) 하는 장비들이다. 일반적인 통합 보안시스템에서 단말 장비들은 고유한 신호(오디오/비디오, 무전압 접점 또는 데이터)를 일정하게 TCP/IP 표준으로 전달하는 데이터 컨트롤러 또는 코덱과 연결된다. 따라서 컨트롤러와 코덱은 단말 장비이기도 하다. 단말 장비는 일반적으로 데이터 스위치를 통해 시스템에 연결된다.

9) 인프라 장비들

단말 장비들과 서버/워크스테이션 사이에는 시스템을 연결하고 통신규칙을 관리하는 디지털 인프라가 있다.

10) 스위치

디지털 스위치는 거의 모든 시스템 장치들을 연결하며, 연결뿐만 아니라 각 장치가 시스템과 통신하는 방법을 관리하는 장치다. 디지털 스위치는 우편물을 배달하는 경로에 있는 우편집배원과 비슷한 역할을 하며 우편물의 주소에 따라 해당 주소의 집에 우편물이 배달되도록 한다.

스위치는 장치 간 통신을 구분하고, 우선순위를 관리하고 서로 다른 장치의 데이터 대역폭을 제한할 수 있다. 스위치는 일반적으로 다수의 RJ-45 잭(일반적으로 8-48)을 가지고 있으며 링 또는 트리 구조로 하위계층까지 순차적으로 통신(Cascade communication)을 할 수 있다. 최악의 경우라도, 연결된 장치들의 모든 데이터들이 스위치 정격 용량의 45%를 초과해서는 안 된다. 스위치는 OSI 계층 2 장치이지만 더 좋은 스위치인 경우 OSI 계층 3 관리기능도 수행할 수 있다.

11) 라우터

네트워크는 겉으로 보기에는 여러 대의 컴퓨터가 연결선을 통하여 마치 모두 하나로 이어져 있는 것처럼 보인다. 하지만 사실 네트워크가 단 하나의 체계로 이루어져 있는 것은 아니다. 서로 다른 네트워크들이 연결되어있을 수도 있다는 것이다. 다만 각각의 네트워크는 통신방법이나 신호가 다르기 때문에 여러 가지 네트워크들이 정보를 주고받기 위해서는 중간에서 이것을 정리하고 길을 안내해줄 장치가 필요하다. 이것이 바로 라우터다.

앞에서 언급했듯이 라우터(Router)의 명사형 Route는 '길'이라는 의미이다. 단순히 다른 네트워크를 연결해줄 뿐만 아니라 적절하고도 효율적인 길을 알려주는 역할까지 하는 장비다. 집에서 케이블 TV 서비스를 신청하면 케이블 TV 기사가 공유기를 설치하는 것을 볼 수 있다. 이 공유기가 바로 라우터의 역할을 하는데, 크게 보면 공유기는 라우터에 포함된다고 할 수 있다. 이와 같은 공유기를 이용하면 집에서 사용하는 네트워크와 구글, 야후 등에 접속하는 네트워크를 연결할 수 있다.

이처럼 라우터는 여러 개의 네트워크 사이에서 적절한 통신이 이루어질 수 있도록 길 안내자의 역할을 한다. 라우터를 잘 활용하면 전체 네트워크의 성능이 향상될 뿐 아니라 종류가 다른 통신수단이나 장치 사이에 쉽게 연결이 가능하도록 도와준다. 통신 종류나 방법에 얽매이지 않고 대규모 네트워크 망을 구성할 수 있게 해준다는 점은 라우터의 최대 강점이다.

12) 방화벽

방화벽의 원래 의미는 건물에서 발생한 화재가 더 이상 번지는 것을 막는 것이다. 이러한 의미를 인터넷에서는 네트워크의 보안사고나 문제가 더 이상 확대되는 것을 막고 격리하려는 것으로 이해할 수 있다. 특히 어떤 기관 내부의 네트워크를 보호하기 위해 외부에서의 불법적인 트래픽 유입을 막고, 허가되고 인증된 트래픽만을 허용하려는 적극적인 방어대책의 일종, 즉 인터넷상의 하나의 컴퓨터 시스템과 전체 인터넷을 구분시켜주는 프로그램으로 시스템 사용자의 외부접속을 제한하거나 보안상의 문제로 인하여 외부인의 사용을 제한하는 데 사용된다. 방화벽 시스템의 기본목표는 네트워크 사용자에게 투명성을 보장하지 않아 약간의 제약을 주더라도 위험지대를 줄이려는 적극적인 보안대책을 제공하는 것이다.

13) 무선 노드

무선 노드는 네트워크 통신을 지원하는 무선 주파수의 송수신기이다. 흔히 네트워크 스위치를 통합하고 때로는 라우터와 방화벽을 통합할 수도 있으며, 일반적으로 무선링크는 데이터를 암호화한다.

14) 네트워크 통신 속도

네트워크 통신에는 네 가지 공통 속도가 있다.

- 10Base-T: 10Mbps
- 100Base-T: 100Mbps

- 1,000Base-T: 1Gbps
- 10,000Base-T: 10Gbps.

15) 케이블

네트워크 케이블은 유선 또는 광섬유일 수 있다. 광섬유 케이블 유형에는 단일모드 및 다중모드가 포함된다.

(1) 유선 케이블

카테고리 5e 및 6 케이블은 네트워크 케이블로 사용된다. 둘 다 기본 거리제한이 300피트이다. Cat5e 및 Cat6 케이블은 속도가 증가함에 따라 거리가 감소하면서 10Base-T, 100Base-T 및 1,000Base-T 연결을 지원할 수 있다.

(2) 광섬유

광섬유 케이블은 더 빠른 속도, 더 먼 거리 및 동시 통신을 지원할 수 있다. 유선 케이블과 달리 섬유는 한 번에 단일 주파수에서 단일 통신을 지원한다.

(3) 다중모드

다중모드 광섬유는 850nm 또는 1,500nm에서 작동하는 값싼 LED를 사용하여 데이터를 전송한다. 다중모드 광섬유는 저렴한 플라스틱으로 만들어지며, 다중모드 광섬유에서 빛은 광섬유 코어를 통해 전파되어 모서리에서 튀어나온다(따라서 다중 모드라 부른다). 다중모드 광섬유는 각 주파수에서 한 번에 하나의 통신만 지원할 수 있으며, 일반적으로 두 가닥의 섬유가 함께 사용된다. 하나는 전송용이고 다른 하나는 수신용이다.

(4) 단일모드

단일모드 광섬유는 코어(Core)가 10μm 미만으로 매우 작고 빛의 전파형태가 한 가지뿐이어서 손실이 매우 적으며, 신호의 변형(왜곡)이 거의 없기 때문에 신호의 장거리 전송이 가능하며, 구내 정보통신망(LAN) 등 단거리망보다 장거리망에 많이 사용된다.

16) 시스템 확장을 위한 설계

기능이나 위치에 따라 시스템을 분리할 수 있는 서브넷을 만들어 시스템을 확장할 수 있다. 이 접근법은 서브시스템이 서로 영향을 미치지 않도록 하면서 마스터 시스템이 모든 서브시스템의 활동을 감독하고 관찰할 수 있게 한다.

18. 서로 다른 엔터프라이즈급 네트워크와의 인터페이스

1) 엔터프라이즈급 LAN 또는 WAN

통합 보안시스템의 기본 인터페이스는 기업의 엔터프라이즈급 LAN 또는 WAN을 대상으로 하며, 권장되는 인터페이스는 엔터프라이즈급 보안시스템을 엔터프라이즈급 LAN/WAN에서 VLAN으로 구성하는 것이다.

엔터프라이즈급 LAN 내부에서 원격 모니터링은 모니터링 컴퓨터를 VLAN에 설치하여 수행할 수 있으며, 모니터링 컴퓨터를 업무용 네트워크에서도 사용해야 하는 경우 LAN에서 VLAN을 분리하는 데 2개의 NIC(Network Interface Card)가 장착되어야 한다. 인터넷을 통한 원격 모니터링은 VPN을 사용하여 수행해야 한다.

2) 프로세스 제어 네트워크

통합 보안시스템은 프로세스 제어 네트워크로 분류된다. 프로세스 제어 네트워크는 폐쇄 네트워크이며 특수목적 전용이며 업무용 네트워크와 분리되어있다는 점에서 업무용 네트워크와 다르다. 통합 보안시스템은 빌딩 자동화 시스템(BAS), 엘리베이터, 전화 시스템, 화재경보 시스템, 주차관리 시스템 및 무인판매 시스템을 포함하여 다른 유형의 프로세스 제어 네트워크와 통합할 수 있다.

(1) 빌딩 자동화 시스템

32 HVAC: 공조시스템 (Heating, Ventilation, & Air Conditioning)

BAS에는 HVAC,[32] 조명, 간판 및 관수(관개, Irrigation) 제어, 다른 건물 시스템의 제어가 포함된다. BAS는 RS-232 또는 TCP/IP를 통해 통합 보안시스템과 인터페이스 할 수 있으며, 공통 인터페이스 언어는 ASCII[33]이지만 때로는 데이터베이스 통합이 가능하다.

33 ASCII(American Standard Code for Information Interchange): 1968년 제정된 미국 문자 표준코드체계이며, 컴퓨터에서 영문자, 숫자, 그 외 기호를 표현하기 위한 표준코드로서, 사실상 PC에서는 세계 표준코드이다. 한 글자당 1바이트씩을 차지하는 1바이트 코드이며, 1바이트 중 7비트만을 사용하여 전체 코드를 나타내는 7비트 코드다.

(2) 엘리베이터/리프트

건물의 엘리베이터 시스템과 보안시스템을 통합해야 하는 이유가 있다. 이 인터페이스를 통해서 누가 어떤 층에서 어떤 층으로 가는지에 대한 제어를 허용하며, 또한 비디오카메라와 인터컴을 엘리베이터 안에 설치하는 것이 일반적이다. 견인방식(Traction)과 유압식의 두 가지 기본유형이 있으며, 견인방식의 엘리베이터는 고층빌딩에 사용되고 유압 엘리베이터는 저층 건물과 주차 구조물에 일반적으로 사용된다.

(3) 시스템 제어를 위한 인터페이스

엘리베이터를 제어하기 위한 인터페이스에는 일반적으로 층별 제어와 홀 호출 제어의 두 가지 유형이 있다.

홀 호출 제어는 단순히 엘리베이터 로비의 홀 호출 푸시 버튼을 활성화 또는 비활성화한다. 층별 제어기능을 통해 각 카드 소유자별로 각 차량의 개별 층을 선택할 수 있다. 층별 제어 구성요소에는 엘리베이터의 카드판독기와 자동차의 리더에 제공된 개별 카드의 인증을 기반으로 각 층 선택 버튼을 활성화 또는 비활성화하는 액세스 제어 시스템 컨트롤러가 포함된다.

보다 정교한 층별 출입통제 시스템은 카드 소지자가 유효하지 않은 층 선택 버튼으로 버튼 표시등을 끄면 카드가 선택할 수 있는 층을 표시하고 실제로 선택한 층을 기록할 수도 있다. 오늘날 이러한 기능은 엘리베이터 컨트롤러 프로그래밍에서 처리된다. 과거의 엘리베이터처럼 우아한 릴레이 로직 프로그래밍으로 이러한 기능을 수행할 수 있다.

엘리베이터 제어 메커니즘은 엘리베이터 출입통제 시스템의 설계에 영향을 미친다. 일반적인 유형에는 자동화, 릴레이 및 차량 제어가 있다. 이에 대해서는 뒤에서 자세히 다룬다.

비디오카메라는 동축 케이블, 리본 케이블, 레이저 또는 무선주파수 방식을 사용하여 데이터를 전송할 수 있다. 인터컴은 직접 링 다운 유형 또는 전용 인터컴 유형이 될 수 있다. 그들은 항상 응답할 수 있는 위치에 전화해야 하며 몇 분 동안조차도 무인 상태로 되어서는 안 된다.

(4) 사설 구내 교환기 인터페이스

사설 구내 교환(PABX: Private Automatic Branch Exchange) 시스템은 다수의 아날로그 또는 디지털 단말기를 중앙 스위치에 쉽게 연결해준다. PABX 스위치는 여러 개의 중앙사무실 전화선(몇 대에서 수백 대)과 다수의 전화국 세트(6대에서 수천 대)를 수용할 것이다. PABX 스위치는 걸려오는 전화를 올바른 내선번호로 연결해주고 발신전화를 사용 가능한 중앙 스위치에 연결해준다.

PABX 스위치는 외부에서 직접 내부 가입자와 연결할 수 있도록 하는 기능이 포함되어있어 외부에서 직접 특정 내선번호로 전화를 걸 수 있다. 간단한 단말기(Station set)는 집 전화처럼 보이지만, 더 복잡한 단말기는 시간/날짜 및 수신 호출자 ID를 표시할 수 있는 등 다양한 기능이 포함되어있다. 단말기에는 단축 다이얼 단추가 여러 개 있을 수 있으며 자주 호출되는 내선번호의 회선 상태도 표시될 수 있으며, 운영자 단말기는 선택 버튼 또는 소프트웨어로 시스템의 상태를 표시할 수 있다. PABX 시스템은 일반적으로 전용 컴퓨터로 제어하며, 보안시스템을 포함한 다른 시스템과 인터페이스가 가능하다. 보안설계자는 표준 단말기 대신 도어용 단말기를 사용하여 PABX 시스템을 보안 인터컴 시스템으로 사용할 수 있으며(PABX 시스템의 제조업체 및 모델에 따라 다름), 시스템 구축 시 보안용 콘솔은 PABX 스위치를 통하지 않고 직접 중앙교환국에 연결하여, 전력 또는 장비 고장 상황 시 비상통신 링크 역할을 한다.

(5) VoIP(Voice over Internet Protocol) 시스템

PABX 스위치 시스템은 VoIP(Voice over IP)[34] 시스템으로 빠르게 대체되고 있다. VoIP 시스템은 통신회사에 연결하기 위해 전화선을 사용하지 않고 인터넷을 이용한다. 전화 단말기 세트는 VoIP 변환기가 포함되어있는 일반 단말기 세트 또는 네트워크 장치일 수 있다.

VoIP 전화 시스템은 모든 기능이 소프트웨어로 작동되기 때문에 매우 유연하다. 그러나 그들은 그들이 서비스를 제공하는 회사의 보안과 관련된 두 가지 주요 잠재적 문제로 인해 제한사항이 따른다. VoIP 시스템은 인터넷 중단의 영향을 받으며, 인터넷 중단[35]은 중앙통제 사무실의 정전보다 훨씬 더 자주 발생한다. 전화선을 사용하면 부분적인 정전에는 전화선이 계속 작동할 가능성이 있으며, VoIP 전화의 경우는 부분적인 정전에도 영향을 받을 수 있다. 또한 VoIP 전화 시스템은 전문적인 해커의 침입을 받을 수 있기 때문에 VoIP 전화통신이 안전하지 않을 수도 있다. 또한 VoIP 시스템은 IP 기반의 보안 인터컴 및 호출기(Pager) 시스템 등과 쉽게 연동되어야 한다.

[34] VoIP(Voice over Internet Protocol): IP 주소를 사용하는 네트워크를 통해 음성을 디지털 패킷(데이터 전송의 최소단위)으로 변환하고 전송하는 기술이다. 다른 말로 인터넷전화라고 부르며, 'IP 텔레포니' 혹은 '인터넷 텔레포니'라고도 한다. 일부 사람들은 사설 전용망을 사용하면 VoIP, 공중망을 사용하면 인터넷전화, 이 둘을 합하면 IP 텔레포니라고 엄격하게 구분 짓기도 한다.

[35] 역자 주: 현재 정전 및 인터넷 중단 등의 문제는 거의 발생하지 않음

14 정보기술 시스템 인프라

(6) 화재경보 시스템

화재경보 시스템은 상업용 건물에서 사용되는 가장 오래된 네트워크를 활용한 제어시스템 중 하나다. 이들은 일반적으로 제조업체 고유의 독점 인프라를 가지고 있으며, RS-232 또는 TCP/IP 이더넷을 사용하여 다른 시스템과 종종 인터페이스를 한다. 일반적으로 인터페이스는 화재경보 영역에 대한 정보의 제공이며, 때때로 설계자는 시스템의 모든 지점에 대한 실시간 상태를 표시하기도 한다.

(7) 방송 시스템

방송 시스템은 아날로그 또는 디지털 인프라로 구성할 수 있으며, 방송 시스템에 대한 인터페이스는 신호전달의 목적으로 사용되며, 보안시스템에서 방송 시스템으로의 단방향 오디오 신호다.

일반적으로 시스템 간의 인터페이스에는 오디오 신호, 방송지역 선택 및 일시적으로 버튼을 누른 상태에서 음성을 전달하는 것 등이 포함된다. 인터페이스는 아날로그 또는 디지털일 수 있으며, 일반적으로 아날로그 인터페이스는 소형 방송 시스템에서 사용되며 대형 방송 시스템은 음성에 대한 아날로그 또는 디지털 인터페이스를 사용할 수 있다.

(8) 주차 관제 시스템

주차 관제 시스템은 다음과 같은 여러 가지 기능을 수행한다.

- 차량을 주차시설 또는 주차장에 진입하게 하여 주차 승인
- 주차장 내의 자동차를 적절한 주차공간으로 안내
- 주자창 내의 차량 수를 측정
- 주차장에 진입하는 운전자에게 사용 가능한 주차공간의 수량을 표시
- 주차요금을 위한 주차권 발행

- 주차권을 판독하여 주차요금 수납 지원
- 매설된 차량 감지 루프를 사용하여 카드판독기 또는 배리어 게이트의 경로에 있는 차량의 존재를 확인하거나 자동차가 통과한 후에 게이트를 닫을 수 있도록 지원
- 출입통제 시스템과 주차 관제 시스템 연동
- 출입통제 시스템은 주차 게이트를 개방하도록 알려주는 신호 제공 가능
- 주차 관제 시스템은 주차 영역에 차량이 가득차면 차량 진입 통제 가능

출입통제 시스템은 월간 정액으로 주차장 이용자의 주차요금 납부여부에 따라 출입을 통제할 수 있도록 연동이 가능하다. 또한 장애인, 임산부, VIP 고객을 구분하여 주차의 편의를 제공할 수도 있다.

(9) 자동판매기 관리 시스템

자동판매기 관리 시스템은 선불하거나 현장에서 직접 수납하고 제품을 판매하기 위해 제품판매 시스템과 연동되는 출입통제 시스템의 변형 시스템이다. 실제로 출입통제 시스템은 신용카드 또는 직불카드와 같이 사용된다. 신용카드 및 출금 관련 데이터베이스를 유지하도록 출입통제 시스템과 판매 시스템 사이의 데이터베이스와 인터페이스가 필요하다.

3) 기타 프로토콜 요소

유선 및 무선 디지털 보안시스템은 모두 유니캐스트 및 멀티캐스트 프로토콜을 사용하여 통신한다. 일반적인 TCP/IP인 유니캐스트 프로토콜은 한 장치에서 다른 장치로 신호를 전달하기 위한 것이며, 그들은 모든 데이터 패킷의 수신확인을 통해 통신이 이루어지도록

보장한다. 유니캐스트 프로토콜은 경보 및 출입통제 데이터와 같은 데이터들을 전송하는 데 일반적으로 사용된다. 대부분의 네트워크는 기본적으로 TCP/IP 프로토콜을 기반으로 하며, UDP/IP 및 RTP/IP와 같은 멀티캐스트 프로토콜은 데이터를 여러 수신장치들에 브로드캐스팅 하는 데 사용된다. 멀티캐스트 프로토콜은 유니캐스트 TCP 데이터와 달리 패킷이 수신되지 않으면 이를 확인하거나 패킷을 다시 보내지는 않으며, 일반적으로 멀티캐스트는 비디오 및 오디오 데이터에 널리 사용된다. 멀티캐스트는 네트워크 구성방법에 따라 네트워크 트래픽을 줄이기도 하고 증가시킬 수도 있으며, 데이터를 다시 보내려고 시도하지 않으므로 멀티캐스트는 네트워크 트래픽을 줄일 수 있다. 특히 신호전송 지연이 문제가 될 수 있는 무선 주파수 및 위성 시스템의 경우 수신 컴퓨터는 수신되지 않은 패킷에 대해 계속 요청을 할 수 있다. 그러나 멀티캐스트는 수신 대기하는 모든 장치로 전송되기 때문에 멀티캐스트 프로토콜에 맞게 네트워크를 구성하여 데이터를 처리할 필요가 없는 장치에서는 수신하지 못하도록 하는 것이 중요하다. 그렇지 않으면 많은 장치가 사용하지 않는 데이터를 처리하기 위해 바쁘게 유지된다.

멀티캐스트의 이상현상

또한 멀티캐스트 트래픽은 올바르게 구성된 시스템에서도 예상치 못한 부작용이 발생할 수 있다. 예를 들어 미러링 된 백업보관 서버 세트를 보안시스템에 추가하면 기본 및 백업 서버가 항상 모든 디지털 카메라의 데이터를 수신하기 때문에 시스템이 멀티캐스트 모드에서 작동해야 한다. 일반적으로 구성된 디지털 비디오 시스템에서는 백홀 네트워크에서 백업 서버로 200Mbps의 데이터 트래픽을 처리할 수 있다. 멀티캐스트 데이터 트래픽이 인터컴 코덱에 악영향을 미칠 수 있는 것은 거의 알려지지 않은 사실이다. 필자는 백업 서버가 켜졌을 때 인터컴에서 오디오 왜곡 현상이 나타나는 엔터프라

36 VLAN(Virtual Local Area Network): 물리적인 망 구성과는 상관없이 가상적으로 구성된 근거리 통신망(LAN). LAN 스위치나 비동기 전송방식 (ATM) 스위치를 사용해서 물리적인 배선에 구애받지 않고 방송 패킷 (Broadcast packet) 이 전달되는 범위를 임의로 나누어 서로 다른 네트워크에 접속되어있더라도 가상 랜(VLAN)에 속한 단말들은 같은 LAN에 연결된 것과 동일한 서비스를 제공받을 수 있도록 한다. 복수의 LAN 스위치를 거쳐 가상 랜을 구성하기 위해 IEEE 802.1Q 규격이 표준화되어있다.

이즈 보안시스템을 경험한 적이 있다. 추가적인 데이터 트래픽으로 인해 아카이브 서버가 켜져 있을 때만 음성 인터컴 코덱이 오디오를 왜곡시킬 수 있었다(모든 비디오 신호에 대한 시스템을 유니캐스트 에서 멀티캐스트로 변경). 디지털 비디오 네트워크를 두 개의 서로 다른 VLAN[36]으로 구성하는 것이 이상적이다. 여기서 VLAN1은 카 메라 대 서버 네트워크이고 VLAN2는 서버 대 워크스테이션 네트 워크이다. 유니캐스트로 VLAN1(카메라)을 실행하고 멀티캐스트로 VLAN2(클라이언트)를 실행한다.

19. 요약

정보기술의 인프라를 이해하는 것이 성공적인 통합 보안시스템 설 계의 기초라고 생각한다. 독자들은 보안시스템 설계자로서 성공하 기 위해 이번 장을 주의 깊게 읽고 이해해야 한다.

TCP/IP 프로토콜은 정보기술 네트워크 시스템의 기초이며, 이 번 장에서는 TCP/IP 작동방식에 대해 자세히 설명했다. 보안시스템 설계자는 TCP/IP에 대한 전반적인 이해 없이는 성공적인 시스템을 설계하고 구축하지 못할 것이다. TCP 프로토콜은 잘못된 통신을 수 정할 수 있으며, TCP/IP 제품군인 UDP 및 RTP는 불량통신을 수정 하지는 않지만 비디오 및 오디오와 같은 데이터 스트리밍에 더 적합 하다.

TCP/IP는 주소를 지정하는 시스템이기도 하다. 네트워크에 연 결된 각 장치에는 네트워크상의 해당 위치를 식별하는 TCP/IP 주소 가 할당되며, 주소는 자동 또는 수동으로 할당할 수 있다.

네트워크 선로를 구성하는 방식에는 이더넷 및 광섬유 케이 블이 포함된다. 이더넷은 10Mbps, 100Mbps 및 1,000Mbps 또는 10Base-T, 100Base-T 또는 1,000Base-T(기가비트 이더넷)의 속도로 Cats, Cat5e 및 Cat6 케이블에서 사용할 수 있다. 광섬유 통신은 단일

모드 또는 다중모드로 운용이 가능하며, 단일모드 광섬유는 더 많은 데이터를 더 멀리 운반할 수 있다. 장거리 전송을 위한 스위치 연결을 위해 기가비트 스위치를 광커넥터와 함께 사용할 수 있으며, RJ-45 커넥터는 로컬장치에 대한 이더넷 케이블과 단거리 전송을 위해 사용된다.

단말에 사용되는 장치들에는 IP 비디오카메라, IP 인터컴 및 코덱이 포함된다. 네트워크 인프라와 선로들은 허브, 스위치, 라우터 및 방화벽을 사용하여 연결된다. 허브는 단순하게 선로를 접속하고 네트워크를 연결해서는 신호를 주고받을 수 없기 때문에 오늘날 거의 사용되지 않는다. 스위치는 로컬장치의 연결을 위해 사용되며, 라우터는 네트워크 통신이 가능한 곳을 연결해주는 기능을 한다. 방화벽은 인증되지 않은 장치가 네트워크에 액세스하는 것을 차단하며, IDS는 네트워크 침입시도를 탐지하기 위해 네트워크 방화벽을 모니터링 한다.

통합 보안시스템의 네트워크 컴퓨터에는 서버와 워크스테이션이 포함된다. 서버에는 디렉터리 서비스 서버(Windows 디렉터리 서비스), IIS, DNS 및 기타 네트워크 관리 서비스가 포함될 수 있다. 다른 서비스에는 보관, 응용 프로그램 서비스, ftp, http, 전자메일 및 브로드캐스트 서비스가 포함될 수 있다. 워크스테이션은 사용자와 네트워크 간의 인터페이스를 제공한다. 프린터 및 대용량 스토리지 시스템은 네트워크에 연결하여 사용할 수 있으며, 대용량 스토리지 시스템에는 NAS 및 SAN이 포함된다.

네트워크 구성에는 단순한 네트워크, LAN 및 WAN 등이 포함된다. 고급 네트워크 시스템에는 백홀 네트워크, 서브넷 및 VLAN이 포함된다. 네트워크 연결 유형에는 1 대 1 연결(피어 투 피어) 및 클라이언트/서버 구성이 포함된다. 시스템은 브라우저(http) 또는 VPN을 사용하여 원격으로 안전하게 모니터링 할 수 있으며, 디지털 카메라는 네트워크에 직접 연결할 수 있지만 아날로그 비디오카메라는 코덱 인터페이스가 추가적으로 필요하다. 일반적인 비디오 압축방식에는 MJPEG, MPEG-2 및 MPEG-4가 포함되며, MJPEG는 사물의 움직임을 표현하기 위한 개별적인 이미지 스트림이며, MPEG는 단일 이미지를 표시한 다음 이미지의 변경사항으로만 후속 프레임을 업데이트하는 방식으로 표현한다.

워크스테이션 유형에는 보안 모니터링 센터용, 감시 또는 로비 안내데스크용 워크스테이션, 관리 워크스테이션, 사진 식별용 워크스테이션 및 출입 확인용 워크스테이션이 포함된다.

통합 보안시스템은 공정제어 네트워크, BAS, 엘리베이터, PABX, VoIP 시스템, 화재경보 시스템, 방송 시스템, 주차제어 시스템 및 판매 시스템을 비롯한 많은 다른 유형의 시스템에 연결할 수 있다.

멀티캐스트 프로토콜은 디지털 비디오 시스템에서 가끔 사용되지만 특별한 기술과 지식이 요구되기도 한다. 멀티캐스트 프로토콜을 구현하기 전에 철저한 이해를 권장한다.

14 정보기술 시스템 인프라

15   보안담당자 및 장비 모니터링

Craig McQuate, CPP

1. 들어가며

보안담당자는 기본훈련 수료 후 지정된 보직에 배치된다. 각 보직에는 추가훈련이 필요하며, 이는 보직지침에서 시작된다. 보직지침은 보안요원이 근무시간 동안 어떻게 보안임무를 수행해야 하는지 서면으로 명시한 절차를 말한다. 정책, 보직지침, 절차는 작성 후 검토와 조직 내 관리자 승인을 득해야 한다. 정책은 어느 정도 기간에 걸쳐 유지되나, 보직지침과 절차는 6개월마다 검토가 필요하다.

정책을 실현하기 위한 절차는 변화하는 조직의 소요에 따라 바뀔 수 있기 때문이다. 통상적으로 보직지침은 쉽게 열람할 수 있도록 파일과 인쇄본으로 보관한다.

2. 도입

직무수행 지침은 이하 정보를 포함해야 한다.

①   개정 일자
②   보안대상이 되는 내용
③   홍보 대응지침
④   보안 인원배치 수준, 보안 적용시간, 특정 기능 및 임무

⑤ 건물 설명(가용 시 평면도 포함)

⑥ 긴급상황 대응 세부지침

⑦ 비상연락망(업무 외 시간 연락망 포함)

⑧ 윤리강령 및 행동지침

보안 인원은 기본훈련이 선행되어야 한다.

① 보안정책, 절차, 의례

② 프로정신

③ 보안담당자로서의 권위 및 책임범위

④ 사법 당국과의 관계

⑤ 순찰 절차

⑥ 관찰 기술

⑦ 검문검색 요령

⑧ 조사

⑨ 보고서 작성

⑩ 긴급의무 지원, 응급처치, AED 사용

⑪ 직장 내 폭력

⑫ 보안장비 운용

보안에 있어 지휘통제실은 매우 중요하다. 이는 보안요원이 감시카메라(CCTV) 영상을 열람·녹화·확보할 수 있는 시설이다. 지휘통제실에는 지휘통제실 운용담당, CCTV 담당 역할을 수행할 수 있는 보안담당자 2명 이상이 필요하다. 보안사무실은 보안요원 1명이 관리할 수 있다. 지휘통제실에서는 보안담당자가 수백, 수천 개의 감시카메라로 촬영한 영상을 열람할 수 있다.

보안요원이 CCTV를 감시하는 시간을 주의 깊게 확인해야 한다. 인간의 눈이 피로를 느끼지 않고 대상을 볼 수 있는 시간은 한정적이므로 주기적인 휴식을 취하는 것이 절대적으로 중요하다. 일반면적의 지휘통제실에는 보안요원 2명이 가장 적합하다. 각 요원은 CCTV를 1시간씩 열람하고 역할을 교대한다. 이 경우 피로하지 않은 상태에서 CCTV를 항상 감시할 수 있다.

지휘통제실 운용담당은 요원과 일반 대중의 안전을 지키고 범죄를 예방하는 임무가 가장 중요하다. 눈을 깜빡거리지 않는 것으로 지휘통제실의 업무가 완수되는 것은 아니며, 다양한 기술과 성격을 유용하게 활용할 수 있다.

3. 지휘통제실

지휘통제실 운용담당은 다수의 모니터를 통해 실시간 영상을 감시해야 하므로 디테일에 반드시 깊은 주의를 기울여야 한다. 지휘통제실 운용담당은 중심이 되는 통제실에서 근무하며 동시에 최대 15개의 화면으로 100개 이상의 감시카메라 영상을 모니터링 하게 된다. 안전 및 질서유지를 위해 모든 활동을 면밀히 관찰하는 것이 중요하다. 교대시간에 감시 공백이 발생하지 않도록 근무교대를 조밀하게 구성한다. 지휘통제실 운용담당은 단독으로, 또는 팀으로 일할 수 있다. 불법 또는 의심행동 목격 시 지휘통제실 운용담당은 지정된 절차를 수행하며, 보안 인원이나 경찰에 연락한다.

지휘통제실 운용 역할을 원활히 수행하기 위해서는 특정 기술이 필요하다. 가장 중요한 기술 두 가지는 우수한 시력과 디테일에 대한 관찰력이다. 긴급상황 발생 시 신속, 신중하게 대응할 수 있는 능력도 중요하다. 보안담당자는 모니터로 확인한 것을 절대 일반 대중에게 공개해서는 안 되므로 신중한 대응이 필요하다. 동시에 다수의 스크린을 감시하고, 식별대상에 대한 신속한 판단을 내려야 하므로 감독관 없이 근무할 수 있는 자율적 업무능력도 중요하다.

지휘통제실 운용담당은 식별대상에 대한 우선순위를 결정할 수 있도록 도와주는 통제실 내에서 감시카메라를 운용할 수 있다.

특정 시간대 또는 긴급상황 발생 시 특정 구역에 대한 모니터링이 더 필요해질 수 있다. 예컨대 건물 내 알람이 작동해 보안요원이 이를 확인해야 하는 경우, 지휘통제실 운용담당은 해당 구역을 모니터링 하고 보안요원이 의심상황을 목격한 경우 통신활동을 수행한다.

지휘통제실 운용담당은 절도, 기물파손 등 범죄신고를 위해 타 보안요원 및 경찰과 연락하는 경우가 많다. 지휘통제실 운용담당은 실시간으로 상황을 모니터링 하므로 범죄발생 시 범죄자가 현장을 떠나기 전 검거하도록 도움을 줄 때가 많다. 실시간 영상감시 업무 외에도, 지휘통제실 운용담당은 영상 녹화본에 대한 유지관리 책임이 있다. 경찰 수사가 있을 경우를 위해 모든 녹화본은 지정된 기간 동안 보관해야 한다. 또한 경찰의 협조 요청에 대비해 지휘통제실 운용담당은 목격한 모든 사건에 대한 서면 이력을 보관해야 한다.

CCTV에 대한 최선의 운용방법은 디지털 비디오 체계 구축이다. CCTV에 찍힌 영상을 녹화·재생할 수 있는 DVR(디지털 비디오 녹화장치)이 가장 일반적으로 사용된다. DVR 네트워크를 통해 지휘통제실 운용담당은 역내가 아닌 다른 위치의 영상을 열람할 수도 있다.

보안기관에서는 고정 카메라와 식(움직이지 않음)과 PTZ(Pan, Tilt, and Zoom) 카메라를 사용한다.

지정된 모니터 구역을 감시하기 위해 고정초점 또는 다초점 렌즈가 사용된다. 고정식 카메라는 필요한 위치에 고정되어 운용자 평가를 도울 수 있다는 장점이 있다. PTZ 카메라는 팬(좌우 이동)과 틸트(상하 이동)가 가능한 카메라이다. 운용자는 이를 통해 넓은 모니터 구역을 관찰/열람할 수 있으며, PTZ 카메라와 모니터는 HD 기능을 지원한다(그림 15.1).

CCTV 사용은 기업의 보안계획 중 하나의 요소로서, 비슷한 역할을 수행하기 위해 보안요원을 증원하는 것보다 저비용으로 CCTV를 설치할 수 있다. 1~2명의 보안담당자가 중심이 되는 위치

그림 15.1 지휘 통제실

에서 다수 위치의 카메라 영상을 모니터링 할 수 있으므로, 이는 다른 건물에서 CCTV 영상을 모니터링 하고 상황에 대응할 수도 있음을 의미한다. 보안담당자가 현장에 없고 경찰에 녹화된 CCTV 영상을 제공해야 하는 경우, 현장을 벗어난 위치에서 영상을 재생할 수도 있다. CCTV 장비 사용을 통해 기업은 보안요원 운용에 드는 비용을 절약하고, 이를 통해 보안비용을 획기적으로 절감할 수 있다.

4. CCTV 최적 위치

식별 목적으로 사용할 수 있는 안면영상 열람 및 녹화에 가장 적합한 장소는 출입문이다. 식별영상을 확보하기 위해 보안 카메라가 촬영하는 구역의 너비는 평균적인 출입문 폭인 3피트 정도로 설정해야 한다. 카메라가 외부 출입문을 촬영하는 경우 주의를 기울여야 한다. 출입문 개폐 시 갑자기 빛이 들어오면 피사체가 검게 보일 수 있다. 이 경우 안면영상이 촬영되지 않고 검은색 윤곽만 촬영된다. 보안담당자가 출구를 모니터링 하는 것이 통상적으로 용이하다. 카메라에 역광이 들어오지 않아 조명수준이 일정하게 유지되기 때문이다. 물리적 자산 보호관리 체계의 설계 및 폭은 조직과 현장의 크기(면적), 특성, 복잡성에 따라 결정된다.

1) 표적

표적에는 현금출납기, 보석류 캐비닛, 금고, 서류 캐비닛 및 절도범이 표적으로 삼을 수 있는 모든 구역과 높은 리스크를 가진 구역이 포함된다. 해당 구역에서는 영상을 최대한 광각으로 확보할 수 있도록 보안 카메라를 설치해야 한다. 이 경우 안면식별보다는 범죄예방과 대응이 주목적이다. 또한 보안 카메라를 높은 곳에 설치해 캐비닛과 현금출납기를 모니터링 하도록 할 수 있다.

2) 취약지역

주차장 및 뒷골목도 감시카메라를 설치하기 적절한 곳이다. 이러한 곳에서 확보한 영상은 기물파손 및 폭력사건 조사에 유용하다. 이 경우 감시카메라 체계가 갖는 억제효과의 가치를 확인할 수 있다. 보안 카메라가 작동 중인 것을 확인하면 잠재적 범죄자는 범죄행위 시도를 재고하게 된다. 물리적 자산 보호관리 체계의 일부로서 보안요원은 외부 채광수준을 확인해야 한다(제5장 참조).

3) 시험 및 유지관리

최근 읽은 보안 관련 서적에 이동식 알람이 장착된 외부 출입문을 매년 점검하라는 내용이 있었다. 현장점검 결과 놀랍게도 모든 배터리가 방전되어있었다. 모든 물리적 자산 보호장치가 포함된 유지관리계획을 세우고, 장비 공급자가 숙련된 기술 인력을 제공하도록 하는 것이 중요하다.

5. 접근통제 및 생체인식 개론

통제용 펜스, 침입방지 장치, 보호용 조명 등은 물리적 보안 강화에 도움이 되나, 이들만으로는 충분하지 않다. 인가되지 않은 접근을 차단하기 위해 접근통제 체계를 설치할 수 있다. 효율적인 접근통제 절차는 위험장치 및 요소의 침입을 예방할 수 있다. 또한 소포, 물자, 재산의 이동을 통제하여 유용, 절도, 기록정보 오용 등을 최소화해준다. 접근통제 명단, 인원식별, 신분증, 출입증 교환절차, 에스코트 등의 방법을 통해 접근통제 체계를 효과적으로 활용할 수 있다.

6. 지정 제한구역

보안담당자는 제한구역을 지정·운용해야 한다. 제한구역은 보안상의 이유로 특수제한 및 통제의 대상이 되는 구역을 말한다. 비행제한구역은 여기에 포함되지 않는다.

제한구역은 아래와 같은 이유로 설정한다.[1]

- 보안조치 시행 및 미인가 인원 차단
- 특수보호가 필요한 구역에 대한 통제강화
- 비화 정보, 핵심장비 및 자료 보호

접근통제 및 생체인식을 통해 출입을 승인/거부하고 인가된 접근만 허용하도록 한다. 30일간 사용하지 않은 출입증은 폐기해야 한다. 이러한 장치 사용을 통해 높은 신뢰도와 보호수준을 확보할 수 있다.

7. 요약

물리적 자산 보호관리 체계의 기능은 불미스러운 사건 발생을 억제하고, 표적 및 자산에 대한 상대의 접근을 지연시키며, 불미스러운

[1] 자료 제공: Joseph Nelson, CPP (본서 제 13장 저자)

사건이나 상대의 공격을 발견하고, 표적에 대한 상대의 접근을 거부하며, 사법 당국 및 보안 인력이 불미스러운 사건에 성공적으로 대응할 수 있도록 하는 것이다.

16 비디오 기술 개론[1]

Herman Kruegle

[1] Kruegle H. *CCTV surveillance*. Boston: Butterworth–Heinemann, 2006. Updated by the editor, Elsevier, 2016.

이 장은 방호 목적으로 사용되는 현재 비디오 기술 및 장비를 소개한다. 중요한 핵심어로는 조명, 렌즈, 카메라 형태, 아날로그 및 디지털 비디오 신호 전송이다.

1. 들어가며

2000년대 후반부에 비디오 기술은 비약적으로 발전했다. 이 기술은 비디오 기기들의 새로운 세대로 나타난다. 즉 디지털 카메라, 멀티플렉서, 디지털 비디오 레코더(DVR) 등이다. 두 번째로 중요한 변화는 보안시스템을 컴퓨터 기반 근거리 통신망, 광역 통신망, 무선 네트워크(Wi-Fi), 인트라넷, 인터넷 및 WWW(World Wide Web) 통신 시스템과의 통합이다. 비록 오늘날의 비디오 보안시스템 하드웨어가 마이크로프로세서 컴퓨팅 파워, 반도체를 이용한 방식이나 자석식 메모리, 디지털 프로세싱, 유/무선 비디오 신호 전송기술을 이용하는 새로운 기술에 기반을 두어 개발됐지만, 기본 비디오 시스템은 여전히 렌즈, 카메라, 전송모뎀(유선케이블, 무선), 모니터, 레코더 등이다.

이 장은 현재의 비디오 보안시스템 기기에 대해 언급하고, 이들의 작동원리에 대해 소개한다. 어떤 비디오 보안 또는 안전 시스템의 일차적인 기능은 중앙제어 콘솔 또는 먼 지역에 보안을 위해 원격 눈을 제공하는 것이다. 비디오 시스템은 조명 원, 감시하고자 하는 영상, 카메라 렌즈, 카메라, 원격감시 및 기록을 위한 전송장비로 구성된다. 다른 기기는 이 시스템을 좀 더 높은 차원에서 완성하기 위해서 필요한데, 예를 들면 비디오 스위치, 멀티플렉서, 비디오 모션 탐지(VMD), 하우징, 영상 합성 및 분할, 문자생성기(Character generator)이다. 이 장은 이러한 기술 등이 어떻게 사용되는지에 대해 기술하고 있다. ① 비주얼 이미지 잡아내는 기술, ② 이를 비디오 신호로 변환하는 기술, ③ 이 신호를 먼 위치의 수신기에 전송하는 기술, ④ 이 영상을 비디오 모니터에 표시하는 기술, ⑤ 영구적으로 보존하기 위해 프린트 및 기록하는 기술 등이다.

그림 16.1은 단지 하나의 비디오카메라 및 모니터를 이용하여, 가장 단순한 비디오 응용기술을 보여주고 있다. 프린터 및 비디오 기록은 선택사항이다. 카메라는 직원이나, 방문자 또는 건물의 출입을 감시하는 데 사용된다. 카메라는 로비 벽에 설치되며, 내부 접근 문이나 프런트 문, 접수처 등을 감시한다. 모니터는 수백 또는 수천만 피트 떨어지거나 또는 다른 빌딩 또는 다른 국가에서 보안요원이 똑같은 내부 접근 문, 프런트 문, 접수처 등을 볼 수 있다. 비디오 카메라/모니터 시스템은 효과적으로 이러한 '눈'을 넓힐 수 있는데, 관측자 위치에서부터 관측되는 위치까지 모두 볼 수 있다. 기본적인 하나의 카메라 시스템은 그림 16.1에서 보여주고 있으며, 아래와 같은 하드웨어가 포함된다.

- 렌즈: 조명 원으로부터 빛이 영상에 반사된다. 렌즈는 영상으로부터 빛을 모아 빛에 민감한(Light-sensitive) 카메라 감지기 위에 영상 이미지를 나타낸다.
- 카메라: 카메라 감지기는 렌즈에 의해 형성된 알아볼 수 있는

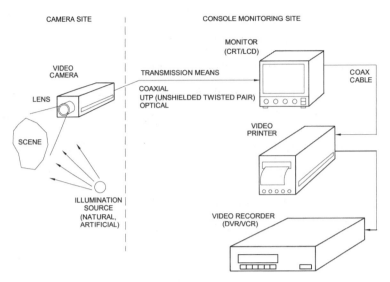

그림 16.1 단일 카메라
비디오 시스템 구성도

영상을 전기적인 신호로 바꾸어, 원격 모니터, 레코더, 프린터에 전송하기 위함이다.

- 전송 링크: 전송 미디어는 카메라로부터 원격 모니터까지 전기적인 비디오 신호를 보내준다. 하드와이어 미디어 선택은 ① 동축 케이블, ② UTP 케이블(두 가닥의 보호되지 않은 꼬인 쌍), ③ 광섬유 케이블, ④ 근거리 통신망, ⑤ 광역 통신망, ⑥ 인트라넷, ⑦ 인터넷 네트워크 등이다. 무선 선택은 ① 라디오 주파수(RF), ② 마이크로웨이브, ③ 광 적외선(IR). 신호는 아날로그 또는 디지털을 사용할 수 있다.

- 모니터: 비디오 모니터나 컴퓨터 스크린(CRT: Cathode Ray Tube)이 카메라 영상을 표시한다. 즉, 전기적인 비디오 신호를 모니터 스크린에서 볼 수 있는 영상으로 바꾸어 준다.

- 기록계: 카메라 영상은 실시간 혹은 저속도(TL: Time Lapse) 비디오카세트 레코더(VCR)에 자석 테이프 카세트를 통해 기록되거나 또는 자성 하드디스크 드라이브를 사용하여 DVR에 기록한다.

- 하드 카피 프린터: 비디오 프린터는 기록된 영상이나 실시간

영상을 열, 잉크젯, 레이저 또는 다른 프린터 기술을 이용하여 하드 카피 종이로 프린트할 수 있다.

위의 네 가지 구성요소는 가장 기본이 되는 비디오 시스템을 구성하는 데 요구되는 구성요소이다. 레코더나 프린터는 만약 영구적인 기록을 요구한다면 사용해야 하는 구성요소이다. 그림 16.2는 다중 카메라 디지털 비디오 보안시스템의 블록 다이어그램이다. 이는 위에서 언급한 구성요소에 부가적인 하드웨어 및 옵션, 즉 단일 카메라 시스템을 다중 카메라로, 모니터, 기록계는 좀 더 복잡한 비디오 보안시스템으로 확장하기 위해서 필요한 것이다. 좀 더 복잡한 시스템을 구성하기 위해 부가적으로 지원해야 할 장비는 카메라 스위치, 4개짜리 분배기(Quad), 멀티플렉서, 환경에 맞는 하우징, 카메라 팬(Pan)/틸트(Tilt) 메커니즘, 이미지 결합기 및 분리기, 영상 주석기 등이다.

• 카메라 스위치, 쿼드[4개짜리 분배기(Quad)], 멀티플렉서:

그림 16.2 다중카메라 비디오 보안 시스템 구성도

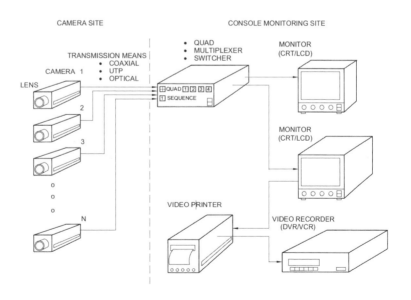

16 비디오 기술 개론

CCTV(Closed-Circuit TV, 폐쇄회로 TV) 보안시스템이 다중 카메라를 사용할 때, 전자적 스위치, 쿼드, 멀티플렉서가 다른 카메라를 자동 선택하거나 또는 단일/다중 모니터에 영상을 수동으로 표시할 때 사용하는데, 이는 각 개인 또는 다중의 영상을 보여줄 때이다. 쿼드는 4개의 카메라를 디지털로 결합한다. 멀티플렉서는 4, 9, 16 또는 32 짝수로 각각의 카메라를 디지털로 결합한다.

- 하우징(Housing): 카메라/렌즈 하우징은 세 가지로 분류된다. 내부, 외부 및 통합 카메라 하우징 어셈블리이다. 실내 하우징은 조작(Tampering)으로부터 카메라렌즈를 보호하며, 가벼운 물질로 하우징을 만든다. 실외 하우징은 환경으로부터 카메라 및 렌즈를 보호해야 하는데, 예를 들면 강우, 극단적인 강추위, 높은 온도, 먼지, 흙, 공공기물 파괴로부터 보호하기 위함이다.

- 돔(Dome) 하우징: 돔 카메라 하우징은 반구형의 투명하고 착색된 플라스틱 돔을 사용하며, 여기에는 팬(Pan)/틸트(Tilt) 및 줌 렌즈 기능이 있는 카메라 또는 고정 카메라를 장착한다.

- 플러그 및 플레이 카메라 하우징 결합: 감시카메라를 쉽게 설치하기 위해 많은 제조사가 카메라-렌즈-하우징을 하나의 어셈블리로 만든다. 이러한 플러그 및 플레이 카메라는 벽이나 천장에 부착하며, 전원을 꽂아서 비디오를 출력한다.

- 팬/틸트 메커니즘: 카메라가 넓은 범위를 감시할 때 팬/틸트 기능을 사용하는데, 수평으로 움직이며(Panning), 또는 수직으로 움직여(Tilt) 좀 더 넓은 범위의 각도를 감시할 수 있다.

- 스프린터/결합기/삽입기: 광 또는 전자적 영상결합 또는 스프린터(분리기)는 단일 모니터에 하나의 카메라 영상 이상을 표시할 수 있다.

- 주석 달기: 시간/날짜 생성기는 비디오 영상에 연대기적인 정

보로 주석을 달 수 있다. 카메라 식별기는 카메라 번호를 넣어
주며(몇 번 카메라인지, 예를 들면 현관문과 같은 이름), 모니
터 스크린에서 어떤 카메라에 의해 표시되는지를 알 수 있다.

디지털 비디오 감시 시스템은 아날로그 비디오 시스템의 대부
분의 기기를 사용할 수 있다. 중요한 차이점은 비디오 기기에 디지
털 전자기기나 디지털 프로세싱을 사용하여 나타내는 것이다. 디지
털 비디오 구성요소는 디지털 신호처리기(DSP: Digital Signal Pro-
cessing), 디지털 비디오 신호압축기(Digital Video Signal Compres-
sion), 디지털 전송, 기록, 화면 보기에 사용된다. 그림 16.3은 디지털
비디오 시스템에 대한 이러한 기기들, 신호경로 및 전반적인 시스템
블록 다이어그램을 보여주고 있다.

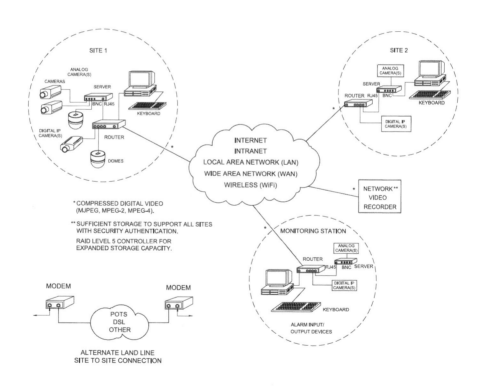

그림 16.3 네트워크 디지털 비디오 시스템 블록 다이어그램

2. 비디오 시스템

그림 16.4는 CCTV 카메라 환경에 필수적인 요소를 보여주고 있다. 즉, 조명 원, 카메라, 렌즈, 카메라-렌즈가 결합된 시야각(FOV: Field-of-view), 즉 영상과 카메라-렌즈 결합을 보여준다.

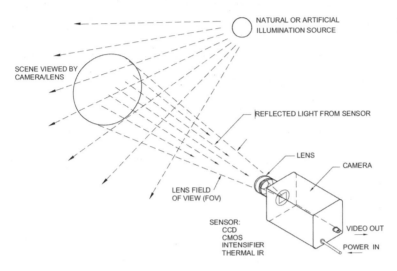

그림 16.4 비디오 카메라, 영상, 조명원

1) 빛과 반사의 역할

보고자 하는 영상이나 목표 영역은 자연 또는 인공적인 빛 원이 존재한다. 자연빛 원은 태양, 달빛(태양에 반사된) 및 별빛 등이다. 인공빛 원은 백열등, 소듐등, 형광등, 적외선 등 그 외 인간이 만든 빛원이다. 카메라 렌즈는 영상으로부터 반사된 빛을 받는다. 영상의 물체로부터 반사되는 빛의 양에 따라 보이는 영상은 5%, 10%부터 80% 또는 90% 빛에 따라 변한다. 일반적으로 평균적인 영상, 예를 들면 나뭇잎, 자동차, 사람들, 거리로부터 반사되는 빛의 수치는 약 25~65% 사이이다. 눈 덮인 영상은 약 90%이다. 렌즈에 의해서 받는 빛의 양은 빛 원의 밝기, 영상의 반사도, 간섭환경의 전송 특성에 따라 좌우된다. 실외에서 빛 원으로부터 영상까지 광경로(Optical path)를 고려해야 한다. 그러므로 환경에 따른 전송 역시 고려해야 한다. 환경적 조건이 아주 좋다면 영상으로부터 반사된 빛의 감소가 없어지거나 조금 일어난다.

그러나 강수량(Precipitation, 비, 눈, 진눈깨비로 인해)이 있거나, 안개가 방해하거나, 먼지, 연기, 모래바람이 많은 환경인 경우, 이러한 감소가 상당하며 이를 고려해야 한다. 마찬가지로 온도가 높은 열 효과(열 웨이브) 및 높은 습도 역시 심각한 감소 요인이 되며 영상을 왜곡시킬 수 있다. 영상으로부터 반사되는 빛의 완전한 감소[즉, 완전히 볼 수 없는 상태(Zero visibility)]가 일어날 수 있다. 즉, 어떠한 영상도 나타내지 못한다. 대부분 반도체를 이용한(Solid-State) 카메라는 볼 수 있도록 운영되며, 시계(Visibility) 측면에서 일반적인 법칙으로 적외선에 가까운 영역에서 만약 인간의 눈으로 볼 수 없다면 카메라도 볼 수 없다. 이러한 환경에서 아무리 많은 빛을 준다 해도 도움이 되지 않는다. 하지만 만약 가시광선이 영상으로부터 필터링 되어 단지 적외선 부분만 사용한다면, 영상 시계(視界)는 어느 정도 증가할 수 있다.

이러한 문제는 열적외선 화상 카메라를 사용하여 극복할 수 있는데, 가시광선 범위 바깥에서도 작동한다. 이러한 열 적외선 카메라는 제한된 화상 질로 단색 표시만 가능하며, 전하 결합장치(CCD: Charge-Coupled Device) 또는 상호 보완되는 금속 옥사이드 반도체 카메라(CMOS)보다 좀 더 비싸다. 그림 16.5는 보이는 영상과 카메라 감지기 영상화면 사이의 관계를 보여주고 있다. 카메라 내에 위치한 렌즈는 현장의 영상을 비치며, 이를 카메라 감지기 초점에 맞춘다. 대부분 보안시스템에서 사용되는 모든 비디오 시스템은 4×3면(Aspect) 비(4unit 폭 × 3unit 높이)이며, 이는 영상 감지기와 시계에 적용된다. 폭 변수는 h 또는 H로 명명하며, 수직변수는 v 또는 V로 명명한다. 몇몇 카메라는 16×9 unit's 고성능 TV 형식을 적용하고 있다. 여기서 고성능은 HDTV 또는 1080p 형식이다.

16 비디오 기술 개론

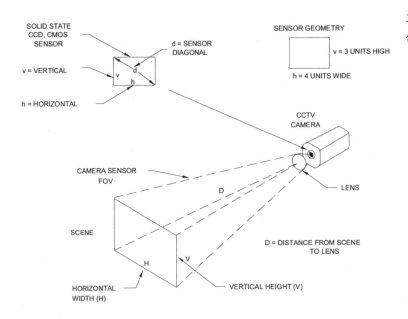

그림 16.5 비디오 영상 및
센서 기하학

2) 렌즈 기능

카메라 렌즈는 사람의 눈 렌즈와 유사하다(그림 16.6). 그리고 현장
으로부터 반사된 빛을 모으는 역할을 한다. 인간의 눈이나 필름 카
메라의 렌즈와 유사하다. 렌즈의 기능은 현장으로부터 반사된 빛을
모으고, 이를 영상에 초점을 맞추어, CCTV 카메라 감지기에 상을
입힌다. 자연 또는 인공적인 조명 원으로부터 현장에 비추는 빛의
굴절이 카메라로 반사되어 가로채서 카메라 렌즈에 모인다. 일반적
으로 렌즈 지름이 크면 클수록 빛이 더 많이 모여서, 센서의 영상이
더욱 밝아지고 화면에 비추는 영상이 더욱 좋아진다. 이는 좀 더 큰
조리개(직경) 렌즈는 좀 더 높은 광학 투과를 가지며, 빛을 덜 모으
는 작은 직경의 렌즈보다 더 비싼 이유이다. 좋은 빛 조건하에서, 밝
은 실내조명, 태양이 비추는 실외조건에서는 큰 조리개 렌즈를 요구
하지 않으며, 작은 직경 렌즈를 사용해도 카메라 감지기에 좀 더 밝
은 영상을 만들어낼 수 있다.

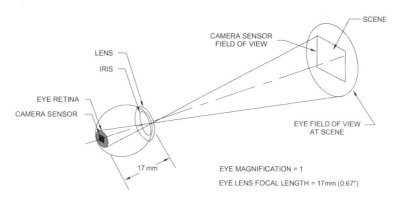

그림 16.6 인간 눈과
비디오 카메라 렌즈 비교

대부분 비디오 응용은 고정-초점-길이렌즈(FFL: Fixed Fo-cal Length)를 사용한다. FFL 렌즈는 마치 사람의 눈 렌즈처럼 고정 각 시계를 볼 수 있다. FFL 렌즈는 고정 크기로 현장을 영상화한다. CCTV 카메라 렌즈 응용은 좀 더 다양한 분야에서 이용되는데, 이 종(Different) 초점 길이에서 사용되며 이는 다른 시계(視界)를 제공할 수 있다. 폭넓은 각, 중간 각, 좁은 각(Telephoto) 렌즈는 다른 크기와 시계를 만든다. 줌이나 가변초점은 변동초점 길이나 시계를 만들 수 있도록 조정할 수 있다. 대부분 CCTV 렌즈는 조리개(인간의 눈꺼풀처럼)가 있는데, 이는 렌즈의 열림 범위를 조정하고, 이를 통과하는 빛의 양을 변화시켜 감지기에 비추어준다. 응용에 따라서 수동 또는 자동 조리개를 사용한다. 자동 조리개 CCTV 렌즈의 경우, 인간 눈 렌즈처럼 홍채에 빛이 너무 밝으면 자동적으로 닫으며, 너무 어두우면 자동적으로 열고, 모든 조건에서 감지기는 최적의 빛을 유지한다. 그림 16.7은 CCTV 렌즈의 대표적인 예이며, 이는 플렌지 백, 다초점 렌즈, 줌, 핀 홀, 긴 범위 실외 사용을 위한 큰 반사굴절 렌즈(거울과 유리 광으로 구성)를 보여주고 있다.

16 비디오 기술 개론

그림 16.7 대표적인
비디오 렌즈

(A) MOTORIZED ZOOM

(B) CATADIOPTRIC LONG FFL

(C) FLEXIBLE FIBER OPTIC

(D) WIDE FOV FFL

(E) RIGID FIBER OPTIC

(F) NARROW FOV (TELEPHOTO) FFL

(G) MINI-LENS

(H) STRAIGHT AND RIGHT-ANGLE PINHOLE LENSES

3. 카메라 기능

렌즈는 카메라 영상 감지기에 현장을 집중시키고, 이는 마치 눈의
망막과 같은 역할을 한다. 비디오카메라 감지기 및 전자(Electronics)
는 시각영상을 동일한 전기신호로 변환하고, 원격 화면에 전송할 수
있다. 그림 16.8은 전형적인 아날로그 CCTV 카메라의 블록 다이어
그램이다. 카메라, 즉, 렌즈에 만들어진 광영상은 현장에서 빛 세기
분배와 일치하여 변경된 시변(時變, Time invariant) 전기신호로 바
꾸어준다. 다른 카메라 전자회로는 동기화 펄스를 만드는데 이는 시
변 비디오 신호가 후에 화면에 표시되거나 또는 기록계에 사용되거
나, 프린터에 사용되는 데 동기화하기 위함이다.

비록 카메라가 특정 형태나 기능에 의해 다른 크기나 모양으
로 사용될지라도 모든 카메라에서 사용되는 스캐닝 작업은 필수적
으로 동일하다. 대부분 모든 카메라는 현장을 스캔하여, 점 대 점
(Point-by-Point)의 시간 함수로써[예외는 영상의 강도(强度)] 반

그림 16.8 아날로그
폐쇄회로 TV 카메라 블록
다이어그램

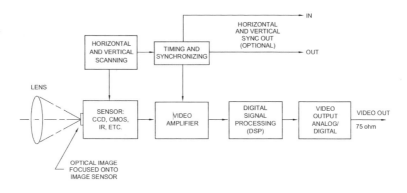

도체를 이용한 전하 결합장치(CCD) 또는 금속 옥사이드 반도체
(CMOS) 컬러나 단색 카메라는 대부분 카메라에 사용된다. 조명이
낮은 현장에서는 적외선 빛을 가진 감도 좋은 전하 결합장치 카메라
를 사용한다. 낮은 조명이 있는 현장이나 빛을 허용하지 않는 현장
(예: 숨겨진)에서는 낮은 빛 수준(LLL: Low Light Level) 강도의 전하
결합장치[CCD(ICCD: intensified CCD)] 카메라를 사용한다.

그림 16.9 디지털
신호처리 기능이 있는
아날로그 카메라 및
디지털 카메라 블록
다이어그램

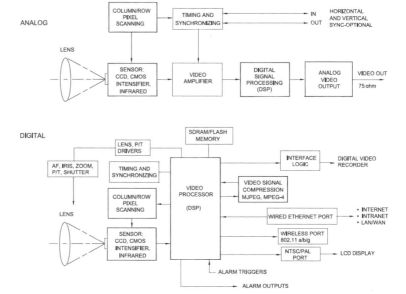

그림 16.9는 아날로그 또는 디지털 카메라의 블록 다이어그램을 보여주고 있다. 여기에는 ① 디지털 신호처리기(DSP), ② 모든 디지털 인터넷 프로토콜(IP) 비디오카메라다. 1990년대 초반에는 보안 영역에서 비방송형, 튜브 타입, 컬러 카메라가 안정성, 감도, 고해상도를 제공할 수 없었다. 컬러 카메라는 보안 영역에서 많이 사용하지 않았는데, 반도체를 이용한 컬러 CCTV 카메라가 반도체를 이용한 컬러 감지기 기술이 개발될 때까지 그리고 캠코더에 사용되는 컬러 전하 결합장치(CCD) 카메라가 널리 사용될 때까지 사용되지 못했다. 컬러 카메라는 현재 보안시스템에 표준처럼 사용되고 있으며, 오늘날 사용되는 대부분의 CCTV 보안 카메라는 컬러이다. 그림 16.10은 대표적인 CCTV 카메라로 여기에는 단색(흑백) 및 컬러 반도체를 이용한 전하 결합장치(CCD) 또는 금속 옥사이드 반도체(CMOS) 카메라 및 작은 단일 카메라 보드, 소형 원격헤드 카메라가 내장되어있다.

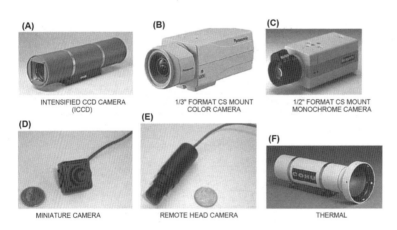

그림 16.10 대표적인 비디오 카메라

1) 전송기능

일단 카메라가 현장영상을 나타내는 전기적인 비디오 신호로 만들어지면 이 신호는 원격보안 감시 사이트로 전송된다. 이들 전송도구에는 동축 케이블(Coaxial cable), 두 가닥 케이블, 광섬유 또는 무선 기술이 이용된다. 전송 미디어의 선택은 거리, 환경, 시설 배치도와 같은 환경적 요인을 고려해야 한다. 만약 카메라와 모니터 사이의 거리가 짧으면(10~500ft 내외) 동축 케이블, UTP(Unshielded Twisted Pair cable), 광섬유 또는 무선을 사용한다. 만약 거리가 500ft보다 길거나 또는 전기적인 간섭이 있는 경우, 광섬유나 UTP 케이블을 선호한다. 매우 긴 거리나 안 좋은 환경(예를 들면 자주 번개 치는 곳) 또는 건물 사이에 전기적인 접지가 없는 경우 광섬유를 선택해야 한다. 도시에서 도시로 또는 상당히 먼 거리로 전송되는 경우 압축기술을 사용하며, 디지털 또는 인터넷 IP 카메라가 유일한 선택이며, 인터넷을 통하여 전송할 수 있다. 이러한 인터넷 시스템으로부터 영상은 실시간이 아닐 수 있으며, 오히려 준실시간 영상일 수 있다.

2) 화면기능

화면에는 CRT(Cathode Ray Tube, 브라운관) 혹은 LCD(Liquid Crystal Display) 또는 플라즈마 모니터가 있으며, 비디오 신호를 실제 영상으로 모니터 화면에 보여주며, 이는 전자회로를 통해 가능하다. 반대로 이 신호를 카메라에 보낼 수도 있다. 최종 영상은 비디오 모니터 CRT 스캔 일렉트론 빔에 의해서 나타난다. 즉, 원래의 영상을 모니터 화면(Face plate)에 보여준다. 다시 말해, 비디오 이미지는 LCD나 플라즈마 스크린에 점 대 점(Point by Point)으로 표시된다. 모니터 비디오 영상의 영구적인 기록은 VCR(Video Cassette Tape) 또는 DVR(Digital Video Recorder) 하드디스크 자성기록계를 통해 기록되며, 영구 하드 카피는 비디오 프린터를 통해 프린트된다.

3) 기록기능

여러 해 동안, VCR은 흑백 또는 컬러 비디오 영상을 기록하는 데 사용됐다. 실시간 및 TL(Time Lapsed, 저속촬영) VCR 자석 테이프 시스템은 보안현장을 기록하기 위해 신뢰 있고 효과적인 도구였다. 이 시스템은 1990년대 중반에 시작하여, DVR이 컴퓨터 하드디스크 드라이버를 사용하여 발전됐고, 비디오 영상을 기록하는 데 사용됐다. 큰 메모리 디스크(수백 메가바이트)를 이용하여 이들 기기들에 대한 기록을 오랫동안 보관할 수 있었다. VCR 대비 DVR의 중요한 장점은 카세트테이프와 비교하여 디스크의 신뢰성이 높다. 이들 기능에는 고속검색을 수행할 수 있으며, 디스크의 어느 위치에 있는 영상을 쉽게 재생할 수 있으며, 여러 복사본을 만들어 놓으면 설사 영상 변형이 생기더라도 쉽게 복원할 수 있다.

4. 현장 조명

현장에는 자연조명과 인공조명이 물체를 비춘다. 흑백 카메라는 빛원이 어떤 형태여도 볼 수 있다. 하지만 컬러 카메라는 빛이 필요한데, 이 빛은 가시 스펙트럼의 모든 컬러를 포함하며, 빛은 만족할 만한 컬러 영상을 만들기 위해 모든 컬러가 합리적인 균형을 이루어야 한다.

1) 자연광

낮 시간에, 빛의 양이나 현장에 도달하는 빛(컬러)의 스펙트럼 분포는 낮 시간과 대기조건에 좌우된다. 현장에 도달하는 빛의 컬러 스펙트럼은 중요한데 만약 컬러 CCTV를 사용할 경우 상당히 중요하다. 직접적인 태양이 비춘 경우, 최고의 대비(Contrast) 영상을 만들 수 있으며, 이는 물체를 최대로 인식할 수 있다. 흐리거나 구름 낀 날에는 달빛이 만들어져 현장에 있는 물체에 비추므로, 덜 대비된 결과를 만들어낸다. 빛 수준(낮 시간과 밤 시간)의 변화가 넓은 곳에서 최적의 카메라 영상을 만들기 위해 자동 홍채 카메라 시스템을 사용

표 16.1 낮과 밤 조건하에서 빛 수준

조건(fc)	빛 세기(lux)	조건(comments)	
직사광선	10,000	107,500	낮 빛 범위
온종일 비춤	1,000	10,750	
구름 낀 낮	100	1,075	
매우 흐린 날	10	107.5	
황혼	1	10.75	
깊은 황혼	0.1	1.075	
보름달	0.01	0.1075	Low-Level-Light 범위
반달	0.001	0.01075	
별빛	0.0001	0.001075	
구름 낀 밤	0.00001	0.0001075	

1lux = 0.093fc

한다. 표 16.1은 밝은 태양, 부분적 태양, 구름, 흐린 낮부터 구름 낀 밤까지 외부 빛의 수준을 보여주고 있다.

태양이 지평선 너머로 지고, 달이 하늘 높이 떠오르면, 달빛으로부터 반사되는 햇빛이 현장을 비추며, 감도 좋은 흑백 카메라에 의해 현장을 감시할 수 있다. 이러한 조건에서 현장에 모든 정보를 탐지하기 위해서는 매우 감도 좋은 카메라를 설치해야 한다. 왜냐하면 현장으로부터 카메라 렌즈에 매우 적은 빛만 반사되기 때문이다. 극단적인 경우, 달이 뜨지 않거나 구름에 의해 가려진 경우, 현장에 비치는 빛은 대개 은은한 빛이며, 이는 ① 현장에 인간이 만든 빛 원(가로등), ② 낮은 대기의 에어로졸(aerosol), 구름 분자에 의해 반사되는 바닥 조명에 의한 야광, ③ 별빛에 의한 직사광선 등이다. 이는 가장 안 좋은 조건이며, 이러한 경우 ① ICCD(Intensified Charge-Coupled Device: 강도 높은 전하 결합소자), ② 적외선 빛을 발사하는 다이오드 빛을 가진 흑백 카메라, ③ 열 적외선 카메라를 사용해야 한다. 표 16.2는 햇빛 아래에서 발생하는 LLL(Low-Level-

표 16.2 자연광에서 카메라 역량 및 빛 조건 대 카메라 요구조건

빛 조건(fc)	빛 세기(lux)	vidicom[a]	CCD CMOS ICCD ISIT[a]
구름 낀 달	0.00001	0.0001075	
별빛	0.0001	0.001075	
반달	0.001	0.01075	
보름달	0.01	0.1075	
깊은 황혼	0.1	1.075	
황혼	1	10.75	
매우 흐린 날	10	107.5	일반적인 카메라 운영범위
구름 낀 낮	100	1,075	
온종일 비춤	1,000	10,750	
직사광선	10,000	107,500	

vidicom[a]: (TV) 비디콤(광전도효과를 이용한 저속형 촬상관의 일종)
ISIT[a]: Intensified Silicon Intensified Target

Light) 조건하에 전형적인 카메라의 작동범위에서 빛의 수준을 요약한 것이다. fc(foot-candle)와 비교되는 빛 수준(lux)의 등가 계량된 수치로 표시하고 있다. 여기서 1fc는 약 9.34lux이다.

2) 인공조명

인공 빛은 실외 빛 세기를 증대시키는데, 밤에 적당한 비디오 감시를 위해서이다. 사용되는 빛 원은 텅스텐, 텅스텐-할로겐, 메탈-아크, 수은, 소듐, 제논, 적외선램프, LED 적외선 어레이 등이다. 그림 16.11은 이들 램프들의 여러 예를 보여주고 있다.

선택된 빛의 형태는 인공적인 요건 및 상세 적용에 따른다. 가끔 안정을 이유로 특수 빛 설계가 사용되는데, 현장에서 사람이 좀 더 잘 보이게 하고, 비디오 사진을 향상시키기 위해서이다. 텅스텐이나 텅스텐 할로겐 램프는 가장 균형 잡히게 빛이 분포되며, 컬러 카메라에 가장 효과적으로 볼 수 있는 실외 빛 형태는 저·고압 소듐 증기 램프로, 이 램프는 사람의 눈에 가장 민감하다.

그림 16.11 대표적인 인공 조명원

TUNGSTEN HALOGEN

FLUORESCENT
• STRAIGHT
• U

HIGH-PRESSURE SODIUM

TUNGSTEN PAR
• SPOT
• FLOOD

XENON LONG ARC

HIGH-INTENSITY DISCHARGE
METAL ARC

그러나 이러한 램프들은 모든 컬러를 만들어내지 못한다(청색이나 초록색을 놓침). 그러므로 컬러 카메라에 좋은 빛 원은 없다. 금속-아크 램프는 좋은 컬러로 변환된다. 수은-아크 램프는 좋은 조명을 제공하지만 붉은색을 놓친다. 그러므로 이들은 좋은 품질 컬러 비디오 이미지를 제공하는데 금속-아크 램프만 못하다. 좋은 컬러 변환을 가진 긴(Long) 아크제논은 실외 스포츠 시설 및 큰 공원시설에 이용된다.

LED 적외선 조명 어레이는 흑백 비디오카메라에 사용되는데, 충분한 조명이 없는 현장에 사용된다. 이들은 적외선 스펙트럼에 에너지를 분출하기 때문에, 흑백 카메라에서만 작동한다. 이들은 광-각 렌즈(50~75도) 시야각을 가진 좁은 범위(10~25ft)에 사용되거나 또는 중간 또는 좁은 시야각 렌즈(5~20도)를 가진 중간 범위(25~200ft)에 사용할 수 있다. 인공적인 실내조명은 실외조명과 유사한데 주로 형광등을 널리 사용하며, 이외에 고압 소듐은, 금속-아크, 수은등이 사용된다. 실내등은 상대적으로 고정 조명수준이므로 자동 홍채 렌즈가 불필요하다. 하지만 만약 CCTV 카메라가 외부 창문 가까이서 현장을 감시하거나 또는 추가적인 빛이 낮 시간에 문 쪽으로 들어오거나 또는 실내조명이 낮과 밤 사이에 조명수준이 변

16 비디오 기술 개론

하는 경우, 자동 홍채 렌즈 또는 전자적 셔터 카메라가 요구된다. 실내조명으로부터 조명수준은 햇빛보다 100배~1,000배 낮아야 한다.

5. 현장 특성

비디오영상의 품질은 다양한 현장 특성에 의존한다. 즉, ① 현장 조명수준, ② 현장 배경에 대비되는 물체의 대비(Contrast) 및 선명도(Sharpness), ③ 물체가 단순하고 깔끔한(Uncluttered) 배경 또는 완벽한 현장 인지, ④ 물체가 고정형인지 이동형인지에 따라 다르다.

이러한 현장 요인들은 시스템이 물체를 탐지하고, 방향을 결정하고, 인지·식별할 수 있는지에 대해 결정적 역할을 한다. 아래 언급된 것처럼 현장 조명 대 햇빛, 달빛, 인공조명 그리고 실제 현장 대비는 화면에 질 좋은 영상을 만들기 위해 필수적인 카메라와 렌즈의 형태를 결정하는 데 중요한 역할을 한다.

1) 물체 크기

현장 조명수준 및 현장 배경 대비 물체의 차이(Contrast), 물체의 분명한 크기, 즉, 카메라에 의해 보이는 시야각 등이 이를 탐지하기 위한 사람의 행위에 영향을 준다(예를 들면, 얼룩말이 많은 들판에서 줄무늬 있는 셔츠를 입은 축구 주심을 찾으려는 노력). 비디오 시스템의 요건은 응용분야에 따라 다르다. 이는 ① 현장에 움직이는 물체를 탐지, ② 물체의 방향성을 결정, ③ 현장에서 물체의 형태를 인지, 즉 성인 또는 어린이, 승용차 또는 트럭, ④ 물체의 식별(저 사람이 누구인가? 어떤 종류의 트럭인가?)하는 등이다. 이들을 식별하는 것은 시스템의 분해능 차이, 신호 대 잡음비에 따라 다르다. 전형적으로 평균 관측자는 목표를 1/10 각도에서 탐지할 수 있다. 이는 표준 비디오 영상과 관련되며, 즉 525 수평라인(NTSC: National Television System Committee, 국가TV위원회) 및 350 TV 수직라인 및

그림 16.12 물체 크기 대
얻어지는 정보

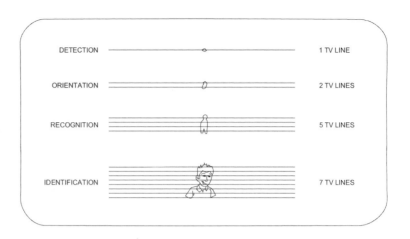

표 16.3 TV 라인 대 얻어지는 정보

정보	최소 TV 라인a
탐지	1 ± 0.25
방향	1.4 ± 0.35
인지	4 ± 0.8
식별	6.4 ± 1.5

a: 한 라인은 밝은 라인 및 어두운 라인을 의미(한 TV 라인 쌍)

500 TV 수평 분해능(350×500)이다. 그림 16.12 및 표 16.3은 TV 화면에서 물체를 탐지하고, 방향을 잡고, 인지하고, 식별하는 데 요구되는 라인수를 요약한 것이다. 요구되는 TV 라인 수는 안 좋은 조명, 복잡한 배경, 안 좋은 대비 및 목표 또는 카메라의 빠른 이동에 따라 증가할 수 있다.

2) 반사율(Reflectivity)

다른 물질의 반사율은 이들의 성분 및 표면 감촉에 따라 좌우된다. 표 16.4는 카메라에 의해 보이는 물체나 물질의 몇몇 예이며, 이와 관련된 반사율을 보여주고 있다.

표 16.4 공통 재료의 반사율

재료	반사율(%)[a]	재료	반사율(%)[a]
눈	85~95	못	15~30
아스팔트	5	콘크리트(New)	40
회반죽[Plaster(회색)]	90	콘크리트(Old)	25
모래	40~60	깨끗한 유리창	70
나무	20	인간 얼굴	70
잔디	40	나무	10~20
색칠한 벽(흰색)	75~90	주차장 및 자동차	40
붉은 벽돌	25~35	알루미늄 빌딩 [Diffuse(분산된)]	65~70

a: 가시 스펙트럼(400~700mm)

카메라는 현장에서 반사되는 빛의 양에 따라 다르기 때문에, 큰 범위의 반사율을 가진 물체는 가장 밝은 영상을 만들 수 있다. 다른 물체의 범위 내에 위치한 물체를 탐지하기 위해서는 반사율, 색깔, 질감(Texture)이 달라야 한다. 그러므로 만약 붉은 박스가 초록색 벽면에 놓여있고, 둘 다 동일한 반사율 및 질감이 있으면, 이 박스는 흑백 비디오 시스템에서는 구분할 수 없다. 이러한 경우, 가시 스펙트럼에서 전체 반사율은 초록색 벽이나 붉은 박스가 동일하다. 이러한 경우, 컬러 카메라가 흑백 카메라에 비해 장점이 있다. 컬러가 많은 현장의 경우 좀 더 복잡하다. 비록 붉은 박스나 초록 벽의 반사율이 초록색부터 붉은색까지 전체 가시 스펙트럼의 평균과 같을지라도, 컬러 카메라는 초록색과 붉은색을 구별할 수 있다. 흑백영상에서 회색범위[강도(Intensity)]의 차이를 식별하는 것보다 컬러영상에서 컬러의 차이에 의해 영상의 특성을 식별하는 것이 훨씬 쉽다. 이러한 이유 때문에 컬러영상에서 식별을 위해 요구되는 목표 크기는 일반적으로 흑백영상에서 동일한 식별보다 작다.

3) 움직임의 영향(Effect of Motion)

비디오 영상에서 움직이는 물체는 탐지하기 쉽지만, 고정목표보다는 인지하기가 훨씬 어렵다. 즉, 카메라가 움직이는 물체를 인지하는 것을 말한다.

LLL(Low-Level-Light) 저조명 수준 카메라는 고정 영상에는 선명한 영상을 제공하지만 움직이는 목표물에는 흐릿한 영상을 제공한다. 이는 '뒤처짐(Lag)'이나 '얼룩진(Smeared)' 현상이라 부른다. 반도체를 이용한(Solid-state) 센서(CCD, CMOS 및 ICCD)는 일반적인 조명수준에서 '흐릿하거나', '뒤처진' 현상이 나타나지 않는다. 그러므로 이들 감지기는 고정 및 움직이는 영상에서 비교적 선명한 영상을 제공한다. 몇몇 영상의 강도(强度)는 영상이 빠르게 움직이거나 렌즈의 시야각이 밝은 빛일 때 흐릿한 현상이 나타난다. 영상의 목표물이 매우 빠르게 움직일 때, 자체 카메라 스캔비(30frame/sec, fps)는 이러한 움직이는 물체가 카메라에 흐릿한 영상으로 보인다. 이는 셔터 속도가 움직임에 비해 너무 느릴 때 나타나며 스틸 사진의 번짐 현상과 유사하다. 이는 표준 NTSC TV 스캔비(30fps)를 사용하는 한 이를 고칠 방법은 없다. 하지만 CCTV 스냅샷은 빠른-셔터 CCD 카메라 기능을 사용하여, 어떤 번짐 없이 영상을 보여줄 수 있다. 특별한 응용에서, 즉 빨리 움직이는 물체를 보여주거나 추적해야 할 때 좀 더 높은 스캔비 카메라를 사용할 수 있다.

4) 현장 온도(Scene Temperature)

현장 온도는 전하 결합장치(CCD) 또는 금속 옥사이드 반도체(CMOS), 강도의 전하 결합장치(ICCD) 감지기를 사용하는 비디오 영상에 영향을 주지 않는다. 이들 감지기는 영상의 온도 변화나 온도 차이에 영향을 받지 않는다. 다른 한편으로, 열 적외선 영상 카메라는 온도 변화나 온도 차이에 영향을 받는다. 열 영상은 적외선 LED에 의해 만들어진 매우 유사한 적외선이나 가시광선에는 반응

16 비디오 기술 개론

하지 않는다. 열 적외선 영상의 감도는 영상의 가장 작은 온도차를 감지하는 것으로 열 카메라에 의해서 탐지하는 원리이다.

6. 렌즈

렌즈는 영상으로부터 반사된 빛을 모아서 이것을 카메라 이미지 감지기에 비추어주는 역할을 한다. 이는 그림 16.6에서처럼 인간의 눈 뒤의 홍채 위에 영상을 맞추는 렌즈의 역할과 유사하다. 인간의 눈처럼 카메라 렌즈는 영상이미지를 이미지 감지기에 뒤집어놓지만, 눈이나 카메라 전자는 똑바로 영상을 인지한다. 인간 눈의 홍채는 어떤 경우 CCTV 렌즈와는 상이한데, 이는 전체 160도 시야각에 중심 10%만 강한 이미지에 초점을 맞춘다. 중앙 초점 영상 밖에 있는 모든 영상은 초점 밖이다. 인간 눈의 중심이미지 부분은 중간 시야렌즈, 즉 16~25mm의 특성을 가진다. 그림 16.6은 비디오 시스템에서 렌즈의 기능을 나타낸다. 많은 다른 렌즈 형태는 비디오 감시 및 안전 응용에 사용된다. 이는 가장 단순한 고정-초점-길이렌즈 (Fixed Focal Length) 수동-홍채 렌즈부터 좀 더 복잡한 다초점 렌즈 및 줌 렌즈 범위이며, 모든 형태를 선택할 경우 자동 홍채를 사용한다. 스미어 현상은 태양이나 전등, 강한 반사광을 촬영할 때 화면에 수직으로 한 줄기 선이 나타나는 현상이다. 추가적으로 핀 홀 렌즈는 은밀한 응용에 이용되며, 한 카메라에서 여러 장면을 볼 경우, '분리 영상렌즈'를 사용하며, 카메라 측에 수직으로 장면을 보는 '오른쪽-각-렌즈'를 사용하며, 문 아래 얇은 벽을 통해 보기 위해 단단한 또는 유연한 '광-섬유 렌즈'를 사용한다.

1) FFL(Fixed Focal Length: 고정-초점-길이) 렌즈

그림 16.13은 세 가지 고정-초점-길이 렌즈 및 고정-시야각 렌즈를

그림 16.13 대표적인
고정 초점거리 렌즈 및
시야각

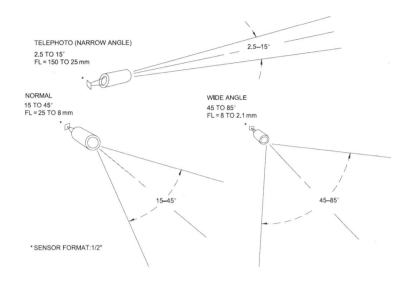

TELEPHOTO (NARROW ANGLE)
2.5 TO 15°
FL = 150 TO 25 mm

2.5—15°

NORMAL
15 TO 45°
FL = 25 TO 8 mm

WIDE ANGLE
45 TO 85°
FL = 8 TO 2.1 mm

15—45°

45—85°

* SENSOR FORMAT:1/2"

보여주는데, 여기에는 좁은[Telephoto(망원사진)], 중간, 넓은 시야
각 및 1/3인치 카메라 감지기 포맷을 사용하여 얻은 관련된 시야각
을 나타내고 있다. 넓은 시야각(좁은 초점 길이: Short focal length)
렌즈는 낮은 확대로 큰 장면(광각도)을 볼 수 있도록 허용한다. 좁은
시야각(FOV: Field of View) 또는 텔레포토 렌즈는 높은 확대로 높은
분해능 및 높은 식별을 할 수 있다.

2) 줌 렌즈(Zoom Lens)

줌 렌즈는 고정-초점-길이 렌즈보다 훨씬 다재다능하며 복잡하다.
그림 16.14에서처럼 여기에서 초점 길이는 광 각도로부터 좁은 각
도(망원 사진) 시야각까지 변화된다. 전체 카메라/렌즈 시야각은 렌
즈 초점 길이 및 카메라 감지기 크기에 달려 있다(그림 16.14 참조).
줌 렌즈는 다중 렌즈 그룹으로 구성되어있는데, 외부 줌 링(수동 또
는 모터화)을 이용하여 렌즈 통을 움직이거나 렌즈를 바꾸거나 재초
점 없이 렌즈의 초점길이나 시야각을 변형시킬 수 있다. 줌 초점 길
이 비율의 범위는 6:1부터 50:1까지이다. 줌 렌즈는 대체로 크며, 팬
(Pan)/틸트(Tilt) 기능이 탑재되어 넓은 영역 및 거리(25~500ft)까지

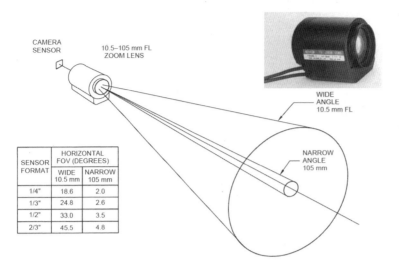

그림 16.14 줌 비디오
렌즈 수평적인 시야각

SENSOR FORMAT	HORIZONTAL FOV (DEGREES)	
	WIDE 10.5 mm	NARROW 105 mm
1/4"	18.6	2.0
1/3"	24.8	2.6
1/2"	33.0	3.5
2/3"	45.5	4.8

볼 수 있다.

3) 다초점 렌즈(Varifocal Lens)

다초점 렌즈는 응용에 따라 초점거리를 변경한다. 일반적으로 이는 작지만 줌 렌즈에 비해 훨씬 비싸다. 줌 렌즈처럼 다초점 렌즈는 초점거리(시야각도)가 수동 또는 자동으로(모터를 이용하여) 변경되기 때문에 렌즈의 통을 회전시킨다. 이러한 특성은 시야각을 정교한 각도로 맞추는 데 훨씬 쉬워진다. 일반적인 다초점 렌즈는 초점거리 3~8mm, 5~12mm, 8-50mm이다. 이를 세 가지, 즉 3mm에서 50mm까지(91~95° 수평 시야각) 1/3인치 형태 감지기에 사용된다. 줌 렌즈와 같지 않게, 다초점 렌즈는 매시간 초점거리 및 시야각을 재조정하여 초점을 맞춘다. 이들은 팬(Pan)/틸트(Tilt)를 사용할 때에 적합하지 않다.

4) 파노라마 360° 렌즈

'모든 영역'을 보기를 원할 때, 즉 전체 방 또는 다른 위치를 하나의 파노라마 카메라로 360° 보기를 원할 때 사용한다. 과거에 360° 시

그림 16.15 파노라마
360° 렌즈

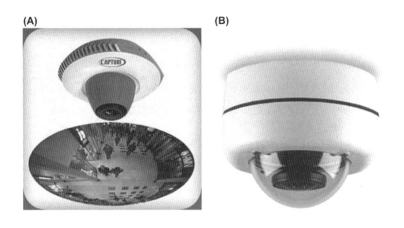

야각 카메라 영상 시스템을 구현하기 위해 여러 대 카메라 및 렌즈
또는 분할 스크린 화면을 통하여 장면을 결합함으로써 볼 수 있었
다. 그러나 파노라마 렌즈는 여러 해 동안 사용됐는데, 최근에 디
지털 전자기술과 복잡한 수학적 변환이 결합하여 탄생됐다. 그림
16.15는 360° 수평 시야각 및 90° 수직 시야각이 있는 두 개의 렌즈
를 보여주고 있다. 파노라마 렌즈는 360° 파노라마 장면으로부터 빛
을 모아 도넛 모양의 영상으로 카메라 감지기에 초점을 맞춘다. 그
리고 전자 및 수학적인 알고리즘을 이용하여, 이러한 도넛 형태의
파노라마 영상을 사각형(수평 및 수직) 형태로 변환하여 일반 화면
으로 보여준다.

5) 은밀한 핀 홀 렌즈(Covert Pinhole Lens)

특수 보안렌즈가 사용되는데 렌즈나 CCTV 카메라가 숨겨져 있
다. 맨 앞 렌즈 구성요소 및 조리개는 매우 작다(1/16~5/16inch/직
경). 비록 이 앞부분이 핀 크기는 아니어도 유사한 형태이다. 그림
16.16은 똑바로 또는 오른쪽 각 핀 홀 렌즈의 예이다. 여기서 매우
작은 미니-핀 홀 렌즈는 저비용 및 적은 보드 카메라이다.

16 비디오 기술 개론

(A)

PINHOLE LENSES

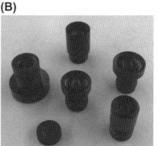

(B)

MINI-LENSES

그림 16.16 핀홀 및 소형 핀홀 렌즈

6) 특수 렌즈(Special Lens)

보안에 사용되는 몇몇 특별한 렌즈는 분리 이미지, 오른쪽 각도, 릴레이, 광섬유(그림 16.17 참조) 등이다. 2중 분리, 3중 분리 렌즈는 여러 장면을 제공하기 위해 한 카메라에만 사용된다. 이들은 다른 크기로 동일한 장면 또는 동일하거나 다른 크기로 다른 장면을 볼때 사용한다. 단 하나의 카메라를 사용하면 비용이 절감되고 신뢰도가 증가된다. 이 렌즈는 두 개 혹은 세 개의 장면을 요구할 때 사용되며, 단지 하나의 카메라만 설치해야 할 때 사용된다. 오른쪽 각 렌즈는 카메라의 광각도(Wide angle)를 수직으로 볼 때 설치되는 광각도 렌즈를 사용하여 카메라가 허용될 때 사용한다. 이는 초점거리에 제약이 없으므로, 넓은 또는 좁은 각도 응용에 사용할 수 있다. 유연한 또는 단단한 형태의 광섬유 렌즈는 앞 렌즈로부터 여러 인치에서 여러 피트까지 떨어진 카메라에 장착되는데, 벽의 반대편 부분을 보든지 위험한 환경을 감시할 때 사용된다. 광섬유 번들 기능은 한 위치에서 다른 위치까지 초점된 영상이미지를 변환하는 기능이다. 이는 ① 카메라를 보호하고, ② 하나의 환경(외부)에 렌즈를 위치하며, 다른 곳(내부) 카메라를 설치하는 경우이다. 즉, 렌즈와 카메라가 분리되어야 하는 경우에 사용된다.

그림 16.17 특수 비디오 렌즈

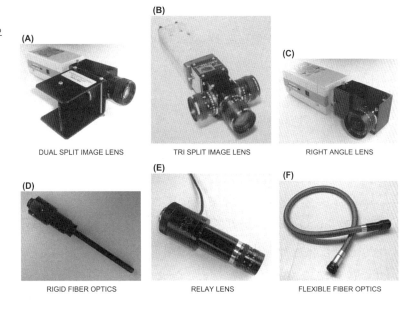

(A) DUAL SPLIT IMAGE LENS

(B) TRI SPLIT IMAGE LENS

(C) RIGHT ANGLE LENS

(D) RIGID FIBER OPTICS

(E) RELAY LENS

(F) FLEXIBLE FIBER OPTICS

7. 카메라

카메라 렌즈는 현장 이미지를 카메라 감지기에 점 대 점(Point by Point)으로 초점을 맞추며, 카메라 전자는 현장 영상을 전기신호로 바꾼다. 카메라 비디오 신호(모든 영상정보를 포함하는)는 초당 30사이클 또는 30Hz부터 초당 420만 사이클 또는 4.2MHz 주파수로 설정할 수 있다. 비디오 신호는 케이블을 통해 전송하여 모니터 화면에 보여준다. 오늘날 대부분의 모든 보안 카메라는 컬러 혹은 흑백 전하 결합장치(CCD)였으나, 빠른 금속 옥사이드 반도체(CMOS) 형태의 급격한 출현으로 대부분 이 방식을 사용한다. 이들 카메라는 조그만 렌즈로 장착된 저비용 단일 PCB(Printed Circuit Board)를 사용하며, 은밀한 혹은 공개된 감시 시스템에 적용된다. 하우징 되어있는 좀 더 비싼 카메라는 크고, 좀 더 단단하며, 어떤 형태는 렌즈를 탑재하고 있다. 이들 카메라는 다중 카메라 CCTV 시스템에 적합하게 전기적 입/출력 기능 및 고(高)분해능, 빛 민감도(Light sensitivity) 기능이 있다. LED 적외선 어레이로 구성된 전하 결합장치나 금속 옥사이드 반도체 카메라는 야간에도 카메라를 사용할 수 있다. 저조명 수준(LLL: Low Location Lighting)에 응용할 경우, 강도(强度)의 전하 결합장치(ICCD)나 적외선(IR) 카메라는 가장 좋은 민감도 및 탐지기능을 제공한다.

최근 몇 년 사이 카메라 기술의 중요한 진전은 카메라에 신호처리장치(DSP: Digital Signal Processing)의 발전 및 인터넷 프로토콜(IP: Internet Protocol) 카메라의 개발이다. 1950~1980년대 사이에 만들어진 모든 보안 카메라는 진공관 튜브 타입, 비디콘(Video Camera Tube), 실리콘, 실리콘 강도 목표(SIT: Silicon Intensified Target)를 사용하는 저조명 수준(LLL) 형태 및 강도 SIT 타입이었다. 1980년대 이후에 전하 결합장치 및 금속 옥사이드 반도체(CMOS)를 이용한 비디오 이미지 감지기가 보안산업에서 여전히 대들보 역할을 했다. 캠코더에서 전하 결합장치(CCD) 감지기를 사용하고, 비디오 레코더를 사용하는 소비자 수요가 증가하고, 또한 디지털 프레임 카메라를 이용한 금속 옥사이드 반도체 감지기를 폭발적으로 사용하게 됐다. 이는 작고 고분해능이며, 고감도 및 흑백 및 컬러 고체상태 카메라를 보안시스템에 적용하게 됐다. 보안산업은 이제 아날로그 및 디지털 감시카메라 모두 발전했다. 1990년대 중반까지 아날로그 카메라가 주로 사용됐다. 왜냐하면 신호처리장치(DSP) 칩이 아직 개발되지 못했고, 디지털 인터넷 카메라만 보안시장에 소개됐다. 반도체를 이용한 회로의 발전과 소비시장으로부터의 요구 및 인터넷의 유용성으로 보안시장에서 디지털 카메라 보급이 급속도로 이루어졌다.

1) 주사 프로세스(Scanning Process)

카메라나 모니터 비디오 스캐닝 프로세스를 사용하는 방법은 두 가지이다. 래스터 스캔(Raster scan)과 순차 주사(Progressive Scan) 방식이다. 과거에 아날로그 비디오 시스템은 주로 래스터 스캔 방식을 사용했다. 하지만 새로운 디지털 시스템은 순차 주사 방식을 사용한다. 모든 카메라는 비디오 그림을 생성하기 위해 두 가지 주사 방식 중 하나를 선택한다. 그림 16.8, 16.9, 16.18, 16.19에는 CCTV 카메라의 블록 다이어그램 및 비디오 신호와 아날로그 래스터 주사 프로세스를 간략히 보여주고 있다.

그림 16.18
아날로그
비디오 스캔
프로세스 및
비디오 표시
신호

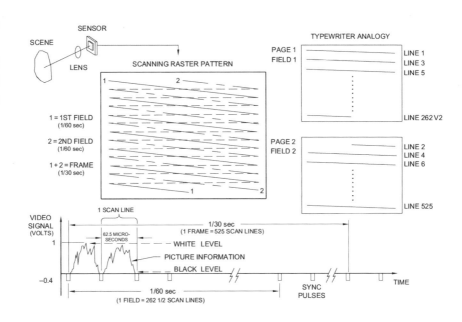

그림 16.19
디지털 및
연속적인
스캐닝
프로세스 및
비디오 표시
신호

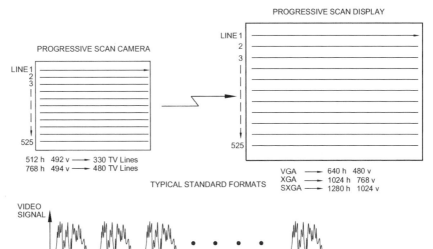

16 비디오 기술 개론

카메라 감지기는 렌즈로부터 광학 이미지를 전기적 신호로 바꾼다. 카메라 전자(회로)는 비디오 신호로 처리되고, 이미지 정보(밝기 및 컬러) 그리고 수평/수직 동기화 펄스가 포함된 혼합 비디오 신호가 생성된다. 이 신호는 이미지 비디오의 '프레임'으로 전송되며, 정보의 '필드'로 구성된다. 각 필드에는 초당 1/60씩 전송되며, 전체 프레임은 초당 1/30이며, 재생비는 30fps(frame per seconds)이다. 미국의 경우, 이러한 포맷은 NTSC 시스템이라 불리는 EIA(Electronics Industries Association) 표준으로 사용된다. 유럽 표준은 625 수평라인이며, 이 필드는 초당 1/50이고, 프레임은 초당 1/25이며, 재생비는 25fps이다.

(1) 래스터 스캔

NTSC 시스템에서 첫 번째 이미지 필드는 2621/2 수평라인을 스캔하여 만든다. 프레임의 두 번째 필드는 초당 2621/2 라인이며, 이는 동기화하기 위함인데, 이들이 첫 번째 필드의 차이(Gap)를 줄이기 위함이다. 이렇게 함으로써 525 라인이 있는 완전한 이미지 프레임으로 얽히게 된다. 그림 16.18에서처럼, 첫 번째 필드는 위쪽 왼쪽 귀퉁이부터 시작하고(즉, 카메라 감지기나 CRT 화면 역시 같은 방법이다) 감지기의 밑에까지 진행하며, 라인 대 라인으로, 즉 스캔의 맨 밑 중심에서 끝날 때까지이다. 두 번째 필드 역시, 마찬가지로 화면의 위쪽에서 시작하고 오른쪽 맨 밑 아래 모퉁이에서 끝난다. 필드에서 한 라인의 각각의 시간은 왼쪽부터 스캔해서 오른쪽까지 가는 시간을 의미하며, 그림 16.18에서 맨 아래 그림 비디오 파형에서처럼 하나의 수평라인과 일치한다.

비디오 파형은 음(네거티브) 동기화 펄스와 양 영상정보로 구성되어있다. 수평 및 수직 동기화 펄스는 비디오 모니터에 의해 사용되는데(또는 VCR, DVR, 비디오 프린터), 이는 비디오 영상을 동기화하고 적기에 정확히 복제하여 카메라에 스캔된 정보를 모니터

화면에 보여준다. 흑 영상정보는 맨 아래 파형에서 나타나며(거의 0V), 백 영상정보는 맨 위 파형에서 나타난다(거의 1V). 표준 NTSC 신호의 진폭은 1.4V 피크 투 피크(Peak-to-Peak)이다. 525 라인 시스템에서, 영상정보는 거의 512 라인으로 구성된다. 영상이 없는 정보의 라인은 수직 귀선소거(歸線消去)가 필요한데 이는 카메라 전자 또는 CRT 모니터에 빔이 새로운 필드를 시작하기 위해 맨 밑에부터 맨 위까지 움직이기 위해 필요한 시간이다. 무작위 꼬임(Random-Interlace) 카메라는 첫 번째와 두 번째 필드 사이에 완전한 동기화를 제공하지 않는다. 수평 및 수직 스캔 주기 역시 짜맞추어있지 않으며, 그러므로 필드는 정확히 꼬이지 않게 된다. 그러나 이러한 조건은 수용할 만한 영상이 제공되며, 비동기화 조건은 동기화보다 탐지하기 훨씬 어렵다.

2 대 1 꼬임(Interlace) 시스템은 장점이 있는데, 여러 대 카메라가 여러 대 모니터에 사용될 때 혹은 한 카메라에서 다음 카메라로 변환될 때 점프나 지터(파형이 순간적으로 흐트러짐)를 방지할 수 있다. 반도체를 이용한 카메라에서 스캔 프로세스는 매우 어렵다. 반도체를 이용한 감지기는 매우 작은 영상 요소의 어레이로 구성되어 카메라 전자(회로)에 의해 순차적으로 읽히고, NTSC와 동일한 형태로 만들어진다. 즉, 그림 16.19에서처럼 525 TV 라인 1/30fps이다. 디지털 카메라 및 디지털 모니터의 사용은 카메라 및 모니터 신호를 처리하고, 전송하고, 표시하는 방법에 변화를 준다. 화면에 보이는 최초 표시는 아날로그 방식과 유사하지만, 525 수평라인(NTSC 시스템)에서 보이는 것 대신에 각각의 픽셀들이 행과 열의 형태로 보인다. 디지털 시스템에서 카메라 영상은 각 픽셀의(영상의 작은 점) 행과 열로 나뉘며, 각각의 빛의 강도 및 각 점의 컬러를 나타낸다. 디지털화된 영상신호는 디지털 화면에 전송되며, 이는 LCD, 플라즈마, 또는 그 외의 것들이며, 모니터 스크린에 픽셀 대 픽셀 형태로 재탄생하여, 원래의 영상을 충실히 보여준다.

(2) 디지털 및 순차 주사방식(Digital and Progressive Scan)

디지털 스캔은 아날로그 시스템의 2 대 1 꼬임 모드 또는 순차 모드로 만들 수 있다. 순차 주사 모드에서 각 라인은 선형 순차적으로 스캔되며, 즉 라인 1, 라인 2, 라인 3 등이다. 반도체를 이용한 카메라 감지기 및 모니터 화면표시는 다양한 수평 및 수직 픽셀 형태로 만들어진다. 표준 측면비는 아날로그 시스템처럼 4 대 3 및 큰 화면의 경우 16 대 9이다. 마찬가지로, 감지기나 화면표시에 픽셀 숫자를 결합하는 데 매우 다양한 방법이 있다. 컬러 전하 결합장치(CCD) 카메라에서 몇몇 표준 형태는 330 TV 라인 분해능의 경우 512h×492v이며, 480 TV 라인 분해능의 경우 768h×494v이며, LCD 컬러의 경우, 1280h×1024v이다.

2) 반도체를 이용한 카메라

비디오 보안 카메라는 1980년대 중반 이후부터 현재까지 급속한 기술적 변화를 거쳐왔다. 여러 해 동안 비디콘 튜브 카메라(Vidicon tube camera)는 단 하나의 보안 카메라로 사용됐다. 1980년대에 등장한 좀 더 좋은 민감도 및 단단한(Rugged) 실리콘-다이오드 튜브 카메라가 가장 최상의 카메라였다. 1980년대 후반의 전하 결합장치(CCD) 및 최근에 등장한 금속 옥사이드 반도체(CMOS) 카메라가 튜브 카메라를 대체했다. 이러한 기술은 카메라에 장착할 신호처리장치(DSP) 칩의 급속한 발전 및 인터넷(IP) 카메라 그리고 LAN, WAN 인터넷에 비디오 신호의 디지털 전송의 사용으로 급속도로 성장했다.

대부분의 공장에서부터 반도체를 이용한 가능한 1세대 카메라는 2/3인치(감지기 대각선)이거나 1/2인치 형태이다. 기술이 점점 발달하면서 점점 작은 형태로 진화됐다. 오늘날 대부분의 경우에 사용되는 반도체를 이용한 카메라는 세 가지 영상 형태이다. 즉, 1/2, 1/3, 1/4인치이다. 1/2인치 .89 형태는 가격이 굉장히 비싸며, 고(高)

분해능 및 고(高)민감도 기능이 있다. 1/2인치나 그보다 작은 형태는 작고 덜 비싼 렌즈(큰 형태에 비하여)를 사용한다. 많은 제조공장에서 1/3 또는 1/4인치 형태의 카메라를 사용하는데 이는 분해능과 빛 민감도가 비교적 좋다. 반도체를 이용한 감지기 카메라는 이전 카메라보다 상당히 우월하다. 왜냐하면 ① 정확하고(Precise) 재생 픽셀 기하학적인 구조, ② 적은 소비전력, ③ 작은 크기, ④ 좋은 연색성(Color rendition) 및 안정성, ⑤ 단단하고(Ruggedness) 긴 수명(Long life expectancy) 때문이다. 현재 반도체를 이용한 카메라는 세 가지 주요 카테고리로 분류할 수 있다. ① 아날로그, ② 디지털, ③ 인터넷이다.

(1) 아날로그(Analog)

아날로그 카메라는 CCTV가 보안에 사용된 이래로 보안산업에서 계속 사용되어왔다. 이들의 전자(아날로그 회로)는 간단하며 이러한 기술은 여러 응용분야에 현재까지 사용되고 있다.

(2) 디지털(Digital)

1990년대 후반에 카메라에 신호처리장치(DSP) 칩의 사용이 급증했다. 이는 카메라의 성능을 크게 향상시켰다. 즉, ① 큰 빛 수준 변화에도 자동으로 조정하는 기능, ② VMD(Video Motion Detection) 기능을 카메라에 통합, ③ 컬러에서 고(高)민감도 흑백으로 카메라를 자동적으로 변환시킬 수 있는 기능뿐만 아니라 그 외 향상된 기능 등이다.

(3) 인터넷(Internet)

가장 최근의 카메라 기술의 진전은 IP 카메라가 나타난 것이다. 이들 카메라는 인터넷을 접속하여 설치할 수 있으며, 인터넷 서비스 제공 회사망을 통하여 WWW(World Wide Web) 네트워크에 접속된다. 각 카메라는 고유한 인터넷(IP) 주소를 부여받아, 네크워크를 통해 비디오 이미지를 전 세계 어디에서나 볼 수 있다. 이는 원격 비디오 모니터링을 하는 데 가장 적합하다. 카메라 사이트는 카메라 IP 주소(ID 숫자)와 비밀번호를 입력함으로써 어디에서든지 볼 수 있다. 비밀번호 보안은 승인된 사용자만 웹사이트에 들어가도록 하기 위함이며, 승인된 인가자만 영상을 제공한다. 양방향 통신을 사용하는데 사용자가 카메라 변수를 제어하고, 모니터링 사이트로부터 카메라를 직접 조정(팬, 틸트, 줌 기능 등)할 수 있다.

3) LLL[Low-Level-Lighting Intensified Camera(저수준 조명강화 카메라)]

밤 동안에 감시를 요구할 때, 달빛이나 별빛 또는 기타 잔여 반사 빛만 있는 경우에 감시는 은밀해야 하며(IR LED와 같은 어떤 능동형 조명이 없는), 이러한 경우 저수준 강화 전하 결합장치(CCD) 카메라를 사용한다. 강화 전하 결합장치(ICCD) 카메라는 가장 좋은 반도체를 이용한 카메라보다 100배에서 1,000배 민감하다. 향상된 민감도는 렌즈와 전하 결합장치 감지기 사이에 장착된 빛 증폭기를 사용함으로써 가능하다. 저수준 조명(LLL) 카메라는 전하 결합장치 카메라보다 10배에서 20배 가격이 비싸다.

4) 열 영상카메라(Thermal Imaging Camera)

강화 전하 결합장치(ICCD)의 대안으로 열 영상 카메라가 있다. 시각 카메라는 가시광에서만 볼 수 있는데, 즉 가시 스펙트럼의 파란 끝단에서 붉은 끝단까지(약 400~700nm)이다. 몇몇 흑백 카메라는 가시광선 영역 너머도 볼 수 있는데 거의 적외선 영역까지 볼 수 있으며 이는 대략 1,000nm이다. 하지만 이러한 적외선 에너지는 열 적외선 에너지는 볼 수 없다. 열 감지기를 이용한 열 적외선 카메라는 열에너지, 즉 3~5μm나 8~14μm 범위에서만 반응한다. 적외선 센서의 열의 변화를 감지하는데 현장에서 목표물이 발산하는 열에너지를 탐지한다. 열 영상 카메라는 완전히 어두운 곳에서 동작되며, 이는 볼 수 없거나 또는 적외선 조명이 없는 곳이어야 한다. 이 카메라는 수동적 밤 흑백 영상 감지기를 사용한다. 이 카메라는 인간이나 또는 다른 온도가 있는 물체(동물, 자동차 엔진, 배, 비행기, 건물 내에 따뜻하거나 뜨거운 곳) 또는 현장 배경에 대비하여 열원이 있는 다른 물체를 탐지한다.

5) 파노라마 360° 카메라(Panoramic 360° Camera)

독특한 360° 파노라마 카메라 렌즈로 결합된 강력한 수학적인 알고리즘이 360° 파노라마 카메라를 구현할 수 있었다. 이 카메라의 운영방법은 렌즈가 360° 수평 및 90° 수직 영상에 초점을 맞추고 이러한 데이터를 모아 카메라 감지기에 보낸다(1/2 구형 및 반구체). 영상은 그림 16.20에서처럼 감지기에 '도넛' 형태로 데이터를 가져온다. 카메라/렌즈는 '0'에 위치에 있다. 영상은 반구형 표면에 나타난다. 그림에서처럼 영상범위(A, B, C, D)를 작은 부분으로 잘라 감지기의 a, b, c, d로 맵핑 시킨다. 이러한 방법으로 전체 영상이 감지기에 모두 맵핑 된다. 도넛 형태의 비디오 이미지를 모니터에 직접 프로세싱 하는 것은 사용할 수 있는 영상을 제공하지 못한다. 그래서 강력한 수학 알고리즘이 도입됐다. 이러한 알고리즘을 사용하여 컴퓨터에서 신호처리가 이러한 도넛 형태의 영상을 화면에서 볼 수 있는 일반적인 사각형 형태로 변화시켜주며, 즉 수평과 수직에 맞게 변화된다. 0~360° 수평 및 90° 수직 영상 모두를 일반적인 방법으로 화면에 표시할 수 없다. 즉, 작은 스크린 영역에 많은 영상을 '압축' 해야 한다. 이러한 상황은 컴퓨터 소프트웨어를 이용하여 문제를 해결하며, 어떤 특정 시간에 전체 영상의 어느 한 부분을 보여줌으로써 가능하다.

파노라마 시스템의 주요 속성은 ① 전체 360° 시야각을 잡아냄,

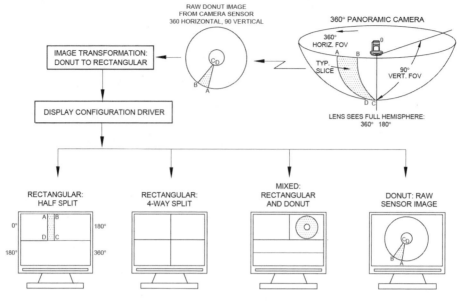

RAW DONUT IMAGE
FROM CAMERA SENSOR
360 HORIZONTAL, 90 VERTICAL

360° PANORAMIC CAMERA

IMAGE TRANSFORMATION:
DONUT TO RECTANGULAR

360°
HORIZ. FOV

TYP.
SLICE

90°
VERT. FOV

LENS SEES FULL HEMISPHERE:
360° 180°

DISPLAY CONFIGURATION DRIVER

RECTANGULAR:
HALF SPLIT

RECTANGULAR:
4-WAY SPLIT

MIXED:
RECTANGULAR
AND DONUT

DONUT: RAW
SENSOR IMAGE

FOUR TYPICAL DISPLAY FORMATS

그림 16.20 파노라마
360° 카메라

② 영상의 어느 곳에서든 디지털로 팬(Pan)/틸트(Tilt) 가능 및 어떤
현장범위도 줌 가능, ③ 움직이는 부분이 없음(즉, 고장 때문에 모터
를 사용하지 않음), ④ 실시간 또는 후에 현장의 어떠한 영역도 다중
운전원이 볼 수 있는 기능이다. 파노라마 카메라는 고(高)분해능 기
능을 요구하는데, 왜냐하면 너무 많은 현장 정보를 영상에 담아야
하기 때문이다. 카메라 기술은 점점 더 진화하고 있는데, 왜냐하면
디지털 카메라가 어디서나 사용 가능하고, 파라노마 영역으로 현장
의 이미지 정보를 줌인(Zommed-in) 함으로써 좋은 영상을 보여줄
수 있다.

8. 전송

정의에 의하면, 카메라는 모니터로부터 원격의 위치에 있으므로, 비
디오 신호는 하나의 지점에서 다른 지점으로 어떤 수단을 통해 전송
되어야 한다. 보안 분야에서 카메라와 모니터 사이의 거리는 수십

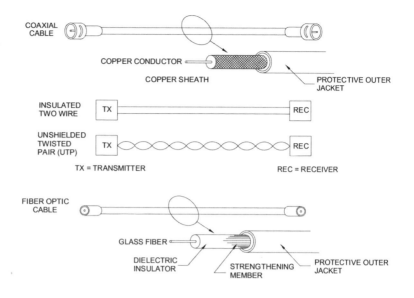

그림 16.21 하드와이어
구리 및 광섬유 전송도구

피트부터 여러 마일 또는 완전히 지구를 한 바퀴 도는 거리에 있을
수도 있다. 전송경로는 건물 안일 수도 있으며 혹은 건물 바깥, 지하
또는 지상, 대기권을 통하는 경우 또는 상상할 수 있는 거의 모든 환
경일 수 있다. 이러한 이유 때문에 전송수단은 신중히 평가해야 하
며, 최적의 하드웨어 선택이 카메라로부터 모니터까지의 비디오 신
호를 만족스럽게 전송시킬 수 있다. 카메라부터 비디오까지 전송하
는 수단은 여러 가지가 있다. 그림 16.21은 몇 가지 전송 케이블의 예
를 보여주고 있다. 신호는 아날로그 또는 디지털로 전송할 수 있다.
LAN이나 WAN, 인트라넷, 인터넷, 광섬유에 의한 UTP(Unshielded
Twisted Pair wire) 또는 동축 케이블을 사용하여 전기적 전도체를 통
해 전송된다. 특별히 주의해야 할 것은 컬러 비디오 신호를 전송할
때인데, 왜냐하면 컬러신호의 경우 매우 복잡하고, 흑백신호보다 왜
곡에 민감하다. 모든 전송수단 및 비디오 신호를 전송하기 위해 사
용되는 하드웨어 역시 장점과 단점을 모두 가지고 있어 환경에 적합
한 전송수단을 선택해야 한다.

1) 하드와이어(Hard Wired)

비디오 신호를 전송하기 위해 여러 하드와이어 수단이 있다. 즉, 동축 케이블, UTP, LAN, WAN, 인트라넷, 인터넷, 광섬유 케이블이다. 광섬유 케이블은 전기적 잡음에 따른 간섭이 발생하는 긴 거리일 때 사용한다. LAN 및 인터넷 접속은 디지털 전송기술을 사용하며, 주로 대규모 보안시스템에 사용한다. 이들 전송신호는 기존 컴퓨터 네트워크 또는 좀 더 긴 거리를 전송해야 할 때 사용한다.

(1) 동축 케이블(Coaxial Cable)

대부분 일반적인 비디오 신호 전송방법은 동축 케이블을 사용한다. 이 케이블은 CCTV가 출현할 때부터 현재까지 계속해서 사용되고 있다. 이 케이블은 저비용이며, 카메라와 모니터 끝단을 연결하기 쉬우며, 약간의 왜곡이나 손상 없이 충실히 비디오 신호를 전송한다. 이 케이블은 75Ω 전기적 임피던스(Impedance)가 있으며, 이는 카메라와 모니터의 임피던스를 맞추는 데 사용되며, 왜곡이 없는 비디오 영상을 제공할 수 있다. 이 동축 케이블은 동(銅) 전기적 절연 및 중앙에 전도체가 있어 1,000피트 거리까지 잘 동작된다.

(2) 보호되지 않은 꼬임 쌍(Unshielded Twisted Pair)

1990년대, UTP 비디오 전송이 유행했었다. 이 기술은 카메라에 전송기를 사용하고 이들과 연결된 두 가닥 꼬임 동(銅) 와이어로 모니터에 수신기를 사용했다. 이러한 기술이 유행한 이유는 ① 동축 케이블보다는 훨씬 긴 거리에 사용할 수 있고, ② 저비용 와이어이고, ③ 여러 곳에서 이미 두 가닥 꼬임 쌍 케이블이 설치되어 사용되고 있고, ④ 저비용 송신기 및 수신기이고, ⑤ 다른 동축 케이블에 비해 높은 전기적 잡음이 적었기 때문이다. 좀 더 복잡한 전자적 송신기 및 수신기를 사용하는 UTP는 비디오 신호를 2,000~3,000피트까지 전송할 수 있다.

(3) LAN, WAN, 인트라넷, 인터넷

LAN, WAN, 인트라넷, 인터넷의 진화는 새로운 형태의 비디오 신호를 전송할 수 있는 혁명적 사건이었으며, 보안시스템에서 비디오의 효과성 및 범위를 넓히는 데 중요한 역할을 했다. 회사 컴퓨터의 광범위한 사용 및 이러한 네트워크 사용의 결과로 비디오 전송에 적합한 현재 사용되는 디지털 네트워크 프로토콜이나 통신이 제공됐다. 인터넷 및 WWW는 1990년대 광범위하게 사용됐으며, 이는 가히 디지털 비디오 전송의 혁명적 발전이라 할 수 있다. 이러한 세계적 컴퓨터 네트크는 디지털 백본 경로를 제공했는데 전 세계 어느 곳으로부터 디지털 비디오, 오디오, 명령 신호를 전송할 수 있다. 여기에서 기술되는 비디오 전송기술은 비디오 신호를 실시간으로 전송할 수 있는 수단으로 제공되며, 실시간 모션을 재생하기 위해 완전한 4.2MHz 대역폭을 사용해야 한다. 이들 기술들이 실시간 비디오를 사용할 수 없을 때, 대체 디지털 기술들이 사용된다. 이러한 시스템의 경우, 비(非)실시간 비디오 전송시스템으로 대체할 수 있으며, 이 경우 몇몇 영상이 손실될 수 있다. 현장조치에 따라, 준(準)실시간(15fps)부터 느린 스캔(어느 정도 fps) 비디오 영상의 분해능으로 전송된다. 디지털화된 또는 압축된 비디오 신호는 LAN 또는 인터넷 네트워크를 따라 전송되며 모니터링에서 비압축 및 재생된다.

2) 무선(Wireless)

전설의 아날로그 비디오 감시 시스템에서, 무선주파수(RF)나 적외선(IR) 대기의 연결을 이용하여 카메라로부터 모니터에 케이블 없이(무선) 실시간 비디오 신호를 전송하는 것은 경제적이며 장점이 상당히 많다. 디지털 전송을 이용한 디지털 비디오 시스템에서 와이파이 사용은 비디오의 전달을 허용하고, 어떤 원격 위치에서도 신호를 제어할 수 있다. 아날로그나 디지털 시스템 모두 비디오 뒤섞기(Scrambling) 또는 암호화의 형태로 시스템 바깥쪽에 미승인된 자에 의해 도청될 가능성이 있다.

무선전송에서 세 가지 중요한 응용분야는 ① 은밀하게 그리고 이동 가능하게 빠른 비디오 전개(Deployment), ② 도로 사이에, 건물과 건물 사이에 설치, ③ 주차장 등주(燈炷)이다. 연방통신위원회 (FCC: Federal Communications Commission)는 마이크로파 주파수나 또는 무선주파수를 사용하여 무선전송은 정부나 법 집행기관을 통해 제한하고 있으며, 일반적인 보안사용을 위한 마이크로파 전송기 또는 무선주파수는 승인을 받아 사용하도록 하고 있다. 이러한 FCC에서 승인된 기기는 약 920MHz, 2.4GHz 또는 5.8GHz, 즉 일반적인 TV 주파수보다 높은 밴드에서 운영된다. 대기적인 적외선 (IR) 접속은 높은 보안이 요구되는 접속에서 사용된다. 이러한 접속은 FCC 승인을 요구하지 않으며, 비디오 영상이 좁은 가시광선 또는 거의 적외선 에너지 영역을 통해 전송된다. 빔은 가로채기가 매우 어렵다. 그림 16.22는 현재 몇몇 가능한 무선전송 기술을 보여주고 있다.

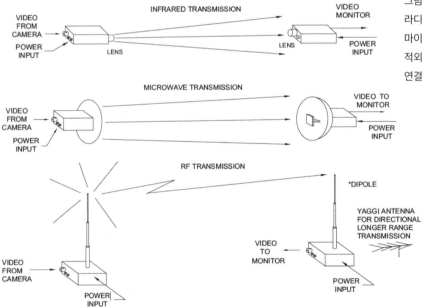

그림 16.22
라디오 주파수,
마이크로웨이브 및
적외선 비디오 전송
연결 개략도

3) 광섬유(Fiber Optics)

광섬유 전송기술은 최근 5~10년 사이에 급속도로 발전됐으며, 전송 시 높은 신뢰도, 보안통신이 가능하다. 광섬유 전송은 다른 하드와이어 시스템에 비해 여러 장점이 있는데 ① 흑백 또는 컬러의 비디오 신호를 어떤 중대한 저하(Degradation) 없이 수백 마일까지 아주 길게 전송할 수 있음, ② 날씨나 전기적인 장비로부터 외부의 전기적인 장애에 둔감, ③ 매우 넓은 광대역(Wide bandwidth), 이는 단일 광섬유로 멀티플렉스를 이용하여 하나 또는 그 이상의 오디오, 제어 비디오 신호를 전송 가능, ④ 도청에 강인함 등이다. 그러므로 매우 보안이 강한 전송수단이다. 비록 광섬유 케이블의 설치 및 연결은 좀 더 숙련된 기술자만이 가능하지만, 자격이 있는 보안기술자의 경우 설치 가능하다. 최적의 컬러 및 분해능 변환을 요구하는 많은 하드와이어 설치는 주로 광섬유 케이블을 사용한다.

9. 스위치

비디오 스위치는 많은 다른 비디오카메라로부터 오는 비디오 신호를 수용하고 이들을 연결하여 하나 또는 그 이상의 모니터나 기록계에 연결한다. 수동 또는 자동 동작 또는 경보신호 입력을 사용하여, 스위치는 하나 또는 그 이상의 카메라를 선택하고, 이러한 비디오 신호를 특정 모니터, 기록계 또는 다른 기기나 위치에 보낸다.

1) 표준(Standard)

네 가지 기본 스위치가 있으며 수동, 순차, 호밍(Homing), 경보(alarming)이다. 그림 16.23은 이들이 어떻게 비디오 보안시스템과 연결되는지 보여주고 있다. 수동 스위치는 어떤 시간에 하나의 카메라에 접속하여 모니터, 기록계, 프린터에 신호를 보낸다. 순차 스위치는 자동 순차적으로 카메라를 연결하여 출력기기에 신호를 보낸

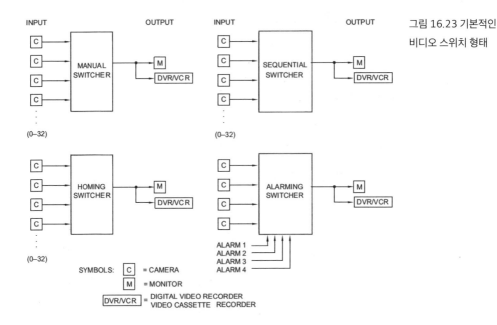

그림 16.23 기본적인
비디오 스위치 형태

다. 운영자는 호밍 순차 스위치로 자동 순차를 중단시킬 수 있다. 경
보 스위치는 경보 카메라를 접속하여 자동으로 출력기기에 내보내
는데, 이는 경보가 수신됐을 경우이다.

2) 마이크로프로세스 제어(Microprocessor Controlled)

보안시스템이 여러 모니터로 여러 장소에서 많은 카메라로 감시해
야 하는 경우, 마이크로프로세스 제어 스위치 및 키보드가 이러한
부가적인 요구조건을 관리하기 위해 사용된다(그림 16.24). 대형 보
안시스템의 경우 스위치는 마이크로프로세스 제어를 사용하며, 수
백 대의 카메라를 스위치 하여 수십 대의 모니터, 기록계, 비디오 프
린터로 신호를 보내는데, 여기에서 RS-232 혹은 다른 통신수단을
사용한다. 수많은 제조업체에서는 스위치, 팬(Pan)/틸트(Tilt), 자동
스캔, 팬/틸트 시스템을 위한 자동 조정, 그 외의 다른 기능들이 통합
된 포괄적인 키보드로 운영할 수 있는 또는 컴퓨터로 제어되는 콘솔
을 만든다. 소프트웨어 프로그래밍 할 수 있는 콘솔의 강점은 시설

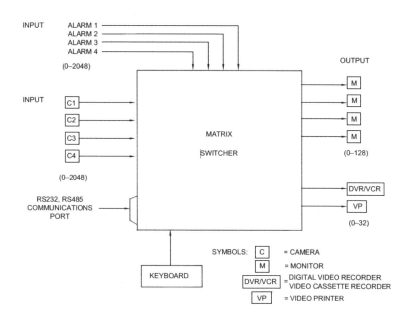

그림 16.24
마이크로프로세서-제어
스위치 및 키보드

설계의 변화 및 다양한 분야의 응용으로의 유연성, 확장성 등이다.
각 특성의 응용을 위해 탑재된 하드웨어 시스템에서 컴퓨터 제어시
스템은 소프트웨어적으로 배치할 수 있다.

10. 쿼드 및 멀티플렉서

쿼드 및 멀티플렉서는 여러 카메라 현장을 하나의 비디오 모니터로
보여주고자 할 때 사용된다. 이는 카메라와 모니터 사이에 끼어들
어, 다중 카메라 입력을 수용하고, 각각의 카메라로부터 현장의 영
상을 기억하고, 이들을 압축하여 하나의 비디오 모니터에 다중영상
을 보여준다. 이 기기는 2, 4, 9, 16, 32개까지 각각의 비디오 영상을
하나의 모니터에 보여줄 수 있다. 그림 16.25는 쿼드 및 멀티플렉서
시스템의 블록 다이어그램을 보여주고 있다.

쿼드(Quad) 스크린은 4개의 영상을 보여주는 것이 가장 많이
사용되고 있다. 이는 다중 카메라 시스템에 카메라의 보기 기능을
향상시킬 수 있게 했으며, 보안보안요원의 피로를 감소시키며, 4개

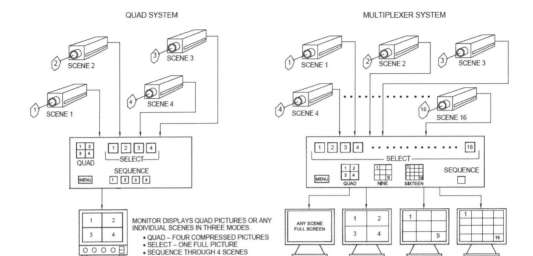

카메라 시스템에 3개의 모니터를 추가할 필요 없이 구성할 수 있다. 하지만 하나 이상의 영상을 동일한 분해능으로 모니터에 보여줄 때, 영상의 수가 증가할수록 분해능이 감소될 수 있다. 전 스크린에서 1/4 분해능은 4분할로 표시할 수 있다(반은 수평, 반은 수직으로). 쿼드 및 멀티플렉서는 앞면 패널 제어기능이 있는데, ① 카메라의 전 스크린 영상을 선택할 수 있고, ② 여러 카메라는 '4개, 9개 등'으로 표시할 수 있고, ③ 모든 카메라의 전 스크린 영상은 운영자에 의해 설정되어, 각 카메라를 위한 체류시간을 순차적으로 전환할 수 있다.

그림 16.25 쿼드 및 멀티플렉스 블록 다이어그램

11. 모니터

비디오 모니터는 여러 카테고리로 나눌 수 있다. ① 흑백, ② 컬러, ③ CRT, ④ LCD, ⑤ 플라즈마, ⑥ 컴퓨터 화면, ⑦ 고화질 모니터 등이다. 큰 비디오 모니터는 영상 분해능이 훨씬 좋을 필요가 없으며, 영상에 사용되는 정보의 양이 그에 비례하지 않는다. 미국

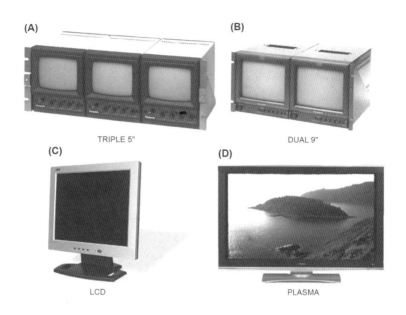

그림 16.26 표준 5 및 9인치 단일/다중 캐소우드 레이 튜브, 액정 크리스탈 표시 및 플라즈마 모니터

(A)

TRIPLE 5"

(B)

DUAL 9"

(C)

LCD

(D)

PLASMA

NTSC 보안 모니터는 5252 수평라인이며, 그러므로 수직 분해능은 CRT 모니터 크기에 상관없이 동일하다. 수평 분해능은 시스템의 대역폭에 의해 결정된다. NTSC 제한으로 가장 좋은 영상 품질은 분해능과 같은 모니터를 선택하거나 또는 카메라 또는 전송연결 대역폭보다 좋은 것을 선택해야 얻을 수 있다. 좀 더 높은 분해능 컴퓨터 모니터 및 그와 동등한 좀 더 높은 분해능 카메라 그리고 이와 어울리는 대역폭으로 좀 더 높은 분해능 비디오 영상을 얻을 수 있다. 그림 16.26은 비디오 모니터의 대표적인 예를 보여주고 있다.

1) 흑백(Monochrome)

1990년대 후반까지 CCTV 시스템에 사용되는 가장 대중적인 모니터는 흑백 CRT 모니터였다. 여전히 사용 중이며 1인치 사각형 파인더부터 27인치 큰 사각형 CRT까지 다양하게 사용된다. 현재까지 가장 많이 사용되는 모니터 크기는 9인치 사각형이며, 이는 3피트 떨어져 의자에 앉은 사람이 비디오를 보기에 가장 최적화되어있다. 또한 가장 널리 사용되는 두 번째 이유는 이들 모니터 두 개를 결합한 경우 표준 EIA 19인치 광폭 랙-고정 패널에 가장 적합하기 때문이다. 그림 16.26(B)은 듀얼 랙-고정 패널 2개 9인치 모니터를 붙인 형태이다. 3개 랙-고정 패널 5인치 사각형 모니터는 공간이 고급(Premium)일 때 사용된다. 3개 랙-고정 모니터가 가장 많이 사용되는데, 왜냐하면 3개는 19인치 EIA 랙에 적합하다. 3개 5인치 사각형 모니터를 위한 가장 최적의 감시거리는 약 1.5피트이다.

2) 컬러(Color)

컬러 모니터는 널리 사용되고 있으며, 크기는 3인치에서부터 27인치까지 사각형 형태이며, 흑백 모니터와 같이 요구되는 감시거리 및 역량이 있다. 컬러 모니터는 세 가지 다른 컬러화된 점을 요구하는데, 이는 모니터에 하나의 픽셀 정보를 가지고 있기 때문에, 흑백 모니터보다 낮은 수평 분해능이다. 가장 보편적인 컬러 모니터 크기는 13, 15, 17인치 사각형이다.

3) CRT, LCD, 플라즈마, HD, 1080p 화면

비디오 보안영상은 모니터 스크린에 세 가지 기본 형태로 보인다. ① CRT, ② LCD 그리고 최근에 등장한 ③ 플라즈마 화면이다. 아날로그 CRT는 비디오 가로채기로부터 가장 좋은 서비스를 제공하며 저비용, 신뢰성 있는 보안 모니터로 가장 강력한 경쟁자이다. 디지털 LCD 모니터는 가장 널리 사용되면서 성장하고 있는데, 왜냐하면 CRT의 경우 가장 작은 폭 2~3인치에서부터 12~20인치까지 있다. LCD는 모든 반도체를 이용한 화면으로 VGA 컴퓨터 신호를 수용할 수 있다. 대부분 작은(3~10인치) 사각형부터 큰(10~17인치) 사각형 LCD 모니터가 아날로그 입력신호를 수용할 수 있다. 보안시장에 진입한 가장 최근의 모니터는 디지털 플라즈마 화면이다. 가장 고급화면은 좋은 분해능 및 선명도, 시야각 그리고 가장 좋은 품질의 영상을 보여줄 수 있다. 하지만 매우 비싸다. 스크린 크기는 20인치에서 42인치 사각형이 있다. 전체적인 폭은 작으며, 폭은 3인치에서 4인치 크기이다. 이는 4:3 또는 HDTV 16:9 형태에서 가능하다.

4) 오디오 및 비디오(Audio/Video)

대부분의 모니터는 스피커를 탑재하여 오디오 채널이 모니터에 있으며, 여기에서 오디오와 비디오 신호를 동시에 만들어낸다.

12. 기록계

비디오카메라, 전송도구, 그리고 모니터는 보안보안요원에게 원격 감시기능을 제공하지만, 행위나 사건이 모니터에 영상으로 보이고, 모니터 화면에서 사라지게 된다. 생생한 비디오 영상의 영구적인 기록을 요구할 때, VCR, DVR, 네트워크 비디오 기록계 또는 광 디스크 레코더를 사용한다(그림 16.27 참조).

비디오 이미지는 실시간 또는 준(準)실시간 또는 저속(Time lapse)으로 기록된다. VCR은 자석 카세트테이프에 비디오 신호를 기록하는데, 최대 실시간으로 6시간, 준실시간으로 24시간 기록할 수 있다. 기록시간을 확장하기 위해서 저속 기록기능을 사용할 수 있다. 저속 기능의 경우, 비디오 영상은 연속적으로 기록되는 것은 아니며, '스냅촬영(Snapshot: 짤막한 정보)'으로 기록된다. 이러한 스냅촬영은 초단위로 시간을 나누어서 시간을 늘리는 방식인데, 이렇게 함으로써 기록되는 전체 경과시간이 수백 시간으로 증가되어 많은 양의 정보를 기록할 수 있다. 현재 저속시스템은 1,280시간의 경

그림 16.27 디지털 비디오 기록계 및 네트워크 비디오 기록계 비디오 디스크 저장장치

(A)

SINGLE CHANNEL DVR

(B)

16 CHANNEL DVR

(C)

32 CHANNEL NVR

16 비디오 기술 개론

과시간을 기록할 수 있다. DVR은 또한 컴퓨터 하드디스크에도 비디오 영상을 저장할 수 있으며, 또는 광 디스크 저장장치 등에도 저장할 수 있다.

DVR 및 광 디스크 시스템은 VCR에 비해 중요한 장점이 있는데, 즉, 어떤 특정 비디오 프레임 시간을 쉽게 재생할 수 있다. 반면 VCR은 테이프에서 특정 프레임을 찾기 위해 빨리 감기나 빨리 되돌리기를 통해서만 가능하다. DVR이나 광 디스크 시스템의 재생시간은 일반적으로 수초 내에 찾을 수 있다. VCR 카세트테이프는 이동이 가능한 반면, DVR이나 광 디스크 시스템은 이동디스크를 사용해야만 가능하다. 이는 비디오 영상(디지털 데이터)을 원격 위치에 있는 곳으로 이동할 수 있으며, 또는 안전을 위해 금고 등에 저장할 수도 있다. 이동형 DVR 및 광 디스크는 폰 카세트와 동일한 크기이다.

1) 비디오카세트 기록계(Video Cassette Recorder)

자석 저장 미디어는 비디오 영상을 기록하는 데 널리 사용되고 있다. VCR은 표준 VHS(Video Home System) 카세트 형식을 사용한다. 8mm 소니 형식은 이동형 감시장비로 사용된다. 왜냐하면 크기가 작기 때문이다. 슈퍼 VHS 및 고-8인치 형식은 좀 더 좋은 분해능을 얻는 데 사용된다. VCR은 두 가지로 분류할 수 있다. 하나는 실시간, 다른 하나는 저속방식이다. 저속방식 기록계는 다른 기계적 및 전기적 기능이 있어 사전 설정된 기간(사용자가 선택) 영상을 스냅촬영으로 기록할 수 있다. 또한 실시간으로도 가능한데, 이는 경보나 다른 입력명령을 이용하면 가능하다. 실시간 기록계는 흑백 또는 컬러의 경우 6시간까지 기록된다. 저속방식 VCR은 저속 기능을 이용하여 최대 720시간까지 순차적으로 기록된다.

2) 디지털 비디오 기록계(Digital Video Recorder)

DVR은 자석 기록계를 대체할 수 있는 새로운 기록방식이다. 모든 컴퓨터에서 사용되는 자석 HD(Hard Disk)는 수천 장의 영상을 저장할 수 있고, 또한 디지털 형태로 수 시간 비디오를 저장할 수 있다. DVR의 급속한 발전 및 성공은 저가의 디지털 자석 메모리 저장장치의 사용이 가능해졌으며, 또한 디지털 신호 압축기술 또한 진전을 이룰 수 있었다. 현재 DVR은 1채널, 4채널 및 16채널이 가능하며, 또한 연속적(Cascade)으로 구성하면 여러 채널도 사용할 수 있다. DVR의 주요한 기능은 특정 프레임을 접근(재생)하고 몇 분의 1초로 나누어 디스크의 어느 곳에서든 시간 기간(Time period)을 기록할 수 있다. 디지털 기술은 저장된 비디오 영상을 여러 개 복사할 수 있으며, 이는 어떤 오류나 영상의 손실 없이도 가능하다.

3) 광 디스크(Optical Disk)

매우 큰 크기의 비디오 영상을 기록해야 하는 경우, 광 디스크 시스템을 사용한다. 광 디스크는 동일한 물리적 공간인 경우 자석 디스크보다 훨씬 많은 비디오 데이터베이스 용량을 가질 수 있다. 이들 디스크들은 자석 디스크보다 좀 더 길게 수백 시간 동안 기록할 수 있다.

13. 하드-카피 비디오 프린터

비디오 영상의 하드카피 프린트는 법원의 증거로 요구될 때가 있으며, 이는 도둑이나 공공기물 파손자의 증거로 사용되며, 또는 몇몇 문서나 사람의 이중기록으로도 사용된다. 이러한 프린트는 하드-카피 비디오 프린터에 의해 만들어지며, 보통은 열 프린터를 사용하는데 이는 '태우는' 기술을 이용하여, 코팅된 종이 위에 비디오 영상을 프린트한다. 이 외에 잉크젯 프린터나 레이저 프린터 등이 있다.

(A)

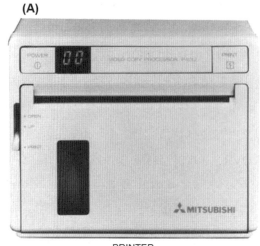

PRINTER

(B)

HARD COPY

그림 16.28 열화상 단일
비디오 프린터 및 하드
복사기

여러 하드-카피 프린터 제조공장에 의해 사용되는 열 기술은 흑백이나 컬러에서 아주 질 좋은 영상을 프린트할 수 있다. 그림 16.28은 흑백 열 프린터를 보여주며, 이들이 만든 하드-카피 영상을 보여주고 있다. 운영 시 기록계로부터 찾아낸 또는 모니터에 표시되는 영상은 즉시 프린터의 메모리로 저장되며, 10초도 안 돼 프린트 된다. 이는 만약 침입자나 미인가 행위가 발생하거나 보안요원에 의해 관찰된 경우 바로 조치할 수 있다. 자동경보 또는 보안요원은 경보지역에서 영상을 바로 프린팅 할 수 있도록 설정할 수 있으며, 이 프린트된 결과를 다른 보안요원에게 전달함으로써 즉시 행동을 취할 수 있게 한다. 법원에서 사용하는 경우 시간, 데이터 또는 그 외 다른 정보들이 프린트 영상을 통해 사용될 수 있다.

14. 보조적인 기기

대부분의 비디오 보안시스템은 부가적인 보조기기 또는 부대용품이 사용된다. 즉, ① 카메라 하우징, ② 카메라 팬(Pan)/틸트(Tilt) 메커니즘 및 설치(Mounting), ③ 카메라 식별기, ④ VMD(Video Motion Detection), ⑤ 영상 분할/삽입, ⑥ 이미지 합성기이다. 두 가지 부대용품이 가장 많이 사용되는데 기본카메라, 모니터, 전송 연결 포트뿐만 아니라 카메라 하우징 및 팬/틸트 등이 탑재되어있다. 외부 하우징은 공공기물 파괴자나 환경으로부터 카메라나 렌즈를 보호해야 한다. 실내 하우징은 심미적인 이유나 공공기물 파괴를 막기 위함이다. 모터화된 팬/틸트 메커니즘은 원격제어 콘솔로부터 명령어에 의해 카메라를 회전시킬 수 있다.

1) 카메라 하우징
실내/외부 카메라 하우징은 찌든 때, 먼지, 해로운 화학물질, 환경,

그림 16.29 표준 실내/실외 비디오 하우징: (a) 콘타입, (b) 엘리베이터 구석 설치, (c) 천정, (d) 실외 환경 사각형, (e) 돔, (f) 플러그 및 플레이

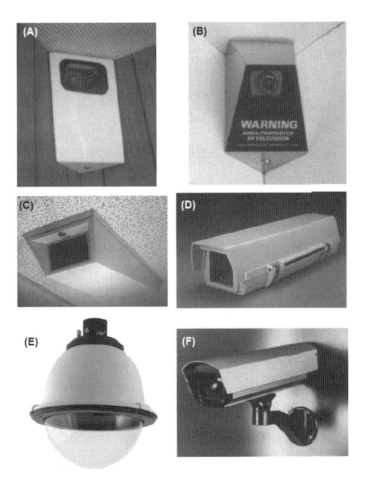

16 비디오 기술 개론

공공기물 파괴로부터 카메라나 렌즈를 보호한다. 대부분 공통 하우징은 사각형의 금속 또는 플라스틱 제품이며, 그림 16.29에서처럼 스테인리스 스틸, 페인트 된 금속, 큰 충격에도 견디는 플라스틱으로 만든다. 다른 모양이나 형태는 구형(튜브), 구석장착(Corner mount), 벽에 장착(Ceiling mount), 돔형 하우징이다.

(1) 표준 사각형(Standard Rectangular)

사각형-형태 하우징은 가장 많이 사용된다. 이는 환경으로부터 카메라를 보호하며 렌즈로 창(Window)을 제공하여 영상을 볼 수 있다. 하우징은 기온에 강인하고, 열기 어렵게(Tamper-Resistance) 설계되어 실내 또는 외부에 사용할 수 있다. 선택사항은 히터, 팬, 윈도워셔가 포함된다.

(2) 돔(Dome)

비디오 감시의 중요한 부분은 돔형 하우징을 사용하여 하우징 안에 설치된 카메라로 모든 감시가 가능하다는 것이다. 돔 카메라 하우징은 단순 고정 흑백 또는 반구형의 컬러 카메라부터 원격제어 가능한 팬(Pan)/틸트(Tilt)/줌(Zoom)/초점 조정 등 높은 분해능 '스피드 돔' 하우징 컬러 카메라까지 다양하다. 다른 선택사항은 프리셋 및 영상 안정화 기능이다. 돔 형태 하우징은 플라스틱 반구형 돔으로 구성되어 있다. 하우징은 깨끗하고, 채색되고, 부분적으로 전송된 광 코팅으로, 이는 카메라에 어느 방향도 볼 수 있게 해준다. 독립적인 응용(예를 들면 폴, 횡단보도, 돌출된 곳에)으로 설치하며, 하우징의 위의 반쪽은 보호된 덮개로 되어있고, 구조물에 돔을 부착하는 형태로 사용된다. 돔 하우징이 벽에 부착될 때 단순한 하우징 덮개가 제공되며, 돔을 지지하기 위해 벽면 수준위에 부착된다.

(3) 특별장착(Specialty)

엘리베이터, 천정, 벽면, 터널, 횡단보도, 복도 등 다양한 장소에 설치하기 위해 특별한 하우징이 필요하다. 이러한 특별한 형태는 방폭, 방탄, 극단적인 환경 건설현장, 예를 들면 북극이나 사막 등에 사용될 때이다.

(4) 플러그 및 플레이(Plug and Play)

비디오 가시 카메라의 설치시간을 줄이기 위해 제작사는 카메라, 렌즈, 하우징을 하나의 어셈블리로 결합하여, 천정이나, 벽, 풀 등에 전원선 및 비디오 전송선을 꽂아 바로 연결할 수 있게 만든다. 이러한 어셈블리는 돔이나 구석에 장착, 천정 장착 등에 응용되며, 실내나 외부에 장착하기 쉽게 만든다.

2) 팬/틸트 부착(Pan/Tilt mounts)

CCTV 렌즈/카메라의 각도범위를 넓히기 위해 모터화된 팬/틸트 메커니즘을 사용한다. 그림 16.30은 세 가지 포괄적인(Generic) 옥외 팬/틸트 형태를 보여주고 있다. 즉, 제일 위쪽에 부착, 옆면에 부착, 돔형 카메라에 부착되는 형태이다.

그림 16.30 비디오 팬/틸트 메커니즘

모터화된 팬(Pan)/틸트(Tilt) 부착 플랫폼은 카메라나 렌즈를 수

(A)

TOP-MOUNTED

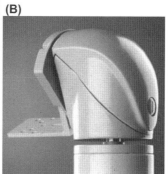

(B)

SIDE-MOUNTED

(C)

INDOOR DOME

16 비디오 기술 개론

평(팬) 또는 수직(틸트)으로 회전하는데, 이는 중앙감시실로부터 전기적인 명령을 받을 때 움직인다. 그러므로 카메라 렌즈는 고유의 시야각에 제한을 받지 않으며, 현장의 좀 더 넓은 지역을 볼 수 있다. 팬/틸트 플랫폼이 부착된 카메라에는 일반적으로 줌 렌즈가 제공된다. 줌 렌즈는 중앙보안 콘솔로부터 명령을 통해 카메라나 렌즈의 감시하고자하는 방향의 시야각을 변화시킬 수 있다. 팬/틸트 및 줌(Zoom) 렌즈의 결합은 비디오 감시를 넓은 시야각으로 볼 수 있게 한다. 다른 고정 카메라 설치와 비교하여 팬/틸트/줌 설치의 경우 한 가지 단점이 있다. 카메라 또는 렌즈가 팬/틸트 플랫폼을 이용하여 어떤 특정 방향만 감시하면, 설계상 카메라가 감시해야 할 그 외의 다른 지역들은 감시할 수 없다. 이러한 감시 불가능 지역 또는 감시 불가능 시간은 여러 보안 응용에서는 수용할 수 없다. 그러므로 넓은 시야각 팬/틸트를 설계하고 설치할 때는 세심한 주의가 필요하다. 팬/틸트 플랫폼은 팬만 사용하는 소형, 실내, 경량(Lightweight) 장치(Unit) 대형 카메라, 줌 렌즈부터 대형 하우징을 탑재한 대형, 옥외, 환경적 설계까지 다양하다. 정확한 팬/틸트 메커니즘의 선택은 중요하다. 왜냐하면 비디오 시스템의 다른 부분보다 좀 더 많은 서비스 및 유지보수를 요구하기 때문이다.

3) 비디오 모션 탐지(Video Motion Detector)

비디오 감시 시스템의 또 다른 중요한 요소는 비디오 모션 탐지기능이다. 이는 비디오 영상의 변화에 의해 경보를 발생한다. 비디오 모션 탐지는 컴퓨터에 카메라와 감시 소프트웨어 사이에 독립적인 기능을 삽입하거나 카메라 자체에 넣어 제작할 수 있다. 비디오 모션 탐지 전자(회로)는 아날로그 또는 디지털이 있으며, 비디오 프레임을 저장하고, 저장된 프레임과 비교하고자 하는 프레임을 비교하여 영상이 변화됐는지를 결정한다. 운영 측면에서, 비디오 모션 탐지 디지털 전자(회로)는 모션 변화가 일어났는지, 보안요원에게 경고를 줄 수 있을 정도로 움직임이 발생하여 경보를 발생할지, 또는 방해경보인지를 판단하는 아주 중요한 역할을 수행한다.

4) 스크린 분리기(Screen Splitter)

전자적 또는 광학 스크린 분리기는 여러 카메라 영상을 분리하며(2, 3 또는 그 이상) 영상을 결합하거나 한 모니터에 이들을 표시한다. 분리기는 영상을 압축하지 않는다. 광 분리기의 경우, 결합된 영상은 카메라 렌즈에 광학적으로 보여주며, 어떤 전자(회로)를 요구하지 않는다. 전자적 분리기/결합기는 카메라 출력과 모니터 입력 사이에 설치된다.

5) 카메라 비디오 주석(Annotation)

(1) 카메라 ID(Camera ID)

여러 대의 카메라를 비디오 시스템에 운용할 때, 카메라를 식별할 수 있는 수단이 제공되어야 한다. 이 시스템은 카메라 식별기를 사용하며, 이는 전자적으로 알파뉴메릭 코드로 할당되며, 또는 모니터에 표시되는 각각 카메라의 이름으로, 기록 시 레코드로, 프린트 시 프린트로 할당된다. 알파뉴메릭 및 심벌 문자생성기는 카메라의 이름, 건물의 위치 등을 비디오 신호에 주석을 달 수 있다.

(2) 시간 및 날짜(Time and Date)

시간이나 날짜가 비디오 영상에서 요구될 때, 시간/날짜 생성기로 비디오 영상에 주석을 달 수 있다. 이러한 정보는 법원에서 증거로 사용될 때에는 의무적으로 주석으로 달아야 한다.

6) 영상 반전(Image Reversal)

때때로 비디오 감시 시스템은 영상을 보기 위해 단일 거울만 사용한다. 이러한 거울은 정상적인 왼쪽에서 오른쪽으로부터 반대, 즉 오

른쪽에서 왼쪽으로 비디오 영상을 반전시킬 수 있다. 영상 반전유닛
(Image reversal unit)은 반전된 영상을 정확히 찾아준다.

15. 요약

비디오 감시는 관리나 보안병력에게 원격 눈을 제공한다. 이는 보안
요원에게 보안의 위반여부를 사전에 알려준다. 즉, 악의적인 및 테
러리스트 행위를 사전에 알려주며, 이는 일종의 사람이나 자산을 보
호하기 위한 장치이다. 또한 포괄적인 보안계획을 위해 중요한 시스
템이다. 본 장에서 현재의 비디오 기술 및 장비의 대부분을 소개했
다. 조명 역시 중요한 역할을 하며, LLL, ICCD 카메라나 흑백 또는
컬러 카메라에서 만족할 만한 영상을 얻는 데 결정적 역할을 한다.
열 적외선 카메라는 빛에는 둔감하지만, 목표물과 배경 사이의 온
도 차이를 보고 탐지한다. 비디오 시스템에 다양한 렌즈가 있다. 즉,
FFL(Flange Focal length), 다초점 렌즈, 줌, 핀 홀, 파노라마 등이 있
다. 다초점 및 줌 렌즈는 FFL 렌즈의 시야각을 확장시킬 수 있다. 파
노라마 360도 렌즈는 영상의 전체 상황을 보여준다. 렌즈의 적절한
선택은 현장에서 얻어지는 최대한의 정보를 이용하여 선택해야 한
다. 비디오카메라에는 여러 형태가 있으며, 즉 컬러, 흑백(적외선 조
명이 있는 경우와 없는 경우), LLL 강(强), 열 적외선, 아날로그 및 디
지털, 단순 및 전체 기능, 주간 및 야간 등이다. 또한 VMD가 장착된
카메라도 있는데, 이는 보안요원에게 주의를 환기시키고, 침입자의
탐지 및 위치를 쉽게 알아낼 수 있는 능력을 향상시키며, 현장에서
보안요원이 어떤 행동을 취할지를 알려준다.

비디오 시스템의 중요한 요소는 아날로그 혹은 디지털 비디오
신호 전송수단으로 이는 카메라로부터 원격 위치까지 비디오 신호
전송 혹은 감시 또는 기록위치까지 전송한다. 하드웨어 또는 광섬유
는 상황이 허용된다면 이 방법이 가장 좋다. 짧은 거리의 경우 아날

로그가 좋으며, 디지털의 경우 좀 더 먼 거리까지 사용 가능하며, 인터넷은 글로벌하게 사용할 수 있다. 다중 카메라 시스템의 경우, 4개 혹은 멀티플렉서가 하나의 모니터에 여러 대의 카메라 화면을 표시할 수 있다. 보안실에는 가능한 한 적은 모니터를 설치해야 보안요원의 능력을 향상시킬 수 있다. CRT 모니터 역시 많은 비디오 응용에 여전히 좋은 선택이다. LCD(Liquid Crystal Display, 액정 표시장치)는 CRT를 위해 반도체를 이용한 디지털 대체품이다. 플라즈마 화면은 모두 반도체를 이용한 설계로 되어있는데, 이는 고해상도 및 고(高)조절 기능 및 가장 큰 화면 각을 제공해주지만, 가격이 가장 비싸다.

2000년까지 현장의 영구적인 영상을 기록하기 위한 수단은 VCR 실시간 혹은 TL[Time Lapsed(저속)] 방법이 있다. 현재는 새로운 그리고 개선된 시스템으로 VCR 대신 DVR 기록계를 사용하며, 이는 높은 신뢰성 및 빠른 검색, 재생기능을 제공하며, 기록된 비디오를 LAN이나 WAN, 인트라넷, 인터넷 또는 무선(와이파이)을 통해 원하는 곳에 전달할 수 있다.

열, 잉크젯, 레이저 하드-카피 프린터는 즉각적인 영상전파(Dissemination)를 위해 흑백 및 컬러 프린터가 제공되며, 기록보관(Archiving)을 위해 영원한 기록을 제공한다. 모든 형태의 카메라 렌즈 하우징은 실내 및 실외 응용에 모두 사용된다. 특별히 카메라 하우징은 엘리베이터, 계단, 공공시설, 카지노, 쇼핑몰, 극단적인 실외환경 등에 사용된다. 실내/외에 사용되는 카메라 중 팬(Pan)/틸트(Tilt) 어셈블리 카메라 시스템은 전체 시야각을 중대하게 증가시킬 수 있다. 작고 조밀한 속도 돔은 여러 실내/외 비디오 감시시스템 환경에서 널리 사용된다. 플러그 앤드 플레이 감시카메라는 빠르게 설치할 수 있으며, 거의 모든 카메라 하우징 배열 및 카메라 형태에 사용된다. 위에 요약된 비디오 요소는 거의 모든 비디오 보안 응용에 포함된다. 즉, 소매점, 공장, 쇼핑몰, 사무실, 공항, 항구, 버스나 기

16 비디오 기술 개론

차 터미널, 정부기관 등에서 사용된다. 많은 비디오 요소로 작은 크기 및 쉬운 설치 전송의 유연성 등 즉, 짧은 거리 및 긴 거리 모두 사용 가능한 전송수단을 이용하여, 이동하는 사람에 대한 보호 시스템이 가능해졌고, 또는 쉽게 설치할 수 있어 빠르게 전파되고 있다. 즉, 비디오 보안시스템의 방향을 말하며, 이는 비디오 보안기능이 디지털 컴퓨터 기술과 점점 통합되고 있으며, 또한 보안시스템의 다른 분야, 예를 들면 접근통제, 침입경보, 화재, 양방향 통신 등에도 응용이 가능해졌다. 비디오 보안은 전설적인 아날로그 기술에서 디지털 자동 비디오 감시기술로 빠르게 이동하고 있다.

16. CCTV를 위한 용어사전

보안산업에서 사용되는 많은 용어 및 정의는 CCTV 감시에 유일하며, 다른 것들은 전자-광 및 정보-컴퓨터 산업으로부터 유래됐다. 이 포괄적인 용어사전은 독자들이 내용을 좀 더 쉽게 이해할 수 있게 하기 위함인데, 예를 들면 견적의 요구조건, 비드 스펙을 작성할 때, 제작공정의 스펙을 해석할 때 등이다. 이러한 용어들은 CCTV, 물리적 컴퓨터 및 통신산업, 기초물리, 전기, 기계 그리고 광 분야 등을 모두 아우른다.

① 저지를 위한 제공(Serves as a deterrent)
② 다양한 사건의 증거를 위한 기록(Records as a witness various events)
③ 인지와 탐지(Recognition and detection)
④ 능동적 사용의 연결(Connect active usage)
⑤ 동시에 여러 영역을 감시할 수 있는 능력(Capable of watching many areas at the same time)
⑥ 기록과 전송(Records and transmit)

⑦ 카메라의 팬(Pan)/틸트(Tilt), 줌 및 컬러(Camera can pan and tilt, zoom and be in color)

⑧ 자본의 상환은 가치 있는 일이다(Return on Investment makes it worthwhile)

17   심층방호의 이해

Mark Beaudry, Ph. D., CPP

1. 들어가며

위험분석의 용례는 전 세계 보안전문가의 최적 관행으로 채택되고 있다. 이러한 위험분석은 일반적으로 평가로부터 시작되며, 이는 일어날 수도 있는 원치 않는 사건의 가능성을 평가하는 것으로부터 시작된다. 이러한 위험분석은 어떤 사건이 발생할지도 모를 가능성 또는 그와 관련된 사건의 정량적인 데이터 형태를 요구할 수도 있다. 이는 이러한 가능성을 평가하며, 확률적으로 결정할 수 있는 비교/분석에 제공된다, 즉, 기존 방호층이 요구에 맞게 운영될 수 있는지 없는지를 평가한다는 의미이다. 기술, 절차 또는 인간이 사전에 결정된 대로 행동하는지 또는 하지 않는지를 판단할 수 있다. 또한 이러한 위험은 예상되는 운전, 공정설계, 실패한 절차 또는 가상 사이트의 안전 및 보안으로부터 벗어나는 결과값이 도출됐을 때를 의미한다.

위험분석은 이러한 벗어나는 것들을 식별하고, 사고가 발생했을 때 이를 완화하거나 줄일 수 있는 계획을 개발하기 위한 방법을 찾아내는 것이다. 일단 각각의 편차(벗어남)의 결과들이 계량화되거나 분석된다면 설계나 앞선 성과(Performance)는 전체적인 수행의 일부로서 포함될 수 있다. 물론 이것들이 중대한 위험을 일으킬 수 있는 충분히 중요한 사건편차의 결과로 나타날 수도 있다. 그러나 심층방호(LOPA: Layers of Protection Analysis) 분석을 통해 보안전문가는 가능한 한 관리할 수 있을 정도로 낮게 위험을 줄이거나 완화시킬 수 있을 것이다.

위험 매트릭스를 지원하기 위하여, 위험순위 절차를 사용하는 어떤 기관이나 기업도 위험빈도와 결과 우선순위를 비교해야 한다. 위험순위 절차는 보안전문가를 위해 우선순위와 중요도를 결정하는 데 사용되며, 이는 안전 및 보안 측정범위 내에서 위험의 편차를 완화시키거나 낮추기 위한 권고사항으로 사용될 수 있다. 더불어, 보안전문가에 따라 결과의 심각성(Severity) 순위를 제공하는 데 사용될 수 있는데, 이는 어떤 사건을 위해 전개될 위험한 사항을 고려하여 정할 수 있다.

이는 매우 중요한데, 즉 결과의 심각성 순위는 모든 것이 잘못된 경우 또는 잘못되어가고 있는 경우, 잘못될지도 모를 결과, 곧 피해의 정도에 기반한다. 이는 훈련, 시험 그 외 어떤 모의시험을 통해 편차를 알아내는 데 도움을 줄 수도 있다. 또한 때때로 과거의 데이터는 보안전문가가 경험했을 수 있는 여러 어려움이나 이전 사건을 통해 우선순위를 결정하는 데 사용될 수도 있다. 여러 위험한 상황(예를 들면 무장 침입자나 실패한 비상응답 절차 등)에 의한 잠재적인 위험을 줄일 수 있는 운영 보장, 안전 및 보안을 포함한 어떤 사고인지를 결정하는 데 사용될 수 있다. 위에서 언급한 것처럼, 어떤 형태의 결과 모델링이나 모사, 역할극, 현실적인 훈련을 통해 위험한 상황을 좀 더 쉽게 이해할 수 있으며, 이러한 상황이 앞으로 발생할 수 있는 영역에 어떤 영향을 미칠지 알아낼 수 있다.

1) 심층방호 분석(Layers of Protection Analysis)

보안전문가는 사건 가능성 기술(Event likelihood techniques)을 심층방호라 부르며 이는 위험을 예측하는 데 제공되는 위험분석에 다양한 레벨로 사용된다. 심층방호는 사고순서를 통해 다양한 포인트를 따라 위험을 추정할 수 있다. 이 외에도 위험의 정량적 추정치를 제공할 수 있으며, 이는 심층방호를 위험사건에 적용할 수 있으며, 이 위험 사건은 아래 시나리오 형태의 심각성(Severity) 결과와 관련된다.

- 위험의 원인을 야기하는 고장이나 장비손상(즉, 내부 또는 외부의 폭발에 의한 또는 시설 내에서의 폭발 등)
- 중요한 가동 중단(예를 들면 실현성 있는 폭탄 위협, 작업장 폭력사건, 위협 대 메일 폭탄 등)
- 종업원의 치명적인 중상 또는 치명상(예를 들면 능동적인 (Active) 총기 소지자/능동적인 폭행범 등)
- 외부적인 손상이나 치명상
- 중요한 환경적인 요인이 모든 사람에게 영향을 주는 경우(예를 들면 가스나 화학물질의 폭발 등)

심층방호가 보안전문가에 의해서 사용될 때, 이들은 초기사건이 어떤 원인에 의해서 야기되는지 조사하기 시작하며, 이는 이들이 어떻게 전파될지(이를 '연쇄반응' 또는 '도미노 효과'라 부름)를 살펴봄으로써 전개과정을 이해할 수 있다. 다행인 것은 보안전문가는 어떤 좋지 않은 상황에서 보안에 실패한 사고를 이해하는 데 심층방호를 통하여 매우 중요한 단서를 포착할 수 있다는 것이다. 즉, 어떤 부적절한 공정편차가 발생하더라도 이를 수행하기 위한 위험 순위 절차 계산 목적으로 위험 행렬을 사용한다. 그리고 사건위험은 공정위험과 비교할 수 있으며, 이는 부가적인 위험 감소나 완화기술이 요구될지 말지를 결정하는 데 이용된다. 공정위험은 선택된 위험 기준을 만족하지 못하는데, 즉 독립적인 방호수준(Independent Protection Layer)이 위험한 또는 손상된 사건주기를 감소시키거나 완화시킴으로써 이러한 틈을 낮추어 주는 데 이용된다. 초기에 독립적인 방호수준의 주요 목적은 위험한 사건의 확산을 중지시키는 것이다(이를 시간지연 메커니즘이라 한다). 이는 사건으로부터 일어날 수 있는 위험의 결과를 중단시키는 데 사용됐다.

일반적으로 대부분의 보안전문가는 양파껍질 개념을 사용하는데(때로는 심층방호 또는 다층방호라고 부름) 독립적인 방호수준 전개의 전형적인 순서로 예시된다. 만약 독립적인 방호수준의 시나리오를 양파껍질 개념을 통해 개발한다면, 공정운전의 영향을 최소화하거나 막도록 설계할 수 있다. 또한 이러한 다층 방호형태를 사용하는 이유는 전파나 시간지연 및 외부침입자가 침투하기가 매우 어렵기 때문이다. 심층방호의 사용은 양파껍질층에 의해 표현되며, 이를 다층방호라 부른다. 이는 목표지점으로 가는 동안 침투자에게 시간지연을 주기 위함이다.

궁극적으로, 방호설계에서 다층의 첫 번째 목표는 계획, 즉 침투자가 목표물에 침투하는 어떠한 시도든 완화시키거나 효과적으로 막기 위함이다. 전형적으로 대부분의 설계는 전체적인 검증계획이 부족하다. 하지만 심층방호는 보안전문가가 좀 더 안전하게 방호를 설계할 수 있도록 도와주며, 이는 관리할 수 있는 출입통제 또는

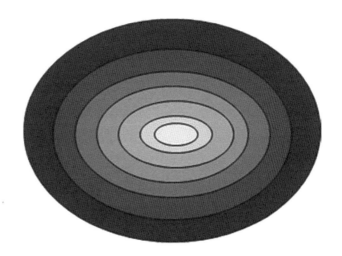

그림 17.1 심층방호를 설계할 때
전형적인 방호 라인

최상위 절차나 수단에 (균형기술을 통해) 중요한 다층 방호설계가 가능할 것이다. 이 외에도 심층방호 설계는 예방적이거나 완화적인 층들을 만들어낼 수 있으며, 이는 발생할 수 있는 보안사고를 완화시킬 수 있을 것이다. 또한 위험한 사고를 완화시키거나 약화시키는 잘 설계된 모형 등이 높은 유효성을 보장할 수 있다.

위험은 주기와 결과의 함수이므로, 주기의 추정과 심층방호 개념은 이러한 수용성을 평가하기 위해 다른 기술로 평가할 수 있다. 일반적으로, 결과의 심각성은 좀 더 엄격한 주기분석을 위해 보안전문가가 잠재적인 사고의 가능성을 평가하는 데 사용될 수 있다. 앞에서 언급한 것처럼, 많은 보안전문가는 이를 결정하기 위해 사고이력이나 운영 경험을 통해 평가하며, 이는 심각성에 영향을 줄 수 있는 전체적인 요인으로 사용될 수 있다. 예를 들면 범죄율, 범죄 데이터 형태 등이다. 그리고 운영실습, 다층방호, 사건상황 등을 감시 및 주의를 기울일 수 있는 조건적인 수정자(Modifier) 등이 포함된다. 경험적으로 보안전문가는 평가 동안에 재응답 및 응답층을 고려해야 하는데, 즉, 운영자가 위험을 감소시키거나 완화시킬 수 있는 조치가 무엇인지를 알아내야 한다. 이는 선행적인 층으로 첨가되어야 한다. 즉, 사무실이나 방의 안쪽으로부터 문을 잠그든지 또는 닫아놓는 행위 등을 말한다. 명심해야 할 또 다른 중요한 이슈는 각각의 층은 서로서로 독립적으로 방호를 제공해야 하며, 이러한 층들의 사용이나 조건적인 수정자는 매우 중요하다. 왜냐하면 그들은 가끔 상호 연관적일 때가 있기 때문이다. 예를 들면, 경보 표시장치는 사용자를 위해 잠겨 있는 상황 및 각 개인의 피난을 알려주는 데 사용될 수 있다.

2) 다층방호 분석 사용(Using Layers of Protection Analysis)

위험분석을 사용할 때, 심층방호는 결과 추정도구의 이행을 개선하는 데 사용될 수 있다. 결과 추정도구에 부가적으로, 위험분석은 위험사건의 추정된 주기에 관련된다. 또한 결과 심각도 추정과 관련된 오차는 위험 감소를 측정하는 데 영향을 준다. 대부분의 보안전문가는 심층방호를 사용하는 것이 쉽고 유연성 있다고 여긴다. 위험도 사고주기 추정에 근거한 우선순위를 결정하려 할 때, 위험사건을 야기한 사건의 근본원인을 주의 깊게 살펴보고, 또한 안전이나 보안이 실패할 가능성에 대해서도 살펴보아야 한다. 보안전문가는 그들이 앞선 위험분석에서 행한 위험감소 또는 완화에 사용했던 최적 관행을 이용하여 다층방호의 올바른 형태를 결정하는 데 그들의 경험을 사용할 수 있다.

보안전문가는 초기 사고로부터 결과에 영향을 줄 수 있는 중요한 상황을 분석하는 것이 사고의 근본적인 원인을 분석하는 데 필요하다. 이는 위험분석 시 대단히 중요한 부분인데, 왜냐하면 위험 형태에 대한 가능성을 이해하는 것이 이들이 활성화될 수 있는 상황이나 조건을 이해하는 데 도움이 되며, 보안전문가는 이를 통해 초기 사고주기를 추정할 수 있다. 심층방호는 보안전문가에게 위험이나 위협에 근거한 독립적인 방호수준을 권고한다. 또한 이 독립적인 방호수준은 위험감소를 제공하는 것으로 알려진 최적 관행이다. 예를 들면 펜스, 문, 경비, 경찰, CCTV, 경보 등이다. 일반적으로 앞에 언급한 최적 관행 모두를 사용한다 하더라도, 경보는 안전과 보안의 도구로서 이용되며, 이 경보는 식별이나 인지시스템의 입력으로 사용된다.

기본적으로 경보의 이러한 형태들은 '기기의 오작동이나 운전이탈 또는 응답에서 요구하는 비정상 조건을 표시하는 음향적 또는 시각적 수단'이며, 이는 안전경보와는 다르며, "인간생활을 보호하기 위한 또는 안전운전에 중요한 것으로 분류된 경보"와는 다르다. 독립적인 방호수준 위험 감소방법의 사용은 보안전문가에게 중요성과 지표와 일치하는 정보나 사고 데이터를 기반으로 위험사고 주기를 추정할 수도 있다. 즉, 경보 로그, CCTV 사용이 사고상황을 결

17 심층방호의 이해

정하며, 경찰 보고, 직원이나 방문자의 정보 또한 사용할 수 있다. 다시 한 번 강조하면, 보안전문가는 다양한 중요 위협 시나리오를 평가할 수 있는 최고의 도구일 뿐만 아니라 적절한 보안층 및 설계를 측정하는 데 적용할 수 있는 도구로서 심층방호를 사용할 수 있다.

부가적으로 심층방호는 앞에서 언급한 주요 성과의 중대한 정량적인 분석에 이용될 수 있으며, 위협이나 취약성분석의 효과적인 평가로 사용될 수 있다. 현실적으로 여러 다른 학교를 통하여 심층방호를 이행하거나 사용하는 조직이 더 많아지면 이행에 요구되는 질문, 비교, 유사한 사용 예들이 불변의 결과를 만들어낼 것이다. 유사한 위협이나 취약성이 학교에서 학교로 비교될 때, 심층방호는 훨씬 안정화되며 유사한 위협의 위험추정의 추이 등을 쉽게 알아낼 수 있을 것이다. 다행스럽게도, 심층방호의 절차서는 잘 정의된 방법이며, 이는 보안전문가가 어떠한 위험사고 주기의 형태에도 추정 가능할 때 이행될 수 있다. 추가적으로 위험추정의 불일치를 이해하는 데 도움을 줄 수 있는데 이는 추정된 결과 심각도 변동이 이러한 불일치의 원인이 될 수 있다.

2. 결론

보안전문가가 다양한 형태의 시나리오를 적용하여 심층방호 차원의 우발사태 대비계획을 시도함으로써 안전이나 보안대책이 향상되고, 종국에는 사고를 완화시키거나 감소시킬 수 있다. 이는 글로벌 구조를 가진 집단이나 큰 캠퍼스 형태의 조직에게는 도전이 될 수 있다. 심층방호 견본(Template)의 다양한 시나리오는 안전이나 보안조치에 상세한 지침을 제공한다. 여러 경우에 보안전문가에 의해 사용되는 심층방호의 최적 관행은 위험분석의 지침서일 뿐만 아니라 위험감소나 완화의 수단이 될 수 있다. 마지막으로, 심층방호 견본을 나타내는 여러 다양한 모델이 있으며, 최종 사용자는 어떠한 모델이 당신의 사업환경에 가장 적합한지를 결정해야 한다.

참고자료

[1]   CCPS/AIChE. Layer of Protection analysis: Simplified process risk
      assessment. New York: Concept Series, 2001.

[2]   Stauffer T, Sands N. P, Dunn D. G, Get a Life(cycle)! Connecting alarm
      management and safety instrumented systems. In: ISA safety & security
      symposium (April, 2010). http://www.isa.org.

[3]   Summers AE, Hearn W. H. Risk Criteria, protection layers and conditional
      modifiers. SIS-TECH, 2010.

[4]   Summer A, Vogtmann B, Smolen S. Consistent consequence severity
      estimation, In: Spring meeting, 6th global congress on process safety, San
      Antonio, Texas, march 22-24, American Institute of Chemical Engineers,
      2010.

18   화재 전개와 대응

Inge Sebyan Black, B. A., CPP, CFE, CEM, CPOI, CCIE

1. 들어가며

이 장에서는 화재의 단계, 화재대피, 화재안전, 화재구분 등에 대해
논의한다. 소방대원들이 화재발달의 단계와 불타는 영역을 인지하
는 것은 아무런 대응을 하지 않았을 때 그 이후에 벌어질 수 있는 상
황을 유추할 수 있게 해준다. 비록 소방대원들이 기본 화재 조짐의
많은 징조를 쉽게 관측할 수 있지만, 화재 대응지표는 소방관들이
보고 듣고 느낄 수 있는 광범위한 요인들을 포함한다.

화재는 물질이 화학적으로 공기 중의 산소와 결합해 빛, 열, 연
기를 방출하는 연소상태, 과정 또는 순간으로 정의된다. 이 정의를
더 나열하면 다음과 같은 네 가지 단계로 나눌 수 있다.

2. 화재의 단계

① 초기 상태: 연료, 산소 그리고 열 등이 지속적인 화학적 반응상
태에 있다. 이 단계에서는 소화기로 화재를 다룰 수 있다. 이 단계에
서 주요한 화재 대응지표는 건물 요인, 공기배관, 열, 화염 그리고 연
기 등이다. 화재를 동적 위험평가로서 검토할 때 이러한 요인을 프
로세스에 통합하는 것이 중요하다. 공간의 크기와 환기 표시에 따

라, 건물 외관에서 초기 단계의 화재가 공간 안에서 타오르고 있는 경우, 현시점에서는 연기가 나지 않는다.

② 화염 단계: 초기 불꽃을 열원으로 하여 추가 연료가 발화한다. 대류와 방사에 의해 더 많은 표면을 발화시킨다. 화재의 크기가 점점 증가하고 연기 기둥이 천정에 닿는다. 뜨거운 가스들은 천정에 모여 열을 전달하여 실내에 있는 모든 연료들을 동시에 발화온도에 근접하게 한다. 연기와 화염은 눈에 보이며, 열은 비교적 낮은 편이다.

③ 들끓는 단계: 불은 모든 가능한 연료를 다 태워버리고 온도는 최고조에 달하며, 열에 의한 손상을 일으키게 된다. 산소농도는 급격히 떨어지며 연기가 보인다.

④ 열 단계: 불은 가능한 연료를 다 소모하고, 온도는 감소하고, 불은 최고조로 활발하고, 열도 강렬하여 건물 위까지 전달된다.

3. 화재가 어떻게 전파되는가?

불은 다음과 같은 세 가지 방법으로 화염으로부터 열에너지를 전달한다.

- 전도(Conduction): 근처의 소파에 불을 붙이고 뒤에 늘어뜨린 커튼을 데우다가 불을 붙이고 가열하는 등 직접적인 접촉으로 인해 재료 내 또는 물질을 통해 열에너지가 전달된다.
- 대류(Convection): 뜨거운 지역에서 차가운 지역으로의 가스나 유체의 흐름을 의미한다. 가열된 공기는 밀도가 낮아져 위로 올라가고, 반면 차가운 공기는 하강한다. 구멍이 난 곳에

큰 불이 나면 뜨거운 가스와 연기가 공기 중으로 올라가는 열기둥이 생성된다. 그러나 실내에서는 이러한 가스들은 천정에 모이게 되며, 천정에서 수평으로 이동하게 되고, 점점 아래 방향으로 공기층이 두꺼워진다.

- 복사(Radiation): 전자기파 형태로 열이 전달되는 방식이며, 전달되는 방향으로 어떠한 가스나 물체는 존재하지 않는다. 오직 복사된 열만 전 방향으로 전달되며, 물체에 닿기 전에는 복사를 알 수가 없다. 불타는 건물은 건축물의 주위로 열을 복사하며, 유리 창문과 내부에 있는 방화물체를 지나 전달된다.
- 이온화 검출기: 이 검출기는 연기가 보이기 시작하기 전 단계인 초기 단계에서도 화재를 인지한다.

만약 당신의 가정에 화재가 났다면 다음과 같은 두 가지 간단한 결정으로 당신과 당신의 가족의 생명을 구할 수 있는 시간을 확보할 수 있다.

① 화재의 첫 징후에 대해 경고하기 위해 화재경보기를 작동시키기로 결정한다.

배터리 수명이 다됐거나 배터리가 없으면 화재가 나더라도 알람은 발생하지 않는다. 정기적으로 배터리를 체크해야만 알람에 항상 대비할 수 있다. 배터리 교체는 1년을 주기로 한다. 대부분 연중 교체시기를 1월 1일 또는 할로윈데이로 설정한다. 각 주별로 요구조건은 다르지만, 전미방화협회(NFPA: National Fire Protection Association)에서는 가정의 모든 곳에 설치할 것을 추천하고 있다. 예를 들면 모든 침실 내부와 각 수면공간 외부에 설치한다. 보험회사는 화재경보기가 없는 경우, 또는 불충분하게 설치된 경우, 또는 동작하지 않는 경우에 일어난 사고에 대해 보험금을 전부 지불할까?

② 화재 탈출계획을 만들고 당신의 가족과 손님들에게 공유해라.

이에 대해 생각해라. 직장과 학교에서 화재 대피훈련을 정기적으로 실시해야 한다. 이와 같은 탈출계획을 세우거나 훈련을 하지 않고 집에서 안전하다고 생각할 수 있는가? 당신이 그 장소를 매우 잘 안다고 생각해서인가? 당신과 당신 아이들이 어떤 층에서도 2분 내에 방을 빠져 나갈 수가 없다는 사실을 알아야 한다.

Ⓐ 전미방화협회(NFPA)에서는 당신의 집을 가로질러 걸어가며 모든 가능한 출구와 탈출경로를 검사하라고 제안한다. 당신 집의 평면도를 그리는 것을 고려해 당신의 아이들의 도움을 받아 창문과 문을 포함하여 각 방의 밖으로 나가는 두 가지 방법을 나타낸다. 여기에 연기알람 위치를 추가한다.

Ⓑ 화재경보기를 설치하고 당신의 가족과 탈출계획과 같은 두 가지 생명-보존 결정을 실시하라. 이렇게 하면 당신은 하나의 큰 선택을 하게 되는 셈이다. 당신의 집에 있는 모든 사람들에게 시간과 사전 숙고할 이점을 줄 수 있으며, 이로 인해 매년 수천 명이 화재로 인해 죽는 통계에서부터 제외될 수 있다.

4. 불을 끌 수 있는 네 가지 방법

① 불에 타는 물질을 차갑게 해라.
② 산소를 차단해라.
③ 연료를 치워라.
④ 화학적 반응을 차단해라.

1) 소화기

소화기를 설치하고 나면, 정기적인 연간 유지보수 프로그램을 수립해야 한다. 보안담당자가 매월 1회 모든 장치들을 외관 검사하고, 소화기 공급사는 연간 2회 정도 검사하는 것은 좋은 정책이다. 이 과정에서 서비스업자는 검사내역을 표시해야 하며, 필요한 경우 소화기를 재충전하고 결함이 있는 장비를 교체해야 한다.

고품질의 소화기

새로운 소화기, 검사, 테스트 등이 필요할 때, 어떠한 제조사 제품으로도 교체가 가능하다. 이것이 당신과 당신 가족, 그리고 당신의 재산을 보호해줄 수 있다는 점을 명심해라.

2) 가압수형 모델(Pressurized Water Model)

A등급 화재에만 적용이 가능하다. 전기 또는 가연성 액체화재(Flammable liquid fire) 등에는 사용해서는 안 된다.

3) 이산화탄소

이 소화기는 고압 액화 이산화탄소를 함유하고 있으며, 방출될 때 가스로 변환된다. 이러한 모델은 A급 화재에는 사용되어서는 안 되며, B급, C급 화재에만 사용할 수 있다. 이산화탄소는 잔여물을 남기지 않는다.

4) 분말소화기

여기에는 축압형과 카트리지 동작형이 있다. 축압형은 손잡이 부분의 레버를 이용해서 동작시킨다. 카트리지형은 다음과 같은 두 단계로 동작한다. 먼저 카트리지 레버로 압력을 빼고, 그다음 호스의 끝부분에 있는 노즐을 눌러서 동작한다. 이것은 분말을 사용하기 때문에 사용 후 청소를 해야 한다.

5) 인산암모늄

이것은 A급, B급, C급 화재에 모두 사용할 수 있다. 그러나 상용의 튀김기에 불이 났을 때는 재점화의 가능성 때문에 사용해서는 안 된다. 튀김기의 자동 화재방지 시스템을 덜 효과적으로 만들기 때문이다.

6) 중탄산나트륨

이것은 분말형이며, B급과 C급 화재 진압에 적당하다. 또한 기름기 많은 화재를 퇴치할 때 다른 건조 화학소화기보다 더 선호된다. 만약 제공이 된다면, 소화기 시스템을 먼저 사용해야 한다. 이것은 또한 기기의 열을 차단한다.

7) 탄산수소칼륨

탄산수소칼륨, 요소기반 탄산수소칼륨, 염화칼륨과 같은 건식 화학법은 동일한 화재에 대해 중탄산나트륨에 비해 보다 효율적이고 사용량도 적은 편이다.

8) 포말소화기(AFFF 또는 FFFP)

이것은 화학성 거품으로 연소하는 가연성 액체의 표면을 코팅한다. 포말 소화기를 사용하면 액체의 전 표면을 덮어 공기를 차단한다.

5. 화재의 등급

화재에는 다음과 같은 네 가지 등급이 있다.

A급: 나무, 옷감, 종이, 고무, 그리고 많은 플라스틱 등과 같은 보통의 가연성 재료를 포함하고 있다. 이것들은 타서 재를 남긴다. 이것은 점화온도보다 낮은 온도로 낮추면 불을 끌 수가 있다.

물이나 다른 소화용 물질이 효과적이다.

B급: 상온에서 탈 수 있는 인화성 액체와 점화하는 데 열을 필요로 하는 가연성 액체가 포함되어있다. 석유, 타르, 오일, 오일 기반의 페인트, 솔벤트, 래커, 알코올, 인화성 가스 등이 대표적이다. 이런 것들은 매우 높은 화재 위험성이 있어, 물로는 화재진압을 할 수가 없다. 연료와 산소 사이에 거품층과 같은 것으로 벽을 만들어야만 진화가 가능하다.

C급: 여기에는 A급 또는 B급일 수 있는 연료가 포함되며, 연료가 통전된 전기장비를 포함한다는 점은 제외이다. 진화를 위해서는 매우 특별한 기술과 이산화탄소 또는 분말과 같은 대응물질이 필요하다. 물을 사용하는 것은 전기적인 도체 역할을 할 수 있기 때문에 매우 위험하다.

D급: 여기에는 마그네슘, 티타늄, 지르코늄, 나트륨, 리튬, 칼륨과 같은 인화성 금속을 포함한다. 대부분의 자동차에는 이러한 금속성 재료가 상당량 포함되어있다. 매우 높은 화염온도 때문에, 물은 수소와 산소가 분리되어 불을 더 나게 하고 폭발성까지 생성된다. 염화나트륨 또는 다른 소금 기반의 특수한 분말을 사용해야 진화가 가능하다. 진화 후 마른 모래로 청소해야 한다.

K급: 여기에는 가연성의 요리 재료(채소 또는 육류 기름 또는 지방)가 내장된 조리기구에 발생하는 불을 포함하고 있다.
- 비상사태인 경우, 작동하는 기구들을 멈추게 하는 프로세스에 익숙한 사람들을 지명해야 한다.
- 미리 계획을 세워라. 만약 화재가 여러분의 가정이나 사무실에서 발생했을 때, 화재감지기에서 알람이 발생하면 수 분 내

에 안전한 지역으로 피해야 한다. 따라서 모든 사람들이 화재가 발생했을 경우 어떻게 행동해야 하는지 알고 있어야 한다. 가장 널리 사용되고 있는 코드에는 다음과 같은 것이 있다.

- NFPA 1, 화재 코드: 새 건물과 기존 건물에서 합리적인 화재 안전 및 재산 보호수준을 확립하기 위한 요건을 제공
- NFPA 54, 국립 연료가스 코드: 연료가스 설치를 위한 안전기준
- NFPA 70, 국립 전기 코드: 전기설비에 대해 전 세계에서 가장 널리 사용되고 받아들여지고 있는 코드
- NFPA 85: 보일러와 가연성 시스템 위험 코드
- NFPA 101, 생활안전 코드: 건물 입주자를 화재, 연기 및 유독가스로부터 보호하기 위해 새 건물과 기존 건물에 대한 최소 요건을 설정
- NFPA 704, 비상대응을 위한 재료의 위험 식별을 위한 표준시스템: 위험물질에 의해 야기되는 위험을 빠르고 쉽게 식별하기 위해 비상근무요원이 사용하는 일상적인 '불 다이아몬드'를 규정한다.
- NFPA 표준:
  - NFPA 70: 국립 전기 코드
  - NFPA 70B: 전기장비 유지를 위해 추천하는 규범
  - NFPA 70E: 작업장에서의 전기안전에 대한 표준
  - NFPA 72: 국립 화재경보 및 신호전송 코드
  - NFPA 101: 생활안전 코드
  - NFPA 704: 비상대응용 유독물질의 식별을 위한 표준시스템 (4색 유독 다이아몬드)
  - NFPA 921: 화재와 폭발 조사에 대한 가이드
  - NFPA 1001: 소방관 자격기준
  - NFPA 1123: 불꽃놀이 코드, 2014

18 화재 전개와 대응

- NFPA 1670: 기술 검색 및 구조사고에 대한 운영 및 교육표준
- NFPA 1901: 자동차 화재장비에 대한 표준, 2016

6. UL 표준 217, 268, NFPA 72

UL 표준 217인 "단일 및 다중 스테이션 연기경보"에 의하면, 각 센서가 주로 스모크 센서이고 디자인이 표준을 충족하는 한 이중센서 알람을 허용한다. 알람로직은 {OR}형이며, 만약 광전센서 또는 이온화 센서알람의 문턱전압에 도달하면 알람이 발생한다. 각각의 센서 민감도는 따로 테스트하지 않는다. 그러므로 제조사는 각각의 센서 민감도를 별도로 설정할 수 있는 자유를 갖고 있다. 개별 센서는 모든 현재 감도표준을 충족하도록 설정할 수 있으므로 그러한 센서를 사용하는 독립형 장치에서 발견되는 것보다 다소 민감할 수 있는 추가 센서기술을 갖춘 이중 알람에서 어떤 전체적인 이점을 얻을 수 있는지 명확하지 않다. 또한 각 센서의 알람 임계값을 조정하여 불필요한 알람을 줄임으로써 이중센서 알람의 또 다른 잠재적 이점을 실현할 수 있다. 따라서 각 센서의 감도는 이중 알람의 전체 성능에 대한 요인으로 작용한다.

표 18.1은 중앙값과 평균 알람시간이 표시된 히스토그램에서 이온화, 광전 및 이중 알람 시간의 분포를 나타낸다. 이러한 특정 분포는 부분적으로 화재 발생원과 알람 위치의 변화에서 발생한다. 개별 센서 감도를 알 수 없으므로 어느 이온화 및 광전 센서가 더 민감한지(이중 알람의 이온화 알람 또는 이온화 센서, 이중 알람의 광전 알람 또는 광전센서 중 하나) 추정했다.

이러한 판단을 하기 위해 다음과 같은 논리를 고려했다. 이온화 알람 사이는 54개의 사례 중 18개에서 가장 먼저 반응하여 광전 알람보다 평균 83개 응답속도가 빨랐다. 이러한 18개의 사례를 고려할 때 이중 알람은 17개 사례에서 먼저 반응했고 이온화 경

표 18.1 NRC 캐나다 테스트 시리즈에 대한 평균 알람시간

알람 유형	평균 알람시간(s)	표준편차(SD)
이온화 알람	1,205	1,102
광전 알람	666	537
이중 알람	587	450

보(SD=158s)보다 평균 81개 더 빠르게 반응했으며, 중앙 반응속도는 19초 더 빨랐다. 전술한 검출기 외에도 연기 때문에 빛이 감소하고, 미리 정해진 온도를 감지하는 데 사용되는 열 감지기, 그리고 화염의 방출로부터 나오는 적외선을 감지하는 적외선 불꽃 감지기가 있다.

7. 스프링클러와 탱크용 물 공급

자동 스프링클러가 작동하려면 반드시 스프링클러에 물을 공급하여 불을 끄거나 제어하여 번짐을 방지해야 한다. 이러한 물은 보통 주요 또는 일차 급수로 간주되는 공공 급수시스템 및 다른 유형의 저장탱크와 같은 다양한 공급원에서 얻을 수 있다(자세한 내용은 NFPA 13, 스프링클러 시스템의 설치표준을 참고).

중력탱크는 타워나 지붕에 장착되어있으며 고층건물에서 사용된다. 흡입탱크는 자동으로 동작하는 소방펌프에 장착되어있으며, 압력탱크는 제한된 양의 물을 공급하기 위해 사용되는 가압수 저장고이며, 소방펌프(어떤 소방펌프는 압력을 증가시키기 때문에 부스터 펌프라고 불림)는 급수압력을 개선하기 위한 기계장치다.

자동 스프링클러 시스템에는 다음과 같은 종류가 있다.

- 습식 파이프 시스템
- 건식 파이프 시스템

• 프리액션(Preaction) 시스템

표준 파이프 시스템에는 다음과 같은 종류가 있다.

• 자동 습식 시스템
• 자동 건식 시스템
• 반자동 건식 시스템

자동 습식 스탠드 파이프 시스템은 얼지 않는 고정 급수를 가진 현대식 고층건물에 가장 흔히 설치된다. 자격증은 한 사람의 실습 특기기술을 나타내는 중요한 정보이다. 이용 가능한 인증 프로그램은 다음과 같다.

• Certified Electrical Safety Worker(CESM)
• Certified Electrical Safety Compliance Professional(CESCP)
• Certified Fire Protection Specialist(CFPS)
• Certified Fire Inspector I(CFI)
• Certified Fire Inspector II(CFI-II)
• Certified Fire Plan Examiner(CFPE)

부록 2: 화재 안전점검

다음에 설명되는 점검은 개정된 재산별 점검 프로그램의 기초가 되도록 설계됐다. 일부 항목은 '합리적인 주기'로 수행되는 기능이다. 당신의 특정 재산이나 위치를 검토할 때 구조물의 특성, 지리적 위치, 의도된 사용 및 실제 사용을 고려하여 주의를 기울여야 한다. 많은 경우, 한 환경에서 매일 가장 잘 수행되는 기능은 다른 환경에서 주간 또는 월간 단위로 합리적으로 수행될 수 있다. 또한 모든 응용 프로그램은 어떤 면에서 독특하다는 점에 유의해야 한다. 이와 같이, 한 장소에 대해 빈틈없다고 여겨지는 것은 겉보기에는 비슷하지만 다른 장소에서는 불충분할 수도 있다. 따라서 유사한 프로그램을 벤치마킹하는 것은 매우 권장되지만, 이는 단순히 사용자 정의 위치별 프로그램을 만들 때 기본적인 지침으로만 고려해야 한다.

일부 섹션에서는 검토해야 할 많은 장소나 항목을 참조하는 검사문항을 제시하기도 한다. 스프링클러 헤드에 대한 검사가 한 가지 예가 될 수 있다. 이러한 검사를 위한 실제 체크리스트를 설계할 때 시설의 물리적 배치를 합리적이고 관리 가능한 구역으로 세분화하는 것이 바람직하다. 스프링클러 헤드의 집합을 설치된 방별로 확인하면 검사를 수행하는 검사자는 이를 집합으로 검토하고 해당 커버리지 영역과 관련하여 코멘트를 할 수 있다. 방화문과 같은 경우, 나중에 식별하기 위해 검사양식뿐만 아니라 문 경첩 측면 가장자리에 번호 태그가 포함된 위치 번호로 식별하는 것이 합리적이다.

8. 관리 및 계획절차

- 로컬로 시행되는 모든 코드의 사본이 참조용으로 현장에 유지되고 있는가?
- 시설물은 지역적으로 시행된 건축법규의 요건을 충족하는가?
- 시설물은 지역적으로 시행되는 생명예방 코드의 요건을 충족하는가?
- 시설물은 지역적으로 시행되는 생명안전 코드의 요건을 충족하는가?
- 시설물에 화재예방 및 대응계획에 대한 문서가 적절히 배포되어있는가? 이 계획은 전 직원에게 알려져 있는가? 교육이 책임을 가진 자로부터 제공되고 있는가? 모든 교육이 문서화되

18 화재 전개와 대응

고 안전하게 보관되고 있는가? 계획이 매년 검토되고, 필요에 따라 갱신되고, 재배포되고 있는가?

- 시설물에 소방대원이 상주하고 있는가? 소방대원 훈련절차가 문서화되고 안전하게 관리되고 있는가? 소방대원 훈련이 지역 소방서와 연계하여 실시되고 있는가? 소방대원은 항상 상주하는 사람으로 구성되어있는가?

- 모든 점검보고서는 현지 법규, 보험요건 또는 업계표준에 따라 합리적인 기간 동안 관리되고 있는가? 점검보고서는 안전한 장소에 보관되어있는가?

- 모든 직원이 기본적인 화재예방 개념과 화재사건 대응절차에 대해 교육받고 있는가? 이러한 훈련의 내용이 일관되고 합리적으로 계획되어있는가? 이러한 교육이 문서화되고 보안이 유지되고 있는가? 매년 재교육을 실시하고 있는가? 연간 재교육을 문서화하고 안전하게 문서를 보관하고 있는가?

9. 일반적인 외관검사 절차

- 모든 화재 출구경로가 명확하게 표시되어있는가? 모든 출구경로가 항상 열려 있는가? 모든 출구경로 및 대피 하드웨어 물품이 미국 장애인법(ADA: Americans with Disabilities Act) 요건을 준수하고 있는가?

- 모든 방화문 및 대피 하드웨어 물품이 제대로 작동하고 있는가?

- 서비스 구역은 사용하지 않을 때 무단침입으로부터 보호되고 있는가?

- 모든 구역에 느슨하거나 정리되지 않은 가연성 품목(예: 누더기 또는 빈 상자)이 없는가?

- 모든 저장 영역이 비상상황에도 쉽게 접근할 수 있도록 잘 구

성되어있는가?

- 인화성 또는 가연성 품목이 우발적인 발화로부터 보호되도록 적절히 보관되어있는가?

- 인화성 또는 가연성 품목이 무단사용 또는 변조방지에 대항하여 적절히 보관되어있는가?

- 모든 화재구분선이 명확하게 표시됐는가? 화재구분선이 항상 방해받지 않는 상태로 유지되고 있는가?

- 소방서에서 항상 마스터키를 사용할 수 있는가?

- 모든 전기패널에 항상 접근할 수 있는가? 비상전원 분리를 용이하게 하도록 모든 패널이 명확하게 표시되어있는가?

- 가스로 작동하는 장비는 마모 및 손상여부를 적절한 빈도로 검사하고 있는가? 안전한 장소에 문서화하고 보관하고 있는가?

- 모든 열 발생장치(보일러, 용해로 및 건조기 등)는 어떠한 종류의 저장도 금지되는 열 출력의 수준에 근거하여 합리적으로 깨끗한 지역에 놓여있는가?

- 모든 도관(導管, Duct)은 정기적으로 검사하고 필요에 따라 청소하고 있는가?

- 모든 영역에 연장코드(Extension cord)를 사용하지 않도록 유의하고 있는가?

- 모든 전기코드 및 전기작동식 물품의 마모 또는 손상여부를 적절한 주기로 검사하고 있는가? 이러한 검사가 문서화되어 있는가?

- 지정된 흡연구역이 공통적이거나 식별된 점화 위협으로부터 적절한 최소 안전거리에 떨어져 설치되어있는가? 재떨이가 이 구역에 놓여있는가? 이러한 것들이 지역 법을 따르고 있는가?

10. 소화기 검사절차

- 지난 12개월 이내에 모든 소화기를 검사하고 공인 공급업체 또는 교육받은 정비사가 필요에 따라 수리했는가?
- 모든 유형의 소화기가 적절히 배치되어있으며, 필요시 사용에 용이한가?
- 특수 소화기가 필요한 곳에 비치되어있는가?
- 일반적인 위치에 놓여있는 소화기를 사용할 수 있도록 훈련받은 사람이 있는가? 이 교육은 안전한 장소에 문서화되어 보관되고 있는가?
- 소화기가 잘 작동하는지 주기적으로 (대부분의 경우 매일) 검사하고 있는가? 각 소화기에 대한 검사는 문서화되어 안전하게 보관되어있는가?

11. 급수탑, 소방호스 및 제어밸브 검사절차

- 알람 시스템에 연결된 템퍼 스위치가 모든 제어밸브를 모니터링 하고 있는가?
- 모든 제어밸브에 대해 매년 허가된 공급업체 또는 숙련된 기술자가 검사하고 시험하고 있는가?
- 모든 급수탑, 제어밸브 및 소방호스에 항상 접근할 수 있는가?
- 제조업체 권장사항에 따라 소방호스가 마모 및 부식됐는지 검사하고 있는가?

12. 스프링클러 시스템 검사절차

- 모든 유체 스위치에 대해 매년 공인 공급업체 또는 숙련된 기술자가 검사하고 테스트하고 있는가?
- 모든 스프링클러 헤드가 적합한 위치에 적절한 형태로 설치

되어있는가?

- 모든 스프링클러 헤드가 제조업체의 권장사항에 따라 설치 및 유지되고 있는가?
- 모든 스프링클러 헤드가 현지 화재규정을 준수하여 작동구역에 정확히 설치되어있는가?
- 스프링클러 시스템에 압력유지 펌프가 있는가? 이 펌프에 대해 잘 훈련된 기술자 또는 허가된 업체에 의해 적절한 주기(대부분의 경우 매주)로 검사하고 시험하고 있는가?
- 스프링클러 시스템 커버리지가 지역화재규칙에 따른 커버리지로 필요한 모든 구역에 제공되고 있는가?

13. 유해물질 검사절차

- 화학물질 저장 및 사용 영역에서 적절한 경고 플래카드가 사용되고 있는가?
- 현장에서 유지되거나 활용되는 위험물질과 관련된 화재 및 비상상황에 대한 초기 대응을 위한 적절한 개인보호장비(PPE)가 제공되고 있는가? 본 PPE의 사용에 대한 교육이 제공되고 있는가? 그러한 교육이 안전한 장소에 문서화 및 보관되고 있는가?
- 소방서에서는 위험물질의 보관구역, 사용구역, 대량 도착 또는 발송을 인지하고 있는가?
- 보관구역에 적절한 봉쇄, 대치거리 및 경고신호가 모두 활용되고 있는가?
- MSDS 도서가 파일에 있으며 연중무휴로 볼 수 있는가?

- 시스템이 허가된 오프사이트 모니터링 서비스에 의해 모니터링 되고 있는가?

- 이 시스템은 매년 공인 공급업체 또는 숙련된 기술자가 검사하고 테스트하고 있는가?

- 이 검사결과는 안전한 장소에 문서화 및 보관되어있는가?

- 커버리지 영역이 식별된 영역으로 구분되어있는가?

- 알람시스템이 활성화됐을 때 잠재적 화재의 위치를 명확하게 확인할 수 있는가?

- 알람이 활성화 시 구역의 모든 영역에서 경보음을 들을 수 있는가? 시스템이 위 또는 아래층을 포함하여 인접구역에 경고하도록 설계되어있는가?

- 활성화 시 구역의 모든 영역에서 스트로브가 보이는가? 시스템이 위 또는 아래층을 포함하여 인접구역에 경고하도록 설계되어있는가? 이것이 ADA 불만사항인가?

- 알람시스템이 활성화를 기록하고 이전 기록을 사용할 수 있는가? 이러한 기록은 몇 년 동안 유지되는가?

- 시스템의 청각신호에 사전 녹음된 문자메시지가 포함되어있는가? 그렇다면 이 메시지에 빠져나갈 수 있는 추천경로를 내보는가? 만약 그렇다면, 이 메시지에 엘리베이터의 사용에 대한 내용도 포함되어있는가?

- 시스템 활성화 시 자동으로 엘리베이터를 호출하거나 내려가게 하는가? 소방서에서 사용을 중단시킬 수 있는 키가 있는가?

- 감지기 유형이 설치의 특정 위치에 적합하게 설치되어있는가? 특정 영역의 용도가 변경되는 경우, 검출기 유형도 검토하여 해당 영역의 업데이트된 용도와 일치하도록 변경됐는가?

19 침입탐지 경보시스템

Frank Davies, CHS-IV, CIPS, CVI

1. 들어가며

이 절은 다양한 형태의 침입탐지 시스템에 대해서 소개한다. 이 절에서의 초점은 이러한 기술들이 여러 해에 걸쳐 어떻게 안전이나 보안의 수준을 향상시켰는가 하는 것이다. 또한, 경보시스템의 종류나 당신의 집 또는 직장에서 시스템을 올바르게 선택하는 방법 등을 제시할 것이다. 도둑이나 강도는 커다란 위협이다. 더군다나 개인주택에 대한 범죄율이 나날이 증가하고 있다. 그래서 개인주택 소유자나 기업의 소유자가 전자적인 경보시스템을 도입하는 것이 당연한 일로 받아들여지고 있다. 경보운전원에 대한 수요가 빠르게 증가하고 있으며, 무신경 소비자는 경보시스템을 잘 모르기 때문에 전문가의 도움이 없으면 시스템 설치 시 많은 돈을 지불해야 할 수도 있다.

2. 오류경보

오류경보의 정의는 자체 장비에 의해 발생하는 경보, 즉 설계가 잘못됐거나 부적절한 유지관리 혹은 장비의 고장이다. 오류경보의 원인은 네 가지 중요한 요인에 의해서 발생된다. 이러한 원인을 줄이기 위한 노력이 필요하며, 이는 예방정비 차원에서 필수적이다. 즉,

① 키패드를 잘못 누름 등 복합시설 출입방법에 대한 적절한 교육 부족
② 날씨
③ 기기고장(배터리 불충분) 그리고 적절치 못한 설치 문제
④ 사용자 오류(잊어버리거나 잘못된 지식을 가진 주택 소유자 또는 돌아다니는 애완동물에 의해)

새로운 연구가 우리에게 알려주기를 오류, 도둑 침입경보는 그렇게 흔히 나타나지는 않는다. 몇몇 경보시스템은 오류경보가 전혀 없는 경우도 있고, 일부 또는 많이 나타나는 경우도 있다. 또 다른 연구에서는 경보시스템의 20% 정도 오류경보가 발생한다고 보고 있다. 결과적으로 오류경보에 대응하는 경보운전원은 실제 범죄나 도둑이 침입했을 때, 그 위치로부터 상당히 떨어져 있는 경우가 대부분이다.

오류경보, 도둑 경보에 대한 비용: 오류경보가 발생한 경우 보통 2명의 현장요원이 최소 20분 이내에 현장에 도착해야 한다. 이는 연마다 150만 달러만큼의 비용이 지출된다고 한다. 법률적 관점에서 보면, 오류경보에 대응하기 위한 비용이 벌금으로 다 충당하기가 어렵다고 한다. 그래서 비용을 되찾기 위해 법률적으로 기회손실비용을 빼고 계산하며, 이러한 계산식에서 오류경보가 잠재적으로 중요한 부분을 차지한다.

일반적인 비용은 아래 내용이 포함된다.

• 경찰을 불러 파견하기 위한 인적 비용
• 대응인력에 대한 인적 비용, 장비 및 교육비용 여기에는 백업 요원도 포함된다.
• 오류경보를 분석하기 위한 인적 비용
• 오류경보를 관리하기 위한 소프트웨어, 하드웨어, 사무실 공

간, 장비 운영비용

- 오류경보 발생 시 주의 환기 및 관련 교육 프로그램 관리 및 직원 비용
- 오류경보에 대한 공공 및 경보회사를 교육하기 위한 프린팅, 개발비용 등
- 기회손실비용. 경찰이 실제 범죄자를 다룰 때 오류경보를 대처할 수 없기 때문
- 콜 이동과 관련된 비용. 다른 911 연락에 대응하기 위해 시간이 오래 걸리므로

적절한 경보시스템의 선택은 그렇게 단순한 문제가 아니다. 왜냐하면 각 집주인이나 기업주에 대한 요구가 다른데, 어떤 곳에서는 손 지문 세트를 요구하기도 한다. 각각의 경보시스템의 요건을 결정하기 위한 몇 가지 요인 및 시스템을 선택하기 위한 몇 가지 질문을 다음에서 보여준다.

- 위협이냐 위험이냐? 어떤 목적으로 방호하기 위해 시스템이 필요한가?
- 어떤 종류의 감지기가 필요한가? 무엇을 방호하기 위해서 필요한가?
- 방호수준에 필요한 것을 제공하기 위해 어떤 방법이 최적인가?
- 경보신호 전달방법, 효과적인 대응을 위해 신호를 어떻게 보낼 것인가? 누구에게 보낼 것인가?

침입탐지 시스템에서 대부분 혼동하는 것은 방호를 위해 제공되는 다양한 방법에 대한 결과이다. 즉, 탐지방법을 결합하는 것은 수천 가지 방법이 있다. 침입탐지 시스템은 침입자를 효과적으로 저

지한다. 하지만 경보시스템의 일차적인 목적은 침입자의 존재여부를 신호로 나타내는 것이다. 침입탐지 시스템은 전체 방호시스템의 일부분이다. 많은 큰 사업체들은 이들 시스템을 경비나 다른 보안인력으로 대체한다. 경보시스템이 어떠한 형태이든 성공적인 운영은 경보설치회사에 의한 정확한 설치 및 유지보수이며, 고객 요구에 의한 시스템의 적절한 운영이다.

3. 경보시스템의 구성요소

그림 19.1 및 19.2에서처럼 침입 시 실제 탐지에 이용되는 여러 가지 감지(Sensing)방법을 보여주고 있다. 각각에는 특정 목적이 있으며, 세 가지 분류로 나누어질 수 있다. 외곽방호, 공간이나 지역방호, 물체나 특정 영역 방호이다.

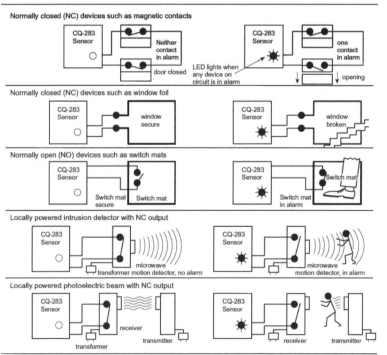

그림 19.1 자기 접점 및 창호일, 스위치 매트, 동작 감지기 및 광전빔의 일반적인 응용분야

그림 19.2 센서

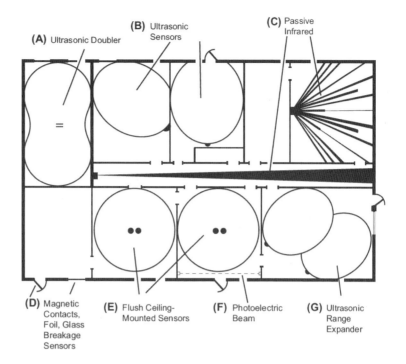

(A) Ultrasonic Doubler   **(B)** Ultrasonic Sensors   **(C)** Passive Infrared

(D) Magnetic Contacts, Foil, Glass Breakage Sensors   **(E)** Flush Ceiling-Mounted Sensors   **(F)** Photoelectric Beam   **(G)** Ultrasonic Range Expander

(a)   초음파 더블러: 백투백 초음파 트랜시버는 거의 동일한 배선 및 장비 비용으로 단일 검출기의 커버리지를 거의 두 배로 제공. 50x25피트 범위의 더 넓은 범위로 공간 보호에 있어 최고의 가치는 두 배

(b)   초음파 센서: 설치가 쉽고 브라켓이 필요하지 않음. 수평, 수직 또는 코너에 장착 가능: 선반 위의 표면, 플러시 또는 마운팅 피트. UL에 등재된 각 센서는 폭이 최대 30피트 이상인 3차원 체적을 보호

(c)   수동 적외선: 저렴한 초음파 센서가 부적합한 구역에서는 다음과 같이 완전한 통과 적외선 시스템 구입 필요 없음. 초음파와 수동 적외선 모두 동일한 시스템에서 사용 가능

(d)   자기 접점, 호일, 유리 파손 센서: 건물의 경계보호 검출기를 범용 인터페이스 센서를 통해 시스템에 연결 가능. 별도의 주변 루프를 실행할 필요 없음

(e)   천장 장착센서 플러시: 천장 타일 아래에 2개의 작은 2인치 직경 트랜스듀서 캡만 보임. 미관 또는 보안 목적을 위해 최소한의 가시성이 필요한 곳에 설계

(f)   광전 빔: 범용 인터페이스 센서를 사용하면 Normal Open 또는 Normal Close 경보장치를 시스템에 연결하여 구역형 신호음을 생성. 광전 빔, 스위칭 매트, 마이크로파 동작탐지기 및 기타 여러 침입탐지기와 함께 사용 가능

(g)   초음파 범위 확장기: 초음파 범위 확장기를 추가하면 초음파 센서의 범위를 위치와 환경에 따라 50~90% 증가 가능.

1) 외곽방호

외곽방호는 침입자를 탐지하기 위한 1차 방호선이다. 즉, 가장 일반적인 형태는 부지 외곽방호를 위한 감지기기를 설치하는 것이다. 예를 들면 문, 창, 배기구, 채광창 등 집이나 사무실에서 열 수 있는 모든 도구들을 의미한다. 모든 침입의 80%가 이러한 도구들을 통하여 침입하기 때문에, 대부분의 경보시스템은 이러한 형태를 방호하기 위해 여러 감지도구들을 제공한다. 외곽방호의 주요 장점은 단순한 설계에 있다. 반면 주요 단점은 열렸을 때만 방호할 수 있다는 점이다. 만약 침입자가 벽을 부숴서 침입하거나, 환기구를 통하여 침입하거나, 열려 있을 때 살짝 침입하여 문을 닫은 후 뒤에 숨어있는 경우 외곽방호는 무용지물이 된다.

① 도어 스위치: 방문이나 창문을 열었을 때 접촉 스위치의 동작상 태를 보고, 즉 자석의 상태가 열림 위치인 경우 경보를 발생한 다. 이는 표면에 부착되거나 문이나 벽면의 구석진 부분에 설치 된다. 다양한 형태의 스위치가 문이나 창문의 모든 형태에 맞춰 제작된다. 스위치는 와이드 갭(Wide gap)형과 자석 표준형이 있다.

② 유리 깨짐 탐지: 이는 유리에 부착되며, 유리의 소리나 충격의 미세한 파손을 탐지한다. 유리 파손 감지기는 마이크로폰 전송 기를 사용하며, 이를 통해 유리의 파손을 탐지한다. 창문 위의 천정 감지기는 탐지범위가 30도 반경이다.

③ 나무 스크린: 이들 탐지는 장부촉(Dowel) 스틱으로 구성되어있 으며, 각각으로부터 4인치 이하로 새장 형태로 되어있다. 매우 정교하고 잘 깨지기 쉬운 와이어로 만든 나무 장부촉 및 프레임 으로 되어있다. 침입자는 침입하기 위해 장부촉을 깨야만 하며, 이를 깨면 저전압 전기회로를 통해 경보신호를 발생한다. 이들 탐지는 상업적 응용에 주로 사용된다.

④ 창문 스크린: 이들 탐지는 집에 일반적으로 설치된 와이어 창문 스크린과 유사하다. 다만, 정교하고 코팅된 와이어가 스크린의 한 부분으로 설치되어있다. 침입자가 침입하기 위해 스크린을 자르면 저전압 전기가 차단되어 경보를 발생한다. 이들 탐지는 주로 주거시설에 응용된다.

⑤ 끈 달린 것(Lace)과 패널(Panel): 문 패널 표면이 금속 포일이나 정교한 부러지기 쉬운 와이어로 설치되어 침입자의 침투를 방호한다. 침입자는 포일이나 와이어를 깨지 않고서는 침입할 수 없으며, 깰 경우 경보를 발생한다. 나무로 만든 패널을 보호하기 위해 끈 위에 설치한다.

⑥ 내부센서: 이들 탐지는 응용에 따라 여러 형태나 크기가 있다. 예를 들면, 내부동작 감시유닛 접근 감지기 등이 이에 해당한다.

2) 지역/공간 방호

지역/공간 방호기기(표 19.1)는 사무실이나 집 안의 내부공간을 방호한다. 이들 탐지는 외부방호가 침입됐는지 여부와 상관없이 침입자로부터 지역/공간을 보호해야 한다. 즉, 블록 벽이나 지붕을 통해 침투하는 침입자나 뒤에 숨어있는 침입자를 막기 위한 효과적인 방호수단이다. 공간 방호기기들은 경보시스템의 한 부분이다. 이들은 항상 외곽방호의 보충적인 역할을 한다. 공간 방호기기의 장점은 감응률(Highly sensitive)이 매우 좋고 침입자가 인지할 수 없다는 것이다. 반면에 공간기기의 단점은 경보회사에 의한 적절치 못한 응용이나 설치 등으로 인해 자주 오류경보를 유발할 수 있다.

표 19.1 동작센서 조사 목록

센서 사용에 영향을 줄 수 있는 환경적 또는 다른 요인	센서 영향				
센서 분류	해당 사항에 동그라미 표시	초음파	마이크로	수동형 적외선	권고사항
보호하고자 하는 영역에 얇은 유리나 창문이 있으며, 이 영역의 외부의 주변에서 움직임에 영향을 받는가?	Y/N	None	Major	None	얇은 유리 또는 벽으로부터 움직이는 물체를 탐지할 목적이 아니면, 마이크로 센서는 피해라. 왜냐하면 마이크로웨이브 에너지의 상당량이 지나가기 때문이다.
보호패턴이 창문으로부터 들어오는 적외선 에너지나 움직이는 헤드램프, 태양을 볼 수 있는가?	Y/N	None	None	Major	패턴이 적외선 에너지의 수준의 빠른 변화를 피할 수 있는 위치에 있지 않는 한 수동형 센서의 사용을 피해라.
보호되는 영역에 공기정화 배관이 포함되어있는가?	Y/N	None	Moderate	None	배관은 마이크로웨이브 에너지를 다른 영역에 미칠 수 있는 채널 역할을 한다. 만약 마이크로웨이브 센서를 사용한 경우, 배관이 열릴 때는 피해라.
동일한 형태의 두 개 또는 그 이상의 센서가 공통 영역을 보호할 수 있는가?	Y/N	None	None (노트 참조)	None	노트: 근접한 센서는 다른 주파수로 작동되어야 한다(간섭 때문).
보호되는 영역이 보호되는 동안에 형광등 또는 네온 빛이 있는가?	Y/N	None	Major	None	마이크로웨이브 센서를 사용한다면 20ft 내에 네온 빛이나 형광등이 떨어져야 한다.
보호패턴을 포함하여 보호되는 동안에 백열등이 주기적으로 on/off 되고 있는가?	Y/N	None	None	Major	수동형 센서를 사용하면, 설치 시 여러 번 시험해야 하며, 필요한 경우 백열등으로부터 멀리 떨어져서 보호패턴을 재설정해야 한다.
보호패턴이 천정으로부터 투영되어야 하나?	Y/N	None, 하지만 천정높이가 15피트 이상인 경우 안 됨.	Major	Major	오직 초음파 센서만이 천정에 사용될 수 있다. 하지만 높이가 15ft로 제한되며, 만약 그보다 높은 천정이면, 단단한 브라켓으로 고정하여 15ft 제한규정을 지켜주어야 한다. 좀 더 넓은 지역에는 높은 벽에 마이크로웨이브 센서를 부착하여, 아래쪽을 감시한다.

센서 사용에 영향을 줄 수 있는 환경적 또는 다른 요인	센서 영향				
센서 분류	해당 사항에 동그라미 표시	초음파	마이크로	수동형 적외선	권고사항
얇은 구조물이 전체 구조인 경우(골이 진 금속, 얇은 합판)?	Y/N	Minor	Major	Minor	구조물이 움직일 경우 마이크로웨이브 센서를 사용하지 마라. 초음파 또는 수동형 적외선 센서의 경우, 단단히 벽면에 고정하여 사용해라.
보호패턴이 큰 금속물체나 벽 표면이 있는가?	Y/N	Minor	Major	Minor	초음파 센서나 수동형 적외선 센서를 사용해라.
근처에 레이더가 설치되어 있는가?	Y/N	Minor	Major, 레이더가 가까이 있고, 센서가 이것에 영향을 받을 때	Minor	마이크로웨이브 센서 사용을 피해라.
보호패턴이 히터나 라디에이터, 에어컨 또는 이와 유사한 것이 있는가?	Y/N	Moderate	None	Major, 공기 온도가 급작스럽게 변화된 경우	초음파 센서를 사용하라. 공기 난류의 공급원으로부터 벗어나기 위함. (보호되는 동안에 히터를 꺼놓는 경우) 마이크로웨이브 센서를 사용.
보호되는 영역이 초음파 잡음에 영향을 받는가?(벨소리, 쉿 하는 소리)	Y/N	Moderate, 심한경우에는 문제를 야기할 수 있음	None	None	잡음원에 머플링을 사용하면 초음파 센서, 마이크로웨이브 센서, 수동형 적외선 센서 사용
보호패턴에 휘장, 카펫, 옷 넣는 랙 등이 있는가?	Y/N	Moderate, 탐지 범위를 줄여라	None	None	탐지범위를 줄일 경우, 초음파 센서 또는 마이크로웨이브 센서도 가능
보호되는 영역이 온도나 습도에 민감한가?	Y/N	Moderate	None	Major	온도나 습도가 심하게 변하지 않는다면 초음파 센서 또는 마이크로웨이브 센서 사용 가능
보호되는 영역에 있는 고장밸브로부터 물소리가 나는가?	Y/N	Moderate, 문제를 일으킬 수 있다.	None	None	잡음이 상당한 경우, 고장밸브를 고치면, 초음파 센서, 마이크로웨이브 센서, 적외선 수동형 센서 사용 가능
보호패턴에 움직이는 기계류, 팬, 블라인드 등이 있는가?	Y/N	Major	Major	Minor	보호 되는 동안에 가급적, 기계류, 팬, 블라인드 작동을 멈추게 한다. 초음파 센서 설치 시 설치위치에 주의하고, 적외선 센서는 사용 가능

19 침입탐지 경보시스템

센서 사용에 영향을 줄 수 있는 환경적 또는 다른 요인	센서 영향				
센서 분류	해당 사항에 동그라미 표시	초음파	마이크로	수동형 적외선	권고사항
외풍 또는 다른 공기 흐름이 보호패턴에 지나가는가?	Y/N	Major	None	None, 급격한 온도변화가 일어나지 않을 경우.	보호패턴을 공기흐름으로부터 가급적 멀리 두어야 하며, 또는 공기흐름이 보호되는 동안에는 멈춰질 수 있으면, 세 가지 센서가 사용 가능
보호패턴이 바람에 의해 달그락거리는 문이 있는가?	Y/N	Major	Major	Minor	만약 보호패턴이 이러한 문으로부터 멀리 떨어진 경우, 초음파 센서나 수동형 적외선 센서 사용 가능
보호되는 동안 바람에 의해 움직이는 간판이 있는가?	Y/N	Major	Major	Moderate, 문제를 일으킬 수 있다	이러한 물체를 옮기거나 제거한 경우, 물체로부터 멀리 떨어져 보호패턴을 사용하는 경우, 초음파 센서나 수동형 적외선 센서 사용가능.
보호되는 동안 인접한 기찻길이 있는가?	Y/N	Major	Minor	Minor	초음파 센서를 사용한다면, 여러 번 시험을 거쳐 설치해야 함.
작은 동물(새)이 보호패턴 내로 들어올 수 있는가?	Y/N	Major	Major	Major (특별히 쥐나 토끼처럼 앞니가 날카로운 동물)	동물이나 새에 의한 침입을 막기 위해 물리적 벽을 설치
보호되는 영역이 부식환경에 노출되어있는가?	Y/N	Major	Major	Major	어떠한 센서도 사용할 수 없음

지역/공간 방호의 형태는 아래와 같은 감지기 등이 있다.

① 광전자 빔: 이 기기는 방호구역에 걸쳐 빔을 전송한다. 침입자
   가 빔을 차단할 때, 빔과 연결된 회로가 차단되며 경보가 발생

한다. 광전자 기기는 펄스 적외선 빔을 사용하는데, 이는 사람의 눈으로 볼 수 없다. 몇몇 광전자 빔은 1,000피트 이상의 범위에서 작동하며, 이 기기는 대부분 외부에 설치한다. 최근에 이 빔은 거의 사용하지 않는다.

② 초음파: 이 기기는 기기에 수직으로 저주파 소리 파장을 발생시킨다. 이 주파수는 주로 23~26KHz이며, 탐지범위는 약 5~40피트 높이로 어디에서도 탐지가 가능하다. 탐지패턴은 부피 체적 형태이며, 편침기의 사용에 의해 반사된다. 이 편침기는 90° 또는 45° 각도로 신호를 받는다. 쌍둥이 형태(Double type)는 뒤에 45° 각도로 설계되어있다. 초음파는 주파수 변화를 탐지하는 방법으로 도플러 효과를 이용한다. 즉, 움직임 감지기는 두 개의 전송기가 있어, 송신기가 신호를 내보내 방호구역 내에 물체의 움직임이 존재하지 않으면, 수신기는 이 신호를 받는다. 만약 침입자가 이 구역에서 움직이거나 벗어나려 할 경우, 반사된 신호의 주파수가 변화되며, 이를 통해 경보를 울린다. 초음파는 단독기기이며 이를 마스터 시스템이라고도 부른다. 이러한 단독기기는 반사된 신호와 비교하며, 릴레이 접점으로 열림, 닫힘에 따라 동작하며, 이 신호를 제어패널로 보낸다. 마스터 시스템은 되돌아온 신호를 주 공정 유닛에 전달함으로 동작된다. 주 공정 유닛은 이 신호와 비교하여, 프로세서의 릴레이 접점이 동작된다. 오류경보는 아래 세 가지 형태의 원인에 의해 나타난다.

Ⓐ 움직임: 공기의 갑작스러운 변화로 방호구역 내에 침투자가 아닌 작은 물체에 의한 동작으로 주파수를 변화시킬 수 있다.

Ⓑ 잡음: 초음파 잡음은 가청 잡음으로 들릴 때 발생한다. 쉿하는 소리 같은 고압공기 누출 또는 증기 라디에이터에서

나는 소리 또는 벨소리 등이 이러한 잡음의 원인이 된다.

ⓒ 전자파 간섭: 유도된 전기신호나 라디오 전송기로부터 나오는 라디오 주파수 간섭이 오류경보를 유발할 수 있다.

③ 접지 및 쉴딩(Shielding)은 주 시스템에서 매우 중요하다. 만약 접지를 요구한다면, 냉수 파이프에 접지해야 한다. 접지의 길이는 가능한 한 짧아야 하며, 최소한의 밴드만 사용해야 한다. 잠재적인 문제를 일으키는 것은 아래와 같다.

ⓐ 애완견, 움직이는 커튼(Draperies), 난류 및 통풍장치 (Draft), 벽에 걸린 장식물

ⓑ 공기의 슛 소리에 의한 잡음, 벨소리, 전화소리

ⓒ 온도나 습도 등

④ 카펫, 가구, 커튼은 신호를 흡수할 수 있으며, 초음파 에너지는 대부분의 물체를 통과하지 못한다. 이 신호는 매끄러운 표면에서만 반사할 수 있다.

⑤ 마이크로웨이브: 마이크로웨이브 감지기는 공간보호를 위해 체적형태로 작동되며, 이는 도플러 이동 효과를 이용한다. 이들은 방사화된 라디오 주파수 전자장을 사용하여 침입자를 감지한다. 이 감지기는 소위 도플러 효과라고 불리는 생성된 라디오 주파수 전자장의 왜곡을 감지한다. 주파수 범위는 0.3에서 300GHz[1GHz= 1billion cps(count per second)]이다. 보호된 범위의 어떠한 형태의 움직임도 주파수가 변형될 수 있으며, 경보를 발생시킬 수 있다. 감지기로부터의 출력은 상대적으로 작기 때문에, 방사된 자기장은 사람에게 위험을 주지 않는다. 마이크로웨이브 에너지는 대부분의 물체를 통과하며, 금속에서만 반사된다. 이 감지기를 설치할 때 가장 중요한 고려사항은 진동이

다. 마이크로웨이브 감지기는 단단한 표면에 부착되어야 하며, 주지지 빔, 콘크리트 블록, 벽돌 등이 이상적인 설치장소이다. 절대로 두 개의 마이크로웨이브 감지기를 동일한 방에 동일한 주파수로 설치하면 안 된다. 왜냐하면 패턴이 오버랩 되기 때문이다. 이는 두 감지기 사이에 혼선을 유발하여 오류경보를 발생할 수 있다. 마이크로웨이브 감지기는 과전류가 유도될 수 있어, 적절한 치수의 전선을 사용해야 하며, 전선의 길이 역시 설치 시 고려해야 한다. 감지기 맨 끝에는 전류값을 읽을 수 있도록 해야 하며, 제어패널의 최대 전류값을 초과하지 않도록 해야 한다. 형광등 불빛 역시 문제가 될 수 있는데, 형광등으로부터 방사화된 이온 입자를 감지기가 움직이는 물체로 식별할 수 있기 때문이다. 잠재적인 문제는 아래와 같다.

Ⓐ 진동, 설치표면의 진동, 벽의 진동, 전류의 변화

Ⓑ 보호지역에서 금속물체의 패턴이나 패턴의 반사, 예를 들면 높은 문의 움직임이나 팬 날개(Fan blade)의 움직임

Ⓒ 얇은 벽 또는 유리의 투과는 잠재적인 문제를 야기한다. 예를 들면 기차나 자동차 등의 큰 금속물체가 존재하는 경우이다.

Ⓓ 라디오 주파수 간섭, 레이더, 교류전류선의 과도현상 역시 문제를 야기할 수 있다.

Ⓔ 만약 이들이 감지기 가까이에 위치한 경우에는 플라스틱 용기 안에 있는 물의 움직임 또는 PVC 빗물배수관이 잠재적인 간섭을 야기할 수 있다. 대부분의 마이크로웨이브 감지기는 시험 위치를 제공하며, 이는 증폭기 출력전압을 시험위치에서 읽을 수 있기 때문이다. 공장에서 권고하는 전압 설정치를 따름으로써 마이크로웨이브 감지기는 적절히 설치 및 설정할 수 있으며, 감지기의 설치환경 또한 사전에 문제되는 것들을 제거하고 설치해야 한다.

19 침입탐지 경보시스템

⑥ 수동형 적외선 움직임 감지기: 이 감지기는 수동형 센서이다. 왜냐하면 이 감지기는 침입자가 방해할 수 있는 신호를 송신하지 않는다. 오히려 움직이는 적외선 방사원(침입자)으로부터 공급원이 주변 온도나 일반적인 방사원과 비교하여 감지한다. 수동형 적외선 감지기는 이러한 열적 에너지 패턴의 변화를 보고 감지하는데 이는 감지범위 내에 있는 침입자의 움직임의 원인에 의한 방사화 된 열적 변화를 감지해낸다. 적외선 감지기의 감지범위는 적절한 운영범위 및 안정도에 따라 결정된다. 또한 수동형 열적 감지기는 공중에 매달아 설치하지 말아야 한다. 잠재적인 문제는 아래와 같다.

Ⓐ 난류 및 드래프트(Draft) 등이 문제일 수 있는데, 만약 감지기에 직접적으로 바람이 불 경우 또는 보호구역 내에 물체(침입자가 아닌)가 갑작스러운 온도변화를 일으키는 경우이다.

Ⓑ 천천히 움직임[예를 들면 움직이는 커튼(Draperies), 벽에 걸린 장식물, 작은 동물의 움직임 등]

Ⓒ 온도변화[예를 들면 기계류의 핫스팟(뜨거운 곳), 햇볕이 있는 곳]는 오류경보를 야기할 수도 있다. 배경이 되는 적외선 레벨의 온도는 적외선 센서의 감지도에 영향을 준다. 수동형 적외선 센서는 온도가 증가함에 따라 감도가 떨어진다.

Ⓓ 조명, 밝은 조명(예를 들면 할로겐 전조등이다. 즉, 적외선 방사패턴이 고체 물체에 의해 가려진 경우 물체를 투과할 수 없기 때문에 그 지역을 탐지할 수 없다. 방사패턴이 매끄러운 표면에 반사되면 영향을 받을 수 있다.)

⑦ 압력매트: 이들 매트들은 기본적으로 기계적인 스위치로 구성되어있다. 압력매트는 외곽방호의 백업 시스템으로 자주 사용

된다. 트랩을 사용할 때 침입자가 침입할 수 있을 것으로 예측되는 경로(통로, Hallway)에 설치하거나 또는 목표물의 바로 앞 카펫 아래에 설치한다.

⑧ 음향센서: 음향센서는 침입자가 유발하는 신호를 잡아내 침입자를 감지한다. 이 감지기는 마이크로폰, 전자증폭기, 프로세서로 구성된다. 신호가 일반적인 설정치보다 높을 때 이 감지기는 경보를 발생한다. 음향센서 중 몇몇은 펄스 카운팅이나 시간지연 기법을 이용한다. 다른 형태는 중앙통제실로부터 보호되는 구역에서 들을 수 있도록 신호를 전달해준다.

⑨ 듀얼센서: 듀얼센서는 두 개의 감지기가 한 유닛에 내장되어있어, 이들이 조합되어 보호구역에 설치된다. 이 듀얼센서의 원리는 감지기 양쪽에 경보를 유발할 수 있도록 경보존을 만든다. 듀얼센서는 보통 수동/마이크로웨이브, 혹은 수동/초음파 감지기를 결합하여 사용한다. 이러한 듀얼 감지기를 사용함으로써, 단일 감지기를 사용했을 때 유발되는 오류경보 문제를 쉽게 극복할 수 있다. 유지보수원은 환경적인 부분 또는 설치 때문에 쉽게 오류신호를 보내는 감지기 부위를 바로 교체할 수 있다. 하지만 듀얼 감지기는 모든 오류경보 문제를 해결하지는 못하며, 신중하게 감지기를 설치하거나 기기를 교체하지 않는 이상, 오류경보 문제는 지속될 것이다. 두 가지 다른 형태의 감지기가 한 유닛에 합쳐져 있기 때문에, 설치나 교체 시 상당히 많은 것들을 고려해야 한다. 듀얼센서는 일반적인 감지기보다 좀 더 많은 전류를 사용해야 한다. 전류값을 점검하는 것은 필수적이며, 부가적인 전원공급기는 충분한 전류를 공급하기 위해 필요하며, 보조출력 역시 준비해야 한다. 최근까지 센서 중 한부분이 작동하지 않거나 또는 어떤 이유에서든 한 부분이 차단된 경우,

감지기는 작동불능이 된다. 공급자는 이 듀얼센서의 마이크로 웨이브 부분만 감독하여 작동되는지를 살펴본다. 만약 한 부분이 계속해서 경보조건이 되도록 감지기가 설치되거나 조정된 경우, 듀얼 감지기를 사용할 필요성이 없어진다.

⑩ 내부센서: 일반적으로 능동형 또는 수동형, 숨기거나 또는 보이거나, 체적 또는 라인 응용 중 선택하여 사용한다.

최근 5년간 이 분야에서 나타난 경향은 아래와 같다.

① IT 사회공공기반 보호계획
② 하나의 전략계획으로서의 IT 사회공공기반
③ 완화전략
④ IT 비디오 및 디지털 비디오
⑤ IT 보안규약
⑥ 보안 IP 엣지 기기
⑦ 고성능 카메라 및 모니터
⑧ 비디오 분석
⑨ 볼 수 있는 조명 카메라
⑩ 열상 이미지 및 카메라
⑪ 열상 이미지 센서
⑫ 외각방호
⑬ 다층방호 분석
⑭ 방문자 관리시스템
⑮ 대량통보(Mass notification)
⑯ 능동형 총기 소지자 및 능동형 폭행범
⑰ 보안을 위한 클라우드 저장 및 계산
⑱ 차세대 CPTED

⑲ 계약자 사전조건

⑳ 재난을 위한 비상관리 및 계획

㉑ 물리적 방호 유지보수를 위한 소프트웨어

㉒ 레이저 통신

㉓ 드론에 대한 안전 문제

㉔ 암호화

㉕ 비판적인 생각

㉖ 소프트 목표 대 하드 목표

㉗ 저지나 대책에 대한 수립

㉘ 야만적인 행위를 저지하는 것(Embracing the beast)

㉙ 소셜미디어 감시 소프트웨어

㉚ 능동형 총기 소지자/능동형 폭행범 저지계획(Initiative)

4. 응용

실질적으로 활용하기 위해, 우리가 공간방호를 사용하는 이유는 외곽방호의 백업이다. 이는 보호하기 위한 부지의 구석구석을 방호할 필요는 없다. 가장 좋은 배치는 가장 침투할 가능성이 높은 영역의 현장을 보호하든지 또는 가장 많이 지나다닐 만한 곳에 트랩을 설치하는 것이다. 가장 나쁜 배치는 각각의 감지기에 의해 보호된 지역이 지나치게 확장되어있는 경우이다. 예를 들면 하나의 감지기로 방 하나 전체를 보호한다든지 또는 민감도를 조정하여(낮추어서) 환경 또는 위치를 보상하는 경우이다. 모든 가능한 위험을 점검하고 약간의 일반적인 상식을 이용하여, 감지기 설치 시 문제가 없도록 해야 한다. 감지기 앞단에 적절한 전원이 공급되도록 해야 하며, 보조배터리가 운영되고 또한 충전되어야 한다. 어떤 문제를 일으킬 수 있는 애완동물이나 잠깐의 방문객에 의해 잠시 자리를 비울 때 기계류를 켠다든지 팬을 작동함으로써 보호되는 구역의 창문이 열려 있어서는 안 된다. 감지기를 설치하기 전에, 모든 감지기는 걷기 시험을 완료했는지 및 일부 지역이 가려지는(Mask out)지를 살펴봐야 한다.

공간보호 감지기를 설치하는 데 가장 중요하게 고려해야 할 사항은 지역설정(Zoning)이다. 결코 한 존에 두 개 이상의 내부 감지기를 설치해서는 안 된다. 오류경보의 대부분은 내부기기에 의해서 유발될 수 있다. 내부 보호회로는 가능한 한 분리하여 설계해야 한다. 왜냐하면 유지보수 하는 사람이 오류경보 문제를 쉽게 해결할 수도 있기 때문이다. 예를 들어 한 지역에 두 개의 감지기를 설치한다면, 오류감지기를 찾아낼 수 있는 확률이 50%이다. 즉, 시스템에서 지역을 설정하면 감지기가 문제가 있을 시 도움을 줄 수 있고, 관할 경찰부서는 경비회사에 문제 발생 시 쉽게 인지할 수 있으며, 경비회사는 감지기 설치회사에 좀 더 쉽게 유지보수를 요청할 수 있으며, 고객과 좋은 관계를 유지할 수 있다.

1) 물체/지점 탐지(Object/Spot Detection)

물체나 지점의 탐지는 단일 위치에서 침입자의 존재나 이들의 활동을 탐지하는 데 이용된다. 물체 탐지는 직접 탐지방법을 이용한다. 이러한 탐지방법은 보호를 위한 심층 시스템의 마지막 단계이다. 주로 보호되는 물체는 파일링 캐비닛, 데스크, 미술품, 모델, 조각상, 고가의 장비 등이다. 물체/지점 보호의 형태는 아래와 같은 감지기를 이용한다.

① 접근/정전용량 센서: 보호되어야 할 물체가 경보제어기와 전자적으로 안테나로 연결된다. 침입자가 물체/안테나를 만지거나 접근할 때, 전자기장이 불균형을 이루어 경보를 발생한다. 금속 물체는 이러한 방법으로 보호될 수 있다.

② 진동센서: 이 감지기들은 고감도 특히 마이크로폰으로 불리는 전자 진동센서(EVD: Electronic Vibration Detector)를 사용한다.

전자 진동센서는 보호하기 위한 물체에 직접 부착한다. 이 센서는 콘크리트 벽을 대형 망치로 공격하는 경우에도 탐지할 수 있으며, 유리표면의 미세한 침투도 탐지할 수 있다. 또한 물체가 움직일 때만 경보가 울리며, 정전용량 기기는 침입자가 보호구역에 접근했을 때 탐지한다. 진동감지기의 다른 유형은 핀볼 기계에 사용되는 스위치를 기울인 것과 유사하다.

침입자를 탐지하기 위해 사용되는 침입탐지 시스템의 종류는 다음과 같다.

- 위치 탐지센서: 감지기의 한 부분이 다른 부분과 분리될 때 탐지하며 주로 자석을 이용한다(문 위치 스위치).
- 움직임 센서: 보호구역의 정적인 상태가 변화될 때 경보를 발생한다(마이크로웨이브 센서, 적외선 센서, 초음파 센서, 빔 센서)
- 음향센서: 설정한 범위를 벗어날 때 감지기에 의해서 수신될 때 경보를 전송한다(금고).
- 진동센서: 물리적인 충격이나 흔들림과 같은 움직임에 반응한다(도구공격).
- 열 센서: 공기 또는 표면온도의 변화가 발생할 때 경보를 발생한다.
- 온도센서: 공기 또는 표면온도의 변화가 미리 설정된 제한치를 초과할 때 경보를 발생한다.
- 정전용량 센서: 전기적인 정전용량의 변화를 감지한다(금고).
- 충격센서: 공기 압력이 갑자기 변화했을 때 탐지한다.
- 유리 깨짐 센서: 유리가 부서질 때 충격을 탐지한다. 깨진 유리의 음향 주파수 또는 깨진 유리조각이 바닥에 떨어질 때 이를 탐지한다.

- 경보(Duress)/공황(恐慌)경보는 보조 경보를 송신함으로써 인간을 보호할 수 있고, 가장 우선순위로 설정한다.
- 침입탐지 경보는 신뢰할 수 있는 회사가 연중무휴 감시해야 하며, 사건이 발생한 경우 경보회사는 초동대응 시 출동하기 전에 보안담당자와 접촉해야 한다.
- 많은 경보는 위치 스위치, 진동센서, 유리 깨짐 센서, 경보/공황경보 및 움직임 감지기로 구성되어있다.
- 경보 전송, 감시, 알림수단은 탈취나 뚜껑 열림 방지가 발생해도 감독해야 한다. 정규적인 시험/감사 전송된 정보의 시의적절성, 정확성을 보장할 수 있어야 하고, 보안담당자에 의해 대응할 수 있어야 한다.
- 침입탐지 감지기는 이들이 출입통제, 보안감시 시스템, 조명과 통합/연계됐을 때 보호의 추가층을 첨가될 수 있다.

2) 경보제어(Alarm Control)

모든 감지기기는 경보 제어패널이 유선으로 연결되어있으며, 감지기기로부터 신호를 받아, 경보 발생여부는 프로세스를 통해 판단한다. 가장 최악으로 침입자를 놓치는 경우는 감지기기의 고장에 의한 것이 아니고, 누군가가 경보시스템을 꺼놓은 경우인데 이런 경우가 대부분이다. 제어패널 형태(예를 들면 배치)는 전체 침입경보 시스템의 복잡성에 달려 있다. 몇몇 제어패널은 존(Zon) 개념을 적용하여, 감지기기를 분리된 경보로 나타낼 수 있다. 다른 것들은 감지기기를 위해 저전압 전기 전원을 제공한다. 제어패널에 포함되어 전기적 전원 고장이 발생한 경우 백업이나 예비 전원을 제공한다. 배터리는 예비 전원으로 사용된다. 몇몇 기기는 재충전 배터리를 사용한다. 제어패널에는 저전원 충전유닛이 있으며(일명 세류 충전기) 완전히 충전된 상태로 충전기를 유지한다.

현대 제어패널에는 하나 또는 그 이상의 마이크로프로세서를 이용한다. 이는 제어패널에 디지털 정보를 송신 또는 수신할 수 있도록 작동한다. 글자와 숫자가 혼합된 패드는 존 정보를 표시하며, 그뿐만 아니라 감독자 제어를 할 수 있다. 각 사용자는 각자의 코드가 부여되어있으며, 특정 시간에만 제한적으로 공간 사용이 허용되며, 또는 어떤 특정 존에는 제한적인 접근만 가능하다. 각자의 코드 숫자를 사용함으로써, 경보 제어패널은 각 사용자의 작업내용을 추적할 수 있을 뿐만 아니라 부지 밖으로 이 정보를 전송할 수 있다.

만약 경보 제어패널은 중앙 감시 스테이션에 연결되어있다면, 시스템이 켜고/꺼진 시간이 기록되고 로그 되어 작업내용을 알 수 있다. 아침에 소유주가 건물에 들어갔을 때, 이 신호를 중앙감시 스테이션에 보낸다. 만약 중앙감시 스테이션에서 사전에 시간을 예약한다면, 이때 일반적으로 정상 개방상태이다. 만약 다른 시간(사전예약하지 않은 시간)에 이러한 일이 발생하면 경찰이 출동할 것이다.

소유주나 다른 인가된 사람은 닫혀 있는 시간에도 건물을 들어갈 수 있어야 한다. 출입하려는 사람은 중앙 스테이션 회사에 첫 번째로 전화를 걸어야 하며, 특별 절차에 따라 그/그녀를 식별할 수 있어야 한다. 이러한 불규칙적인 개폐를 위해 중앙 경보회사는 기록을 남겨둔다. 쉽게 변경할 수 없도록 기기를 보호하는 기능(Tamper protection)은 시스템이 이 상태를 인지할 때 경보를 발생시키도록 해야 한다. 쉽게 변경할 수 없도록 보호하는 기능(Tamper protection)은 경보의 모든 부분에 포함하여 설계되어있어야 한다(제어패널, 감지기기, 경보전송 설비, 루프회선 등).

3) 경보전송 및 신호

특별히 사용되는 경보전송/신호 시스템의 형태는 비즈니스나 사는 곳의 위치, 경찰 순찰의 빈도, 비용을 부담할 수 있는 소비자의 능력에 따라 달라진다. 저지 후, 경보의 목적은 침입자가 침입을 이행하

19 침입탐지 경보시스템

는 동안 소기의 달성을 하지 못하도록 관련된 기관을 소환하는 것이며 또는 침입자를 불안하도록 만드는 데 있다. 경보가 발생했을 때 관련된 기관에서의 대응은 최대한 가장 빠른 시간 내에 도착하는 것이 매우 중요하다. 경보신호 시스템에는 두 종류가 일반적으로 사용된다.

① 현장경보: 침입을 시도하는 또는 성공하려는 침입자가 어디에 있는지 벨이나 조명을 통해 표시된다. 이 시스템의 성공여부는 이 신호를 듣거나 본 누군가가 책임 있는 대응기관에 전화를 거는 것에 달려 있다. 현장경보는 침입자도 인지할 수 있다. 즉, 본인이 탐지됐다는 것을 침입자도 알 수 있다. 이는 경험이 별로 없는 침입자를 놀라게 할 수 있는 장점이 있다.

② 중앙 경보시스템: 경보신호는 전화선을 통하여 특별히 건설된 건물, 즉 중앙 스테이션에 신호를 전송한다. 여기에서 훈련된 운전원이 경보를 유지·기록·감독하기 위해 24시간 운영된다. 경보를 접수하면 경찰이 출동하고, 몇몇의 경우에는 경보회사에 고용된 가드 등이 출동한다. 기록-보존 기능이나 보안요원 대응은 어떠한 경보신호에서도 문서화를 통해서 기록된다. 경보송신을 중앙 스테이션까지 보내는 데 일곱 가지 형태가 있다. 송신을 위한 각각의 형태는 형태마다 장/단점이 있으며, 선택 시 각각의 장단점을 살펴야 한다. UL(Underwrite Laboratories)에서 인증된 방법으로 중앙 스테이션으로 경보신호를 전송하는 것은 일반적으로 침입자의 의도를 줄일 수 있는 가장 신뢰할 만한 방법이다.
  Ⓐ 직접 유선시스템: 고위험 장소(예를 들면 은행, 금은방, 고가 모피가게)는 일반적으로 직접 유선시스템으로 보호되어야 한다. 단선 전용 전화라인은 보호구역으로부터 중앙

스테이션 또는 경찰서까지 운영되며, 여기에서 분리된 수신기가 이러한 경보만을 담당한다. 고정 직류전류가 중앙 스테이션으로부터 보호구역까지 전류를 보내면, 중앙 스테이션에서 전류값을 읽는다. 현장 유선시스템의 장점은 문제가 발생한 경우 특정 경보시스템을 통해 빠르게 추적할 수 있다. 이는 경보신호를 직접 통제하고 인지함으로써, 전문적인 침입자를 어렵게 만들 수 있다. 이 시스템의 단점은 전용 임대선을 사용해야 하므로 비용이 상당히 비싸다. 이는 경제적인 요소가 중요한 경우, 중앙 스테이션으로부터 보호된 영역의 거리가 증가한다면 상당한 비용을 지불해야 한다. 중앙 스테이션까지의 경보신호의 적절한 전송은 필수적이다. 단전된/단락된 선으로부터 전화라인을 사용하면 문제가 발생한다. 대부분의 중앙 스테이션은 이러한 문제가 야기될 수 있으며, 이러한 문제가 발생했을 때 빠르게 문제 부위를 찾아내 복구해야 한다. 하지만, 요즘 일부 침입자는 조금 더 똑똑하다. 이들은 경보신호가 중앙 스테이션으로 가는 전송선인 전용임대선을 단락시키거나 점핑시킴으로써 신호를 못 가게 만들 수 있다. 그러므로 경보회사에서 특별한 방법을 사용하여 경보신호의 단락에 대비하여 보호하는 방법을 강구하고 있다. 특별히 전용 보호라인을 이용한 경보시스템은 UL에 의해 AA등급으로 중앙 스테이션 경보로 분류된다.

Ⓑ 회로(부분라인) 시스템: 회로전송 시스템에 의해 전송되는 경보신호는 여러 경보 소비자가 이를 공유하기 위한 전화선 비용을 지불한다. 회로전송 시스템에서 최대로 15개의 전송기가 경보신호를 중앙 스테이션의 단선 수신패널에 신호를 보낼 수 있다. 이는 동일한 라인이나 루프를 사용할 수 있다. 중앙 스테이션에서 경보신호는 종잇조각처럼 신

19 침입탐지 경보시스템

호를 수신한다. 각 경보는 고유의 코드가 있어 다른 경보들과 식별된다. 회로-루프 경보전송 시스템의 장점은 낮은 전화선 비용이다. 그러므로 중앙 스테이션은 좀 더 많은 소비자에게 서비스를 제공할 수 있으며, 다른 사용자들과 전화선 비용을 나눌 수 있다. 회로-루프 경보 전송 시스템의 단점은 전용임대선에서 문제가 발생할 경우 직접 유선시스템보다 문제 위치를 찾기가 훨씬 어렵다.

ⓒ 멀티플렉서: 멀티플렉서는 전용임대선 비용을 감소시키며 회로시스템보다 훨씬 높은 보안라인을 제공한다. 멀티플렉서는 경보시장에서 데이터 프로세싱(컴퓨터 기반기술)으로 소개되어있다.

ⓓ 디지털 통신: 컴퓨터 기반경보 송신장비는 일반적인 전화망 네트워크 스위치 라인을 통하여 신호를 전송한다. 전송된 경보신호는 코드화된 전자적 펄스의 조합으로 중앙 스테이션의 컴퓨터 터미널에서만 수신할 수 있다.

ⓔ 라디오 신호 송신: 이 방법은 보호된 영역으로부터 경보신호를 취득하여 라디오나 휴대폰으로 경보신호를 중앙 스테이션이나 경찰 출동센터에 보낸다. 부가적으로, 경보신호는 경찰 순찰차에서도 이 신호를 받을 수 있다.

ⓕ 비디오 검증: 표준경보 송신신호와 함께, 비디오 이미지를 중앙 스테이션에 보낸다. 이는 중앙 스테이션의 운전원이 보호된 지역 내의 상황을 볼 수 있으므로, 오류경보를 줄일 수 있어 보다 고차원적 방호를 제공할 수 있다. 잘못된 경찰 출동이 증가하므로 비디오 검증은 오류경보를 줄이기 위해 중요한 역할을 한다.

4) 경보는 범죄를 저지(Alarm deter crime)

오류경보는 경찰 및 경보회사의 인적 자원을 낭비시킬 수 있다. 경찰 및 경보회사는 이러한 오류경보에 좀 더 신중해야 하며, 경찰 및 경보회사는 이러한 딜레마를 줄이기 위한 노력이 필요하다. 국가범죄예방기관(National Crime Prevention Institute)은 최상의 유용한 범죄저지를 위해 오랫동안 경보시스템을 권고했다. 이 교육기관은 대부분의 범죄자들이 경보시스템을 두려워하며, 이들은 숨겨진 센서에 의해 잡힐 위험을 감수하는 것보다 비보호된 건물을 침입하는 것이 좋을 수 있다 생각한다. 저지의 문제는 경보 비즈니스이며, 실제로 침입자로부터 보호되는 지역을 훨씬 넘어 저지의 효과를 발휘한다. 경보회사의 위험예방 의무는 감시하는 스프링클러, 시스템부터 화재 감지기, 위험한 화학물질을 만들어내는 공장이나 핵융합과 같은 산업공정을 감독하기 위해 건물의 온도수준을 감시하는 것 등 다양한 범위에 적용된다. 경보회사에 있어서 저지는 복잡하고 특별한 기술이다. 범죄예방 영역에서 경보회사는 가장 똑똑한 침입자를 어리둥절하게 만들 수 있는 경보시스템을 설계하거나 또는 건물의 잠재적인 약점을 잡아내므로 상당히 고도의 기술을 요한다. 범죄예방은 가장 경찰을 필요로 하는 분야이다. 다른 범죄나 침입자의 출현은 경찰관 대응자세로 전환시킨다.

5) 오류경보

경보시스템에서 완전한 잠재적인 범죄예방은 아직까지 구현되어 있지 못하다. 상대적으로 경보에 의해 보호되지 못하는 구역의 수가 많다. 비록 가장 소중한 재물(예: 금)을 보유하는 집이나 회사가 가장 복잡한 감지기 시스템에 의해 전적으로 보호된다 할지라도 말이다. 그러나 주요 원인은 경보의 잠재적인 요인으로부터 찾을 수 있다. 즉, 산업 지도자나 경찰이 지적했듯이 오류경보 문제이다. 동화〈양치기 소년〉처럼 오류경보는 경보시스템의 효율성을 나쁘게 한다. 이들은 경보회사나 경찰에 많은 인력낭비를 유발한다.

경보시스템이 범죄를 예방하는 데에는 도움이 된다. 이들 전자나 전기시스템은 도둑, 방화범, 공공기물을 파손하는 자 또는 다른 범죄행위를 저지한다. 이들은 가장 효율적이고 가장 경제적인 범죄예방 수단이다. 경찰 예산은 대부분 현장 또는 다른 것들이 동결되는 반면에 사설경보회사의 재정은 매년 증가추세이다.

국가도둑 및 화재경보협회(NBFFA: National Burglary and Fire Alarm Association)는 회원사에 관련된 행위의 우선순위를 매기도록 요청했다. 회원사를 돕기 위해 종합적인 프로그램을 요청한 탁월한 대응이 오류경보를 감소시켰다. 더군다나 가능한 프로그램을 연구하여, NBFFA는 많은 회원사가 이미 중요한 오류경보 감소 노력을 시행하고 있다는 것을 알았다. 몇몇 경찰 부서는 경찰관으로부터 경보 발생 횟수가 과도한 발생원을 찾기 위해 문서화된 프로그램을 가지고 있다. 그 외에 범죄예방원이 회사나 집에 추가 방문한다. 이런 다른 단계에도 오류경보 발생 문제 해결을 실패한 후에, 많은 경찰 부서는 오류경보를 평가하여 벌금을 부과한다. 경보시스템이 병원, 사무실 빌딩, 학교와 같은 지역을 보호함으로써 경찰인력을 경감시키고, 순찰자에게 좀 더 빈번한 범죄 발생지역에 좀 더 많은 시간을 투여할 수 있으며, 경보시스템에 의해 보호되는 지역은 순찰시간을 줄일 수 있다. 경찰은 범죄자를 체포하기 위해 좀 더 많은 인력을 투여할 수 있다. 이를 통해 경찰과 경보회사는 서로 협조함으로써 서로 윈(Win)-윈(Win) 할 수 있으며, 적절한 인력배분이 가능하다.

6) 경보장비 교체

캘리포니아 경보 스테이션이 주요 교체를 담당한다. 이러한 노력은 오류경보 발생에서 시작되며, 주에 4번 이상 오류경보를 발생하는 시스템은 교체한다. 교체기술자는 문제가 되는 장비를 교체하고 재설치하여 가입자에게 정상적인 경보시스템을 제공한다. 새로운 센서, 새로운 배터리, 새로운 와이어, 새로운 납땜작업이 필요할 수 있다. 이러한 일련의 과정에는 비용이 발생하고, 결국에 이러한 비용들이 지불되어야 한다. 그러므로 경보회사 직원은 가능한 한 적게 서비스 콜을 하고 사업 영역을 증가시키기 위해 지역 경찰과 좀 더 좋은 관계를 유지한다.

많은 NBFAA 회원사는 이들의 판매, 설치, 유지보수를 위해 교육 프로그램을 운영한다. 또한 가입자는 시스템 운영을 위해 교육을 받는데, 이들이 새로이 설치된 시스템을 점검할 때 영업사원 및 설치자, 감독자에 의해 교육을 받는다. 한 회원사가 탈퇴하면 회원사 시스템을 완전 교체해야 한다. 이러한 접근방식은 문제를 없애기 위해 중소기업에서 가장 타당한 방법이다. 종합적인 프로그램을 계획하기에 예산이 충분치 못한 경우, 이러한 회사는 오류경보 숫자를 줄일 수 있는데 이는 상대적으로 적은 시스템으로 개조함으로써 대부분 문제의 원인을 해결하는 방법이다. 오류경보에 의해 피해가 야기될 수 있는 이들 분야에서 일하는 범죄예방원이나 경찰은 이들 분야의 회사의 주요 결정권자와 회의를 통해서 이와 같은 오류경보 감소 프로그램에 대해서 토론해야 한다.

7) 추가적인 자원

NBFAA 회원에게 오류경보 핸드북은 이들이 오류경보를 감소시키기 위해 시행하는 종합적인 품질보증 매뉴얼의 대체적인 수단이다. '오류경보 핸드북'에 이러한 내용이 있으며, 대체적인 내용은 다음과 같다.

① 오류경보율 및 원인을 결정
② 경보기기 평가위원회 구성
③ 기기시험 절차 시작
④ 기기훈련 설비 개발

⑤ 어떻게 경보시스템을 계획하고 설치했는지 조사

⑥ 센서 존 절차서 점검

⑦ 설치상태 점검

⑧ 가입자 교육

⑨ 지역 법 집행기관원들과 협력

핸드북 뒤에 있는 이론은 이 장 제목으로 알 수 있다. 경보회사는 전체 경보 중 일반적인 오류경보율로부터 통계적인 연구를 시작할 수 있다. 또한 기기, 사용자, 기기 사이 문제, 전화선 그리고 환경적인 요인 등으로부터 연구를 시작할 수 있다. 이러한 경보회사의 연구는 기업들이 오류경보에 얼마나 많은 비용을 들였는지를 알아내는 데 도움이 된다. 이러한 연구결과는 회사의 경보장비평가위원회에 의해 검토되어야 한다. 이들 위원회는 중요 엔지니어, 공장, 영업, 일반 관리자로 구성되며, 이들 시스템을 교체할지 유지할지 또는 연구가 더 필요한지를 결정한다.

핸드북 3장 및 4장은 자체를 설명하기 위한 것이며(Self-explanatory), 이 두 장은 시험을 통해 기기의 관련 문제를 해결하는 것이 목표이며, 또한 기기운영에 관련된 모든 운영자의 교육과 관련된 내용이다. 여기서 영업사원은 특별히 이러한 교육과정을 거치도록 요구되고 있다. 이 두 장은 설치절차서를 다루고 있다. 서비스 작업자는 환경적인 위험에 대해 주의해야 하는데, 이는 이종(異種)의 감지기들에 영향을 줄 수 있기 때문이다. 이러한 위험은 열, 진동, 정전기 그리고 라디오 주파수로부터 유발되는 전자기 간섭 등이다.

존 분리는 이들 회사가 기기의 일부분 또는 이종센서의 오류를 차단하기 위해 이들 설치를 어떻게 설계해야 할지를 해결할 수 있다. 가입자 교육으로부터, 회사는 그들 소비자에게 감당하지 못할 정도로 교육 영화, 책자, 세미나를 요청하며, 이를 수행함으로써 그들에게 이들 경보시스템을 어떻게 운영하는지를 가르쳐준다.

NBFAA는 단독 책자를 개발했는데, 이는 경보 가입자를 교육시키기 위함이다. 이 책자에는 절차서와 함께 경보시스템의 기본에 대해 언급되어있으며, 즉, 소비자가 이들 시스템을 작동시키는 직원의 실수를 감소시키기 위해 수행할 수 있는 절차가 포함된다.

마지막으로, '오류경보 핸드북'은 경보회사에 문제발생 시 지역 경찰과의 친밀한 공조관계가 유지되도록 요청한다. 여기에서는 NBFAA가 회사와 관련된 연구를 지지하고 또한 이러한 노력을 살펴보기 위해 지역 사립보안자문기구를 구성하라고 요청한다. 경보회사나 경찰 모두 서로 필요한 보완관계라는 것을 인지해야 한다. 마치 병을 막기 위해 복잡한 약품이나 기구들을 필요로 하는 외과의와 다른 과 의사의 협업처럼, 법 집행기관과 경보산업은 공생관계이다. 예방, 경보 보호는 범죄의 전쟁을 승리로 이끌 수 있다. 동시에 경보산업은 플라시보나 필요 없는 시스템을 판매한다는 안 좋은 정보로부터 해방될 수 있다. 사용자는 자기 자신의 보안을 위해 교육받아야 한다. 경찰은 회사가 오류경보 문제를 적극적으로 해결하려 할 때 적극적인 행동을 취할 수 있다. 만약 몇몇 회사가 강요에 의해 연습을 멈춘 경우, 경찰은 경보회사에 책임을 물어야 하며, 함께 프로그램을 개발하고, 필요한 경우 게으른 가입자 또는 기만적인 회사들에게 페널티를 부여하는 법령을 제정해야 한다.

5. 결론

현재 21세기에 살면서 뒤를 돌아보면, 우리에게 여러 가지 변화가 일어났으며, 많은 것들이 이로운 방향으로 변화됐다는 것을 알 수 있다. 수동형 적외선 센서는 폭넓게 사용되고 있지만, 초음파 운동 센서는 아주 드물게 사용하고 있다. 포일은 유리창에 더 이상 사용하지 않으며, 수동형 적외선 센서로 대처하고 있다. 수동형 적외선 센서의 가정 및 상업적 응용은 모든 형태 및 크기에 사용되며, 그뿐만 아니라 적절한 탐지범위의 모든 필요한 패턴에도 사용 가능하다. 연기 감지기는 오류경보를 줄이기 위해 원격 유지보수 기능이 있다. 키패드는 이제 하드웨어가 되고, 양방향 음성 모듈과 무선 제어패널은 단일 및 다중 존 패널에 사용된다. 이러한 기술의 성장은 기술 진보됨에 따라 계속 성장할 것이다.

부록 3: 연기감지기(화재감지기)

질문: 화재감지기에는 두 가지 형태가 있다. 이온화 형태의 화재감지기 및 광전자를 이용한 화재감지기인데, 이는 많은 논란이 되고 있다. 이온화 형태의 화재감지기를 사용할 때 주의해서 선택해야 할 사항은 무엇인가?
답: 감지기 형태의 적절한 선택은 각 감지기의 감지원리를 이해하는 데서 시작된다.

이온화된 화재감지기의 경우, "적은 양의 방사화 물질이 포함되어 두 개의 다른 음전극 사이의 공기를 이온화시키는데, 이때 변화된 분자값을 감지하는 방법이다. 즉, 이온화된 체적에 들어가는 화재 분자가 이동성을 감소시켜 공기의 전도성을 감소시킨다. 이 감소된 전도성 신호가 진행되어 사전에 설정된 기준을 넘었을 때 경보를 발생한다."

광전자 빛 산란을 이용한 화재감지기의 경우, "빛 광원과 광 민감 감지기가 배열되어 광원으로부터 광선이 일반적으로 광 민감센서에 비치지 못한다. 이때 연기분자가 빛 경로에 들어가며, 빛의 몇몇은 산란되어 반사 및 감지기에 굴절된다. 이러한 빛 신호는 진행되어 사전에 설정된 기준을 넘었을 때 경보를 발생한다. 즉, 광전자 빛 산란 감지기는 좀 더 볼 수 있는 분자에 잘 반응하며, 즉, 분자의 크기가 $1\mu m$보다 커야 하며, 이 분자는 화재발생 시 일어나는 대부분 검게 그을려진 분자 형태이다. 이 화재감지기는 불타는 불꽃(Flaming fire)에 의해 발생되는 아주 작은 분자 이하에는 반응이 덜하다. 또한 이 감지기는 플라스틱이나 고무 타이어와 관련된 화재와 같은 검은 연기를 내뿜는 화재에는 덜 반응한다.

이온화된 감지기는 반대 특성을 보일 때도 있다. 즉, 분자의 크기가 1µm 이하의 '보이지 않는' 분자가 발생하는 화재에서도, 이온화된 감지기는 오히려 광전자 빛 산란 감지기보다 더 잘 반응한다. 이러한 분자의 크기는 불타는 불꽃에서 훨씬 잘 감지된다. 불타는 불꽃의 연료는 '깨끗하게' 타며, 작은 분자를 발생시킨다. 그러므로 위의 질문에 대한 답변은 '연료 분자의 타는 특성을 이해하여 선택해야 한다'이다. 이온화 형태의 화재감지기는 좀 더 빠르게 연소되는 화재를 비교적 더 쉽게 감지하며, 광전자 형태의 감지기는 낮은 에너지 화재를 쉽게 감지하는데, 빠르게 연소되는 동안 좀 더 큰 분자를 발생시키기 때문이다.

결론적으로 명심해야 할 것은 성공적으로 이 두 가지 화재감지기는 국가에서 인정된 시험시설에서 동일한 배터리 시험을 통과해야 사용할 수 있다는 것이다. 예를 들면 UL-목록화된 광전자 화재감지기는 UL 268에서 제시한 동일한 시험을 통과해야 하며, 이는 화재보호 신호시스템을 위한 화재감지기를 위한 안전성 표준시험(Standard for Safety for Smoke Detectors for Fire Protection Signaling Systems)이다.

부록 4: 경보 인증서비스(보장형태의 요약)

화재경보 시스템 인증형태는

- 중앙 스테이션(NFPA 71 또는 72): 중앙 스테이션 화재경보 시스템 인증
- 현장(NFPA 72): 현장 화재경보 시스템 인증
- 보조(NFPA 72): 보조 화재경보 시스템 인증
- 원격 스테이션(NFPA 72): 원격 화재경보 시스템 인증
- 건물 소유주(NFPA 72): 소유주 화재경보 시스템 인증

침입자 경보시스템 인증형태는

- 중앙 스테이션: 중앙 스테이션 침입자 경보시스템 인증
- 상업시설: 상업 침입자 경보시스템 인증
- 은행: 은행 침입자 경보시스템 인증
- 건물 소유주: 소유주 침입자 경보시스템 인증
- 주거자: 주거자 침입자 경보시스템 인증
- 국가 산업보안시설: 국가산업보안 시스템 인증

표준

- UL681: 침입자 및 강도 경보시스템 설치 및 분류
- UL827: 중앙 스테이션 경보시스템
- UL 1023: 강도 또는 침입자 경보시스템 유닛
- UL 1076: 소유지 침입자 경보시스템 및 유닛
- UL 1641: 주거지 침입자 경보시스템의 설치 및 분류
- UL 1981: 중앙 스테이션 자동 시스템
- UL 2050: 민감한 물질의 보호를 위한 국가산업 보호시스템
- NFPA 71: 소방관 화재경보 및 감독자 서비스를 위한 중앙 스테이션 보호 신호 시스템의 설치 유지보수 사용을 위한 표준, http://catalog.nfpa.org/Search.aspx?k=NFPA+7#sthash.oKAyZZq9.dpuf
- NFPA 72: 중앙 스테이션 보호 신호시스템의 설치 유지보수 사용을 위한 표준(2016)

화재경보 시스템의 전통적인 역할은 빠르게 진화하고 있다. 이제 화재경보 시스템을 위한 기준은 이 분야의 현재 상태를 반영하여 검사자 규정, 설치자, 설계자, 엔지니어에게 관련 정보를 제공한다. 산업의 이정표는 2016년판 NFPA72: 국가 화재경보 및 신호코드에는 다중에 알림시스템을 포함한 비상통신 시스템, 화재경보의 유비보수 시험, 검사, 성능, 위치 설치 및 이들을 응용할 수 있는 가장 최신의 규정을 제시하고 있다.

새로운 NFPA 72에는 네트워크를 이용하여 상호 연결할 수 있도록 했는데, http://catalog.nfpa.org/NFPA-72-National-Fire-Alarm-and-Signal-Code-P1198.aspx?order_src=B487&gclid=-CO3-1dqS8MoCFcGPHwodJh0AkQ#sthash.1qnyyD4c.dpuf를 참고하기 바란다.

부록 5: 화재분류

화재는 위험하다. 하지만 잘못된 도구를 사용하여 화재를 진화하면 더 위험해진다. 이 때문에 화재분류 시스템이 만들어졌으며, 이는 화재에 대해 정확한 형태로 정확한 화재진압기가 연결되도록 하기 위함이다. 화재는 다섯 가지 형태로 분류한다. 활활 타는 불과 전쟁을 치르기 위해 정확한 화재진압기를 사용하는 것이 중요하다. 다섯 가지 분류는 다음과 같다.

① Class A: 이 화재는 재를 남긴다는 사실로 분류된다. Class A로 타버린 물질들은 나무, 옷, 낙엽, 쓰레기 등이다. 예를 들면, 사람이 화재장소에 있는 경우이다.

② Class B: 이 화재는 가연성 액체에 의해 점화된다. 가솔린, 석유 및 가벼운 액체성분 등이다. 예를 들면, 차콜 그릴이 Class B 화재에 의해 시작된다.

③ Class C: 이 화재는 전기적인 화재이다. 이는 퓨즈박스에 의한 화재이다.

④ Class D: 가연성 금속물질로 인한 화재가 Class D 화재이다. 예를 들면, 소듐, 마그네슘, 포타슘 등이다.

⑤ Class K: 최근 연구에서 일부 식용유는 제어할 수 없을 정도로 너무 열이 나서 전통적인 Class B 소화기로 불을 끄기 어렵다는 것을 발견했다. Class K 화재 및 소화기는 식용유 화재로 취급된다.

6. 화재 소화기의 사용

화재를 진압할 때, 소화기 사용은 분류에 의한 화재 용도에 맞는 소화기를 사용해야 한다. 만약 Class A 소화기를 Class C 화재 시 사용한다면, 전류가 계속 흐를 경우 폭발의 원인이 된다. 다음은 소화기의 각 형태의 목적 및 내용을 설명한 것이다.

① Class A 소화기는 일반적인 가연물질에 대한 화재를 진압하는 데 사용된다. 예를 들면 나무, 종이 등이다. 화재 소화기의 이러한 Class의 숫자적 번호 매김은 화재 소화기의 물의 양 및 화재를 진압할 수 있는 화력의 양을 참조한 것이다.

② Class B 소화기는 가연성 액체, 예를 들면 그리스, 가솔린, 기름 등과 같은 물질로 화재가 발생했을 경우 사용된다. 화재 소화기의 이러한 Class의 숫자적 번호 매김은 가연성 액체 화재의 대략적인 제곱피트의 숫자를 나타낸다. 여기서 화재진압은 비전문가가 화재를 진압한다고 가정한 경우이다.

③ Class C 소화기는 전기적으로 발생한 화재에 사용된다. 이 소화기는 숫자적 번호 매김을 사용하지 않는다. C는 소화기 판매자(Agent)가 부전도성이라는 것을 표시한다.

④ Class D 소화기는 가연성 금속에 사용되도록 설계되어있으며, 가끔 특정 금속의 형태에는 사용하지 못한다. Class D를 위한 지명된 사진은 없다. 이들 소화기들은 번호 매김이 없으며, 다른 화재에 사용하기 위한 다목적 용도는 아니다.

⑤ Class K 소화기는 식용유 화재에만 특화되어있다. 최근 연구에서 일부 식용유는 제어할 수 없을 정도로 너무 많은 열을 일으켜 전통적인 Class B 소화기로 불을 끄기 어렵다는 것을 발견했다. Class K 소화기는 광택 나는 스테인리스 스틸 용기를 사용하며, 습식 화학소화기는 최고급 식당 주방에 휴대용 화재 소화기로 비치되어있다.

역자 프로필

정길현

북한학 박사

국방대학교 교수 역임

산업통상자원부 비상안전기획관 역임

(사)보안설계평가협회 대표

김정수

공학박사

한국원자력연구원에서 계측분야 연구

현) 한국원자력 통제기술원 교수

영상감시, 안티드론, 융합보안 전문가

김수훈

연세대학교 화학공학과 졸업

한화 에너지/에스엔에스 융합보안팀장 역임

(주)에스웨이 대표

(사)보안설계평가협회 대외협력이사

신재식

육사, 고려대 경제학 석사

일본 방위연구소 정책연수

육군본부 GOP과학화경계사업단장 역임

현) 한국석유공사 비상계획관

구자춘

전자전기공학 박사

(주)삼성테크윈 해외도시 감시

국경선·중요시설 보안시스템 컨설턴트 역임

한화테크윈 전략담당

정용택

공학박사

국방과학연구소 센서 및 카메라 개발 역임

(주)삼성에스원 연구소 센서 개발 총괄 역임

현) 한국특허전략개발원 IP-R&D 전문위원

조승훈

육사, 경희대 행정대학원 졸업

3사관학교 교수 역임

과학기술정보통신부 비상안전기획관 역임

(사) 보안설계평가협회 이사

임영욱

육군사관학교 졸업

산업부 주요시설 방호자문관

현)보안설계평가협회 감사

박윤재

경영학 박사

LG전자 정보전략/보안팀 역임

서울과학종합대학원 겸임교수(산업보안MBA)

서울벤처대학원 겸임교수(산업보안)